2026

산업안전보건
산업안전지도사
1차 기출문제집

♣ 최근 개정법률 반영
♣ 최근 13년 기출문제 수록
♣ 최근 법령 및 이론에 따른 상세한 해설

단박

머리말

산업안전지도사 기출문제

우리나라는 산업재해가 많이 발생하는 나라이다 근본원인은 규정을 지키지 않기 때문인데 매일 퇴근하지 못하는 노동자들이 있다 규정들을 숙지하여 지키면 .산업재해는 대폭 감소할 수 있다 산업보건지도사 자격증은 이러한 재해를 예방하기 위하여 두고 있는 자격증이다.

산업안전지도사는 출제영역이 너무 넓어 모두 공부하기는 어려우나 문제를 보면 어렵지 않다 몇몇 계산문제는 공식을 외워야 하나 다른 기준이나 준수사항들을 보면 전혀 관련이 없는 지문이 정답으로 나오므로 어렵게 볼 필요는 없다.

표기를 간략하게 하기 위하여 다음과 같이 하였다 산업안전보건법은 법, 산업안전보건법 시행령은 영, 산업안전보건법 시행규칙은 규칙, 산업안전보건기준에 관한 규칙은 그대로 표기하였다. 기타 다른 기준이나 규칙, 고시 등은 이름 전체를 표기하였다.

이 책의 특징을 보면

첫째 모든 문제에 빠짐없이 해설하였다,

둘째 문제에 나온 출처들을 가능한 한 표기하였다. 20여개가 넘는 고시, 기준, 지침들을 수험생이 찾을 수 있도록 표기하였다.

셋째 법령의 개정으로 인하여 현행의 규정과 다른 경우 해설은 현행 규정으로 변경하여 현재의 법령으로 풀 수 있도록 하였다. 2020년 이전의 문제는 법의 개정으로 답이 여러 개인 경우도 있다.

이 책을 읽는 모든 이들이 고통에서 벗어나 완전한 평화와 행복에 이르기를 기원한다.

산업안전지도사 기출문제

시험안내

1. 시험과목

구분	시험과목		
제1차 시험	공통과목	1. 공통필수1(산업안전보건법령)	
		산업안전	공통필수2(산업안전일반)
		산업보건	공통필수2(산업위생일반)
		공통필수3(기업진단·지도)	
제2차 시험	전공필수(택1)	산업안전	• 기계안전공학 • 전기안전공학 • 화공안전공학 • 건설안전공학
		산업보건	• 직업환경의핫 • 산업위생공학
제3차 시험	공통필수(면접)	• 전문지식과 응용능력 • 산업안전·보건제도에 대한 이해 및 인식정도 • 상담·지도능력	

2. 응시자격 및 결격사유

① 응시자격 : 없음. 단, 지도사 시험에서 부정행위를 한 응시자에 대해서는 그 시험을 무효로 하고, 그 처분을 한 날부터 5년간 시험응시자격을 정지함
② 지도사 등록 결격사유(산업안전보건법 제145조).
㉠ 피성년후견인 또는 피한정후견인
㉡ 파산선고를 받고 복권되지 아니한 사람
㉢ 금고 이상의 실형을 선고받고 그 집행이 끝나거나(집행이 끝난 것으로 보는 경우를 포함한다) 집행이 면제된 날부터 2년이 지나지 아니한 사람
㉣ 금고 이상의 형의 집행유예를 선고받고 그 유예기간 중에 있는 사람
㉤ 산업안전보건법을 위반하여 벌금형을 선고받고 1년이 지나지 아니한 사람
㉥ 산업안전보건법 제154조에 따라 등록이 취소된 후 2년이 지나지 아니한 사람

차례 CONTENTS

1. 산업안전지도사 1차 2013년 기출문제 ·················· 05
2. 산업안전지도사 1차 2014년 기출문제 ·················· 42
3. 산업안전지도사 1차 2015년 기출문제 ·················· 77
4. 산업안전지도사 1차 2016년 기출문제 ·················· 113
5. 산업안전지도사 1차 2017년 기출문제 ·················· 145
6. 산업안전지도사 1차 2018년 기출문제 ·················· 180
7. 산업안전지도사 1차 2019년 기출문제 ·················· 212
8. 산업안전지도사 1차 2020년 기출문제 ·················· 246
9. 산업안전지도사 1차 2021년 기출문제 ·················· 281
10. 산업안전지도사 1차 2022년 기출문제 ·················· 316
11. 산업안전지도사 1차 2023년 기출문제 ·················· 351
12. 산업안전지도사 1차 2024년 기출문제 ·················· 385
13. 산업안전지도사 1차 2025년 기출문제 ·················· 424

산업안전지도사 기출문제

2013년 기출문제

산업안전보건법령

1. 산업안전보건기준에 관한 규칙상 안전난간과 추락방호망의 설치요건에 관한 설명이다. ( )안에 들어갈 숫자로 옳은 것은?

> ○ 안전난간 중 상부 난간대를 120센티미터 이상 지점에 설치하는 경우에는 중간 난간대를 (A)단 이상으로 균등하게 설치하고 난간의 상하 간격은 (B) 센티미터 이하가 되도록 할 것
> ○ 추락방호망은 수평으로 설치하고, 망의 처짐은 짧은 변 길이의 (C)퍼센트 이상이 되도록 할 것

① A : 2, B : 60, C : 10
② A : 2, B : 60, C : 12
③ A : 2, B : 75, C : 10
④ A : 3, B : 75, C : 10
⑤ A : 3, B : 75, C : 12

해설 ○ 안전난간 중 상부 난간대를 120cm 이상 지점에 설치하는 경우에는 중간 난간대를 2단 이상으로 균등하게 설치하고 난간의 상하 간격은 60cm 이하가 되도록 할 것(산업안전보건기준에 관한 규칙 제13조 제2호)
○ 추락방호망은 수평으로 설치하고, 망의 처짐은 짧은 변 길이의 12% 이상이 되도록 할 것(산업안전보건기준에 관한 규칙 제42조 제2항 제2호)

2. 산업안전보건기준에 관한 규칙상 폭발·화재 및 위험물누출에 의한 위험방지에 관한 설명으로 옳은 것만을 모두 고른 것은?

> ㉠ 사업주는 금속의 용접·용단 또는 가열에 사용되는 가스등의 용기를 취급하는 경우에는 용기의 온도를 섭씨 40도 이하로 유지해야 한다.
> ㉡ 사업주는 위험물질을 제조하거나 취급하는 경우 적절한 방호조치를 하지 않고 급성 독성 물질을 누출시키는 등으로 인체에 접촉시키는 행위를 해서는 아니된다.
> ㉢ 사업주는 고열의 금속찌꺼기를 물로 처리하는 피트에 대하여 수증기 폭발을 방지하기 위해 작업용수 또는 빗물 등이 내부로 새어드는 것을 방지할 수 있는 격벽 등의 설비를 주위에 설치하여야 한다.
> ㉣ 폭발·화재 및 위험물누출에 의한 위험방지를 하여야 할 조치의 내용은 사업장 규모별로 다르게 규정되어 있다.

정답 1 ② 2 ①

① ㉠, ㉡   ② ㉠, ㉢
③ ㉠, ㉣   ④ ㉡, ㉢
⑤ ㉢, ㉣

해설 ㉠ 사업주는 금속의 용접·용단 또는 가열에 사용되는 가스등의 용기를 취급하는 경우에 용기의 온도를 섭씨 40도 이하로 유지할 것(산업안전보건기준에 관한 규칙 제234조 제2호).
㉡ 사업주는 위험물질을 제조하거나 취급하는 경우에 폭발·화재 및 누출을 방지하기 위한 적절한 방호조치를 하지 아니하고 부식성 물질 또는 급성 독성물질을 누출시키는 등으로 인체에 접촉시키는 행위를 해서는 아니된다(산업안전보건기준에 관한 규칙 제225조 제6호).
㉢ 사업주는 용융한 고열의 광물을 취급하는 피트(고열의 금속찌꺼기를 물로 처리하는 것은 제외한다)에 대하여 수증기 폭발을 방지하기 위하여 작업용수 또는 빗물 등이 내부로 새어드는 것을 방지할 수 있는 격벽 등의 설비를 주위에 설치하여야 한다(산업안전보건기준에 관한 규칙 제248조 제2호).
㉣ 폭발·화재 및 위험물누출에 의한 위험방지를 하여야 할 조치의 내용은 작업별로 다르게 규정되어 있다(산업안전보건기준에 관한 규칙 제225조~제231조).

3. 산업안전보건법령상 건강진단에 관한 설명으로 옳지 않은 것은?

① 사무직 종사 근로자 외의 근로자는 1년에 1회 이상 일반건강진단을 실시하여야 한다.
② 상시 사용하는 근로자 중 사무직에 종사하는 근로자란 공장 또는 공사현장과 같은 구역에서 서무·인사·경리·판매·설계 등의 사무업무에 종사하는 근로자를 말하며, 판매업무에 직접 종사하는 근로자는 제외한다.
③ 학교보건법에 따른 건강검사를 받은 근로자는 산업안전보건법 시행규칙에 따른 일반건강진단을 실시한 것으로 본다.
④ 사업주는 본인의 동의 없이는 개별 근로자의 건강진단 결과를 공개하여서는 아니된다.
⑤ 사업주는 일반건강진단 또는 특수건강진단을 정기적으로 실시하도록 하되, 건강진단의 실시시기를 안전보건관리규정 또는 취업규칙에 명기하여야 한다.

해설 ② 상시 사용하는 근로자 중 사무직에 종사하는 근로자는 공장 또는 공사현장과 같은 구역에 있지 않은 사무실에서 서무·인사·경리·판매·설계 등의 사무업무에 종사하는 근로자를 말하며, 판매업무 등에 직접 종사하는 근로자는 제외한다(규칙 제197조 제1항).
① 사무직 종사 근로자 외의 근로자에 대해서는 1년에 1회 이상 일반건강진단을 실시해야 한다(규칙 제197조 제1항).
③ 학교보건법에 따른 건강검사를 받은 근로자는 산업안전보건법 시행규칙에 따른 일반건강진단을 실시한 것으로 본다(규칙 제196조 제4호).
④ 개별 근로자의 건강진단 결과는 본인의 동의 없이 공개해서는 아니 된다(법 제132조 제2항).
⑤ 일반건강진단을 실시해야 할 사업주는 일반건강진단 실시 시기를 안전보건관리규정 또는 취업규칙에 규정하는 등 일반건강진단이 정기적으로 실시되도록 노력해야 한다(규칙 제197조 제2항).

4. 산업안전보건법령상 석면에 관한 설명으로 옳지 않은 것은?

① 석면해체·제거작업의 완료 후 해당 작업장의 공기 중 석면농도는 1㎤ 0.01개 이하이어야 한다.
② 석면을 사용하는 작업장소의 바닥재료는 불침투성재료를 사용하고 청소하기 쉬운 구조로 하여야 한다.
③ 근로자가 석면을 뿜어서 칠하는 작업을 할 경우 사업주는 석면이 흩날리지 않도록 습기를 유지하거나 밀폐 또는 국소배기장치설치 등 필요한 대책을 강구해야 한다.
④ 석면 취급작업을 마친 근로자의 오염된 작업복은 석면 전용 탈의실에서만 벗도록 하여야 한다.
⑤ 석면을 사용하는 장소는 다른 작업장소와 격리하여야 한다.

해설 ③ 사업주는 석면을 사용하거나 석면이 붙어 있는 물질을 이용하는 작업을 하는 경우에 석면이 흩날리지 않도록 습기를 유지하여야 한다. 다만, 작업의 성질상 습기를 유지하기 곤란한 경우에는 석면으로 인한 근로자의 건강장해 예방을 위하여 밀폐설비나 국소배기장치의 설치 등 필요한 보호대책을 마련한 후 작업하도록 하여야 한다(산업안전보건기준에 관한 규칙 제481조 제2항).
① 석면해체·제거업자는 석면해체·제거작업이 완료된 후 해당 작업장의 공기 중 석면농도가 1㎤ 0.01개 이하가 되도록 하고, 그 증명자료를 고용노동부장관에게 제출하여야 한다(법 제124조 제1항, 규칙 제182조).
② 사업주는 석면을 사용하는 작업장소의 바닥재료는 불침투성 재료를 사용하고 청소하기 쉬운 구조로 하여야 한다(산업안전보건기준에 관한 규칙 제478조).
④ 사업주는 석면 취급작업을 마친 근로자의 오염된 작업복은 석면 전용의 탈의실에서만 벗도록 하여야 한다(산업안전보건기준에 관한 규칙 제483조 제1항).
⑤ 사업주는 석면분진이 퍼지지 않도록 석면을 사용하는 장소를 다른 작업장소와 격리하여야 한다(산업안전보건기준에 관한 규칙 제477조).

5. 산업안전보건기준에 관한 규칙상 소음에 의한 건강장해예방조치를 규정한 내용으로 옳지 않은 것은?

① "소음작업"이란 1일 8시간 작업을 기준으로 85데시벨 이상의 소음이 발생하는 작업을 말한다.
② 100데시벨 이상의 소음이 1일 2시간 이상 발생하는 작업은 "강렬한 소음작업"이다.
③ 소음이 1초 이상의 간격으로 발생하는 작업으로서 120데시벨을 초과하는 소음이 1일 1만회 이상 발생하는 작업은 "충격소음작업"이다.
④ 사업주는 근로자가 소음작업, 강렬한 소음작업 또는 충격소음작업에 종사하는 경우 청력보호구를 지급하고 착용하도록 하여야 한다.
⑤ 소음의 작업환경측정 결과 소음수준이 85데시벨을 초과하는 사업장의 사업주는 청력보존프로그램을 수립하여 시행하여야 한다.

정답 3 ② 4 ③ 5 ⑤

해설 ⑤ 소음의 작업환경 측정 결과 소음수준이 유해인자 노출기준에서 정하는 소음의 노출기준을 초과하는 사업장, 소음으로 인하여 근로자에게 건강장해가 발생한 사업장에 해당하는 경우에 청력보존 프로그램을 수립하여 시행해야 한다(산업안전보건기준에 관한 규칙 제517조).
① 소음작업 : 1일 8시간 작업을 기준으로 85데시벨 이상의 소음이 발생하는 작업을 말한다(산업안전보건기준에 관한 규칙 제512조 제1호).
② 100데시벨 이상의 소음이 1일 2시간 이상 발생하는 작업은 "강렬한 소음작업"이다(산업안전보건기준에 관한 규칙 제512조 제2호).
③ 충격소음작업 : 소음이 1초 이상의 간격으로 발생하는 작업으로서 120데시벨을 초과하는 소음이 1일 1만회 이상 발생하는 작업을 말한다(산업안전보건기준에 관한 규칙 제512조 제3호).
④ 사업주는 근로자가 소음작업, 강렬한 소음작업 또는 충격소음작업에 종사하는 경우에 근로자에게 청력보호구를 지급하고 착용하도록 하여야 한다(산업안전보건기준에 관한 규칙 제516조 제1항).

6. 다음 내용 중 산업안전보건법령상 산업안전지도사가 타인의 의뢰를 받아 수행할 수 있는 직무인 것은 모두 몇 개인가?

○ 유해 · 위험의 방지대책에 관한 평가 · 지도
○ 공정상의 안전에 관한 평가 · 지도
○ 작업환경 개선과 관련된 계획서 및 보고서의 작성
○ 작업환경의 평가 및 개선 지도
○ 안전보건개선계획서의 작성

① 1개　　　　　　　　　　② 2개
③ 3개　　　　　　　　　　④ 4개
⑤ 5개

해설 산업안전지도사의 직무(법 제142조 제1항, 영 제101조 제1항)
1. 공정상의 안전에 관한 평가 · 지도
2. 유해 · 위험의 방지대책에 관한 평가 · 지도
3. 1. 및 2.의 사항과 관련된 계획서 및 보고서의 작성
4. 위험성평가의 지도
5. 안전보건개선계획서의 작성
6. 그 밖에 산업안전에 관한 사항의 자문에 대한 응답 및 조언

7. 산업안전보건법령상 산업재해 발생 보고 및 기록에 관한 설명으로 옳은 것은?
① 사업주는 산업재해로 3일 이상의 요양이 필요한 부상을 입은 사람이 발생한 경우에는 해당 산업재해가 발생한 날부터 15일 이내에 산업재해조사표를 작성하여 제출하여야 한다.
② 사업주는 산업재해가 발생한 때에는 근로자의 인적사항, 재해 발생의 원인 및 과정 등을 기록 · 보존하여야 하는데, 재발방지계획은 거기에 포함되지 않는다.

③ 근로자가 산업재해보상보험법에 따른 요양급여를 신청한 경우라도 사업주는 관할 지방고용노동관서의 장에게 산업재해조사표를 제출하여야 한다.
④ 건설업을 영위하는 사업주는 산업재해조사표에 근로자 대표의 확인을 받아야 하며, 그 기재 내용에 대하여 근로자 대표의 이견이 있는 경우에는 그 내용을 첨부하여야 한다.
⑤ 사망자 1명과 직업성질병자가 동시에 5명 발생한 산업재해의 경우 사업주는 재해발생의 개요 및 피해 상황 등을 지체 없이 관할 지방고용노동관서의 장에게 보고하여야 한다.

해설 ⑤ 사업주는 중대재해가 발생한 사실을 알게 된 경우에는 지체 없이 재해발생의 개요 및 피해 상황 등을 사업장 소재지를 관할하는 지방고용노동관서의 장에게 전화·팩스 또는 그 밖의 적절한 방법으로 보고해야 한다(규칙 제67조).
① 사업주는 산업재해로 사망자가 발생하거나 3일 이상의 휴업이 필요한 부상을 입거나 질병에 걸린 사람이 발생한 경우에는 해당 산업재해가 발생한 날부터 1개월 이내에 산업재해조사표를 작성하여 관할 지방고용노동관서의 장에게 제출해야 한다(규칙 제73조 제1항).
② 사업주는 산업재해가 발생한 때에는 근로자의 인적사항, 재해 발생의 원인 및 과정, 재해 재발방지 계획 등을 기록·보존해야 한다(규칙 제72조 전단).
③ 「산업재해보상보험법」에 따라 요양급여의 신청을 받은 근로복지공단은 지방고용노동관서의 장 또는 공단으로부터 요양신청서 사본, 요양업무 관련 전산입력자료, 그 밖에 산업재해예방업무 수행을 위하여 필요한 자료의 송부를 요청받은 경우에는 이에 협조해야 한다(규칙 제73조 제5항).
④ 사업주는 산업재해조사표에 근로자대표의 확인을 받아야 하며, 그 기재 내용에 대하여 근로자대표의 이견이 있는 경우에는 그 내용을 첨부해야 한다. 다만, 근로자대표가 없는 경우에는 재해자 본인의 확인을 받아 산업재해조사표를 제출할 수 있다(규칙 제73조 제3항).

8. 산업안전보건법령상 안전보건관리책임자가 총괄·관리해야 할 업무에 해당하는 것만을 모두 고른 것은?

> ㉠ 산업재해 예방계획의 수립에 관한 사항
> ㉡ 산업재해의 원인 조사 및 재발 방지대책 수립에 관한 사항
> ㉢ 자율안전확인대상 기계·기구등의 사용 여부 확인에 관한 사항
> ㉣ 건설업의 경우 수급인의 산업안전보건관리비의 집행 감독 및 그 사용에 관한 수급인 간의 협의·조정에 관한 사항

① ㉠, ㉡
② ㉠, ㉢
③ ㉠, ㉣
④ ㉡, ㉢
⑤ ㉢, ㉣

해설 안전보건관리책임자가 총괄·관리해야 할 업무(법 제15조 제1항)
1. 사업장의 산업재해 예방계획의 수립에 관한 사항

2. 안전보건관리규정의 작성 및 변경에 관한 사항
3. 안전보건교육에 관한 사항
4. 작업환경측정 등 작업환경의 점검 및 개선에 관한 사항
5. 근로자의 건강진단 등 건강관리에 관한 사항
6. 산업재해의 원인 조사 및 재발 방지대책 수립에 관한 사항
7. 산업재해에 관한 통계의 기록 및 유지에 관한 사항
8. 안전장치 및 보호구 구입 시 적격품 여부 확인에 관한 사항
9. 그 밖에 근로자의 유해 · 위험 방지조치에 관한 사항으로서 위험성평가의 실시에 관한 사항과 안전보건규칙에서 정하는 근로자의 위험 또는 건강장해의 방지에 관한 사항(규칙 제9조)

9. 산업안전보건법령상 물질안전보건자료 및 경고표시에 관한 설명으로 옳은 것은?
① 물질안전보건자료대상물질을 양도하거나 제공하는 자는 물질안전보건자료 제공의무가 없다.
② 약사법에 따른 의약품은 물질안전보건자료의 작성 대상이다.
③ 탱크로리, 파이프라인에 의하여 물질안전보건자료대상물질을 양도하거나 제공하는 경우에는 경고표시 기재 항목을 적은 자료를 제공할 필요가 없다.
④ 사업주는 새로운 물질안전보건자료대상물질이 도입된 경우 근로자에게 물질안전보건자료에 관한 교육을 매번 실시할 필요가 없다.
⑤ 사업주는 물질안전보건자료에 관한 교육을 할 때 유해성 · 위험성이 유사한 물질안전보건자료대상물질을 그룹별로 분류하여 교육할 수 있다.

해설 ⑤ 사업주는 교육을 하는 경우에 유해성 · 위험성이 유사한 물질안전보건자료대상물질을 그룹별로 분류하여 교육할 수 있다(규칙 제169조 제2항).
① 물질안전보건자료대상물질을 양도하거나 제공하는 자는 이를 양도받거나 제공받는 자에게 물질안전보건자료를 제공하여야 한다(법 제111조 제1항).
② 약사법에 따른 의약품은 물질안전보건자료의 작성 제외 대상이다(영 제86조).
③ 용기 및 포장에 담는 방법 외의 방법으로 물질안전보건자료대상물질을 양도하거나 제공하는 경우에는 고용노동부장관이 정하여 고시한 바에 따라 경고표시 기재 항목을 적은 자료를 제공하여야 한다(법 제115조 제1항).
④ 사업주는 새로운 물질안전보건자료대상물질이 도입된 경우에는 작업장에서 취급하는 물질안전보건자료대상물질의 물질안전보건자료에서 별표 5에 해당되는 내용을 근로자에게 교육해야 한다(규칙 제169조 제1항 전단).

10. 산업안전보건법령상 유해위험방지계획서 또는 공정안전보고서에 관한 설명으로 옳은 것은?
① 전기부품 제조업으로서 전기 계약 용량이 200킬로와트 이상인 사업은 유해위험방지계획서 제출 대상 업종에 포함되어 있다.
② 깊이 5미터 이상의 굴착공사를 하는 경우 사업주는 건설안전 분야 산업안전지도사의 의견을 들은 후 유해위험방지계획서를 제출하여야 한다.

③ 유해위험방지계획서에 대한 심사결과 사업주는 지방고용노동관서의 장으로부터 공사착공중지명령 또는 계획변경명령을 받은 경우에는 계획서를 보완하거나 변경하여 한국산업안전보건공단에 제출하여야 한다.
④ 사업주는 공정안전보고서 심사결과를 근로자에게 알려주어야 한다.
⑤ 사업주는 유해·위험설비의 설치·이전 또는 주요 구조부분의 변경공사의 착공일 전까지 공정안전보고서를 2부 작성하여 한국산업안전보건공단에 제출하여야 한다.

> **해설** ③ 사업주는 지방고용노동관서의 장으로부터 공사착공중지명령 또는 계획변경명령을 받은 경우에는 유해위험방지계획서를 보완하거나 변경하여 공단에 제출해야 한다(규칙 제45조 제5항).
> ① 전기부품 제조업으로서 전기 계약 용량이 300킬로와트 이상인 사업은 유해위험방지계획서 제출 대상 업종이다(영 제42조 제1항).
> ② 깊이 10미터 이상의 굴착공사를 하는 경우 사업주는 건설안전 분야 산업안전지도사의 의견을 들은 후 유해위험방지계획서를 제출하여야 한다(영 제42조 제3항).
> ④ 고용노동부장관은 제출된 유해위험방지계획서를 고용노동부령으로 정하는 바에 따라 심사하여 그 결과를 사업주에게 서면으로 알려 주어야 한다(법 제42조 제4항 전단).
> ⑤ 사업주는 유해하거나 위험한 설비를 설치·이전하거나 고용노동부장관이 정하는 주요 구조부분을 변경할 때에는 고용노동부령으로 정하는 바에 따라 공정안전보고서를 작성하여 고용노동부장관에게 제출해야 한다(영 제45조 제1항 전단).

11. 산업안전보건법령상 안전보건교육에 관한 설명으로 옳은 것은?
① 사무직 종사 근로자는 정기교육 대상이 아니다.
② 관리감독자의 지위에 있는 사람은 연간 8시간 이상의 교육을 받아야 한다.
③ 작업내용 변경시 일용근로자를 제외한 근로자의 안전보건교육은 1시간 이상 실시하여야 한다.
④ 채용 시의 근로자에 대한 안전·보건교육은 고용형태에 관계없이 교육시간이 동일하다.
⑤ 안전보건관리책임자도 고용노동부장관이 실시하는 안전·보건에 관한 직무교육으로서 신규교육과 보수교육을 받아야 한다.

> **해설** ⑤ 안전보건관리책임자는 신규교육 6시간 이상, 보수교육 6시간 이상 받아야 한다(규칙 별표 4).
> ① 사무직 종사 근로자는 매반기 6시간 이상 정기교육을 받아야 한다(규칙 별표 4).
> ② 관리감독자의 지위에 있는 사람은 연간 16시간 이상의 교육을 받아야 한다(규칙 별표 4).
> ③ 작업내용 변경시 일용근로자를 제외한 근로자의 안전보건교육은 2시간 이상 실시하여야 한다(규칙 별표 4).
> ④ 채용 시의 근로자에 대한 안전·보건교육은 일용근로자 1시간 이상, 일용근로자를 제외한 근로자 8시간 이상 실시하여야 한다(규칙 별표 4).

정답 9 ⑤ 10 ③ 11 ⑤

12. 산업안전보건기준에 관한 규칙상 근골격계부담작업으로 인한 건강장해 예방에 관한 설명으로 옳지 않은 것은?

① 사업주는 유해요인 조사를 하는 경우에 근로자와의 면담, 증상 설문조사, 인간공학적 측면을 고려한 조사 등 적절한 방법으로 하여야 한다.
② 사업주는 근골격계부담작업을 하는 경우에 근골격계질환 발생 시의 대처요령에 대해 근로자에게 알려야 한다.
③ 사업주는 근골격계질환 예방에 필요한 사항을 근로자대표의 동의를 받아야 한다.
④ 사업주는 유해요인 조사에 근로자대표 또는 해당 작업 근로자를 참여시켜야 한다.
⑤ 사업주는 근로자가 5킬로그램 이상의 중량물을 들어올리는 작업을 하는 경우에 주로 취급하는 물품에 대하여 근로자가 쉽게 알 수 있도록 물품의 중량과 무게 중심에 대하여 작업장 주변에 안내표시를 하여야 한다.

해설 ③ 사업주는 근로자가 근골격계부담작업을 하는 경우에 근골격계질환 예방에 필요한 사항을 근로자에게 알려야 한다(산업안전보건기준에 관한 규칙 제661조 제1항 제5호).
① 사업주는 유해요인 조사 결과 근골격계질환이 발생할 우려가 있는 경우에 인간공학적으로 설계된 인력작업 보조설비 및 편의설비를 설치하는 등 작업환경 개선에 필요한 조치를 하여야 한다(산업안전보건기준에 관한 규칙 제659조).
② 사업주는 근골격계부담작업을 하는 경우에 근골격계질환 발생 시의 대처요령에 대해 근로자에게 알려야 한다(산업안전보건기준에 관한 규칙 제661조 제1항 제3호).
④ 사업주는 유해요인 조사에 근로자 대표 또는 해당 작업 근로자를 참여시켜야 한다(산업안전보건기준에 관한 규칙 제657조 제3항).
⑤ 사업주는 근로자가 5킬로그램 이상의 중량물을 들어올리는 작업을 하는 경우에 주로 취급하는 물품에 대하여 근로자가 쉽게 알 수 있도록 물품의 중량과 무게 중심에 대하여 작업장 주변에 안내표시를 하여야 한다(산업안전보건기준에 관한 규칙 제665조 제1호).

13. 산업안전보건기준에 관한 규칙상 밀폐공간 내 작업에 관한 설명으로 옳은 것은?

① "산소결핍"이란 공기 중의 산소농도가 18퍼센트 미만인 상태를 말한다.
② 밀폐공간 작업 프로그램에는 작업시작 전·후 공기상태가 적정한지를 확인하기 위한 측정·평가, 방독마스크의 착용과 관리에 대한 내용이 포함되어야 한다.
③ 근로자가 밀폐공간에서 작업을 하는 경우 밀폐공간 작업 프로그램을 수립하여 시행하여야 하는 주체는 보건관리자 선임의무가 있는 사업주에 한한다.
④ 사업주는 근로자가 밀폐공간에서 작업을 하는 경우 상시 작업상황을 감시할 수 있는 감시인을 지정하여 밀폐공간 내부에 배치하여야 한다.
⑤ 사업주는 밀폐공간에 종사하는 근로자에 대하여 응급처치 등 긴급 구조훈련을 1년에 1회 이상 주기적으로 실시하여야 한다.

해설 ① 산소결핍 : 공기 중의 산소농도가 18% 미만인 상태를 말한다(산업안전보건기준에 관한 규칙 제618조).
② 밀폐공간 작업 프로그램에는 밀폐공간 작업 시 사전 확인이 필요한 사항에 대한 확인 절차 등에 대한 내용이 포함되어야 한다(산업안전보건기준에 관한 규칙 제619조 제1항).
③ 근로자가 밀폐공간에서 작업을 하는 경우 밀폐공간 작업 프로그램을 수립하여 시행하여야 하는 주체는 관리감독자 선임의무가 있는 사업주에 한한다(산업안전보건기준에 관한 규칙 제619조 제2항).
④ 사업주는 근로자가 밀폐공간에서 작업을 하는 경우 근로자에게 관리감독자, 근로자, 감시인 등 작업자 정보를 근로자가 안전한 상태에서 작업하도록 하여야 한다(산업안전보건기준에 관한 규칙 제619조 제2항).
⑤ 사업주는 밀폐공간에 종사하는 근로자에 대하여 밀폐공간 내 질식·중독 등을 일으킬 수 있는 유해·위험 요인의 파악 및 관리 방안을 수립하여 시행하여야 한다(제619조 제1항).

14. 산업안전보건법령상 제조 등이 금지되는 유해물질이 아닌 것은?
① 염화비닐
② 석면
③ 베타-나프틸아민과 그 염
④ 폴리클로리네이티드 터페닐(PCT)
⑤ 4-니트로디페닐과 그 염

해설 제조 등이 금지되는 유해물질(영 제87조)
1. β-나프틸아민[91-59-8]과 그 염(β-Naphthylamine and its salts)
2. 4-니트로디페닐[92-93-3]과 그 염(4-Nitrodiphenyl and its salts)
3. 백연[1319-46-6]을 포함한 페인트(포함된 중량의 비율이 2퍼센트 이하인 것은 제외한다)
4. 벤젠[71-43-2]을 포함하는 고무풀(포함된 중량의 비율이 5퍼센트 이하인 것은 제외한다)
5. 석면(Asbestos; 1332-21-4 등)
6. 폴리클로리네이티드 터페닐(Polychlorinated terphenyls; 61788-33-8 등)
7. 황린[12185-10-3] 성냥(Yellow phosphorus match)
8. 1., 2., 5. 또는 6.에 해당하는 물질을 포함한 혼합물(포함된 중량의 비율이 1퍼센트 이하인 것은 제외한다)
9. 「화학물질관리법」에 따른 금지물질
10. 그 밖에 보건상 해로운 물질로서 산업재해보상보험및예방심의위원회의 심의를 거쳐 고용노동부장관이 정하는 유해물질

15. 산업안전보건법령에 규정된 용어에 관한 설명으로 옳은 것은?
① "근로자"란 직업의 종류를 불문하고 임금·급료 기타 이에 준하는 수입에 의하여 생활하는 자를 말한다.
② "작업환경측정"이란 작업환경 실태를 파악하기 위하여 해당 근로자 또는 작업장에 대하여 고용노동부장관이 지정하는 자가 측정계획을 수립하여 시료를 채취하고 분석·평가하는 것을 말한다.
③ 2개월 이상의 요양이 필요한 부상자가 동시에 3명이상 발생한 재해는 "중대재해"에 포함된다.
④ "안전·보건진단"이란 산업재해를 예방하기 위하여 잠재적 위험성을 발견하고 그 개선대책을 수립할 목적으로 고용노동부장관이 지정하는 자가 하는 조사·평가를 말한다.
⑤ "사업주"란 근로기준법상의 사용자를 말한다.

정답 12 ③ 13 ① 14 ① 15 ④

해설 ④ 안전·보건진단 : 산업재해를 예방하기 위하여 잠재적 위험성을 발견하고 그 개선대책을 수립할 목적으로 조사·평가하는 것을 말한다(법 제2조 제12호).
① 근로자 : 직업의 종류와 관계없이 임금을 목적으로 사업이나 사업장에 근로를 제공하는 사람을 말한다(법 제2조 제3호).
② 작업환경측정 : 작업환경 실태를 파악하기 위하여 해당 근로자 또는 작업장에 대하여 사업주가 유해인자에 대한 측정계획을 수립한 후 시료를 채취하고 분석·평가하는 것을 말한다(법 제2조 제13호).
③ 중대재해는 사망자가 1명 이상 발생한 재해, 3개월 이상의 요양이 필요한 부상자가 동시에 2명 이상 발생한 재해, 부상자 또는 직업성 질병자가 동시에 10명 이상 발생한 재해가 포함된다(규칙 제3조).
⑤ 사업주 : 근로자를 사용하여 사업을 하는 자를 말한다(법 제2조 제4호).

16. 다음의 경우 산업안전보건법령상 사업장에 선임하여야 할 안전·보건관리자에 관한 설명으로 옳지 않은 것은?

> 상시근로자 400명을 고용하여 1차 금속 제조업을 영위하는 A사는 같은 업종의 B사와 C사를 사내 하도급업체로 두고 있으며, B사와 C사는 각각 상시근로자 100명씩을 고용하여 사업을 운영하고 있다.

① 도급인 A와 수급인 B, 수급인 C는 각각 안전관리자 1명씩 총 3명의 안전관리자를 선임하는 것이 원칙이다.
② 도급인 A가 자신의 근로자수 400명에 대한 안전관리자 1명과 수급인 B·C의 근로자수 200명에 대한 안전관리자 1명을 추가로 선임하였다면 수급인 B·C는 별도의 안전관리자를 선임하지 않아도 된다.
③ 도급인 A와 수급인 B, 수급인 C는 각각 보건관리자 1명씩 총 3명의 보건관리자를 선임하는 것이 원칙이다.
④ 도급인 A가 자신의 근로자수 400명에 대한 보건관리자 1명과 수급인 B·C의 근로자수 200명에 대한 보건관리자 1명을 추가로 선임하였다면 수급인 B·C는 별도의 보건관리자를 선임하지 않아도 된다.
⑤ 위 ①항의 경우 도급인 A와 수급인 B·C가 안전관리자를 선임할 때 건설안전기사자격을 가진 사람을 안전관리자로 선임하여서는 아니된다.

해설 1차 금속 제조업을 영위하는 사업장은 상시근로자 50명 이상 500명 미만인 경우 보건관리자 1명을 선임하여야 하므로 A, B, C사업장 각 1인의 보건관리자 1명을 선임하여야 한다(영 별표 5).

17. 산업안전보건법령상 안전보건관리규정에 대한 설명으로 옳은 것은?
① 안전보건관리규정 중 당해 사업장에 적용되는 단체협약 및 취업규칙에 반하는 부분에 관하여는 안전보건관리규정을 우선 적용한다.
② 안전보건관리규정에는 작업장에 대한 안전·보건관리에 관한 사항이 포함되어야 한다.

③ 사업주는 안전보건관리규정을 작성하여야 할 사유가 발생한 날부터 60일 이내에 안전보건관리규정을 작성하여야 한다.
④ 사업주는 안전보건관리규정을 변경하여야 할 사유가 발생한 경우 해당 사유가 발생한 날부터 60일 이내에 안전보건관리규정을 변경하여야 한다.
⑤ 사업주가 안전보건관리규정을 작성하거나 변경할 때에 산업안전보건위원회가 설치되어 있지 아니한 사업장의 경우에는 근로자대표에게 통보만 하면 된다.

해설 ② 안전보건관리규정에는 작업장에 대한 안전·보건관리에 관한 사항이 포함되어야 한다(법 제25조 제1항 제3호).
① 안전보건관리규정은 단체협약 또는 취업규칙에 반할 수 없다. 이 경우 안전보건관리규정 중 단체협약 또는 취업규칙에 반하는 부분에 관하여는 그 단체협약 또는 취업규칙으로 정한 기준에 따른다(법 제25조 제2항).
③, ④ 사업의 사업주는 안전보건관리규정을 작성해야 할 사유가 발생한 날부터 30일 이내에 별표 3의 내용을 포함한 안전보건관리규정을 작성해야 한다. 이를 변경할 사유가 발생한 경우에도 또한 같다(규칙 제25조 제2항 전단).
⑤ 사업주는 안전보건관리규정을 작성하거나 변경할 때에는 산업안전보건위원회의 심의·의결을 거쳐야 한다. 다만, 산업안전보건위원회가 설치되어 있지 아니한 사업장의 경우에는 근로자대표의 동의를 받아야 한다(법 제26조).

18. 산업안전보건법령상 안전검사에 관한 설명으로 옳지 않은 것은?

① 프레스, 전단기 등 안전검사대상기계등을 사용하는 사업주는 안전검사대상기계등의 안전에 관한 성능이 검사기준에 맞는지에 대하여 안전검사를 받아야 한다.
② 안전검사대상기계등을 사용하는 사업주와 소유자가 다른 경우에는 해당 유해·위험기계등을 사용하는 사업주가 안전검사를 받아야 한다.
③ 안전검사 대상인 크레인, 리프트 및 곤돌라의 검사주기는 사업장에 설치가 끝난 날부터 3년 이내에 최초 안전검사를 실시하되, 그 이후부터 2년마다 실시하여야 한다.
④ 안전검사대상기계등을 건설현장에서 사용하는 경우에는 최초로 설치한 날부터 6개월마다 안전검사를 실시하여야 한다.
⑤ 안전검사 대상인 프레스, 전단기의 검사주기는 사업장에 설치가 끝난 날부터 3년 이내에 최초 안전검사를 실시하되, 그 이후부터 2년마다 실시하여야 한다.

해설 ② 안전검사대상기계등을 사용하는 사업주와 소유자가 다른 경우에는 안전검사대상기계등의 소유자가 안전검사를 받아야 한다(법 제93조 제1항).
① 프레스, 전단기 등 유해·위험기계등을 사용하는 사업주는 안전검사대상기계등의 안전에 관한 성능이 검사기준에 맞는지에 대하여 안전검사를 받아야 한다(영 제78조 제1항).
③ 안전검사 대상인 크레인, 리프트 및 곤돌라의 검사주기는 사업장에 설치가 끝난 날부터 3년 이내에 최초 안전검사를 실시하되, 그 이후부터 2년마다 실시하여야 한다(규칙 제126조 제1항 제1호).
④ 안전검사대상기계등을 건설현장에서 사용하는 경우에는 최초로 설치한 날부터 6개월마다 안전검사를 실시하여야 한다(규칙 제126조 제1항 제1호).
⑤ 안전검사 대상인 프레스, 전단기의 검사주기는 사업장에 설치가 끝난 날부터 3년 이내에 최초 안전검사를 실시하되, 그 이후부터 2년마다 실시하여야 한다(규칙 제126조 제1항 제3호).

정답 16 ④ 17 ② 18 ②

19. 산업안전보건기준에 관한 규칙상 근로자의 추락위험 예방에 관한 설명으로 옳지 않은 것은?

① 추락방호망의 설치위치는 가능하면 작업면으로부터 가까운 지점에 설치하여야 하며, 작업면으로부터 망의 설치지점까지의 수직거리는 10미터를 초과하지 아니하여야 한다.
② 안전난간은 상부 난간대, 중간 난간대, 발끝막이판 및 난간기둥으로 구성하여야 한다.
③ 안전난간은 구조적으로 가장 취약한 지점에서 가장 취약한 방향으로 작용하는 50킬로그램 이상의 하중에 견딜 수 있는 구조이어야 한다.
④ 사업주는 높이 1미터 이상인 계단의 개방된 측면에 안전난간을 설치하여야 한다.
⑤ 사업주는 높이 또는 깊이 2미터 이상의 추락할 위험이 있는 장소에서 작업하는 근로자에게 안전대를 지급하고 착용하도록 하여야 한다.

해설 ③ 안전난간은 구조적으로 가장 취약한 지점에서 가장 취약한 방향으로 작용하는 100kg 이상의 하중에 견딜 수 있는 튼튼한 구조일 것(산업안전보건기준에 관한 규칙 제13조 제7호)
① 추락방호망의 설치위치는 가능하면 작업면으로부터 가까운 지점에 설치하여야 하며, 작업면으로부터 망의 설치지점까지의 수직거리는 10m를 초과하지 아니할 것(산업안전보건기준에 관한 규칙 제42조 제2항 제1호)
② 안전난간은 상부 난간대, 중간 난간대, 발끝막이판 및 난간기둥으로 구성할 것(산업안전보건기준에 관한 규칙 제13조 제1호)
④ 사업주는 높이 1m 이상인 계단의 개방된 측면에 안전난간을 설치하여야 한다(산업안전보건기준에 관한 규칙 제30조).
⑤ 사업주는 높이 또는 깊이 2미터 이상의 추락할 위험이 있는 장소에서 작업하는 근로자에게 안전대를 지급하고 착용하도록 하여야 한다(산업안전보건기준에 관한 규칙 제32조 제1항 제2호).

20. 산업안전보건법령상 작업환경측정에 대한 설명으로 옳은 것은?

① 작업환경측정 대상 작업장은 작업환경측정 대상 유해인자가 존재하는 작업장을 말한다.
② 작업환경측정을 할 때에는 모든 측정은 반드시 개인시료채취방법으로 하여야 한다.
③ 작업장 또는 작업공정이 신규로 가동되거나 변경되어 작업환경측정 대상 작업장이 된 경우에는 지체없이 작업환경측정을 하여야 한다.
④ 발암성물질인 화학적 인자의 측정치가 노출기준을 초과하는 경우 해당 사업장 전체에 대하여 그 측정일부터 3개월에 1회 이상 작업환경측정을 하여야 한다.
⑤ 사업주는 작업환경측정 결과 노출기준을 초과한 작업공정이 있는 경우 개선 등 적절한 조치를 하고 시료채취를 마친 날부터 60일 이내에 해당 작업공정의 개선을 증명할 수 있는 서류 또는 개선계획을 관할 지방고용노동관서의 장에게 제출하여야 한다.

해설 ⑤ 사업주는 작업환경측정 결과 노출기준을 초과한 작업공정이 있는 경우에는 해당 시설·설비의 설치·개선 또는 건강진단의 실시 등 적절한 조치를 하고 시료채취를 마친 날부터 60일 이내에 해당 작업공정의 개선을 증명할 수 있는 서류 또는 개선 계획을 관할 지방고용노동관서의 장에게 제출해야 한다(규칙 제188조 제3항).
① 작업환경측정 대상 작업장은 작업환경측정 대상 유해인자에 노출되는 근로자가 있는 작업장을 말한다(규칙 제186조 제1항 전단).
② 모든 측정은 개인 시료채취방법으로 하되, 개인 시료채취방법이 곤란한 경우에는 지역 시료채취방법으로 실시할 것. 이 경우 그 사유를 작업환경측정 결과표에 분명하게 밝혀야 한다(규칙 제189조 제1항 제3호).

③ 작업장 또는 작업공정이 신규로 가동되거나 변경되는 등으로 작업환경측정 대상 작업장이 된 경우에는 그 날부터 30일 이내에 작업환경측정을 하고, 그 후 반기에 1회 이상 정기적으로 작업환경을 측정해야 한다(규칙 제190조 제1항 전단).
④ 화학적 인자(고용노동부장관이 정하여 고시하는 물질만 해당한다)의 측정치가 노출기준을 초과하는 경우 해당하는 작업장 또는 작업공정은 해당 유해인자에 대하여 그 측정일부터 3개월에 1회 이상 작업환경측정을 해야 한다(규칙 제190조 제1항).

21. 산업안전보건법령상 명예산업안전감독관에 대한 설명으로 옳지 않은 것은?

① 고용노동부장관은 산업안전보건위원회 설치 대상 사업의 근로자 중에서 근로자대표가 사업주의 의견을 들어 추천하는 사람을 명예산업안전감독관으로 위촉할 수 있다.
② 위 ①항의 명예산업안전감독관은 법령 및 산업재해 예방정책의 개선을 건의할 수 있다.
③ 명예산업안전감독관의 임기는 2년으로 하되, 연임할 수 있다.
④ 고용노동부장관은 명예산업안전감독관의 활동을 지원하기 위하여 수당 등을 지급할 수 있다.
⑤ 고용노동부장관은 근로자대표가 사업주의 의견을 들어 위촉된 명예산업안전감독관의 해촉을 요청한 경우 그를 해촉할 수 있다.

해설 ② 근로자대표가 사업주의 의견을 들어 추천하는 사람인 명예산업안전감독관은 법령 및 산업재해 예방정책의 개선을 건의할 수 없다(영 제32조 제2항 제8호).
① 고용노동부장관은 산업안전보건위원회 설치 대상 사업의 근로자 중에서 근로자대표가 사업주의 의견을 들어 추천하는 사람을 명예산업안전감독관으로 위촉할 수 있다(영 제32조 제1항 제1호).
③ 명예산업안전감독관의 임기는 2년으로 하되, 연임할 수 있다(영 제32조 제3항).
④ 고용노동부장관은 명예산업안전감독관의 활동을 지원하기 위하여 수당 등을 지급할 수 있다(영 제32조 제4항).
⑤ 고용노동부장관은 근로자대표가 사업주의 의견을 들어 위촉된 명예산업안전감독관의 해촉을 요청한 경우 그를 해촉할 수 있다(영 제33조 제1호).

22. 산업안전보건법령상 산업안전보건위원회에 대한 설명으로 옳지 않은 것은?

① 산업안전보건위원회의 위원장은 위원 중에서 호선(互選)하며, 이 경우 근로자위원과 사용자위원 중 각 1명을 공동위원장으로 선출할 수 있다.
② 근로자대표가 근로자위원을 지명하는 경우에 근로자대표는 조합원인 근로자와 조합원이 아닌 근로자의 비율을 반영하여 근로자위원을 지명하도록 노력해야 한다.
③ 사용자위원은 해당 사업의 대표자로 구성한다.
④ 유해·위험사업의 대표자가 사용자위원을 지명하는 경우에는 해당 사업장의 해당부서의 장을 반드시 사용자위원으로 지명하여야 한다.
⑤ 산업안전보건위원회의 회의는 근로자위원 및 사용자위원 각 과반수의 출석으로 시작하고 출석위원 과반수의 찬성으로 의결한다.

정답 19 ③ 20 ⑤ 21 ② 22 ④

해설 ④ 유해·위험사업의 대표자가 사용자위원을 지명하는 경우에는 도급인 대표자, 관계수급인의 각 대표자 및 안전관리자를 사용자위원으로 구성할 수 있다(영 제35조 제3항).
① 산업안전보건위원회의 위원장은 위원 중에서 호선한다. 이 경우 근로자위원과 사용자위원 중 각 1명을 공동위원장으로 선출할 수 있다(영 제36조).
② 근로자대표가 근로자위원을 지명하는 경우에 근로자대표는 조합원인 근로자와 조합원이 아닌 근로자의 비율을 반영하여 근로자위원을 지명하도록 노력해야 한다(규칙 제24조).
③ 사용자위원은 해당 사업의 대표자로 구성한다(영 제35조 제2항).
⑤ 회의는 근로자위원 및 사용자위원 각 과반수의 출석으로 개의하고 출석위원 과반수의 찬성으로 의결한다(영 제37조 제2항).

23. 산업안전보건법령상 근로자의 보건관리에 관한 설명으로 옳지 않은 것은?
① 사업주는 감염병, 정신질환 또는 근로로 인하여 병세가 크게 악화될 우려가 있는 질병으로서 고용노동부령으로 정하는 질병에 걸린 자에게는 의사의 진단에 따라 근로를 금지하거나 제한하여야 한다.
② 사업주는 근로가 금지되거나 제한된 근로자가 건강을 회복하였을 때에는 지체 없이 취업하게 하여야 한다.
③ 사업주는 정신신경증, 알코올중독, 신경통, 그 밖의 정신신경계의 질병이 있는 사람은 근로를 금지시켜야 한다.
④ 사업주는 근로를 금지하거나 근로를 다시 시작하도록 하는 경우에는 미리 의사인 보건관리자, 산업보건의 또는 건강진단을 실시한 의사의 의견을 들어야 한다.
⑤ 관할 지방고용노동관서의 장이 역학조사의 필요성을 인정하는 경우에는 산업안전보건위원회의 의결이나 상대방의 동의 없이 역학조사를 할 수 있다.

해설 ③ 사업주는 전염될 우려가 있는 질병에 걸린 사람, 조현병·마비성 치매에 걸린 사람, 심장·신장·폐 등의 질환이 있는 사람으로서 근로에 의하여 병세가 악화될 우려가 있는 사람은 근로를 금지시켜야 한다(규칙 제220조 제1항).
① 사업주는 감염병, 정신질환 또는 근로로 인하여 병세가 크게 악화될 우려가 있는 질병으로서 고용노동부령으로 정하는 질병에 걸린 사람에게는 의사의 진단에 따라 근로를 금지하거나 제한하여야 한다(법 제138조 제1항).
② 사업주는 근로가 금지되거나 제한된 근로자가 건강을 회복하였을 때에는 지체 없이 근로를 할 수 있도록 하여야 한다(법 제138조 제2항).
④ 사업주는 근로를 금지하거나 근로를 다시 시작하도록 하는 경우에는 미리 보건관리자(의사인 보건관리자만 해당한다), 산업보건의 또는 건강진단을 실시한 의사의 의견을 들어야 한다(규칙 제220조 제2항).
⑤ 사업주 또는 근로자대표가 역학조사를 요청하는 경우에는 산업안전보건위원회의 의결을 거치거나 각각 상대방의 동의를 받아야 한다. 다만, 관할 지방고용노동관서의 장이 역학조사의 필요성을 인정하는 경우에는 그렇지 다(규칙 제222조 제2항).

24. 산업안전보건법령상 근로자대표의 자료요청에 대하여 사업주가 응하지 않아도 되는 것만을 모두 고른 것은?

> ㉠ 산업안전보건위원회가 의결한 사항
> ㉡ 도급사업에 있어서의 도급 사업주의 안전·보건조치사항
> ㉢ 안전·보건교육 실시 결과에 관한 사항
> ㉣ 공정안전보고서의 작성 및 확인에 관한 사항
> ㉤ 근로자 건강진단에 관한 사항
> ㉥ 작업환경측정에 관한 사항

① ㉠, ㉡, ㉢
② ㉠, ㉤, ㉥
③ ㉡, ㉢, ㉣
④ ㉢, ㉣, ㉤
⑤ ㉣, ㉤, ㉥

해설 근로자대표는 사업주에게 다음의 사항을 통지하여 줄 것을 요청할 수 있고, 사업주는 이에 성실히 따라야 한다(법 제35조).
1. 산업안전보건위원회(노사협의체를 구성·운영하는 경우에는 노사협의체를 말한다)가 의결한 사항
2. 안전보건진단 결과에 관한 사항
3. 안전보건개선계획의 수립·시행에 관한 사항
4. 도급인의 이행 사항
5. 물질안전보건자료에 관한 사항
6. 작업환경측정에 관한 사항
7. 그 밖에 고용노동부령으로 정하는 안전 및 보건에 관한 사항

25. 산업안전보건기준에 관한 규칙상 근로자의 위험을 예방하기 위하여 규정된 내용으로 옳은 것은?

① 거푸집 동바리로 사용하는 파이프서포트를 2개 이상 이어서 사용하지 않도록 하여야 한다.
② 콘크리트를 타설하는 경우에는 지지강도가 높게 나오게 중앙부위에 집중적으로 타설하여야 한다.
③ 흙막이 등 기울기면의 붕괴방지 조치를 하지 않고 풍화암으로 이루어진 지반을 굴착하는 경우 굴착면의 기울기는 1 : 0.5에 맞도록 하여야 한다.
④ 위 ③항의 경우 습지인 보통 흙으로 이루어진 지반을 굴착하는 경우에는 굴착면의 기울기는 1 : 0.5~1 : 1에 맞도록 하여야 한다.
⑤ 흙막이 등 기울기면의 붕괴방지 조치를 하지 않은 상태에서 굴착면의 경사가 달라서 기울기를 계산하기 곤란한 경우 해당 굴착면에 대하여 굴착면의 기울기 기준에 따라 붕괴의 위험이 증가하지 않도록 해당 각 부분의 경사를 유지하여야 한다.

해설 ⑤ 사업주는 지반 등을 굴착하는 경우 굴착면의 기울기를 별표 11의 기준에 맞도록 해야 한다. 다만, 건설기준에 맞게 작성한 설계도서상의 굴착면의 기울기를 준수하거나 흙막이 등 기울기면의 붕괴 방지를 위하여 적절한 조치를 한 경우에는 그렇지 않다(산업안전보건기준에 관한 규칙 제339조 제1항).

① 동바리로 사용하는 파이프 서포트의 경우 3개 이상 이어서 사용하지 않도록 할 것(산업안전보건기준에 관한 규칙 제332조의2 제1호)
③ 흙막이 등 기울면의 붕괴방지 조치를 하지 않고 연암 및 풍화암으로 이루어진 지반을 굴착하는 경우 굴착면의 기울기는 1 : 1.0에 맞도록 하여야 한다(산업안전보건기준에 관한 규칙 별표 11).
④ 위 ③항의 경우 습지인 보통의 흙으로 이루어진 지반을 굴착하는 경우 굴착면의 기울기는 1 : 1.2에 맞도록 하여야 한다(산업안전보건기준에 관한 규칙 별표 11).

산업안전 일반

26. 인간-기계시스템은 수동시스템, 기계화시스템 및 자동화시스템으로 분류할 수 있다. 다음 설명 중 옳지 않은 것은?
① 자동화시스템에서는 기계가 의사결정을 한다.
② 수동시스템에서는 인간의 통제를 받아 제품을 생산하는 것이 기계의 기능이다.
③ 기계화시스템에서는 인간의 통제를 받아 제품을 생산하는 것이 기계의 기능이다.
④ 기계화시스템에서 표시장치로부터 정보를 얻어 조종장치를 통해 기계를 통제하는 것은 인간의 기능이다.
⑤ 빨래를 하는 경우 수동시스템은 사람이 직접 하는 것이고, 자동화시스템은 사람이 물과 세제를 세탁기에 넣어 주면 자동으로 세탁하고 탈수하는 것이다.

해설 사람이 물과 세제를 세탁기에 넣어 주는 것은 기계화시스템이고, 사람이 물과 세제를 세탁기에 넣어 주지 않아도 자동으로 세탁하고 탈수하는 것이 자동화시스템이다.

27. 국제노동기구(ILO)의 산업재해 정도에 따른 분류에 관한 설명으로 옳지 않은 것은?
① "영구 전노동 불능"은 부상의 결과로 근로의 기능을 완전히 영구적으로 잃는 상해를 말하며, 신체장애 등급은 1~3등급에 해당된다.
② "일시 일부노동 불능"은 의사의 진단으로 일정 기간 정규 노동에는 종사할 수 없으나 휴무 상태가 아닌 일시 가벼운 노동에 종사할 수 있는 상해를 말한다.
③ "일시 전노동 불능"은 의사의 진단으로 일정 기간 정규 노동에 종사할 수 없는 상해를 말한다.
④ "영구 일부노동 불능"은 부상의 결과로 신체의 일부가 영구적으로 노동 기능을 상실한 상해를 말하며, 신체장애 등급은 4~16등급에 해당된다.
⑤ "구급(응급)조치"는 응급처치 또는 1일 미만의 자가 치료를 받고, 그 후부터 정상작업에 임할 수 있는 상해를 말한다.

해설 영구 일부노동 불능은 산업재해 중에서 신체의 일부분이 상실되거나 또는 신체 일부분이 생리기능을 영구히 불가능하게 된 것을 말하는 것으로, 산재보상법에서 제시한 신체 장애등급표 중 제4급에서 제14급에 해당한다.

28. 신뢰성시험에 있어 가속수명시험에 관한 설명으로 옳은 것은?

① 가속수명시험시간이 와이블(Weibull) 분포를 따르는 경우, 가속계수의 값만 알면 가속시험 데이터에서 구한 평균고장률로부터 정상조건에서의 평균고장률을 구할 수 있다.
② 가속시험 데이터가 대수정규분포를 따른다면, 가속시험 때와 정상시험 때의 형상 모수는 다르게 되므로 형상모수에 가속계수를 곱하여야 한다.
③ 주기적으로 스트레스를 증가시키면서 가급적 모든 샘플이 고장이 날 때까지 행하는 가속수명시험을 계단형 스트레스(step stress) 시험이라 한다.
④ 온도 외에 전압 또는 습도 등 다른 스트레스까지 포함시킨 모델로는 아레니우스(Arrhenius) 모델이 있다.
⑤ 스트레스로서 온도만을 고려하는 대표적인 모델로는 아이링(Eyring) 모델이 있다.

해설 ③ 계단형은 모든 시험품을 낮은 단계의 스트레스 수준에서 시작하여 일정 시간이 지난 후, 또는 일정 수의 고장 발생 후 고장 나지 않은 전 제품을 보다 높은 단계의 스트레스 수준으로 시험한다.
① 와이블분포는 고장률 함수가 상수, 증가 또는 감소함수인 수명 분포들을 모형화 할 때 적합한 분포이다.
② 대수정규분포는 어떤 사건의 위험도가 급격히 증가했다가 낮아지는 모형이다.
④ 아레니우스(Arrhenius) 모델은 온도를 가속인자로 시험하는 경우에 주로 사용한다.
⑤ 아이링(Eyring) 모델은 가속인자로 열-스트레스를 적용하는 경우에 주로 사용한다.

29. A 회사의 검사자는 이산적 직무인 부품의 내경검사 작업을 하루에 300개씩 실시하고 있다. 이 중에서 불량품을 10개 발견하여 290개를 원청회사에 납품하였고, 원청회사에서의 입고검사에서 30개가 더 발견되었다고 통보가 왔다. 원청회사에서의 검사가 완벽하다고 가정할 경우 이 검사자의 인간신뢰도(human reliability)는 얼마인가?(단, 소수점 셋째 자리에서 반올림한다.)

① 0.10
② 0.13
③ 0.87
④ 0.90
⑤ 0.93

해설 HEP(Human Error Probability)는 주어진 작업이 수행하는 동안 발생하는 오류의 확률이다. HEP(Human Error Probability) = $\frac{오류의 수}{전체 오류발생기회의 수} = \frac{300-30}{300} = \frac{270}{300} = 0.90$ $R(t) = \sum_{3}^{5} \binom{5}{3}[e^{-\lambda t}]^3[1-e^{-e\lambda t}]^2$

30. A 회사에서 생산하는 전자부품의 전자회로는 시스템의 안전을 위하여 그림과 같이 5개의 부품 중 3개만 작동하면 시스템이 정상적으로 가동되는 구조를 갖추고 있다. 동일하고 상호독립적인 각 부품의 고장률을 λ라고 할 때, 다음 중 신뢰도를 구하는 모델로 옳은 것은?

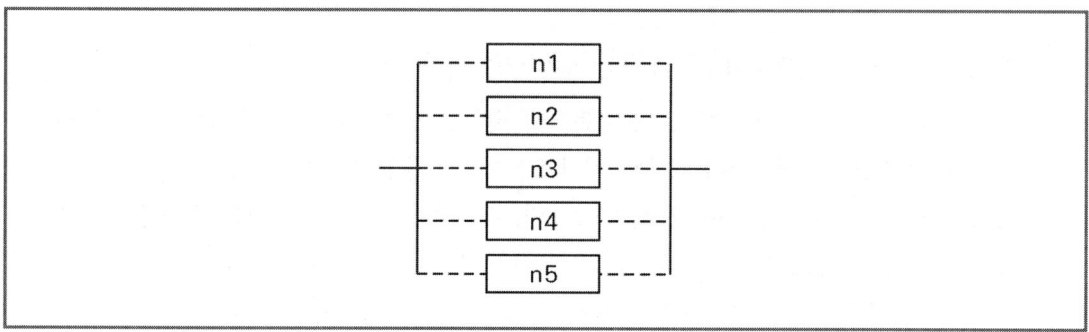

① $R(t) = \sum_{3}^{5} \binom{5}{3} [e^{-\lambda t}]^3 [1 - e^{-e\lambda t}]^2$

② $R(t) = \sum_{3}^{4} \binom{4}{3} [e^{-\lambda t}]^4 [1 - e^{-e\lambda t}]^3$

③ $R(t) = \sum_{5}^{3} \binom{3}{5} [e^{-\lambda t}]^3 [1 - e^{-e\lambda t}]^5$

④ $R(t) = \sum_{3}^{5} \binom{5}{3} [e^{-\lambda t}]^5 [1 - e^{-e\lambda t}]^3$

⑤ $R(t) = \sum_{3}^{5} \binom{5}{3} [e^{-\lambda t}]^5 [1 - e^{-e\lambda t}]^2$

해설 5개의 부품 중 3개만 작동하면 시스템이 정상적으로 가동되는 구조이고, 병렬이므로
$R(t) = \sum_{3}^{5} \binom{5}{3} [e^{-\lambda t}]^3 [1 - e^{-e\lambda t}]^2$ 이다.

31. 다음은 결함수분석(FTA)법에 의한 재해 사례 연구에 관한 내용이다. 연구 절차를 올바른 순서대로 나열한 것은?

㉠ 문제점의 중요도 및 우선순위를 결정한다.
㉡ 톱(top)사상의 재해원인을 결정한다.
㉢ 전체의 결함수(FT)도를 완성한다.
㉣ 안전성이 있는 개선안을 검토하고 결정한다.

① ㉠ → ㉡ → ㉢ → ㉣ ② ㉠ → ㉢ → ㉡ → ㉣
③ ㉡ → ㉠ → ㉢ → ㉣ ④ ㉡ → ㉠ → ㉣ → ㉢
⑤ ㉢ → ㉠ → ㉣ → ㉡

해설 결함수분석(FTA)법의 연구순서 : top 사상의 선정→사상마다 재해원인규명→FT도 작성→개선계획의 작성

32. C/R비(Control-Response Ratio)에 관한 설명으로 옳지 않은 것은?

① C/R비의 값은 화면상의 이동거리와는 반비례한다.
② C/R비의 값이 크다는 것은 조종장치가 민감하다는 의미이다.
③ 인간-기계시스템을 설계할 때에는 조종장치의 이동시간과 조종시간을 고려해야 한다.
④ C/R비의 값이 작으면 조종장치의 조종시간이 많이 소요되고 이동시간은 적게 소요된다.
⑤ C/R비는 모니터를 보면서 조종장치를 사용하는 작업에 적용한다.

해설 C/R비가 크면 조종장치 움직인 거리가 표시장치의 반응거리보가 커서 둔감하다. C/R비가 작으면 조종장치 움직인 거리가 표시장치의 반응거리보다 커서 민감하다.

33. 파레토(Pareto)도에 대한 설명으로 옳은 것만을 모두 고른 것은?

㉠ 가로축에는 항목별 막대그래프를 왼쪽부터 큰 순서로 기입하고, 세로축에는 그 비율을 나타내는 도표이다.
㉡ 데이터를 재해 원인별 혹은 현상별로 분류하여 막대그래프와 누적 꺾은선 그래프를 함께 표시한 도표이다.
㉢ 여러 가지 원인 및 대책에 있어서 집중적으로 관리하여야 하는 대상을 선정하기에 편리하다.

① ㉠ ② ㉠, ㉡
③ ㉠, ㉢ ④ ㉡, ㉢
⑤ ㉠, ㉡, ㉢

해설 파레토(Pareto)도
1. 가로축에는 항목별 막대그래프를 왼쪽부터 큰 순서로 기입하고, 세로축에는 그 비율을 나타내는 도표
2. 사고의 유형이나 기인물 등의 분류항목이 큰 것부터 작은 순서대로 도표화한 것
3. 데이터를 재해 원인별 혹은 현상별로 분류하여 막대그래프와 누적 꺾은선 그래프를 함께 표시한 도표
4. 여러 가지 원인 및 대책에 있어서 집중적으로 관리하여야 하는 대상을 선정하기에 편리

34. 안전교육의 3단계 중에서 2단계에 해당되는 교육과 그 특성을 올바르게 나타낸 것은?

① 안전기능교육 : 습관과 형성 ② 안전기능교육 : 경험과 적응
③ 안전지식교육 : 습득과 전달 ④ 안전지식교육 : 경험과 적응
⑤ 안전태도교육 : 습관과 형성

정답 30 ① 31 ① 32 ② 33 ⑤ 34 ②

해설 안전교육의 3단계
1. 1단계(지식교육) : 강의, 시청각 교육을 통한 지식의 전달
2. 2단계(기능교육) : 시범, 실습을 통한 경험의 체득과 적응
3. 3단계(태도교육) : 생활지도와 작업지도를 통한 안전의 습관화

35. 안전과 위험에 대한 개념 설명으로 옳지 않은 것은?
   ① 안전이란 재해와 위험이 없는 바람직한 상태에 도달하는 것을 말한다.
   ② 재해가 발생하는 것은 위험에 의한 결과적인 현상을 말한다.
   ③ 위험이란 근로자가 작업장소에서 접촉하는 물건 또는 환경과의 상호관계를 나타내는 것으로 그 결과로 부상이 발생하는 것이다.
   ④ 안전에 대응하는 반대 개념은 재해가 발생하는 것이다.
   ⑤ 안전은 상해, 손실, 위해 또는 위험에 노출되는 것으로부터의 자유를 말한다.

   해설 안전에 대응하는 반대 개념은 위험으로 사고 가능성이 있는 것이다.

36. 안전교육방법에 관한 설명으로 옳은 것은?
   ① ATT(American Telephone & Telegram Co.)는 대상 계층이 한정되어 있고, 먼저 훈련을 받은 자는 직급에 관계없이 훈련을 받지 않은 자에 대하여 지도자가 될 수 있다.
   ② OJT(On the Job Training)는 외부 전문가를 강사로 초빙하여 직장의 설정에 맞게 실제적 훈련이 가능하다.
   ③ Off JT(Off the Job Training)는 훈련에만 전념하게 하고 교육훈련목표에 대해 집단적 노력을 모을 수 있다.
   ④ TWI(Training Within Industry)는 주로 제일선 감독자를 교육대상자로 하며 교육내용은 작업방법훈련, 작업지도훈련, 인간관계훈련, 작업안전훈련이 있다.
   ⑤ MTP(Management Training Program)는 TWI보다 약간 낮은 계층을 목표로 하고, TWI와는 달리 관리문제에 보다 더 치중하고 있다.

   해설 ④ TWI(Training Within Industry)는 주로 제일선 감독자를 교육대상자로 하며 교육내용은 작업방법 기법 JMT, 작업지도 기법 JIT, 부하통솔법 JRT, 작업안전 기법 JST 등이다.
   ① ATT(American Telephone & Telegram Co.)는 대상계층이 한정되어 있지 않고 훈련을 먼저 받은 사람은 직급에 관계없이 훈련을 받지 않은 사람에 대해 지도원이 될 수 있다.
   ② OJT(On the Job Training)는 현장이나 직장에서 직속상사가 업무와 관련된 지식, 기능, 태도 등을 교육하는 것이다.
   ③ Off JT(Off the Job Training)는 한번에 다수 대상으로 일괄적인 교육을 할 수 있으나 교육훈련 목표에 대해 집단적 노력이 흐트러질 수 있다.
   ⑤ MTP(Management Training Program)는 교육대상자는 TWi보다 약간 높은 관리자인 중간관리자이고 관리문제에 주로 치중한다.

37. 조명에 관한 용어의 설명으로 옳지 않은 것은?
    ① 광도(luminous intensity)는 단위 입체각당 광원에서 방출되는 광속으로 측정한다.
    ② 휘도(luminance)는 단위 면적당 표면에 반사 또는 방출되는 빛의 양을 말한다.
    ③ 조도(illuminance)는 어떤 물체의 표면에서 내는 빛의 양을 말한다.
    ④ 반사율(reflectance)은 휘도와 조도의 비를 말한다.
    ⑤ 대비(luminance contrast)는 과녁의 휘도와 배경의 휘도 차를 말한다.

    해설 조도(illuminance)는 어떤 면이 받는 빛의 밝기, 즉 광원으로부터 진행된 빛이 특정한 면의 면적에 도달하는가를 나타내며 단위는 럭스(Lux)이고 기호는 lx이다.

38. 재해 발생 관련 이론에 관한 설명으로 옳은 것은?
    ① 자베타키스(Zabetakis)의 사고연쇄성이론 5단계 중에서 2단계는 '작전적 에러'이고, 3단계는 '전술적 에러'이다.
    ② 웨버(Weaver)의 사고연쇄성이론 5단계 중에서 2단계는 '인간의 결함'을 정의하고, '무엇이 재해를 일으켰는지'를 찾으려고 하는 것이다.
    ③ 아담스(Adams)의 사고연쇄성이론 5단계 중에서 3단계는 '에너지 및 위험물의 예기치 못한 폭주'이다.
    ④ 버드(Bird)의 사고연쇄성이론 5단계 중에서 1단계는 '사회적 환경과 유전적 요소'이다.
    ⑤ 하인리히(Heinrich)의 재해발생이론에서 1단계는 '제어의 부족'이다.

    해설
    ② 웨버(Weaver)의 사고연쇄성이론 5단계 중에서 2단계는 '인간의 결함'을 정의하고, '무엇이 재해를 일으켰는지'를 찾으려고 하는 것이다.
    ① 자베타키스(Zabetakis)의 사고연쇄성이론 5단계 중에서 2단계는 '불안전한 행동과 불안전한 상태'이고, 3단계는 '물질에너지의 기준 이탈'이다.
    ③ 아담스(Adams)의 사고연쇄성이론 5단계 중에서 3단계는 '전술적 에러'이다.
    ④ 버드(Bird)의 사고연쇄성이론 5단계 중에서 1단계는 '전문적 관리 부족'이다.
    ⑤ 하인리히(Heinrich)의 재해발생이론에서 1단계는 사회적 환경과 유전적 요소이다.

39. 어떤 설비의 평균고장률이 0.0125회/시간이고, 이 설비에 고장이 발생하면 수리하는데 소요되는 평균시간은 40시간이라고 한다. 다음 설명 중 옳은 것은?(단, 사후보전만 실시한다.)
    ① 이 설비의 평균수리율은 0.025회/시간이다.
    ② 이 설비의 가동성은 0.5이다.
    ③ 이 설비의 수명은 지수분포를 따르지 않는다.
    ④ 이 설비를 평균수명만큼 사용한다면 고장이 발생하지 않을 확률은 약 63%이다.
    ⑤ 이 설비를 1,000시간 동안 사용한다면 평균 15회의 고장이 발생하며, 사후수리를 받게 된다.

정답 35 ④ 36 ④ 37 ③ 38 ② 39 ①

해설 ① 평균수리시간$(MTTR) = \dfrac{1}{평균수리율}$, 평균수리율은 0.025회/시간이다.

② MTBF=$\dfrac{1}{고장률}$, 가동성=$\dfrac{평균고장시간(MTBF)}{평균고장시간(MTBF)+평균수리시간(MTTR)} = \dfrac{80}{80+40} = 0.67$

③ 평균수리율과 평균고장율은 지수분포를 따른다.

⑤ 평균고장율=$\dfrac{고장건수}{가동시간}$, $0.0125 = \dfrac{N}{1,000}$, 12.5회이므로 13회의 고장이 발생

40. 다음 중 감성공학에 관한 설명으로 옳지 않은 것은?

① 사람의 느낌(이미지)을 고객이 요구하는 제품의 품질특성으로 변환시키고, 이를 물리적 설계 요소로 번역시키는 기술이다.
② 일본의 스포츠카인 '미야타'는 최초의 감성공학 설계가 반영된 제품이다.
③ 인간-기계시스템에서 인간과 기계 사이에 정보를 주고받는 휴먼인터페이스 설계가 주요 문제로 대두되고 있다.
④ 소비자의 감성에 호소하는 제품을 설계하기 위해서 소비자의 감성적 특성을 반영하는 것이지 신체적 특성을 반영하는 것은 아니다.
⑤ 감성공학 기법으로는 기능전개형, 다변량해석형, 가상현실형이 있다.

해설 감성공학은 개인의 경험을 통해 얻어지는 복합적인 감성을 과학적 측면으로 측정하고 분석하여 제품이나 환경을 그에 맞게 안락하며 쾌적하게 개발하려는 분야이다. 소비자의 감성에 호소하는 제품을 설계하기 위해서 소비자의 감성적 특성을 반영하고, 신체적 특성도 반영하는 것이다.

41. NIOSH 들기지침에 관한 설명으로 옳지 않은 것은?

① OWAS, RULA, REBA 등이 평가기법으로 사용된다.
② 초기에는 양손 대칭 작업에만 적용할 수 있었으나, 그 이후에는 비대칭작업, 커플링(coupling) 효과가 추가되었다.
③ 이 가이드는 역학적(epidemiological), 생체역학적(biomechanical), 생리학적(physiological), 심물리학적(psychophysical) 기준에 근거하여 개발되었다.
④ 권장무게한계(Recommended Weight of Limit)를 계산하여 제시하여 준다.
⑤ 들기작업지수(Lifting Index)를 계산하는데 LI는 실제 작업물의 무게와 권장무게 한계의 비율이며, LI값이 1.0보다 작아야 안전하다.

해설 ① OWAS, RULA, REBA 등은 근골격계부담작업의 유해요인 평가기법으로 사용된다.
NIOSH 들기지침은 초기에는 양손 대칭 작업에만 적용할 수 있었으나, 그 이후에는 비대칭작업, 커플링(coupling) 효과가 추가되었고, 역학적(epidemiological), 생체역학적(biomechanical), 생리학적(physiological), 심물리학적(psychophysical) 기준에 근거하여 개발되었다. 들기작업의 최대 권장 하중은 23kg이다.

42. 어떤 근로자가 빈 드럼통 위에 서서 구조물에 용접작업을 하던 중 용접불똥이 비산되어 열려있는 드럼통 속으로 들어가 잔류 가스가 폭발하였고, 이로 인하여 근로자가 3m 아래로 떨어져 척추를 다쳤다. 다음 중 불안전한 행동에 해당하는 것은?

① 작업 중에 드럼통 속으로 용접불똥이 튀어 들어갔다.
② 드럼통의 마개가 열려있는 채로 방치해 놓았다.
③ 드럼통 속에 잔류 가스가 남아 있었다.
④ 근로자가 3m 아래로 떨어져 척추를 다쳤다.
⑤ 드럼통 속의 내용물을 확인하지 않고 빈 드럼통 위에 서서 용접작업을 하였다.

해설 불안전한 행동
1. 위험한 장소 접근
2. 안전장치의 기능 제거
3. 복장, 보호구의 잘못 사용
4. 기계·기구의 잘못 사용
5. 운전중인 기계장치의 손질
6. 불안전한 속도 조작
7. 위험물 취급 부주의
8. 불안전한 상태 방치
9. 불안전한 자세 동작
10. 감독 및 연락 불충분

43. 사상나무분석(ETA)에 대한 의사결정나무(decision tree)가 다음과 같을 때 A, B, C, D, E에 해당하는 값으로 옳지 않은 것은?

① A=0.9
② B=0.7
③ C=0.216
④ D=0.054
⑤ E=0.9

해설 A+0.1=1, A=1−0.1=0.9
B+0.3=1, B=1−0.3=0.7
C=A×0.3×0.8, C=0.216
D=A×0.3×(1−0.8), D=0.054
E=0.63

정답 40 ④ 41 ① 42 ⑤ 43 ⑤

44. 고용노동부 고시「사업장 위험성평가에 관한 지침」에서의 위험성평가 방법으로 옳지 않은 것은?

① 안전보건관리책임자는 위험성평가의 실시를 총괄 관리한다.
② 안전관리자, 보건관리자는 위험성평가의 실시를 관리한다.
③ 안전관리자, 보건관리자는 유해·위험요인의 파악, 위험성의 추정, 결정, 위험성 감소대책의 수립·실행을 한다.
④ 해당 작업에 종사하는 근로자는 특별한 사정이 없는 한 해당 작업에 대한 유해·위험요인을 파악하거나 감소대책을 수립하는데 참여한다.
⑤ 기계·기구, 설비 등과 관련된 위험성평가에는 해당 기계·기구, 설비 등에 전문지식을 갖춘 사람을 참여시킨다.

> **해설** 사업주는 위험성을 결정한 결과 허용 가능한 위험성이 아니라고 판단되는 경우에는 위험성의 크기, 영향을 받는 근로자 수 및 순서를 고려하여 위험성 감소를 위한 대책을 수립하여 실행하여야 한다(사업장 위험성평가에 관한 지침 제13조 제1항 전단).
> 위험성평가 방법(사업장 위험성평가에 관한 지침 제7조 제1항)
> 1. 안전보건관리책임자 등 해당 사업장에서 사업의 실시를 총괄 관리하는 사람에게 위험성평가의 실시를 총괄 관리하게 할 것
> 2. 사업장의 안전관리자, 보건관리자 등이 위험성평가의 실시에 관하여 안전보건관리책임자를 보좌하고 지도·조언하게 할 것
> 3. 관리감독자가 유해·위험요인을 파악하고 그 결과에 따라 개선조치를 시행하게 할 것
> 4. 기계·기구, 설비 등과 관련된 위험성평가에는 해당 기계·기구, 설비 등에 전문 지식을 갖춘 사람을 참여하게 할 것
> 5. 안전·보건관리자의 선임의무가 없는 경우에는 2.에 따른 업무를 수행할 사람을 지정하는 등 그 밖에 위험성평가를 위한 체제를 구축할 것

45. 고용노동부 고시「사업장 위험성평가에 관한 지침」에서의 위험성평가 인정신청에 대한 설명으로 옳은 것은?

① 상시 근로자 수 100명 이상 사업장은 인정신청을 할 수 있다.
② 건설업 중 총 공사금액 120억원 이상인 건설공사는 인정신청을 할 수 있다.
③ 수급사업장이 산업안전보건법상 안전관리자 또는 보건관리자 선임대상인 경우에는 인정신청에서 수급사업장을 제외할 수 있다.
④ 작업의 일부 또는 전부를 도급에 의하여 행하는 사업장은 도급사업장의 사업주가 수급사업장을 일괄하여 인정을 신청할 수 없다.
⑤ 중대재해 등으로 인정이 취소된 날부터 1년이 경과하지 아니한 사업장이라도 인정신청을 할 수 있다.

> **해설** ③ 수급사업장이 인정을 별도로 받았거나, 안전관리자 또는 보건관리자 선임대상인 경우에는 인정신청에서 해당 수급사업장을 제외할 수 있다(사업장 위험성평가에 관한 지침 제16조 제5항).
> ① 상시 근로자 수 100명 미만 사업장은 인정신청을 할 수 있다(사업장 위험성평가에 관한 지침 제16조 제1항 제1호).
> ② 건설업 중 총 공사금액 120억원 미만인 건설공사는 인정신청을 할 수 있다(사업장 위험성평가에 관한 지침 제16조 제1항 제2호).
> ④ 작업의 일부 또는 전부를 도급에 의하여 행하는 사업장의 경우에는 도급사업장의 사업주가 수급사업장을 일괄하여 인정을 신청하여야 한다(사업장 위험성평가에 관한 지침 제16조 제4항).
> ⑤ 중대재해 등으로 인정이 취소된 날부터 1년이 경과하지 아니한 사업장이라도 인정신청을 할 수 없다(사업장 위험성평가에 관한 지침 제16조 제3항 제1호).

46. 연평균근로자수가 250명인 A 사업장의 연간재해발생건수는 75건, 이로 인한 재해자수가 90명이고, 총휴업일수는 3,345일이 발생하였다. 이 사업장의 재해 통계에 대한 설명으로 옳은 것은?(단, 근로자는 1일 8시간씩 연간 280일을 근무하였다.)

① 강도율은 5.97이다.
② 도수율은 160.71이다.
③ 연천인율은 360이다.
④ 종합재해지수는 29.92이다.
⑤ 이 사업장에서 연천인율과 도수율과의 관계에는 2.4의 상수값이 적용된다.

해설 ③ 연천인율 = $\frac{\text{연간재해자수}}{\text{연평균근로자수}} \times 1,000 = \frac{90}{250} \times 1,000 = 360$명

① 강도율 = $\frac{\text{근로손실일수}}{\text{연근로시간수}} \times 1,000 = \frac{3,345}{560,000} \times 1,000 = 5.97$

② 도수율 = $\frac{\text{재해건수}}{\text{연간근로시간}} \times 1,000,000 = \frac{75}{560,000} \times 1,000,000 = 133.9$

④ 종합재해지수 = $\sqrt{\text{도수율} \times \text{강도율}} = \sqrt{5.97 \times 133.9} = 28.27$

⑤ 상수값 = $\frac{8 \times 280}{1,000} = 2.24$

47. 교육심리학의 기본이론 중 학습지도의 원리에 해당하지 않는 것은?

① 학습자 스스로 학습에 자발적으로 참여하여야 한다는 원리
② 학습은 계속 이루어져야 한다는 원리
③ 학습자가 지니고 있는 각자의 요구와 능력 등에 알맞게 학습활동의 기회를 마련해 주어야 한다는 원리
④ 학습을 총합적인 전체로 지도하자는 원리
⑤ 구체적인 사물을 직접 제시하거나 경험을 통해 학습효과를 거둘 수 있다는 원리

해설 학습지도의 원리 : 개별화의 원리, 사회화의 원리, 자발성의 원리, 직관의 원리, 통합성의 원리, 목적의 원리, 과학성의 원리

48. 근로자 40명이 근무하는 사출성형제품 생산 공장에 가장 적합한 안전 조직은?

① 안전관리의 계획부터 실시까지 모든 안전업무가 생산라인을 통해 직접적으로 적용되는 조직
② 안전업무를 관장하는 참모를 두고, 안전관리 계획·조사·검토 등의 업무와 현장에 기술지원을 담당하도록 편성된 조직
③ 안전업무 전담 참모를 두고, 생산라인에서도 부서장으로 하여금 안전업무를 수행하게 하는 조직
④ 산업안전보건위원회를 활성화한 조직
⑤ 정보수집과 사업장 특성에 적합한 안전기술 연구개발을 할 수 있는 조직

정답 44 ③ 45 ③ 46 ③ 47 ② 48 ①

해설 라인형은 100명 미만인 조직에 적합한 조직으로 안전관리의 계획부터 실시까지 모든 안전업무가 생산라인을 통해 직접적으로 적용되는 조직이다. 스태프형 조직은 100명부터 1,000명의 중간 규모의 사업장에 적합하고 라인-스태프형 조직은 1,000명 이상의 사업장에 적합하다.

49. 교육훈련기법에 관한 설명으로 옳지 않는 것은?

① 강의법은 안전지식의 전달방법으로 초보적인 단계에서 효과가 큰 방법이며, 단시간에 많은 내용을 교육하는 경우에 적합하다.
② 시범은 어떤 기능이나 작업과정을 학습시키기 위해 필요로 하는 분명한 동작을 제시하는 방법이다.
③ 반복법은 이미 학습한 내용이나 기능을 반복해서 이야기하거나 실연하도록 하는 방법이다.
④ 토의법은 쌍방적 의사전달방식에 의한 교육으로 적극성·협동성을 기르는데 유효하다.
⑤ 실연법은 실제의 장면이나 상태와 극히 유사한 상태를 인위적으로 만들어 그 속에서 학습하도록 하는 방법이다.

해설 실연법은 수업에서 학습자가 설명을 듣거나 시범을 보고 일차 획득한 지적 기능이나 운동기능을 익히기 위해서 적용 또는 연습해 보는 학습활동 또는 교수방법이다.

50. 재해사례 연구방법의 각 단계를 올바르게 설명한 것은?

① "사실의 확인"은 파악된 사실로부터 기준에서 벗어난 문제점을 적출하고 그것이 문제로 된 이유를 분명히 한다.
② "문제점의 발견"은 문제점이 된 사실을 재해요인으로 분석, 검토하고 재해와 관계되는 영향의 정도를 평가한다.
③ "근본적 문제점의 결정"은 관리자, 감독자 및 작업자의 권한, 책임 및 직무로 보아 누가 할 것인가, 기준대로 하였는가를 평가하고 판단하여 결정한다.
④ "대책의 수립"은 문제점 가운데 재해의 중심이 된 사항과 재해원인을 결정하고 보고한다.
⑤ "대책의 수립"은 사례연구의 전제조건과 재해 상황의 주된 항목에 관하여 파악한다.

해설 ② "문제점의 발견"은 문제점이 된 사실을 재해요인으로 분석, 검토하고 재해와 관계되는 영향의 정도를 평가한다.
① "사실의 확인"은 재해와 관련이 있는 사실과 재해요인으로 알려진 사실을 객관적으로 확인한다.
③ "근본적 문제점의 결정"은 문제점 가운데 중심이 되는 근본적인 문제점을 결정하고 보고한다.
④, ⑤ "대책의 수립"은 사례를 해결하기 위한 대책을 수립한다.

기업진단 · 지도

51. 테일러(Taylor)의 과학적 관리법(scientific management)에 관한 설명으로 옳은 것만을 모두 고른 것은?

> ㉠ 부품을 표준화하고, 작업이 동시에 시작하여 동시에 끝나므로 동시관리라고도 한다.
> ㉡ 과업 중심의 관리로 인간의 심리적, 사회적 측면에 대한 문제의식이 부족하다.
> ㉢ 동일작업에 대하여 과업을 달성하는 경우 고임금, 달성하지 못하는 경우에는 저임금을 지급한다.
> ㉣ 작업을 전문화하고 전문화된 작업마다 직장(foreman)을 두어 관리하게 한다.
> ㉤ 작업환경에 관계없이 작업자의 동기부여가 작업능률을 증가시키는 결과를 보여주었다.

① ㉠, ㉤
② ㉢, ㉣
③ ㉡, ㉢, ㉣
④ ㉡, ㉣, ㉤
⑤ ㉠, ㉢, ㉣, ㉤

해설
㉠ 부품을 규격화하고 제품을 표준화하는 것은 포드 시스템에 관한 내용이다.
㉤ 표준화, 규격화, 전문화를 통한 작업능률을 증가시키는 결과를 보여준 것은 포드 시스템이다.
㉡ 과학적 관리법(scientific management)은 인간의 심리적·생리적·사회적 측면에 대한 고려를 하지 않았다.
㉢ 과학적 관리법(scientific management)은 노동생산성 향상에 따라 근로자는 고임금을 받게 되는 동시에 기업주는 일정 금액에 대한 생산량 증가에 따른 저노무비의 혜택을 받게 된다.
㉣ 과학적 관리법(scientific management)은 작업방법을 지휘 감독하기 위하여 종래의 직계식 관리조직을 개혁하여 기능조직으로 바꾸어 기능적 직장제도로 하였다.

52. 재고의 기능에 따른 분류에 관한 설명으로 옳지 않은 것은?

① 안전재고 : 제품 수요, 리드타임 등의 불확실한 수요에 대비하기 위한 재고
② 분리재고 : 공정을 기준으로 공정전·후의 재고로 분리될 경우의 재고
③ 파이프라인 재고 : 공장에서 물류센터, 물류센터에서 대리점 등으로 이동 중에 있는 재고
④ 투기재고 : 원자재 고갈, 가격인상 등에 대비하여 미리 확보해두는 재고
⑤ 완충재고 : 생산 계획에 따라 주기적인 주문으로 주문기간 동안 존재하는 재고

해설 완충재고 : 경기가 불안정한 데에서 오는 충격을 완화하는 재고로 생산이 많아서 가격이 떨어질 때는 그 생산물을 사들이며, 가격이 오르면 재고품을 내어 가격의 안정과 수요를 조절한다.

정답 49 ⑤ 50 ② 51 ③ 52 ⑤

53. 생산 시스템에 관한 설명으로 옳지 않은 것은?

① 모듈생산시스템(MPS : modular production system)은 단납기화 요구강화와 원가절감을 위하여 부품 또는 단위의 조합에 따라 고객의 다양한 주문에 대응하는 생산 시스템이다.
② 자재소요계획(MRP : material requirements planning)은 주일정계획(기준생산일정)을 기초로 하여 완제품 생산에 필요한 자재 및 구성부품의 종류, 수량 시기 등을 계획하는 시스템이다.
③ 적시생산시스템(JIT : just in time)은 제품생산에 요구되는 부품 등 자재를 필요한 시기에 필요한 수량만큼 적기에 생산, 조달하여 낭비요소를 근본적으로 제거하려는 생산 시스템이다.
④ 유연생산시스템(FMS : flexible manufacturing system)은 CAD, CAM 및 MRP 등의 기술을 도입, 생산 설비를 빠르게 전환하여 소품종 대량생산을 효율적으로 행하는 시스템이다.
⑤ 셀생산시스템(CMS : cellular manufacturing system)은 숙련된 작업자가 컨베이어 라인이 없는 셀(cell) 내부에서 전체공정을 책임지고 완수하는 사람중심의 자율생산 시스템이다.

해설 유연생산시스템(FMS : flexible manufacturing system)은 다양한 제품을 높은 생산성으로 유연하게 제조하는 것을 목적으로 생산을 자동화한 시스템을 말한다. 유연생산시스템이 추구하는 목표는 크게 유연성, 생산성, 신뢰성이라고 할 수 있다.

54. 프로젝트 관리에 활용되는 PERT(program evaluation & review technique)와 CPM(critical path method)의 설명으로 옳은 것은?

① PERT는 개개의 활동에 대해 낙관적 시간치, 최빈 시간치, 비관적 시간치를 추정한 후 그들이 정규분포를 이룬다고 가정하여 평균기대 시간치를 구한다.
② CPM은 프로젝트의 완성시간을 앞당기기 위해 최소비용법을 활용하여 주공정상에 위치하는 작업들의 비용관계를 분석하여 소요시간을 줄인다.
③ 과거자료나 경험을 기초로 한 PERT는 활동중심의 확정적 시간을 사용하고, 불확실한 작업을 기초로 한 CPM은 단계중심의 확률적 시간 추정치를 사용한다.
④ PERT/CPM은 활동의 전후 관계를 명확히 하고 체계적인 일정 및 예상통제로 효율적 진도관리를 위해 간트(Gantt)차트와 같은 도식적 기법을 활용한다.
⑤ PERT/CPM은 TQM(total quality management)과 연계되어 있어 제품 및 서비스에 대한 고객만족 프로세스를 지향하는 프로젝트 관리도구로 적합하다.

해설 ② CPM은 네트워크를 중심으로 한 논리 구성으로 프로젝트를 일정 기일 내에 완성시키고 해당 계획이 원가의 최솟값에 의해 보증되는 최적 스케줄을 구하는 관리 방법을 말한다.
① PERT는 계획내용인 프로젝트의 달성에 필요한 전작업을 작업관련 내용과 순서를 기초로 하여 네트워크상으로 파악한다.
③ 과거자료나 경험을 기초로 한 CPM은 활동중심의 확정적 시간을 사용하고, 불확실한 작업을 기초로 한 PERT는 단계중심의 확률적 시간 추정치를 사용한다.
④ 프로젝트 관리는 일정이나 시간이 중점적으로 관리되는 일정관리가 중심이 되므로 간트(Gantt)차트나 PERT/CPM의 기법이 적용된다.
⑤ TQM(total quality management)은 최고경영자의 품질방침에 따라 고객이 만족할 수 있는 품질의 제품, 서비스를 만들기 위해 구성원이 참여하는 것으로 기업의 총제적인 전략을 말한다.

55. 직무와 관련된 설명으로 옳은 것은?

① 직무충실화는 허즈버그(F. Herzberg)가 2요인 이론을 직무에 구체적으로 적용하기 위하여 제창한 것이다.
② 직무분석에는 서열법, 분류법, 점수법, 요소비교법 등의 방법들이 활용된다.
③ 직무기술서에는 직무수행에 요구되는 기능, 지식, 육체적 능력과 교육수준이 기술되어 있다.
④ 직무명세서에는 직무가치와 직무확대에 대한 구체적인 지침이 제시되어 있다.
⑤ 직무평가의 1차적 목적은 직무기술서나 직무명세서를 작성하는 것이며, 2차적으로는 조직, 인사관리를 위한 자료를 제공하는 것이다.

해설 ① 직무충실화는 조직심리학자인 허즈버그(Herzberg, F.)의 2요인 이론(two-factor theory)에 기반을 둔다.
② 직무분석에는 직무 파악과 임금 수준의 결정, 인사 선발, 교육 및 훈련, 인사 평가, 경력 관리, 적정 인원의 산출 등을 위한 용도로 이용된다. 직무평가에는 서열법, 분류법, 점수법, 요소비교법 등의 방법들이 활용된다.
③ 직무기술서는 직무분석의 결과 직무의 능률적인 수행을 위하여 직무의 성격, 요구되는 개인의 자질 등 중요한 사항을 기록한 문서이다.
④ 직무명세서는 직무분석의 결과를 인사관리의 특정한 목적에 맞도록 세분화시켜서 구체적으로 기술한 문서이다.
⑤ 직무평가의 1차적 목적은 각 직무 상호간의 비교에 의하여 상대가치를 결정하는 일이다.

56. 커뮤니케이션과 의사결정에 관한 설명으로 옳은 것은?

① 암묵지를 체계적, 조직적으로 형식지화한다고 하여도 의사결정의 가치창출 수준은 높아지지 않는다.
② 커뮤니케이션 효과를 높이기 위하여 메시지 전달자는 공식 서신, 전자우편, 전화, 직접 대면 등 다양한 방식 중 한 가지 방식에 집중할 필요가 있다.
③ 커뮤니케이션의 문제 상황이 복잡한 경우 공식적인 수치와 공식적 서신이 소통방식으로 적합하다.
④ 공식적인 서신과 공식적인 수치는 대면적 의사소통에 비하여 의미있는 정보를 전달할 잠재력이 높다.
⑤ 제한된 합리성이론에 따르면 '의사결정자가 현 상태에 만족한다면 새로운 대안 모색에 나서지 않는다'라고 한다.

해설 ⑤ 제한된 합리성이론은 현실적으로 만족스러운 대안을 선택하는 과정으로 가정으로 '의사결정자가 현 상태에 만족한다면 새로운 대안 모색에 나서지 않는다'라고 한다.
① 암묵지는 학습과 경험을 통하여 개인에게 체화되어 있지만 겉으로 드러나지 않는 지식으로 이를 체계적, 조직적으로 형식지화한다면 의사결정의 가치창출 수준은 높아진다.
② 커뮤니케이션 효과를 높이기 위하여 메시지 전달자는 공식 서신, 전자우편, 전화, 직접 대면 등 다양한 방식을 채택할 필요성이 있다.
③ 커뮤니케이션의 문제 상황이 복잡한 경우 공식적인 수치와 서신보다는 비공식적인 소통방식이 더 적절하다.
④ 공식적인 서신과 공식적인 수치로 의미있는 정보를 전달하기 어렵다.

정답 53 ④ 54 ② 55 ① 56 ⑤

57. 임금관리 공정성에 관한 설명으로 옳은 것은?
   ① 내부공정성은 노동시장에서 지불되는 임금액에 대비한 구성원의 임금에 대한 공평성 지각을 의미한다.
   ② 외부공정성은 단일 조직 내에서 직무 또는 스킬의 상대적 가치에 임금 수준이 비례하는 정도를 의미한다.
   ③ 직무급에서는 직무의 중요도와 난이도 평가, 역량급에서는 직무에 필요한 역량기준에 따른 역량 평가에 따라 임금수준이 결정된다.
   ④ 개인공정성은 다양한 직무 간 개인의 특질, 교육정도, 동료들과의 인화력, 업무몰입수준 등과 같은 개인적 특성이 임금에 반영되는 정도를 의미한다.
   ⑤ 조직은 조직구성원에 대한 면접조사를 통하여 자사 임금수준의 내부, 외부 공정성 수준을 평가할 수 있다.

   해설 ③ 직무급은 직무의 중요성·난이도, 역량급은 역량기준에 따른 역량 평가에 따라 임금수준이 결정된다.
   ① 내부공정성은 단일 조직 내에서 가치가 같은 직무에 대하여 동일한 임금을 지급하고 가치가 서로 다른 직무에 대하여 합당한 임금의 차이를 둠으로써 이루어지는 공정성이다.
   ② 외부공정성은 노동시장에서 지불되는 임금액에 대비한 구성원의 임금에 대한 공평성 지각을 의미한다.
   ④ 개인공정성은 동일조직 내 동일직무를 담당하고 있는 종업원들간 연공, 공헌, 성과 등 개인적 특성차이에 따른 임금격차에 의해 지각되는 공정성이다.
   ⑤ 외부 공정성은 외부의 유사한 업무를 수행하는 사람들과 비교하여 공정성 수준을 평가할 수 있다.

58. 막스 베버(M. Weber)가 제시한 관료제의 특징은?
   ① 조직의 활동을 합리적으로 조정하기 위해서는 업무처리를 위한 절차가 명확하게 규정되어야 한다.
   ② 조직구성원 간 의사소통의 활성화를 위해 수평적 조직구조를 선호한다.
   ③ 환경에 대한 적절한 대응을 위해 조직구성원 간의 정보공유를 중시한다.
   ④ '기계적 관료제'라 불리며 복잡한 환경의 대규모 조직에 효과적이다.
   ⑤ 하급자는 상급자의 감독과 통제 하에 놓이게 되나 성과 평가를 할 때에는 하급자도 상급자의 평가과정에 참여한다.

   해설 ① 막스 베버(M. Weber)가 제시한 관료제는 직무의 범위인 책임과 권한의 범주가 명확히 한정되어 있어야 하며, 직무상의 지휘나 명령 계통이 계층을 통해 확립되어 있어야 한다고 주장한다.
   ② 조직구성원 간 위계서열을 중시한다.
   ③ 분업화를 통한 능률의 극대화를 추구한다.
   ④ 규칙과 절차로 인하여 대규모 조직에는 부적합하다.
   ⑤ 하급자는 상급자의 평가과정에 참여할 수 없다.

59. BSC(Balanced Score Card)에 관한 설명으로 옳지 않은 것은?
   ① 내부 프로세스 관점과 학습 및 성장 관점도 평가의 주요 관점이다.
   ② 재무적 관점 이외에 고객관점도 평가의 주요 관점이다.
   ③ 로버트 카플란(R. Kaplan)과 노튼(D. Norton)이 제안한 성과 평가 방식이다.
   ④ 균형잡힌 성과 측정을 위한 것으로 대개 재무와 비재무지표, 결과와 과정, 내부와 외부, 노와 사 간의 균형을 추구하는 도구이다.
   ⑤ 전략 모니터링 또는 전략 실행을 관리하기 위한 도구로 활용하는 경우에는 성과평가 결과를 보상에 연계시키지 않는 것이 바람직하다는 견해가 있다.

   해설 BSC(Balanced Score Card)는 조직의 비전과 전략목표 실현을 위해 4가지(재무, 고객, 내부프로세스, 학습과 성장) 관점의 성과지표를 도출하여 성과를 관리하는 성과관리 시스템이다.

60. A과장은 근무평정을 할 때 자신의 부하직원 B가 평소 성실하다는 이유로 자신이 직접 관찰하지 않아서 잘 모르는 B의 창의성, 도덕성, 기획력 등을 모두 높게 평가하였다. 이러한 경우 A과장은 어떤 평정오류를 범하고 있는가?
   ① 관대화오류   ② 후광오류
   ③ 엄격화오류   ④ 중앙집중오류
   ⑤ 대비오류

   해설 ② 후광오류 : 대상의 특징적인 장점 또는 단점이 눈에 띄면 그것을 그의 전부로 인식하는 오류를 말한다.
   ① 관대화오류 : 평정자가 피평가자의 수행이나 성과를 실제보다 더 높게 평가하는 오류를 말한다.
   ③ 엄격화오류 : 평정자가 피평가자의 수행이나 성과를 실제보다 더 낮게 평가하는 오류를 말한다.
   ④ 중앙집중오류 : 평균치에 집중하여 평가하는 오류를 말한다.
   ⑤ 대비오류 : 자신이 지닌 특성과 비교하여 평가하는 오류를 말한다.

61. 직무만족의 선행변인에 관한 설명으로 옳은 것은?
   ① 통제소재에서 내재론자들은 외재론자들보다 자신들의 직무에 대해 더 만족한다.
   ② 직무특성과 직무만족간의 상관은 질문지로 측정한 연구에서는 나타나지 않았다.
   ③ 집단주의적 아시아 문화권에서는 직무특성과 직무만족간에 상관이 높은 것으로 나타났다.
   ④ 급여만족은 분배공정성보다 절차공정성이 더 밀접한 관련이 있다.
   ⑤ 직무특성 차원과 직무만족간의 상관을 산출해 본 결과 직무만족과 가장 낮은 상관을 나타내는 직무특성은 기술 다양성이었다.

   해설 ① 통제소재에서 내재론자들은 외재론자들보다 자신들의 직무에 대해 더 만족한다.
   ② 직무특성과 직무만족간의 상관은 질문지로 나타난다.
   ③ 집단주의적 아시아 문화권에서는 직무특성과 직무만족간에 상관이 서양보다 낮은 것으로 나타났다.
   ④ 급여만족은 절차공정성보다 분배공정성이 더 밀접한 관련이 있다.
   ⑤ 직무만족과 가장 낮은 상관을 나타내는 직무특성은 업무부하이었다.

정답 57 ③ 58 ① 59 ④ 60 ② 61 ①

62. 사회적 권력(social power)의 유형에 대한 설명으로 옳지 않은 것은?
   ① 합법권력 : 상사의 직책에 고유하게 내재하는 권력
   ② 강압권력 : 상사가 징계 해고 등 부하를 처벌할 수 있는 능력
   ③ 보상권력 : 상사가 부하에게 수당, 승진 등 보상해 줄 수 있는 능력
   ④ 전문권력 : 상사가 보유하고 있는 지식과 전문기술 등에 근거하는 능력
   ⑤ 참조권력 : 상사가 부하에게 규범과 명확한 지침을 전달하고, 문제발생 시 도움을 줄 수 있는 능력

   해설 참조권력은 구성원들이 권력자를 동일시하거나 그를 매력적으로 느껴 존경함에서 비롯된 영향력이다.

63. 와르(Warr)의 정신 건강 구성요소에 대한 설명으로 옳지 않은 것은?
   ① 정서적 행복감 : 쾌감과 각성이라는 두 가지 독립된 차원을 가지고 있다.
   ② 결단 : 환경적 영향력에 저항하고 자신의 의견이나 행동을 결정할 수 있는 개인의 능력을 의미한다.
   ③ 역량 : 생활에서 당면하는 문제들을 효과적으로 다룰 수 있는 충분한 심리적 자원을 가지고 있는 정도를 의미한다.
   ④ 포부 : 포부수준이 높다는 것은 동기수준과 관계가 있으며, 새로운 기회를 적극적으로 탐색하고, 목표 달성을 위하여 도전하는 것을 의미한다.
   ⑤ 통합된 기능 : 목표달성이 어려울 때 느끼는 긴장감과 그렇지 않을 때 느끼는 이완감 사이에 조화로운 균형을 유지할 수 있는 정도를 의미한다.

   해설 와르(Warr)의 정신 건강 구성요소
   1. 정서적 행복감 : 쾌감과 각성이라는 두 가지 독립된 차원을 가진다.
   2. 역량 : 생활에서 당면하는 문제들을 효과적으로 다룰 수 있는 충분한 심리적 자원을 가지고 있는 정도를 의미한다.
   3. 자율 : 환경적 영향력에 저항하고 자신의 의견이나 행동을 결정할 수 있는 개인의 능력을 말한다.
   4. 포부 : 포부수준이 높다는 것은 동기수준과 관계가 있으며, 새로운 기회를 적극적으로 탐색하고, 목표 달성을 위하여 도전하는 것이다.
   5. 통합된 기능 : 목표달성이 어려울 때 느끼는 긴장감과 그렇지 않을 때 느끼는 이완감 사이에 조화로운 균형을 유지할 수 있는 정도를 의미한다.

64. 직무분석에 대한 설명으로 옳지 않은 것은?
   ① 특정직무에 대한 훈련 프로그램을 개발하기 위해서는 직무의 속성과 요구하는 기술을 알아야 한다.
   ② 효과적인 수행을 하기 위한 직무나 작업장을 설계하는데 도움을 준다.
   ③ 작업시 시간과 노력의 낭비를 제거할 수 있고 안전 저해요소나 위험요소를 발견할 수 있다.
   ④ 특정직무에 대한 직무분석을 하는 기법으로 면접법, 질문지법, 관찰법, 행동기법, 중대사건 기법, 투사기법 등이 있다.
   ⑤ 과업수행에 사용되는 도구, 기구, 수행목적, 요구되는 교육훈련, 임금수준 및 안전저해요소 등에 대한 정보가 포함되어 있다.

> **해설** 특정직무에 대한 직무분석을 하는 기법에는 면접법, 질문지법, 관찰법, 중대사건기법, 종합법 등이 있다. 투사기법은 사람들이 여러 가지의 방식으로 해석될 수 있는 자극에 자유롭게 반응하게 해서 그들의 특성을 확인하려는 이론에 기초하여 퍼스낼리티를 측정하기 위한 기법이다.

65. 호프스테드(Hofstede)의 문화간 차이를 이해하는 4가지 차원에 속하지 않는 것은?

① 불확실성 회피   ② 개인주의-집합주의
③ 남성성-여성성   ④ 신뢰-불신
⑤ 세력차이

> **해설** 호프스테드(Hofstede)의 문화간 차이를 이해하는 4가지 차원 : 불확실성 회피, 개인주의-집합주의, 남성성-여성성, 세력차이

66. 작업장 스트레스의 대처방안 중 조직차원의 기법에 해당하는 것만을 모두 고른 것은?

| ㉠ 바이오 피드백   ㉡ 작업 과부하의 제거 |
| ㉢ 사회적 지지의 제공   ㉣ 이완훈련 |
| ㉤ 조직분위기 개선 |

① ㉠, ㉡, ㉢   ② ㉠, ㉢, ㉣
③ ㉡, ㉢, ㉤   ④ ㉡, ㉣, ㉤
⑤ ㉢, ㉣, ㉤

> **해설** 바이오 피드백, 이완훈련, 명상, 체중조절, 긍정적인 사고, 적절한 휴식 등은 개인적인 기법에 속한다.
> 작업장 스트레스의 대처방안 중 조직차원의 기법
> 1. 조직분위기 개선
> 2. 작업 과부하의 제거
> 3. 적절한 작업과 휴식시간
> 4. 개인별 특성을 고려한 그로환경조성
> 5. 작업계획을 수립할 때 근로자의 참여
> 6. 개인에게 재량권 부여

67. 심리검사 결과를 분석할 때 상관계수를 이용하여 검증하는 타당도(validity)를 모두 고른 것은?

| ㉠ 구성 타당도   ㉡ 내용 타당도 |
| ㉢ 준거관련 타당도   ㉣ 수렴 타당도 |
| ㉤ 확산 타당도 |

① ㉠, ㉡, ㉣   ② ㉠, ㉡, ㉤
③ ㉢, ㉣, ㉤   ④ ㉠, ㉡, ㉢, ㉣
⑤ ㉠, ㉢, ㉣, ㉤

> **해설** 내용 타당도는 검사를 구성하고 있는 문항들이 전체내용영역의 문항들을 얼마나 잘 반영하는가에 관한 정도로 상관계수를 통해 제시되는 것이 아니다.
> 타당도(validity)의 종류 : 구성 타당도(수렴, 확산), 내용 타당도, 준거관련 타당도, 안면타당도

68. 작업자의 수행을 평가할 때 평가자에 의한 관대화 오류가 가장 많이 발생할 수 있는 방법은?
   ① 종업원 순위법
   ② 강제배분법
   ③ 도식적 평정법
   ④ 정신운동능력 평정법
   ⑤ 행동기준 평정법

   > **해설** 도식적 평정법은 사전 결정된 평정요소마다 각 종업원이 지니고 있는 특성과 직무수행에서 나타난 실적의 정도에 따라 체크할 수 있는 연속적인 척도(1~10)를 마련하고 고과자가 척도상 임의의 장소에 체크할 수 있도록 하는 방법이다. 이 방법은 작업자의 수행을 평가할 때 평가자에 의한 관대화 오류가 가장 많이 발생한다.

69. 우리나라와 세계적으로 널리 인용되고 있는 노출기준에 대해 명칭과 제정기관이 옳은 것만을 모두 고른 것은?

보기	노출기준의 명칭	제정기관(국가)
㉠	PEL	HSE(영국)
㉡	REL	OSHA(미국)
㉢	TLV	ACGIH(미국)
㉣	WEEL	NIOSH(미국)
㉤	허용기준	고용노동부(대한민국)

   ① ㉠, ㉡
   ② ㉠, ㉢
   ③ ㉢, ㉣
   ④ ㉢, ㉤
   ⑤ ㉣, ㉤

   > **해설** 미국(OSHA) - PEL, 미국(NIOSH) - REL, 미국(ACGIH) - TLV, 영국(HSE) - WEL, 독일 - MAK, 스웨덴 - OEL, 프랑스 - OEL, 일본 - 관리농도, 권고농도, 대한민국 - 허용기준(TLV-TWA, STEL, C)

70. 축전지 제조 작업장에서 측정된 5개의 공기 중 카드뮴 시료의 농도가 0.02, 0.08, 0.05, 0.25, 0.01mg/㎥일 때, 다음 중 옳은 것은?
   ① 측정치들은 정규분포를 하고 있다.
   ② 대표치는 노출기준을 초과하였다.
   ③ 측정치의 변이가 너무 커서 재측정하여야 한다.
   ④ 측정치의 대표치인 기하평균(GM)은 0.082mg/㎥이다.
   ⑤ 측정치의 변이인 기하표준편차(GSD)는 약 0.098이다.

[해설] ② 노출기준이 0.03mg/㎥이고 기하평균이 0.045로 노출지수 1을 초과하였다.
① 5개로 정규분포를 말하기 어렵다.
③ 측정치의 변이를 판단할 수 없다.
④ 측정치의 대표치인 기하평균(GM)은 0.05mg/㎥이고, 산술평균이 0.082mg/㎥이다.
⑤ $\log(GM) = \dfrac{\log 0.2 + \log 0.08 + \log 0.05 + \log 0.25 + \log 0.01}{5}$ =0.045

71. 작업환경 측정방법에 관한 설명으로 옳은 것은?

① 일반적으로 입자상 물질의 측정결과 단위는 mg/㎥ 또는 ppm으로 표기한다.
② 시너와 같은 비극성 유기용제를 공기 중에서 시료채취하기 위해서는 실리카겔관을 매체로 사용한다.
③ 일반적으로 실내에서 온열환경을 측정하기 위해서는 자연습구온도(NWBT)와 흑구온도(GT)만 측정한다.
④ 작업장 근로자의 소음 노출수준을 측정하기 위해 사용하는 지시소음계는 'fast' 모드로 설정하여 측정하여야 한다.
⑤ MCE 여과지를 이용하여 석면을 포집하기 전·후에 실시하는 시료채취펌프의 유량보정을 실제보다 낮게 평가했다면 최종 측정결과인 공기 중 석면농도는 과소평가하게 된다.

[해설] ③ 실내에서 온열환경을 측정하기 위해서는 자연습구온도(NWBT)와 흑구온도(GT)만 측정한다. 실외는 자연습구온도(NWBT)와 흑구온도(GT), 건구온도(DT)로 측정한다.
① 입자상 물질의 측정결과 단위는 ㎛이다.
② 시너와 같은 비극성 유기용제를 공기 중에서 시료채취하기 위해서는 활성탄관을 매체로 사용한다.
④ 작업장 소음상태에 따라 동특성 조절기를 조절한다.
⑤ 시료채취펌프의 유량보정을 실제보다 낮게 평가했다면 최종 측정결과인 공기 중 석면농도는 과대평가하게 된다.

72. 국소배기시스템에 관한 설명으로 옳은 것은?

① 후드 개구면에서 유해물질까지의 거리를 가깝게 하면 필요환기량이 증가한다.
② 외부식 포집형 후드(capture type hood)의 제어속도를 측정하는 대표적인 기구는 피토관(pitot tube)이다.
③ 후드에서 덕트로 공기가 유입될 때의 속도압이 같다면 유입계수(Ce)가 큰 후드일수록 후드정압이 더 커진다.
④ 베르누이 정리는 덕트내에서 유체가 흐를 때, 에너지 손실은 유체밀도, 유체의 속도 및 관의 직경에 비례하며, 유체의 점도에는 반비례한다는 것을 의미한다.
⑤ 사업장에서 탈지제로 사용되는 사염화에틸렌에 대한 국소배기시스템을 설계할 때는 공기보다 비중이 높다는 점을 고려할 필요 없이 후드는 정상적으로 설치하면 된다.

정답 68 ③ 69 ④ 70 ② 71 ③ 72 ⑤

해설 ⑤ 사업장에서 탈지제로 사용되는 사염화에틸렌에 대한 국소배기시스템을 설계할 때는 공기보다 비중이 높다는 점을 고려할 필요 없이 후드는 정상적으로 설치하면 된다.
① 후드 개구면에서 유해물질까지의 거리를 가깝게 하면 환기가 잘되어 필요환기량이 감소한다.
② 흐르고 있는 유체 내부에 설치하여 그 유체의 속도를 알아내는 장치이다.
③ 후드에서 덕트로 공기가 유입될 때의 속도압이 같다면 유입계수(Ce)가 크지면 유입손실이 작아짐으로 후드정압은 작아진다.
④ 베르누이 정리는 유체의 점도와 무관하다.

73. 다음 작업에서 발생하는 유해요인과 건강장애가 옳게 짝지어진 것은?

① 유리가공작업 - 적외선 - 백내장(cataract)
② 페인트칠작업 - 카드뮴 - 백혈병(leukemia)
③ 금속세척작업 - 노말헥산 - 진폐증(pneumoconiosis)
④ 굴착작업 - 진동 - 사구체신염(glomerular nephritis)
⑤ 목재가공작업 - 목분진 - 간혈관육종(hepatic angiosarcoma)

해설 ① 유리가공작업 - 적외선 - 백내장(cataract)
② 페인트칠작업 - 카드뮴 - 진폐증(pneumoconiosis)
③ 금속세척작업 - 노말헥산 - 앉은뱅이 증후군
④ 굴착작업 - 진동 - 백색수지증
⑤ 목재가공작업 - 목분진 - 진폐증

74. 유해인자별 건강장애에 관한 설명으로 옳은 것은?

① 아세톤에 만성적으로 노출되면 다발성 신경염이 발생한다.
② 크롬은 손톱 및 구강점막의 색소침착, 모공의 흑점화, 간장애를 일으킨다.
③ 삼염화에틸렌은 스펀지의 원료로 사용되며, 화재시 치명적인 가스를 발생시켜 폐수종을 일으킨다.
④ 라돈은 방사성 물질 중 유일한 기체상의 물질이며, 폐포나 기관지에 침착되어 β-입자를 방출한다.
⑤ 납에 의한 건강상의 영향은 신경독성, 복통, 혈색소 합성이 저해되어 나타나는 빈혈 증상 등을 들 수 있다.

해설 ⑤ 납에 의한 건강상의 영향은 신경독성, 복통, 혈색소 합성이 저해되어 나타나는 빈혈 증상 등을 들 수 있다.
① 아세톤에 만성적으로 노출되면 천식, 신장염, 폐암 등이 발생한다.
② 크롬은 비중격천공, 폐암 등을 일으킨다.
③ 삼염화에틸렌은 스티븐존슨 증후군을 일으킨다.
④ β-입자를 방출하는 것은 전리방사선이다.

75. 산업위생과 관련된 설명 중 옳은 것은?

① 작업환경 중 유해요인으로부터 근로자의 건강을 보호하기 위해 국제적으로 통일하여 제정한 노출기준은 MAK이다.

② 최근 사업장에 도입되고 있는 위험성 평가(risk assessment)는 산업위생 분야의 작업환경측정과는 관련성이 없는 제도라고 할 수 있다.

③ 산업위생은 근로자 개인위생을 기본으로 하고 있으며, 개인의 생활습관 및 체력관리를 통하여 건강을 유지·관리하는 것을 최우선으로 하고 있다.

④ 산업위생의 궁극적 목적은 근로자의 건강을 보호하기 위한 대책을 강구하는 것으로 일반적인 대책의 우선순위는 제거-대체-공학적개선-행정적개선-개인보호구 착용 순이다.

⑤ 작업환경 중 건강 유해요인은 크게 물리적, 화학적, 생물학적, 육체적 또는 정신적 부담 요인으로 나눌 수 있으며, 이중에서 산업위생분야는 정신적 부담 요인을 제외한 나머지를 관리대상으로 한다.

해설 ④ 대책의 우선순위는 제거-대체-공학적개선-행정적개선-개인보호구 착용 순이다.
① 작업환경 중 유해요인으로부터 근로자의 건강을 보호하기 위해 국가마다 노출기준을 다르게 설정하고 있다. MAK는 독일의 기준이다.
② 위험성 평가(risk assessment)는 산업위생 분야의 작업환경측정과는 관련성이 있는 제도이다.
③ 산업위생은 사업장에서 발생하는 유해인자로부터 근로자를 보호하기 위한 것이다.
⑤ 산업위생분야는 정신적 부담 요인도 관리대상으로 한다.

정답 73 ① 74 ⑤ 75 ④

기 출 문 제

2014년

산업안전보건법령

1. 산업안전보건법령상 유해·위험한 작업의 도급에 대한 다음 내용에 관한 설명으로 옳지 않은 것은?

> A사는 정밀기계제조업을 영위하는 업체이다. B사는 A사의 공장 내에서 A사의 작업설비를 사용하여 업무를 수행하는 하도급업체이다. B사는 A사와 동일한 정밀기계제조업을 하고 있으며, 공정의 마무리 단계에서 정밀기계의 부식방지를 위한 도금작업이 포함되어 있다. B사는 도금업을 전문적으로 해 온 C사에게 도금작업 부분만을 하도급하고자 한다.

① 도금작업은 안전·보건상 유해하거나 위험한 작업에 해당하므로 이를 분리하여 하도급을 주는 경우에는 승인을 받아야 한다.
② B사는 C사에 대한 도급승인을 받기 위하여 관할 지방고용노동관서의 장에게 도급승인 신청서를 제출하여야 한다.
③ B사는 도급승인 신청서를 제출할 때 도금작업을 포함한 전체 작업의 공정도와 도급계획서를 첨부하여야 한다.
④ 지방고용노동관서의 장은 도급인가 신청서가 접수된 날부터 14일 이내에 신청서를 반려하거나 인가증을 신청자에게 발급하여야 한다.
⑤ 지방고용노동관서의 장은 도급인가를 신청한 사업장이 유해하거나 위험한 작업의 도급 시 지켜야 할 안전·보건조치의 기준을 지키고 있는지 확인할 필요가 있는 경우에는 한국산업안전보건공단으로 하여금 기술적 사항을 확인하게 할 수 있다.

해설 ③ B사는 도급승인 신청서를 제출할 때 도급대상 작업의 공정 관련 서류 일체를 첨부하여 관할 지방고용노동관서의 장에게 제출해야 한다(규칙 제75조 제1항).
① 도금작업은 안전·보건상 유해하거나 위험한 작업에 해당하므로 이를 분리하여 하도급을 주는 경우에는 승인을 받아야 한다(법 제58조 제1항 제1호).
② 승인, 연장승인 또는 변경승인을 받으려는 자는 도급승인 신청서, 연장신청서 및 변경신청서를 관할 지방고용노동관서의 장에게 제출해야 한다(규칙 제75조 제1항).
④ 도급승인 신청을 받은 지방고용노동관서의 장은 도급승인 기준을 충족한 경우 신청서가 접수된 날부터 14일 이내에 승인서를 신청인에게 발급해야 한다(규칙 제75조 제4항).
⑤ 지방고용노동관서의 장은 필요한 경우 승인, 연장승인 또는 변경승인을 신청한 사업장이 도급승인 기준을 준수하고 있는지 공단으로 하여금 확인하게 할 수 있다(규칙 제75조 제3항).

2. 산업안전보건법령상 도급사업 시의 안전보건조치에 관한 설명으로 옳지 않은 것은?

① 도급인은 사업의 일부를 도급한 경우 도급인인 사업주는 1주일에 1회 이상 작업장을 순회점검하여야 한다.
② 건설공사도급인이 노사협의체를 구성·운영하는 경우에는 산업안전보건위원회를 구성한 것으로 본다.
③ 안전·보건에 관한 협의체는 도급인인 사업주 및 그의 수급인인 사업주 전원으로 구성하여야 한다.
④ 안전·보건에 관한 협의체는 매월 1회 이상 정기적으로 회의를 개최하고 그 결과를 기록·보존하여야 한다.
⑤ 작업을 도급하는 자는 그 작업을 수행하는 수급인 근로자의 산업재해를 예방하기 위하여 해당 작업 시작 전에 수급인에게 안전 및 보건에 관한 정보를 문서로 제공하여야 한다.

해설 ① 도급인은 건설업, 제조업, 토사석 광업, 서적·잡지 및 기타 인쇄물 출판업, 음악 및 기타 오디오물 출판업, 금속 및 비금속 원료 재생업은 2일에 1회 이상 작업장 순회점검을 실시해야 한다(규칙 제80조 제1항).
② 건설공사도급인이 노사협의체를 구성·운영하는 경우에는 산업안전보건위원회 및 안전 및 보건에 관한 협의체를 각각 구성·운영하는 것으로 본다(법 제75조 제2항).
③ 안전 및 보건에 관한 협의체는 도급인 및 그의 수급인 전원으로 구성해야 한다(규칙 제79조 제1항).
④ 협의체는 매월 1회 이상 정기적으로 회의를 개최하고 그 결과를 기록·보존해야 한다(규칙 제79조 제3항).
⑤ 작업을 도급하는 자는 그 작업을 수행하는 수급인 근로자의 산업재해를 예방하기 위하여 고용노동부령으로 정하는 바에 따라 해당 작업 시작 전에 수급인에게 안전 및 보건에 관한 정보를 문서로 제공하여야 한다(법 제65조 제1항).

3. 산업안전보건법령상 사업주가 근로자에 대하여 실시하는 안전·보건교육의 교육대상, 교육과정 및 교육시간의 조합으로 옳은 것은?

① 일용근로자를 제외한 근로자에 대한 작업내용변경 시의 교육 - 2시간 이상
② 밀폐공간에서의 작업에 종사하는 근로자에 대한 특별안전·보건교육 - 8시간 이상
③ 건설 일용근로자에 대한 건설업 기초안전·보건교육 - 2시간
④ 관리감독자의 지위에 있는 사람에 대한 정기교육 - 연간 12시간 이상
⑤ 판매업무에 직접 종사하는 근로자에 대한 정기교육 - 매분기 2시간 이상

해설 ① 일용근로자를 제외한 근로자에 대한 작업내용변경 시의 교육 - 2시간 이상(규칙 별표 4)
② 밀폐공간에서의 작업에 종사하는 근로자에 대한 특별안전·보건교육 - 16시간 이상(규칙 별표 4)
③ 건설 일용근로자에 대한 건설업 기초안전·보건교육 - 4시간 이상(규칙 별표 4)
④ 관리감독자의 지위에 있는 사람에 대한 정기교육 - 연간 16시간 이상(규칙 별표 4)
⑤ 판매업무에 직접 종사하는 근로자에 대한 정기교육 - 매반기 6시간 이상(규칙 별표 4)

정답 1 ③ 2 ① 3 ①

4. 산업안전보건법령상 안전보건관리책임자 등에 대한 직무교육에 관한 설명으로 옳은 것은?

① 보건관리자가 의사인 경우는 선임된 후 1년 이내에 직무를 수행하는데 필요한 신규교육을 받아야 한다.
② 안전보건관리책임자로 선임된 자는 6개월 이내에 직무를 수행하는데 필요한 신규교육을 받아야 한다.
③ 안전관리자로 선임된 자는 신규교육을 이수한 후 매 2년이 되는 날을 기준으로 전후 6개월 사이에 고용노동부장관이 실시하는 안전·보건에 관한 보수교육을 받아야 한다.
④ 기업활동 규제완화에 관한 특별조치법에 따라 안전관리자로 채용된 것으로 보는 사람은 신규교육이 면제된다.
⑤ 직무교육기관의 장은 직무교육을 실시하기 10일 전까지 교육일시 및 장소 등을 직무교육 대상자에게 알려야 한다.

> **해설** ① 보건관리자에 해당하는 사람은 해당 직위에 선임(위촉의 경우를 포함한다.)되거나 채용된 후 3개월(보건관리자가 의사인 경우는 1년을 말한다) 이내에 직무를 수행하는 데 필요한 신규교육을 받아야 한다(규칙 제29조 제1항).
> ③ 안전관리자로 선임된 자는 신규교육을 이수한 후 매 2년이 되는 날을 기준으로 전후 3개월 사이에 고용노동부장관이 실시하는 안전보건에 관한 보수교육을 받아야 한다(규칙 제29조 제1항).
> ④ 안전관리자로 채용된 것으로 보는 사람은 직무교육 중 보수교육을 면제한다(규칙 제30조 제2항).
> ⑤ 직무교육기관의 장은 직무교육을 실시하기 15일 전까지 교육 일시 및 장소 등을 직무교육 대상자에게 알려야 한다(규칙 제35조 제2항).

5. 산업안전보건법령상 방호조치에 대한 근로자의 준수사항 및 사업주의 조치사항으로 옳지 않은 것은?

① 근로자는 방호조치를 해체하려는 경우에는 사업주의 허가를 받아 해체하여야 한다.
② 근로자는 방호조치 해체 사유가 소멸된 경우에는 지체 없이 원상으로 회복시켜야 한다.
③ 근로자는 방호조치의 기능이 상실한 것을 발견한 경우에는 지체 없이 사업주에게 신고하여야 한다.
④ 사업주는 방호조치가 정상적인 기능을 발휘할 수 있도록 상시 점검 및 정비를 하여야 한다.
⑤ 사업주는 방호조치의 기능상실 신고가 있으면 충분한 검토를 통해 적절한 조치계획을 수립한 후 수리, 보수하여야 한다.

> **해설** ⑤ 사업주는 방호조치의 기능상실 신고가 있으면 즉시 수리, 보수 및 작업중지 등 적절한 조치를 해야 한다(규칙 제99조 제2항).
> ① 근로자는 방호조치를 해체하려는 경우에는 사업주의 허가를 받아 해체하여야 한다(규칙 제99조 제1항 제1호).
> ② 근로자는 방호조치 해체 사유가 소멸된 경우에는 지체 없이 원상으로 회복시켜야 한다(규칙 제99조 제1항 제2호).
> ③ 근로자는 방호조치의 기능이 상실한 것을 발견한 경우에는 지체 없이 사업주에게 신고하여야 한다(규칙 제99조 제1항 제3호).
> ④ 사업주는 방호조치가 정상적인 기능을 발휘할 수 있도록 방호조치와 관련되는 장치를 상시적으로 점검하고 정비하여야 한다(법 제80조 제3항).

6. 산업안전보건법령상 안전인증에 관한 설명으로 옳지 않은 것은?

① 안전인증을 받은 자는 안전인증을 받은 안전인증대상기계등에 대하여 고용노동부령으로 정하는 바에 따라 제품명·모델·제조수량·판매수량 및 판매처 등의 사항을 기록·보존하여야 한다.

② 안전인증이 취소된 자는 취소된 날부터 1년 이내에는 유해·위험한 기계·기구·설비등에 대하여 안전인증을 신청할 수 없다.

③ 고용노동부장관이 정하여 고시하는 안전인증기준에 맞지 아니하게 된 안전인증 대상 기계·기구등을 사용한 자는 3년 이하의 징역 또는 3천만원 이하의 벌금에 처한다.

④ 거짓이나 부정한 방법으로 안전인증을 받은 경우 3년 이내의 기간 동안 안전인증표시의 사용이 금지된다.

⑤ 수출을 목적으로 제조하는 안전인증대상 기계·기구등은 안전인증을 면제할 수 있다.

해설 ④ 거짓이나 그 밖의 부정한 방법으로 안전인증을 받은 경우에는 안전인증을 취소하여야 한다(법 제86조 제1항).
① 안전인증을 받은 자는 안전인증을 받은 안전인증대상기계등에 대하여 고용노동부령으로 정하는 바에 따라 제품명·모델명·제조수량·판매수량 및 판매처 현황 등의 사항을 기록하여 보존하여야 한다(법 제84조 제5항).
② 안전인증이 취소된 자는 안전인증이 취소된 날부터 1년 이내에는 취소된 유해·위험기계등에 대하여 안전인증을 신청할 수 없다(법 제86조 제3항).
③ 고용노동부장관이 정하여 고시하는 안전인증기준에 맞지 아니하게 된 안전인증 대상 기계·기구등을 사용한 자는 3년 이하의 징역 또는 3천만원 이하의 벌금에 처한다(법 제169조).
⑤ 연구·개발을 목적으로 제조·수입하거나 수출을 목적으로 제조하는 경우 안전인증의 전부 또는 일부를 면제할 수 있다(법 제84조 제2항 제1호).

7. 산업안전보건법령상 자율안전확인대상기계등으로만 짝지어진 것은?

① 휴대형 연삭기 - 동력식 수동대패용 칼날 접촉 방지장치 - 안전화
② 파쇄기 - 롤러기 급정지장치 - 보안면(용접용 보안면 제외)
③ 산업용 로봇 - 양중기용 과부하방지장치 - 잠수기
④ 사출성형기 - 산업용 로봇 안전매트 - 방진마스크
⑤ 전단기 및 절곡기 - 교류 아크용접기용 자동전격방지기 - 보안경

해설 자율안전확인대상기계등의 세부적인 종류, 규격 및 형식은 고용노동부장관이 정하여 고시한다(영 제77조 제2항). 따라서 법 규정에 나와 있지 아니한 자율안전확인대상기계등이 있어 모두 정답으로 함

8. 산업안전보건법령상 안전검사에 관한 설명으로 옳은 것은?

① 유해·위험기계등이 고용노동부령이 정하는 다른 법령에 따라 안전성에 관한 검사나 인증을 받은 경우라 하더라도 안전검사를 실시하여야 한다.
② 건설현장에서 사용하는 크레인은 최초로 설치한 날부터 1년마다 안전검사를 받아야 한다.
③ 고용노동부장관은 안전검사 업무를 위탁받아 수행할 기관을 지정할 수 있다.
④ 공정안전보고서를 제출하여 확인을 받은 압력용기는 3년마다 안전검사를 받아야 한다.
⑤ 안전검사에 합격한 유해·위험기계등을 사용하는 사업주는 그 유해·위험기계등이 안전검사에 합격한 것임을 나타내는 표시를 하지 않아도 된다.

해설 ③ 고용노동부장관은 안전검사 업무를 위탁받아 수행하는 기관을 안전검사기관으로 지정할 수 있다(법 제96조 제1항).
① 안전검사대상기계등이 다른 법령에 따라 안전성에 관한 검사나 인증을 받은 경우로서 고용노동부령으로 정하는 경우에는 안전검사를 면제할 수 있다(법 제93조 제2항).
② 건설현장에서 사용하는 것은 최초로 설치한 날부터 6개월마다 안전검사를 받아야 한다(규칙 제126조 제1항 제1호).
④ 공정안전보고서를 제출하여 확인을 받은 압력용기는 4년마다 안전검사를 면제할 수 있다(규칙 제126조 제1항 제3호).
⑤ 안전검사합격증명서를 발급받은 사업주는 그 증명서를 안전검사대상기계등에 붙여야 한다(법 제94조 제2항).

9. 산업안전보건법령상 건축물이나 설비를 철거하거나 해체하는 경우 기관석면조사를 실시하여야 할 대상으로 옳은 것은?

① 주택의 연면적 합계가 200㎡ 이상이면서, 그 주택의 철거·해체하려는 부분의 면적 합계가 150㎡ 이상인 경우
② 건축물(주택 제외)의 연면적 합계가 50㎡ 이상이면서 그 건축물의 철거·해체하려는 부분의 면적 합계가 50㎡ 이상인 경우
③ 철거·해체하려는 부분에 실링(sealing)재를 사용한 부피의 합이 0.5㎥ 이상인 경우
④ 철거·해체하려는 부분에 단열재를 사용한 면적의 합이 10㎡ 이상인 경우
⑤ 파이프 길이의 합이 80m 이상이면서 그 파이프의 철거·해체하려는 부분의 보온재로 사용된 길이의 합이 60m 이상인 경우

해설 ② 건축물(주택은 제외한다.)의 연면적 합계가 50㎡ 이상이면서, 그 건축물의 철거·해체하려는 부분의 면적 합계가 50㎡ 이상인 경우(영 제89조 제1항 제1호)
① 주택(부속건축물을 포함한다.)의 연면적 합계가 200㎡ 이상이면서, 그 주택의 철거·해체하려는 부분의 면적 합계가 200㎡ 이상인 경우
③ 설비의 철거·해체하려는 부분에 실링(sealing)재를 사용한 면적의 합이 15㎡ 이상 또는 그 부피의 합이 1㎥ 이상인 경우(영 제89조 제1항 제3호)
④ 설비의 철거·해체하려는 부분에 단열재를 사용한 면적의 합이 15㎡ 이상 또는 그 부피의 합이 1㎥ 이상인 경우(영 제89조 제1항 제3호)
⑤ 파이프 길이의 합이 80m 이상이면서 그 파이프의 철거·해체하려는 부분의 보온재로 사용된 길이의 합이 80m 이상인 경우(영 제89조 제1항 제4호)

10. 산업안전보건기준에 관한 규칙상 사업주가 급성 독성물질의 누출로 인한 위험을 방지하기 위하여 취할 조치가 아닌 것은?

① 사업장 내 급성 독성물질의 저장 및 취급량을 최소화할 것
② 급성 독성물질을 취급 저장하는 설비의 연결 부분은 누출되지 않도록 밀착시키고 매월 1회 이상 연결부분에 이상이 있는지를 점검할 것
③ 급성 독성물질을 폐기·처리하여야 하는 경우에는 냉각·분리·흡수·흡착·소각 등의 처리공정을 통하여 급성 독성물질이 외부로 방출되지 않도록 할 것
④ 급성 독성물질이 외부로 누출된 경우에는 감지·경보할 수 있는 설비를 갖출 것
⑤ 급성 독성물질을 폐기·처리 또는 방출하는 설비를 설치하는 경우에는 수동으로 작동될 수 있는 구조로 하거나 원격조정할 수 있는 조작구조로 설치할 것

해설 사업주는 급성 독성물질의 누출로 인한 위험을 방지하기 위하여 다음의 조치를 하여야 한다(산업안전보건기준에 관한 규칙 제299조).
1. 사업장 내 급성 독성물질의 저장 및 취급량을 최소화할 것
2. 급성 독성물질을 취급 저장하는 설비의 연결 부분은 누출되지 않도록 밀착시키고 매월 1회 이상 연결부분에 이상이 있는지를 점검할 것
3. 급성 독성물질을 폐기·처리하여야 하는 경우에는 냉각·분리·흡수·흡착·소각 등의 처리공정을 통하여 급성 독성물질이 외부로 방출되지 않도록 할 것
4. 급성 독성물질 취급설비의 이상 운전으로 급성 독성물질이 외부로 방출될 경우에는 저장·포집 또는 처리설비를 설치하여 안전하게 회수할 수 있도록 할 것
5. 급성 독성물질을 폐기·처리 또는 방출하는 설비를 설치하는 경우에는 자동으로 작동될 수 있는 구조로 하거나 원격조정할 수 있는 수동조작구조로 설치할 것
6. 급성 독성물질을 취급하는 설비의 작동이 중지된 경우에는 근로자가 쉽게 알 수 있도록 필요한 경보설비를 근로자와 가까운 장소에 설치할 것
7. 급성 독성물질이 외부로 누출된 경우에는 감지·경보할 수 있는 설비를 갖출 것

11. 산업안전보건법령상 작업과 휴식의 적정한 배분, 그 밖에 근로시간과 관련된 근로조건의 개선을 통하여 근로자의 건강보호를 위한 조치를 하여야 하는 유해·위험작업을 모두 고른 것은?

㉠ 갱(坑) 내에서 하는 작업
㉡ 다량의 저온물체를 취급하는 작업과 현저히 좁고 차가운 장소에서 하는 작업
㉢ 강렬한 소음이 발생하는 장소에서 하는 작업
㉣ 인력으로 중량물을 취급하는 작업

① ㉡, ㉣
② ㉠, ㉡, ㉢
③ ㉠, ㉢, ㉣
④ ㉡, ㉢, ㉣
⑤ ㉠, ㉡, ㉢, ㉣

정답 8 ③ 9 ② 10 ⑤ 11 ⑤

해설 유해하거나 위험한 작업(영 제99조 제3항)
1. 갱 내에서 하는 작업
2. 다량의 고열물체를 취급하는 작업과 현저히 덥고 뜨거운 장소에서 하는 작업
3. 다량의 저온물체를 취급하는 작업과 현저히 춥고 차가운 장소에서 하는 작업
4. 라듐방사선이나 엑스선, 그 밖의 유해 방사선을 취급하는 작업
5. 유리·흙·돌·광물의 먼지가 심하게 날리는 장소에서 하는 작업
6. 강렬한 소음이 발생하는 장소에서 하는 작업
7. 착암기(바위에 구멍을 뚫는 기계) 등에 의하여 신체에 강렬한 진동을 주는 작업
8. 인력으로 중량물을 취급하는 작업
9. 납·수은·크롬·망간·카드뮴 등의 중금속 또는 이황화탄소·유기용제, 그 밖에 고용노동부령으로 정하는 특정 화학물질의 먼지·증기 또는 가스가 많이 발생하는 장소에서 하는 작업

12. 산업안전보건법령상 다음 ( ) 안에 들어갈 숫자를 순서대로 배열한 것은?

> 사업주는 최근 1년간 작업공정에서 공정 설비의 변경, 작업방법의 변경, 설비의 이전, 사용 화학물질의 변경 등으로 작업환경측정 결과에 영향을 주는 변화가 없는 경우로서 다음 각호의 어느 하나에 해당하는 경우에는 해당 유해인자에 대한 작업환경측정을 1년에 1회 이상할 수 있다. 다만, 고용노동부장관이 정하여 고시하는 물질을 취급하는 작업공정은 그러하지 아니하다.
> 1. 작업공정 내 소음의 작업환경측정 결과가 최근 ( )회 연속 ( ) dB 미만인 경우
> 2. 작업공정 내 소음 외의 다른 모든 인자의 작업환경측정 결과가 최근 ( )회 연속 노출기준 미만인 경우

① 2, 75, 2 ② 2, 80, 3
③ 2, 85, 2 ④ 3, 80, 3
⑤ 3, 85, 2

해설 사업주는 최근 1년간 작업공정에서 공정 설비의 변경, 작업방법의 변경, 설비의 이전, 사용 화학물질의 변경 등으로 작업환경측정 결과에 영향을 주는 변화가 없는 경우로서 다음의 어느 하나에 해당하는 경우에는 해당 유해인자에 대한 작업환경측정을 연 1회 이상 할 수 있다. 다만, 고용노동부장관이 정하여 고시하는 물질을 취급하는 작업공정은 그렇지 않다(규칙 제190조 제2항).
1. 작업공정 내 소음의 작업환경측정 결과가 최근 2회 연속 85데시벨(dB) 미만인 경우
2. 작업공정 내 소음 외의 다른 모든 인자의 작업환경측정 결과가 최근 2회 연속 노출기준 미만인 경우

13. 산업안전보건법령상 건강진단에 관한 설명으로 옳지 않은 것은?

① 근로자대표가 요구할 때에는 건강검진 시 근로자대표를 입회시켜야 한다.
② 고용노동부장관은 근로자의 건강을 보호하기 위하여 필요하다고 인정할 때에는 사업주에게 특정 근로자에 대한 임시건강진단의 실시나 그 밖에 필요한 조치를 명할 수 있다.
③ 배치전건강진단이란 특수건강진단대상업무에 종사할 근로자에 대하여 배치 예정업무에 대한 적합성 평가를 위하여 사업주가 실시하는 건강진단을 말한다.

④ 건강진단기관은 건강진단을 실시한 결과 질병 유소견자가 발견된 경우에는 건강진단을 실시한 날부터 60일 이내에 관할 지방고용노동관서의 장에게 보고하여야 한다.
⑤ 사업주는 건강진단 결과를 근로자의 건강보호유지 외의 목적으로 사용하여서는 아니 된다.

> **해설** ④ 건강진단기관은 건강진단을 실시한 결과 질병 유소견자가 발견된 경우에는 건강진단을 실시한 날부터 30일 이내에 해당 근로자에게 의학적 소견 및 사후관리에 필요한 사항과 업무수행의 적합성 여부(특수건강진단기관인 경우만 해당한다)를 설명해야 한다(규칙 제209조 제2항 전단).
> ① 사업주는 건강진단을 실시하는 경우 근로자대표가 요구하면 근로자대표를 참석시켜야 한다(법 제132조 제1항).
> ② 고용노동부장관은 근로자의 건강을 보호하기 위하여 사업주에게 특정 근로자에 대한 건강진단(임시건강진단)의 실시나 작업전환, 그 밖에 필요한 조치를 명할 수 있다(법 제131조 제1항).
> ③ 배치전건강진단이란 특수건강진단대상업무에 근로자를 배치하려는 경우에는 해당 작업에 배치하기 전에 사업주가 실시하는 건강진단을 말한다(규칙 제204조).
> ⑤ 사업주는 건강진단의 결과를 근로자의 건강 보호 및 유지 외의 목적으로 사용해서는 아니 된다(법 제132조 제3항).

14. 산업안전보건법령상 근로자대표가 사업주에게 그 내용 또는 결과를 통지할 것을 요청할 수 있는 사항이 아닌 것은?
    ① 산업안전보건위원회가 의결한 사항
    ② 개별 근로자의 건강진단 결과에 관한 사항
    ③ 작업환경측정에 관한 사항
    ④ 안전보건개선계획의 수립·시행에 관한 사항
    ⑤ 물질안전보건자료에 관한 사항

> **해설** 근로자대표는 사업주에게 다음의 사항을 통지하여 줄 것을 요청할 수 있고, 사업주는 이에 성실히 따라야 한다(법 제35조).
> 1. 산업안전보건위원회(노사협의체를 구성·운영하는 경우에는 노사협의체를 말한다)가 의결한 사항
> 2. 안전보건진단 결과에 관한 사항
> 3. 안전보건개선계획의 수립·시행에 관한 사항
> 4. 도급인의 이행 사항
> 5. 물질안전보건자료에 관한 사항
> 6. 작업환경측정에 관한 사항
> 7. 그 밖에 고용노동부령으로 정하는 안전 및 보건에 관한 사항

15. 산업안전보건기준에 관한 규칙상 석면해체·제거작업 및 유지·관리 등의 조치 기준으로 옳지 않은 것은?
    ① 사업주는 석면해체·제거작업에 근로자를 종사하도록 하는 경우에는 1급 방진마스크를 지급하여 착용하도록 하여야 한다.

정답 12 ③　13 ④　14 ②　15 ①

② 사업주는 분말 상태의 석면을 혼합하거나 용기에 넣거나 꺼내는 작업, 절단·천공 또는 연마하는 작업 등 석면분진이 흩날리는 작업에 근로자를 종사하도록 하는 경우에 석면의 부스러기 등을 넣어두기 위하여 해당 장소에 뚜껑이 있는 용기를 갖추어 두어야 한다.

③ 사업주는 석면해체·제거작업을 마친 근로자의 오염된 작업복은 석면 전용의 탈의실에서만 벗도록 하여야 한다.

④ 사업주는 석면해체·제거작업장과 연결되거나 인접한 장소에 탈의실·샤워실 및 작업복 갱의실 등의 위생설비를 설치하고 필요한 용품 및 용구를 갖추어 두어야 한다.

⑤ 사업주는 석면해체·제거작업에서 발생된 석면을 함유한 잔재물은 습식으로 청소하거나 고성능필터가 장착된 진공청소기를 사용하여 청소하는 등 석면분진이 흩날리지 않도록 하여야 한다.

해설 ① 사업주는 석면해체·제거작업에 근로자를 종사하도록 하는 경우에 송기마스크 또는 전동식 호흡보호구를 지급하여 착용하도록 하여야 한다(산업안전보건기준에 관한 규칙 제491조 제1항).
② 사업주는 분말 상태의 석면을 혼합하거나 용기에 넣거나 꺼내는 작업, 절단·천공 또는 연마하는 작업 등 석면분진이 흩날리는 작업에 근로자를 종사하도록 하는 경우에 석면의 부스러기 등을 넣어두기 위하여 해당 장소에 뚜껑이 있는 용기를 갖추어 두어야 한다(산업안전보건기준에 관한 규칙 제484조).
③ 사업주는 석면해체·제거작업에 종사한 근로자에게 개인보호구를 작업복 탈의실에서 벗어 밀폐용기에 보관하도록 하여야 한다(산업안전보건기준에 관한 규칙 제494조 제2항).
④ 사업주는 석면해체·제거작업장과 연결되거나 인접한 장소에 평상복 탈의실, 샤워실 및 작업복 탈의실 등의 위생설비를 설치하고 필요한 용품 및 용구를 갖추어 두어야 한다(산업안전보건기준에 관한 규칙 제494조 제1항).
⑤ 사업주는 석면해체·제거작업에서 발생된 석면을 함유한 잔재물은 습식으로 청소하거나 고성능필터가 장착된 진공청소기를 사용하여 청소하는 등 석면분진이 흩날리지 않도록 하여야 한다(산업안전보건기준에 관한 규칙 제497조 제1항).

16. 산업안전보건법령상 다음 내용에서 옳은 것을 모두 고른 것은?

㉠ 건강진단 실시에 있어서 사무직에 종사하는 근로자란 공장 또는 공사현장과 같은 구역에 있지 아니한 사무실에서 서무·인사·경리·판매·설계 등의 사무업무에 종사하는 근로자를 말하며 판매업무 등에 직접 종사하는 근로자는 제외한다.
㉡ 특수건강진단을 실시한 결과 직업병 유소견자가 발견된 작업공정에서 해당 유해인자에 노출되는 모든 근로자에 대하여 다음 회에 한정하여 관련 유해인자별로 특수건강진단 주기를 2분의 1로 단축하여야 한다.
㉢ 특수건강진단기관은 근로자에 대해 특수건강진단을 실시한 날부터 30일 이내에 건강진단 결과표를 지방고용노동관서의 장에게 제출하여야 한다.
㉣ 선원법에 따른 건강진단을 받은 근로자는 일반건강진단을 실시한 것으로 본다.

① ㉢, ㉣
② ㉠, ㉡, ㉢
③ ㉠, ㉢, ㉣
④ ㉡, ㉢, ㉣
⑤ ㉠, ㉡, ㉢, ㉣

해설 ㉠ 사무직에 종사하는 근로자는 공장 또는 공사현장과 같은 구역에 있지 않은 사무실에서 서무·인사·경리·판매·설계 등의 사무업무에 종사하는 근로자를 말하며, 판매업무 등에 직접 종사하는 근로자는 제외한다(규칙 제197조 제1항).
㉡ 특수건강진단을 실시한 결과 직업병 유소견자가 발견된 작업공정에서 해당 유해인자에 노출되는 모든 근로자에 대하여 다음 회에 한정하여 관련 유해인자별로 특수건강진단 주기를 2분의 1로 단축하여야 한다(규칙 제202조 제2항 제2호).
㉢ 특수건강진단기관은 특수건강진단·수시건강진단 또는 임시건강진단을 실시한 경우에는 건강진단을 실시한 날부터 30일 이내에 건강진단 결과표를 지방고용노동관서의 장에게 제출해야 한다(규칙 제209조 제4항 전단).
㉣ 선원법에 따른 건강진단을 받은 근로자는 일반건강진단을 실시한 것으로 인정한다(규칙 제196조 제2호).

17. 산업안전보건법령상 안전·보건표지 중 안내표지에 해당하는 것은?

① 세안장치

② 방진마스크

③ 금연

④ 석면취급/해체 작업장

관계자외 출입금지
석면 취급/해체 중
보호구/보호복 착용
흡연 및 음식물
섭취금지

⑤ 고압전기 경고

해설 ① 안내표지, ② 지시표지, ③ 금지표지, ④ 관계자외 출입금지, ⑤ 경고표지

18. 산업안전보건법령상 사업주의 의무에 관한 설명으로 옳은 것은?
① 사업주는 근로자가 산업안전보건법령의 요지를 알 수 있도록 서면으로 교부하여야 한다.
② 외국인근로자를 채용한 사업주는 해당 근로자의 모국어로 된 안전·보건표지와 작업안전수칙을 부착하여야 한다.
③ 사업주는 연속적으로 컴퓨터 단말기 작업에 종사하는 근로자에 대하여 작업시간 중에 필요한 조치(보건조치)를 하여야 한다.

④ 사업주는 작업환경측정 결과를 기록한 서류를 3년간 보존하여야 한다.
⑤ 사업주는 안전·보건표지의 성질상 설치나 부착이 곤란한 경우에는 해당 물체에 직접 도장하여야 한다.

> **해설** ③ 사업주는 연속적으로 컴퓨터 단말기 작업에 종사하는 근로자에 대하여 작업시간 중에 건강장해를 예방하기 위하여 필요한 조치(보건조치)를 하여야 한다(법 제39조 제1항).
> ① 사업주는 이 법과 이 법에 따른 명령의 요지 및 안전보건관리규정을 각 사업장의 근로자가 쉽게 볼 수 있는 장소에 게시하거나 갖추어 두어 근로자에게 널리 알려야 한다(법 제34조).
> ② 외국인근로자를 사용하는 사업주는 안전보건표지를 고용노동부장관이 정하는 바에 따라 해당 외국인근로자의 모국어로 작성하여야 한다(법 제37조 제1항).
> ④ 사업주는 작업환경측정 결과를 기록하여 보존하고 고용노동부령으로 정하는 바에 따라 고용노동부장관에게 보고하여야 한다(법 제125조 제5항 전단).
> ⑤ 안전보건표지의 성질상 설치하거나 부착하는 것이 곤란한 경우에는 해당 물체에 직접 도색할 수 있다(규칙 제39조 제3항).

19. 산업안전보건법령상 사업장의 관리감독자가 수행하여야 하는 업무에 해당하는 것은?

    ① 근로자의 안전·보건교육에 관한 사항
    ② 위험성평가를 위한 업무에 기인하는 유해·위험요인의 파악 및 그 결과에 따른 개선조치의 시행에 대한 참여
    ③ 안전·보건과 관련된 안전장치 및 보호구 구입 시의 적격품 여부 확인에 관한 사항
    ④ 작업환경측정 등 작업환경의 점검 및 개선에 관한 사항
    ⑤ 산업재해에 관한 통계의 기록 및 유지에 관한 사항

> **해설** 관리감독자의 업무(영 제15조 제1항)
> 1. 사업장 내 관리감독자가 지휘·감독하는 작업과 관련된 기계·기구 또는 설비의 안전·보건 점검 및 이상 유무의 확인
> 2. 관리감독자에게 소속된 근로자의 작업복·보호구 및 방호장치의 점검과 그 착용·사용에 관한 교육·지도
> 3. 해당작업에서 발생한 산업재해에 관한 보고 및 이에 대한 응급조치
> 4. 해당작업의 작업장 정리·정돈 및 통로 확보에 대한 확인·감독
> 5. 사업장의 담당자의 지도·조언에 대한 협조
> 6. 위험성평가에 관한 다음의 업무
>   ㉠ 유해·위험요인의 파악에 대한 참여
>   ㉡ 개선조치의 시행에 대한 참여
> 7. 그 밖에 해당작업의 안전 및 보건에 관한 사항으로서 고용노동부령으로 정하는 사항

20. 산업안전보건법령상 안전관리자에 관한 설명으로 옳은 것은?

    ① 같은 사업주가 경영하는 둘 이상의 사업장이 같은 시·군·자치구 지역에 소재하는 경우에도 사업장마다 각각 안전관리자를 두어야 한다.

② 건설업의 경우 공사금액 120억원(토목공사업에 속하는 공사는 150억원) 이상인 사업장에는 해당 사업장에서 안전관리자의 업무만을 전담하는 안전관리자를 두어야 한다.
③ 지방노동관서의 장은 중대재해가 연간 2건 발생한 경우 사업주에게 안전관리자를 정수 이상으로 증원할 것을 명할 수 있다.
④ 상시 근로자 300명 미만을 사용하는 건설업은 안전관리자의 업무를 안전관리 전문기관에 위탁할 수 있다.
⑤ 사업주는 안전관리자를 선임한 경우 선임한 날부터 30일 이내에 고용노동부장관에게 증명할 수 있는 서류를 제출하여야 한다.

해설 ② 건설업의 경우 공사금액 120억원(토목공사업에 속하는 공사는 150억원) 이상인 사업장에는 해당 사업장에서 안전관리자의 업무만을 전담하는 안전관리자를 두어야 한다(영 제16조 제2항).
① 같은 사업주가 경영하는 둘 이상의 사업장이 같은 시·군·자치구 지역에 소재하는 경우에 1명의 안전관리자를 공동으로 둘 수 있다(영 제16조 제4항 전단).
③ 지방노동관서의 장은 중대재해가 연간 2건 이상 발생한 경우 사업주에게 안전관리자를 정수 이상으로 증원할 것을 명할 수 있다(규칙 제12조 제1항 제2호).
④ 건설업을 제외한 사업으로서 상시근로자 300명 미만을 사용하는 사업장은 안전관리자의 업무를 안전관리 전문기관에 위탁할 수 있다(영 제19조 제1항).
⑤ 사업주는 안전관리자를 선임하거나 안전관리자의 업무를 안전관리전문기관에 위탁한 경우에는 고용노동부령으로 정하는 바에 따라 선임하거나 위탁한 날부터 14일 이내에 고용노동부장관에게 그 사실을 증명할 수 있는 서류를 제출해야 한다(영 제16조 제6항 전단).

21. 산업안전보건법령상 산업안전보건위원회를 설치·운영하여야 하는 사업이 아닌 것은?
   ① 상시 근로자 50명인 토사석 광업
   ② 상시 근로자 100명인 비금속 광물제품 제조업
   ③ 상시 근로자 50명인 전투용 차량 제조업
   ④ 상시 근로자 100명인 사무용 기계 및 장비 제조업
   ⑤ 상시 근로자 50명인 자동차 및 트레일러 제조업

해설 전투용 차량 제조업은 상시근로자 100명 이상(영 별표 9)

22. 산업안전보건법령상 안전보건관리규정에 관한 설명으로 옳은 것은?
   ① 안전보건관리규정을 작성하여야 할 경우 소방·가스·전기·교통 분야 등의 다른 법령에서 정하는 안전관리에 관한 규정과 별도로 작성하여야 한다.
   ② 안전보건관리규정은 해당 사업장에 적용되는 단체협약 및 취업규칙에 우선한다.
   ③ 사업주는 안전보건관리규정을 작성하여야 할 사유가 발생한 날부터 60일 이내에 안전보건관리규정을 작성하여야 한다.

정답 19 ② 20 ② 21 ③ 22 ⑤

④ 사업주가 안전보건관리규정을 변경할 때에 산업안전보건위원회가 설치되어 있지 아니한 사업장의 경우에는 근로자대표에게 통보하면 된다.
⑤ 안전보건관리규정에는 사고 조사 및 대책 수립에 관한 사항이 포함되어야 한다.

해설 ⑤ 안전보건관리규정에는 사고 조사 및 대책 수립에 관한 사항이 포함되어야 한다(법 제25조 제1항 제4호).
① 사업주가 안전보건관리규정을 작성할 때에는 소방·가스·전기·교통 분야 등의 다른 법령에서 정하는 안전관리에 관한 규정과 통합하여 작성할 수 있다(규칙 제25조 제3항).
② 안전보건관리규정은 단체협약 또는 취업규칙에 반할 수 없다. 이 경우 안전보건관리규정 중 단체협약 또는 취업규칙에 반하는 부분에 관하여는 그 단체협약 또는 취업규칙으로 정한 기준에 따른다(법 제25조 제2항).
③ 사업의 사업주는 안전보건관리규정을 작성해야 할 사유가 발생한 날부터 30일 이내에 별표 3의 내용을 포함한 안전보건관리규정을 작성해야 한다(규칙 제25조 제2항 전단).
④ 사업주는 안전보건관리규정을 작성하거나 변경할 때에는 산업안전보건위원회의 심의·의결을 거쳐야 한다. 다만, 산업안전보건위원회가 설치되어 있지 아니한 사업장의 경우에는 근로자대표의 동의를 받아야 한다(법 제26조).

23. 산업안전보건법령에 따라 안전·보건진단을 받아 안전보건개선계획을 수립·제출하도록 명할 수 있는 사업장에 해당하는 것은?
① 산업재해율이 같은 업종 평균 산업재해율이 1.5배인 사업장
② 산업재해율이 같은 업종의 규모별 평균 산업재해율보다 높은 사업장으로서 부상자가 동시에 5명 발생한 사업장
③ 2개월의 요양이 필요한 부상자가 동시에 2명 발생한 사업장
④ 상시 근로자가 1,200명으로서 직업병에 걸린 사람이 연간 2명 발생한 사업장
⑤ 작업환경 불량 등으로 사회적 물의를 일으킨 사업장

해설 안전보건진단을 받아 안전보건개선계획을 수립할 대상(영 제49조)
1. 산업재해율이 같은 업종 평균 산업재해율의 2배 이상인 사업장
2. 사업주가 필요한 안전조치 또는 보건조치를 이행하지 아니하여 중대재해가 발생한 사업장
3. 직업성 질병자가 연간 2명 이상(상시근로자 1천명 이상 사업장의 경우 3명 이상) 발생한 사업장
4. 그 밖에 작업환경 불량, 화재·폭발 또는 누출 사고 등으로 사업장 주변까지 피해가 확산된 사업장으로서 고용노동부령으로 정하는 사업장

24. 산업안전보건법령상 산업안전지도사 또는 산업보건지도사의 등록을 취소하여야 하는 사유를 모두 고른 것은?

⊙ 직무의 수행과정에서 고의로 인하여 중대재해가 발생한 경우
ⓒ 업무 정지 기간 중에 업무를 수행한 경우
ⓒ 다른 사람에게 자기의 성명을 사용하여 지도사의 직무를 수행하게 한 경우
② 거짓이나 그 밖의 부정한 방법으로 등록한 경우
⑩ 업무 관련 서류를 거짓으로 작성한 경우
ⓗ 금고 이상의 형의 집행유예를 선고받고 그 유예기간 중에 있는 경우

① ㉠, ㉢, ㉣ ② ㉠, ㉣, ㉥
③ ㉡, ㉢, ㉤ ④ ㉡, ㉣, ㉤
⑤ ㉢, ㉤, ㉥

해설 산업안전지도사 또는 산업보건지도사의 등록을 취소하여야 하는 사유(법 제154조)
1. 거짓이나 그 밖의 부정한 방법으로 등록 또는 갱신등록을 한 경우
2. 업무정지 기간 중에 업무를 수행한 경우
3. 업무 관련 서류를 거짓으로 작성한 경우

25. 산업안전보건법령에서 규정하고 있는 명예산업안전감독관의 업무가 아닌 것은?

① 사업장에서 하는 자체점검 참여 및 근로감독관이 하는 사업장 감독 참여
② 법령을 위반한 사실이 있는 경우 사업주에 대한 개선 요청 및 감독기관에 신고
③ 산업재해 발생의 급박한 위험이 있는 경우 사업주에 대한 작업중지 요청
④ 사업장 순회점검·지도 및 조치의 건의
⑤ 직업성 질환의 증상이 있거나 질병에 걸린 근로자가 여럿 발생한 경우 사업주에 대한 임시 건강진단 실시 요청

해설 명예산업안전감독관의 업무(영 제32조 제2항)
1. 사업장에서 하는 자체점검 참여 및 근로감독관이 하는 사업장 감독 참여
2. 사업장 산업재해 예방계획 수립 참여 및 사업장에서 하는 기계·기구 자체검사 참석
3. 법령을 위반한 사실이 있는 경우 사업주에 대한 개선 요청 및 감독기관에의 신고
4. 산업재해 발생의 급박한 위험이 있는 경우 사업주에 대한 작업중지 요청
5. 작업환경측정, 근로자 건강진단 시의 참석 및 그 결과에 대한 설명회 참여
6. 직업성 질환의 증상이 있거나 질병에 걸린 근로자가 여러 명 발생한 경우 사업주에 대한 임시건강진단 실시 요청
7. 근로자에 대한 안전수칙 준수 지도
8. 법령 및 산업재해 예방정책 개선 건의
9. 안전·보건 의식을 북돋우기 위한 활동 등에 대한 참여와 지원
10. 그 밖에 산업재해 예방에 대한 홍보 등 산업재해 예방업무와 관련하여 고용노동부장관이 정하는 업무

산업안전 일반

26. 안전교육에 관한 설명으로 옳지 않은 것은?

① 안전교육은 안전사고를 사전에 방지하기 위한 필수요소 중의 하나이다.
② 안전교육의 3요소는 강사, 수강자, 교재이다.
③ 단계별 안전교육은 '지식교육 - 기능교육 - 태도교육' 순이다.

정답 23 ⑤ 24 ④ 25 ④ 26 ⑤

④ 강의식 교육은 많은 인원의 수강자를 동시에 교육시킬 수 있는 장점이 있다.
⑤ 하버드학파의 5단계 교수법은 preparation(준비) - presentation(발표) - generalization(보편화) - association(조합) - application(응용)의 순서로 한다.

> **해설** 하버드학파의 5단계 교수법은 preparation(준비) - presentation(발표) - association(연합) - generalization(총괄) - application(응용)의 순서로 한다.

27. 산업안전보건법령상 규정하고 있는 유해위험방지계획서에 관한 설명 중 ㉠, ㉡의 내용이 옳게 연결된 것은?

> 건설업 중 터널건설 등의 공사를 착공하려는 사업주는 관련 절차를 준수하여 작성한 유해위험방지계획서에 해당 서류를 첨부하여 해당 공사의 착공 (㉠)까지 (㉡)에 제출하여야 한다.

① ㉠ : 전날, ㉡ : 한국산업안전보건공단
② ㉠ : 전날, ㉡ : 관할 지방고용노동관서
③ ㉠ : 3일전, ㉡ : 한국산업안전보건공단
④ ㉠ : 3일전, ㉡ : 관할 지방고용노동관서
⑤ ㉠ : 7일전, ㉡ : 한국산업안전보건공단

> **해설** 사업주가 유해위험방지계획서를 제출할 때에는 건설공사 유해위험방지계획서에 해당 서류를 첨부하여 해당 공사의 착공(유해위험방지계획서 작성 대상 시설물 또는 구조물의 공사를 시작하는 것을 말하며, 대지 정리 및 가설사무소 설치 등의 공사 준비기간은 착공으로 보지 않는다) 전날까지 공단에 2부를 제출해야 한다(규칙 제42조 제3항).

28. 인간공학적 설계를 위하여 고려하여야 하는 작업환경 영향요소의 설명으로 옳지 않은 것은?
① 조명은 작업대의 조도기준 상 보통작업은 150럭스 이상으로 한다.
② 온도는 작업의 경중에 따라 그 기준치를 달리하며, 일반적으로 최적온도는 18~21℃이다.
③ 우리나라의 소음 노출기준은 90dB(A)에 8시간 노출을 기준으로 정하고 있으며, '5dB(A) 법칙'을 적용하지 않는다.
④ 고열, 냉습, 온도, 기류 및 환기가 적절하지 않은 경우 작업자의 건강과 정신적 스트레스 및 육체적 피로에 영향을 미친다.
⑤ 표시·조종장치는 작업정보가 정확하게 표시되고, 인간의 실수 또는 오조종으로 위험이 발생하지 않도록 보호장치 및 비상조종장치를 설치한다.

해설 ③ 우리나라의 소음 노출기준은 1일 8시간 작업을 기준으로 85데시벨 이상의 소음이 발생하는 작업을 말한다(산업안전보건기준에 관한 규칙 제512조 제1호).
① 조명은 작업대의 조도기준 상 보통작업은 150럭스 이상으로 한다(산업안전보건기준에 관한 규칙 제8조 제1호).

29. 시스템에 관한 설명으로 옳지 않은 것은?

① 시스템의 정의는 '다수의 독립된 목적 또는 개념적 요소의 집합체가 어떤 공동의 목적을 달성하도록 상호 유기적으로 결합해 활동하도록 된 것'이다.
② 시스템은 여러 요소의 집합체로서 각 요소는 같은 기능을 수행하면서 상호 유기적인 관계를 유지하고, 공동의 목표를 지향하며 활동하는 것이다.
③ 요소의 결합이 자연적으로 된 것을 '생태시스템'이라 한다.
④ 공학시스템에는 수송 시스템, 송배전 시스템, 생산 시스템 등이 있다.
⑤ 공학시스템에서의 수송 시스템은 버스 시스템, 기차 시스템, 항공기 시스템 등으로 구성된다.

해설 시스템은 인간, 기계, 재료, 설비, 시설 및 소프트웨어 등에 의해서 구성되고, 그것들이 상호 관계를 가지면서 정해진 조건하에서 주어진 작업을 수행하거나 또는 필요로 하는 사명을 달성하기 위해 작용하는 집합을 말한다.

30. 안전 용어에 관한 설명으로 옳지 않은 것은?

① 재해는 시스템의 전부 또는 일부의 손실, 작업자의 상해, 관련설비 또는 하드웨어의 재산적 피해와 무상해, 무손실 사고를 모두 포함한다.
② 안전은 사망, 부상, 직업성 질병, 장비 또는 재산의 파손이나 유실, 환경의 파손 등을 가져올 수 있는 조건으로부터 벗어난 상태이다.
③ 시스템안전공학은 시스템의 위험요소를 확인하고, 이를 제거하기 위해 관련 지식, 기술 및 기능을 이용하여 과학적 및 기술적 기준을 기업 등에 적용하기 위한 시스템공학의 한 분야이다.
④ 리스크는 사고발생의 가능성 또는 불확실성이라는 의미로도 사용할 수 있다.
⑤ J. Stephenson(스테픈슨)은 리스크를 위험의 심각도와 확률을 모두 고려해 평가되는 위험의 크기라고 정의하였다.

해설 재해는 무상해와 무손실은 포함하지 않는 개념이다.

정답 27 ① 28 ③ 29 ② 30 ①

31. 제조물책임법에 관한 설명으로 옳은 것은?

   ① 제조물 결함은 소비자가 입증해야 한다.
   ② 제조물에는 배, 무 같은 농작물도 포함된다.
   ③ 제조물 책임은 제조업자와 제조물을 공급한 자, 소비자가 공동으로 져야 한다.
   ④ 제조자가 경고의 의무를 소홀히 한 경우라도 소비자의 과실로 인한 손실은 소비자가 책임을 져야 한다.
   ⑤ 제조업자가 해당 제조물을 공급한 때의 과학·기술수준으로는 결함의 존재를 발견할 수 없었다는 사실을 입증하면 책임은 면제된다.

   해설 ⑤ 손해배상책임을 지는 자가 공급한 당시의 과학·기술 수준으로는 결함의 존재를 발견할 수 없었다는 사실을 입증한 경우에는 이 법에 따른 손해배상책임을 면(免)한다(제조물책임법 제4조 제1항 제2호).
   ① 제조물 결함은 제조업자가 입증해야 한다(제조물책임법 제4조 제1항).
   ② 제조물이란 제조되거나 가공된 동산(다른 동산이나 부동산의 일부를 구성하는 경우를 포함한다)을 말한다(제조물책임법 제2조 제1호). 따라서 배, 무 같은 농작물은 포함되지 않는다.
   ③ 제조업자는 제조물의 결함으로 생명·신체 또는 재산에 손해(그 제조물에 대하여만 발생한 손해는 제외한다)를 입은 자에게 그 손해를 배상하여야 한다(제조물책임법 제3조 제1항).
   ④ 제조업자가 제조물의 결함을 알면서도 그 결함에 대하여 필요한 조치를 취하지 아니한 결과로 생명 또는 신체에 중대한 손해를 입은 자가 있는 경우에는 그 자에게 발생한 손해의 3배를 넘지 아니하는 범위에서 배상책임을 진다(제조물책임법 제3조 제2항).

32. S기업의 상시근로자수는 100명이며, 연간 300일 근무 중 사망 재해건수 2건, 휴업일수 27일, 잔업시간 10,000시간, 조퇴시간으로 인한 손실시간이 500시간이 발생하였다. 이 기업의 재해 통계로 옳은 것은? (단, 근로자의 1일 평균 근로시간은 8시간 30분이다.)

   ① 도수율은 290이다.
   ② 연천인율은 18.75이다.
   ③ 강도율은 56.79이다.
   ④ 평균강도율은 0.196이다.
   ⑤ 종합재해지수는 128.33이다.

   해설 ③ 강도율 $= \dfrac{근로손실일수}{연근로시간수} \times 1,000 = \dfrac{(7,500 \times 2) + (27 \times \frac{300}{365})}{(100 \times 300 \times 8.5) + 10,000 - 500} \times 1,000 = 56.79$

   ① 도수율 $= \dfrac{재해건수}{연간근로시간} \times 1,000,000 = \dfrac{2}{424,500} \times 1,000,000 = 4.7$

   ② 연천인율 $= \dfrac{연간재해자수}{연평균근로자수} \times 1,000 = \dfrac{2}{100} \times 1,000 = 20$

   ④ 평균강도율 $= \dfrac{1,000 \times 강도율}{도수율} = \dfrac{1,000 \times 56.79}{4.7} = 12,082.97$

   ⑤ 종합재해지수 $= \sqrt{도수율 \times 강도율} = \sqrt{4.7 \times 56.79} = 16.34$

33. 안전보건경영시스템에서 안전보건활동추진계획을 수립함에 있어 옳지 않은 것은?
   ① 사업장은 안전보건상의 목표를 달성하기 위한 활동 추진계획을 해당 업무별, 단위별(팀별, 부·과별)로 수립해야 한다.
   ② 안전보건활동추진계획의 문서화 여부는 사업주가 결정한다.
   ③ 조직의 전체 목표 및 부서별 세부목표와 이를 추진하고자 하는 책임자를 지정해야 한다.
   ④ 목표달성을 위한 안전보건활동계획의 수단·방법·일정을 결정해야 한다.
   ⑤ 안전보건활동추진계획은 정기적으로 검토되고, 조직의 운영변경 또는 새로운 계획의 추가 사유가 발생할 때에는 수정하여야 한다.

   해설 안전보건활동추진계획은 산업안전보건법에 의하여 작성하여야 한다.

34. 고용노동부고시 사업장 위험성평가에 관한 지침의 내용으로 옳지 않은 것은?
   ① 안전보건관리책임자 등 해당 사업장에서 사업의 실시를 총괄 관리하는 사람에게 위험성평가의 실시를 총괄 관리하게 한다.
   ② 사업주는 안전보건정보를 사전에 조사하여 위험성평가에 활용하여야 한다.
   ③ 유해위험요인을 파악할 때 업종, 규모 등 사업장 실정에 따라 청취조사에 의한 방법 등을 사용하여야 한다.
   ④ 해당 작업에 종사하고 있는 근로자에게 유해·위험요인의 파악, 위험성의 추정, 위험성의 결정, 위험성 감소대책 수립 및 실행을 하게 한다.
   ⑤ 허용가능한 위험성이 아니라고 판단되는 경우 위험성의 크기 등을 고려하여 감소대책을 수립하고 실행하여야 한다.

   해설 ④, ⑤ 사업주는 위험성을 결정한 결과 허용 가능한 위험성이 아니라고 판단되는 경우에는 위험성의 크기, 영향을 받는 근로자 수 및 순서를 고려하여 위험성 감소를 위한 대책을 수립하여 실행하여야 한다(사업장 위험성평가에 관한 지침 제13조 제1항).
   ① 안전보건관리책임자 등 해당 사업장에서 사업의 실시를 총괄 관리하는 사람에게 위험성평가의 실시를 총괄 관리하게 한다(사업장 위험성평가에 관한 지침 제7조 제1항 제1호).
   ② 사업주는 안전보건정보를 사전에 조사하여 위험성평가에 활용하여야 한다(사업장 위험성평가에 관한 지침 제9조 제3항).
   ③ 유해위험요인을 파악할 때 업종, 규모 등 사업장 실정에 따라 청취조사에 의한 방법 등을 사용하여야 한다(사업장 위험성평가에 관한 지침 제10조).

35. 애드워드 아담스(Edward Adams)의 사고연쇄반응 이론을 설명한 것으로 옳은 것은?

① 연쇄이론은 기본 에러, 관리부족, 전술적 에러, 사고, 상해의 순으로 진행된다.
② 작전적 에러는 관리자의 의사결정이 그릇되거나 잘못된 행동으로 인한 것이다.
③ 기본 에러는 불안전한 행동 및 불안전한 상태를 말한다.
④ 사고의 바로 직전에는 관리구조의 부재가 존재한다.
⑤ 사고와 상해는 필연적 관계로 존재한다.

해설 ② 작전적 에러는 회사의 정책, 목적, 권위 등 관리자의 의사결정이 그릇되거나 잘못된 행동으로 인한 것이다.
① 연쇄이론은 관리구조, 작전적 에러, 전술적 에러, 사고, 상해의 순으로 진행된다.
③ 불안전한 행동 및 불안전한 상태를 전술적 에러로 본다.
④ 사고의 바로 직전에는 불안전한 행동, 불안전한 상태가 존재한다.
⑤ 사고와 상해는 우연적 관계로 존재한다.

36. 신뢰도함수는 평균 고장률이 0.01/시간인 지수분포에 따르고, 보전도함수는 평균수리율이 0.1/시간인 지수분포에 따르는 기계가 있다. 이 기계의 가용도(availability)는 얼마인가? (단, 소숫점 아래 셋째자리에서 반올림한다.)

① 0.91　　　　　　② 0.95
③ 0.96　　　　　　④ 0.98
⑤ 0.99

해설 가용도(availability) = $\dfrac{평균수리율}{평균수리율+평균고장률} = \dfrac{0.1}{0.1+0.01} = 0.909$

37. 시스템의 설계 단계 중 '인터페이스 설계'에 해당하는 것은?

① 시스템의 목표와 성능에 대해 결정된 요구사항의 규격에 맞추어 시스템이 실행해야 할 기능을 정의하는 단계이다.
② 시스템이 형태를 갖추기 시작하는 단계로서 주요 인간공학적 활동은 기능할당, 직무분석, 작업설계가 있다.
③ 인간-기계 시스템의 계면의 특성에 초점을 두고 인간의 능력과 한계에 부합되도록 고려한다.
④ 수용 가능한 인간성능을 도울 수 있는 자료 또는 보조물들에 대한 계획을 하게 된다.
⑤ 개발절차가 진행됨에 따라 각 단계에 따르는 평가가 수행된다.

해설 인간-기계 시스템은 사실상 하나의 통합된 시스템으로 보고 인간의 능력과 한계에 부합하도록 설계한다.

38. 안전교육방법에 관한 설명으로 옳지 않은 것은?

① 시범법은 어떤 기능이나 작업과정을 학습시키기 위해 필요로 하는 분명한 동작을 제시하는 교육방법이다.
② 토의법은 쌍방적 의사전달 방식에 의한 교육으로 적극성·지도성·협동성을 기르는 데 유효하다.
③ 강의법은 많은 인원의 수강자를 단기간의 교육시간에 비교적 많은 교육 내용을 전수하기 위한 방법이다.
④ 사례연구법은 먼저 사례를 제시하고 문제가 되는 사실들과 그의 상호관계에 대해서 검토하며, 대책을 토의하는 방식이다.
⑤ 반복법은 학습자가 이미 학습된 지식이나 기능을 교사의 지휘나 감독 아래 직접 연습하는 교육방법이다.

해설 반복법은 이미 학습한 내용을 반복해서 강의 및 실연하는 방법이다.

39. FTA의 실시 과정에서 minimal cut set을 3개 구하였다. top 사건이 일어날 확률은 얼마인가?
(단, 각 부품의 고장날 확률은 0.1이고, minimal cut set은 {1, 4}, {1, 3, 5}, {2, 5}이다.)

① 0.01879
② 0.01969
③ 0.02063
④ 0.02071
⑤ 0.02137

해설 최소집합이 3개이고, 고장날 확률만 적용한다. {4+(3×5)}=1−(1−0.0)×(1−0.1×0.1)=0.109
{1×(4+(3×5))}=0.1×0.109=0.0109
{2×5}=0.1
{1×(4+(3×5))}+{2×5}=1−(1−0.0109)×(1−0.01)=0.020791

40. 청각적 표시장치가 시각적 표시장치보다 유리한 경우를 모두 고른 것은?

㉠ 화재 발생 등의 정보를 긴급히 알리고자 하는 경우
㉡ 움직이면서 작업하는 근로자에게 정보를 전달하는 경우
㉢ 주위가 밝은 장소에서 작업자에게 필요한 정보를 전달하고자 하는 경우
㉣ 많고, 다양한 정보를 한 번에 작업자에게 전달하는 경우

① ㉠, ㉡
② ㉠, ㉢
③ ㉠, ㉡, ㉢
④ ㉠, ㉢, ㉣
⑤ ㉠, ㉡, ㉢, ㉣

정답 35 ② 36 ① 37 ③ 38 ⑤ 39 ④ 40 ①

해설 청각적 표시장치와 시각적 표시장치의 사용례

청각적 표시장치	시각적 표시장치
○ 메시지가 짧고 단순한 경우 ○ 메시지가 시간상 사건을 다루는 경우 ○ 메시지가 일시적으로 사용하는 경우 ○ 수신자가 자주 움직이는 경우 ○ 즉각적인 행동이 필요한 경우 ○ 수신장소가 너무 밝거나 암조응유지가 필요한 경우 ○ 수신자의 시각계통이 과부하 상태일 경우	○ 메시지가 길고 복잡한 경우 ○ 소음이 과도한 경우 ○ 즉각적인 행동이 필요하지 않은 경우 ○ 수신장소가 너무 시끄러운 경우 ○ 수신자의 청각계통이 과부하 상태일 경우 ○ 작업자의 이동이 적은 경우 ○ 메시지를 나중에 참고할 필요가 있는 경우 ○ 메시지가 공간적 위치를 다룰 경우

41. 인간공학에 대한 설명 중 옳은 것을 모두 고른 것은?

> ㉠ 일반적으로 공학이 기술·기능적 교육에 중점을 두고 있다면 인간공학은 시스템의 설계에 있어 인간요소를 고려한다.
> ㉡ 인간공학의 목표는 기능적 효과와 효율, 인간가치를 향상시키는 것이다.
> ㉢ 인간공학의 접근방법은 제품, 기구, 환경을 설계하는 과정에서 인간의 능력·한계, 특성, 행동에 관한 정보 등을 시스템 설계에 체계적으로 적용하는 것이다.
> ㉣ 적절한 선발과정과 훈련을 통해 사람을 작업에 맞추는 개념에서 시스템을 인간에게 적합하게 설계하는 개념으로 발전하였다.

① ㉠, ㉡
② ㉠, ㉢
③ ㉠, ㉡, ㉣
④ ㉠, ㉢, ㉣
⑤ ㉠, ㉡, ㉢, ㉣

해설
㉠ 인간공학은 인간의 특성을 고려하여 기계를 설계하는 것을 뜻한다.
㉡ 인간공학의 목표는 기능적 효과와 효율, 인간가치를 향상시키는 것이다.
㉢ 인간공학의 접근방법은 인간의 행동, 능력, 한계, 특성 등에 관한 정보를 발견하고, 이를 도구, 기계, 시스템, 과업, 직무, 환경을 설계하는 데 응용함으로써 인간이 생산적이고 안전하며 쾌적한 환경에서 작업을 하고 물건을 효과적으로 이용할 수 있도록 하는 것이다.
㉣ 사람이 작업에 맞추는 개념에서 시스템을 인간에게 적합하게 설계하는 개념으로 발전하였다.

42. 안전보건교육에 관한 설명으로 옳지 않은 것은?

① 지식교육의 내용은 안전의식의 향상, 안전책임감 주입, 기초지식 주입, 전문적 기술기능 등이다.
② 안전교육에는 사고 사례 중심의 안전교육, 표준안전작업을 위한 안전교육 등이 있다.

③ 안전보건교육계획을 수립할 때에는 필요한 정보의 수집, 현장 의견의 반영, 법규정에 의한 교육 등을 고려하여야 한다.
④ 안전보건교육계획에 포함해야 할 사항은 교육목표, 교육의 종류 및 교육대상 등이 있다.
⑤ 교육실시 계획에 포함해야 할 사항은 교육대상자의 범위 결정, 교육과정의 결정, 교육방법 및 형태의 결정 등이 있다.

해설 안전보건교육은 근로자가 안전하게 업무를 수행할 수 있도록 하기 위해 안전의 중요성을 인식시키고, 또 구체적으로 주어진 작업에 대해서 안전작업방법의 지식이나 기능을 습득하도록 교육, 훈련을 하고, 또 작업에 대한 안전태도를 양성하는 것이다.

43. ㉮~㉰에 해당하는 용어가 올바르게 짝지어진 것은?
   ㉮ : 허용범위를 벗어난 일련의 인간 동작 중 하나
   ㉯ : 계획된 목적 수행에 필요한 행동의 실행에 오류가 발생하는 것
   ㉰ : 부적정한 계획 결과로 인해 원래의 목적수행에 실패하는 것
   ㉱ : 작업자가 절차서의 지시를 고의로 따르지 않고, 다른 방향을 선택한 경우

	㉮	㉯	㉰	㉱
㉠	위반(violation)	실패(mistake)	가벼운 실수(slips)	휴먼 에러(human error)
㉡	실패(mistake)	가벼운 실수(slips)	휴먼 에러(human error)	위반(violation)
㉢	휴먼 에러(human error)	위반(violation)	가벼운 실수(slips)	실패(mistake)
㉣	실패(mistake)	위반(violation)	가벼운 실수(slips)	휴먼 에러(human error)
㉤	휴먼 에러(human error)	가벼운 실수(slips)	실패(mistake)	위반(violation)

① ㉠ ② ㉡
③ ㉢ ④ ㉣
⑤ ㉤

해설 ㉮ 휴먼 에러(human error) : 허용범위를 벗어난 일련의 인간 동작 중 하나
㉯ 가벼운 실수(slips) : 계획된 목적 수행에 필요한 행동의 실행에 오류가 발생하는 것
㉰ 실패(mistake) : 부적정한 계획 결과로 인해 원래의 목적수행에 실패하는 것
㉱ 위반(violation) : 작업자가 절차서의 지시를 고의로 따르지 않고, 다른 방향을 선택한 경우

정답 41 ⑤ 42 ① 43 ⑤

44. 시스템 1, 2에 관한 설명으로 옳은 것은? (단, 화살표는 부품의 경로이며, 각 부품의 신뢰도는 0.9로 동일하다.)

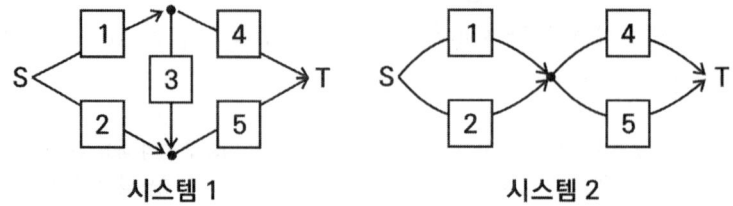

① minimal path의 수는 두 시스템 모두 4개이다.
② 3번 부품의 신뢰도가 1이라면 두 시스템의 신뢰도는 같다.
③ 시스템 2의 신뢰도가 시스템 1보다 더 작다.
④ 시스템 2의 신뢰도는 0.99보다 작다.
⑤ 시스템 1의 신뢰도는 '0.9×(3번이 고장난 시스템의 신뢰도)+0.1×(시스템 2의 신뢰도)'이다.

해설 시스템 2의 신뢰도는 $1-(1-0.9)(1-0.9)^2 = 0.9801$이다. 따라서 신뢰도는 0.99보다 작다.

45. 학습지도의 원리를 설명한 것으로 옳지 않은 것은?

① 학습자가 스스로 학습에 참여하는 것이 '자기활동의 원리'이다.
② 학습자의 요구와 능력에 적합한 학습활동의 기회를 제공하는 '개별화의 원리'가 있다.
③ 현실사회의 문제와 사상을 기반으로 한 학습내용을 공동 학습으로 하는 '사회화의 원리'가 있다.
④ 전문적인 지적·정의적·기능적 분야를 기술적으로 지도하는 '전문화의 원리'가 있다.
⑤ 어떤 사물의 개념을 설명함에 있어 구체적인 사물을 직접 제시·경험시키는 '직관의 원리'가 있다.

해설 학습지도의 원리
1. 개별화의 원리 : 학습자가 지니고 있는 각자의 요구와 능력에 적합한 학습활동의 기회를 제공하여야 한다는 원리
2. 사회화의 원리 : 학습내용을 현실 사회의 사상과 문제를 기반으로 하여 학교에서 경험한 것과 학교 밖에서 경험한 것을 교류시키고 공동학습을 통하여 협력적이고 우호적인 학습을 진행시키는 원리
3. 자발성의 원리 : 학습자가 스스로 학습에 참여하는 것에 중점을 두는 원리
4. 직관의 원리 : 어떤 사물에 대한 개념을 인식시키는데 있어 언어로서 설명하기 보다는 구체적인 사물을 직접 제시하거나 경험시켜 큰 효과를 볼 수 있다는 원리
5. 통합성의 원리 : 학습을 종합적인 전체로서 지도하자는 원리
6. 목적의 원리 : 교수 목표가 분명할 때 학습자의 적극적인 학습활동이 이루어지고, 교사의 입장에서는 그 목표를 달성시킬 수 있는 제반교수활동이 이루어진다는 원리
7. 과학성의 원리 : 자연이나 사회에 관한 기초적인 지식, 법칙 등을 적절하게 지도함으로써 학습자의 논리적 사고력을 충분히 발달시킬 수 있도록 과학벽 수준을 높여야 한다는 원리

46. 다음은 유해요인평가에서 근골격계 부담작업을 평가하는 기법들에 대한 설명이다. 옳은 것을 모두 고른 것은?

> ㉠ OWAS 기법은 몸통(허리), 팔, 다리, 무게, 목의 자세에 대하여 평가한다.
> ㉡ RULA 기법은 몸통(허리), 상완(윗팔), 전완(아래팔), 손목, 손목비틀림, 목, 다리의 자세에 대하여 평가하며, 근육사용 및 힘을 고려한다.
> ㉢ REBA 기법은 몸통(허리), 상완(윗팔), 전완(아래팔), 손목, 목, 다리의 자세에 대하여 평가하며, 힘 및 발의 사용을 고려한다.

① ㉠
② ㉠, ㉡
③ ㉠, ㉢
④ ㉡, ㉢
⑤ ㉠, ㉡, ㉢

해설 ㉢ REBA 기법은 몸통, 목, 다리, 윗팔, 아래팔, 손목의 자세에 대하여 평가한다.
㉠ OWAS 기법은 몸통(허리), 팔, 다리, 무게, 목의 자세에 대하여 평가하는데 근력을 발휘하기에 부적절한 작업자세를 구별해낼 목적으로 작업자세 분류방법을 공동 개발하여 제시하였다.
㉡ RULA 기법은 어깨, 팔목, 손목, 목 등 상지에 초점을 둔 기법으로 작업자세로 인한 작업부하를 평가하기 위한 기법이다.

47. 재해조사에 관한 설명으로 옳지 않는 것은?

① 재해조사는 5W1H의 원칙에 입각하여 실시한다.
② FTA나 ETA기법 등으로 재해분석을 할 수도 있다.
③ 재해조사의 근본적인 취지는 재해 발생 책임자의 규명과 적절한 처벌을 하기 위함이다.
④ 재해조사시 기본 원인을 4M에서 파악한다.
⑤ 재해조사는 '사실의 확인 - 직접원인과 문제점 확인 - 기본원인과 근본적 문제결정 - 대책수립' 순으로 한다.

해설 재해조사의 목적은 동종재해를 두 번 다시 반복하지 않도록 재해의 원인이 되었던 불안전한 상태와 불안전한 행동을 발견하고, 이것을 다시 분석 검토해서 적정한 방지대책을 수립하는데 있다.

48. 위험성 평가기법에 관한 설명으로 옳은 것은?

① FMEA는 정성적, 연역적 평가기법으로 시스템 요소의 고장을 형태별로 분석하는 기법이다.
② HAZOP 기법은 가이드워드(guide word)와 공정의 파라메터(parameter)를 결합하여 위험요소와 운전상의 문제점을 도출한다.
③ ETA는 에너지의 흐름이 사람이나 설비에 도달하여 재해가 발생되지 않도록 장벽을 도입하는 기법이다.

정답 44 ④ 45 ④ 46 ② 47 ③ 48 ②

④ FTA는 기본 사상에서 top 사상으로 진행되어 간다.
⑤ Decision Tree 기법은 연역적이고, 정량적인 분석 기법이다.

> **해설** ② HAZOP 기법은 가이드워드(guide word)와 공정의 파라메터(parameter)를 결합하여 위험요소와 운전상의 문제점을 도출한다. 시스템의 위험파악 및 운용적 측면을 분석한다.
> ① FMEA는 시스템을 구성하는 한 요소의 고장이 시스템 전체에 미치는 영향을 해석하는 정성적, 귀납적 분석기법이다.
> ③ ETA는 사고를 일으키는 장치의 이상이나 운전자 실수의 조합을 연역적으로 분석하는 방법이다.
> ④ FTA는 정상사상인 재해 현상으로부터 기본사상인 재해원인을 향해 분석해 나가는 연역적 기법이다.
> ⑤ Decision Tree 기법은 귀납적이고, 정량적인 분석 기법이다.

49. 사고조사 원인분석 방법 가운데 통계적 재해원인 분석방법의 하나인 '클로즈(close) 분석도'에 해당하는 것은?

① 사고의 유형이나 기인물 등의 분류 항목이 큰 것부터 작은 순서대로 도표화한 것이다.
② 특성과 그 요인의 관계를 도표화하여 분석하는 방법이다.
③ 재해발생 추이를 파악하여 목표관리를 행하는데 관리선을 설정하여 분석한다.
④ 2개 이상의 문제관계를 분석하는데 이용되며, 요인별 결과내역을 교차한 그림을 사용하여 분석한다.
⑤ 관리선은 상·하방관리한계 및 중심선(CL)으로 표시한다.

> **해설** ④ 클로즈(close) 분석도는 데이터를 집계하고 표로 표시하여 요인별 결과 내역을 교차한 클로즈 그림을 작성하여 분석하는데 2개 이상의 문제관계를 분석하는데 이용된다.
> ① 사고의 유형이나 기인물 등의 분류 항목이 큰 것부터 작은 순서대로 도표화한 것은 파레토도이다.
> ② 특성과 그 요인의 관계를 도표화하여 분석하는 방법은 특성요인도이다.
> ③ 재해발생 추이를 파악하여 목표관리를 행하는데 관리선을 설정하여 분석한 것은 관리도이다.
> ⑤ 관리선을 상·하방관리한계 및 중심선(CL)으로 표시한 것은 관리도이다.

50. 안전조직의 형태는 라인, 스텝, 라인스텝으로 크게 분류된다. 각 조직에 대한 설명으로 옳은 것은?

① 스텝 조직에서 생산부문은 안전에 대한 책임과 권한이 약하다.
② 라인 조직은 대기업에서 많이 사용된다.
③ 라인스텝 조직에서는 안전활동이 생산과 유리될 우려가 크다.
④ 라인 조직은 안전과 생산을 별개로 취급하기 쉽다.
⑤ 라인 조직은 외부의 전문적 안전정보가 빠르게 습득된다.

> **해설** ① 스텝 조직은 생산부문에는 안전에 대한 책임과 권한이 없다.
> ② 라인 조직은 100명 이하의 소규모 작업장에 적합하다.
> ③ 라인스텝 조직은 안전활동이 생산과 분리되지 않으므로 운용을 잘 하면 이상적이다.
> ④ 안전과 생산을 별개로 취급하기 쉬운 조직은 스텝 조직이다.
> ⑤ 외부의 전문적 안전정보가 빠르게 습득되는 조직은 라인스텝 조직이다.

기업진단 · 지도

51. 관찰 및 측정이 가능하고 직무와 관련된 피평가자의 행동을 평가기준으로 하는 행동기준고과법(BARS : behaviorally anchored rating scales)의 개발절차를 순서대로 옳게 나열한 것은?

   ① 행동기준고과법 개발위원회 구성→중요사건의 열거→중요사건의 범주화→중요사건의 재분류→중요사건의 등급화→확정 및 실시
   ② 행동기준고과법 개발위원회 구성→중요사건의 열거→중요사건의 범주화→중요사건의 등급화→중요사건의 재분류→확정 및 실시
   ③ 행동기준고과법 개발위원회 구성→중요사건의 열거→중요사건의 등급화→중요사건의 재분류→중요사건의 범주화→확정 및 실시
   ④ 행동기준고과법 개발위원회 구성→중요사건의 열거→중요사건의 등급화→중요사건의 범주화→중요사건의 재분류→확정 및 실시
   ⑤ 행동기준고과법 개발위원회 구성→중요사건의 열거→중요사건의 재분류→중요사건의 범주화→중요사건의 등급화→확정 및 실시

   해설 행동기준고과법(BARS : behaviorally anchored rating scales)의 개발절차 : 개발위원회 구성→중요사건의 열거→중요사건의 범주화→중요사건의 재분류→중요사건의 등급화→확정 및 실행

52. 카플란(Kaplan)과 노턴(Norton)에 의해 개발된 균형성과표(BSC : balanced scorecard)의 운용체계는 4가지 관점에서 파생되는 핵심성공요인(KPI : key performance indicators)들의 유기적 인과관계로 구성되는데 4가지 관점으로 모두 옳은 것은?

   ① 재무적 관점, 고객 관점, 외부 경쟁환경 관점, 학습 · 성장 관점
   ② 재무적 관점, 고객 관점, 내부 프로세스 관점, 학습 · 성장 관점
   ③ 재무적 관점, 자재 관점, 외부 경쟁환경 관점, 학습 · 성장 관점
   ④ 재무적 관점, 고객 관점, 외부 경쟁환경 관점, 직무표준 관점
   ⑤ 재무적 관점, 자재 관점, 내부 경쟁환경 관점, 직무표준 관점

   해설 균형성과표(BSC : balanced scorecard) 4가지 관점 : 재무적 관점, 고객관점, 기업 내부 프로세스, 학습 · 성장 관점

정답 49 ④ 50 ① 51 ① 52 ②

53. 도요타 생산방식(TPS : toyota production system)에서 낭비를 철저하게 제거하기 위한 방법으로 활용된 적시생산시스템(JIT : just in time)에 대한 설명으로 옳은 것만을 모두 고른 것은?

> ㉠ 기본적인 요소는 간판(kanban)방식, 생산의 평준화, 생산준비시간의 단축과 대로트화, 작업 표준화, 설비배치와 단일기능공제도이다.
> ㉡ 오릭키(Orlicky)에 의하여 개발된 자재관리 및 재고통제시스템으로 종속 수요품의 소요량과 소요시기를 결정하기 위한 시스템이다.
> ㉢ 자동화, 작업자의 라인정지권한 부여, 안돈(andon), 오작동 방지, 5S의 활성화로 일관성 있는 고품질을 달성하고 있는 시스템이다.
> ㉣ 고객 주문에 의해 생산이 시작되며 부품의 생산과 공급의 후속 공정의 필요에 의해 결정되는 풀(full)시스템의 자재흐름 체계이다.
> ㉤ 생산준비비용(주문비용)과 재고유지비용의 균형점에서 로트 크기(lot size)를 결정하며 로트 크기가 큰 것을 추구하는 시스템이다.

① ㉠, ㉣
② ㉡, ㉤
③ ㉢, ㉣
④ ㉠, ㉢, ㉣
⑤ ㉡, ㉢, ㉤

해설
㉠ 적시생산시스템(JIT : just in time)은 재고의 낭비를 줄이기 위하여 소로트로 생산을 한다.
㉡ 오릭키(Orlicky)에 의하여 개발된 자재관리 및 재고통제시스템은 자재소요계획(MRP)이다.
㉣, ㉤ 고객 주문에 의해 생산이 시작되며, 부품의 생산과 공급이 후속공정의 필요에 의해 결정되는 풀(pull)시스템의 자재흐름 체계이다.
㉢ 적시생산시스템(JIT : just in time)은 자동화, 작업자의 라인정지권한 부여, 안돈(andon), 오작동 방지, 5S의 활성화로 일관성 있는 고품질을 달성하고 있는 시스템이다.

54. 혁신적인 품질개선을 목적으로 개발된 기업 경영전략인 6시그마 프로젝트 수행단계(DMAIC)에 관한 설명으로 옳지 않은 것은?

① 정의(define) : 문제점을 찾아내는 첫 단계
② 측정(measurement) : 문제 수준을 계량화하는 단계
③ 통합(integration) : 원인과 대책을 통합하는 단계
④ 분석(analysis) : 상태 파악과 원인분석을 하는 단계
⑤ 관리(control) : 관리계획을 실행하는 단계

해설 6시그마 프로젝트 수행 5단계(DMAIC) : 정의, 측정, 분석, 개선, 관리
분석 : 결함이 발생한 장소, 시점, 문제의 형태와 원인을 규명하는 단계

55. 생산시스템을 설계하고 계획, 통제하는 초기단계로 총괄생산계획(APP : aggregate production planning), 주생산일정계획(MPS : master production schedule), 자재소요계획(MRP : material requirement planning) 등에 기초자료로 활용되는 수요예측(demand forecasting) 방법에 관한 설명으로 옳지 않은 것은?

① 패널법(panel consensus)은 다양한 계층의 지식과 경험을 기초로 하고 관련 예측정보를 공유한다.
② 소비자조사법(market research)은 설문지 및 전화에 의한 조사, 시험판매 등을 활용하여 예측한다.
③ 단순이동평균법(simple moving average method)의 예측값은 과거 n기간 동인 실제 수요의 산술평균을 활용한다.
④ 시계열분해법(time series method)은 시계열을 4가지 구성요소로 분해하여 수요를 예측하는 방법이다.
⑤ 델파이법(delphi method)은 설득력 있는 특정인에 의해 예측결과가 영향을 받는 장점이 존재한다.

해설 델파이법(delphi method)은 익명의 케이트 형식으로 하기 때문에 회답자간의 심리적인 영향을 피할 수 있다.

56. 단체교섭의 절차에 관한 설명으로 옳지 않은 것은?

① 노사간의 교섭안을 차례로 제시하고 대응하며 양측에 요구사항을 수시로 수정해야 협상이 가능하다.
② 노사간의 교섭과정에서 끝까지 타협이 안 된다면 정부나 제3자의 조정 및 중재가 필요하다.
③ 노사간의 협상내용이 타결되면 단체협약서를 작성하고 협약내용을 관리할 필요가 있다.
④ 사용자가 파업근로자가 대신 임시직을 채용하거나 비조합원들을 파업 장소로 이동시켜 대체할 수 있다.
⑤ 노사간의 협상이 결렬되면 양측은 서로에 대해 파업과 직장폐쇄 등으로 실력을 행사할 수 있다.

해설 사용자는 쟁의행위 기간중 그 쟁의행위로 중단된 업무의 수행을 위하여 당해 사업과 관계없는 자를 채용 또는 대체할 수 없다(노동조합 및 노동관계조정법 제43조 제1항).

정답 53 ③ 54 ③ 55 ⑤ 56 ④

57. 기능별 조직과 프로젝트(project) 팀조직을 결합시킨 조직으로 1명의 직원이 2명 이상의 상사로부터 명령을 받을 수 있어 명령통일의 원칙(principle of command)에 혼란을 겪을 수 있는 조직구조는?
   ① 매트릭스 조직
   ② 사업부제 조직
   ③ 네트워크 조직
   ④ 가상네트워크 조직
   ⑤ 가상조직

   해설 매트릭스 조직은 기존의 기능부서 상태를 유지하면서 특정한 프로젝트를 위해 서로 다른 부서의 인력이 함께 일하는 현대적인 조직설계방식으로 기존의 전통적 조직구조에 적용되는 명령통일의 원칙이 깨진 것으로서 매트릭스 조직의 가장 큰 특징이다.

58. 리더십 이론에 관한 설명으로 옳은 것은?
   ① 행동이론 중 미시간 대학의 연구에서 직무중심 리더는 부하의 인간적 측면에 관심을 갖고, 종업원 중심 리더는 부하의 업무에 관심을 갖고 있다는 것을 규명하였다.
   ② 상황이론 중 경로-목표 이론에서는 리더행동을 지시적 리더십, 지원적 리더십, 참여적 리더십, 성취지향적 리더십으로 분류하였다.
   ③ 특성이론에서는 여러 특성을 가진 리더가 모든 상황에서 효과적이라고 주장하였다.
   ④ 행동이론 중 오하이오 주립대학의 연구에서 배려하는 리더와 부하 사이의 관계는 상호신뢰를 형성하기가 어렵다는 것을 규명하였다.
   ⑤ 상황이론 중 규범모형은 기본적으로 부하들의 의사결정에 참여하는 정도가 상황의 특성에 맞게 달라질 필요가 없다고 가정하였다.

   해설 ② 경로-목표 이론은 리더행동을 지시적 리더십, 지원적 리더십, 참여적 리더십, 성취지향적 리더십으로 분류하였다.
   ① 행동이론 중 미시간 대학의 연구에서 직무중심 리더는 세밀한 감독과 합법적이고 강제적인 권력을 활용하여 업무계획표에 따라 이를 실천하고 업무성과를 평가하는데 초점을 둔다.
   ③ 특성이론에서는 어떤 특성들을 갖게 되면 효과적인 리더가 될 수 있다는 것이다.
   ④ 행동이론 중 오하이오 주립대학의 연구에서 배려하는 리더와 부하 사이의 관계는 배려가 높은 리더가 하위자들의 성과와 만족을 가져오는 경향이 있음을 발견하였다.
   ⑤ 상황이론 중 규범모형은 기본적으로 부하들의 의사결정에 참여하는 정도가 상황의 특성에 맞게 달라져야 한다고 본다.

59. 조직문화의 순기능에 관한 설명으로 옳지 않은 것은?
   ① 조직구성원들에게 일체감을 조성한다.
   ② 조직구성원들의 생각과 행동지침이나 규범을 제공한다.
   ③ 조직의 안정성과 계속성을 갖게 한다.
   ④ 조직구성원들에게 획일성을 갖게 한다.
   ⑤ 조직구성원들의 태도와 행동을 통제하는 기제(mechanism) 기능을 한다.

   해설 조직문화는 조직구성원들에게 획일성을 갖게 하여 제도화로 인해 혁신성을 떨어뜨린다.

60. "신입사원 선발시험점수(예측점수)와 업무성과(준거점수)의 상관계수가 0.4이다."의 설명으로 옳은 것은?

① 선발시험점수가 업무성과 변량의 16%를 설명한다.
② 입사 지원자의 16%가 합격할 것이다.
③ 선발시험점수가 업무성과 변량의 40%를 설명한다.
④ 입사 지원자의 40%가 합격할 것이다.
⑤ 입사 지원자의 선발시험점수가 40점 이상일 경우 합격한다.

해설 상관계수는 n개의 연속형 변수 간의 연관성에 대한 측도이다. 상관연구에서는 두 변인 간의 관계를 알아보는 단순상관뿐만 아니라 한 변인이 2개 이상의 다른 변인과 조합하여 어떤 관련을 맺고 있는지를 알아보는 다중상관의 문제도 취급하는데, 다중상관계수는 종속변인과 다중독립변인 간 관계의 값을 나타낸다. 다중상관계수는 R^2으로 표현하며, 이는 독립변인의 조합으로 설명되는 종속변인의 변량의 비율을 말한다. $(0.4)^2 = 0.16$ = 16%이다.

61. 동일한 길이의 두 선분에서 양쪽끝 화살표의 방향이 달라짐에 따라 선분의 길이가 서로 다르게 지각되는 착시 현상은?

① 뮬러-라이어 착시
② 유도운동 착시
③ 파이운동 착시
④ 자동운동 착시
⑤ 스트로보스코운동 착시

해설
① 뮬러-라이어 착시는 두 기하학적 형태들에서 화살표 모양의 끝을 가진 선분은 그렇지 않은 선분보다 짧게 된다. 두 선분의 실제 길이는 같다.
② 유도운동 착시 : 정지해 있는 것을 움직이는 것으로 느낀다든가 반대로 운동하고 있는 것을 정지해 있는 것으로 느끼는 현상을 말한다.
③ 파이운동 착시 : 정지 화면의 연속에 의해 일어나는 가상의 운동 지각 현상을 말한다.
④ 자동운동 착시 : 암실 내에서 수 미터 거리에 정지된 광점을 놓고 한동안 응시하고 있으면 그 광점이 움직이는 것처럼 보이는 현상을 말한다.
⑤ 스트로보스코운동 착시 : 영상에서 마차바퀴가 뒤로 돌아가는 것처럼 보이는 효과를 말한다.

62. 선발도구의 효과성에 관한 설명으로 옳은 것만을 모두 고른 것은?

┌───┐
│ ㉠ 선발율이 1 이상이 되어야 선발도구의 사용은 의미가 있다.
│ ㉡ 선발도구의 타당도가 높을수록 선발도구의 효과성은 증가한다.
│ ㉢ 선발율이 낮을수록 선발도구의 효과성 가치는 작아진다.
│ ㉣ 기초율이 100%라면 새로운 선발도구의 사용은 의미가 없다.
│ ㉤ 선발도구의 효과성을 이해하는데 중요한 개념은 기초율, 선발율, 타당도이다.
└───┘

정답 57 ① 58 ② 59 ④ 60 ① 61 ① 62 ④

① ㉠, ㉡   ② ㉠, ㉣
③ ㉡, ㉢, ㉤   ④ ㉡, ㉣, ㉤
⑤ ㉢, ㉣, ㉤

해설 ㉠ 선발율은 $\frac{선발인원}{지원자수}$ 이므로 최대값이 1이다.
㉢ 선발율이 낮을수록 예측변인의 가치는 커진다.
㉡ 선발도구의 타당도가 높을수록 선발도구의 효과성은 증가한다.
㉣ 기초율이 100%라면 새로운 선발도구의 사용은 의미가 없다.
㉤ 선발도구의 효과성 : 기초율, 선발율, 타당도

63. 효과적인 팀 수행을 위해서 공유된 정신모델(shared mental model)을 구축하고자 할 때, 주의해야 하는 잠재적·부정적 측면인 집단사고(groupthink)에 관한 설명으로 옳지 않은 것은?

① 집단사고의 예로는 1960년 미국이 쿠바의 피그만을 침공한 것과 1980년대 우주왕복선 챌린저호의 폭발사고가 있다.
② 팀 구성원들은 만장일치로 의견을 도출해야 한다는 환상을 가지고 있다.
③ 자신이 속한 집단에 대한 강한 사회적 정체성을 느끼는 팀에서는 일어나지 않는다.
④ 팀 안에서 반대 의견을 표출하기가 힘들다.
⑤ 선택 가능한 대안들을 충분히 고려하지 않고 선택적으로 정보처리를 하는데서 발생한다.

해설 집단사고(groupthink)는 집단 구성원들 간에 강한 응집력을 보일 때 발생하는데 자신이 속한 집단에 대한 강한 사회적 정체성을 느끼는 팀에서도 발생한다.

64. 브룸(Vroom)은 직무동기의 힘을 3가지 인지적 요소들에 의한 함수관계로 정의하였다. 다음 공식의 a와 b에 들어갈 요소를 순서대로 나열한 것은?

$$직무동기의\ 힘 = 기대 \times \sum_{1}^{n}(a \times b)$$

① 기대, 유인가   ② 기대, 도구성
③ 공정성, 유인가   ④ 공정성, 도구성
⑤ 유인가, 도구성

해설 브룸의 동기부여 3요인은 기대감, 도구성, 유의성이다. 관계식은 직무동기의 힘=기대×$\sum_{1}^{n}$(유인가×도구성)이다.

65. 교대근무의 부정적 효과에 관한 설명으로 옳지 않은 것은?
   ① 야간작업은 멜라토닌 생성·조절을 방해하여 면역체계를 약화시킨다.
   ② 순환적 야간근무보다 고정적 야간근무가 신체·심리적 건강을 더 위협한다.
   ③ 교대작업은 배우자나 자녀와의 여가생활을 어렵게 하여 사회적 문제를 유발할 수 있다.
   ④ 순행적 교대근무보다 역행적 교대근무가 적응하기 더 어렵다.
   ⑤ 야간조명은 자연광선 효과를 대신할 수 없고 낮잠은 밤에 자는 것과 같은 효과를 나타내지 못한다.

   해설 교대근무는 장시간의 연속작업이 필요한 업무에서 근로자가 일정 시간마다 번갈아가며 근무하는 형태로 고정적 야간근무보다 순환적 야간근무가 신체·심리적 건강을 더 위협한다.

66. 직장내 안전사고와 관련된 요인에 관한 설명으로 옳지 않은 것은?
   ① 일을 수행하는데 안전을 위한 단계를 지켜야 한다는 종업원의 공유된 지각이 필요하다.
   ② 성격 5요인(Big-five) 중에서 성실성은 안전사고와 관련된다.
   ③ 직무만족이 높을수록 안전사고가 감소한다.
   ④ 일과 무관한 개인적 스트레스 요인은 안전사고에 영향을 주지 않는다.
   ⑤ 시간급보다 생산성에 따라 급여를 받는 능률급은 안전을 더 저해하는 요인으로 작용할 수 있다.

   해설 스트레스는 직장내, 직장외 안전사고의 요인이 된다.

67. 작업스트레스에 관한 설명으로 옳은 것은?
   ① 급하고 의욕이 강한 A유형 성격의 사람들은 스트레스 조절능력이 강해서 느긋하고 이완된 B유형의 사람들과 비교하여 심장질환에 걸릴 확률이 절반 정도 낮다.
   ② 스트레스 출처에 대한 이해가능성, 예측가능성, 통제가능성 중에서 스트레스 완화효과가 가장 큰 것은 예측가능성이다.
   ③ 내적 통제형의 사람들은 자신들이 스트레스 출처에 대해 직접적인 영향력을 행사하려고 하지 않고 그냥 견딘다.
   ④ 공항에서 근무하는 소방관의 경우 한 건의 화재도 없이 몇 주 동안 대기근무만 하였을 때 스트레스가 없다.
   ⑤ 작업스트레스는 역할 과부하에서 주로 발생하며 역할들 간의 갈등으로 발생하지 않는다.

   해설 ② 예측가능성은 스트레스를 완화시키고, 예측 가능성을 상실한다는 것은 스트레스가 된다.
   ① A유형은 초조하고 조급해하며 경쟁적인 특성으로 심혈관계 질환에 걸릴 가능성이 높은 유형을 의미하며, B유형은 이와는 반대로 느긋하고 여유 있는 성격이 특징이다.
   ③ 내적 통제형의 사람들은 스트레스의 출처에 대해 적극적인 행동을 취하거나 스트레스의 영향력을 감소시키려고 노력할 가능성이 크다.
   ④ 스트레스가 없는 것도 스트레스가 될 수 있다.
   ⑤ 역할들 간의 갈등도 스트레스가 될 수 있다.

정답 63 ③ 64 ⑤ 65 ② 66 ④ 67 ②

68. 일과 가정간의 관계를 설명하는 3가지 기본 모델을 모두 고른 것은?

⊙ 파급모델(spillover model)
ⓒ 과학자-실무자 모델(scientist-practitioner model)
ⓒ 보충모델(compensation model)
ⓔ 유인-선발-이탈모델(attraction-selection-attrition model)
ⓜ 분리모델(segmentation model)

① ⊙, ⓒ, ⓒ
② ⊙, ⓒ, ⓔ
③ ⊙, ⓒ, ⓜ
④ ⓒ, ⓒ, ⓔ
⑤ ⓒ, ⓔ, ⓜ

해설 일과 가정간의 관계를 설명하는 3가지 기본 모델
  1. 파급모델(spillover model) : 일과 가정 사이에 연결 관계가 존재한다.
  2. 보충모델(compensation model) : 한쪽에서의 박탈감을 다른 쪽에서 보충한다.
  3. 분리모델(segmentation model) : 효과적인 일과 가정 분리가 가능하다.

69. 산업혁명 전후의 산업보건 역사에 관한 설명으로 옳지 않은 것은?
① 산업혁명으로 공장이라는 형태의 밀집된 생산시스템이 시작되었다.
② 산업혁명 이전에도 금속의 채광 및 제련업에 종사하는 사람들의 직업병 문제가 제기되었다.
③ 증기기관이 발명되어 생산의 기계화가 진행되면서 화학물질 사용량이 크게 감소하였다.
④ 굴뚝청소부 음낭암의 원인이 굴뚝의 검댕(soot)이라는 것이 밝혀졌고, 이것이 최초의 직업성 암의 사례이다.
⑤ 초기의 공장은 청소, 작업복의 세탁불량, 작업장 내 식사 등 위생적인 문제 해결만으로도 작업환경이 개선되었기 때문에 산업위생이라는 이름이 붙었다.

해설 산업혁명 이후 생산의 기계화가 진행되면서 화학물질 사용량이 크게 증가하였다.

70. 근로자 보호를 위한 작업환경 노출기준에 관한 설명으로 옳은 것은?
① 단시간 노출기준은 8시간 시간가중평균 노출기준보다 높게 설정된다.
② TLV란 미국 산업안전보건청(OSHA)에서 설정한 법적 노출기준을 말한다.
③ 단시간 노출기준은 주로 만성독성을 일으키는 물질을 대상으로 설정된다.
④ 노출기준은 직업병의 발생여부를 판단하는 기준이다.
⑤ 두 가지 이상의 화학물질에 동시에 노출될 때는 기준이 낮은 화학물질을 기준으로 노출기준 여부를 판단한다.

해설 ①, ③ 단시간 노출기준은 15분간의 시간가중평균노출값으로서 노출농도가 시간가중평균노출기준(TWA)을 초과하고 단시간노출기준(STEL) 이하인 경우에는 1회 노출 지속시간이 15분 미만이어야 하고, 이러한 상태가 1일 4회 이하로 발생하여야 하며, 각 노출의 간격은 60분 이상이어야 한다(화학물질 및 물리적 인자의 노출기준 제2조 제1항 제3호).
② TLV란 미국 ACGIH(미국정부산업위생전문가협회)의 기준이다.
④ 노출기준은 근로자가 유해인자에 노출되는 경우 노출기준 이하 수준에서는 거의 모든 근로자에게 건강상 나쁜 영향을 미치지 아니하는 기준을 말한다(화학물질 및 물리적 인자의 노출기준 제2조 제1항 제1호).
⑤ 혼재하는 물질간에 유해성이 인체의 서로 다른 부위에 유해작용을 하는 경우에 유해성이 각각 작용하므로 혼재하는 물질 중 어느 한 가지라도 노출기준을 넘는 경우 노출기준을 초과하는 것으로 한다(화학물질 및 물리적 인자의 노출기준 제6조 제2항).

71. 다음은 대표적인 직업병과 그 원인이 되는 물질을 연결한 것이다. 직업병의 원인이 되는 요인으로 옳지 않은 것은?
   ① 비중격천공 – 크롬
   ② 중피종 – 석면
   ③ 신장장해 – 수은
   ④ 진폐증 – 유리규산
   ⑤ 말초신경장해 – 메탄올

해설 말초신경장애는 말초 신경계의 신경손상으로 에탄올(알코올)에 의해 발생한다.

72. 작업환경측정에 관한 설명으로 옳은 것은?
   ① 비극성 유기용제는 주로 활성탄으로 채취한다.
   ② 작업환경측정에서 일반적으로 개인시료는 직독식 측정기기를, 지역시료는 시료채취용 펌프를 이용한다.
   ③ 최고노출기준(ceiling)이 설정되어 있는 화학물질은 15분 동안 측정하여야 한다.
   ④ 소음노출량계로 소음을 측정할 때에는 Threshold는 80dB, Criteria는 90dB, Exchange rate는 5dB로 설정한다.
   ⑤ 산업안전보건법에 의하여 실시하는 작업환경측정에서 8시간 시간가중평균(8hr-TWA)을 측정하기 위해서는 최소한 5시간 이상 측정하여야 한다.

해설 ① 비극성 유기용제, 각종 방향족 유기용제, 할로겐화 지방족, 에스테르류, 알코올류, 에테르류, 케톤류에는 주로 활성탄으로 채취한다.
④ 소음노출량계로 소음을 측정할 때에는 Threshold는 80dB, Criteria는 90dB, Exchange rate는 5dB로 기기를 설정하여 측정하여야 한다.
② 작업환경측정에서 일반적으로 개인시료는 개인시료채취기를, 지역시료는 시료채취기를 이용한다.
③ 최고노출기준(C)은 근로자가 1일 작업시간동안 잠시라도 노출되어서는 아니 되는 기준이다(화학물질 및 물리적 인자의 노출기준 제2조 제1항 제4호).
⑤ 1일 8시간 작업을 기준으로 하여 유해인자의 측정치에 발생시간을 곱하여 8시간으로 나눈 값으로 측정하여야 한다(화학물질 및 물리적 인자의 노출기준 제2조 제1항 제2호).

73. 작업환경 중 물리적 요인에 관한 설명으로 옳지 않은 것은?

① 우리나라 8시간 소음기준은 85dB이다.
② 적외선에 과다하게 노출되면 백내장을 일으킨다.
③ 진동으로 인한 대표적인 건강장해는 레이노 증후군이다.
④ 해수면으로부터 20m를 잠수할 경우 잠수작업자가 받는 압력은 약 3기압이다.
⑤ 자외선 중 파장이 짧은 영역은 전리방사선이며, 피부에 노출될 경우 피부암을 일으킬 수 있다.

해설 ① 우리나라 8시간 소음기준은 90dB이다(화학물질 및 물리적 인자의 노출기준 별표 2의1).
⑤ 자외선은 비전리방사선이고 전리방사선에는 X-ray, 감마선, 입자 방사선이 있다.
② 수정체가 열을 흡수하거나 주위의 홍채로부터 열이 전파되어 발생하는 백내장이 적외선 백내장이다.
③ 진동에 노출되는 부위에 발생하는 장해에는 레이노현상, 말초순환장해, 말초신경장해, 운동기능장해 등이 있다.
④ 해수면으로부터 20m를 잠수할 경우 잠수작업자가 받는 압력은 약 3기압, 30m는 4기압이다.

74. 유해요인 노출로부터 근로자를 보호하기 위한 개인보호구에 관한 설명으로 옳은 것은?

① 산소농도가 18% 이하인 작업장에서는 방독마스크를 착용하여야 한다.
② 나노입자에 노출되는 경우 특급 방진마스크를 착용하도록 한다.
③ 발암성 유기용제에 노출되는 경우 특급 이상의 방진마스크를 착용하여야 한다.
④ 방진마스크는 여과효율이 낮을수록, 흡기저항이 높을수록 성능은 향상된다.
⑤ 방독마스크는 오래 사용하면 여과효율은 증가하지만 흡배기 저항은 감소한다.

해설 ② 나노입자에 노출되는 경우 특급 방진마스크를 착용하도록 한다.
① 산소농도가 18% 이하인 작업장에서는 송기마스크 또는 공기호흡기를 착용하여야 한다.
③ 발암성 유기용제에 노출되는 경우 특급 이상의 방독마스크를 착용하여야 한다.
④ 방진마스크는 여과효율이 높을수록, 흡기저항이 낮을수록 성능은 향상된다.
⑤ 방독마스크는 오래 사용하면 여과효율은 낮아지지만 흡배기 저항은 증가한다.

75. 작업장에 설치되어 있는 기존의 국소배기시스템에 관한 설명으로 옳지 않은 것은?

① 덕트의 길이를 줄이면 후드에서의 풍량은 감소한다.
② 송풍기 날개의 회전수를 2배 늘리면 송풍기의 풍량은 2배 증가한다.
③ 송풍기의 배출구 뒤쪽에 있는 덕트 내의 압력은 대기압보다 높다.
④ 덕트 내에 분진이 퇴적되어 내경이 좁아지면 후드정압이 감소한다.
⑤ 송풍기의 앞쪽에 있는 덕트에 구멍이 생기면 후드에서 풍량이 감소한다.

해설 ① 덕트의 길이를 줄이면 손실이 줄어서 후드에서의 풍량은 증가한다.
② 송풍기 날개의 회전수를 2배 늘리면 송풍기의 풍량은 2배 증가한다.
③ 송풍기의 배출구 뒤쪽에 있는 덕트 내의 압력은 대기압보다 높다.
④ 덕트 내에 분진이 퇴적되어 내경이 좁아지면 손실이 생겨 후드정압이 감소한다.
⑤ 송풍기의 앞쪽에 있는 덕트에 구멍이 생기면 손실이 생겨 후드에서 풍량이 감소한다.

2015년 기출문제

산업안전보건법령

1. 산업안전보건법령상 안전보건관리규정의 작성 등에 관한 설명으로 옳지 않은 것은?
   ① 안전보건관리규정을 작성하여야 할 사업의 사업주는 안전보건관리규정을 작성하여야 할 사유가 발생한 날부터 30일 이내에 안전보건관리규정을 작성하여야 한다.
   ② 안전보건관리규정에는 작업장 안전관리에 관한 사항, 안전·보건교육에 관한 사항이 포함되어야 한다.
   ③ 사업주가 안전보건관리규정을 작성하는 경우에는 소방·가스·전기·교통 분야 등의 다른 법령에서 정하는 안전관리에 관한 규정과 통합하여 작성할 수 있다.
   ④ 안전보건관리규정을 변경할 사유가 발생한 경우에는 그 사유를 안 날부터 15일 이내에 작성하여야 한다.
   ⑤ 안전보건관리규정이 해당 사업장에 적용되는 단체협약 및 취업규칙에 반하는 경우, 안전보건관리규정 중 단체협약 또는 취업규칙에 반하는 부분에 관하여는 그 단체협약 또는 취업규칙으로 정한 기준에 따른다.

   해설 ①, ④ 사업의 사업주는 안전보건관리규정을 작성해야 할 사유가 발생한 날부터 30일 이내에 별표 3의 내용을 포함한 안전보건관리규정을 작성해야 한다. 이를 변경할 사유가 발생한 경우에도 또한 같다(규칙 제25조 제2항).
   ② 안전보건관리규정에는 작업장 안전관리에 관한 사항, 안전·보건교육에 관한 사항이 포함되어야 한다(법 제25조 제1항).
   ③ 사업주가 안전보건관리규정을 작성할 때에는 소방·가스·전기·교통 분야 등의 다른 법령에서 정하는 안전관리에 관한 규정과 통합하여 작성할 수 있다(규칙 제25조 제3항).
   ⑤ 안전보건관리규정은 단체협약 또는 취업규칙에 반할 수 없다. 이 경우 안전보건관리규정 중 단체협약 또는 취업규칙에 반하는 부분에 관하여는 그 단체협약 또는 취업규칙으로 정한 기준에 따른다(법 제25조 제2항).

정답 73 ①, ⑤ 74 ② 75 ① / 1 ④

2. 산업안전보건법령상 사업 내 안전·보건교육의 교육과정, 교육대상 및 교육시간을 나타낸 표이다. 교육과정 및 교육대상별 교육시간이 옳지 않은 것은? (법령 개정으로 문제 변형)

교육과정	교육대상		교육시간
정기교육	사무직 종사 근로자		①
	그 밖의 근로자	판매업무에 직접 종사하는 근로자	②
		판매업무에 직접 종사하는 근로자 외의 근로자	③
	관리감독자의 지위에 있는 사람		④
건설업 기초안전·보건교육	건설 일용근로자		⑤

① 매분기 2시간 이상 ② 매분기 6시간 이상
③ 매분기 12시간 이상 ④ 연간 16시간 이상
⑤ 4시간 이상

해설 근로자 안전보건교육(규칙 별표 4)

교육과정	교육대상		교육시간
가. 정기교육	1) 사무직 종사 근로자		매반기 6시간 이상
	2) 그 밖의 근로자	가) 판매업무에 직접 종사하는 근로자	매반기 6시간 이상
		나) 판매업무에 직접 종사하는 근로자 외의 근로자	매반기 12시간 이상
나. 채용시 교육	1) 일용근로자 및 근로계약기간이 1주일 이하인 기간제근로자		1시간 이상
	2) 근로계약기간이 1주일 초과 1개월 이하인 기간제근로자		4시간 이상
	3) 그 밖의 근로자		8시간 이상
다. 작업내용 변경 시 교육	1) 일용근로자 및 근로계약기간이 1주일 이하인 기간제근로자		1시간 이상
	2) 그 밖의 근로자		2시간 이상
라. 특별교육	1) 일용근로자 및 근로계약기간이 1주일 이하인 기간제근로자 : 별표 5 제1호 라목(제39호는 제외한다)에 해당하는 작업에 종사하는 근로자에 한정한다.		2시간 이상
	2) 일용근로자 및 근로계약기간이 1주일 이하인 기간제근로자 : 별표 5 제1호 라목 제39호에 해당하는 작업에 종사하는 근로자에 한정한다.		8시간 이상
	3) 일용근로자 및 근로계약기간이 1주일 이하인 기간제근로자 : 별표 5 제1호에 해당하는 작업에 종사하는 근로자에 한정한다.		가) 16시간 이상(최초 작업에 종사하기 전 4시간 이상 실시하고 12시간은 3개월 이내에서 분할하여 실시 가능) 나) 단기간 작업 또는 간헐적 작업인 경우에는 2시간 이상

3. 산업안전보건법령상 근로자에 대한 안전·보건에 관한 교육을 사업주가 자체적으로 실시하는 경우에 교육을 실시할 수 있는 사람에 해당하지 않는 사람은?

① 산업안전지도사 또는 산업보건지도사
② 한국산업안전보건공단에서 실시하는 해당 분야의 강사요원 교육과정을 이수한 사람
③ 해당 사업장의 안전보건관리책임자, 관리감독자 및 산업보건의
④ 산업안전·보건에 관하여 학식과 경험이 있는 사람으로서 고용노동부장관이 정하는 기준에 해당하는 사람
⑤ 산업안전·보건에 관한 전문적인 지식과 경험이 있다고 사업주가 인정하는 전문강사요원

해설 사업주가 안전보건교육을 자체적으로 실시하는 경우에 교육을 할 수 있는 사람(규칙 제26조 제3항)
1. 안전보건관리책임자
2. 관리감독자
3. 안전관리자(안전관리전문기관에서 안전관리자의 위탁업무를 수행하는 사람을 포함한다)
4. 보건관리자(보건관리전문기관에서 보건관리자의 위탁업무를 수행하는 사람을 포함한다)
5. 안전보건관리담당자(안전관리전문기관 및 보건관리전문기관에서 안전보건관리담당자의 위탁업무를 수행하는 사람을 포함한다)
6. 산업보건의
7. 공단에서 실시하는 해당 분야의 강사요원 교육과정을 이수한 사람
8. 산업안전지도사 또는 산업보건지도사
9. 산업안전보건에 관하여 학식과 경험이 있는 사람으로서 고용노동부장관이 정하는 기준에 해당하는 사람

4. 산업안전보건법령상 위험기계인 불도저를 타인에게 대여하는 자가 해당 불도저를 대여받은 자에게 유해·위험 방지조치로서 서면에 적어 발급해야 할 사항이 아닌 것은?

① 해당 불도저의 성능
② 해당 불도저의 특성 및 사용 시의 주의사항
③ 해당 불도저의 수리·보수 및 점검 내역
④ 해당 불도저의 조작가능자격
⑤ 해당 불도저의 주요 부품의 제조일

해설 해당 기계등을 대여받은 자에게 다음의 사항을 적은 서면을 발급할 것(규칙 제100조 제2호)
1. 해당 기계등의 성능 및 방호조치의 내용
2. 해당 기계등의 특성 및 사용 시의 주의사항
3. 해당 기계등의 수리·보수 및 점검 내역과 주요 부품의 제조일
4. 해당 기계등의 정밀진단 및 수리 후 안전점검 내역, 주요 안전부품의 교환이력 및 제조일

정답 2 ① 3 ⑤ 4 ④

5. 산업안전보건법령상 유해하거나 위험한 작업의 도급에 대한 인가를 받기 위해 제출하는 도급인가 신청서에 첨부하는 도급대상 작업의 공정 관련 서류 일체에 포함되어야 할 것을 모두 고른 것은?

> ㉠ 기계 · 설비의 종류 및 운전조건
> ㉡ 도급사유
> ㉢ 유해 · 위험물질의 종류 · 사용량
> ㉣ 유해 · 위험요인의 발생 실태 및 종사 근로자 수 등에 관한 사항

① ㉠, ㉡
② ㉠, ㉢
③ ㉡, ㉣
④ ㉠, ㉢, ㉣
⑤ ㉡, ㉢, ㉣

해설 도급대상 작업의 공정 관련 서류 일체 : 기계 · 설비의 종류 및 운전조건, 유해 · 위험물질의 종류 · 사용량, 유해 · 위험요인의 발생 실태 및 종사 근로자 수 등에 관한 사항이 포함되어야 한다(규칙 제75조 제1항 제1호).

6. 산업안전보건법령상 자율안전확인대상기계등에 해당하는 것을 모두 고른 것은?

> ㉠ 휴대형 연마기 ㉡ 인쇄기
> ㉢ 컨베이어 ㉣ 식품가공용 기계 중 제면기
> ㉤ 공작기계 중 평삭 · 형삭기

① ㉠, ㉡
② ㉡, ㉢
③ ㉠, ㉢, ㉤
④ ㉢, ㉣, ㉤
⑤ ㉡, ㉢, ㉣, ㉤

해설 자율안전확인대상기계등(영 제77조 제1항 제1호)
1. 연삭기 또는 연마기. 이 경우 휴대형은 제외한다.
2. 산업용 로봇
3. 혼합기
4. 파쇄기 또는 분쇄기
5. 식품가공용 기계(파쇄 · 절단 · 혼합 · 제면기만 해당한다)
6. 컨베이어
7. 자동차정비용 리프트
8. 공작기계(선반, 드릴기, 평삭 · 형삭기, 밀링만 해당한다)
9. 고정형 목재가공용 기계(둥근톱, 대패, 루타기, 띠톱, 모떼기 기계만 해당한다)
10. 인쇄기

7. 산업안전보건법령상 제조 등이 금지되는 유해물질에 해당하는 것은?

① 함유된 용량의 비율이 3퍼센트인 백연을 함유한 페인트
② 오로토-톨리딘과 그 염
③ 함유된 용량의 비율이 4퍼센트인 벤젠을 함유하는 고무풀
④ 공단이 정하는 유해물질
⑤ 벤조트리클로리드

해설 제조 등이 금지되는 유해물질(영 제87조)
1. β-나프틸아민[91-59-8]과 그 염(β-Naphthylamine and its salts)
2. 4-니트로디페닐[92-93-3]과 그 염(4-Nitrodiphenyl and its salts)
3. 백연[1319-46-6]을 포함한 페인트(포함된 중량의 비율이 2퍼센트 이하인 것은 제외한다)
4. 벤젠[71-43-2]을 포함하는 고무풀(포함된 중량의 비율이 5퍼센트 이하인 것은 제외한다)
5. 석면(Asbestos; 1332-21-4 등)
6. 폴리클로리네이티드 터페닐(Polychlorinated terphenyls; 61788-33-8 등)
7. 황린[12185-10-3] 성냥(Yellow phosphorus match)
8. 1., 2., 5. 또는 6.에 해당하는 물질을 포함한 혼합물(포함된 중량의 비율이 1퍼센트 이하인 것은 제외한다)
9. 「화학물질관리법」에 따른 금지물질
10. 그 밖에 보건상 해로운 물질로서 산업재해보상보험및예방심의위원회의 심의를 거쳐 고용노동부장관이 정하는 유해물질

8. 산업안전보건법령상 안전검사에 관한 설명으로 옳은 것은?

① 건설현장에서 사용하는 크레인은 최초로 설치한 날부터 1년마다 안전검사를 실시한다.
② 건설현장 외에서 사용하는 리프트는 사업장에 설치가 끝난 날부터 3년 이내에 최초 안전검사를 실시하되, 그 이후부터 2년마다 안전검사를 실시한다.
③ 건설현장에서 사용하는 곤돌라는 사업장에 설치가 끝난 날부터 4년 이내에 최초 안전검사를 실시한다.
④ 건설현장 외에서 사용하는 크레인은 최초 안전검사를 실시한 이후부터 3년마다 안전검사를 실시한다.
⑤ 다른 법령에 따라 안전성에 관한 검사나 인증을 받은 경우에는 산업안전보건법령상의 안전검사가 면제된다.

해설 ①, ②, ③, ④ 크레인(이동식 크레인은 제외한다), 리프트(이삿짐운반용 리프트는 제외한다) 및 곤돌라 : 사업장에 설치가 끝난 날부터 3년 이내에 최초 안전검사를 실시하되, 그 이후부터 2년마다(건설현장에서 사용하는 것은 최초로 설치한 날부터 6개월마다)
⑤ 안전검사대상기계등이 다른 법령에 따라 안전성에 관한 검사나 인증을 받은 경우로서 고용노동부령으로 정하는 경우에는 안전검사를 면제할 수 있다(법 제93조 제2항).

정답 5 ④ 6 ⑤ 7 ① 8 ②

9. 산업안전보건법령상 도급인인 사업주가 도급사업 시의 안전·보건조치로서 사업별 작업장에 대해 순회점검하여야 하는 횟수가 옳은 것은?

① 제조업 - 3일에 1회 이상
② 서적, 잡지 및 기타 인쇄물 출판업 - 1주일에 1회 이상
③ 금속 및 비금속 원료 재생업 - 2일에 1회 이상
④ 건설업 - 1주일에 1회 이상
⑤ 토사석 광업 - 1개월에 1회 이상

해설 ③ 금속 및 비금속 원료 재생업 - 2일에 1회 이상(규칙 제80조 제1항)
① 제조업 - 2일에 1회 이상(규칙 제80조 제1항)
② 서적, 잡지 및 기타 인쇄물 출판업 - 2일에 1회 이상(규칙 제80조 제1항)
④ 건설업 - 2일에 1회 이상(규칙 제80조 제1항)
⑤ 토사석 광업 - 2일에 1회 이상(규칙 제80조 제1항)

10. 산업안전보건법령상 직무교육에 관한 설명으로 옳은 것은? (단, 전직하여 신규로 선임된 경우는 고려하지 않음)

① 직무교육기관의 장은 직무교육을 실시하기 15일 전까지 교육 일시 및 장소 등을 직무교육 대상자에게 알려야 한다.
② 보건관리자로 의사가 선임된 경우 채용된 후 3개월 이내에 직무를 수행하는 데 필요한 신규교육을 받아야 한다.
③ 건설재해예방 전문지도기관에서 지도업무를 수행하는 사람은 해당 직위에 채용된 후 6개월 이내에 직무를 수행하는 데 필요한 신규교육을 받아야 한다.
④ 안전보건관리책임자는 신규교육을 이수한 후 매 3년이 되는 날을 기준으로 전후 3개월 사이에 안전·보건에 관한 보수교육을 받아야 한다.
⑤ 안전관리자로 채용된 자는 해당 직위에 선임된 후 6개월 이내에 직무를 수행하는 데 필요한 신규교육을 받아야 한다.

해설 ① 직무교육기관의 장은 직무교육을 실시하기 15일 전까지 교육 일시 및 장소 등을 직무교육 대상자에게 알려야 한다(규칙 제35조 제2항).
② 보건관리자로 의사가 선임된 경우 채용된 후 1년 이내에 직무를 수행하는 데 필요한 신규교육을 받아야 한다(규칙 제29조 제1항).
③ 건설재해예방 전문지도기관에서 지도업무를 수행하는 사람은 해당 직위에 채용된 후 3개월 이내에 직무를 수행하는 데 필요한 신규교육을 받아야 한다(규칙 제29조 제1항 제6호).
④ 안전보건관리책임자는 신규교육을 이수한 후 매 2년이 되는 날을 기준으로 전후 3개월 사이에 고용노동부장관이 실시하는 안전보건에 관한 보수교육을 받아야 한다(규칙 제29조 제1항).
⑤ 안전관리자로 채용된 자는 해당 직위에 선임된 후 3개월 이내에 직무를 수행하는 데 필요한 신규교육을 받아야 한다(규칙 제29조 제1항 제2호).

11. 산업안전보건법령상 유해하거나 위험한 기계·기구등의 방호조치 등과 관련하여 근로자의 안전조치 및 보건조치로 옳은 것은?

① 방호조치 해체사유가 소멸된 경우, 해체상태 그대로 사용한다.
② 방호조치가 필요 없다고 판단한 경우, 즉시 방호조치를 직접 해체하고 사용한다.
③ 방호조치가 된 기계·기구에 이상이 있는 경우, 즉시 방호조치를 직접 해체해야 한다.
④ 방호조치를 해체하려는 경우, 한국산업안전보건공단에 신고한 후 해체하여야 한다.
⑤ 방호조치의 기능이 상실된 것을 발견한 경우, 지체 없이 사업주에게 신고한다.

해설 방호조치 해체 등에 필요한 조치(규칙 제99조 제1항)
1. 방호조치를 해체하려는 경우 : 사업주의 허가를 받아 해체할 것
2. 방호조치 해체 사유가 소멸된 경우 : 방호조치를 지체 없이 원상으로 회복시킬 것
3. 방호조치의 기능이 상실된 것을 발견한 경우 : 지체 없이 사업주에게 신고할 것

12. 산업안전보건법령상 안전인증에 관한 설명으로 옳지 않은 것은?

① 안전인증대상인 프레스의 주요 구조 부분을 변경하는 경우 안전인증을 받아야 한다.
② 안전인증을 신청하는 경우에는 고용노동부장관이 정하여 고시하는 바에 따라 안전인증 심사에 필요한 시료(試料)를 제출하여야 한다.
③ 안전인증을 받은 자는 안전인증제품에 관한 자료를 안전인증을 받은 제품별로 기록·보존하여야 한다.
④ 기계·기구 및 방호장치·보호구가 유해·위험한 기계·기구·설비등 인지를 확인하는 심사는 서면심사로서 15일내에 심사를 완료해야 한다.
⑤ 지방고용노동관서의 장은 안전인증대상 기계·기구등을 제조·수입 또는 판매하는 자에게 자료의 제출을 요구할 때에는 10일 이상의 기간을 정하여 문서로 요구하되, 부득이한 사유가 있을 때에는 신청을 받아 30일의 범위에서 그 기간을 연장할 수 있다.

해설 ④ 안전인증기관은 안전인증 신청서를 제출받으면 서면심사는 15일(외국에서 제조한 경우는 30일) 내에 심사해야 한다. 다만, 제품심사의 경우 처리기간 내에 심사를 끝낼 수 없는 부득이한 사유가 있을 때에는 15일의 범위에서 심사기간을 연장할 수 있다(규칙 제110조 제3항).
① 안전인증대상인 프레스 등을 설치·이전하거나 주요 구조 부분을 변경하는 자를 포함한다.)는 안전인증대상기계등이 안전인증기준에 맞는지에 대하여 고용노동부장관이 실시하는 안전인증을 받아야 한다(법 제84조 제1항).
② 안전인증을 신청하는 경우에는 고용노동부장관이 정하여 고시하는 바에 따라 안전인증 심사에 필요한 시료를 제출해야 한다(규칙 제108조 제2항).
③ 안전인증제품에 관한 자료의 기록·보존 : 안전인증을 받은 자는 안전인증제품에 관한 자료를 안전인증을 받은 제품별로 기록·보존해야 한다(규칙 제112조).
⑤ 지방고용노동관서의 장은 안전인증대상기계등을 제조·수입 또는 판매하는 자에게 자료의 제출을 요구할 때에는 10일 이상의 기간을 정하여 문서로 요구하되, 부득이한 사유가 있을 때에는 신청을 받아 30일의 범위에서 그 기간을 연장할 수 있다(규칙 제113조).

정답 9 ③ 10 ① 11 ⑤ 12 ④

13. 산업안전보건법령상 건설업체 산업재해발생률 및 산업재해 발생 보고의무 위반건수 산정 기준과 방법에 관한 설명으로 옳지 않은 것은?

① 건설업체의 산업재해발생률은 사고사망만인율의 계산식에 따른 업무상 사고사망만인율로 산출하되, 소수점 셋째 자리에서 반올림한다.
② 사망재해자의 재해 발생 시기가 2014.11.20.이고 사망 시기가 2015.4.8.인 경우 사망재해자에 대해서는 부상재해자의 5배로 하여 가중치를 부여할 수 있다.
③ 둘 이상의 업체가 「국가를 당사자로 하는 계약에 관한 법률」에 따라 공동계약을 체결하여 공사를 공동이행 방식으로 시행하는 경우 해당 현장에서 발생하는 재해자수는 공동수급업체의 출자 비율에 따라 분배한다.
④ 산업재해자 중 근로자간 폭행에 의한 경우로서 사업주의 법 위반으로 인한 것이 아니라고 인정되는 재해에 의한 사고사망자는 사고사망자 수 산정에서 제외한다.
⑤ 산업재해의 사망재해자 중 체육행사에 의한 경우로 해당 사고발생의 직접적인 원인이 사업주의 법 위반으로 인한 것이 아니라고 인정되는 재해에 의한 사고사망자는 사고사망자 수 산정에서 제외한다.

해설 ② 재해 발생 시기와 사망 시기의 연도가 다른 경우에는 재해 발생 연도의 다음연도 3월 31일 이전에 사망한 경우에만 산정 대상 연도의 사고사망자수로 산정한다(규칙 별표 1 제3호 마목).
① 건설업체의 산업재해발생률은 사고사망만인율의 계산식에 따른 업무상 사고사망만인율로 산출하되, 소수점 셋째 자리에서 반올림한다(규칙 별표 1 제1호).
③ 둘 이상의 건설업체가 「국가를 당사자로 하는 계약에 관한 법률」 제25조에 따라 공동계약을 체결하여 공사를 공동이행 방식으로 시행하는 경우 산업재해 발생 보고의무 위반건수는 공동수급업체의 출자비율에 따라 분배한다(규칙 별표 1 제6호 라목).
④ 산업재해자 중 근로자간 폭행에 의한 경우로서 사업주의 법 위반으로 인한 것이 아니라고 인정되는 재해에 의한 사고사망자는 사고사망자 수 산정에서 제외한다(규칙 별표 1 제3호 라목).
⑤ 산업재해의 사망재해자 중 체육행사에 의한 경우로 해당 사고발생의 직접적인 원인이 사업주의 법 위반으로 인한 것이 아니라고 인정되는 재해에 의한 사고사망자는 사고사망자 수 산정에서 제외한다(규칙 별표 1 제3호 라목).

14. 산업안전보건법령상 중대재해에 해당하는 것은?

① 사망자가 1명 발생한 재해
② 2억원의 경제적 손실이 발생한 재해
③ 장애등급을 판정받은 부상자가 발생한 재해
④ 부상자 또는 직업성질병자가 동시에 5명 발생한 재해
⑤ 1개월의 요양이 필요한 부상자가 동시에 3명 발생한 재해

해설 중대재해의 범위(규칙 제3조)
1. 사망자가 1명 이상 발생한 재해
2. 3개월 이상의 요양이 필요한 부상자가 동시에 2명 이상 발생한 재해
3. 부상자 또는 직업성 질병자가 동시에 10명 이상 발생한 재해

15. 산업안전보건법령상 고용노동부장관이 산업재해를 예방하기 위해 필요하다고 인정하여 사업장의 산업재해 발생건수, 재해율 또는 그 순위 등을 공표할 수 있는 대상 사업장을 모두 고른 것은?

> ㉠ 산업재해의 발생에 관한 보고를 최근 3년 이내 2회 하지 않은 사업장
> ㉡ 사망만인율이 규모별 같은 업종의 사망만인율 이상인 사업장
> ㉢ 산업재해로 연간 사망재해자가 1명 발생한 사업장으로서 사망만인율(연간 상시 근로자 1만명당 발생하는 사망자 수로 환산한 것을 말한다)이 규모별 같은 업종의 평균 사망만인율 이상인 사업장
> ㉣ 중대산업사고가 발생한 사업장
> ㉤ 최근 1년 이내에 2회 산업안전보건법 위반으로 형사처벌을 받은 사업장

① ㉠, ㉢
② ㉡, ㉤
③ ㉢, ㉣
④ ㉠, ㉡, ㉣
⑤ ㉡, ㉢, ㉤

해설 공표대상 사업장(영 제10조 제1항)
1. 산업재해로 인한 사망자가 연간 2명 이상 발생한 사업장
2. 사망만인율(사망만인율: 연간 상시근로자 1만명당 발생하는 사망재해자 수의 비율을 말한다)이 규모별 같은 업종의 평균 사망만인율 이상인 사업장
3. 중대산업사고가 발생한 사업장
4. 산업재해 발생 사실을 은폐한 사업장
5. 산업재해의 발생에 관한 보고를 최근 3년 이내 2회 이상 하지 않은 사업장

16. 산업안전보건법령상 지방고용노동관서의 장이 사업주에게 안전관리자나 보건관리자(이하 '관리자'라 함)를 정수 이상으로 증원하게 하거나 교체하여 임명할 것을 명할 수 있는 경우에 해당되지 않는 것은?

① 중대재해가 연간 5건 발생한 경우
② 화학적 인자로 인한 직업성질병자가 연간 5명 발생한 경우
③ 상시근로자가 100명인 사업장에서 직업성질병자 발생 당시 누출된 유해광선인 자외선으로 인한 직업성질병자가 연간 2명 발생한 경우
④ 해당 사업장의 연간재해율이 같은 업종의 평균재해율의 2배인 경우
⑤ 관리자가 질병이나 그 밖의 사유로 4개월간 직무를 수행할 수 없게 된 경우

해설 지방고용노동관서의 장은 다음의 어느 하나에 해당하는 사유가 발생한 경우에는 사업주에게 안전관리자·보건관리자 또는 안전보건관리담당자를 정수 이상으로 증원하게 하거나 교체하여 임명할 것을 명할 수 있다. 다만, 4.에 해당하는 경우로서 직업성 질병자 발생 당시 사업장에서 해당 화학적 인자를 사용하지 않은 경우에는 그렇지 않다(규칙 제12조 제1항).
1. 해당 사업장의 연간재해율이 같은 업종의 평균재해율의 2배 이상인 경우
2. 중대재해가 연간 2건 이상 발생한 경우. 다만, 해당 사업장의 전년도 사망만인율이 같은 업종의 평균 사망만인율 이하인 경우는 제외한다.
3. 관리자가 질병이나 그 밖의 사유로 3개월 이상 직무를 수행할 수 없게 된 경우
4. 화학적 인자로 인한 직업성 질병자가 연간 3명 이상 발생한 경우. 이 경우 직업성 질병자의 발생일은 요양급여의 결정일로 한다.

정답 13 ② 14 ① 15 ④ 16 ③

17. 산업안전보건법령상 안전관리자 선임 등에 관한 설명으로 옳은 것은?

① 건설업의 경우에는 공사금액이 50억 원 이상인 사업장에는 안전관리 업무만을 전담하는 안전관리자를 두어야 하고, 공사금액이 3억 원 이상 50억 원 미만인 사업장에는 안전관리 업무 아닌 다른 업무를 겸하는 겸직 안전관리자를 둘 수 있다.

② 동일한 사업주가 경영하는 둘 이상의 사업장이 같은 시·군·구(자치구를 말한다)지역에 소재하는 경우 그 둘 이상의 사업장에 1명의 안전관리자를 공동으로 둘 수 있으며, 이 경우 각 사업장의 상시 근로자 수는 300명 이내이어야 한다.

③ 사업주는 안전관리자를 선임한 경우에는 고용노동부령으로 정하는 바에 따라 선임한 날부터 30일 이내에 증명할 수 있는 서류를 제출하여야 한다.

④ 상시 근로자 50명인 전기장비 제조업을 하는 사업장으로 사내 하도급업체를 두고 있는 경우 수급인인 사업주가 별도로 안전관리자를 둔 경우에는 도급인인 사업주는 안전관리자를 선임하지 아니할 수 있다.

⑤ 상시 근로자 200명을 사용하는 가구 제조업의 경우 안전관리자의 업무를 안전관리 전문기관에 위탁할 수 있다.

해설 ⑤ 건설업을 제외한 사업으로서 상시근로자 300명 미만을 사용하는 사업장은 안전관리자의 업무를 안전관리 전문기관에 위탁할 수 있다(영 제19조 제1항).
① 건설업의 경우에는 공사금액이 120억 원 이상인 사업장에는 안전관리 업무만을 전담하는 안전관리자를 두어야 하고, 공사금액의 합계가 120억원 이내인 사업장에는 안전관리 업무 아닌 다른 업무를 겸하는 겸직 안전관리자를 둘 수 있다(영 제16조 제4항).
② 같은 사업주가 경영하는 둘 이상의 사업장이 다음의 어느 하나에 해당하는 경우에는 그 둘 이상의 사업장에 1명의 안전관리자를 공동으로 둘 수 있다. 이 경우 해당 사업장의 상시근로자 수의 합계는 300명 이내[건설업의 경우에는 공사금액의 합계가 120억원(종합공사를 시공하는 업종의 건설업종란 토목공사업의 경우에는 150억원) 이내]이어야 한다(영 제16조 제4항).
③ 사업주는 안전관리자를 선임한 경우에는 고용노동부령으로 정하는 바에 따라 선임한 날부터 14일 이내에 증명할 수 있는 서류를 제출하여야 한다(영 제16조 제6항).
④ 도급인의 사업장에서 이루어지는 도급사업에서 도급인이 고용노동부령으로 정하는 바에 따라 그 사업의 관계수급인 근로자에 대한 안전관리를 전담하는 안전관리자를 선임한 경우에는 그 사업의 관계수급인은 해당 도급사업에 대한 안전관리자를 선임하지 않을 수 있다(영 제16조 제5항).

18. 산업안전보건법령상 사업장의 관리감독자가 수행하여야 하는 업무에 해당하는 것은?

① 안전보건관리규정의 작성 및 변경에 관한 사항
② 산업재해에 관한 통계의 기록 및 유지에 관한 사항
③ 사업장 내 관리감독자가 지휘·감독하는 작업과 관련된 기계·기구 또는 설비의 안전·보건 점검 및 이상 유무의 확인에 관한 사항
④ 산업재해의 원인 조사 및 재발 방지대책 수립에 관한 사항
⑤ 안전장치 및 보호구 구입 시의 적격품 여부 확인에 관한 사항

해설 사업장의 관리감독자(총괄관리자)가 수행하여야 하는 업무(법 제15조 제1항)
1. 사업장의 산업재해 예방계획의 수립에 관한 사항
2. 안전보건관리규정의 작성 및 변경에 관한 사항
3. 안전보건교육에 관한 사항
4. 작업환경측정 등 작업환경의 점검 및 개선에 관한 사항
5. 근로자의 건강진단 등 건강관리에 관한 사항
6. 산업재해의 원인 조사 및 재발 방지대책 수립에 관한 사항
7. 산업재해에 관한 통계의 기록 및 유지에 관한 사항
8. 안전장치 및 보호구 구입 시 적격품 여부 확인에 관한 사항
9. 그 밖에 근로자의 유해·위험 방지조치에 관한 사항으로서 위험성평가의 실시에 관한 사항과 안전보건규칙에서 정하는 근로자의 위험 또는 건강장해의 방지에 관한 사항(규칙 제9조)

19. 산업안전보건법령상 근로시간 연장의 제한에 관한 내용으로 ( )에 들어갈 숫자를 순서대로 옳게 나열한 것은?

> 사업주는 잠함(潛艦) 또는 잠수작업 등 높은 기압에서 하는 작업에 종사하는 근로자에게는 1일 (㉠)시간, 1주 (㉡)시간을 초과하여 근로하게 하여서는 아니된다.

① ㉠ : 4, ㉡ : 30
② ㉠ : 5, ㉡ : 32
③ ㉠ : 6, ㉡ : 34
④ ㉠ : 7, ㉡ : 36
⑤ ㉠ : 8, ㉡ : 38

해설 사업주는 유해하거나 위험한 작업으로서 높은 기압에서 하는 잠함(潛艦) 또는 잠수작업 등에 종사하는 근로자에게는 1일 6시간, 1주 34시간을 초과하여 근로하게 해서는 아니 된다(법 제139조 제1항).

20. 산업안전보건법령상 건강진단에 관한 내용으로 ( ) 안에 들어갈 내용을 순서대로 옳게 나열한 것은?

> ○ "(㉠)건강진단"이란 특수건강진단대상업무로 인하여 해당 유해인자에 의한 직업성 천식, 직업성 피부염, 그 밖에 건강장해를 의심하게 하는 증상을 보이거나 의학적 소견이 있는 근로자에 대하여 사업주가 실시하는 건강진단을 말한다.
> ○ 사업주는 이 법령 또는 다른 법령에 따른 건강진단 결과 근로자의 건강을 유지하기 위하여 필요하다고 인정할 때에는 작업장소 변경, 작업 전환, 근로시간 단축, 야간근로[(㉡) 사이의 근로를 말한다)]의 제한, 작업환경측정 또는 시설·설비의 설치·개선 등 적절한 조치를 하여야 한다.
> ○ 사업주는 건강진단기관에서 송부받은 건강진단 결과표 및 근로자가 제출한 건강진단 결과를 증명하는 서류(이들 자료가 전산입력된 경우에는 그 전산입력된 자료를 말한다)를 5년간 보존하여야 한다. 다만, 고용노동부장관이 정하여 고시하는 물질을 취급하는 근로자에 대한 건강진단 결과의 서류 또는 전산입력 자료는 (㉢)간 보존하여야 한다.

정답 17 ⑤ 18 ③ 19 ③ 20 ②

① ㉠ : 특수, ㉡ : 오후 10시부터 오전 6시까지, ㉢ : 10년
② ㉠ : 수시, ㉡ : 오후 10시부터 오전 6시까지, ㉢ : 30년
③ ㉠ : 특수, ㉡ : 오후 10시부터 오전 6시까지, ㉢ : 20년
④ ㉠ : 수시, ㉡ : 오후 8시부터 오전 4시까지, ㉢ : 30년
⑤ ㉠ : 특별, ㉡ : 오후 8시부터 오전 4시까지, ㉢ : 20년

해설
○ 수시건강진단은 특수건강진단대상업무로 인하여 해당 유해인자로 인한 것이라고 의심되는 직업성 천식, 직업성 피부염, 그 밖에 건강장해 증상을 보이거나 의학적 소견이 있는 근로자로서 산업보건의, 보건관리자, 보건관리 업무를 위탁받은 기관이 필요하다고 판단하여 사업주에게 수시건강진단을 건의한 근로자를 말한다(규칙 제205조 제1항).
○ 사업주는 건강진단의 규정 또는 다른 법령에 따른 건강진단의 결과 근로자의 건강을 유지하기 위하여 필요하다고 인정할 때에는 작업장소 변경, 작업 전환, 근로시간 단축, 야간근로(오후 10시부터 다음 날 오전 6시까지 사이의 근로를 말한다)의 제한, 작업환경측정 또는 시설·설비의 설치·개선 등 고용노동부령으로 정하는 바에 따라 적절한 조치를 하여야 한다(법 제132조 제4항).
○ 사업주는 송부 받은 건강진단 결과표 및 근로자가 제출한 건강진단 결과를 증명하는 서류(이들 자료가 전산입력된 경우에는 그 전산입력된 자료를 말한다)를 5년간 보존해야 한다. 다만, 고용노동부장관이 정하여 고시하는 물질을 취급하는 근로자에 대한 건강진단 결과의 서류 또는 전산입력 자료는 30년간 보존해야 한다(규칙 제241조 제2항).

21. 산업안전보건법령상 사업주는 일정한 질병이 있는 근로자를 고기압 업무에 종사하도록 하여서는 아니 된다. 이 질병에 해당하지 않는 것은?

① 빈혈증
② 메니에르씨병
③ 바이러스 감염에 의한 구순포진
④ 관절염
⑤ 천식

해설 사업주는 다음의 어느 하나에 해당하는 질병이 있는 근로자를 고기압 업무에 종사하도록 해서는 안 된다(규칙 제221조 제2항).
1. 감압증이나 그 밖에 고기압에 의한 장해 또는 그 후유증
2. 결핵, 급성상기도감염, 진폐, 폐기종, 그 밖의 호흡기계의 질병
3. 빈혈증, 심장판막증, 관상동맥경화증, 고혈압증, 그 밖의 혈액 또는 순환기계의 질병
4. 정신신경증, 알코올중독, 신경통, 그 밖의 정신신경계의 질병
5. 메니에르씨병, 중이염, 그 밖의 이관(耳管)협착을 수반하는 귀 질환
6. 관절염, 류마티스, 그 밖의 운동기계의 질병
7. 천식, 비만증, 바세도우씨병, 그 밖에 알레르기성·내분비계·물질대사 또는 영양장해 등과 관련된 질병

22. 산업안전보건법령상 작업환경측정에 관한 설명으로 옳은 것을 모두 고른 것은?

> ㉠ 작업환경측정 대상인 작업장에서 작업환경측정을 할 수 있는 "고용노동부령으로 정하는 자격을 가진 자"란 그 사업장에 소속된 사람으로서 산업위생관리 산업기사 이상의 자격을 가진 사람을 말한다.
> ㉡ 지정측정기관의 작업환경측정 수준을 평가하려는 경우의 평가기준은 1. 작업 환경측정 및 시료분석의 능력, 2. 측정 결과의 신뢰도, 3. 작업환경측정 대상 사업장의 만족도, 4. 인력·시설 및 장비의 보유 수준 등이다.
> ㉢ 모든 측정은 지역시료채취방법으로 하되, 지역시료채취방법이 곤란한 경우에는 개인시료채취방법으로 실시하여야 한다.
> ㉣ 작업환경측정 결과 고용노동부장관이 정하여 고시하는 화학적 인자의 측정치가 노출기준을 초과하는 작업장 또는 작업공정은 해당 유해인자에 대하여 그 측정일부터 6개월에 1회 이상 작업환경측정을 하여야 한다.

① ㉠
② ㉠, ㉡
③ ㉡, ㉢
④ ㉢, ㉣
⑤ ㉠, ㉡, ㉢

해설 ㉠ 사업주는 유해인자로부터 근로자의 건강을 보호하고 쾌적한 작업환경을 조성하기 위하여 인체에 해로운 작업을 하는 작업장으로서 고용노동부령으로 정하는 작업장에 대하여 산업위생관리 산업기사 이상의 자격을 가진 자로 하여금 작업환경측정을 하도록 하여야 한다(법 제125조 제1항, 규칙 제187조).
㉡ 지정측정기관의 작업환경측정 수준을 평가하려는 경우의 평가기준은 1. 작업 환경측정 및 시료분석의 능력, 2. 측정 결과의 신뢰도, 3. 작업환경측정 대상 사업장의 만족도, 4. 인력·시설 및 장비의 보유 수준 등이다(규칙 제191조 제1항).
㉢ 모든 측정은 개인 시료채취방법으로 하되, 개인 시료채취방법이 곤란한 경우에는 지역 시료채취방법으로 실시할 것. 이 경우 그 사유를 작업환경측정 결과표에 분명하게 밝혀야 한다(규칙 제189조 제1항 제3호).
㉣ 작업환경측정 결과 고용노동부장관이 정하여 고시하는 화학적 인자의 측정치가 노출기준을 초과하는 작업장 또는 작업공정은 해당 유해인자에 대하여 그 측정일부터 3개월에 1회 이상 작업환경측정을 해야 한다(규칙 제190조 제1항).

23. 산업안전보건법령상 공정안전보고서에 관한 설명으로 옳지 않은 것은?
① 공정안전보고서를 작성하여야 하는 사업장의 사업주는 산업안전보건위원회가 설치되어 있지 아니한 경우 근로자대표의 의견을 들어 작성하여야 한다.
② 공정안전보고서에는 공정안전자료, 공정위험성 평가서, 안전운전계획, 비상조치계획이 포함되어야 한다.
③ 사업주가 공정안전보고서를 제출한 경우에는 해당 유해·위험설비에 관하여 유해·위험방지계획서를 제출한 것으로 본다.
④ 「액화석유가스의 안전관리 및 사업법」에 따른 액화석유가스의 충전·저장시설은 공정안전보고서를 작성하여 제출하여야 하는 대상이 아니다.
⑤ 공정안전보고서 이행 상태의 평가는 공정안전보고서의 확인 후 1년이 경과한 날부터 2년 이내에 하여야 한다.

정답 21 ③ 22 ② 23 ④

해설 ④ 「액화석유가스의 안전관리 및 사업법」에 따른 액화석유가스의 충전·저장시설은 공정안전보고서를 작성하여 제출하여야 한다(영 제43조 제2항 제6호).
① 사업주는 공정안전보고서를 작성할 때 산업안전보건위원회의 심의를 거쳐야 한다. 다만, 산업안전보건위원회가 설치되어 있지 아니한 사업장의 경우에는 근로자대표의 의견을 들어야 한다(법 제44조 제2항).
② 공정안전보고서에는 공정안전자료, 공정위험성 평가서, 안전운전계획, 비상조치계획, 그 밖에 공정상의 안전과 관련하여 고용노동부장관이 필요하다고 인정하여 고시하는 사항이 포함되어야 한다(영 제44조 제1항).
③ 사업주가 공정안전보고서를 고용노동부장관에게 제출한 경우에는 해당 유해·위험설비에 대해서는 유해위험방지계획서를 제출한 것으로 본다(법 제42조 제3항).
⑤ 고용노동부장관은 공정안전보고서의 확인 후 1년이 지난 날부터 2년 이내에 공정안전보고서 이행 상태의 평가를 해야 한다(규칙 제54조 제1항).

24. 산업안전보건법령상 산업안전지도사 및 산업보건지도사(이하 '지도사'라 함)의 연수교육 및 보수교육에 관한 설명으로 옳은 것은?

① 산업안전 및 산업보건 분야에서 5년 이상 실무에 종사한 경력이 있는 지도사 자격을 가진 화공안전기술사가 직무를 개시하려면 지도사 등록을 하기 전 2년의 범위에서 고용노동부령으로 정하는 연수교육을 받아야 한다.
② 한국산업안전보건공단이 연수교육을 실시한 때에는 그 결과를 연수교육이 끝난 날부터 30일 이내에 고용노동부장관에게 보고하여야 한다.
③ 한국산업안전보건공단이 보수교육을 실시한 때에는 보수교육 이수자 명단, 이수자의 교육 이수를 확인할 수 있는 서류를 5년간 보존하여야 한다.
④ 연수교육의 기간은 업무교육 및 실무수습 기간을 합산하여 2개월 이상으로 한다.
⑤ 지도사 등록의 갱신기간 동안 지도실적이 2년 이상인 지도사의 보수교육시간은 5시간 이상으로 한다.

해설 ③ 한국산업안전보건공단이 보수교육을 실시한 때에는 보수교육 이수자 명단, 이수자의 교육 이수를 확인할 수 있는 서류를 5년간 보존하여야 한다(규칙 제231조 제3항).
① 지도사 자격이 있는 사람(산업안전 또는 산업보건 분야에서 5년 이상 실무에 종사한 경력이 있는 사람은 제외한다)이 직무를 수행하려면 등록을 하기 전 1년의 범위에서 고용노동부령으로 정하는 연수교육을 받아야 한다(법 제146조).
② 공단이 연수교육을 실시하였을 때에는 그 결과를 연수교육이 끝난 날부터 10일 이내에 고용노동부장관에게 보고해야 하며, 다음의 서류를 3년간 보존해야 한다(규칙 제232조 제3항).
④ 연수교육의 기간은 업무교육 및 실무수습 기간을 합산하여 3개월 이상으로 한다(규칙 제232조 제2항).
⑤ 지도사 등록의 갱신기간 동안 지도실적이 2년 이상인 지도사의 교육시간은 10시간 이상으로 한다(규칙 제231조 제2항 단서).

25. 산업안전보건법령상 대통령령으로 정하는 산업재해 예방사업의 보조·지원에 대한 취소사유와 그에 따른 처분의 내용이 옳지 않은 것은?

	보조·지원 취소사유	처분의 내용
①	거짓이나 그 밖의 부정한 방법으로 보조·지원을 받은 경우	전부 취소
②	보조·지원 대상자가 폐업하거나 파산한 경우	일부 취소
③	산업재해 예방사업의 목적에 맞게 사용되지 아니한 경우	전부 또는 일부 취소
④	보조·지원 대상을 임의매각·훼손·분실하는 등 지원 목적에 적합하게 유지·관리·사용하지 아니한 경우	전부 또는 일부 취소
⑤	보조·지원 대상 기간이 끝나기 전에 보조·지원 대상 시설 및 장비를 국외로 이전 설치한 경우	전부 또는 일부 취소

해설 고용노동부장관은 보조·지원을 받은 자가 다음의 어느 하나에 해당하는 경우 보조·지원의 전부 또는 일부를 취소하여야 한다. 다만, 1. 및 2.의 경우에는 보조·지원의 전부를 취소하여야 한다(법 제158조 제2항).
1. 거짓이나 그 밖의 부정한 방법으로 보조·지원을 받은 경우
2. 보조·지원 대상자가 폐업하거나 파산한 경우
3. 보조·지원 대상을 임의매각·훼손·분실하는 등 지원 목적에 적합하게 유지·관리·사용하지 아니한 경우
4. 산업재해 예방사업의 목적에 맞게 사용되지 아니한 경우
5. 보조·지원 대상 기간이 끝나기 전에 보조·지원 대상 시설 및 장비를 국외로 이전한 경우
6. 보조·지원을 받은 사업주가 필요한 안전조치 및 보건조치 의무를 위반하여 산업재해를 발생시킨 경우로서 고용노동부령으로 정하는 경우

산업안전 일반

26. 다음은 일반적인 공장설비에 적용한 안전성 평가단계에 관한 내용이다. 올바른 순서대로 나열한 것은?

㉠ 관계자료와 정보의 확보 및 검토	㉡ 정성적 평가
㉢ FTA 실시	㉣ 안전대책 수립
㉤ 정량적 평가	㉥ 재해 자료를 통한 재평가

① ㉠ → ㉡ → ㉢ → ㉣ → ㉤ → ㉥
② ㉠ → ㉡ → ㉤ → ㉣ → ㉥ → ㉢
③ ㉠ → ㉢ → ㉣ → ㉥ → ㉤ → ㉡
④ ㉠ → ㉢ → ㉤ → ㉡ → ㉣ → ㉥
⑤ ㉠ → ㉣ → ㉡ → ㉤ → ㉥ → ㉢

해설 안전성 평가단계 : 제1단계 관계자료의 정보 확보 및 검토, 제2단계 정성적 평가, 제3단계 정량적 평가, 제4단계 안전대책 수립, 제5단계 재해 자료를 통한 재평가, 제6단계 FTA 실시

정답 24 ③ 25 ② 26 ②

27. A사의 세탁기의 고장밀도함수 $f(t) = \frac{1}{10} e^{-\frac{t}{10}}$이다. 다음 설명 중 옳지 않은 것은?
    (단, 수명단위는 년(year)이다.)
    ① 평균고장시간(MTTF)은 10년이다.
    ② 고장률(h(t))은 0.1/년의 비율로 증가한다.
    ③ 누적고장률 $F(t) = \int_0^t \frac{1}{10} e^{-\frac{t}{10}} dt$이다.
    ④ 누적고장률(F(t))과 신뢰도(R(t))의 합은 1이다.
    ⑤ 세탁기의 수명은 지수분포를 따른다.

    해설 고장률(h(t))은 $\frac{1}{10} = 0.1$으로 비율은 일정하다.

28. 다음 중 점광원에 관한 조도를 나타내는 식으로 옳은 것은?
    ① $\frac{광도}{거리}$
    ② $\frac{광도^2}{거리}$
    ③ $\frac{광도}{거리^2}$
    ④ $(\frac{거리}{광도})^2$
    ⑤ $\frac{거리}{광도^2}$

    해설 조도는 광도에 비례하고 거리의 제곱에 반비례하므로 조도 = $\frac{광도}{거리^2}$이다.

29. 다음 중 시스템 위험분석기법의 설명으로 옳지 않은 것은?
    ① PHA는 최초 단계의 분석으로 시스템 내의 위험 요소가 얼마나 위험한 상태에 있는가를 정성적으로 평가한다.
    ② FMEA는 전형적인 정성적, 귀납적 분석방법으로 전체요소의 고장을 유형별로 분석하여 그 영향을 검토한다.
    ③ THERP는 인간의 실수를 정량적으로 평가한다.
    ④ FTA는 정상사상인 재해현상으로부터 기본사상인 재해원인을 귀납적인 분석을 통하여 재해현상과 재해원인의 상호관련을 정확하게 해석하여 안전대책을 검토할 수 있다.
    ⑤ CA는 직접 시스템의 손실과 인명의 사상에 연결되는 높은 위험도를 가진 요소나 고장의 형태에 따른 분석을 말한다.

    해설 ④ FTA는 기계, 설비 시스템의 고장이나 재해의 발생요인을 논리적 도표에 의하여 분석하는 정량적, 연연적 기법이다.
    ① PHA는 시스템 내의 위험요소가 얼마나 위험상태에 있는가를 평가하는 시스템 안전 프로그램의 최초단계의 방식이다.
    ② FMEA는 영향을 미치는 모든 요소의 고장을 형별로 분석하고 미치는 영향을 분석하는 방법으로 치명도 해석을 추가할 수 있다.

③ THERP는 확률론적 안전기법으로 100만 운전시간 당 과오도 수를 기본 과오율로 하여 인간의 기본 과오율을 평가하는 기법이다.
⑤ CA는 직접 시스템의 손실과 인명의 사상에 연결되는 높은 위험도를 가진 요소나 고장의 형태에 따른 정량적 분석을 말한다.

30. 휴먼에러(Human Error) 중 작업에 의한 것이 아닌 것은?
① 조작에러
② 규칙에러
③ 보존에러
④ 검사에러
⑤ 설치에러

해설 규칙에러는 규칙을 정할 때의 오류이다.
휴먼에러(Human Error)
1. 원인에 따른 에러 : 오인, 착각, 부주의, 태만, 짐작 등에 의한 오류
2. 결과에 의한 에러 : 실행, 누락, 순서, 시간, 불필요한 순서 오류

31. 다음 중 물질안전보건자료(MSDS) 작성 시 포함되어야 할 항목을 모두 고른 것은?

| ㉠ 화학제품과 회사에 관한 정보 | ㉡ 유해성 및 위험성 |
| ㉢ 취급 및 저장방법 | ㉣ 구성성분의 명칭 및 함유량 |

① ㉠, ㉡
② ㉡, ㉢
③ ㉠, ㉡, ㉢
④ ㉡, ㉢, ㉣
⑤ ㉠, ㉡, ㉢, ㉣

해설 물질안전보건자료(MSDS) 작성 시 포함되어야 할 항목(화학물질의 분류·표시 및 물질안전보건자료에 관한 기준 제10조 제1항)
1. 화학제품과 회사에 관한 정보
2. 유해성·위험성
3. 구성성분의 명칭 및 함유량
4. 응급조치요령
5. 폭발·화재시 대처방법
6. 누출사고시 대처방법
7. 취급 및 저장방법
8. 노출방지 및 개인보호구
9. 물리화학적 특성
10. 안정성 및 반응성
11. 독성에 관한 정보
12. 환경에 미치는 영향
13. 폐기 시 주의사항
14. 운송에 필요한 정보
15. 법적규제 현황
16. 그 밖의 참고사항

정답 27 ② 28 ③ 29 ④ 30 ② 31 ⑤

32. 유해위험방지계획서 제출 대상 사업장에 해당하지 않는 것은? (단, 아래 답지항의 사업장은 전기 계약용량 300kW 이상이다.)

① 금속가공제품 중 기계 및 가구 제조업
② 비금속 광물제품 제조업
③ 자동차 및 트레일러 제조업
④ 식료품 제조업
⑤ 반도체 제조업

> **해설** 유해위험방지계획서 제출 대상(영 제42조 제1항)
> 1. 금속가공제품 제조업; 기계 및 가구 제외
> 2. 비금속 광물제품 제조업
> 3. 기타 기계 및 장비 제조업
> 4. 자동차 및 트레일러 제조업
> 5. 식료품 제조업
> 6. 고무제품 및 플라스틱제품 제조업
> 7. 목재 및 나무제품 제조업
> 8. 기타 제품 제조업
> 9. 1차 금속 제조업
> 10. 가구 제조업
> 11. 화학물질 및 화학제품 제조업
> 12. 반도체 제조업
> 13. 전자부품 제조업

33. 공간의 이용 및 배치에서 부품배치의 원칙으로 옳지 않은 것은?

① 중요성의 원칙　　　　② 기능별 배치의 원칙
③ 사용방법의 원칙　　　④ 사용순서의 원칙
⑤ 사용빈도의 원칙

> **해설** 부품배치의 원칙 : 중요성의 원칙, 기능별 배치의 원칙, 사용순서의 원칙, 사용빈도의 원칙

34. A 공장의 프레스 장비는 평균고장간격(MTBF)이 5년이고, 평균수리시간(MTTR)이 0.5년이다. 프레스 장비의 가용도(Availability)는 약 얼마인가? (단, 프레스 장비의 고장수명은 지수분포를 따르며, 소숫점 아래 셋째자리에서 반올림한다.)

① 0.10　　　　② 0.91
③ 1.10　　　　④ 5.00
⑤ 20.00

> **해설** 가용도(Availability) = $\dfrac{\text{작동가능시간}}{\text{작동가능시간}+\text{작동불능시간}} = \dfrac{5}{5+0.5} = 0.909 = 0.91$

35. 인간공학에 관한 내용으로 시스템 설계 과정을 올바른 순서로 나열한 것은?

㉠ 기본설계
㉡ 계면(Interface)설계
㉢ 시험 및 평가
㉣ 목표 및 성능 명세 결정
㉤ 보조물(편의수단)설계
㉥ 체계의 정의

① ㉠ → ㉡ → ㉥ → ㉣ → ㉤ → ㉢
② ㉠ → ㉣ → ㉡ → ㉥ → ㉤ → ㉢
③ ㉡ → ㉠ → ㉥ → ㉣ → ㉤ → ㉢
④ ㉣ → ㉥ → ㉠ → ㉡ → ㉤ → ㉢
⑤ ㉥ → ㉠ → ㉡ → ㉣ → ㉤ → ㉢

해설 시스템 설계 과정 ; 1단계 목표 및 성능 명세 결정, 2단계 체계의 정의, 3단계 기본설계, 4단계 계면(Interface)설계, 5단계 보조물(편의수단)설계, 6단계 시험 및 평가

36. 근골격계 질환발생의 원인 중 직접원인이 아닌 것은?

① 숙련도
② 부적절한 자세
③ 반복성
④ 과도한 힘
⑤ 접촉스트레스(신체적 압박)

해설 근골격계질환이란 무리한 힘의 사용, 반복적인 동작, 부적절한 작업자세, 날카로운 면과의 신체접촉, 진동 및 온도 등의 요인으로 인해 근육과 신경, 힘줄, 인대, 관절 등의 조직이 손상되어 신체에 나타나는 건강장해를 총칭한다.

37. 안전교육의 학습지도이론에 관한 내용으로 옳지 않은 것은?

① 자발성의 원리 : 학습자 자신이 스스로 자발적으로 학습에 참여하는데 중점을 둔 원리
② 개별화의 원리 : 학습자가 지니고 있는 각자의 요구와 능력 등에 알맞은 학습활동의 기회를 마련해 주어야 한다는 원리
③ 직관의 원리 : 이론을 통해 학습효과를 거둘 수 있다는 원리
④ 사회화의 원리 : 학습내용을 현실사회의 사상과 문제를 기반으로 하여 학교에서 경험한 것과 사회에서 경험한 것을 교류시키고 공동학습을 통해서 협력적이고 우호적인 학습을 진행하는 원리
⑤ 통합의 원리 : '학습을 총합적인 전체로서 지도하자' 원리로, 동시학습(Concomitant Learning)의 원리와 같음

해설 직관의 원리 : 구체적인 사물과의 접촉을 통해 이에 대한 개념을 인식시키자는 원리이다.

38. 산업안전보건법령상 사업주가 건설 일용근로자가 아닌 근로자를 채용할 때 해당업무와 관계되는 안전보건에 관한 교육내용이 아닌 것은?
   ① 작업 개시 전 점검에 관한 사항
   ② 사고 발생 시 긴급조치에 관한 사항
   ③ 작업공정의 유해·위험과 재해 예방에 관한 사항
   ④ 물질안전보건자료에 관한 사항
   ⑤ 기계·기구의 위험성과 작업의 순서 및 동선에 관한 사항

   해설 채용 시 교육 및 작업내용 변경 시 교육(영 별표 5)

교육내용
○ 산업안전 및 사고 예방에 관한 사항
○ 산업보건 및 직업병 예방에 관한 사항
○ 산업안전보건법령 및 산업재해보상보험 제도에 관한 사항
○ 직무스트레스 예방 및 관리에 관한 사항
○ 직장 내 괴롭힘, 고객의 폭언 등으로 인한 건강장해 예방 및 관리에 관한 사항
○ 기계·기구의 위험성과 작업의 순서 및 동선에 관한 사항
○ 작업 개시 전 점검에 관한 사항
○ 정리정돈 및 청소에 관한 사항
○ 사고 발생 시 긴급조치에 관한 사항
○ 물질안전보건자료에 관한 사항

39. 안전교육의 방법으로 옳지 않은 것은?
   ① 동기부여를 하는 방향으로 교육한다.
   ② 어려운 것에서 시작하여 쉬운 것으로 교육한다.
   ③ 오감(五感)을 활용해 교육한다.
   ④ 한 번에 하나씩 교육한다.
   ⑤ 반복하여 교육한다.

   해설 교육은 쉬운 것부터 시작하여 어려운 것으로 하여야 한다.

40. 산업안전보건기준에 관한 규칙상 소음에 관한 설명으로 옳은 것은?
   ① "소음작업"이란 1일 8시간 작업을 기준으로 80데시벨의 소음이 발생하는 작업을 말한다.
   ② 100데시벨 이상의 소음이 1일 1시간 발생한 작업은 "강렬한 소음작업"이다.
   ③ "충격소음작업"이란 소음이 1초 이상의 간격으로 발생하는 작업으로서 120데시벨을 초과하는 소음이 1일 1천회 이상 발생하는 작업을 말한다.
   ④ 소음의 작업환경 측정 결과 소음수준이 85데시벨인 사업장에서는 청력보존 프로그램을 실시하여야 한다.
   ⑤ 115데시벨 이상의 소음이 1일 15분 이상 발생하는 작업은 "강렬한 소음작업"이다.

해설 ⑤ 115데시벨 이상의 소음이 1일 15분 이상 발생하는 작업은 "강렬한 소음작업"이다(산업안전보건기준에 관한 규칙 제512조 제2호).
① "소음작업"이란 1일 8시간 작업을 기준으로 85데시벨의 소음이 발생하는 작업을 말한다(산업안전보건기준에 관한 규칙 제512조 제1호).
② 100데시벨 이상의 소음이 1일 2시간 이상 발생하는 작업은 "강렬한 소음작업"이다(산업안전보건기준에 관한 규칙 제512조 제2호).
③ "충격소음작업"이란 소음이 1초 이상의 간격으로 발생하는 작업으로서 120데시벨을 초과하는 소음이 1일 1만회 이상 발생하는 작업을 말한다(산업안전보건기준에 관한 규칙 제512조 제3호).
④ 소음의 작업환경 측정 결과 소음수준이 유해인자 노출기준에서 정하는 소음의 노출기준을 초과하는 사업장, 소음으로 인하여 근로자에게 건강장해가 발생한 사업장에 해당하는 경우에 청력보존 프로그램을 수립하여 시행해야 한다(산업안전보건기준에 관한 규칙 제517조).

41. 산업안전보건법령상 산업안전보건위원회를 설치·운영해야 할 사업의 종류 및 규모가 아닌 것은?

① 상시 근로자 350명인 농업
② 상시 근로자 60명인 1차 금속 제조업
③ 상시 근로자 400명인 정보서비스업
④ 상시 근로자 250명인 소프트웨어 개발 및 공급업
⑤ 상시 근로자 400명인 사업지원 서비스업

해설 산업안전보건위원회를 구성해야 할 사업의 종류 및 사업장의 상시근로자 수(영 별표 9)

사업의 종류	사업장의 상시근로자 수
1. 토사석 광업 2. 목재 및 나무제품 제조업; 가구제외 3. 화학물질 및 화학제품 제조업; 의약품 제외(세제, 화장품 및 광택제 제조업과 화학섬유 제조업은 제외한다) 4. 비금속 광물제품 제조업 5. 1차 금속 제조업 6. 금속가공제품 제조업; 기계 및 가구 제외 7. 자동차 및 트레일러 제조업 8. 기타 기계 및 장비 제조업(사무용 기계 및 장비 제조업은 제외한다) 9. 기타 운송장비 제조업(전투용 차량 제조업은 제외한다)	상시근로자 50명 이상
10. 농업 11. 어업 12. 소프트웨어 개발 및 공급업 13. 컴퓨터 프로그래밍, 시스템 통합 및 관리업 14. 정보서비스업 15. 금융 및 보험업 16. 임대업; 부동산 제외 17. 전문, 과학 및 기술 서비스업(연구개발업은 제외한다) 18. 사업지원 서비스업 19. 사회복지 서비스업	상시근로자 300명 이상
20. 건설업	공사금액 120억원 이상(「건설산업기본법 시행령」 별표 1의 종합공사를 시공하는 업종의 건설업종란 제1호에 따른 토목공사업의 경우에는 150억원 이상)
21. 제1호부터 제20호까지의 사업을 제외한 사업	상시근로자 100명 이상

정답 38 ③ 39 ② 40 ⑤ 41 ④

42. 산업안전보건법령상 안전·보건진단을 받아 안전보건개선계획을 수립·제출하도록 명할 수 있는 사업장이 아닌 것은?

① 산업재해율이 같은 업종 평균 산업재해율의 2배 이상인 사업장
② 작업환경 불량, 화재·폭발 또는 누출사고 등으로 사회적 물의를 일으킨 사업장
③ 사업주가 안전·보건조치의무를 이행하지 아니하여 사망자가 2명이 발생한 사업장
④ 사업주가 안전·보건조치의무를 이행하지 아니하여 3개월 이상의 요양이 필요한 부상자가 동시에 3명이 발생한 사업장
⑤ 직업병에 걸린 사람이 연간 1명 발생한 사업장

해설 안전보건개선계획을 수립할 대상(영 제49조)
1. 산업재해율이 같은 업종 평균 산업재해율의 2배 이상인 사업장
2. 사업주가 필요한 안전조치 또는 보건조치를 이행하지 아니하여 중대재해가 발생한 사업장
3. 직업성 질병자가 연간 2명 이상(상시근로자 1천명 이상 사업장의 경우 3명 이상) 발생한 사업장
4. 그 밖에 작업환경 불량, 화재·폭발 또는 누출 사고 등으로 사업장 주변까지 피해가 확산된 사업장으로서 고용노동부령으로 정하는 사업장

43. 사업장 위험성 평가에 관한 지침에 관한 설명으로 옳지 않은 것은?

① "유해·위험요인"이란 유해·위험을 일으킬 잠재적 가능성이 있는 것의 고유한 특징이나 속성을 말한다.
② "위험성"이란 유해·위험요인이 부상 또는 질병으로 이어질 수 있는 가능성(빈도)과 중대성(강도)을 조합한 것을 의미한다.
③ "위험성 감소대책 수립 및 실행"이란 위험성 결정 결과 허용 불가능한 위험성을 합리적으로 실천 가능한 범위에서 가능한 한 낮은 수준으로 감소시키기 위한 대책을 수립하고 실행하는 것을 말한다.
④ "위험성 추정"이란 유해·위험요인별로 추정한 위험성의 크기가 허용 가능한 범위인지 여부를 판단하는 것을 말한다.
⑤ "기록"이란 사업장에서 위험성평가 활동을 수행한 근거와 그 결과를 문서로 작성하여 보존하는 것을 말한다.

해설 "위험성 추정"이란 유해·위험요인별로 부상 또는 질병으로 이어질 수 있는 가능성과 중대성의 크기를 각각 추정하여 위험성의 크기를 산출하는 것을 말한다(사업장 위험성 평가에 관한 지침 제3조 제1항 제5호).

44. 재해구성 비율에 관한 설명으로 옳지 않은 것은?

① 버드이론에서 인적상해 비율은 41/641이다.
② 버드의 재해발생비율 항목은 물적손실 무상해 항목이 있다.

③ 하인리히의 잠재된 위험이 버드의 잠재된 위험보다 낮다.
④ 버드이론에서 무상해 비율은 630/641이다.
⑤ 하인리히 이론에서 잠재위험 비율은 300/330이다.

해설 버드의 재해구성 비율은 1(중상 또는 폐질) : 10(경상) : 30(무상해 사고) : 600(무상해 · 무사고 고장)이다. 인적상해 비율= $\frac{11}{641}$

45. 다음과 같은 재해사례의 조사 · 분석 내용이 바르게 연결된 것은?

> 철근을 운반하던 천장 크레인의 손상된 로프가 끊어져 철근이 떨어졌다. 마침 그 밑에 작업모를 착용하고 지나가던 근로자의 머리 위로 철근이 떨어져 3개월 이상의 요양이 필요한 부상을 당하였다.

① 발생형태 - 부딪힘
② 기인물 - 철근
③ 가해물 - 크레인
④ 불안전한 상태 - 적절한 안전모 미착용
⑤ 불안전한 행동 - 위험구역 접근

해설 재해사례의 조사 · 분석 내용
1. 발생형태 : 낙하
2. 기인물 : 로프
3. 가해물 : 철근
4. 불안전한 상태 : 손상된 로프
5. 불안전한 행동 : 위험구역 접근

46. 재해조사를 수행할 때 유의사항으로 옳지 않은 것은?

① 책임 추궁보다 재발방지를 우선한다.
② 조사는 신속하게 행하고 긴급 조치하여 2차 재해를 방지한다.
③ 목격자 등이 증언하는 추측을 바탕으로 재해조사를 진행한다.
④ 객관적인 입장에서 공정하게 2인 이상이 조사한다.
⑤ 사람과 기계설비 양면의 재해 요인을 모두 도출한다.

해설 재해조사를 수행할 때 유의사항
1. 피해자에 대한 구급조치를 최우선으로 한다.
2. 제3자의 입장에서 조사하고 조사원 2인 이상이 참여한다.
3. 가능한 현장이 변형되지 않은 상태에서 조사한다.
4. 목격자의 증언 중 사실 이외의 추측되는 말은 참고로 이용한다.
5. 관련된 물적 자료를 수집한다.
6. 책임 추궁은 지양한다.
7. 2차 재해를 예방한다.

정답 42 ⑤ 43 ④ 44 ① 45 ⑤ 46 ③

47. 다음 설명을 보고 A기업의 근로자 1인이 입사부터 정년까지 경험하는 재해건수는? (단, 소숫점 아래 셋째자리에서 반올림한다.)

> ○ A 기업에서 상시 1,200명의 근로자가 근무하고 있으나 질병·기타사유로 인하여 4%의 결근율이라고 보았을 때, 이 회사에서 연간 50건의 재해가 발생하였다.
> ○ 근로자가 1주일에 48시간 연간 50주를 근무한다.
> ○ 근로자 1인의 입사부터 정년까지의 근로시간은 총 100,000시간이다.

① 1.81 ② 4.34
③ 17.36 ④ 18.08
⑤ 43.40

해설 도수율(빈도율) = $\dfrac{\text{재해건수}}{\text{연근로 총시간수}} \times 1,000,000 = \dfrac{50}{1,200 \times 0.96 \times 48 \times 50} \times 1,000,000 = 18.08$

재해건수(환산도수율) = $\dfrac{18.08}{10} = 1.81$

48. 안전보건관리조직에 관한 설명으로 옳은 것은?

① 공사금액 100억원인 건설업의 사업장은 산업안전보건위원회를 설치해야 한다.
② 산업안전보건위원회의 위원 중 산업보건의는 노사합의에 의해서만 선정된다.
③ 안전보건관리조직 중 라인 조직형은 권한이 직선식으로 행사되므로 200명~300명 정도의 중견 기업에 적합하다.
④ 안전보건관리조직 중 라인-스텝 복합형은 1,000명 이상의 대기업에 적합하다.
⑤ 상시근로자 100명인 자동차 및 트레일러 제조업을 하는 사업장의 산업안전보건위원회는 안전관리자나 보건관리자 중에 1명만 있으면 된다.

해설 ④ 안전보건관리조직 중 라인-스텝 복합형은 1,000명 이상의 대기업에 적합하다.
① 공사금액 120억원인 건설업의 사업장은 산업안전보건위원회를 설치해야 한다(영 별표 9).
② 산업안전보건위원회의 위원 중 산업보건의는 사용자위원이다(영 제35조 제2항).
③ 안전보건관리조직 중 라인 조직형은 권한이 직선식으로 행사되므로 100명 이하의 중견 기업에 적합하다.
⑤ 상시근로자 100명인 자동차 및 트레일러 제조업을 하는 사업장의 산업안전보건위원회는 안전관리자, 보건관리자 각 1명이 있어야 한다(영 제35조 제2항).

49. 무재해 시간의 계산방식으로 옳지 않은 것은?

① 무재해 시간의 산정은 실근로자의 수와 실근무시간을 곱한다.
② 3일미만의 경미한 부상은 무재해로 간주한다.
③ 사무직은 하루 통산 8시간을 근무시간으로 산정한다.
④ 무재해 개시 후 재해가 발생하면 처음(0시간)부터 다시 시작한다.

⑤ 업무시간 외에 발생한 재해 중 작업 개시전의 작업준비 및 작업종료 후의 정리정돈 과정에서 발생한 재해도 포함한다.

> **해설** 사업주가 제공한 사업장내의 시설물에서 발생한 재해 또는 작업개시전의 작업준비 및 작업종료후의 정리정돈과정에서 발생한 재해는 산업재해이다(사업장 무재해운동 추진 및 운영에 관한 규칙 제2조 제1호).
> 무재해 시간의 계산방식
> 1. 시간계산 : 총시간=실제 근로시간수×실근무시간
> 2. 사무직은 하루 통산 8시간을 근무시간으로 산정한다.
> 3. 3일 미만의 경미한 부상은 무재해로 간주한다.
> 4. 무재해 개시 후 재해가 발생하면 처음(0시간)부터 다시 시작한다.

50. 제조물 책임법상 '결함'에 해당하는 것을 모두 고른 것은?

   ㉠ 제조상의 결함   ㉡ 표시상의 결함   ㉢ 설계상의 결함

① ㉠
② ㉢
③ ㉠, ㉢
④ ㉡, ㉢
⑤ ㉠, ㉡, ㉢

> **해설** 결함(제조물 책임법 제2조 제2호) : 제조상의 결함, 설계상의 결함, 표시상의 결함

기업진단 · 지도

51. A기업에서는 평가등급을 5단계로 구분하고 가능한 정규분포를 이루도록 등급별 기준인원을 정하였으나, 평가자에 의하여 다음의 표와 같은 결과가 나타났다. 이와 같은 평가결과의 분포도상의 오류는? (평가등급의 상위순서는 A, B, C, D, E등급의 순이다.)

평가등급	A등급	B등급	C등급	D등급	E등급
기준인원	1명	2명	4명	2명	1명
평가결과	5명	3명	2명	0명	0명

① 논리적 오류
② 대비오류
③ 관대화경향
④ 중심화경향
⑤ 가혹화경향

정답 47 ① 48 ④ 49 ⑤ 50 ⑤ 51 ③

[해설] ③ 관대화경향은 근무성적평정 등에서 평정 결과의 분포가 우수한 쪽에 집중되는 경향을 말한다. 기준인원과 평가결과를 대비하여 보면 평가가 관대한 것을 알 수 있다.
① 논리적 오류 : 논증을 구성하거나 추론을 진행하는 데 있어 타당하지 않은 방식을 사용하는 것을 말한다.
② 대비오류 : 다른 사람을 판단함에 있어서 절대적 기준에 기초하지 않고 다른 대상과의 비교를 통해 평가하는 오류를 말한다.
④ 중심화경향 : 평가자가 평가대상들을 모두 중간 점수로 평가하는 경향을 말한다.
⑤ 가혹화경향 : 인사 평가에서 평가자가 피평가자의 능력 및 성과를 실제보다 의도적으로 낮게 평가하는 경향을 말한다.

52. 조직구조에 관한 설명으로 옳지 않은 것은?

① 가상네트워크 조직은 협력업체와 갈등해결 및 관계유지에 상대적으로 적은 시간이 필요하다.
② 기능별 조직은 각 기능부서의 효율성이 중요할 때 적합하다.
③ 매트릭스 조직은 이중보고 체계로 인하여 종업원들이 혼란을 느낄 수 있다.
④ 사업부제 조직은 2개 이상의 이질적인 제품으로 서로 다른 시장을 공략할 경우에 적합한 조직구조이다.
⑤ 라인스텝 조직은 명령전달과 통제기능을 담당하는 라인과 관리자를 지원하는 스텝으로 구성된다.

[해설] 가상네트워크 조직은 둘 이상의 독립된 기업이 우수한 제품과 서비스의 제공을 목포로 각 조직의 인적 자원 및 기술 등을 일시적으로 통합, 제휴하는 조직으로 협력업체와 갈등해결 및 관계유지에는 많은 시간이 소요된다.

53. 인적자원관리에서 이루어지는 기능 또는 활동에 관한 설명으로 옳은 것은?

① 직접보상은 유급휴가, 연금, 보험, 학자금지원 등이 있다.
② 직무평가는 구성원들의 목표치와 실적을 비교하여 기여도를 판단하는 활동이다.
③ 현장직무교육은 직무순환제, 도제제도, 멘토링 등이 있다.
④ 직무분석은 장래의 인적자원 수요를 파악하여 인력의 확보와 배치, 활용을 위한 계획을 수립하는 것이다.
⑤ 직무기술서의 작성은 직무를 성공적으로 수행하는데 필요한 작업자의 지식과 특성, 능력 등을 문서로 만드는 것이다.

[해설] ③ 현장직무교육은 일상적인 직무를 통하여 실시하는 종업원 교육훈련 방식으로 직무순환제, 도제제도, 멘토링 등이 있다.
① 연금, 보험은 간접보상에 해당한다.
② 직무평가는 직무급에 있어서 직무간의 임금비율을 정하는 가장 기본적인 절차이다.
④ 직무분석은 어떤 일을 어떤 목적으로 어떤 방법에 의해 어떤 장소에서 수행하는지를 알아내고, 직무를 수행하는 데 요구되는 지식, 능력, 기술, 경험, 책임 등이 무엇인지를 과학적이고 합리적으로 알아내는 것이다.
⑤ 직무기술서는 직무명칭, 소속직군 및 직종, 직무의 내용, 직무수행에 필요한 원재료·설비·작업도구, 직무수행 방법 및 절차, 작업조건(작업집단의 인원수, 상호작용의 정도 등) 등이 기록된다.

54. 조직문화에 관한 설명으로 옳은 것을 모두 고른 것은?

㉠ 조직문화는 일반적으로 빠르고 쉽게 변화한다.
㉡ 파스칼과 아토스(R. Pascale and A. Athos)는 조직문화의 구성요소로 7가지를 제시하고 그 가운데 공유가치가 가장 핵심적인 의미를 갖는다고 주장하였다.
㉢ 딜과 케네디(T. Deal and A. Kennedy)는 위험추구성향과 결과에 대한 피드백 기간이라는 2개의 기준에 의해 조직문화유형을 합의문화, 개발문화, 계층문화, 합리문화로 구분하고 있다.
㉣ 샤인(E. Schein)에 의하면 기업의 성장기에는 소집단 또는 부서별 하위문화가 형성되며, 조직문화의 여러 요소들이 제도화 된다.
㉤ 홉스테드(G. Hofstede)에 의하면 불확실성 회피성향이 강한 사회의 구성원들은 미래에 대한 예측 불가능성을 줄이기 위해 더 많은 규칙과 규범을 제정하려는 노력을 기울인다.

① ㉠, ㉡, ㉣
② ㉡, ㉢, ㉣
③ ㉡, ㉢, ㉤
④ ㉡, ㉣, ㉤
⑤ ㉢, ㉣, ㉤

해설
㉠ 조직문화는 조직 내부의 특성상 변화가 느리고 외부와 다른 특성을 유지한다.
㉢ 딜과 케네디(T. Deal and A. Kennedy)는 의지가 강한 남성문화, 열심히 일하고 잘 노는 문화, 사운을 거는 문화, 과정문화로 구분하고 있다.
㉡ 파스칼과 아토스(R. Pascale and A. Athos)는 조직문화의 구성요소로 7가지를 제시하고 공유가치가 조직문화형성에 가장 중요하다고 보았다.
㉣ 샤인(E. Schein)은 기업의 성장기에는 소집단 또는 부서별 하위문화가 형성되며, 조직문화의 여러 요소들이 제도화 된다.
㉤ 홉스테드(G. Hofstede)는 불확실성 회피성향이 강한 사회의 구성원들은 미래에 대한 예측 불가능성을 줄이기 위해 더 많은 규칙과 규범을 제정하려는 노력을 기울인다고 보았다.

55. 생산시스템에 관한 설명으로 옳지 않은 것은?

① VMI는 공급자주도형 재고관리를 뜻한다.
② MRP는 자재소요량계획으로 제품생산에 필요한 부품의 투입시점과 투입량을 관리하는 시스템이다.
③ ERP는 조직의 자금, 회계, 구매, 생산, 판매 등의 업무흐름을 통합관리하는 정보시스템이다.
④ SCM은 부품 공급업체와 생산업체 그리고 고객에 이르는 제반 거래 참여자들이 정보를 공유함으로써 고객의 요구에 민첩하게 대응하도록 지원하는 것이다.
⑤ BPR은 낭비나 비능률을 점진적이고 지속적으로 개선하는 기능중심의 경영관리기법이다.

해설 BPR(business process reengineering)은 기업의 활동과 업무 흐름을 분석화하고 이를 최적화하는 것으로, 반복적이고 불필요한 과정들을 제거하기 위해 업무상의 여러 단계들을 통합하고 단순화하여 재설계하는 경영혁신기법이다.

56. 인형을 판매하는 A사는 경제적주문량(EOQ) 모형을 이용하여 재고정책을 수립하려고 한다. 다음과 같은 조건일 때 1회의 경제적주문량은?

```
○ 연간수요량        20,000개
○ 1회 주문비용      5,000원
○ 연간단위당 재고유지비용  50원
○ 개당 제품가격     10,000원
```

① 1,000개 ② 2,000개
③ 3,000개 ④ 3,500개
⑤ 4,000개

해설 경제적주문량(EOQ)= $\sqrt{\dfrac{2 \times 연간수요량 \times 1회주문비용}{연간단위당 재고유지비용}} = \sqrt{\dfrac{2 \times 20,000 \times 5,000}{50}}$ 2,000개

57. 동기부여이론에 관한 설명으로 옳지 않은 것은?

① 데시(E. Deci)의 인지평가이론에 의하면 외재적 보상이 주어지면 내재적 동기가 증가된다.
② 로크(E. Locke)의 목표설정이론에 의하면 목표가 종업원들의 동기유발에 영향을 미치며, 피드백이 주어지지 않을 때 보다는 피드백이 주어질 때 성과가 높다.
③ 엘더퍼(C. Alderfer)의 ERG이론은 매슬로우(A. Maslow)의 욕구단계이론과 달리 좌절-퇴행 개념을 도입하였다.
④ 브룸(V. Vroom)의 기대이론에 의하면 종업원의 직무수행 성과를 정확하고 공정하게 측정하는 것은 수단성을 높이는 방법이다.
⑤ 아담스(J. Adams)의 공정성이론에 의하면 종업원은 자신과 준거집단이나 준거인물의 투입과 산출 비율을 비교하여 불공정하다고 지각하게 될 때 공정성을 이루는 방향으로 동기유발된다.

해설 ① 데시(E. Deci)의 인지평가이론에 의하면 내재적 동기는 외재적 동기와 상쇄적 관계에 있는데 내재적 동기부여된 개인에게 외재적 보상이 주어지면 오히려 내적인 동기가 감소하고, 외적인 보상이 주어지면 오히려 구성원들의 내재적 동기를 저하시키는 위험을 내포하고 있음을 나타내고 있다.

58. 단체교섭의 방식에 관한 설명으로 옳지 않은 것은?

① 기업별 교섭은 특정기업 또는 사업장 단위로 조직된 노동조합이 단체교섭의 당사자가 되어 기업주 또는 사용자와 교섭하는 방식이다.
② 공동교섭은 상부단체인 산업별, 직업별 노동조합이 하부단체인 기업별 노조나 기업단위의 노조지부와 공동으로 지역적 사용자와 교섭하는 방식이다.

③ 대각선 교섭은 전국적 또는 지역적인 산업별 노동조합이 각각의 개별 기업과 교섭하는 방식이다.
④ 통일교섭은 전국적 또는 지역적인 산업별 또는 직업별 노동조합과 이에 대응하는 전국적 또는 지역적인 사용자와 교섭하는 방식이다.
⑤ 집단교섭은 여러 개의 노동조합 지부가 공동으로 이에 대응하는 여러 개의 기업들과 집단적으로 교섭하는 방식이다.

해설 공동교섭이란 기업별 조합의 상부단체인 노동조합과 개개 기업별 조합이 공동으로 개개 기업별 조합의 상대방인 개개 기업의 사용자와의 사이에서 행하여지는 교섭을 말한다.

59. 제품생애주기(Product Life Cycle)에 관한 설명으로 옳지 않은 것은?
① 도입기는 고객의 요구에 따라 잦은 설계변경이 있을 수 있으므로 공정의 유연성이 필요하다.
② 쇠퇴기는 제품이 진부화되어 매출이 줄어든다.
③ 성장기는 수요가 증가하므로 공정중심의 생산시스템에서 제품중심으로 변경하여 생산능력을 크게 확장시켜야 한다.
④ 성숙기는 성장기에 비하여 이익 수준이 낮다.
⑤ 성장기는 도입기에 비하여 마케팅 역할이 크게 요구되는 시기이다.

해설 성숙기는 제품이 많은 잠재고객에게 이미 받아들여진 상태로 매출이 주춤하는 시기로 이익이 가장 많은 시기이다.

60. 작업장에서 사고와 질병을 유발하는 위해요인에 관한 설명으로 옳은 것은?
① 5요인 성격 특질과 사고의 관계를 보면, 성실성이 낮은 사람이 높은 사람보다 사고를 일으킬 가능성이 더 낮다.
② 소리의 수준이 10dB까지 증가하면 소리의 크기는 10배 증가하며, 20dB까지 증가하면 20배 증가한다.
③ 컴퓨터 자판 작업이나 타이핑 작업을 많이 하는 사람들은 수근관 증후군(carpal tunnel syndrome)의 위험성이 높다.
④ 직장에서 소음에 대한 노출은 청각 손상에 영향을 주지만 심장혈관계 질병과는 관련이 없다.
⑤ 사회복지기관과 병원은 직장 폭력이 발생할 위험성이 가장 적은 장소이다.

해설 ③ 수근관 증후군(carpal tunnel syndrome)은 컴퓨터 작업, 진동 도구 작업, 강력한 그립이 필요한 작업을 많이 하는 사람들이 위험성이 높다.
① 성실성이 낮은 사람은 산만하고 일관성이 없으며 사고를 일으킬 가능성이 높다.
② 소리의 수준이 10dB까지 증가하면 소리의 크기는 2배 증가하며, 20dB까지 증가하면 3배 증가한다.
④ 소음은 청각 손상뿐만 아니라 심장혈관계 질병도 유발할 수 있다.
⑤ 사회복지기관과 병원은 직장 폭력이 발생할 위험성이 조사결과 두 번째로 높았다.

정답 56 ② 57 ① 58 ② 59 ④ 60 ③

61. 심리검사에 관한 설명으로 옳은 것을 모두 고른 것은?

> ㉠ 성격형 정직성 검사는 생산적 행동을 예측하는 것으로 밝혀진 성격특성을 평가한다.
> ㉡ 속도 검사는 시간 제한이 있으며, 배정된 시간 내에 모든 문항을 끝낼 수 없도록 설계한다.
> ㉢ 정신운동능력 검사는 물체를 조작하고 도구를 사용하는 능력을 평가한다.
> ㉣ 정서지능 평가에는 특질 유형의 검사와 정보처리 유형의 검사 등이 있다.
> ㉤ 생활사 검사는 직무수행을 예측하지만 응답자의 거짓반응은 예방하기 어렵다.

① ㉠, ㉡, ㉢
② ㉠, ㉢, ㉣
③ ㉠, ㉣, ㉤
④ ㉡, ㉢, ㉣
⑤ ㉡, ㉢, ㉤

해설 ㉠ 성격형 정직성 검사는 인성평가 검사로 정직성을 평가한다.
㉤ 생활사 검사는 과거의 다양한 생활경험을 측정하여 개인을 이해하도록 돕는 검사로 직무수행을 예측하는데 목적이 있다. 이 검사는 응답자의 거짓반응을 예방하기 쉽다.
㉡ 속도 검사는 시간 제한이 있으며, 배정된 시간 내에 모든 문항을 끝낼 수 없도록 설계한다.
㉢ 정신운동능력 검사는 물체를 조작하고 도구를 사용하는 능력을 평가한다.
㉣ 정서지능 평가에는 특질 유형의 검사와 정보처리 유형의 검사 등이 있다.

62. 직무스트레스 요인에 관한 설명으로 옳지 않은 것은?

① 역할 내 갈등은 직무상 요구가 여럿일 때 발생한다.
② 역할 모호성은 상사가 명확한 지침과 방향성을 제시하지 못하는 경우에 유발된다.
③ 작업부하는 업무 요구량에 관한 것으로 직접 유형과 간접 유형이 있다.
④ 요구-통제 모형에 의하면 통제력은 요구의 부정적 효과를 줄이거나 완충해 주는 역할을 한다.
⑤ 대인관계 갈등과 타인과의 소원한 관계는 다양한 스트레스 반응을 유발할 수 있다.

해설 작업부하는 업무 요구량에 관한 것으로 양적인 것과 질적인 것이 있다. 양적 작업부하는 개인이 수행하는 근무의 양과 관련이 있고, 질적 작업부하는 개인의 능력에 비해 작업이 어려운 정도이다.

63. 인사선발에 관한 설명으로 옳은 것은?

① 선발검사의 효용성을 증가시키는 가장 중요한 요소는 검사 신뢰도이다.
② 인사선발에서 기초율이란 지원자들 중에서 우수한 지원자의 비율을 말한다.
③ 잘못된 불합격자(false negative)란 검사에서 불합격점을 받아서 떨어뜨렸고, 채용하였더라도 불만족스러운 직무수행을 나타냈을 사람이다.
④ 인사선발에서 예측변인의 합격점이란 선발된 사람들 중에서 우수와 비우수 수행자를 구분하는 기준이다.
⑤ 선발율과 예측변인의 가치 간의 관계는 선발율이 낮을수록 예측변인의 가치가 더 커진다.

해설 ⑤ 기초율이 동일하다면 선발율이 감소할수록 선발의 효과성이 증가한다.
① 선발검사의 효용성을 증가시키는 가장 중요한 요소는 기초율이다.
② 인사선발에서 기초율이란 지원자들 중에서 성공적 직무수행자수의 비율을 말한다.
③ 잘못된 불합격자(false negative)란 검사에서 불합격점을 받아서 떨어뜨렸고, 채용하였더라도 만족스러운 직무수행을 나타냈을 사람이다.
④ 인사선발에서 예측변인의 합격점은 합격과 불합격으로 구분한다.

64. 인간의 정보처리 능력에 관한 설명으로 옳지 않은 것은?

① 경로용량은 절대식별에 근거하여 정보를 신뢰성 있게 전달할 수 있는 최대용량이다.
② 단일 자극이 아니라 여러 차원을 조합하여 사용하는 경우에는 정보전달의 신뢰성이 감소한다.
③ 절대식별이란 특정 부류에 속하는 신호가 단독으로 제시되었을 때 이를 식별할 수 있는 능력이다.
④ 인간의 정보처리 능력은 단기기억에 대한 처리능력을 의미하며, 절대식별 능력으로 조사한다.
⑤ 밀러(Miller)에 의하면 인간의 절대적 판단에 의한 단일 자극의 판별범위는 보통 5~9가지이다.

해설 ② 단일 자극이 아니라 여러 차원을 조합하여 사용하는 경우에는 정보전달의 신뢰성이 증가한다.
① 경로용량은 절대식별, 단기기억에 근거하여 정보를 신뢰성 있게 전달할 수 있는 능력이다.
③ 절대식별이란 한 신호의 절대적 위치를 구분해 내는 능력이다.
④ 인간의 정보처리 능력은 단기기억에 대한 처리능력을 의미한다.
⑤ 밀러(Miller)에 의하면 감각에 따라 정보를 신뢰성 있게 전달할 수 있는 한계개수는 5~9가지이다.

65. 소음의 영향에 관한 설명으로 옳지 않은 것은?

① 의미있는 소음이 의미없는 소음보다 작업능률 저해 효과가 더 크게 나타난다.
② 강력한 소음에 노출된 직후에 일시적으로 청력이 저하되는 것을 일시성 청력손실이라 하며, 휴식하면 회복된다.
③ 초기 소음성 청력손실은 대화 범주 이상의 주파수에서 생겨 대화에 장애를 느끼지 못하다가 이후에 다른 주파수까지 진행된다.
④ 소음 작업장에서 전화벨 소리가 잘 안 들리고, 작업지시 내용 등을 알아듣기 어려운 현상을 은폐효과(masking effect)라고 한다.
⑤ 일시적 청력 손실은 300Hz~3,000Hz 사이에서 가장 많이 발생하며, 3,000Hz 부근의 음에 대한 청력저하가 가장 심하다.

해설 청력손실에 영향을 주는 것은 노출소음에 따라 증가하고, 청력손실이 가장 큰 주파수대는 4,000Hz이다.

정답 61 ④ 62 ③ 63 ⑤ 64 ② 65 ⑤

66. 집단 의사결정에 관한 설명으로 옳지 않은 것은?

① 팀의 혁신을 촉진할 수 있는 최적의 상황은 과업에 대한 구성원 간의 갈등이 중간 정도일 때다.
② 집단극화는 집단 구성원의 소수가 모험적인 선택을 할 때 이를 따르는 상황에서 발생한다.
③ 집단사고는 개별 구성원의 생각으로는 좋지 않다고 생각하는 결정을 집단이 선택할 때 나타나는 현상이다.
④ 집단사고는 집단 응집성, 강력한 리더, 집단의 고립, 순응에 대한 압력 때문에 나타난다.
⑤ 집단사고를 예방하기 위해서 다양한 사회적 배경을 가진 집단 구성원이 있는 것이 좋다.

해설 집단극화는 개인일 때보다 집단일 때 더 극단적인 방향으로 의사 결정을 할 가능성이 높다는 뜻이다.

67. 행위적 관점에서 분류한 휴먼에러의 유형에 해당하는 것은?

① 순서 오류(sequence error)
② 피드백 오류(feedback error)
③ 입력 오류(input error)
④ 의사결정 오류(decision making error)
⑤ 출력 오류(output error)

해설 행위적 관점에서 분류한 휴먼에러의 유형
1. 시간오류
2. 순서오류
3. 누락오류
4. 실행오류
5. 생략오류
6. 과잉행동오류

원인적 관점에서 분류한 휴먼에러의 유형
1. 정보처리 오류
2. 입력오류
3. 출력오류
4. 피드백 오류
5. 의사결정오류

68. 직무분석을 위한 정보를 수집하는 방법의 장점과 한계에 관한 설명으로 옳은 것을 모두 고른 것은?

㉠ 관찰의 장점은 동일한 직무를 수행하는 재직자 간의 차이를 보여준다는 것이다.
㉡ 면접의 장점은 직무에 대해 다양한 관점을 얻는다는 것이다.
㉢ 질문지의 장점은 직무에 대해 매우 세부적인 내용을 얻을 수 있다는 것이다.
㉣ 질문지의 한계는 직무가 수행되는 상황을 무시한다는 것이다.
㉤ 직접수행의 한계는 분석가에게 폭넓은 훈련이 필요하다는 것이다.

① ㉠, ㉢, ㉣ ② ㉡, ㉢, ㉣
③ ㉡, ㉢, ㉤ ④ ㉡, ㉣, ㉤
⑤ ㉢, ㉣, ㉤

해설 ㉠ 관찰의 장점은 직무정보의 획득이 쉽고 간편하여 비용이 적게 든다.
㉢ 질문지의 장점은 시간과 비용이 적게 들고 다양한 정보를 획득할 수 있다는 것이다.
㉡ 면접의 장점은 설문방법에 비해 심층적이고 질적인 자료를 얻을 수 있다는 것이다.
㉣ 질문지의 한계는 질문범위 내의 것만 알 수 있기 때문에 부분적 자료밖에 될 수 없다는 것이다.
㉤ 직접수행의 한계는 분석가가 많은 부분에 폭넓은 훈련이 있어야 한다는 것이다.

69. 직무 배치 후 유해인자에 대한 첫 번째 특수건강진단의 시기 및 주기로 옳지 않은 것은?

유해인자	첫 번째 진단 시기	주기
① 나무 분진	6개월 이내	12개월
② N,N-디메틸아세트아미드	1개월 이내	6개월
③ 벤젠	2개월 이내	6개월
④ 면 분진	12개월 이내	12개월
⑤ 충격소음	12개월 이내	24개월

해설 특수건강진단의 시기 및 주기(규칙 별표 23)

구분	대상 유해인자	시기(배치 후 첫 번째 특수 건강진단)	주기
1	N,N-디메틸아세트아미드 디메틸포름아미드	1개월 이내	6개월
2	벤젠	2개월 이내	6개월
3	1,1,2,2-테트라클로로에탄 사염화탄소 아크릴로니트릴 염화비닐	3개월 이내	6개월
4	석면, 면 분진	12개월 이내	12개월
5	광물성 분진 목재 분진 소음 및 충격소음	12개월 이내	24개월
6	제1호부터 제5호까지의 대상 유해인자를 제외한 별표 22의 모든 대상 유해인자	6개월 이내	12개월

정답 66 ② 57 ① 68 ④ 69 ①

70. 다음 중 노출기준(occupational exposure limits)에 관한 설명으로 옳은 것은?
   ① 고용노동부 노출기준은 작업환경 측정 결과의 평가와 작업환경 개선 기준으로 사용할 수 있다.
   ② 일반 대기오염의 평가 또는 관리상의 기준으로는 사용할 수 없으나, 실내공기오염의 관리 기준으로는 사용할 수 있다.
   ③ MSDS에서 아세톤의 노출기준은 500ppm, 폭발하한한계(LEL)는 2.5%로 표시되었다면, LEL은 노출기준보다 500배 높은 수준이다.
   ④ 우리나라는 작업자가 노출되는 소음을 누적노출량계로 측정할 때 Threshold 80dB, Criteria 90dB, Exchange rate 5dB 기준을 적용하므로, 만일 78dBA에 8시간 동안 노출되었다면 누적소음량은 10~50% 사이에 있을 것이다.
   ⑤ 최고노출기준(C)은 1일 작업시간 중 잠시라도 넘어서는 안 되는 농도이므로, 만일 15분 동안 측정했다면 측정치를 15로 보정하여 노출기준과 비교한다.

   해설 ① 고용노동부 노출기준은 대기오염의 평가 또는 관리상의 지표로 사용하여서는 아니 되고, 작업환경 측정 결과의 평가와 작업환경 개선 기준으로 사용할 수 있다(화학물질 및 물리적 인자의 노출기준 제3조 제4항).
   ② 대기오염의 평가 또는 관리상의 기준으로는 사용할 수 없다(화학물질 및 물리적 인자의 노출기준 제3조 제4항).
   ③ MSDS에서 아세톤의 노출기준은 500ppm, 폭발하한한계(LEL)는 2.5%로 표시되었다면, LEL은 노출기준보다 50배 낮은 수준이다.
   ④ Threshold 80dB 기준으로는 누적소음량이 0이다.
   ⑤ 최고노출기준(C)은 근로자가 1일 작업시간동안 잠시라도 노출되어서는 아니 되는 기준이다(화학물질 및 물리적 인자의 노출기준 제2조 제1항 제4호).

71. CHARM(Chemical Hazard Risk Management) 시스템에 따른 사업장의 화학물질에 대한 위험성평가에 있어서 작업환경측정 결과를 활용한 노출수준 등급구분으로 옳지 않은 것은?
   ① 4등급 - 화학물질 노출기준 초과
   ② 3등급 - 화학물질 노출기준의 50% 이상~100% 이하
   ③ 2등급 - 화학물질 노출기준의 10% 이상~50% 미만
   ④ 1등급 - 화학물질 노출기준의 10% 미만
   ⑤ 1등급 상향조정 - 직업병 유소견자가 확인된 경우

   해설 노출수준 등급구분
   1. 1등급 : 화학물질 노출기준의 10% 미만
   2. 2등급 : 화학물질 노출기준의 10% 이상~50% 미만
   3. 3등급 : 화학물질 노출기준의 50% 이상~100% 이하
   4. 4등급 : 화학물질 노출기준 초과

72. 산업위생전문가가 수행한 활동으로 옳지 않은 것은?
   ① 트리클로로에틸렌을 사용하는 작업자가 하루 10시간 동안 이 물질에 노출되는 것을 발견하고, 노출기준을 보정하여 측정치를 평가하였다.
   ② 결정체 석영은 노출기준이 호흡성 분진으로 되어 있어 이에 노출되는 작업자에 대하여 은막 여과지로 채취하였다.
   ③ 유성페인트를 여러 가지 유기용제가 포함된 시너로 희석하여 도장하는 작업장에서 노출평가 시 각각의 노출기준과 상호작용을 고려하여 평가하였다.
   ④ 발암성이 있는 목재분진도 있으므로 원목의 재질을 조사하여 평가하였다.
   ⑤ 폭이 넓은 도금조에 측방형 후드가 설치되어 있는 작업장에서 적절한 제어속도가 나오지 않아 이를 푸시-풀 후드로 교체할 것을 제안하였다.

   해설 석영과 같은 유해인자의 포집은 공인된 기관에서 인정된 자가 실시한다.

73. 다음 유해인자의 평가 및 인체영향에 관한 설명으로 옳은 것은?
   ① 호흡성 입자상 물질(a)과 흡입성 입자상 물질(b)의 농도비(a/b)는 일반적으로 용접작업장이 목재가공작업장 보다 크다.
   ② 석면이 치명적인 이유는 폐포에 있는 대식세포가 석면에 전혀 접근하지 못하여 탐식작용을 못하기 때문이다.
   ③ 옥외 작업장에서 누출될 수 있는 불화수소를 관리하기 위하여 작업환경 노출기준인 0.5ppm을 3으로 나누어(24시간 노출) 0.17ppm을 기준으로 정하였다.
   ④ 석영, 크리스토발라이트, 트리디마이트는 모두 실리카가 주성분인 물질로 암을 유발한다.
   ⑤ 주성분이 카드뮴인 나노입자는 피부흡수를 우선적으로 고려하여야 한다.

   해설 ① 호흡성 입자상 물질(a)과 흡입성 입자상 물질(b)의 농도비(a/b)에서 호흡성 입자상 물질이 목재가공공장의 목재분진보다 작다.
   ② 석면이 치명적인 이유는 폐포에 있는 대식세포에 석면이 접근하여 대식세포를 손상시켜 암을 유발한다.
   ③ 작업시간이 1일 8시간 기준이므로 8로 나누어야 한다.
   ④ 실리카는 발암물질인 6가 크롬을 흡착하는 물질로 석영, 크리스토발라이트, 트리디마이트는 실리카와는 무관하다.
   ⑤ 주성분이 카드뮴인 나노입자는 호흡기 흡수를 우선적으로 고려하여야 한다.

74. 다음 작업환경 측정 및 평가에 관한 설명으로 옳은 것은?
   ① 가스상 물질을 시료 채취할 때 일반적으로 수동식 방법이 능동식 방법 보다 정확성과 정밀도가 더 높다.

② 유기용제나 중금속의 검출한계는 시료를 반복 분석하여 구할 수 있지만, 중량분석을 하는 호흡성 분진은 검출한계를 구할 수 없다.
③ 월 30시간 미만인 임시 작업을 행하는 작업장의 경우 법적으로 작업환경측정 대상에서 제외될 수 있다.
④ 작업환경측정 자료에서 만일 기하표준편차가 1미만이라면 이 통계치는 높은 신뢰성을 가졌다고 할 수 있다.
⑤ 콜타르피치, 코크스오븐배출물질, 디젤배출물질에 공통적으로 함유된 산업보건학적 유해인자 중 하나는 다핵방향족탄화수소이다.

해설 ⑤ 다핵방향족탄화수소는 두 개 이상의 벤젠고리를 가지는 방향족 화합물로 독성을 지닌 물질이 많고 일부 발암물질로 콜타르피치, 코크스오븐배출물질, 디젤배출물질에 공통적으로 함유되어 있다.
① 가스상 물질을 시료 채취할 때 일반적으로 능동식 방법이 수동식 방법 보다 정확성과 정밀도가 더 높다.
② 호흡성분진은 분립장치 또는 호흡성분진을 채취할 수 있는 기기를 이용한 여과채취방법으로 측정한다.
③ 작업환경측정 대상에서 제외되는 경우는 임시작업(월 24시간 미만), 단시간작업(1일 1시간 미만)이다.

75. 산업위생 분야에 관한 설명으로 옳지 않은 것은?
① 산업위생 목적은 궁극적으로 근로환경 개선을 통한 근로자의 건강보호에 있다.
② 국내 사업장의 산업위생 분야를 관장하는 행정부처는 고용노동부이다.
③ B. Ramazzini는 직업병의 원인으로 작업환경 중 유해물질과 부자연스러운 작업 자세를 제안하였다.
④ 사업장에서 산업보건 직무담당자를 보건관리자라고 한다.
⑤ 세계보건기구는 산업보건 관련 국제연합기구로서 근로조건의 개선도모를 목적으로 1919년에 설치되었다.

해설 세계보건기구는 보건·위생 분야의 국제적인 협력을 위하여 설립한 UN전문기구로 1948년에 설립되었으며 설립목적은 세계의 모든 사람들이 가능한 한 최고의 건강 수준에 도달하는 것이다.

기출문제

2016년

산업안전보건법령

1. 산업안전보건법령상 사업주가 이행하여야 할 의무에 해당하는 것은?

① 사업장에 대한 재해 예방 지원 및 지도
② 근로자의 신체적 피로와 정신적 스트레스 등을 줄일 수 있는 쾌적한 작업환경 조성 및 근로조건 개선
③ 유해하거나 위험한 기계·기구·설비 및 물질 등에 대한 안전·보건상의 조치기준작성 및 지도·감독
④ 산업재해에 관한 조사 및 통계의 유지·관리
⑤ 안전·보건을 위한 기술의 연구·개발 및 시설의 설치·운영

> **해설** 사업주가 이행하여야 할 의무(법 제5조 제1항)
> 1. 이 법과 이 법에 따른 명령으로 정하는 산업재해 예방을 위한 기준
> 2. 근로자의 신체적 피로와 정신적 스트레스 등을 줄일 수 있는 쾌적한 작업환경의 조성 및 근로조건 개선
> 3. 해당 사업장의 안전 및 보건에 관한 정보를 근로자에게 제공

2. 산업안전보건법령상 안전·보건표지의 분류별 종류와 색채가 올바르게 연결된 것은?

① 지시표지(방독마스크 착용) - 바탕은 파란색, 관련 그림은 흰색
② 금지표지(물체이동금지) - 바탕은 흰색, 기본모형은 녹색, 관련 부호 및 그림은 흰색
③ 경고표지(폭발성물질 경고) - 바탕은 노란색, 기본모형, 관련 부호 및 그림은 흰색
④ 안내표지(비상용기구) - 바탕은 흰색, 기본모형은 빨간색, 관련 부호 및 그림은 검은색
⑤ 안내표지(응급구호표지) - 바탕은 무색, 기본모형은 검은색

> **해설** ① 지시표지(방독마스크 착용) - 바탕은 파란색, 관련 그림은 흰색
> ② 금지표지(물체이동금지) - 바탕은 흰색, 기본모형은 빨간색, 관련 부호 및 그림은 검은색
> ③ 경고표지(폭발성물질 경고) - 바탕은 흰색, 기본모형은 빨간색, 관련 부호 및 그림은 검은색
> ④ 안내표지(비상용기구) - 바탕은 녹색, 기본모형은 흰색, 관련 부호 및 그림은 검은색
> ⑤ 안내표지(응급구호표지) - 바탕은 녹색, 기본모형은 흰색

정답 75 ⑤ / 1 ② 2 ①

3. 산업안전보건법령상 산업재해 발생 보고에 관한 설명이다. ( )안에 들어갈 내용을 순서대로 올바르게 나열한 것은?

> 사업주는 산업재해로 사망자가 발생하거나 (㉠) 이상의 휴업이 필요한 부상을 입거나 질병에 걸린 사람이 발생한 경우에는 산업안전보건법 제10조 제2항에 따라 해당 산업재해가 발생한 날부터 (㉡) 이내에 별지 제1호서식의 산업재해조사표를 작성하여 관할 지방고용노동청장 또는 지청장에게 제출(전자문서에 의한 제출을 포함한다)하여야 한다.

① ㉠ : 1일 ㉡ : 1개월 ② ㉠ : 2일 ㉡ : 14일
③ ㉠ : 3일 ㉡ : 1개월 ④ ㉠ : 5일 ㉡ : 2개월
⑤ ㉠ : 5일 ㉡ : 3개월

해설 사업주는 산업재해로 사망자가 발생하거나 3일 이상의 휴업이 필요한 부상을 입거나 질병에 걸린 사람이 발생한 경우에는 산업안전보건법 제10조 제2항에 따라 해당 산업재해가 발생한 날부터 1개월 이내에 별지 제1호서식의 산업재해조사표를 작성하여 관할 지방고용노동청장 또는 지청장에게 제출(전자문서에 의한 제출을 포함한다)하여야 한다(규칙 제73조 제1항).

4. 산업안전보건법령상 안전관리전문기관에 대한 지정의 취소 등에 관한 설명으로 옳지 않은 것은?
① 고용노동부장관은 안전관리전문기관이 지정요건을 충족하지 못한 경우 반드시 지정을 취소하여야 한다.
② 고용노동부장관은 안전관리전문기관이 거짓이나 그 밖의 부정한 방법으로 지정을 받은 경우 지정을 취소하여야 한다.
③ 고용노동부장관은 안전관리전문기관이 지정받은 사항을 위반하여 업무를 수행한 경우 6개월 이내의 기간을 정하여 그 업무의 정지를 명할 수 있다.
④ 안전관리전문기관은 고용노동부장관으로부터 지정이 취소된 경우에 그 지정이 취소된 날부터 2년 이내에는 안전관리전문기관으로 지정받을 수 없다.
⑤ 고용노동부장관이 안전관리전문기관에 대하여 업무의 정지를 명하여야 하는 경우에 그 업무정지가 이용자에게 심한 불편을 주거나 공익을 해할 우려가 있다고 인정하면 업무정지처분에 갈음하여 10억원 이하의 과징금을 부과할 수 있다.

해설 ① 고용노동부장관은 안전관리전문기관이 지정요건을 충족하지 못한 경우 그 지정을 취소하거나 6개월 이내의 기간을 정하여 그 업무의 정지를 명할 수 있다(법 제21조 제4항 제3호).
② 고용노동부장관은 안전관리전문기관이 거짓이나 그 밖의 부정한 방법으로 지정을 받은 경우 지정을 취소하여야 한다(법 제21조 제4항 제1호).
③ 고용노동부장관은 안전관리전문기관이 지정받은 사항을 위반하여 업무를 수행한 경우 6개월 이내의 기간을 정하여 그 업무의 정지를 명할 수 있다(법 제21조 제4항 제4호).
④ 지정이 취소된 자는 지정이 취소된 날부터 2년 이내에는 각각 해당 안전관리전문기관 또는 보건관리전문기관으로 지정받을 수 없다(법 제21조 제5항).
⑤ 고용노동부장관은 업무정지를 명하여야 하는 경우에 그 업무정지가 이용자에게 심한 불편을 주거나 공익을 해칠 우려가 있다고 인정되면 업무정지 처분을 대신하여 10억원 이하의 과징금을 부과할 수 있다(법 제160조 제1항).

5. 산업안전보건법령상 산업안전보건위원회에 관한 설명으로 옳지 않은 것은?

① 사업주는 산업안전·보건에 관한 중요 사항을 심의·의결하기 위하여 근로자와 사용자가 같은 수로 구성되는 산업안전보건위원회를 설치·운영하여야 한다.
② 사업주는 유해하거나 위험한 기계·기구와 그 밖의 설비를 도입한 경우 안전·보건조치에 관한 사항에 대하여는 산업안전보건위원회의 심의·의결을 거쳐야 한다.
③ 산업안전보건위원회의 위원장은 위원 중에서 호선(互選)한다. 이 경우 근로자위원과 사용자위원 중 각 1명을 공동위원장으로 선출할 수 있다.
④ 사업주는 안전보건관리규정을 작성하거나 변경할 때에는 산업안전보건위원회의 심의·의결을 거쳐야 한다. 다만, 산업안전보건위원회가 설치되어 있지 아니한 사업장의 경우에는 근로자대표의 동의를 받아야 한다.
⑤ 산업안전보건위원회는 산업안전·보건에 관한 중요사항에 대하여 심의·의결을 하지만 해당 사업장 근로자의 안전과 보건을 유지·증진시키기 위하여 필요한 사항을 정할 수 없다.

해설 ⑤ 산업안전보건위원회는 해당 사업장 근로자의 안전 및 보건을 유지·증진시키기 위하여 필요한 사항을 심의·의결을 거쳐야 한다(법 제24조 제2항 제9호).
① 사업주는 사업장의 안전 및 보건에 관한 중요 사항을 심의·의결하기 위하여 사업장에 근로자위원과 사용자위원이 같은 수로 구성되는 산업안전보건위원회를 구성·운영하여야 한다(법 제24조 제1항).
② 사업주는 유해하거나 위험한 기계·기구와 그 밖의 설비를 도입한 경우 안전·보건조치에 관한 사항에 대하여는 산업안전보건위원회의 심의·의결을 거쳐야 한다(법 제24조 제2항 제8호).
③ 산업안전보건위원회의 위원장은 위원 중에서 호선한다. 이 경우 근로자위원과 사용자위원 중 각 1명을 공동위원장으로 선출할 수 있다(영 제36조).
④ 사업주는 안전보건관리규정을 작성하거나 변경할 때에는 산업안전보건위원회의 심의·의결을 거쳐야 한다. 다만, 산업안전보건위원회가 설치되어 있지 아니한 사업장의 경우에는 근로자대표의 동의를 받아야 한다(법 제26조).

6. 산업안전보건법령상 안전보건관리규정 작성 시 포함되어야 할 사항이 아닌 것은?

① 사고 조사 및 대책 수립에 관한 사항
② 안전·보건 관리조직과 그 직무에 관한 사항
③ 작업장 안전관리에 관한 사항
④ 작업장 건설과 민원대책에 관한 사항
⑤ 작업장 보건관리에 관한 사항

해설 안전보건관리규정 작성 시 포함되어야 할 사항(법 제25조 제1항)
1. 안전 및 보건에 관한 관리조직과 그 직무에 관한 사항
2. 안전보건교육에 관한 사항
3. 작업장의 안전 및 보건 관리에 관한 사항
4. 사고 조사 및 대책 수립에 관한 사항
5. 그 밖에 안전 및 보건에 관한 사항

정답 3 ③ 4 ① 5 ⑤ 6 ④

7. 산업안전보건법령상 작업중지 등에 관한 설명으로 옳지 않은 것은?
   ① 사업주는 산업재해가 발생할 급박한 위험이 있을 때 또는 중대재해가 발생하였을 때에는 즉시 작업을 중지시키고 근로자를 작업장소로부터 대피시키는 등 필요한 안전·보건상의 조치를 한 후 작업을 다시 시작하여야 한다.
   ② 근로자는 산업재해가 발생할 급박한 위험으로 인하여 작업을 중지하고 대피하였을 때에는 사태가 안정된 후에 그 사실을 위 상급자에게 보고하는 등 적절한 조치를 취하여야 한다.
   ③ 사업주는 산업재해가 발생할 급박한 위험이 있다고 믿을 만한 합리적인 근거가 있을 때에는 산업안전보건법의 규정에 따라 작업을 중지하고 대피한 근로자에 대하여 이를 이유로 해고나 그 밖의 불리한 처우를 하여서는 아니 된다.
   ④ 고용노동부장관은 중대재해가 발생한 사업장의 사업주에게 안전보건개선계획의 수립·시행, 그 밖에 필요한 조치를 명할 수 있다.
   ⑤ 누구든지 중대재해 발생현장을 훼손하여 중대재해 발생의 원인조사를 방해하여서는 아니 된다.

   해설 ② 작업을 중지하고 대피한 근로자는 지체 없이 그 사실을 관리감독자 또는 그 밖에 부서의 장에게 보고하여야 한다(법 제52조 제2항).
   ① 사업주는 산업재해가 발생할 급박한 위험이 있을 때에는 즉시 작업을 중지시키고 근로자를 작업장소에서 대피시키는 등 안전 및 보건에 관하여 필요한 조치를 하여야 한다(법 제51조).
   ③ 사업주는 산업재해가 발생할 급박한 위험이 있다고 근로자가 믿을 만한 합리적인 이유가 있을 때에는 작업을 중지하고 대피한 근로자에 대하여 해고나 그 밖의 불리한 처우를 해서는 아니 된다(법 제52조 제4항).
   ④ 고용노동부장관은 중대재해가 발생한 사업장의 사업주에게 안전보건개선계획의 수립·시행, 그 밖에 필요한 조치를 명할 수 있다(법 제56조 제2항).
   ⑤ 누구든지 중대재해 발생 현장을 훼손하거나 고용노동부장관의 원인조사를 방해해서는 아니 된다(법 제56조 제3항).

8. 산업안전보건법령상 사업주가 작업 중 위험을 방지하기 위하여 필요한 안전조치를 취해야 할 장소가 아닌 것은?
   ① 근로자가 추락할 위험이 있는 장소
   ② 토사·구축물 등이 붕괴할 우려가 있는 장소
   ③ 방사선·유해광선·고온·저온·초음파·소음·진동·이상기압 등에 의한 건강장해의 우려가 있는 장소
   ④ 물체가 떨어지거나 날아올 위험이 있는 장소
   ⑤ 작업 시 천재지변으로 인한 위험이 발생할 우려가 있는 장소

   해설 사업주가 작업 중 위험을 방지하기 위하여 필요한 안전조치를 취해야 할 장소(법 제38조 제3항)
   1. 근로자가 추락할 위험이 있는 장소
   2. 토사·구축물 등이 붕괴할 우려가 있는 장소
   3. 물체가 떨어지거나 날아올 위험이 있는 장소
   4. 천재지변으로 인한 위험이 발생할 우려가 있는 장소

9. 산업안전보건법령상 도급사업 시의 안전·보건조치 등을 위하여 2일에 1회 이상 순회점검하여야 하는 사업의 작업장에 해당하지 않는 것은?

   ① 건설업의 작업장
   ② 정보서비스업의 작업장
   ③ 제조업의 작업장
   ④ 토사석 광업의 작업장
   ⑤ 음악 및 기타 오디오물 출판업의 작업장

   해설 도급사업 시의 안전·보건조치 등을 위하여 2일에 1회 이상 순회점검하여야 하는 사업의 작업장(규칙 제80조 제1항 제1호)
   1. 건설업
   2. 제조업
   3. 토사석 광업
   4. 서적, 잡지 및 기타 인쇄물 출판업
   5. 음악 및 기타 오디오물 출판업
   6. 금속 및 비금속 원료 재생업

10. 산업안전보건법령상 고용노동부장관이 실시하는 안전·보건에 관한 직무교육을 받아야 할 대상자를 모두 고른 것은?

    ㉠ 안전보건관리책임자(관리책임자)
    ㉡ 관리감독자
    ㉢ 안전관리자
    ㉣ 보건관리자
    ㉤ 안전과 보건에 관련된 업무에 종사하는 사람

    ① ㉠, ㉡
    ② ㉡, ㉢
    ③ ㉠, ㉡, ㉢
    ④ ㉡, ㉣, ㉤
    ⑤ ㉠, ㉢, ㉣, ㉤

    해설 안전·보건에 관한 직무교육을 받아야 할 대상자(법 제32조 제1항)
    1. 안전보건관리책임자
    2. 안전관리자
    3. 보건관리자
    4. 안전보건관리담당자
    5. 안전과 보건에 관련된 업무에 종사하는 사람

정답 7 ② 8 ③ 9 ② 10 ⑤

11. 산업안전보건기준에 관한 규칙상 가설통로를 설치하는 경우 준수하여야 하는 사항에 관한 설명으로 옳지 않은 것은?

① 경사는 30도 이하로 할 것. 다만, 계단을 설치하거나 높이 2미터 미만의 가설통로로서 튼튼한 손잡이를 설치한 경우에는 그러하지 아니하다.
② 경사가 15도를 초과하는 경우에는 미끄러운 구조로 할 것
③ 추락할 위험이 있는 장소에는 안전난간을 설치할 것. 다만, 작업상 부득이한 경우에는 필요한 부분만 임시로 해체할 수 있다.
④ 수직갱에 가설된 통로의 길이가 15미터 이상인 경우에는 10미터 이내마다 계단참을 설치할 것
⑤ 건설공사에 사용하는 높이 8미터 이상인 비계다리에는 7미터 이내마다 계단참을 설치할 것

해설 사업주는 가설통로를 설치하는 경우 다음의 사항을 준수하여야 한다(산업안전보건기준에 관한 규칙 제23조).
1. 견고한 구조로 할 것
2. 경사는 30도 이하로 할 것. 다만, 계단을 설치하거나 높이 2m 미만의 가설통로로서 튼튼한 손잡이를 설치한 경우에는 그러하지 아니하다.
3. 경사가 15도를 초과하는 경우에는 미끄러지지 아니하는 구조로 할 것
4. 추락할 위험이 있는 장소에는 안전난간을 설치할 것. 다만, 작업상 부득이한 경우에는 필요한 부분만 임시로 해체할 수 있다.
5. 수직갱에 가설된 통로의 길이가 15m 이상인 경우에는 10m 이내마다 계단참을 설치할 것
6. 건설공사에 사용하는 높이 8m 이상인 비계다리에는 7m 이내마다 계단참을 설치할 것

12. 산업안전보건법령상 안전관리자가 수행하여야 할 업무가 아닌 것은?

① 사업장 순회점검·지도 및 조치의 건의
② 산업재해 발생의 원인 조사·분석 및 재발 방지를 위한 기술적 보좌 및 조언·지도
③ 작업장 내에서 사용되는 전체 환기장치 및 국소 배기장치 등에 관한 설비의 점검과 작업방법의 공학적 개선에 관한 보좌 및 조언·지도
④ 산업재해에 관한 통계의 유지·관리·분석을 위한 보좌 및 조언·지도
⑤ 업무수행 내용의 기록·유지

해설 안전관리자의 업무(영 제18조 제1항)
1. 산업안전보건위원회 또는 안전 및 보건에 관한 노사협의체에서 심의·의결한 업무와 해당 사업장의 안전보건관리규정 및 취업규칙에서 정한 업무
2. 위험성평가에 관한 보좌 및 지도·조언
3. 안전인증대상기계등과 자율안전확인대상기계등 구입 시 적격품의 선정에 관한 보좌 및 지도·조언
4. 해당 사업장 안전교육계획의 수립 및 안전교육 실시에 관한 보좌 및 지도·조언
5. 사업장 순회점검, 지도 및 조치 건의
6. 산업재해 발생의 원인 조사·분석 및 재발 방지를 위한 기술적 보좌 및 지도·조언
7. 산업재해에 관한 통계의 유지·관리·분석을 위한 보좌 및 지도·조언
8. 법 또는 법에 따른 명령으로 정한 안전에 관한 사항의 이행에 관한 보좌 및 지도·조언
9. 업무 수행 내용의 기록·유지
10. 그 밖에 안전에 관한 사항으로서 고용노동부장관이 정하는 사항

13. 산업안전보건법령상 도급사업 시의 안전·보건조치 등에 관한 설명으로 옳은 것은?

① 도급사업과 관련하여 산업재해를 예방하기 위하여 안전·보건에 관한 협의체를 구성하는 경우 도급인인 사업주 및 그의 수급인인 사업주의 일부만으로 구성할 수 있다.
② 수급인은 도급인이 실시하는 근로자의 해당 안전·보건·위생교육에 필요한 장소 및 자료의 제공 등 필요한 조치를 하여야 한다.
③ 안전·보건상 유해하거나 위험한 작업을 도급하는 경우 도급인은 수급인에게 자료제출을 요구하여야 한다.
④ 도급인인 사업주가 합동안전·보건점검을 할 때에는 도급인인 사업주, 수급인인 사업주, 도급인 및 수급인의 근로자 각 1명으로 점검반을 구성하여야 한다.
⑤ 안전·보건상 유해하거나 위험한 작업 중 사업장 내에서 공정의 일부분을 도급하는 도금작업은 시·도지사의 승인을 받지 아니하면 그 작업만을 분리하여 도급을 줄 수 없다.

해설 ④ 도급인인 사업주가 합동안전·보건점검을 할 때에는 도급인, 관계수급인, 도급인 및 관계수급인의 근로자 각 1명으로 점검반을 구성하여야 한다(규칙 제82조 제1항).
① 안전 및 보건에 관한 협의체는 도급인 및 그의 수급인 전원으로 구성해야 한다(규칙 제79조 제1항).
② 도급인은 관계수급인이 실시하는 근로자의 안전·보건교육에 필요한 장소 및 자료의 제공 등을 요청받은 경우 협조해야 한다(규칙 제80조 제3항).
③ 안전·보건상 유해하거나 위험한 작업을 도급하는 경우 도급인은 안전·보건 정보를 해당 도급작업이 시작되기 전까지 수급인에게 제공해야 한다(규칙 제83조 제1항).
⑤ 사업주는 근로자의 안전 및 보건에 유해하거나 위험한 작업으로서 도금작업을 도급하여 자신의 사업장에서 수급인의 근로자가 그 작업을 하도록 해서는 아니 된다(법 제58조 제1항).

14. 산업안전보건법령상 유해·위험 방지를 위하여 방호조치가 필요한 기계·기구 등에 해당하지 않는 것은?

① 예초기
② 원심기
③ 전단기(剪斷機) 및 절곡기(折曲機)
④ 지게차
⑤ 금속절단기

해설 방호조치가 필요한 기계·기구 등(규칙 제98조 제1항)
1. 예초기 : 날접촉 예방장치
2. 원심기 : 회전체 접촉 예방장치
3. 공기압축기 : 압력방출장치
4. 금속절단기 : 날접촉 예방장치
5. 지게차 : 헤드 가드, 백레스트(backrest), 전조등, 후미등, 안전벨트
6. 포장기계 : 구동부 방호 연동장치

정답 11 ② 12 ③ 13 ④ 14 ③

15. 산업안전보건법령상 기계·기구 등을 설치·이전하는 경우에 안전인증을 받아야 하는 기계·기구 등을 모두 고른 것은?

㉠ 크레인	㉡ 고소(高所)작업대
㉢ 리프트	㉣ 곤돌라
㉤ 기계톱	

① ㉠, ㉡, ㉢
② ㉠, ㉢, ㉣
③ ㉡, ㉢, ㉤
④ ㉡, ㉣, ㉤
⑤ ㉢, ㉣, ㉤

해설 안전인증을 받아야 하는 기계·기구 등(영 제74조 제1항 제1호)
1. 프레스
2. 전단기 및 절곡기
3. 크레인
4. 리프트
5. 압력용기
6. 롤러기
7. 사출성형기
8. 고소(高所) 작업대
9. 곤돌라

16. 산업안전보건법령상 자율안전확인의 신고를 면제하는 경우에 해당하지 않는 것은?

① 국제전기기술위원회의 국제방폭전기기계·기구 상호인정제도에 따라 인증을 받은 경우
② 「산업표준화법」 제15조에 따른 인증을 받은 경우
③ 「전기용품 및 생활용품 안전관리법」 제5조 및 제8조에 따른 안전인증 및 안전검사를 받은 경우
④ 「농업기계화촉진법」 제9조에 따른 검정을 받은 경우
⑤ 「방위사업법」 제28조 제1항에 따른 품질보증을 받은 경우

해설 자율안전확인 신고면제(규칙 제119조)
1. 「농업기계화촉진법」 제9조에 따른 검정을 받은 경우
2. 「산업표준화법」 제15조에 따른 인증을 받은 경우
3. 「전기용품 및 생활용품 안전관리법」 제5조 및 제8조에 따른 안전인증 및 안전검사를 받은 경우
4. 국제전기기술위원회의 국제방폭전기기계·기구 상호인정제도에 따라 인증을 받은 경우

17. 산업안전보건법령상 안전검사 대상이 아닌 것은?

　① 전단기　　　　　　　　② 컨베이어
　③ 롤러기(밀폐형 구조)　　④ 프레스
　⑤ 산업용 원심기

> **해설** 안전검사 대상(영 제78조 제1항 제1호)
> 1. 프레스
> 2. 전단기
> 3. 크레인(정격 하중이 2톤 미만인 것은 제외한다)
> 4. 리프트
> 5. 압력용기
> 6. 곤돌라
> 7. 국소 배기장치(이동식은 제외한다)
> 8. 원심기(산업용만 해당한다)
> 9. 롤러기(밀폐형 구조는 제외한다)
> 10. 사출성형기[형 체결력 294킬로뉴턴(KN) 미만은 제외한다]
> 11. 고소작업대(화물자동차 또는 특수자동차에 탑재한 고소작업대로 한정한다)
> 12. 컨베이어
> 13. 산업용 로봇

18. 산업안전보건법령상 제조 등이 금지되는 유해물질에 해당하지 않는 것은?

　① 황린(黃燐) 성냥　　　② 벤조트리클로라이드
　③ 석면　　　　　　　　④ 폴리클로리네이티드 터페닐(PCT)
　⑤ 4-니트로디페닐과 그 염

> **해설** 제조 등이 금지되는 유해물질(영 제87조)
> 1. β-나프틸아민[91-59-8]과 그 염(β-Naphthylamine and its salts)
> 2. 4-니트로디페닐[92-93-3]과 그 염(4-Nitrodiphenyl and its salts)
> 3. 백연[1319-46-6]을 포함한 페인트(포함된 중량의 비율이 2퍼센트 이하인 것은 제외한다)
> 4. 벤젠[71-43-2]을 포함하는 고무풀(포함된 중량의 비율이 5퍼센트 이하인 것은 제외한다)
> 5. 석면(Asbestos; 1332-21-4 등)
> 6. 폴리클로리네이티드 터페닐(Polychlorinated terphenyls; 61788-33-8 등)
> 7. 황린[12185-10-3] 성냥(Yellow phosphorus match)
> 8. 1., 2., 5. 또는 6.에 해당하는 물질을 포함한 혼합물(포함된 중량의 비율이 1퍼센트 이하인 것은 제외한다)
> 9. 「화학물질관리법」에 따른 금지물질
> 10. 그 밖에 보건상 해로운 물질로서 산업재해보상보험및예방심의위원회의 심의를 거쳐 고용노동부장관이 정하는 유해물질

정답 15 ② 16 ⑤ 17 ③ 18 ②

19. 산업안전보건법령상 신규화학물질의 유해성·위험성 조사 대상에서 제외되는 것은?
   ① 방사성 물질
   ② 노말헥산
   ③ 포름알데히드
   ④ 카드뮴 및 그 화합물
   ⑤ 트리클로로에틸렌

   해설 유해성·위험성 조사 제외 화학물질(영 제85조)
   1. 원소
   2. 천연으로 산출된 화학물질
   3. 건강기능식품
   4. 군수품[통상품은 제외한다]
   5. 농약 및 원제
   6. 마약류
   7. 비료
   8. 사료
   9. 살생물물질 및 살생물제품
   10. 식품 및 식품첨가물
   11. 의약품 및 의약외품
   12. 방사성물질
   13. 위생용품
   14. 의료기기
   15. 화약류
   16. 화장품과 화장품에 사용하는 원료
   17. 고용노동부장관이 명칭, 유해성·위험성, 근로자의 건강장해 예방을 위한 조치 사항 및 연간 제조량·수입량을 공표한 물질로서 공표된 연간 제조량·수입량 이하로 제조하거나 수입한 물질
   18. 고용노동부장관이 환경부장관과 협의하여 고시하는 화학물질 목록에 기록되어 있는 물질

20. 산업안전보건법령상 근로자의 보건관리에 관한 설명으로 옳지 않은 것은?
   ① 사업주는 작업환경측정의 결과를 해당 작업장 근로자에게 알려야 하며, 그 결과에 따라 근로자의 건강을 보호하기 위하여 해당 시설·설비의 설치·개선 또는 건강진단의 실시 등 적절한 조치를 하여야 한다.
   ② 고용노동부장관은 근로자의 건강을 보호하기 위하여 필요하다고 인정할 때에는 사업주에게 특정근로자에 대한 임시건강진단의 실시나 그 밖에 필요한 조치를 명할 수 있다.
   ③ 고용노동부장관이 역학조사(疫學調査)를 실시하는 경우 사업주 및 근로자는 적극 협조하여야 하며, 정당한 사유없이 이를 거부·방해하거나 기피하여서는 아니 된다.
   ④ 사업주는 잠함(潛艦) 또는 잠수작업 등 높은 기압에서 하는 위험한 작업에 종사하는 근로자에게는 1일 6시간, 1주 34시간을 초과하여 근로하게 하여서는 아니 된다.
   ⑤ 사업주는 산업안전보건위원회 또는 근로자대표가 요구하면 작업환경측정 결과에 대한 설명회를 직접 개최하여야 하며, 작업환경측정을 한 기관으로 하여금 개최하도록 하여서는 아니 된다.

해설 ⑤ 사업주는 산업안전보건위원회 또는 근로자대표가 요구하면 작업환경측정 결과에 대한 설명회 등을 개최하여야 한다. 이 경우 작업환경측정을 위탁하여 실시한 경우에는 작업환경측정기관에 작업환경측정 결과에 대하여 설명하도록 할 수 있다(법 제125조 제7항).
① 사업주는 작업환경측정 결과를 해당 작업장의 근로자(관계수급인 및 관계수급인 근로자를 포함한다.)에게 알려야 하며, 그 결과에 따라 근로자의 건강을 보호하기 위하여 해당 시설·설비의 설치·개선 또는 건강진단의 실시 등의 조치를 하여야 한다(법 제125조 제6항).
② 고용노동부장관은 근로자의 건강을 보호하기 위하여 사업주에게 특정 근로자에 대한 건강진단(임시건강진단)의 실시나 작업전환, 그 밖에 필요한 조치를 명할 수 있다(법 제131조 제1항).
③ 사업주 및 근로자는 고용노동부장관이 역학조사를 실시하는 경우 적극 협조하여야 하며, 정당한 사유 없이 역학조사를 거부·방해하거나 기피해서는 아니 된다(법 제141조 제2항).
④ 사업주는 잠함(潛艦) 또는 잠수작업 등 높은 기압에서 하는 위험한 작업에 종사하는 근로자에게는 1일 6시간, 1주 34시간을 초과하여 근로하게 하여서는 아니 된다(법 제139조 제1항).

21. 산업안전보건법령상 사업주가 근로를 금지시켜야 하는 질병자에 해당하지 않는 것은?

① 조현병에 걸린 사람
② 마비성 치매에 걸린 사람
③ 심장·신장·폐 등의 질환이 있는 사람으로서 근로에 의하여 병세가 악화될 우려가 있는 사람
④ 결핵, 급성상기도감염, 진폐, 폐기종의 질병에 걸린 사람
⑤ 전염을 예방하기 위한 조치를 하지 않은 상태에서 전염될 우려가 있는 질병에 걸린 사람

해설 근로를 금지시켜야 하는 질병자(규칙 제220조 제1항)
1. 전염될 우려가 있는 질병에 걸린 사람. 다만, 전염을 예방하기 위한 조치를 한 경우는 제외한다.
2. 조현병, 마비성 치매에 걸린 사람
3. 심장·신장·폐 등의 질환이 있는 사람으로서 근로에 의하여 병세가 악화될 우려가 있는 사람
4. 1.부터 3.까지의 규정에 준하는 질병으로서 고용노동부장관이 정하는 질병에 걸린 사람

22. 산업안전보건법령상 고용노동부장관이 사업주에게 수립·시행을 명할 수 있는 계획에 관한 설명이다. ( )안에 들어갈 내용으로 옳은 것은?

> 고용노동부장관은 사업주가 안전보건조치의무를 이행하지 아니하여 중대재해가 발생한 사업장으로서 산업재해 예방을 위하여 종합적인 개선조치를 할 필요가 있다고 인정할 때에는 고용노동부령으로 정하는 바에 따라 사업주에게 그 사업장, 시설, 그 밖의 사항에 관한 ( )의 수립·시행을 명할 수 있다.

① 유해·위험방지계획
② 안전교육계획
③ 보건교육계획
④ 비상조치계획
⑤ 안전보건개선계획

해설 고용노동부장관은 사업주가 안전보건조치의무를 이행하지 아니하여 중대재해가 발생한 사업장으로서 산업재해 예방을 위하여 종합적인 개선조치를 할 필요가 있다고 인정할 때에는 고용노동부령으로 정하는 바에 따라 사업주에게 그 사업장, 시설, 그 밖의 사항에 관한 안전 및 보건에 관한 개선계획(안전보건개선계획)의 수립·시행을 명할 수 있다(법 제49조 제1항 제2호).

정답 19 ① 20 ⑤ 21 ④ 22 ⑤

23. 산업안전보건법령상 산업안전지도사 및 산업보건지도사(이하 "지도사"라 함)에 관한 설명으로 옳지 않은 것은?

① 지도사가 그 직무를 시작할 때에는 고용노동부장관에게 신고하여야 한다.
② 지도사는 그 직무상 알게 된 비밀을 누설하거나 도용하여서는 아니 된다.
③ 지도사는 항상 품위를 유지하고 신의와 성실로써 공정하게 직무를 수행하여야 한다.
④ 지도사는 법령에 위반되는 행위에 관한 지도·상담을 하여서는 아니 된다.
⑤ 지도사는 다른 사람에게 자기의 성명이나 사무소의 명칭을 사용하여 지도사의 직무를 수행하게 하거나 그 자격증을 대여하여서는 아니 된다.

해설 ① 지도사가 그 직무를 수행하려는 경우에는 고용노동부령으로 정하는 바에 따라 고용노동부장관에게 등록하여야 한다(법 제145조 제1항).
② 등록한 지도사는 업무상 알게 된 비밀을 누설하거나 도용해서는 아니 된다(법 제162조 제13호).
③ 지도사는 항상 품위를 유지하고 신의와 성실로써 공정하게 직무를 수행하여야 한다(법 제150조 제1항).
④ 지도사는 법령에 위반되는 행위에 관한 지도·상담을 하여서는 아니 된다(법 제151조 제3호).
⑤ 지도사는 다른 사람에게 자기의 성명이나 사무소의 명칭을 사용하여 지도사의 직무를 수행하게 하거나 그 자격증이나 등록증을 대여해서는 아니 된다(법 제153조 제1항).

24. 산업안전보건법령상 위험성평가 실시내용 및 결과의 기록·보존에 관한 설명으로 옳지 않은 것은?

① 위험성평가 대상의 유해·위험요인이 포함되어야 한다.
② 위험성 결정의 내용이 포함되어야 한다.
③ 위험성 결정에 따른 조치의 내용이 포함되어야 한다.
④ 위험성평가의 실시내용을 확인하기 위하여 필요한 사항으로서 고용노동부장관이 정하여 고시하는 사항이 포함되어야 한다.
⑤ 사업주는 위험성평가 실시내용 및 결과의 기록·보존에 따른 자료를 5년간 보존하여야 한다.

해설 ⑤ 사업주는 위험성평가 실시내용 및 결과의 기록·보존에 따른 자료를 3년간 보존해야 한다(규칙 제37조 제2항).
① 위험성평가 대상의 유해·위험요인이 포함되어야 한다(규칙 제37조 제1항 제1호).
② 위험성 결정의 내용이 포함되어야 한다(규칙 제37조 제1항 제2호).
③ 위험성 결정에 따른 조치의 내용이 포함되어야 한다(규칙 제37조 제1항 제3호).
④ 위험성평가의 실시내용을 확인하기 위하여 필요한 사항으로서 고용노동부장관이 정하여 고시하는 사항이 포함되어야 한다(규칙 제37조 제1항 제4호).

25. 산업안전보건법령상 산업보건지도사의 직무에 해당하지 않는 것은?

① 작업환경의 평가 및 개선 지도
② 산업보건에 관한 조사·연구
③ 근로자 건강진단에 따른 사후관리 지도
④ 유해·위험의 방지대책에 관한 평가·지도
⑤ 작업환경 개선과 관련된 계획서 및 보고서의 작성

해설 산업보건지도사의 직무(법 제142조 제2항)
1. 작업환경의 평가 및 개선 지도
2. 작업환경 개선과 관련된 계획서 및 보고서의 작성
3. 근로자 건강진단에 따른 사후관리 지도
4. 직업성 질병 진단(의사인 산업보건지도사만 해당한다) 및 예방 지도
5. 산업보건에 관한 조사·연구
6. 그 밖에 산업보건에 관한 사항으로서 대통령령으로 정하는 사항(영 제101조 제2항)
   ㉠ 위험성평가의 지도
   ㉡ 안전보건개선계획서의 작성
   ㉢ 그 밖에 산업보건에 관한 사항의 자문에 대한 응답 및 조언

산업안전 일반

26. 정보입력표시방법으로서 시각의 표시장치로 옳지 않은 것은?

① 연속적으로 변하는 변수의 대략적인 값을 표시하는 것과 같은 자동차 계기판의 연료계
② 화재 등 비상상황이 발생하였을 때 울리는 경보기
③ 지나가는 차량의 댓수 같은 정보를 제공하는데 사용되는 계수기
④ 진행과 정지 그리고 방향전환 및 주의 등을 색상이 등화로 표시되는 교통신호기
⑤ 항해중인 선박에게 항운 정보를 제공하는 야간의 등대 불빛

해설 경보기는 청각적 표시장치이다.
청각적 표시장치와 시각적 표시장치의 사용례

청각적 표시장치	시각적 표시장치
○ 메시지가 짧고 단순한 경우 ○ 메시지가 시간상 사건을 다루는 경우 ○ 메시지가 일시적으로 사용하는 경우 ○ 수신자가 자주 움직이는 경우 ○ 즉각적인 행동이 필요한 경우 ○ 수신장소가 너무 밝거나 암조응유지가 필요한 경우 ○ 수신자의 시각계통이 과부하 상태일 경우	○ 메시지가 길고 복잡한 경우 ○ 소음이 과도한 경우 ○ 즉각적인 행동이 필요하지 않은 경우 ○ 수신장소가 너무 시끄러운 경우 ○ 수신자의 청각계통이 과부하 상태일 경우 ○ 작업자의 이동이 적은 경우 ○ 메시지를 나중에 참고할 필요가 있는 경우 ○ 메시지가 공간적 위치를 다룰 경우

정답 23 ① 24 ⑤ 25 ④ 26 ②

27. 신뢰성 척도에 관한 설명으로 옳지 않은 것은?

① 특정시점에서의 신뢰도는 시스템 혹은 부품이 작동을 시작하여 어느 시점에서 작동하고 있지 않을 확률로 정의된다.
② 고장률(failure rate)은 특정시점까지 고장 나지 않고 작동하던 시스템 혹은 부품이 이 시점으로부터 단위 기간 내에 고장을 일으키는 비율을 나타낸 것이다.
③ 평균수명(MTTF)은 수리가 불가능한 시스템 혹은 부품인 경우의 평균수명을 뜻한다.
④ 평균잔여수명(MRL)은 현장에서 사용되고 있는 기존 설비의 교체 여부를 결정하는데에 의미 있는 정보를 제공하는 척도가 된다.
⑤ 백분위수명은 전체 부품 가운데 100%가 고장 나는 시점을 나타낸다.

해설 ① 특정시점에서의 신뢰도는 시스템 혹은 부품이 작동을 시작하여 어느 시점까지 고장 나지 않고 여전히 작동하고 있을 확률로 정의된다.
② 고장률(failure rate)은 특정 시점까지 고장 나지 않고 작동하던 부품이 다음 순간에 고장 나게 될 가능성이 어느 정도 될 것인가를 나타내는 척도이다.
③ 평균수명(MTTF)은 일반적으로 수리가 되지 않는 장치에 사용한다.
④ 평균잔여수명(MRL)은 향후 얼마나 더 사용할 수 있을 것인가를 나타내는 것으로 기존 설비의 교체 여부를 결정하는데에 의미있는 정보를 제공하는 척도가 된다.
⑤ 백분위수명은 전체 부품 가운데 100%가 고장 나는 시점을 나타낸다.

28. 위험성평가(risk assessment)의 순서가 올바르게 나열한 것은?

㉠ 위험요인의 결정	㉡ 위해위험 요인별 위험성 조사 · 분석
㉢ 기록 및 검토	㉣ 위험성 감소조치의 실시
㉤ 유해 위험요인 파악	

① ㉠ → ㉡ → ㉢ → ㉣ → ㉤
② ㉠ → ㉡ → ㉣ → ㉢ → ㉤
③ ㉡ → ㉤ → ㉠ → ㉣ → ㉢
④ ㉤ → ㉡ → ㉠ → ㉣ → ㉢
⑤ ㉤ → ㉣ → ㉢ → ㉠ → ㉡

해설 위험성평가(risk assessment)의 순서 : 유해 위험요인 파악 → 위해위험 요인별 위험성 조사 · 분석 → 위험요인의 결정 → 위험성 감소조치의 실시 → 기록 및 검토

29. 고장분포함수가 F(t)(t=time)일 때, 함수간의 관계가 잘못 표시된 것은? (단, f(t)는 고장밀도함수이고, R(t)는 신뢰도함수이며, h(t)는 고장률함수이다.)

① $f(t) = \dfrac{d}{dt}F(t)$
② $R(t) = 1 - F(t)$
③ $h(t) = \dfrac{f(t)}{1 - F(t)}$
④ $f(t) = \dfrac{h(t)}{1 - R(t)}$
⑤ $h(t) = \dfrac{f(t)}{R(t)}$

해설 고장분포함수는 아이템의 고장 수명을 확률 변수로 간주할 때의 분포 함수로, 고장 분포 함수는 F(t)로 표시하며 비신뢰도 함수라고도 한다.
고장 확률밀도함수=수명 분포 함수=비신뢰도 함수(누적분포함수)의 미분
$f(t) = \dfrac{d}{dt}F(t) = -\dfrac{d}{dt}R(t)$

30. A 시스템은 그림과 같이 3가지의 부품을 직렬로 연결한 체계를 체계중복으로 하여 구성되어 있으며, 그림의 수치들은 각각 부품들의 신뢰도를 표기한 것이다. A 시스템의 신뢰도는? (단, 소수점 넷째자리에서 반올림하여 소수점 셋째자리까지 구하시오.)

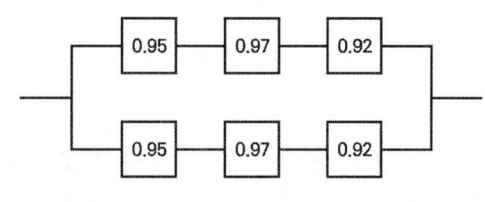

① 0.957
② 0.967
③ 0.977
④ 0.987
⑤ 0.997

해설 병렬시스템의 신뢰도
R(A,B)=1−(1−RA)(1−RB)
$R_s = 1 - (1 - 0.95 \times 0.97 \times 0.92)^2 = 0.977$

31. 인간공학에 관한 설명으로 옳지 않은 것은?
① 인간공학은 인간이 사용할 수 있도록 설계하는 과정을 말하는 것으로 인간의 복지를 향상시키는 데 목적이 있다.
② 인간공학의 핵심 포인트는 인간이 사용하는 물건 또는 환경을 설계할 시 건강, 안정, 만족 등과 같은 특정한 인간본위의 가치기준보다는 실용적 기능을 높이는데 있다.

③ 인간공학은 인간이 사용하는 물건 또는 환경을 설계할 시 인간의 행동에 관한 적절한 정보를 체계적으로 적용하는 것이다.
④ 인간공학은 기계와 그 기계조작 및 환경조건을 인간의 특성, 능력과 한계에 잘 조화되도록 설계하기 위한 공학이다.
⑤ 인간공학은 안전성의 향상과 사고예방, 생산성의 향상, 쾌적성 등을 추구한다.

해설 인간공학은 인간의 신체의 운동특성을 살리는 것이 목표이며 인간과 기계와의 조화·합리성을 발견해 가는 것이다.

32. 시스템의 특성에 관한 설명으로 옳지 않은 것은?
① 시스템은 환경에 적응하거나 극복하면서 유지시켜야 한다.
② 각각의 하위시스템들은 상호 간의 연관관계에 의해 시스템의 목표가 달성될 수 있도록 하여야 한다.
③ 시스템은 하나 이상의 하위시스템으로 구성된다.
④ 시스템은 단순히 구성요소들의 합이 아니며, 시스템 그 자체는 별개의 존재로서 하나의 단일체이다.
⑤ 시스템은 복잡한 환경 속에서 목표를 달성하기 위하여, 각각의 하위시스템이 독립적인 목표를 가지고 작동되도록 하여야 한다.

해설 시스템이 독립적이면서 상호 의존적인 기능 구조를 갖는다. 구조는 독립적인 부분이 연결되고 짜여서 전체를 이룬다. 부분이 전체를 이루고 이 전체가 다른 전체의 부분이 되어 어디에 소속되는 환경과 계층이 있다. 각각의 하위시스템이 독립적인 목표를 가지고 작동되도록 하지 않아야 한다.

33. 휴먼에러(human error)의 심리적 분류에 포함되지 않는 것은?
① 정보처리오류(information processing error)
② 시간오류(time error)
③ 작위오류(commission error)
④ 순서오류(sequential error)
⑤ 누락오류(omission error)

해설 휴먼에러(human error)의 분류
1. 심리적 분류(독립행동에 관한 분류) : 생략(누락) 에러, 수행(작위) 에러, 시간 에러, 순서 에러
2. 원인에 의한 분류 : 1차 에러, 2차 에러, 지시 에러
3. 인간의 행동과정을 통한 분류 : 입력 에러, 정보처리 에러, 의사결정 에러, 출력 에러

34. 산업안전보건기준에 관한 규칙상 근골격계부담작업과 근골격계질환에 관한 설명으로 옳지 않은 것은?

① "근골격계부담작업"이란 단순반복작업 또는 인체에 과도한 부담을 주는 작업에 의한 건강장해에 따른 작업으로서 작업량·작업속도·작업강도 및 작업장 구조 등에 따라 고용노동부장관이 정하여 고시하는 작업을 말한다.

② "근골격계질환"이란 반복적인 동작, 부적절한 작업자세, 무리한 힘의 사용, 날카로운 면과의 신체접촉, 진동 및 온도 등의 요인에 의하여 발생하는 건강장해로서 목, 어깨, 허리, 팔·다리의 신경·근육 및 그 주변 신체조직 등에 나타나는 질환을 말한다.

③ "근골격계질환 예방관리 프로그램"이란 유해요인 조사, 작업환경 개선, 의학적 관리, 교육·훈련, 평가에 관한 사항 등이 포함된 근골격계질환을 예방관리하기 위한 종합적인 계획을 말한다.

④ 사업주는 유해요인 조사 결과 근골격계질환이 발생할 우려가 있는 경우에 인간공학적으로 설계된 인력작업 보조설비 및 편의설비를 설치하는 등 작업환경 개선에 필요한 조치를 하여야 한다.

⑤ 근로자는 근골격계부담작업으로 인하여 운동범위의 축소, 쥐는 힘의 저하, 기능의 손실 등의 징후가 나타나는 경우 즉시 관할 지방노동청에 신고하여야 한다.

> **해설** 근로자는 근골격계부담작업으로 인하여 운동범위의 축소, 쥐는 힘의 저하, 기능의 손실 등의 징후가 나타나는 경우 그 사실을 사업주에게 통지할 수 있다(산업안전보건기준에 관한 규칙 제660조 제1항). 사업주는 근골격계부담작업으로 인하여 징후가 나타난 근로자에 대하여 의학적 조치를 하고 필요한 경우에는 작업환경 개선 등 적절한 조치를 하여야 한다(산업안전보건기준에 관한 규칙 제660조 제2항).

35. 토의식 교육 시 유의사항이 아닌 것은?

① 교육생이 토의될 주제를 충분히 파악해야 한다.
② 진행자는 토의될 구체적인 문제나 이유에 대하여 말로 설명하지 않고 서면으로 하여야 한다.
③ 진행자는 교육생들이 토의결과에 대하여 명료화 내지 요약을 하도록 요구해야 한다.
④ 진행자는 진행에 충실하고 강의나 설명을 가급적 하지 않는다.
⑤ 진행자는 주제를 이해하지 못하는 교육생을 배려하여야 한다.

> **해설** 토의식 교육은 진행자가 토의될 구체적인 문제나 이유에 대하여 충분히 설명하여 한다. 토의식 교육을 하기 위해서는 준비와 계획단계에서 진행과정에 이르기까지 많은 시간이 소요되고 참여할 수 있는 인원도 제한되어 있다.

정답 32 ⑤ 33 ① 34 ⑤ 35 ②

36. 다음은 안전보건관리 이론 중 재해발생 메커니즘(모델, 구조)을 도식화한 것이다. ( )의 내용이 올바르게 연결된 것은?

① ㉠ : 간접요인, ㉡ : 추락물
② ㉠ : 직접원인, ㉡ : 낙하물
③ ㉠ : 간접요인, ㉡ : 기인물
④ ㉠ : 직접원인, ㉡ : 기인물
⑤ ㉠ : 간접요인, ㉡ : 낙하물

해설 재해발생 메커니즘(모델, 구조)

37. OJT(on the job training)에 비하여 Off JT(off the job training)의 장점으로 옳은 것은?

① 많은 근로자들을 집중적으로 단시간에 훈련하기에 적합하다.
② 직장 및 직무의 실정에 맞는 실제적 훈련에 적합하다.
③ 훈련에 필요한 업무의 계속성이 끊어지지 않는다.
④ 개개인에게 적절한 지도 훈련이 가능하다.
⑤ 실무지식의 함양에 대한 직원들의 만족도가 상대적으로 높다.

해설 Off JT(off the job training)의 장점 : 계획적 실시가 가능하여 많은 인력을 동시에 교육할 수 있고, 교육의 전문성을 확보할 수 있으며 일괄적인 교육이 가능하다.
OJT(on the job training)의 장점
1. 실시가 용이하다.
2. 직장 및 직무의 실정에 맞는 실제적 훈련에 적합하다.
3. 비용, 시간이 절약된다.
4. 교육과 직무를 동시에 수행할 수 있다.
5. 실무지식의 함양에 대한 직원들의 만족도가 상대적으로 높다.

38. 산업안전보건법령상 안전보건관리책임자 등에 대한 교육내용 중 안전보건관리책임자의 '보수과정'에 해당하는 것은?

① 안전관리계획 및 안전보건개선계획의 수립·평가·실무에 관한 사항
② 사업장 안전개선기법에 관한 사항
③ 자율안전·보건관리에 관한 사항
④ 분야별 재해 및 개선사례연구실무에 관한 사항
⑤ 산업안전보건관리비 사용기준 및 사용방법에 관한 사항

해설 안전보건관리책임자 등에 대한 교육(규칙 별표 5)

교육대상	교육내용	
	신규과정	보수과정
가. 안전보건관리책임자	1) 관리책임자의 책임과 직무에 관한 사항 2) 산업안전보건법령 및 안전·보건조치에 관한 사항	1) 산업안전·보건정책에 관한 사항 2) 자율안전·보건관리에 관한 사항

39. 안전·보건교육 중 기능교육의 특징이 아닌 것은?

① 작업능력 및 기술능력 부여
② 광범위한 지식의 전달
③ 교육기간의 장기화
④ 작업동작의 표준화
⑤ 대규모인원에 대한 교육 곤란

해설 기능교육은 전문적 직업교육에서 생산과 직결된 지식이나 기술습득을 목적으로 실시하는 교육으로 지식의 전달은 이론(지식)교육에 해당한다.

40. 결함수분석(FTA)에 관한 설명으로 옳지 않은 것은?

① 기계, 설비 또는 인간-기계 시스템의 고장이나 재해의 발생요인을 FT도표에 의하여 분석하는 방법이다.
② 해석하고자 하는 재해의 발생확률을 계산한다.
③ 재해발생 이전에 예측기법으로 활용함으로써 예방적 가치가 높은 기법이다.
④ 재해현상과 재해원인의 상호관련을 정량적으로 해석하여 안전대책을 검토할 수 있다.
⑤ 각 요소의 고장유형과 그 고장이 미치는 영향을 분석하는 연역적이면서 정성적인 방법을 사용한다.

해설 결함수분석(FTA)은 기능적 결함의 원인을 분석하는데 용이하고 연역적이면서 정량적인 방법을 사용한다.

정답 36 ④ 37 ① 38 ③ 39 ② 40 ⑤

41. 하인리히(Heinrich)의 재해발생 5단계에 관한 설명으로 옳지 않은 것은?

① 제1단계 : 사회적 환경과 유전적 요소(social environment and inherit)
② 제2단계 : 개인적 결함(personal faults)
③ 제3단계 : 조직의 결함(organization faults)
④ 제4단계 : 사고(accident)
⑤ 제5단계 : 재해(disaster)

해설 하인리히(Heinrich)의 재해발생 5단계
1. 제1단계 : 사회적 환경과 유전적 요소(선천적 결함)
2. 제2단계 : 개인적 결함(인간의 결함)
3. 제3단계 : 불안전한 상태 및 불안전한 행동(물리적·기계적 위험)
4. 제4단계 : 사고(accident)
5. 제5단계 : 재해(disaster)

42. 다음이 설명하는 기법은?

> 기계설비 또는 장치의 일부가 고장났을 때 기능의 저하가 되더라도 전체로서는 기능을 정지시키지 않는 기법

① Fail safe
② Back up
③ Fail soft
④ Fool proof
⑤ Fail passive

해설 ③ Fail soft : 어떤 기능 단위의 구성 요소가 고장이 나서 능력이 부분적으로 상실되었을 때 허용할 수 있는 범위 내에 있으면, 기능 단위의 능력을 저하시킨 채로 동작을 속행시키는 것으로 일부만을 처리하는 것처럼 기능을 저하시켜도 전면적인 장애 상태로 되지 않고 중요한 처리만을 실행시키는 시스템을 말한다.
① Fail safe : 기계가 고장났을 경우, 그대로 폭주해서 사고, 재해로 연결되는 일이 없이 안전을 확보하는 기구를 말한다.
② Back up : 사용자의 실수나 컴퓨터의 오류, 바이러스, 정전 등으로 원본이 손상되거나 잃어버릴 경우를 대비하여 원본을 미리 복사해 두는 것이다.
④ Fool proof : 제어계 시스템이나 제어 장치에 대하여 인간의 오동작을 방지하기 위한 설계를 말한다.
⑤ Fail passive : 기계가 고장이 나면 기구를 정지시키는 시스템을 말한다.

43. 재해조사 시의 유의사항으로 옳지 않은 것은?

① 피해자에 대한 구급 조치를 최우선으로 한다.
② 사람과 기계설비 양면의 재해요인을 모두 도출한다.
③ 2차 재해의 예방을 위하여 보호구를 착용한다.
④ 주관적인 입장에서 공정하게 조사하며, 조사는 3인 이상이 한다.
⑤ 조사는 신속하게 행하고 긴급 조치 후, 2차 재해방지에 주력한다.

해설 재해조사를 수행할 때 유의사항
1. 피해자에 대한 구급조치를 최우선으로 한다.
2. 제3자의 입장에서 조사하고 조사원 2인 이상이 참여한다.
3. 가능한 현장이 변형되지 않은 상태에서 조사한다.
4. 목격자의 증언 중 사실 이외의 추측되는 말은 참고로 이용한다.
5. 관련된 물적 자료를 수집한다.
6. 책임 추궁은 지양한다.
7. 2차 재해를 예방한다.

44. 600명이 근무하는 A기업에서 2015년에 9건의 재해발생으로 휴업일수는 150일을 기록하였다. A기업의 재해통계로 옳은 것은? (단, A기업의 작업시간 8hr/일, 잔업시간 2hr/일, 월25일 근무이며, 소수점 셋째자리에서 반올림하여 소수점 둘째자리까지 구하시오.)

① 도수율 : 5, 강도율 : 0.07
② 도수율 : 5, 강도율 : 0.78
③ 도수율 : 10, 강도율 : 0.78
④ 도수율 : 15, 강도율 : 0.08
⑤ 도수율 : 15, 강도율 : 9

해설 도수율 $= \dfrac{\text{재해건수}}{\text{총근로시간수}} \times 1{,}000{,}000 = \dfrac{9}{600 \times (8+2) \times 25 \times 12} = 5$

강도율 $= \dfrac{\text{근로손실일수}}{\text{총근로시간수}} \times 1{,}000 = \dfrac{150 \times \dfrac{300}{365}}{600 \times (8+2) \times 25 \times 12} \times 1{,}000 = 0.07$

45. 하인리히(Heinrich)의 재해손실비(accident cost)에 관한 설명으로 옳지 않은 것은?

① 직접비와 간접비의 비율은 1 : 4이다.
② 직접비는 법령으로 정한 피해자에게 지급되는 산재보상비이다.
③ 간접비는 재산손실 및 생산중단으로 기업이 입은 손실이다.
④ 간접비의 정확한 산출이 어려울 때는 직접비의 2배를 간접비로 산정한다.
⑤ 총 재해손실비는 직접비와 간접비를 더한 값으로 계산한다.

해설 하인리히(Heinrich)의 재해손실비(accident cost)는 직접비에 비하여 간접비가 1 : 4 비율로 크다는 이론이다. 따라서 간접비의 정확한 산출이 어려울 때는 직접비의 4배를 간접비로 산정한다.

정답 41 ③ 42 ③ 43 ④ 44 ① 45 ④

46. 안전점검표(checklist) 작성 시 유의사항이 아닌 것은?

① 사업장에 적합한 독자적인 내용일 것
② 중점도가 낮은 것부터 순서대로 작성할 것
③ 재해방지에 실효성 있게 개조된 내용일 것
④ 일정양식을 정하여 점검대상을 정할 것
⑤ 점검표의 내용은 이해하기 쉽도록 표현하고 구체적일 것

해설 안전점검표(checklist) 작성 시 유의사항
1. 사업장에 적합한 독자적인 내용일 것
2. 중점도가 높은 것부터 순서대로 작성할 것
3. 재해방지에 실효성 있게 개조된 내용일 것
4. 일정양식을 정하여 점검대상을 정할 것
5. 점검표의 내용은 이해하기 쉽도록 표현하고 구체적일 것
6. 정기적으로 적정성 여부를 검토하여 수정 및 보완할 것

47. 산업안전보건법령상 안전보건개선계획서의 포함내용이 아닌 것은?

① 시설
② 안전보건관리체제
③ 문제해결 방향에서의 계획
④ 산업재해 예방 및 작업환경 개선을 위하여 필요한 사항
⑤ 안전보건교육

해설 안전보건개선계획서에는 시설, 안전보건관리체제, 안전보건교육, 산업재해 예방 및 작업환경의 개선을 위하여 필요한 사항이 포함되어야 한다(규칙 제61조 제2항).

48. 재해사례 연구의 진행단계별 설명으로 옳지 않은 것은?

① 전제조건 : 재해상황을 파악한다.
② 사실의 확인 : 재해와 관계가 있는 사실 및 재해요인으로 알려진 사실을 주관적으로 확인한다.
③ 문제점의 발견 : 각종 기준과의 차이에서 문제점을 발견한다.
④ 근본적 문제점의 결정 : 재해의 중심이 된 근본적인 문제점을 결정한 후 재해원인을 결정한다.
⑤ 대책의 수립 : 동종재해와 유사재해의 방지 및 실시계획을 수립한다.

해설 사실의 확인 : 재해와 관련이 있는 사실과 재해요인으로 알려진 사실을 객관적으로 확인한다.

49. 산업재해 발생시 처리순서를 올바르게 나열한 것은?

㉠ 긴급처리	㉡ 원인분석
㉢ 대책실시계획	㉣ 재해조사
㉤ 대책수립	㉥ 평가

① ㉠→㉣→㉡→㉤→㉢→㉥
② ㉠→㉣→㉤→㉢→㉡→㉥
③ ㉣→㉠→㉡→㉢→㉤→㉥
④ ㉣→㉠→㉢→㉡→㉤→㉥
⑤ ㉣→㉡→㉠→㉤→㉢→㉥

해설 산업재해 발생시 처리순서 : 산업재해의 발생→긴급처리→재해조사→원인분석→대책수립→대책실시계획→실시→평가

50. 사고예방대책 기본원리 5단계 중 2단계인 '사실의 발견'에 해당하지 않는 것은?

① 근로자의 의견수렴 및 여론조사
② 작업분석
③ 점검 및 검사
④ 과거의 사고에 관한 조사
⑤ 기술적 개선

해설 사고예방대책 기본원리 5단계(하인리히)
1. 제1단계(안전 관리 조직) : 안전목표 설정, 안전관리자 선임, 안전방침·계획 수립, 안전활동 전개
2. 제2단계(사실의 발견) : 사고·활동 기록 검토, 작업분석·점검·검사, 사고 조사, 안전 회의·토의·근로자 제안
3. 제3단계(원인 분석) : 인적·물적·환경조건 분석 및 작업 공증 분석, 교육훈련 및 적정 배치 분석, 안전수칙 및 사고기록 분석
4. 제4단계(대책 수립) : 기술적·교육훈련 개선, 규정·수칙 등 제도적 개선, 안전운동의 전개
5. 제5단계(시정책의 적용) : 위험성 평가, 3E 대책 적용(Engineering, Education, Enforcement), 기술적 개선

기업진단·지도

51. 인간관계론의 호손실험에 관한 설명으로 옳지 않은 것은?

① 종업원의 작업능률에 영향을 미치는 요인을 연구하였다.
② 조명실험은 실험집단과 통제집단을 나누어 진행하였다.
③ 작업능률향상은 작업장에서 물리적 작업조건 변화가 가장 중요하다는 것을 확인하였다.
④ 면접조사를 통해 종업원의 감정이 작업에 어떻게 작용하는가를 파악하였다.
⑤ 작업능률은 비공식조직과 밀접한 관련이 있다는 것을 발견하였다.

해설 호손실험은 생산성을 좌우하는 것은 작업시간, 조명, 임금과 같은 과학적 관리법에서 중시한 것이 아니고, 근로자가 자신이 속하는 집단에 대해서 갖는 감정, 태도 등의 심리조건, 사람과 사람과의 관계가 노동 생산성을 향상시키기 위해서는 근로자를 에워싸고 있는 인적환경을 개선하는 것이 필요하다는 것이다.

정답 46 ② 47 ③ 48 ② 49 ① 50 ⑤ 51 ③

52. 노사관계에 관한 설명으로 옳은 것은?
   ① 숍(shop) 제도는 노동조합의 규모와 통제력을 좌우할 수 있다.
   ② 체크오프(check off) 제도는 노동조합비의 개별납부제도를 의미한다.
   ③ 경영참가 방법 중 종업원 지주제도는 의사결정 참가의 한 방법이다.
   ④ 준법투쟁은 사용자측 쟁위행위의 한 방법이다.
   ⑤ 우리나라 노동조합의 주요 형태는 직종별 노동조합이다.

   해설 ① 숍(shop) 제도는 노동조합원의 자격범위와 채용·해고를 통제하기 위해 정해진 노동협약으로서 종업원의 자격과 조합원의 자격 사이의 관계를 규정한 것으로 노동조합의 규모와 통제력을 좌우할 수 있다.
   ② 체크오프(check off) 제도는 조합원의 임금에서 조합비를 일괄 공제해 조합에 인도하는 조합비 징수방식이다.
   ③ 종업원 지주제도는 종업원이 자기 회사의 주식을 특별한 목적과 방법으로 소유하는 제도로 의사결정에 참가할 수 없다.
   ④ 준법투쟁은 노동자측 쟁위행위의 한 방법이다.
   ⑤ 우리나라 노동조합의 주요 형태는 기업별 노동조합이다.

53. 조직문화에 관한 설명으로 옳지 않은 것은?
   ① 조직사회화란 신입사원이 회사에 대하여 학습하고 조직문화를 이해하기 위한 다양한 활동이다.
   ② 조직의 핵심가치가 더 강조되고 공유되고 있는 강한 문화(strong culture)가 조직에 끼치는 잠재적 역기능을 무시해서는 안 된다.
   ③ 조직문화는 하루아침에 갑자기 형성된 것이 아니고 한번 생기면 쉽게 없어지지 않는다.
   ④ 창업자의 행동이 역할모델로 작용하여 구성원들이 그런 행동을 받아들이고 창업자의 신념, 가치를 외부화(externalization) 한다.
   ⑤ 구성원 모두가 공동으로 소유하고 있는 가치관과 이념, 조직의 기본목적 등 조직체 전반에 관한 믿음과 신념을 공유가치라 한다.

   해설 창업자의 행동이 역할모델로 작용하여 구성원들이 그런 행동을 받아들이고 창업자의 신념, 가치를 내부화(internalization) 한다.

54. 기술과 조직구조에 관한 설명으로 옳은 것을 모두 고른 것은?

   ㉠ 모든 조직은 한 가지 이상의 기술을 가지고 있다.
   ㉡ 비일상적 활동에 관여하는 조직은 기계적 구조를, 일상적 활동에 관여하는 조직은 유기적 구조를 선호한다.
   ㉢ 조직구조의 영향요인으로 기술에 대하여 최초로 관심을 가진 학자는 우드워드(J. Woodward)이다.
   ㉣ 톰슨(J. Thompson)은 기술유형을 체계적으로 분류한 학자로 중개형 기술, 연속형 기술, 집중형 기술로 유형화 했다.
   ㉤ 여러 가지 기술을 구별하는 공통적인 주제는 일상성의 정도(degree of routineness)이다.

① ㉠, ㉡   ② ㉢, ㉣
③ ㉡, ㉢, ㉣   ④ ㉢, ㉣, ㉤
⑤ ㉠, ㉢, ㉣, ㉤

해설 ㉠ 모든 조직은 한 가지 이상의 기술을 가지고 있다.
㉡, ㉤ 기술과 조직에 공통된 주제는 일상성의 정도로 비일상적 활동에 관여하는 조직은 유기적 구조를, 일상적 활동에 관여하는 조직은 기계적 구조를 선호한다.
㉢ 우드워드(J. Woodward)는 조직구조의 영향요인으로 기술에 대하여 최초로 관심을 가진 학자이다.
㉣ 톰슨(J. Thompson)은 기술유형을 체계적으로 분류한 학자로 중개형 기술, 연속형(장치형) 기술, 집중형 기술로 유형화 했다.

55. 생산시스템은 투입, 변환, 산출, 통제, 피드백의 5가지 구성요소로 설명할 수 있다. 생산시스템에 관한 설명으로 옳지 않은 것은?

① 변환은 제조공정의 경우 고정비와 관련성이 크다.
② 투입은 생산시스템에서 재화나 서비스를 창출하기 위해 여러 가지 요소를 입력하는 것이다.
③ 변환은 여러 생산자원들을 효용성 있는 제품 또는 서비스로 바꾸는 것이다.
④ 산출에서는 유형의 재화 또는 무형의 서비스가 창출된다.
⑤ 피드백은 산출의 결과가 초기에 설정한 목표와 차이가 있는지를 비교하고 또한 목표를 달성할 수 있도록 배려하는 것이다.

해설 피드백은 생산활동에서 주변환경에 적응을 하며 그 구성요소들 상호간에 밀접한 영향을 주고 받으며 정해진 목적을 향해 진행토록 하는 체계이다.

56. ERP 시스템의 특징에 관한 설명으로 옳지 않은 것은?

① 수주에서 출하까지의 공급망과 생산, 마케팅, 인사, 재무 등 기업의 모든 기간업무를 지원하는 통합시스템이다.
② 하나의 시스템으로 하나의 생산·재고거점을 관리하므로 정보의 분석과 피드백 기능의 최적화를 실현한다.
③ EDI(Electronic Data Interchange), CALS(Commerce At Light Speed), 인터넷 등으로 연결시스템을 확립하여 기업 간 자원 활용의 최적화를 추구한다.
④ 대부분의 ERP시스템은 특정 하드웨어 업체에 의존하지 않는 오픈 클라이언트 서버시스템 형태를 채택하고 있다.
⑤ 단위별 응용프로그램이 서로 통합, 연결되어 중복업무를 배제하고 실시간 정보관리체계를 구축할 수 있다.

해설 ERP 시스템은 통합적인 컴퓨터 데이터베이스를 구축해 회사의 자금, 회계, 구매, 생산, 판매 등 모든 업무의 흐름을 효율적으로 자동 조절해주는 전산 시스템을 뜻하기도 한다.

정답 52 ① 53 ④ 54 ⑤ 55 ⑤ 56 ②

57. 6시그마 품질혁신 활동에 관한 설명으로 옳지 않은 것은?

① 모토롤라사의 빌 스미스(Bill Smith)라는 경영간부의 착상으로 시작되었다.
② 6시그마 활동을 도입하는 조직은 규격 공차가 표준편차(시그마)의 6배라는 우수한 품질수준을 추구한다.
③ DPMO란 100만 기회 당 부적합이 발생되는 건수를 뜻하는 용어로 시그마수준과 1 대 1로 대응되는 값으로 변환될 수 있다.
④ 6시그마 수준의 공정이란 치우침이 없을 경우 부적합품률이 10억 개에 2개 정도로 추정되는 품질수준이란 뜻이다.
⑤ 6시그마 활동을 효과적으로 실행하기 위해 블랙벨트(BB) 등의 조직원을 육성하여 프로젝트 활동을 수행하게 한다.

해설 6시그마(σ)는 기업이 최고의 품질 수준을 달성할 수 있도록 유도하는 고객에 초점을 맞추고 데이터에 기반을 둔 경영 혁신 방법론이다.

58. JIT(Just In Time) 시스템의 특징에 관한 설명으로 옳은 것은?

① 수요예측을 통해 생산의 평준화를 실현한다.
② 팔리는 만큼만 만드는 Push 생산방식이다.
③ 숙련공을 육성하기 위해 작업자의 전문화를 추구한다.
④ Fool proof 시스템을 활용하여 오류를 방지한다.
⑤ 설비배치를 U라인으로 구성하여 준비교체 횟수를 최소화 한다.

해설
④ JIT(Just In Time) 시스템은 Fool proof 표준작업으로 불량을 만드는 낭비를 방지한다.
① 생산품목별 산출율을 균일하게 고정시킨 월별 생산계획을 수립하여 생산의 평준화를 실현한다.
② 주문만큼만 만드는 Pull 생산방식이다.
③ 한 작업자가 하나의 생산라인 상에 위치한 여러 기계를 다루며 작업을 수행한다.
⑤ 설비배치를 U라인으로 구성하여 유연성과 생산성을 동시에 추구한다.

59. 카플란(R. Kaplan)과 노턴(D. Norton)이 주창한 BSC(Balance Score Card)에 관한 설명으로 옳은 것은?

① 균형성과표로 생산, 영업, 설계, 관리부문의 균형적 성장을 추구하기 위한 목적으로 활용된다.
② 객관적인 성과 측정이 중요하므로 정성적 지표는 사용하지 않는다.
③ 핵심성과지표(KPI)는 비재무적요소를 배제하여 책임소재의 인과관계가 명확한 평가가 이루어지도록 한다.
④ 기업문화와 비전에 입각하여 BSC를 설정하므로 최고경영자가 교체되어도 지속적으로 유지된다.
⑤ BSC의 실행을 위해서는 관리자들이 조직에서 어느 개인, 어느 부서가 어떤 지표의 달성에 책임을 지는지 확인하여야 한다.

해설 ⑤ BSC의 실행을 위해서는 관리자들이 개인의 성과지표 달성 여부와 진척사항을 수치화하여 파악할 수 있다.
① 균형성과표로 재무, 고객, 내부비즈니스 프로세스, 학습과 성장 등 4가지 관점 간의 균형적인 시각에서 기업경영을 바라보아야 한다는 것이다.
②, ③ 비재무적인 성과지표도 관리하여 정성적 지표도 사용한다.
④ 최고경영자가 교체되면 주관적인 측정치가 포함되어 있어 바뀔 수 있다.

60. 심리평가에서 검사의 신뢰도와 타당도의 상호관계에 관한 설명으로 옳은 것은?
① 타당도가 높으면 신뢰도는 반드시 높다.
② 타당도가 낮으면 신뢰도는 반드시 낮다.
③ 신뢰도가 낮아도 타당도는 높을 수 있다.
④ 신뢰도가 높아야 타당도가 높게 나온다.
⑤ 신뢰도와 타당도는 직접적인 상호관계가 없다.

해설 타당도는 연구자가 측정하고자 하는 것을 측정도구가 실제로 정확하게 또는 적합하게 측정하는지에 관한 정도이고, 신뢰도는 시간의 경과에 관계없이 반복가능하며, 일관성 있는 측정결과를 도출할 수 있는 것이다. 타당도가 높으면 신뢰도는 반드시 높다.

61. 종업원은 흔히 투입과 이로부터 얻게되는 성과를 다른 종업원과 비교하게 된다. 그 결과, 과소보상으로 인한 불형평 상태가 지각되었을 때, 아담스의 형평이론에서 예측하는 종업원의 후속반응에 관한 설명으로 옳지 않은 것은?
① 현재의 상황을 형평 상태로 되돌리기 위하여 자신의 투입을 낮출 것이다.
② 자신의 성과를 높이기 위하여 조직의 원칙에 반하는 비윤리적 행동도 불사할 수 있다.
③ 자신과 타인의 투입-성과 간 불형평 상태에 어떤 요인이 영향을 주었을 거라는 등 해당 상황을 왜곡하여 해석하기도 한다.
④ 애초에 비교 대상이 되었던 타인을 다른 비교 대상으로 교체할 수 있다.
⑤ 개인의 '형평민감성'이 높고 낮음에 관계없이 형평 상태로 되돌리려는 행동에서 차이가 없다.

해설 개인들의 공정성 지각에는 차이가 있는데 과다보상과 과소보상의 경계는 차이가 있다. 개인들은 자신만의 공정성 기준과 지각기준으로 행동한다.

62. 조직내 종업원들에게 요구되는 바람직한 특성이나 성공적인 수행을 예측해주는 '인적 특성이나 자질'을 찾아내는 과정은?
① 작업자 지향 절차
② 기능적 직무분석
③ 역량모델링
④ 과업 지향적 절차
⑤ 연관분석

해설 역량모델링은 어떤 사람에게 어떤 역량이 필요한 지를 도출하는 것이다.

정답 57 ② 58 ④ 59 ⑤ 60 ① 61 ⑤ 62 ③

63. 영업 1팀의 A팀장은 팀원들의 직무수행을 긍정적으로 평가하는 것으로 유명하다. 영업 1팀의 팀원들은 실제 직무수행 수준보다 언제나 높은 평가를 받는다. 한편 영업 2팀의 B팀장은 대부분 팀원을 보통 수준으로 평가한다. 특히 B팀장 자신이 잘 모르는 영역 평가에서 이러한 현상이 두드러진다. 직무수행 평가 패턴에서 A와 B팀장이 각각 범하고 있는 오류(또는 편향)를 순서대로(A, B) 옳게 나열한 것은?

┌─────────────────────────────────────┐
│ ㉠ 후광오류   ㉡ 관대화오류   │
│ ㉢ 엄격화오류   ㉣ 중앙집중오류   │
│ ㉤ 자기본위적 편향   │
└─────────────────────────────────────┘

① ㉠, ㉢   ② ㉠, ㉣
③ ㉡, ㉢   ④ ㉡, ㉣
⑤ ㉡, ㉤

해설 영업 1팀의 A팀장은 팀원들의 직무수행을 긍정적으로 평가하는 것으로 유명하므로 관대화오류를 범하고 있다. 영업 2팀의 B팀장은 양극단으로 치우칠 자신의 판정을 회피하고자 할 때 나타나는 오류인 중앙집중오류를 범하고 있다.

64. 다음을 설명하는 용어는?

┌─────────────────────────────────────┐
│ 대부분의 중요한 의사결정은 집단적 토의를 거치기 마련이다. 이 과정에서 구성원들은 타인의 영향을 받거나 상황 압력 등에 따라 본인의 원래 태도에 비하여 더욱 모험적이거나 보수적인 방향으로 변화될 가능성이 있다. │
└─────────────────────────────────────┘

① 집단사고   ② 집단극화
③ 동조   ④ 사회적 촉진
⑤ 복종

해설 ② 집단극화는 집단 의사 결정 시 개별적으로 의사 결정을 할 때보다 더 극단적인 의사 결정을 하게 되는 경향성을 말한다.
① 집단사고는 집단 구성원들 간에 강한 응집력을 보이는 집단에서, 의사 결정 시에 만장일치에 도달하려는 분위기가 다른 대안들을 현실적으로 평가하려는 경향을 억압할 때 나타나는 구성원들의 왜곡되고 비합리적인 사고방식이다.
③ 동조는 집단의 압력 하에 개인이 집단이 기대하는 바대로 생각이나 행동을 바꾸는 것을 말한다.
④ 사회적 촉진은 다른 사람들이 있을 때, 잘하는 과제를 더 잘하게 되는 현상을 말한다.
⑤ 복종은 개인의 의지와는 상관 없이 권위자의 명령에 따르는 행위를 말한다.

65. 산업현장에서 운영되고 있는 팀(team)의 유형에 관한 설명으로 옳지 않은 것은?

① 전술적 팀(tactical team) : 수행절차가 명확히 정의된 계획을 수행할 목적으로 하며, 경찰 특공대 팀이 대표적임
② 문제해결 팀(problem-solving team) : 특별한 문제나 이슈를 해결할 목적으로 구성되며, 질병통제센터의 진단 팀이 대표적임
③ 창의적 팀(creative team) : 포괄적 목표를 가지고 가능성과 대안을 탐색할 목적으로 구성되며, IBM의 PC 설계 팀이 대표적임
④ 특수 팀(ad hoc team) : 조직에서 일상적이지 않고 비전형적인 문제를 해결할 목적으로 구성되며, 팀의 임무를 완수한 후 해체됨
⑤ 다중 팀(multi-team) : 개인과 조직시스템 사이를 조정(moderating)하는 메타(meta)적 성격을 갖고 있음

해설 다중 팀(multi-team)은 조직과 조직시스템 사이를 조정(moderating)하는 메타(meta)적 성격을 갖고 있는 팀으로 교통사고에 대처하는 여러 팀이 이에 해당한다.

66. 인사선발에서 활발하게 사용되는 성격측정 분야의 하나로 5요인(Big 5) 성격모델이 있다. 성격의 5요인에 해당되지 않는 것은?

① 성실성(conscientiousness)
② 외향성(extraversion)
③ 신경성(neuroticism)
④ 직관성(immediacy)
⑤ 경험에 대한 개방성(openness to experience)

해설 성격의 5요인 : 외향성(extraversion), 신경성(neuroticism), 우호성(agreeableness), 성실성(conscientiousness), 경험에 대한 개방성(openness to experience)

67. 소음에 관한 설명으로 옳은 것을 모두 고른 것은?

㉠ 소음의 크기 지각은 소음의 주파수와 관련이 없다.
㉡ 8시간 근무를 기준으로 작업장 평균 소음 크기가 60dB이면 청력손실의 위험이 있다.
㉢ 큰 소음에 반복적으로 노출되면 일시적으로 청지각의 임계값이 변할 수 있다.
㉣ 소음원과 작업자 사이에 차단벽을 설치하는 것은 효과적인 소음 통제방법이다.
㉤ 한 여름에는 전동 공구 작업자에게 귀마개를 착용하지 않도록 한다.

① ㉠, ㉡
② ㉡, ㉢
③ ㉢, ㉣
④ ㉠, ㉣, ㉤
⑤ ㉡, ㉢, ㉣

해설 ㉠ 소음은 사람이 감지할 수 있는 진동범위는 20Hz에서 18kHz 정도이고, 통상적인 대화할 때의 진동수는 3kHz이다.
㉡ 대개 75dB에서는 청력손실을 유발하지 않지만 85dB 이상 소음에 지속적으로 노출될 때 손상을 줄 수 있으며 100dB에서 15분 이상 노출될 때 청력손실의 위험이 있다.
㉤ 전동 공구 작업자는 항상 귀마개를 착용하도록 한다.
㉢ 큰 소음에 반복적으로 노출(110dB에서 1분 이상)되면 일시적으로 청지각의 임계값이 변할 수 있다.
㉣ 소음의 차단은 소음원과 작업자 사이에 차단벽을 설치하는 것은 효과적이다.

68. 주의(attention)에 관한 설명으로 옳은 것은?

① 용량의 제한이 없기 때문에 한 번에 여러 과제를 동시에 수행할 수 있다.
② 많은 사람들 가운데 오직 한 사람의 목소리에만 주의를 기울일 수 있는 것은 선택주의(selective attention) 덕분이다.
③ 선택된 자극의 여러 속성을 통합하고 처리하기 위해 분할주의(divided attention)가 필요하다.
④ 운전하면서 친구와 대화하기처럼 두 과제 모두를 성공적으로 수행하기 위해서는 초점주의(focused attention)가 필요하다.
⑤ 무덤덤한 여러 얼굴 가운데 유일하게 화난 얼굴은 의식하지 않아도 쉽게 눈에 띄는데, 이는 무주의 맹시(inattentional blindness) 때문이다.

해설 ② 선택주의(selective attention)는 환경의 어떤 자극에 주의를 집중하고 간섭을 일으키는 다른 자극을 차단하거나 방해가 되는 유혹에 저항하는 능력이다.
① 용량의 제한이 있어 한 번에 여러 과제를 동시에 수행할 수 없다.
③, ④ 운전하면서 친구와 대화하기처럼 두 과제 모두를 성공적으로 수행하기 위해서는 분할주의(Divided attention)가 필요하다.
⑤ 무주의 맹시(inattentional blindness)는 무언가에 집중하고 있을 때 시각과 청각을 인지하지 못하는 것을 말한다.

69. 공기 중 화학물질 농도(섬유 포함)를 표현하는 단위가 아닌 것은?

① ppm
② $\mu g/m^3$
③ CFU/m^3
④ 개수/cc
⑤ mg/m^3

해설 ① ppm : 가스 및 증기의 노출기준 표시단위
② $\mu g/m^3$: 공기 중 존재하는 입자상 물질의 양을 표현하는 단위
④ 개수/cc : 석면 분진 표시단위
⑤ mg/m^3 : 총 분진 표시단위

70. 원형 덕트에서 반송속도가 10m/sec이고, 이곳을 흐르는 공기량은 20㎥/min이다. 이 덕트 직경의 크기(mm)는?

① 약 100
② 약 200
③ 약 300
④ 약 400
⑤ 약 500

해설 유체역학 연속방정식 $Q = A \times V = \dfrac{\pi}{4} D^2 \times V$

$$D = \sqrt{\dfrac{\dfrac{Q}{V}}{\dfrac{\pi}{4}}} = \sqrt{\dfrac{4Q}{\pi V}} = \sqrt{\dfrac{4 \times \dfrac{20}{60}}{3.14 \times 10}} = 0.20606 \fallingdotseq 206\,mm$$

71. 다음 중 유해인자별 건강영향을 연결한 것으로 옳은 것은?

① 디젤배출물 – 폐암
② 수은 - 피부암
③ 벤젠 - 비강암
④ 에탄올 - 시각 손상
⑤ 황산 – 뇌암

해설 ① 디젤배출물 : 국제암연구소(IARC)에서 폐암을 유발하는 물질(Group 1)로 지정
② 수은 : 구내염
③ 벤젠 : 빈혈, 백혈병, 림프, 골수종
④ 에탄올 : 만취(주정)
⑤ 황산 : 피부염, 궤양, 호흡기 질환

72. 다음 중 특수건강진단 대상 유해인자가 아닌 것은?

① 염화비닐
② 트리클로로에틸렌
③ 니켈
④ 수산화나트륨
⑤ 자외선

해설 특수건강진단 대상 유해인자(규칙 별표 22)
① 염화비닐 : 화학적 인자(허가 대상 유해물질)
② 트리클로로에틸렌 : 화학적 인자(유기화합물)
③ 니켈 : 화학적 인자(금속류)
⑤ 자외선 : 물리적 인자(유해광선)

정답 68 ② 69 ③ 70 ② 71 ① 72 ④

73. 유해인자 노출평가에서 고려할 사항이 아닌 것은?
    ① 흡수경로(침입경로)　② 노출시간
    ③ 노출빈도　　　　　　④ 작업강도
    ⑤ 작업숙련도

    해설 유해인자 노출평가에서 고려할 사항 : 흡수경로, 노출시간, 노출빈도, 작업강도

74. 유해인자 노출기준에 관한 설명으로 옳은 것은?
    ① ACGIH TLV는 미국에서 법적 구속력이 있다.
    ② 대부분의 노출기준은 인체 실험에 의한 결과에서 설정된 것이다.
    ③ 우리나라 노출기준은 미국 OSHA PEL을 준용하고 있다.
    ④ 노출기준에 초과하면 질병이 발생할 수 있다.
    ⑤ 일반적으로 노출기준 설정은 인체면역에 의한 보상 수준을 고려한 것이다.

    해설 ⑤ 노출기준이란 근로자가 유해인자에 노출되는 경우 노출기준 이하 수준에서는 거의 모든 근로자에게 건강상 나쁜 영향을 미치지 아니하는 기준을 말한다(화학물질 및 물리적 인자의 노출기준 제2조 제1항 제1호).
    ① ACGIH TLV는 미국에서 적용상의 주의사항이다.
    ② 대부분의 노출기준은 인체 실험에 의한 결과에 따라 설정된 것이 아니라 건강상 나쁜 영향을 미치지 아니하는 기준으로 설정한 것이다.
    ③ 우리나라 노출기준은 고용노동부에서 정하여 고시하고 있다.
    ④ 노출기준이 초과하면 질병이 대부분 발생한다.

75. 우리나라 산업보건 역사에 관한 설명으로 옳은 것은?
    ① 원진레이온 이황화탄소 중독을 계기로 산업안전보건법이 제정되었다.
    ② 1988년 문송면씨 사망으로 수은 중독이 사회적 이슈가 되었다.
    ③ 2004년 외국인 근로자 다발성 신경 손상에 의한 하지마비(앉은뱅이병) 원인인자는 벤젠이었다.
    ④ 2016년 메탄올 중독 사건은 특수건강진단에서 밝혀졌다.
    ⑤ 1995년 전자부품제조 근로자 생식독성의 원인 인자는 납이였다.

    해설 ② 1988년 온도계, 형광등 제조회사에 근무한 문송면씨 사망으로 수은 중독이 사회적 이슈가 되었다.
    ① 원진레이온 이황화탄소 중독은 1987년이고, 산업안전보건법 제정은 1981년이다.
    ③ 2004년 외국인 근로자 다발성 신경 손상에 의한 하지마비(앉은뱅이병) 원인인자는 노말헥산이었다.
    ④ 2016년 메탄올 중독 사건은 고농도 메탄올 증기를 흡입하여 급성중독이 발생하였다.
    ⑤ 1995년 전자부품제조 근로자 생식독성의 원인 인자는 2-브로모프로판이였다.

2017년 기출문제

산업안전보건법령

1. 산업안전보건법령상 용어에 관한 설명으로 옳지 않은 것은?

   ① "산업재해"란 근로자가 업무에 관계되는 건설물·설비·원재료·가스·증기·분진 등에 의하거나 작업 또는 그 밖의 업무로 인하여 사망 또는 부상하거나 질병에 걸리는 것을 말한다.
   ② "근로자"란 직업의 종류와 관계없이 임금을 목적으로 사업이나 사업장에 근로를 제공하는 자를 말한다.
   ③ "사업주"란 근로자를 사용하여 사업을 하는 자를 말한다.
   ④ "작업환경측정"이란 작업환경 실태를 파악하기 위하여 해당 근로자 또는 작업장에 대하여 사업주가 측정계획을 수립한 후 시료(試料)를 채취하고 분석·평가하는 것을 말한다.
   ⑤ "중대재해"란 산업재해 중 재해정도가 심한 것으로서 직업성질병자가 동시에 5명 이상 발생한 재해를 말한다.

   해설 중대재해
   1. 산업재해 중 사망 등 재해 정도가 심하거나 다수의 재해자가 발생한 경우로서 고용노동부령으로 정하는 재해를 말한다(법 제2조 제2호).
   2. 중대재해의 범위(규칙 제3조)
      ㉠ 사망자가 1명 이상 발생한 재해
      ㉡ 3개월 이상의 요양이 필요한 부상자가 동시에 2명 이상 발생한 재해
      ㉢ 부상자 또는 직업성 질병자가 동시에 10명 이상 발생한 재해

2. 산업안전보건법령상 산업재해 발생 기록 및 보고 등에 관한 설명으로 옳은 것은?

   ① 사업주는 중대재해가 발생한 사실을 알게 된 경우에는 지체 없이 발생 개요 및 피해상황 등을 관할 지방고용노동관서의 장에게 전화·팩스 또는 그 밖에 적절한 방법으로 보고하여야 한다.
   ② 사업주는 4일 이상의 요양을 요하는 부상자가 발생한 산업재해에 대하여는 그 발생 개요·원인 및 신고 시기, 재발방지 계획 등을 고용노동부장관에게 신고하여야 한다.
   ③ 건설업의 경우 사업주는 산업재해조사표에 근로자대표의 동의를 받아야 하며, 그 기재 내용에 대하여 근로자대표의 이견이 있는 경우에는 그 내용을 첨부하여야 한다.

정답 73 ⑤ 74 ⑤ 75 ② / 1 ⑤ 2 ①

④ 사업주는 산업재해로 3일 이상의 휴업이 필요한 부상자가 발생한 경우에는 해당 산업재해가 발생한 날부터 3개월 이내에 산업재해조사표를 작성하여 관할 지방고용노동관서의 장에게 제출하여야 한다.
⑤ 사업주는 산업재해 발생기록에 관한 서류를 2년간 보존하여야 한다.

> **해설** ① 사업주는 중대재해가 발생한 사실을 알게 된 경우에는 지체 없이 발생 개요 및 피해상황 등을 관할 지방고용노동관서의 장에게 전화·팩스 또는 그 밖에 적절한 방법으로 보고하여야 한다(법 제54조 제2항, 규칙 제67조).
> ② 사업주는 고용노동부령으로 정하는 산업재해에 대해서는 그 발생 개요·원인 및 보고 시기, 재발방지 계획 등을 고용노동부령으로 정하는 바에 따라 고용노동부장관에게 보고하여야 한다(법 제57조 제3항).
> ③ 사업주는 산업재해조사표에 근로자대표의 확인을 받아야 하며, 그 기재 내용에 대하여 근로자대표의 이견이 있는 경우에는 그 내용을 첨부해야 한다. 다만, 근로자대표가 없는 경우에는 재해자 본인의 확인을 받아 산업재해조사표를 제출할 수 있다(규칙 제73조 제3항).
> ④ 사업주는 산업재해로 사망자가 발생하거나 3일 이상의 휴업이 필요한 부상을 입거나 질병에 걸린 사람이 발생한 경우에는 해당 산업재해가 발생한 날부터 1개월 이내에 산업재해조사표를 작성하여 관할 지방고용노동관서의 장에게 제출해야 한다(규칙 제73조 제1항).
> ⑤ 사업주는 고용노동부령으로 정하는 바에 따라 산업재해의 발생원인 등을 기록하여 보존하여야 한다(법 제57조 제2항).

3. 산업안전보건법령상 법령 요지의 게시 및 안전·보건표지의 부착 등에 관한 설명으로 옳지 않은 것은?
① 사업주는 이 법에 따른 명령의 요지를 상시 각 작업장 내에 근로자가 쉽게 볼 수 있는 장소에 게시하거나 갖추어 두어 근로자로 하여금 알게 하여야 한다.
② 근로자대표는 안전·보건진단 결과를 통지할 것을 사업주에게 요청할 수 있고 사업주는 이에 성실히 응하여야 한다.
③ 사업주는 사업장의 유해하거나 위험한 시설 및 장소에 대한 경고를 위하여 안전·보건표지를 설치하거나 부착하여야 한다.
④ 안전·보건표지 속의 그림 또는 부호의 크기는 안전·보건표지의 크기와 비례하여야 하며, 안전·보건표지 전체 규격의 20퍼센트 이상이 되어야 한다.
⑤ 안전·보건표지의 성질상 설치하거나 부착하는 것이 곤란한 경우에는 해당 물체에 직접 도장(塗裝)할 수 있다.

> **해설** ④ 안전보건표지 속의 그림 또는 부호의 크기는 안전보건표지의 크기와 비례해야 하며, 안전보건표지 전체 규격의 30% 이상이 되어야 한다(규칙 제40조 제3항).
> ① 사업주는 이 법과 이 법에 따른 명령의 요지 및 안전보건관리규정을 각 사업장의 근로자가 쉽게 볼 수 있는 장소에 게시하거나 갖추어 두어 근로자에게 널리 알려야 한다(법 제34조).
> ② 근로자대표는 사업주에게 안전·보건진단 결과를 통지하여 줄 것을 요청할 수 있고, 사업주는 이에 성실히 따라야 한다(법 제35조).
> ③ 사업주는 사업장의 유해하거나 위험한 시설 및 장소에 대한 경고를 위하여 안전·보건표지를 설치하거나 부착하여야 한다(법 제37조 제1항 전단).
> ⑤ 안전보건표지의 성질상 설치하거나 부착하는 것이 곤란한 경우에는 해당 물체에 직접 도색할 수 있다(규칙 제39조 제3항).

4. 산업안전보건법령상 안전보건관리책임자의 업무 내용에 해당하는 것을 모두 고른 것은?

> ㉠ 산업재해 예방계획의 수립에 관한 사항
> ㉡ 근로자의 안전·보건교육에 관한 사항
> ㉢ 산업재해의 원인 조사 및 재발 방지대책 수립에 관한 사항
> ㉣ 안전·보건과 관련된 안전장치 및 보호구 구입 시의 적격품 여부 확인에 관한 사항

① ㉠, ㉡
② ㉢, ㉣
③ ㉠, ㉡, ㉢
④ ㉡, ㉢, ㉣
⑤ ㉠, ㉡, ㉢, ㉣

해설 안전보건관리책임자의 업무 내용(법 제15조 제1항)
1. 사업장의 산업재해 예방계획의 수립에 관한 사항
2. 안전보건관리규정의 작성 및 변경에 관한 사항
3. 안전보건교육에 관한 사항
4. 작업환경측정 등 작업환경의 점검 및 개선에 관한 사항
5. 근로자의 건강진단 등 건강관리에 관한 사항
6. 산업재해의 원인 조사 및 재발 방지대책 수립에 관한 사항
7. 산업재해에 관한 통계의 기록 및 유지에 관한 사항
8. 안전장치 및 보호구 구입 시 적격품 여부 확인에 관한 사항
9. 그 밖에 근로자의 유해·위험 방지조치에 관한 사항으로서 위험성평가의 실시에 관한 사항과 안전보건규칙에서 정하는 근로자의 위험 또는 건강장해의 방지에 관한 사항(규칙 제9조)

5. 산업안전보건법령상 안전보건관리규정에 관한 설명으로 옳지 않은 것은?

① 안전보건관리규정은 해당 사업장에 적용되는 단체협약 및 취업규칙에 반할 수 없다.
② 상시 근로자 100명을 사용하는 정보서비스업 사업주는 안전보건관리규정을 작성하여야 한다.
③ 안전보건관리규정에 관하여는 이 법에서 규정한 것을 제외하고는 그 성질에 반하지 아니하는 범위에서 「근로기준법」의 취업규칙에 관한 규정을 준용한다.
④ 안전보건관리규정을 작성할 경우에는 안전·보건교육에 관한 사항이 포함되어야 한다.
⑤ 산업안전보건위원회가 설치되어 있지 아니한 사업장의 경우 사업주는 안전보건관리규정을 작성하거나 변경할 때에는 근로자대표의 동의를 받아야 한다.

해설 ② 상시 근로자 300명을 사용하는 정보서비스업 사업주는 안전보건관리규정을 작성하여야 한다(규칙 별표 2).
① 안전보건관리규정은 단체협약 또는 취업규칙에 반할 수 없다(법 제25조 제2항 전단).
③ 안전보건관리규정에 관하여 이 법에서 규정한 것을 제외하고는 그 성질에 반하지 아니하는 범위에서 「근로기준법」 중 취업규칙에 관한 규정을 준용한다(법 제28조).
④ 안전보건관리규정을 작성할 경우에는 안전·보건교육에 관한 사항이 포함되어야 한다(규칙 별표 3).
⑤ 사업주는 안전보건관리규정을 작성하거나 변경할 때에는 산업안전보건위원회의 심의·의결을 거쳐야 한다. 다만, 산업안전보건위원회가 설치되어 있지 아니한 사업장의 경우에는 근로자대표의 동의를 받아야 한다(법 제26조).

정답 3 ④ 4 ⑤ 5 ②

6. 산업안전보건법령상 유해하거나 위험한 작업의 도급에 관한 설명으로 옳지 않은 것은?

① 도금작업의 도급을 받으려는 자는 고용노동부장관의 인가를 받아야 한다.
② 지방고용노동관서의 장은 도급인가 신청서가 접수된 때에는 접수된 날부터 14일 이내에 승인서를 신청인에게 발급해야 한다.
③ 수은, 납, 카드뮴 등 중금속을 제련, 주입, 가공 및 가열하는 작업은 도급승인의 대상이다.
④ 지방고용노동관서의 장은 도급인가 신청의 내용 및 한국산업안전보건공단의 확인 결과가 이 법령의 기준에 적합하지 아니하면 이를 인가하여서는 아니 된다.
⑤ 유해한 작업의 도급에 대한 승인을 받으려는 자는 도급승인 신청서를 제출할 때 도급대상 작업의 공정 관련 서류 일체를 첨부하여야 한다.

해설 ① 도금작업의 도급을 받으려는 자는 고용노동부장관의 승인을 받아야 한다(법 제58조 제3항).
② 도급승인 신청을 받은 지방고용노동관서의 장은 도급승인 기준을 충족한 경우 신청서가 접수된 날부터 14일 이내에 승인서를 신청인에게 발급해야 한다(규칙 제75조 제4항).
③ 수은, 납, 카드뮴 등 중금속을 제련, 주입, 가공 및 가열하는 작업은 도급승인의 대상이다(법 제58조 제1항 제2호).
④ 지방고용노동관서의 장은 도급인가 신청의 내용 및 한국산업안전보건공단의 확인 결과가 이 법령의 기준에 적합하지 아니하면 이를 인가하여서는 아니 된다(법 제58조 제7항, 규칙 제75조 제3항).
⑤ 유해한 작업의 도급에 대한 승인을 받으려는 자는 도급승인 신청서를 제출할 때 도급대상 작업의 공정 관련 서류 일체를 첨부하여야 한다(규칙 제75조 제1항).

7. 산업안전보건법령상 안전관리전문기관의 지정의 취소 등에 관한 규정의 일부이다. ( )안에 들어갈 숫자의 연결이 옳은 것은?

○ 고용노동부장관은 안전관리전문기관이 지정 요건을 충족하지 못한 경우에 해당할 때에는 그 지정을 취소하거나 (㉠)개월 이내의 기간을 정하여 그 업무의 정지를 명할 수 있다.
○ 지정이 취소된 자는 지정이 취소된 날부터 (㉡)년 이내에는 안전관리전문기관으로 지정받을 수 없다.

① ㉠ : 1, ㉡ : 1
② ㉠ : 3, ㉡ : 1
③ ㉠ : 3, ㉡ : 2
④ ㉠ : 6, ㉡ : 1
⑤ ㉠ : 6, ㉡ : 2

해설 ○ 고용노동부장관은 안전관리전문기관이 지정 요건을 충족하지 못한 경우에 해당할 때에는 그 지정을 취소하거나 6개월 이내의 기간을 정하여 그 업무의 정지를 명할 수 있다(법 제21조 제4항 전단).
○ 지정이 취소된 자는 지정이 취소된 날부터 2년 이내에는 각각 해당 안전관리전문기관 또는 보건관리전문기관으로 지정받을 수 없다(법 제21조 제5항).

8. 산업안전보건법령상 안전·보건 관리체제에 관한 설명으로 옳지 않은 것은?

① 안전보건관리책임자는 안전관리자와 보건관리자를 지휘·감독한다.

② 안전보건관리책임자는 해당 사업에서 그 사업을 실질적으로 총괄관리하는 사람이어야 한다.

③ 안전관리자는 산업재해에 관한 통계의 유지·관리·분석을 위한 보좌 및 조언·지도 등의 업무를 수행하여야 한다.

④ 고용노동부장관은 안전관리전문기관의 업무정지를 명하여야 하는 경우에 그 업무정지가 공익을 해칠 우려가 있다고 인정하면 업무정지처분을 갈음하여 2억원 이하의 과징금을 부과할 수 있다.

⑤ 상시 근로자수가 500명 이상인 식료품 제조업의 경우 안전관리자를 2명 이상 선임하여야 한다.

> **해설** ④ 고용노동부장관은 업무정지를 명하여야 하는 경우에 그 업무정지가 이용자에게 심한 불편을 주거나 공익을 해칠 우려가 있다고 인정되면 업무정지 처분을 대신하여 10억원 이하의 과징금을 부과할 수 있다(법 제160조 제1항).
> ① 업무를 총괄하여 관리하는 사람(안전보건관리책임자)은 안전관리자와 보건관리자를 지휘·감독한다(법 제15조 제2항).
> ② 안전보건관리책임자는 해당 사업에서 그 사업을 실질적으로 총괄관리하는 사람이어야 한다(법 제15조 제1항).
> ③ 안전관리자는 산업재해에 관한 통계의 유지·관리·분석을 위한 보좌 및 조언·지도 등의 업무를 수행하여야 한다(영 제18조 제1항 제7호).
> ⑤ 상시 근로자수가 500명 이상인 식료품 제조업의 경우 안전관리자를 2명 이상 선임하여야 한다(영 별표 3).

9. 산업안전보건법령상 도급사업 시 구성하는 안전·보건에 관한 협의체의 협의사항에 포함되지 않는 것은?

① 작업장 간의 연락 방법
② 재해발생 위험 시의 대피방법
③ 작업장의 순회점검에 관한 사항
④ 산업재해 예방과 관련된 사항
⑤ 작업의 시작시간, 작업방법

> **해설** 노사협의체 협의사항 등(규칙 제93조)
> 1. 산업재해 예방방법 및 산업재해가 발생한 경우의 대피방법
> 2. 작업의 시작시간, 작업 및 작업장 간의 연락방법
> 3. 그 밖의 산업재해 예방과 관련된 사항

10. 산업안전보건법령상 안전인증에 관한 설명으로 옳은 것은?

① 연구·개발을 목적으로 안전인증대상 기계·기구등을 제조하는 경우에도 안전인증을 받아야 한다.
② 고용노동부장관은 안전인증을 받은 자가 안전인증기준을 지키고 있는지를 5년을 주기로 확인하여야 한다.
③ 곤돌라를 설치·이전하는 경우뿐만 아니라 그 주요 구조 부분을 변경하는 경우에도 안전인증을 받아야 한다.
④ 서면심사와 기술능력 및 생산체계 심사 결과가 안전인증기준에 적합할 경우에 유해·위험한 기계·기구·설비등의 표본을 추출하여 하는 심사를 개별 제품심사라고 한다.
⑤ 예비심사의 경우 안전인증 신청서를 제출받은 안전인증기관은 15일 이내에 심사하여야 하며 부득이한 사유가 있을 때에는 15일의 범위에서 심사기간을 연장할 수 있다.

해설 ③ 곤돌라를 설치·이전하는 경우뿐만 아니라 그 주요 구조 부분을 변경하는 경우에도 안전인증을 받아야 한다(법 제84조 제1항).
① 연구·개발을 목적으로 안전인증대상 기계·기구등을 제조하는 경우에는 안전인증을 전부 면제한다(규칙 제109조 제1항 제1호).
② 안전인증기관은 안전인증을 받은 자가 안전인증기준을 지키고 있는지를 2년에 1회 이상 확인해야 한다(규칙 제111조 제2항 전단).
④ 형식별 제품심사 : 서면심사와 기술능력 및 생산체계 심사 결과가 안전인증기준에 적합할 경우에 유해·위험기계등의 형식별로 표본을 추출하여 하는 심사(규칙 제110조 제1항 제4호)
⑤ 안전인증기관은 안전인증 신청서를 제출받으면 예비심사의 경우 7일 내에 심사해야 한다. 다만, 제품심사의 경우 처리기간 내에 심사를 끝낼 수 없는 부득이한 사유가 있을 때에는 15일의 범위에서 심사기간을 연장할 수 있다(규칙 제110조 제3항).

11. 산업안전보건법령상 도급인인 사업주가 작업장의 안전·보건조치 등을 위하여 2일에 1회 이상 순회점검하여야 하는 사업을 모두 고른 것은?

㉠ 건설업	㉡ 자동차 전문 수리업
㉢ 토사석 광업	㉣ 금속 및 비금속 원료 재생업
㉤ 음악 및 기타 오디오물 출판업	

① ㉠, ㉡, ㉤
② ㉠, ㉢, ㉣
③ ㉡, ㉢, ㉤
④ ㉠, ㉡, ㉢, ㉣
⑤ ㉠, ㉢, ㉣, ㉤

해설 도급인인 사업주가 작업장의 안전·보건조치 등을 위하여 2일에 1회 이상 순회점검하여야 하는 사업(규칙 제80조 제1항 제1호)
1. 건설업
2. 제조업

3. 토사석 광업
4. 서적, 잡지 및 기타 인쇄물 출판업
5. 음악 및 기타 오디오물 출판업
6. 금속 및 비금속 원료 재생업

12. 산업안전보건기준에 관한 규칙상 니트로화합물을 제조하는 작업장의 비상구설치에 관한 설명으로 옳지 않은 것은?

① 출입구 외에 안전한 장소로 대피할 수 있는 비상구 1개 이상을 설치할 것
② 비상구의 문은 피난 방향으로 열리도록 하고, 실내에서 항상 열 수 있는 구조로 할 것
③ 비상구의 너비는 0.75미터 이상으로 하고, 높이는 1.5미터 이상으로 할 것
④ 비상구는 출입구와 같은 방향에 있으며 출입구로부터 3미터 이상 떨어져 있을 것
⑤ 작업장의 각 부분으로부터 하나의 비상구 또는 출입구까지의 수평거리가 50미터 이하가 되도록 할 것

해설 사업주는 니트로화합물을 제조·취급하는 작업장과 그 작업장이 있는 건축물에 출입구 외에 안전한 장소로 대피할 수 있는 비상구 1개 이상을 다음의 기준을 모두 충족하는 구조로 설치해야 한다. 다만, 작업장 바닥면의 가로 및 세로가 각 3m 미만인 경우에는 그렇지 않다(산업안전보건기준에 관한 규칙 제17조 제1항).
1. 출입구와 같은 방향에 있지 아니하고, 출입구로부터 3m 이상 떨어져 있을 것
2. 작업장의 각 부분으로부터 하나의 비상구 또는 출입구까지의 수평거리가 50m 이하가 되도록 할 것. 다만, 작업장이 있는 층에 피난층(직접 지상으로 통하는 출입구가 있는 층과 피난안전구역을 말한다) 또는 지상으로 통하는 직통계단(경사로를 포함한다)을 설치한 경우에는 그 부분에 한정하여 본문에 따른 기준을 충족한 것으로 본다.
3. 비상구의 너비는 0.75m 이상으로 하고, 높이는 1.5m 이상으로 할 것
4. 비상구의 문은 피난 방향으로 열리도록 하고, 실내에서 항상 열 수 있는 구조로 할 것

13. 산업안전보건법령상 자율안전확인대상 기계·기구등에 해당하지 않는 것은?

① 휴대형 연삭기　　② 혼합기
③ 파쇄기　　④ 자동차정비용 리프트
⑤ 기압조절실(chamber)

해설 자율안전확인대상 기계·기구등(영 제77조 제1항 제1호)
1. 연삭기 또는 연마기. 이 경우 휴대형은 제외한다.
2. 산업용 로봇
3. 혼합기
4. 파쇄기 또는 분쇄기
5. 식품가공용 기계(파쇄·절단·혼합·제면기만 해당한다)
6. 컨베이어
7. 자동차정비용 리프트
8. 공작기계(선반, 드릴기, 평삭·형삭기, 밀링만 해당한다)
9. 고정형 목재가공용 기계(둥근톱, 대패, 루타기, 띠톱, 모떼기 기계만 해당한다)
10. 인쇄기

정답 10 ③　11 ⑤　12 ④　13 ①

14. 산업안전보건법령상 안전검사 대상에 해당하는 것을 모두 고른 것은?

㉠ 프레스	㉡ 압력용기
㉢ 산업용 원심기	㉣ 이동식 국소 배기장치
㉤ 정격 하중이 1톤인 크레인	㉥ 특수자동차에 탑재한 고소작업대

① ㉠, ㉣, ㉥
② ㉡, ㉤, ㉥
③ ㉠, ㉡, ㉢, ㉥
④ ㉡, ㉢, ㉣, ㉤
⑤ ㉠, ㉡, ㉢, ㉣, ㉤

해설 안전검사 대상(영 제78조 제1항 제1호)
1. 프레스
2. 전단기
3. 크레인(정격 하중이 2톤 미만인 것은 제외한다)
4. 리프트
5. 압력용기
6. 곤돌라
7. 국소 배기장치(이동식은 제외한다)
8. 원심기(산업용만 해당한다)
9. 롤러기(밀폐형 구조는 제외한다)
10. 사출성형기[형 체결력 294킬로뉴턴(KN) 미만은 제외한다]
11. 고소작업대(화물자동차 또는 특수자동차에 탑재한 고소작업대로 한정한다)
12. 컨베이어
13. 산업용 로봇

15. 산업안전보건법령상 유해·위험 방지를 위하여 방호조치가 필요한 기계·기구 등과 이에 설치하여야 할 방호장치를 옳게 연결한 것은?

① 예초기 - 회전체 접촉 예방장치
② 포장기계 - 구동부 방호 연동장치
③ 금속절단기 - 구동부 방호 연동장치
④ 원심기 - 날접촉 예방장치
⑤ 공기압축기 - 압력방출장치

해설 기계·기구에 설치해야 할 방호장치는 다음과 같다(규칙 제98조 제1항).
㉠ 예초기 : 날접촉 예방장치
㉡ 원심기 : 회전체 접촉 예방장치
㉢ 공기압축기 : 압력방출장치
㉣ 금속절단기 : 날접촉 예방장치
㉤ 지게차 : 헤드 가드, 백레스트(backrest), 전조등, 후미등, 안전벨트
㉥ 포장기계 : 구동부 방호 연동장치

16. 산업안전보건법령상 3년 이하의 징역 또는 3천만원 이하의 벌금에 처하게 될 수 있는 자는?

① 중대재해 발생현장을 훼손한 자
② 고용노동부장관과 사업주의 안전 및 보건에 관한 업무를 위탁받은 자로서 그 업무를 거짓이나 그 밖의 부정한 방법으로 수행한 자
③ 동력으로 작동하는 기계·기구로서 작동부분의 돌기부분을 묻힘형으로 하지 않거나 덮개를 부착하지 않고 양도한 자
④ 안전인증을 받지 않은 유해·위험한 기계·기구·설비등에 안전인증표시를 한 자
⑤ 작업환경측정 결과에 따라 근로자의 건강을 보호하기 위하여 해당 시설·설비의 설치·개선 또는 건강진단의 실시 등의 조치를 하지 아니한 자

해설 다음의 어느 하나에 해당하는 자는 3년 이하의 징역 또는 3천만원 이하의 벌금에 처한다(법 제169조).
1. 위험한 설비의 가동, 도급인의 안전조치 및 보건조치, 기계·기구 등에 대한 건설공사도급인의 안전조치, 기계·기구 등의 대여자 등의 조치, 타워크레인을 설치하거나 해체하는 작업, 안전인증, 안전인증대상기계등의 제조 등의 금지, 유해·위험물질의 제조 등 허가, 석면해체·제거 작업기준의 준수, 유해·위험작업에 대한 근로시간 제한 또는 자격 등에 의한 취업 제한을 위반한 자
2. 공정안전보고서의 변경, 고용노동부장관의 시정조치, 안전인증대상기계등의 제조 등의 금지, 유해·위험물질의 제조 등 허가, 일반석면조사 또는 기관석면조사 또는 임시건강진단 명령에 따른 명령을 위반한 자
3. 고용노동부장관과 사업주의 안전 및 보건에 관한 업무를 위탁받은 자로서 그 업무를 거짓이나 그 밖의 부정한 방법으로 수행한 자
4. 안전인증 업무를 위탁받은 자로서 그 업무를 거짓이나 그 밖의 부정한 방법으로 수행한 자
5. 안전검사 업무를 위탁받은 자로서 그 업무를 거짓이나 그 밖의 부정한 방법으로 수행한 자
6. 자율검사프로그램에 따른 안전검사 업무를 거짓이나 그 밖의 부정한 방법으로 수행한 자

17. 산업안전보건기준에 관한 규칙상 통로를 설치하는 사업주가 준수하여야 하는 사항으로 옳지 않은 것은?

① 통로의 주요 부분에 통로표시를 하고, 근로자가 안전하게 통행할 수 있도록 하여야 한다.
② 통로면으로부터 높이 2미터 이내의 장애물을 제거하는 것이 곤란하다고 고용노동부장관이 인정하는 경우에는 근로자에게 발생할 수 있는 부상 등의 위험을 방지하기 위한 안전 조치를 하여야 한다.
③ 가설통로를 설치하는 경우, 건설공사에 사용하는 높이 8미터 이상인 비계다리에는 7미터 이내마다 계단참을 설치하여야 한다.
④ 잠함(潛函) 내 사다리식 통로를 설치하는 경우 그 폭은 30센티미터 이상으로 설치하여야 한다.
⑤ 계단 및 계단참을 설치하는 경우 매제곱미터당 500킬로그램 이상의 하중에 견딜 수 있는 강도를 가진 구조로 설치하여야 한다.

해설 ④ 잠함 내 사다리식 통로와 건조·수리 중인 선박의 구명줄이 설치된 사다리식 통로(건조·수리작업을 위하여 임시로 설치한 사다리식 통로는 제외한다)에 대해서는 사다리식 통로 등의 구조의 규정을 적용하지 아니한다(산업안전보건기준에 관한 규칙 제24조 제2항).

정답 14 ③ 15 ⑤ 16 ② 17 ④

① 사업주는 통로의 주요 부분에 통로표시를 하고, 근로자가 안전하게 통행할 수 있도록 하여야 한다(산업안전보건기준에 관한 규칙 제22조 제2항).
② 사업주는 통로면으로부터 높이 2m 이내에는 장애물이 없도록 하여야 한다. 다만, 부득이하게 통로면으로부터 높이 2m 이내에 장애물을 설치할 수밖에 없거나 통로면으로부터 높이 2m 이내의 장애물을 제거하는 것이 곤란하다고 고용노동부장관이 인정하는 경우에는 근로자에게 발생할 수 있는 부상 등의 위험을 방지하기 위한 안전 조치를 하여야 한다(산업안전보건기준에 관한 규칙 제22조 제3항).
③ 가설통로를 설치하는 경우, 건설공사에 사용하는 높이 8미터 이상인 비계다리에는 7미터 이내마다 계단참을 설치하여야 한다(산업안전보건기준에 관한 규칙 제23조 제6호).
⑤ 계단 및 계단참을 설치하는 경우 매제곱미터당 500킬로그램 이상의 하중에 견딜 수 있는 강도를 가진 구조로 설치하여야 한다(산업안전보건기준에 관한 규칙 제26조 제1항).

18. 산업안전보건법령상 화학물질의 유해성·위험성을 조사하고 그 조사보고서를 고용노동부장관에게 제출하여야 하는 것은?
① 방사성 물질
② 천연으로 산출된 화학물질
③ 연간 수입량이 1,000킬로그램 미만인 경우로서 고용노동부장관의 확인을 받은 신규화학물질
④ 전량 수출하기 위하여 연간 10톤 이하로 제조하거나 수입하는 경우로서 고용노동부장관의 확인을 받은 신규화학물질
⑤ 일반 소비자의 생활용으로 직접 소비자에게 제공되고 국내의 사업장에서 사용되지 않는 경우로서 고용노동부장관의 확인을 받은 신규화학물질

해설 신규화학물질을 제조하거나 수입하려는 자는 제조하거나 수입하려는 날 30일(연간 제조하거나 수입하려는 양이 100킬로그램 이상 1톤 미만인 경우에는 14일) 전까지 신규화학물질 유해성·위험성 조사보고서에 별표 20에 따른 서류를 첨부하여 고용노동부장관에게 제출해야 한다. 다만, 그 신규화학물질을 환경부장관에게 등록한 경우에는 고용노동부장관에게 유해성·위험성 조사보고서를 제출한 것으로 본다(규칙 제147조 제1항).

19. 산업안전보건법령상 건강진단에 관한 설명으로 옳은 것은?
① 건강진단의 종류에는 일반건강진단, 특수건강진단, 채용시건강진단, 수시건강진단, 임시건강진단이 있다.
② 6개월간 밤 12시부터 오전 5시까지의 시간을 포함하여 계속되는 8시간 작업을 월 평균 4회 이상 수행하는 야간작업 근로자도 특수건강진단을 받아야 한다.
③ 벤젠에 노출되는 업무에 종사하는 근로자는 배치 후 3개월 이내에 첫 번째 특수건강진단을 받고, 이후 6개월마다 주기적으로 특수건강진단을 받아야 한다.
④ 다른 사업장에서 해당 유해인자에 대하여 배치전건강진단을 받고 9개월이 지난 근로자로서 건강진단결과를 적은 서류를 제출한 근로자는 배치전건강진단을 실시하지 아니할 수 있다.
⑤ 특수건강진단대상업무로 인하여 해당 유해인자에 의한 건강장해를 의심하게 하는 증상을 보이는 근로자에 대하여 사업주가 실시하는 건강진단을 임시건강진단이라 한다.

해설 ② 6개월간 밤 12시부터 오전 5시까지의 시간을 포함하여 계속되는 8시간 작업을 월 평균 4회 이상 수행하는 야간작업 근로자도 특수건강진단을 받아야 한다(규칙 별표 22).
① 건강진단의 종류에는 일반건강진단, 특수건강진단, 배치전건강진단, 수시건강진단, 임시건강진단이 있다.
③ 벤젠에 노출되는 업무에 종사하는 근로자는 배치 후 2개월 이내에 첫 번째 특수건강진단을 받고, 이후 6개월마다 주기적으로 특수건강진단을 받아야 한다(규칙 별표 23).
④ 다른 사업장에서 해당 유해인자에 대하여 다음의 어느 하나에 해당하는 건강진단을 받고 6개월이 지나지 않은 근로자로서 건강진단 결과를 적은 서류(건강진단개인표) 또는 그 사본을 제출한 근로자는 배치전건강진단을 실시하지 아니할 수 있다(규칙 제203조 제1호).
⑤ 같은 유해인자에 노출되는 근로자들에게 유사한 질병의 증상이 발생한 경우 근로자의 건강을 보호하기 위하여 사업주에게 특정 근로자에 대한 건강진단을 임시건강진단이라 한다(법 제131조 제1항).

20. 산업안전보건법령상 질병자의 근로 금지·제한에 관한 설명으로 옳지 않은 것은?
① 사업주는 심장 등의 질환이 있는 사람으로서 근로에 의하여 병세가 악화될 우려가 있는 사람에 대해서는 의사의 진단에 따라 근로를 금지하여야 한다.
② 사업주는 발암성물질을 취급하는 작업에 종사하는 근로자에게는 1일 6시간, 1주 34시간을 초과하여 근로하게 하여서는 아니 된다.
③ 사업주는 착암기 등에 의하여 신체에 강렬한 진동을 주는 작업에서 유해·위험예방조치 외에 작업과 휴식의 적정한 배분 등 근로자의 건강 보호를 위한 조치를 하여야 한다.
④ 사업주는 심장판막증이 있는 근로자를 고기압 업무에 종사하도록 하여서는 아니 된다.
⑤ 사업주는 근로가 금지되거나 제한된 근로자가 건강을 회복하였을 때에는 지체 없이 취업하게 하여야 한다.

해설 ② 사업주는 유해하거나 위험한 작업으로서 잠함 또는 잠수 작업 등 높은 기압에서 하는 작업에 종사하는 근로자에게는 1일 6시간, 1주 34시간을 초과하여 근로하게 해서는 아니 된다(법 제139조 제1항).
① 사업주는 심장 등의 질환이 있는 사람으로서 근로에 의하여 병세가 악화될 우려가 있는 사람에 대해서는 의사의 진단에 따라 근로를 금지하여야 한다(규칙 제220조 제1항 제3호).
③ 사업주는 착암기 등에 의하여 신체에 강렬한 진동을 주는 작업에서 유해·위험예방조치 외에 작업과 휴식의 적정한 배분 등 근로자의 건강 보호를 위한 조치를 하여야 한다(영 제99조 제3항 제7호).
④ 사업주는 심장판막증이 있는 근로자를 고기압 업무에 종사하도록 하여서는 아니 된다(규칙 제221조 제2항 제3호).
⑤ 사업주는 근로가 금지되거나 제한된 근로자가 건강을 회복하였을 때에는 지체 없이 근로를 할 수 있도록 하여야 한다(법 제138조 제2항).

21. 산업안전보건법령상 유해·위험방지계획서의 제출 대상 업종에 해당하지 않는 것은? (단, 전기 계약용량이 300킬로와트 이상인 사업에 한함)
① 전기장비 제조업
② 식료품 제조업
③ 가구 제조업
④ 목재 및 나무제품 제조업
⑤ 전자부품 제조업

정답 18 ③ 19 ② 20 ② 21 ①

해설 유해위험방지계획서 제출 대상(영 제42조 제1항)
1. 금속가공제품 제조업; 기계 및 가구 제외
2. 비금속 광물제품 제조업
3. 기타 기계 및 장비 제조업
4. 자동차 및 트레일러 제조업
5. 식료품 제조업
6. 고무제품 및 플라스틱제품 제조업
7. 목재 및 나무제품 제조업
8. 기타 제품 제조업
9. 1차 금속 제조업
10. 가구 제조업
11. 화학물질 및 화학제품 제조업
12. 반도체 제조업
13. 전자부품 제조업

22. 산업안전보건법령상 지도사에 관한 설명으로 옳은 것은?

① 지도사 시험에 합격하여 고용노동부장관에게 등록하여야만 지도사의 자격을 가진다.
② 이 법을 위반하여 벌금형을 선고받고 6개월이 된 자는 지도사의 등록을 할 수 있다.
③ 지도사는 3년마다 갱신등록을 하여야 하며, 갱신등록은 지도실적이 없어도 가능하다.
④ 지도사 등록의 갱신기간 동안 지도실적이 2년 이상인 지도사의 보수교육시간은 10시간 이상으로 한다.
⑤ 산업안전 및 산업보건분야에서 3년간 실무에 종사한 지도사가 직무를 개시하려는 경우에는 등록을 하기 전 연수교육이 면제된다.

해설 ④ 지도사 등록의 갱신기간 동안 지도실적이 2년 이상인 지도사의 교육시간은 10시간 이상으로 한다(규칙 제231조 제2항 후단).
① 고용노동부장관이 시행하는 지도사 자격시험에 합격한 사람은 지도사의 자격을 가진다(법 제143조 제1항).
② 이 법을 위반하여 벌금형을 선고받고 1년이 지나지 아니한 사람은 등록을 할 수 없다(법 제145조 제3항).
③ 등록을 한 지도사는 고용노동부령으로 정하는 바에 따라 5년마다 등록을 갱신하여야 한다(법 제145조 제4항).
⑤ 산업안전 또는 산업보건 분야에서 5년 이상 실무에 종사한 경력이 있는 사람은 연수교육이 면제된다(법 제146조).

23. 산업안전보건법령상 서류의 보존기간에 관한 설명으로 옳지 않은 것은?

① 기관석면조사를 한 건축물이나 설비의 소유주 등과 석면조사기관은 그 결과에 관한 서류를 5년간 보존하여야 한다.
② 작업환경측정기관은 작업환경측정에 관한 사항으로서 측정대상 사업장의 명칭 및 소재지 등을 기재한 서류를 3년간 보존하여야 한다.

③ 사업주는 노사협의체 회의록을 기록·보존하여야 한다.
④ 자율안전확인대상 기계·기구 등을 제조하거나 수입하려는 자는 자율안전기준에 맞는 것임을 증명하는 서류를 보존하여야 한다.
⑤ 사업주는 화학물질의 유해성·위험성 조사에 관한 서류를 3년간 보존하여야 한다.

> **해설** ① 기관석면조사를 한 건축물·설비소유주등과 석면조사기관은 그 결과에 관한 서류를 3년 동안 보존하여야 한다(법 제164조 제3항).
> ② 작업환경측정기관은 작업환경측정에 관한 사항으로서 측정대상 사업장의 명칭 및 소재지 등을 기재한 서류를 3년간 보존하여야 한다(법 제164조 제4항, 규칙 제241조 제4항).
> ③ 협의체는 매월 1회 이상 정기적으로 회의를 개최하고 그 결과를 기록·보존해야 한다(규칙 제79조 제3항).
> ④ 자율안전확인대상기계등이 자율안전기준에 맞는 것임을 증명하는 서류를 보존하여야 한다(법 제89조 제3항).
> ⑤ 사업주는 화학물질의 유해성·위험성 조사에 관한 서류를 3년간 보존하여야 한다(법 제164조 제1항 제5호).

24. 산업안전보건기준에 관한 규칙상 근골격계부담작업으로 인한 건강장해 예방에 관한 설명으로 옳지 않은 것은?

① 신설되는 사업장의 사업주는 근로자가 근골격계부담작업을 하는 경우에 신설일부터 1년 이내에 최초의 유해요인조사를 하여야 한다.
② 유해요인조사에는 작업장 상황, 작업조건, 작업과 관련된 근골격계질환 징후와 증상 유무 등이 포함된다.
③ 유해요인조사는 근로자와의 면담, 증상 설문조사, 인간공학적 측면을 고려한 조사 등 적절한 방법으로 하여야 한다.
④ 근로자는 근골격계부담작업으로 인하여 운동범위의 축소 등의 징후가 나타나는 경우 그 사실을 사업주에게 통지할 수 있다.
⑤ 연간 7명이 근골격계질환으로 인한 업무상질병으로 인정받은 상시 근로자수 85명을 고용하고 있는 사업주는 근골격계질환 예방관리 프로그램을 시행하여야 한다.

> **해설** ⑤ 근골격계질환으로 업무상 질병으로 인정받은 근로자가 연간 10명 이상 발생한 사업장 또는 5명 이상 발생한 사업장으로서 발생 비율이 그 사업장 근로자 수의 10% 이상인 경우 근골격계질환 예방관리 프로그램을 수립하여 시행하여야 한다(산업안전보건기준에 관한 규칙 제662조 제1항).
> ① 신설되는 사업장의 경우에는 신설일부터 1년 이내에 최초의 유해요인 조사를 하여야 한다(산업안전보건기준에 관한 규칙 제657조 제1항 단서).
> ② 유해요인조사에는 작업장 상황, 작업조건, 작업과 관련된 근골격계질환 징후와 증상 유무 등이 포함된다(산업안전보건기준에 관한 규칙 제657조 제1항).
> ③ 사업주는 유해요인 조사를 하는 경우에 근로자와의 면담, 증상 설문조사, 인간공학적 측면을 고려한 조사 등 적절한 방법으로 하여야 한다(산업안전보건기준에 관한 규칙 제658조).
> ④ 근로자는 근골격계부담작업으로 인하여 운동범위의 축소, 쥐는 힘의 저하, 기능의 손실 등의 징후가 나타나는 경우 그 사실을 사업주에게 통지할 수 있다(산업안전보건기준에 관한 규칙 제660조 제1항).

정답 22 ④ 23 ① 24 ⑤

25. 산업안전보건법령상 건강관리카드 발급대상 업무 및 대상요건에 해당하지 않는 것은?

　① 니켈 또는 그 화합물을 광석으로부터 추출하여 제조하거나 취급하는 업무에 5년 이상 종사한 사람
　② 염화비닐을 제조하거나 사용하는 석유화학설비를 유지·보수하는 업무에 4년 이상 종사한 사람
　③ 비파괴검사 업무에 3년 이상 종사한 사람
　④ 석면 또는 석면방직제품을 제조하는 업무에 3개월 이상 종사한 사람
　⑤ 비스-(클로로메틸)에테르를 제조하거나 취급하는 업무에 3년 이상 종사한 사람

> **해설** ③ 비파괴검사 업무 : 1년 이상 종사한 사람 또는 연간 누적선량이 20mSv 이상이었던 사람(규칙 별표 25)
> ② 염화비닐을 제조하거나 사용하는 석유화학설비를 유지·보수하는 업무 : 4년 이상 종사한 사람(규칙 별표 25)
> ① 니켈 또는 그 화합물을 광석으로부터 추출하여 제조하거나 취급하는 업무 : 5년 이상 종사한 사람(규칙 별표 25)
> ④ 석면 또는 석면방직제품을 제조하는 업무 : 3개월 이상 종사한 사람(규칙 별표 25)
> ⑤ 비스-(클로로메틸)에테르를 제조하거나 취급하는 업무 : 3년 이상 종사한 사람(규칙 별표 25)

산업안전 일반

26. 제조물책임법상 용어의 정의로 옳지 않은 것은?

　① 제조물이란 제조되거나 가공된 동산(다른 동산이나 부동산의 일부를 구성하는 경우를 포함한다)을 말한다.
　② 제조업자란 제조물의 제조·가공 또는 수입을 업으로 하는 자를 말한다.
　③ 제조물의 결함에는 제조상의 결함, 설계상의 결함, 유통상의 결함이 있다.
　④ 설계상의 결함이란 제조업자가 합리적인 대체설계를 채용하였더라면 피해나 위험을 줄이거나 피할 수 있었음에도 대체설계를 채용하지 아니하여 해당 제조물이 안전하지 못하게 된 경우를 말한다.
　⑤ 통상적으로 기대할 수 있는 안전성이 결여되어 있는 것도 결함이라 할 수 있다.

> **해설** ③ 제조물의 결함에는 제조상의 결함, 설계상의 결함, 표시상의 결함이 있다(제조물책임법 제2조 제2호).
> ① 제조물이란 제조되거나 가공된 동산(다른 동산이나 부동산의 일부를 구성하는 경우를 포함한다)을 말한다(제조물책임법 제2조 제1호).
> ② 제조업자란 제조물의 제조·가공 또는 수입을 업으로 하는 자를 말한다(제조물책임법 제2조 제3호 가목).
> ④ 설계상의 결함이란 제조업자가 합리적인 대체설계를 채용하였더라면 피해나 위험을 줄이거나 피할 수 있었음에도 대체설계를 채용하지 아니하여 해당 제조물이 안전하지 못하게 된 경우를 말한다(제조물책임법 제2조 제2호 나목).
> ⑤ 결함이란 해당 제조물에 제조상·설계상 또는 표시상의 결함이 있거나 그 밖에 통상적으로 기대할 수 있는 안전성이 결여되어 있는 것을 말한다(제조물책임법 제2조 제2호).

2017년 기출문제

27. 파블로프(Pavlov) 조건반사설의 학습원리에 해당하지 않는 것은?

① 강도의 원리 : 자극이 강할수록 학습이 보다 더 잘된다.
② 시간의 원리 : 조건자극을 무조건자극보다 조금 앞서거나 동시에 주어야 강화가 잘된다.
③ 계속성의 원리 : 자극과 반응의 관계는 횟수가 거듭될수록 강화가 잘된다.
④ 일관성의 원리 : 일관된 자극을 사용하여야 한다.
⑤ 불확실성의 원리 : 학습의 목표가 반드시 달성된다고 확신할 수 없다.

해설 파블로프(Pavlov) 조건반사설의 학습원리 : 일관성의 원리, 계속성의 원리, 강도의 원리, 시간의 원리

28. 관리감독자를 대상으로 하는 TWI(Training Within Industry)의 교육훈련내용이 아닌 것은?

① 작업준비훈련(JPT)   ② 작업지도훈련(JIT)
③ 작업방법훈련(JMT)   ④ 인간관계훈련(JRT)
⑤ 작업안전훈련(JST)

해설 TWI(Training Within Industry)의 교육훈련내용
1. JIT(Job Instruction Training) : 작업 지도 훈련
2. JMT(Job Method Training) : 작업방법 훈련
3. JRT(Job Relation Training) : 인간관계(부하통솔) 훈련
4. JST(Job Safety Training) : 작업안전 훈련

29. 산업안전보건법령상 고용노동부장관이 필요하다고 인정할 때에 해당 사업주에게 안전·보건진단을 받아 안전보건개선계획을 수립·제출할 것을 명할 수 있는 사업장이 아닌 것은?

① 사업주가 안전·보건조치의무를 이행하였으나, 2개월의 요양이 필요한 부상자가 동시에 8명이 발생한 재해발생사업장
② 산업재해율이 같은 업종 평균 산업재해율의 2.5배인 사업장
③ 상시 근로자가 1,000명이고 직업병에 걸린 사람이 연간 3명이 발생한 사업장
④ 상시 근로자가 1,500명이고 직업병에 걸린 사람이 연간 4명이 발생한 사업장
⑤ 작업환경 불량, 화재·폭발 또는 누출사고 등으로 사회적 물의를 일으킨 사업장

해설 안전보건진단을 받아 안전보건개선계획을 수립할 대상(영 제49조)
1. 산업재해율이 같은 업종 평균 산업재해율의 2배 이상인 사업장
2. 사업주가 필요한 안전조치 또는 보건조치를 이행하지 아니하여 중대재해가 발생한 사업장
3. 직업성 질병자가 연간 2명 이상(상시근로자 1천명 이상 사업장의 경우 3명 이상) 발생한 사업장
4. 그 밖에 작업환경 불량, 화재·폭발 또는 누출 사고 등으로 사업장 주변까지 피해가 확산된 사업장으로서 고용노동부령으로 정하는 사업장

정답 25 ③ 26 ③ 27 ⑤ 28 ① 29 ①

30. 산업안전보건법령상 사업주가 해당 사업장의 근로자에 대하여 정기적으로 하여야 하는 안전·보건에 관한 교육내용이 아닌 것은?

① 산업재해보상보험 제도에 관한 사항
② 유해·위험 작업환경 관리에 관한 사항
③ 사고 발생 시 긴급조치에 관한 사항
④ 건강증진 및 질병 예방에 관한 사항
⑤ 산업보건 및 직업병 예방에 관한 사항

해설 근로자 정기교육(규칙 별표 5)

교육내용
○ 산업안전 및 사고 예방에 관한 사항
○ 산업보건 및 직업병 예방에 관한 사항
○ 건강증진 및 질병 예방에 관한 사항
○ 유해·위험 작업환경 관리에 관한 사항
○ 산업안전보건법령 및 산업재해보상보험 제도에 관한 사항
○ 직무스트레스 예방 및 관리에 관한 사항
○ 직장 내 괴롭힘, 고객의 폭언 등으로 인한 건강장해 예방 및 관리에 관한 사항

31. 산업안전보건법령상 산업안전보건위원회를 설치·운영해야 할 사업의 종류 및 규모가 아닌 것은?

① 어업 - 상시 근로자 400명
② 토사석 광업 - 상시 근로자 200명
③ 1차 금속 제조업 - 상시 근로자 400명
④ 금융 및 보험업 - 상시 근로자 200명
⑤ 비금속 광물제품 제조업 - 상시 근로자 400명

해설 산업안전보건위원회를 구성해야 할 사업의 종류 및 사업장의 상시근로자 수(영 별표 9)

사업의 종류	사업장의 상시근로자 수
1. 토사석 광업 2. 목재 및 나무제품 제조업; 가구제외 3. 화학물질 및 화학제품 제조업; 의약품 제외(세제, 화장품 및 광택제 제조업과 화학섬유 제조업은 제외한다) 4. 비금속 광물제품 제조업 5. 1차 금속 제조업 6. 금속가공제품 제조업; 기계 및 가구 제외 7. 자동차 및 트레일러 제조업 8. 기타 기계 및 장비 제조업(사무용 기계 및 장비 제조업은 제외한다) 9. 기타 운송장비 제조업(전투용 차량 제조업은 제외한다)	상시근로자 50명 이상
10. 농업 11. 어업	상시근로자 300명 이상

12. 소프트웨어 개발 및 공급업 13. 컴퓨터 프로그래밍, 시스템 통합 및 관리업 14. 정보서비스업 15. 금융 및 보험업 16. 임대업; 부동산 제외 17. 전문, 과학 및 기술 서비스업(연구개발업은 제외한다) 18. 사업지원 서비스업 19. 사회복지 서비스업	
20. 건설업	공사금액 120억원 이상(「건설산업기본법 시행령」별표 1의 종합공사를 시공하는 업종의 건설업종란 제1호에 따른 토목공사업의 경우에는 150억원 이상)
21. 제1호부터 제20호까지의 사업을 제외한 사업	상시근로자 100명 이상

32. 교육지도의 원칙에 관한 내용으로 옳지 않은 것은?

① 교육내용을 충분히 이해할 수 있도록 상대방의 입장을 고려하여 교육한다.
② 학습의욕을 고취하기 위하여 어려운 내용에서부터 쉬운 내용의 순서로 교육한다.
③ 교육의 성과는 양보다 질을 중시한다는 점에서 순서에 따라 한 번에 한 가지씩 교육한다.
④ 지식, 기술, 기능 및 태도가 몸에 익혀지도록 반복교육을 실시한다.
⑤ 인간의 5가지 감각기관을 복합적으로 활용하여 교육한다.

해설 학습의욕을 고취하기 위하여 쉬운 내용에서부터 어려운 내용의 순서로 교육한다.

33. 학습지도원리의 내용에 해당하지 않는 것은?

① 자발성의 원리 : 학습자 스스로 학습에 참여해야 한다는 원리
② 집단화의 원리 : 학습자의 공통된 요구 및 능력 위주로 지도해야 한다는 원리
③ 사회화의 원리 : 공동학습을 통해서 협력적이고 우호적인 학습을 진행한다는 원리
④ 통합의 원리 : 학습을 통합적인 전체로서 지도해야 한다는 원리
⑤ 직관의 원리 : 구체적인 사물을 직접 제시하거나 경험시킴으로써 큰 효과를 거둘 수 있다는 원리

해설 학습을 종합적인 전체로서 지도하자는 원리는 통합성의 원리이고, 학습자가 지니고 있는 각자의 요구와 능력 등에 알맞은 학습활동의 기회를 마련해 주어야 한다는 원리는 개별화의 원리이다.

정답 30 ③ 31 ④ 32 ② 33 ②

34. 입식 작업대에 관한 설명으로 옳지 않은 것은?

① 작업대의 높이가 팔꿈치의 높이보다 낮은 것이 중(重)작업에 적합하다.
② 작업대의 높이가 팔꿈치의 높이보다 약간 높은 것이 정밀작업에 적합하다.
③ 일반적으로 고정높이 작업면은 가장 키가 작은 사용자에게 맞추어 설계한다.
④ 중량물을 다루는 경우에는 입식 작업대가 적합하다.
⑤ 포장작업에서와 같이 아랫방향으로 힘을 발휘해야 하는 경우에는 입식 작업대가 적합하다.

> **해설** ③ 일반적으로 고정높이 작업면은 팔꿈치 높이를 기준으로 하되 큰 사람을 기준으로 설계한다. 키가 작은 사람에게는 높이 조절식 발판이나 적당한 높이의 발판을 제공한다.
> ① 작업대의 높이가 팔꿈치의 높이보다 낮은 것(-10~-20cm)이 중(重)작업에 적합하다.
> ② 작업대의 높이가 팔꿈치의 높이보다 약간 높은 것(5~10cm)이 정밀작업에 적합하다.
> ④ 중량물을 다루는 경우에는 입식 작업대가 적합하다.
> ⑤ 포장작업에서 아랫방향으로 힘 작업은 입식 작업대가 적합하다.

35. 공기 중 연소범위가 가장 넓은 것은?

① 암모니아　　② 메탄
③ 프로판　　　④ 에탄
⑤ 아세틸렌

> **해설** ⑤ 아세틸렌 : 2.5~81
> ① 암모니아 : 15~28
> ② 메탄 : 5~15
> ③ 프로판 : 2.1~9.5
> ④ 에탄 : 3~12.5

36. 시각적 표시장치에 관한 설명으로 옳은 것을 모두 고른 것은?

> ㉠ 디지털 표시장치는 정량적 표시장치이다.
> ㉡ 이동지침을 가진 고정눈금 방식은 수치정보를 잘 표시하지 못하는 단점이 있다.
> ㉢ 디지털 표시장치는 수치를 정확히 읽어야 할 때 적합하다.
> ㉣ 정성적 표시장치는 대략적인 상태나 변화의 추세를 판정하는 용도로 쓰인다.

① ㉠, ㉣　　　　　　② ㉡, ㉢
③ ㉡, ㉣　　　　　　④ ㉠, ㉡, ㉢
⑤ ㉠, ㉢, ㉣

해설 수치정보를 잘 표시하지 못하는 경우는 청각적 표시장치를 사용한다.
청각적 표시장치와 시각적 표시장치의 사용례

청각적 표시장치	시각적 표시장치
○ 메시지가 짧고 단순한 경우 ○ 메시지가 시간상 사건을 다루는 경우 ○ 메시지가 일시적으로 사용하는 경우 ○ 수신자가 자주 움직이는 경우 ○ 즉각적인 행동이 필요한 경우 ○ 수신장소가 너무 밝거나 암조응유지가 필요한 경우 ○ 수신자의 시각계통이 과부하 상태일 경우	○ 메시지가 길고 복잡한 경우 ○ 소음이 과도한 경우 ○ 즉각적인 행동이 필요하지 않은 경우 ○ 수신장소가 너무 시끄러운 경우 ○ 수신자의 청각계통이 과부하 상태일 경우 ○ 작업자의 이동이 적은 경우 ○ 메시지를 나중에 참고할 필요가 있는 경우 ○ 메시지가 공간적 위치를 다룰 경우

37. 23kg의 부재를 제자리에서 들어 올리는 들기작업을 수행할 때 시작점에서 NIOSH의 들기작업 공식에 의한 들기지수(LI)는?

○ 중량물과 몸통과의 수평거리(H)는 50cm이다.
○ 중량물을 들기 시작하는 손의 수직높이(V)는 75cm이다.
○ 중량물을 들어올리는 수직이동거리(D)는 25cm이다.
○ 회전(A)은 발생하지 않는다.
○ 물체의 모양은 손으로 쉽게 잡을 수 있는 경우이다.(CM=1.0)
○ 1시간 이내의 작업 이후 회복시간이 작업시간의 1.2배 정도 되는 짧은 수준의 작업으로서 빈도변수(FM)는 0.8이다.

① 1.25
② 1.50
③ 2.00
④ 2.50
⑤ 3.00

해설 RWL=LC(작업물 무게)×HM(수평계수)×VM(주직계수)×DM(거리계수)×AM(비대칭계수)×FM(빈도계수)×CM(결합계수)

들기지수(LI) = $\dfrac{작업물의\ 무게}{RWL} = \dfrac{23}{9.2} = 2.50$

38. 산업안전보건법령상 안전인증 대상 기계·기구 등에 해당하지 않는 것은?

① 산업용 로봇
② 프레스
③ 크레인
④ 압력용기
⑤ 곤돌라

정답 34 ③ 35 ⑤ 36 ⑤ 37 ④ 38 ①

해설 안전인증 대상 기계·기구(영 제74조 제1항 제1호)
1. 프레스
2. 전단기 및 절곡기(折曲機)
3. 크레인
4. 리프트
5. 압력용기
6. 롤러기
7. 사출성형기(射出成形機)
8. 고소(高所) 작업대
9. 곤돌라

39. 하인리히(Heinrich)가 주장한 재해발생과 재해예방에 관한 이론으로 옳은 것을 모두 고른 것은?

> ㉠ 재해는 원인만 제거하면 예방이 가능하다.
> ㉡ 사고의 발생과 그 원인은 우연적인 관계가 있다.
> ㉢ 재해예방을 위한 가능한 안전대책은 존재한다.
> ㉣ 재해는 연쇄작용으로 발생되며 사회적 환경과 개인적 결함, 불안전한 상태 및 개인의 불안전한 행동에 의해 순차적으로 사고가 유발된다.

① ㉠, ㉡
② ㉡, ㉢
③ ㉢, ㉣
④ ㉠, ㉡, ㉣
⑤ ㉠, ㉢, ㉣

해설 ㉡ 원인 연계의 원칙 : 사고에는 반드시 원인이 있고, 원인은 대부분 복합적 연계 원인이 있다.
㉠ 예방 가능의 원칙 : 재해는 원인만 제거하면 예방이 가능하다.
㉢ 대책 선정의 원칙 : 재해예방을 위한 가능한 안전대책은 존재한다.
㉣ 손실 우연의 원칙 : 재해는 연쇄작용으로 발생되며 사회적 환경과 개인적 결함, 불안전한 상태 및 개인의 불안전한 행동에 의해 순차적으로 사고가 유발된다.

40. 극한강도가 60MPa, 허용응력이 40MPa일 경우 안전계수(S)는?

① 0.7
② 1.0
③ 1.5
④ 2.4
⑤ 2,400

해설 안전계수(S) = $\dfrac{\text{기준강도}}{\text{허용응력}} = \dfrac{60}{40} = 1.5$

41. 2,000명이 근무하는 기업의 작년 1년간 산업재해자가 48명 발생하여 근로손실일수가 2,400일이었다면 이 회사에 근무하는 근로자가 입사하여 정년까지 평균적으로 경험하는 재해의 건수와 근로손실일수는? (단, 근로자 1인당 연간총근로시간은 2,400시간, 근로자 1인이 입사하여 정년까지 근무하는 총근로시간은 100,000시간으로 가정한다.)

① 재해건수 : 1건, 근로손실일수: 50일
② 재해건수 : 0.5건, 근로손실일수 : 100일
③ 재해건수 : 2건, 근로손실일수 : 200일
④ 재해건수 : 1.5건, 근로손실일수 : 150일
⑤ 재해건수 : 2.5건, 근로손실일수 : 200일

해설 도수율 = $\frac{연간재해건수}{연근로총시간수} \times 1,000,000 = \frac{48}{2,000 \times 2,400} \times 1,000,000 = 10$

환산도수율(평생근로시 예상 재해건수) = 도수율 × 0.1 = 1건

강도율 = $\frac{연간 근로손실일수}{연근로 총시간수} \times 1,000 = \frac{2,400}{2,000 \times 2,400} \times 1,000 = 0.5$

환산강도율(평생근로시 예상 근로손실일수) = 강도율 × 100 = 50일

42. 시스템의 구성요소들이 동시에 가동되고 있고, 어느 하나만이라도 작동하면 그 시스템이 가동되는 구조는?

① 직렬구조
② 병렬구조
③ 대기결함구조
④ n중 k구조
⑤ R구조

해설 시스템에 따라서 원인에서 결과로 이르는 여러 개의 경로가 있어서 그 경로 중에 몇 개가 차단되어도 나머지 경로를 통하여 결과에 이를 수 있는 구조가 있는데 이러한 신뢰도 구조를 병렬구조라 하고, 물리적인 구조 자체가 병렬로 설치되어 있을 필요는 없다.

43. 기계나 설비를 작업공간에 배치하는 경우에 작업 성능을 향상시키기 위한 배치원칙이 아닌 것은?

① 중요성의 원칙
② 기능성의 원칙
③ 사용심리의 원칙
④ 사용빈도의 원칙
⑤ 사용순서의 원칙

해설 ① 중요성의 원칙 : 부품의 작동성이 목표달성에 중요 정도에 따라 우선순위를 결정한다는 원칙
② 기능성의 원칙 : 기능적 관련성 있는 부품을 모아서 배치한다는 원칙
④ 사용빈도의 원칙 : 부품이 사용되는 횟수에 따라 우선순위가 결정된다는 원칙
⑤ 사용순서의 원칙 : 순서에 맞게 순차적으로 부품을 배치한다는 원칙

정답 39 ⑤ 40 ③ 41 ① 42 ② 43 ③

44. 산업안전보건기준에 관한 규칙상 소음 및 진동에 의한 건강장해의 예방에 관한 설명으로 옳지 않은 것은?

① "소음작업"이란 1일 8시간 작업을 기준으로 85데시벨 이상의 소음이 발생하는 작업을 말한다.
② 105데시벨 이상의 소음이 1일 1시간 이상 발생하는 작업은 강렬한 소음작업이다.
③ "청력보존 프로그램"이란 소음노출 평가, 소음노출 기준 초과에 따른 공학적 대책, 청력보호구의 지급과 착용, 소음의 유해성과 예방에 관한 교육, 정기적 청력검사, 기록·관리 사항 등이 포함된 소음성 난청을 예방·관리하기 위한 종합적인 계획을 말한다.
④ 체인톱, 동력을 이용한 연삭기를 사용하는 작업은 진동작업에 속한다.
⑤ 1초 이상의 간격으로 130데시벨을 초과하는 소음이 1일 1백회 발생하는 작업은 충격소음작업이다.

해설 충격소음작업 : 소음이 1초 이상의 간격으로 발생하는 작업으로서 다음의 어느 하나에 해당하는 작업을 말한다(산업안전보건기준에 관한 규칙 제512조 제3호).
  1. 120데시벨을 초과하는 소음이 1일 1만회 이상 발생하는 작업
  2. 130데시벨을 초과하는 소음이 1일 1천회 이상 발생하는 작업
  3. 140데시벨을 초과하는 소음이 1일 1백회 이상 발생하는 작업

45. 다음의 FT도에서 G1의 발생확률은?

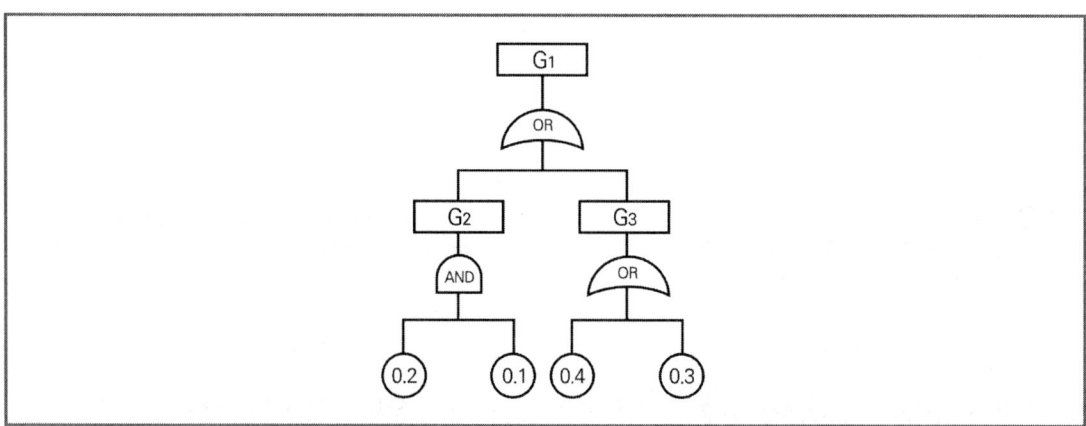

① 0.4884 ② 0.5884
③ 0.6884 ④ 0.7884
⑤ 0.8884

해설 $G_2 = 0.2 \times 0.1 = 0.02$(AND이므로 단순 곱하기)
$G_3 = 1 - (1-0.4)(1-0.3) = 0.58$(OR이므로 둘 다 아닌 경우의 역함수)
$G_1 = 1 - (1-0.58)(1-0.2) = 0.5884$(OR이므로 둘 다 아닌 경우의 역함수)

46. 다음에서 설명하고 있는 것은?

○ 취급, 조작자의 부주의와 잘못에 의해 사고가 발생하는 것을 방지하기 위한 방법으로 인간의 실수가 직접적으로 고장 또는 사고로 이어지지 않도록 하는 것
○ 세탁기 구동 시에 사람이 부주의나 실수로 상단뚜껑을 열면 동작이 자동으로 멈추고 경고음이 발생하는 것
○ 위험성을 모르는 아이들이 실수로 먹는 것을 방지하기 위해 약병의 안전마개를 열기 위해서 힘을 아래 방향으로 가해 돌려야 하는 것

① fail safe
② fail soft
③ fool proof
④ failure rate
⑤ back up

해설 ③ fool proof : 제어계 시스템이나 제어 장치에 대하여 인간의 오동작을 방지하기 위한 설계를 말한다.
① fail safe : 기계가 고장났을 경우, 그대로 폭주해서 사고, 재해로 연결되는 일이 없이 안전을 확보하는 기구를 말한다.
② fail soft : 어떤 기능 단위의 구성 요소가 고장이 나서 능력이 부분적으로 상실되었을 때 허용할 수 있는 범위 내에 있으면, 기능 단위의 능력을 저하시킨 채로 동작을 속행시키는 것으로 일부만을 처리하는 것처럼 기능을 저하시켜도 전면적인 장애 상태로 되지 않고 중요한 처리만을 실행시키는 시스템을 말한다.
④ failure rate : 어느 시간까지 동작해 오던 시스템이나 기계·기기 부품 등이 다음 단위시간 내에 고장을 일으키는 비율을 말하며, 단위시간당의 불량율로 간주할 수 있다.
⑤ back up : 사용자의 실수나 컴퓨터의 오류, 바이러스, 정전 등으로 원본이 손상되거나 잃어버릴 경우를 대비하여 원본을 미리 복사해 두는 것이다.

47. 가속수명 시험방법에서 스트레스 부과방법이 아닌 것은?

① 일정형 스트레스시험
② 점진형 스트레스시험
③ 계단형 스트레스시험
④ 간접형 스트레스시험
⑤ 주기형 스트레스시험

해설 가속수명 시험은 진동, 반복적인 기계운동, 온도·습도변화 반복, 전압·전류·전력의 사이클 변화 등의 형태로 시험한다. 스트레스 부과방법은 일정형, 계단형, 점진형, 주기형이 있다.

48. 무재해운동의 3원칙 중 다음에 해당하는 것은?

단순히 사망재해나 휴업재해만 없으면 된다는 소극적인 사고가 아닌, 사업장 내의 잠재위험요인을 적극적으로 사전에 발견하고 파악·해결함으로써 산업재해의 근원적인 요소들을 없앤다는 것을 의미함

① 무의 원칙
② 보장의 원칙
③ 참여의 원칙
④ 조사의 원칙
⑤ 안전제일의 원칙

정답 44 ⑤ 45 ② 46 ③ 47 ④ 48 ①

해설 무재해운동의 3원칙
1. 무의 원칙 : 근원적으로 산업재해를 없애는 것으로 0의 원칙을 말한다.
2. 참여의 원칙 : 근로자 전원이 참여하여 문제해결 등을 처리하는 원칙을 말한다.
3. 선취의 원칙 : 무재해를 실현하기 위하여 일체의 위험요인을 사전에 발견, 파악, 해결하여 재해를 예방하거나 방지하기 위한 원칙을 말한다.

49. FMEA에서 '실제의 손실'의 발생확률(β)을 나타내는 것은?
   ① $\beta=1.00$
   ② $0.10 \leq \beta < 2.00$
   ③ $0.30 < \beta \leq 0.50$
   ④ $0 < \beta < 0.20$
   ⑤ $0.20 < \beta < 0.30$

해설 FMEA에서 고장 영향 분류
1. $\beta=1.00$: 실제의 손실(빈번하게 일어나는 손실)
2. $0.10 \leq \beta < 1.00$: 예상되는 손실
3. $0 < \beta < 0.10$: 가능한 손실
4. $\beta=0$: 영향 없음

50. 고용노동부에서 고시로 정한 사업장 위험성평가에 관한 지침에서 사용하는 용어에 관한 설명으로 옳지 않은 것은?
   ① "위험성평가"란 유해·위험요인을 파악하고 해당 유해·위험요인에 의한 부상 또는 질병의 발생 가능성(빈도)과 중대성(강도)을 추정·결정하고 감소대책을 수립하여 실행하는 일련의 과정을 말한다.
   ② "유해·위험요인 파악"이란 유해요인과 위험요인을 찾아내는 과정을 말한다.
   ③ "위험성"이란 유해·위험요인이 부상 또는 질병으로 이어질 수 있는 가능성(빈도)과 중대성(강도)을 조합한 것을 의미한다.
   ④ "위험성 추정"이란 유해·위험요인별로 추정한 위험성의 크기가 허용 가능한 범위인지 여부를 판단하는 것을 말한다.
   ⑤ "위험성 감소대책 수립 및 실행"이란 위험성 결정 결과 허용 불가능한 위험성을 합리적으로 실천 가능한 범위에서 가능한 한 낮은 수준으로 감소시키기 위한 대책을 수립하고 실행하는 것을 말한다.

해설 "위험성 추정"이란 유해·위험요인별로 부상 또는 질병으로 이어질 수 있는 가능성과 중대성의 크기를 각각 추정하여 위험성의 크기를 산출하는 것을 말한다(사업장 위험성평가에 관한 지침 제3조 제5호).

기업진단·지도

51. 파스칼(R. Pascale)과 애토스(A. Athos)의 7S 조직문화 구성요소 중 가장 핵심적인 요소는?

① 전략   ② 공유가치
③ 구성원   ④ 제도·절차
⑤ 관리스타일

> **해설** 파스칼(R. Pascale)과 애토스(A. Athos)의 7S 조직문화 구성요소는 공유가치, 전략, 구조, 관리제도, 구성원, 기술, 관리스타일이다. 7S 중에서 가장 중요한 요소인 공유가치는 조직문화의 핵심적 구성요소로서 조직 구성원들이 공동으로 소유하고 있는 가치관, 이념 그리고 전통가치와 조직의 기본목적 등을 말한다.

52. 상황적합적 조직구조이론에 관한 설명으로 옳지 않은 것은?

① 우드워드(J. Woodward)는 기술을 단위생산기술, 대량생산기술, 연속공정기술로 나누었는데, 대량생산에는 기계적 조직구조가 적합하고, 연속공정에는 유기적 조직구조가 적합하다고 주장하였다.
② 번즈(T. Burns)와 스탈커(G. Stalker)는 안정적인 환경에서는 기계적인 조직이, 불확실한 환경에서는 유기적인 조직이 효과적이라고 주장하였다.
③ 톰슨(J. Thompson)은 기술을 단위작업 간의 상호의존성에 따라 중개형, 장치형, 집약형으로 유형화하고, 이에 적합한 조직구조와 조정형태를 제시하였다.
④ 페로우(C. Perrow)는 기술을 다양성 차원과 분석가능성 차원을 기준으로 일상적 기술, 공학적 기술, 장인기술, 비일상적 기술로 유형화하였다.
⑤ 블라우(P. Blau), 차일드(J. Child)는 환경의 불확실성을 상황변수로 연구하였다.

> **해설** 블라우(P. Blau), 차일드(J. Child)는 규모를 상황변수로 연구하였다. 규모가 증대됨에 따라 복잡성, 공식화는 높아지나 집권화 수준은 낮아진다.

53. 인사고과에 관한 설명으로 옳은 것을 모두 고른 것은?

㉠ 캐플란(R. Kaplan)과 노턴(D. Norton)이 주장한 균형성과표(BSC)의 4가지 핵심 관점은 재무관점, 고객관점, 외부환경관점, 학습·성장관점이다.
㉡ 목표관리법(MBO)의 단점 중 하나는 권한위임이 이루어지기 어렵다는 것이다.
㉢ 체크리스트법(대조법)은 평가자로 하여금 피평가자의 성과, 능력, 태도 등을 구체적으로 기술한 단어나 문장을 선택하게 하는 인사고과법이다.
㉣ 대부분의 전통적인 인사고과법과는 달리 종합평가법 혹은 평가센터법(ACM)은 미래의 잠재능력을 파악할 수 있는 인사고과법이다.
㉤ 행동기준평가법(BARS)은 척도설정 및 기준행동의 기술-중요과업의 선정-과업행동의 평가 순으로 이루어진다.

정답 49 ① 50 ④ 51 ② 52 ⑤ 53 ②

① ㉠, ㉢ ② ㉢, ㉣
③ ㉠, ㉡, ㉢ ④ ㉢, ㉣, ㉤
⑤ ㉠, ㉢, ㉣, ㉤

해설 ㉠ 캐플란(R. Kaplan)과 노턴(D. Norton)이 주장한 균형성과표(BSC)의 4가지 핵심 관점은 재무관점, 고객관점, 프로세스 관점, 혁신과 학습관점이다.
㉡ 목표관리법(MBO)은 라인보다 스텝 중심이어서 리더십의 부재가 발생할 수 있다.
㉤ 행동기준평가법(BARS)은 개발위원회 구성-중요사건의 열거 및 범주화-중요사건의 등급화·점수화-확정 및 시행의 순으로 이루어진다.
㉢ 체크리스트법(대조법)은 평정자가 평정표에 열거된 평정요소에 대한 질문에 따라 피평정자에게 해당되는 사항을 체크(check)하는 평정의 방법이다.
㉣ 종합평가법 혹은 평가센터법(ACM)은 관리자가 피고과자인 경우 그들의 미래를 체계적으로 예측하기 위한 방법이다.

54. 프로젝트 활동의 단축비용이 단축일수에 따라 비례적으로 증가한다고 할 때, 정상활동으로 가능한 프로젝트 완료일을 최소의 비용으로 하루 앞당기기 위해 속성으로 진행되어야 할 활동은?

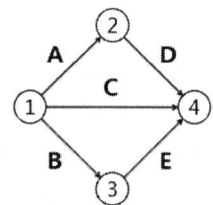

활동	직전 선행활동	활동시간(일)		활동비용(만원)	
		정상	속성	정상	속성
A	-	7	5	100	130
B	-	5	4	100	130
C	-	12	10	100	140
D	A	6	5	100	150
E	B	9	7	100	150

① A ② B
③ C ④ D
⑤ E

해설 주경로 찾기
1. 경로 1 A(7 5)-D(6 5)=13 10
2. 경로 2 C 12 10
3. 경로 3 B(5 4) E(9 7)=14 11이다.

정상활동을 할 때 주공정은 14일로 경로 3이다. 이를 1일 줄이는 비용은 B=$\frac{130-100}{1}$=30만원이고, E=$\frac{150-100}{2}$=25만원이어서 E구간에서 1일을 줄여야 한다.

55. 경력개발에 관한 설명으로 옳은 것은?

① 경력 정체기에 접어들은 종업원들이 보여주는 반응유형은 방어형, 절망형, 성과 미달형, 이상형으로 구분된다.
② 샤인(E. Schein)은 개인의 경력욕구 유형을 관리지향, 기술-기능지향, 안전지향 등 세 가지로 구분하였다.
③ 홀(D. Hall)의 경력단계 모델에서 중년의 위기가 나타나는 단계는 확립단계이다.
④ 이중 경력경로(dual-career path)는 개인이 조직에서 경험하는 직무들이 수평적 뿐만 아니라 수직적으로 배열되어 있는 경우이다.
⑤ 경력욕구는 조직이 개인에게 기대하는 행동인 경력역할과 개인 자신이 추구하려고 하는 경력방향에 의해 결정된다.

해설 ① 경력정체기 반응유형에는 방어형, 절망형, 성과 미달형, 이상형으로 구분된다.
② 샤인(E. Schein)은 개인의 경력욕구 유형을 관리지향, 기술-기능지향, 안전지향, 사업가적 창의성 지향, 자율지향 등 다섯 가지로 구분하였다.
③ 홀(D. Hall)의 경력단계 모델에서 중년의 위기가 나타나는 단계는 유지단계이다.
④ 이중 경력경로(dual-career path)는 개인의 경력은 조직에서의 관리자로 경력을 쌓으면서도 그 분야의 전문가로 경력을 쌓는 것이다.
⑤ 경력욕구 형성의 근본원인은 경력역할과 경력상황에 의하여 결정된다.

56. 경영참가제도에 관한 설명으로 옳지 않은 것은?

① 경영참가제도는 단체교섭과 더불어 노사관계의 양대 축을 형성하고 있다.
② 독일은 노사공동결정제를 실시하고 있다.
③ 스캔론플랜(Scanlon plan)은 경영참가제도 중 자본참가의 한 유형이다.
④ 종업원지주제(ESOP)는 원래 안정주주의 확보라는 기업방어적인 측면에서 시작되었다.
⑤ 정치적인 측면에서 볼 때 경영참가제도의 목적은 산업민주주의를 실현하는데 있다.

해설 스캔론플랜(Scanlon plan)은 판매금액에 대한 인건비의 비율을 일정하게 정해 놓고 판매금액이 증가하거나 인건비가 절약되었을 때 그 차액을 상여금으로 지급하는 집단 인센티브 제도를 말한다.

57. 동기부여이론에 관한 설명으로 옳지 않은 것은?

① 동기부여이론을 내용이론과 과정이론으로 구분할 때 알더퍼(C. Alderfer)의 ERG이론은 내용이론이다.
② 맥클랜드(D. McClelland)의 성취동기이론에서 성취욕구를 측정하기에 가장 적합한 것은 TAT(주제통각검사)이다.
③ 허츠버그(F. Herzberg)의 2요인이론에 따르면, 동기유발이 되기 위해서는 동기요인은 충족시키고, 위생요인은 제거해 주어야 한다.

정답 54 ⑤ 55 ① 56 ③ 57 ③

④ 브룸(V. Vroom)의 기대이론은 기대감, 수단성, 유의성에 의해 노력의 강도가 결정되는데 이들 중 하나라도 0이면 동기부여가 안된다고 한다.
⑤ 아담스(J. Adams)는 페스팅거(L. Festinger)의 인지부조화 이론을 동기유발과 연관시켜서 공정성이론을 체계화하였다.

해설 허츠버그(F. Herzberg)의 2요인이론은 종업원의 욕구요인을 만족요인과 불만족요인으로 구분하는데 이들 요인은 별개의 차원이다.

58. 수요예측을 위한 시계열분석에 관한 설명으로 옳지 않은 것은?
① 시계열분석은 장래의 수요를 예측하는 방법으로, 종속변수인 수요의 과거 패턴이 미래에도 그대로 지속된다는 가정에 근거를 두고 있다.
② 전기수요법은 가장 최근의 수요로 다음 기간의 수요를 예측하는 기법으로, 수요가 안정적일 경우 효율적으로 사용할 수 있다.
③ 이동평균법은 우연변동만이 크게 작용하는 경우 유용한 기법으로, 가장 최근 n기간 데이터를 산술평균하거나 가중평균하여 다음 기간의 수요를 예측할 수 있다.
④ 추세분석법은 과거 자료에 뚜렷한 증가 또는 감소의 추세가 있는 경우, 과거 수요와 추세선상 예측치 간 오차의 합을 최소화하는 직선 추세선을 구하여 미래의 수요를 예측할 수 있다.
⑤ 지수평활법은 추세나 계절변동을 모두 포함하여 분석할 수 있으나, 평활상수를 작게 하여도 최근 수요 데이터의 가중치를 과거 수요 데이터의 가중치보다 작게 부과할 수 없다.

해설 추세분석법은 과거의 추세치가 앞으로도 계속되리라는 가정 하에 과거의 시계열 자료들을 분석해 그 변화 방향을 탐색하는 미래를 예측하는 방법을 말한다.

59. 하우 리(H. Lee)가 제안한 공급사슬 전략 중 수요의 불확실성이 낮고 공급의 불확실성이 높은 경우 필요한 전략은?
① 효율적 공급사슬
② 반응적 공급사슬
③ 민첩한 공급사슬
④ 위험회피 공급사슬
⑤ 지속가능 공급사슬

해설 ④ 위험회피 공급사슬 : 주요 원자재나 핵심부품의 공급단절을 방지하여 재고를 확보하는 공급사슬전략이다.
① 효율적 공급사슬 : 효율성 창출을 목표로 하고 규모의 경제를 추구하는 공급사슬전략이다.
② 반응적 공급사슬 : 고객의 유동적이고 다양한 니즈에 대응하고 대량 고객화에 매우 중요한 공급사슬전략이다.
③ 민첩한 공급사슬 : 고객의 요구에 유연하게 대응하고 공급의 부족과 단절을 방지하는 전략으로 위험회피 공급사슬전략과 반응적 공급사슬전략의 장점을 결합한 공급사슬전략이다.

60. 심리평가에서 신뢰도와 타당도에 관한 설명으로 옳은 것은?

① 내적일치 신뢰도(internal consistency reliability)를 알아보기 위해서는 동일한 속성을 측정하기 위한 검사를 두 가지 다른 형태로 만들어 사람들에게 두 가지 형 모두를 실시한다.
② 다양한 신뢰도 측정방법들은 모두 유사한 의미를 지니고 있기 때문에 서로 바꾸어서 사용해도 된다.
③ 검사-재검사 신뢰도(test-retest reliability)는 두 번의 검사 시간간격이 길수록 높아진다.
④ 준거관련 타당도 중 동시 타당도(concurrent validity)와 예측 타당도(predictive validity) 간의 중요한 차이는 예측변인과 준거자료를 수집하는 시점 간 시간간격이다.
⑤ 검사가 학문적으로 받아들여지기 위해 바람직한 신뢰도 계수와 타당도 계수는 .70~.80의 범위에 존재한다.

해설 ④ 예측 타당도(predictive validity)는 검사 실시 후 일정 기간 지나야 준거 변인 측정이 가능하고, 동시 타당도(concurrent validity)는 해당 검사 점수와 준거점수가 동시에 나온다. 동시 타당도는 예언타당도의 일정 기간 기다려야 하는 단점을 보완한 것이다.
① 내적일치 신뢰도(internal consistency reliability)는 하나의 측정도구 내 문항들 서로 간에 밀접한 관련이 있는지를 파악하여 측정문항의 신뢰도를 추정한다.
② 신뢰도 측정방법마다 검사 목적이 다르므로 서로 바꾸어서 사용해서는 안 된다.
③ 검사-재검사 신뢰도(test-retest reliability)는 두 관찰값 간 차이가 적으면 신뢰도가 높고, 차이가 크면 신뢰도가 낮은 것으로 판단할 수 있다.
⑤ 신뢰도 계수와 타당도 계수는 0~1.0 사이이다.

61. 개인의 수행을 판단하기 위해 사용되는 준거의 특성 중 실제준거가 개념준거 전체를 나타내지 못하는 정도를 의미하는 것은?

① 준거 결핍(criterion deficiency)
② 준거 오염(criterion contamination)
③ 준거 불일치(criterion discordance)
④ 준거 적절성(criterion relevance)
⑤ 준거 복잡성(criterion composite)

해설 ① 준거 결핍(criterion deficiency) : 준거의 특성 중 실제준거가 개념준거 전체를 나타내지 못하는 정도
② 준거 오염(criterion contamination) : 실제준거가 개념준거가 아닌 다른 어떤 것을 측정하는 정도
③ 준거 불일치(criterion discordance) : 실제준거가 개념준거가 일치하지 않는 정도
④ 준거 적절성(criterion relevance) : 실제준거와 개념준거가 일치되거나 유사한 정도
⑤ 준거 복잡성(criterion composite) : 직무수행이 복잡하다는 것은 수행을 적절히 평가하기 위해 여러 가지 준거 측정이 필요

정답 58 ④ 59 ④ 60 ④ 61 ①

62. 직업 스트레스 모델 중 다양한 직무요구에 대해 종업원들의 외적요인(조직의 지원, 의사결정과정에 대한 참여)과 내적요인(자신의 업무요구에 대한 종업원의 정신적 접근방법)이 개인적으로 직면하는 스트레스 요인에 완충 역할을 한다는 것은?

   ① 자원보존(Conservation of Resources, COR) 이론
   ② 요구-통제 모델(Demands-Control Model)
   ③ 요구-자원 모델(Demands-Resources Model)
   ④ 사람-환경 적합 모델(Person-Environment Fit Model)
   ⑤ 노력-보상 불균형 모델(Effort-Reward Imbalance Model)

   해설 ③ 요구-자원 모델(Demands-Resources Model) : 종업원들의 외적요인과 내적요인이 개인적으로 스트레스 요인에 완충 역할을 한다는 이론이다.
   ① 자원보존(Conservation of Resources, COR) 이론 : 역할간과 역할내 스트레스에 연관 관계를 설명하는 이론으로 일-가정 중 상실에 의한 스트레스를 낳게 된다.
   ② 요구-통제 모델(Demands-Control Model) : 통제력은 요구의 부정적 효과를 줄이거나 완충해 주는 역할을 한다고 보는 이론이다.
   ④ 사람-환경 적합 모델(Person-Environment Fit Model) : 스트레스는 인간이나 환경으로부터 독립적으로 발생하는 것이 아니라는 이론이다.
   ⑤ 노력-보상 불균형 모델(Effort-Reward Imbalance Model) : 개인 차원에서 스트레스를 일으키는 가장 큰 원인은 본인이 지출하는 노력의 내용과 크기와 본인이 직접 체험하는 보상의 내용과 크기 간의 불균형 때문이라고 보는 이론이다.

63. 작업동기이론에 관한 설명으로 옳지 않은 것은?

   ① 기대이론(expectancy theory)은 다른 사람들 간의 동기의 정도를 예측하는 것보다는 한 사람이 서로 다양한 과업에 기울이는 노력의 수준을 예측하는데 유용하다.
   ② 형평이론(equity theory)에 따르면 개인마다 형평에 대한 선호도에 차이가 있으며, 이러한 형평 민감성은 사람들이 불형평에 직면하였을 때 어떤 행동을 취할지를 예측한다.
   ③ 목표설정이론(goal-setting theory)에 따르면 목표가 어려울수록 수행은 더욱 좋아질 가능성이 크지만, 직무가 복잡하고 목표의 수가 다수인 경우에는 수행이 낮아진다.
   ④ 자기조절이론(self-regulation theory)에서는 개인이 행위의 주체로서 목표를 달성하기 위하여 주도적인 역할을 한다고 주장한다.
   ⑤ 자기결정이론(self-determination theory)은 자기효능감이 긍정적인 결과를 초래할지 아니면 부정적인 결과를 초래할지에 대한 문제를 이해하는데 도움을 주는 이론이다.

   해설 자기결정이론(self-determination theory)은 개인들의 어떤 활동을 내재적인 이유와 외재적인 이유에 의해 참여하여 되었을 때 발생하는 결과는 전혀 다르게 나타난다는 이론이다.

64. 조직 내 팀에 관한 설명으로 옳지 않은 것을 모두 고른 것은?

⊙ 터크만(B. Tuckman)의 팀 생애주기는 형성(forming)-규범형성(norming)-격동(storming)-수행(performing)-해체(adjourning)의 순이다.
ⓒ 집단사고는 효과적인 팀 수행을 위하여 공유된 정신모델을 구축할 때 잠재적으로 나타나는 부정적인 면이다.
ⓒ 집단극화는 개별구성원의 생각으로는 좋지 않다고 생각하는 결정을 집단이 선택할 때 나타나는 현상이다.
② 무임승차(free riding)나 무용성 지각(felt dispensability)은 팀에서 개인에게 개별적인 인센티브를 주지 않음으로써 일어날 수 있는 사회적 태만이다.
ⓜ 마크(M. Marks)가 제안한 팀 과정의 3요인 모형은 전환과정, 실행과정, 대인과정으로 구성되어 있다.

① ⊙, ⓒ
② ⊙, ⓒ
③ ⊙, ⓒ, ⓜ
④ ⓒ, ②, ⓜ
⑤ ⊙, ⓒ, ⓒ, ②

해설 ⊙ 터크만(B. Tuckman)의 팀 생애주기는 형성(forming)-격동(storming)-규범형성(norming)-수행(performing)-해체(adjourning)의 순이다.
ⓒ 집단극화는 집단 의사 결정 시 개별적으로 의사 결정을 할 때보다 더 극단적인 의사 결정을 하게 되는 경향성을 말한다.
ⓒ 집단사고는 집단 의사 결정 상황에서 집단 구성원들이 집단의 응집력과 획일성을 강조하고 반대 의견을 억압하여 비합리적인 결정을 내리는 부정적인 면이다.
② 무임승차나 무용성 지각은 팀에서 개인에게 개별적인 인센티브를 주지 않음으로써 일어날 수 있는 사회적 태만이다.
ⓜ 마크(M. Marks)가 제안한 팀 과정의 3요인 모형은 전환과정, 실행과정, 대인과정으로 구성되어 있다.

65. 반생산적 업무행동(CWB)에 관한 설명으로 옳지 않은 것은?

① 반생산적 업무행동의 사람기반 원인에는 성실성(conscientiousness), 특성분노(trait anger), 자기통제력(self control), 자기애적 성향(narcissism) 등이 있다.
② 반생산적 업무행동의 주된 상황기반 원인에는 규범, 스트레스에 대한 정서적 반응, 외적 통제소재, 불공정성 등이 있다.
③ 조직의 재산이나 조직 성원의 일을 의도적으로 파괴하거나 손상을 입히는 반생산적 업무행동은 심각성, 반복가능성, 가시성에 따라 구분되어 진다.
④ 사회적 폄하(social undermining)는 버릇없거나 의욕을 떨어뜨리는 행동으로 직장에서 용수철 효과(spiraling effect)처럼 작용하는 반생산적 업무행동이다.
⑤ 직장폭력과 공격을 유발하는 중요한 예측치는 조직에서 일어난 일이 얼마나 중요하게 인식되는가를 의미하는 유발성 지각(perceived provocation)이다.

해설 사회적 폄하(social undermining)는 조직구성원간 양호한 관계의 발전을 방해, 업무 성공방해, 명성에 흠집을 내려는 의도된 행동으로 이러한 행동은 자기고양동기, 타인파괴동기에서 나타난다.

정답 62 ③ 63 ⑤ 64 ② 65 ④

66. 인간지각 특성에 관한 설명으로 옳지 않은 것은?

① 평행한 직선들이 평행하게 보이지 않는 방향착시는 가현운동에 의한 착시의 일종이다.
② 선택, 조직, 해석의 세 가지 지각과정 중 게슈탈트 지각 원리들이 나타나는 것은 조직 과정이다.
③ 전체적인 맥락에서 문자나 그림 등의 빠진 부분을 채워서 보는 지각 원리는 폐쇄성(closure)이다.
④ 일반적으로 감시하는 대상이 많아지면 주의의 폭은 넓어지고 깊이는 얕아진다.
⑤ 주의력의 특성으로는 선택성, 방향성, 변동성이 있다.

해설 가현운동은 영화처럼 조금씩 다른 정지한 영상을 잇달아 제시하면 연속적인 운동으로 보이는 것을 말한다.

67. 휴먼에러(human error)에 관한 설명으로 옳은 것은?

① 리전(J. Reason)의 휴먼에러 분류는 행위의 결과만을 보고 분류하므로 에러 분류가 비교적 쉽고 빠른 장점이 있다.
② 지식기반 착오(knowledge based mistake)는 무의식적 행동 관례 및 저장된 행동 양상에 의해 제어되는 것이다.
③ 라스무센(J. Rasmussen)은 인간의 불완전한 행동을 의도적인 경우와 비의도적인 경우로 구분하여 에러 유형을 분류하였다.
④ 누락오류, 작위오류, 시간오류, 순서오류는 원인적 분류에 해당하는 휴먼에러이다.
⑤ 스웨인(A. Swain)은 휴먼에러를 작업 완수에 필요한 행동과 불필요한 행동을 하는 과정에서 나타나는 에러로 나누었다.

해설 ⑤ 스웨인(A. Swain)은 작위적 오류(Commission Error)와 부작위적 오류(Omission Error)로 구분한다.
① 리전(J. Reason)의 휴먼에러 분류는 행위의 원인으로 분류한다.
② 지식기반 착오(knowledge based mistake)는 무지로 발생하는 착오이다.
③ 라스무센(J. Rasmussen)은 숙련기반 행동 모델, 규칙기반 행동 모델, 지식기반 행동 모델로 구분하여 에러 유형을 분류하였다.
④ 누락오류, 작위오류, 시간오류, 순서오류는 심리적 분류에 해당하는 휴먼에러이고, 원인적 분류는 1차 에러, 2차 에러, command error이다.

68. 작업 환경과 건강에 관한 설명으로 옳은 것을 모두 고른 것은?

㉠ 안전한 절차, 실행, 행동을 관리자가 장려하고 보상한다는 종업원의 공유된 지각을 조직지지 지각(perceived organizational support)이라 한다.
㉡ 레이노 증후군(Raynaud's syndrome)이란 진동이나 추위, 심리적 변화 등으로 인해 나타나는 말초혈관 운동의 장애로 손가락이 창백해지고 통증을 느끼는 증상을 말한다.
㉢ 눈부심의 불쾌감은 배경의 휘도가 클수록, 광원의 크기가 작을수록 감소하게 된다.
㉣ VDT(Visual Display Terminal) 증후군은 컴퓨터의 키보드나 마우스를 오래 사용하는 작업자에게 발생하는 반복긴장성 손상의 대표적인 질환이다.

① ㉠, ㉡
② ㉡, ㉢
③ ㉠, ㉢, ㉣
④ ㉡, ㉢, ㉣
⑤ ㉠, ㉡, ㉢, ㉣

해설
㉠ 조직지지 지각(perceived organizational support)은 종업원이 그들의 창의적 노력이 효과적이라고 지각하게 만든다.
㉡ 레이노 증후군(Raynaud's syndrome)이란 진동, 추위 등으로 인해 나타나는 말초혈관 운동의 장애로 손가락이 창백해지고 통증을 느끼는 증상을 말한다.
㉢ 눈부심의 불쾌감은 배경의 휘도가 클수록, 광원의 크기가 작을수록 증가하게 된다.
㉣ VDT(Visual Display Terminal) 증후군은 장시간 동안 모니터를 보며 키보드를 두드리는 작업을 할 때 생기는 각종 신체적, 정신적 장애를 이르는 말이다.

69. 화학물질 및 물리적 인자의 노출기준에서 공기 중 석면 농도의 표시 단위는?

① ppm
② mg/㎥
③ mppcf
④ CFU/㎥
⑤ 개/㎤

해설 분진 및 미스트 등 에어로졸(Aerosol)의 노출기준 표시단위는 ㎥당 밀리그램(mg/㎥)을 사용한다. 다만, 석면 및 내화성세라믹섬유의 노출기준 표시단위는 ㎤당 개수(개/㎤)를 사용한다(화학물질 및 물리적 인자의 노출기준 제11조 제1항).

70. 1900년 이전에 일어난 산업보건 역사에 해당하지 않는 것은?

① 영국에서 음낭암 발견
② 독일 뮌헨대학에서 위생학 개설
③ 영국에서 공장법 제정
④ 영국에서 황린 사용금지
⑤ 독일에서 노동자질병보호법 제정

정답 66 ① 67 ⑤ 68 ①, ②, ③, ④, ⑤ 69 ⑤ 70 ④

해설 ④ 영국 성냥공장에서 황린을 사용금지한 시기는 1900년 이후이다.
① 영국에서 음낭암 발견은 산업혁명의 일이다.
② 독일 뮌헨대학에서 위생학 개설은 1866년이다.
③ 영국에서 공장법 제정은 1833년이다.
⑤ 독일에서 노동자질병보호법 제정은 1883년이다.

71. 산업위생전문가의 윤리강령 중 사업주에 대한 책임에 해당하지 않는 것은?
① 쾌적한 작업환경을 만들기 위하여 산업위생의 이론을 적용하고 책임있게 행동한다.
② 신뢰를 바탕으로 정직하게 권고하고 결과와 개선점은 정확히 보고한다.
③ 결과와 결론을 위해 사용된 모든 자료들을 정확히 기록·보관한다.
④ 업무 중 취득한 기밀에 대해 비밀을 보장한다.
⑤ 근로자의 건강에 대한 궁극적인 책임은 사업주에게 있음을 인식시킨다.

해설 업무 중 취득한 기밀에 대해 비밀을 보장하는 것은 전문가로서의 책임에 해당한다.
기업주와 고객에 대한 책임
1. 쾌적한 작업환경을 만들기 위하여 산업위생의 이론을 적용하고 책임 있게 행동한다.
2. 신뢰를 바탕으로 정직하게 권고하고 결과와 개선점은 정확히 보고한다.
3. 결론을 뒷받침할 수 있도록 기록을 유지하고 산업위생사업을 전문가답게 운영한다.
4. 기업주와 고객보다는 근로자의 건강보호에 궁극적 책임을 둔다.

72. 납 중독시 나타나는 heme 합성 장해에 관한 설명으로 옳지 않은 것은?
① 혈중 유리철분 감소
② 혈청 중 δ-ALA 증가
③ δ-ALAD 작용 억제
④ 적혈구내 프로토폴피린 증가
⑤ heme 합성효소 작용 억제

해설 Heme 합성장해 : 빈혈증은 heme의 생합성 과정에 장해가 생겨 혈색소량이 감소, 적혈구의 생존기간이 단축, ALA dehydratase효소의 작용 억제, 혈중의 ALA농도 증가, protoporphyrinIX 증가, coproporphyrinogen decarboxylase효소의 작용도 억제, 혈중의 유리철분이 증가

73. 근로자 건강진단 실시기준에 따른 건강관리구분 C_n의 내용은?
① 직업성 질병으로 진전될 우려가 있어 추적검사 등 관찰이 필요한 근로자
② 일반질병으로 진전될 우려가 있어 추적관찰이 필요한 근로자
③ 질병으로 진전될 우려가 있어 야간작업시 추적관찰이 필요한 근로자
④ 질병의 소견을 보여 야간작업시 사후관리가 필요한 근로자
⑤ 건강진단 1차 검사결과 건강수준의 평가가 곤란하거나 질병이 의심되는 근로자

해설 "야간작업" 특수건강진단 건강관리구분 판정(근로자 건강진단 실시기준 별표 4)

건강관리구분	건 강 관 리 구 분 내 용
A	건강관리상 사후관리가 필요 없는 근로자(건강한 근로자)
C_N	질병으로 진전될 우려가 있어 야간작업 시 추적관찰이 필요한 근로자(질병 요관찰자)
D_N	질병의 소견을 보여 야간작업 시 사후관리가 필요한 근로자(질병 유소견자)
R	건강진단 1차 검사결과 건강수준의 평가가 곤란하거나 질병이 의심되는 근로자(제2차 건강진단 대상자)

74. 비누거품미터의 뷰렛 용량은 500ml이고, 거품이 지나가는데 10초가 소요되었다면 공기시료채취기의 유량(L/min)은?

① 2.0
② 3.0
③ 4.0
④ 5.0
⑤ 6.0

해설 공기시료채취기의 유량(L/min) = $\dfrac{\text{비누거품이 통과한 용량}}{\text{비누거품이 통과한 시간}} = \dfrac{\frac{4}{1,000}L}{\frac{10}{60\min}} = \dfrac{0.5}{\frac{10}{60}} = 3L/\min$

75. 덕트 내 공기에 의한 마찰손실을 표시하는 레이놀드 수(Reynolds No.)에 포함되지 않는 요소는?

① 공기 속도(velocity)
② 덕트 직경(diameter)
③ 덕트면 조도(roughness)
④ 공기 밀도(density)
⑤ 공기 점도(viscosity)

해설 레이놀드 수(Reynolds No.) = $\dfrac{\text{밀도} \times \text{속도} \times \text{특성길이(덕트직경)}}{\text{점성계수}}$

정답 71 ④ 72 ① 73 ③ 74 ② 75 ③

2018년 기출문제

산업안전보건법령

1. 산업안전보건법령상 근로를 금지시켜야 하는 사람에 해당하지 않는 것은?

   ① 정신분열증에 걸린 사람
   ② 감압증에 걸린 사람
   ③ 폐 질환이 있는 사람으로서 근로에 의하여 병세가 악화될 우려가 있는 사람
   ④ 심장 질환이 있는 사람으로서 근로에 의하여 병세가 악화될 우려가 있는 사람
   ⑤ 신장 질환이 있는 사람으로서 근로에 의하여 병세가 악화될 우려가 있는 사람

   > **해설** 사업주는 감염병, 정신질환 또는 근로로 인하여 병세가 크게 악화될 우려가 있는 질병으로서 다음의 어느 하나에 해당하는 사람에 대해서는 근로를 금지해야 한다(법 제138조 제1항, 규칙 제220조 제1항).
   > 1. 전염될 우려가 있는 질병에 걸린 사람. 다만, 전염을 예방하기 위한 조치를 한 경우는 제외한다.
   > 2. 조현병, 마비성 치매에 걸린 사람
   > 3. 심장·신장·폐 등의 질환이 있는 사람으로서 근로에 의하여 병세가 악화될 우려가 있는 사람
   > 4. 1.부터 3.까지의 규정에 준하는 질병으로서 고용노동부장관이 정하는 질병에 걸린 사람

2. 산업안전보건법령상 사업장의 산업재해 발생건수 등 공표에 관한 설명이다. ( )안에 들어갈 내용을 순서대로 바르게 나열한 것은?

   > 고용노동부장관은 산업재해를 예방하기 위하여 「산업안전보건법」 제10조 제2항에 따른 산업재해의 발생에 관한 보고를 최근 (㉠) 이내 (㉡) 이상 하지 않은 사업장의 산업재해 발생건수, 재해율 또는 그 순위 등을 공표하여야 한다.

   ① ㉠ : 1년, ㉡ : 1회
   ② ㉠ : 2년, ㉡ : 2회
   ③ ㉠ : 3년, ㉡ : 2회
   ④ ㉠ : 5년, ㉡ : 3회
   ⑤ ㉠ : 5년, ㉡ : 5회

   > **해설** 고용노동부장관은 산업재해를 예방하기 위하여 산업재해의 발생에 관한 보고를 최근 3년 이내 2회 이상 하지 않은 사업장의 근로자 산업재해 발생건수, 재해율 또는 그 순위 등(산업재해발생건수등)을 공표하여야 한다(법 제10조 제1항, 영 제10조 제1항 제5호).

3. 산업안전보건법령상 '일반석면조사'를 해야 하는 경우 그 조사사항에 해당하지 않는 것은?

① 해당 건축물이나 설비에 석면이 함유되어 있는지 여부
② 해당 건축물이나 설비 중 석면이 함유된 자재의 종류
③ 해당 건축물이나 설비 중 석면이 함유된 자재의 위치
④ 해당 건축물이나 설비 중 석면이 함유된 자재의 면적
⑤ 해당 건축물이나 설비에 함유된 석면의 종류 및 함유량

해설 '일반석면조사'를 해야 하는 경우 그 조사사항(법 제119조 제1항)
  1. 해당 건축물이나 설비에 석면이 포함되어 있는지 여부
  2. 해당 건축물이나 설비 중 석면이 포함된 자재의 종류, 위치 및 면적

4. 甲은 산업안전보건법령상 산업안전지도사로서 활동을 하려고 한다. 이에 관한 설명으로 옳은 것은?

① 甲은 고용노동부장관이 시행하는 산업안전지도사시험에 합격하여야만 산업안전지도사의 자격을 가질 수 있다.
② 甲은 산업안전지도사로서 그 직무를 시작하기 전에 광역지방자치단체의 장에게 등록을 하여야 한다.
③ 甲이 파산선고를 받은 경우라면 복권되더라도 산업안전지도사로서 등록할 수 없다.
④ 甲은 3년마다 산업안전지도사 등록을 갱신하여야 한다.
⑤ 甲이 산업안전지도사의 직무를 조직적·전문적으로 수행하기 위하여 법인을 설립하려고 하는 경우에는 「상법」 중 주식회사에 관한 규정을 적용한다.

해설 ① 고용노동부장관이 시행하는 지도사 자격시험에 합격한 사람은 지도사의 자격을 가진다(법 제143조 제1항).
② 지도사가 그 직무를 수행하려는 경우에는 고용노동부령으로 정하는 바에 따라 고용노동부장관에게 등록하여야 한다(법 제145조 제1항).
③ 파산선고를 받고 복권되지 아니한 사람은 등록을 할 수 없다(법 제145조 제3항).
④ 등록을 한 지도사는 고용노동부령으로 정하는 바에 따라 5년마다 등록을 갱신하여야 한다(법 제145조 제4항).
⑤ 산업안전지도사의 직무를 조직적·전문적으로 수행하기 위하여 법인을 설립하려고 하는 경우에는 「상법」 중 합명회사에 관한 규정을 적용한다(법 제145조 제6항).

5. 산업안전보건법령상 안전관리전문기관 지정의 취소 또는 과징금에 관한 설명으로 옳은 것은?

① 고용노동부장관은 안전관리전문기관이 업무정지 기간 중에 업무를 수행한 경우에는 그 지정을 취소하거나 6개월 이내의 기간을 정하여 그 업무의 정지를 명할 수 있다.
② 고용노동부장관은 안전관리전문기관이 위탁받은 안전관리 업무에 차질이 생기게 한 경우에는 그 지정을 취소하거나 6개월 이내의 기간을 정하여 그 업무의 정지를 명할 수 있다.

정답 1 ② 2 ③ 3 ⑤ 4 ① 5 ②

③ 과징금은 분할하여 납부할 수 있다.
④ 안전관리전문기관의 지정이 취소된 자는 3년 이내에는 안전관리전문기관으로 지정받을 수 없다.
⑤ 고용노동부장관은 위반행위의 동기, 내용 및 횟수 등을 고려하여 과징금 부과금액의 2분의 1 범위에서 과징금을 늘리거나 줄일 수 있으며, 늘리는 경우 과징금 부과금액의 총액은 1억원을 넘을 수 있다.

해설 ② 고용노동부장관은 안전관리전문기관이 위탁받은 안전관리 업무에 차질이 생기게 한 경우에는 그 지정을 취소하거나 6개월 이내의 기간을 정하여 그 업무의 정지를 명할 수 있다(영 제28조 제3호).
① 고용노동부장관은 안전관리전문기관이 업무정지 기간 중에 업무를 수행한 경우에는 해당할 때에는 그 지정을 취소하여야 한다(법 제21조 제4항 제2호).
③ 고용노동부장관이 과징금의 납부기한을 연기하거나 분할 납부하게 하는 경우 납부기한의 연기는 그 납부기한의 다음 날부터 1년을 초과할 수 없고, 각 분할된 납부기한 간의 간격은 4개월 이내로 하며, 분할 납부의 횟수는 3회 이내로 한다(영 제112조 제4항).
④ 지정이 취소된 자는 지정이 취소된 날부터 2년 이내에는 각각 해당 안전관리전문기관 또는 보건관리전문기관으로 지정받을 수 없다(법 제21조 제5항).
⑤ 고용노동부장관은 위반행위의 동기, 내용 및 횟수 등을 고려하여 과징금 부과금액의 2분의 1 범위에서 과징금을 늘리거나 줄일 수 있다. 다만, 늘리는 경우에도 과징금 부과금액의 총액은 10억원을 넘을 수 없다(영 별표 33).

6. 산업안전보건기준에 관한 규칙상 통로 등에 관한 설명으로 옳지 않은 것은?
① 사업주는 계단 및 승강구 바닥을 구멍이 있는 재료로 만드는 경우 렌치나 그 밖의 공구 등이 낙하할 위험이 없는 구조로 하여야 한다.
② 사업주는 급유용·보수용·비상용 계단 및 나선형 계단을 설치하는 경우 그 폭을 1미터 이상으로 하여야 한다.
③ 사업주는 높이가 3m를 초과하는 계단에 높이 3미터 이내마다 진행방향으로 길이 1.2m 이상의 계단참을 설치해야 한다.
④ 사업주는 갱내에 설치한 통로 또는 사다리식 통로에 권상장치(卷上裝置)가 설치된 경우 권상장치와 근로자의 접촉에 의한 위험이 있는 장소에 판자벽이나 그 밖에 위험 방지를 위한 격벽(隔壁)을 설치하여야 한다.
⑤ 사업주는 높이 1미터 이상인 계단의 개방된 측면에 안전난간을 설치하여야 한다.

해설 ② 사업주는 계단을 설치하는 경우 그 폭을 1m 이상으로 하여야 한다. 다만, 급유용·보수용·비상용 계단 및 나선형 계단이거나 높이 1m 미만의 이동식 계단인 경우에는 그러하지 아니하다(산업안전보건기준에 관한 규칙 제27조 제1항).
① 사업주는 계단 및 승강구 바닥을 구멍이 있는 재료로 만드는 경우 렌치나 그 밖의 공구 등이 낙하할 위험이 없는 구조로 하여야 한다(산업안전보건기준에 관한 규칙 제26조 제2항).
③ 사업주는 높이가 3m를 초과하는 계단에 높이 3미터 이내마다 진행방향으로 길이 1.2m 이상의 계단참을 설치해야 한다(산업안전보건기준에 관한 규칙 제28조).
④ 사업주는 갱내에 설치한 통로 또는 사다리식 통로에 권상장치가 설치된 경우 권상장치와 근로자의 접촉에 의한 위험이 있는 장소에 판자벽이나 그 밖에 위험 방지를 위한 격벽을 설치하여야 한다(산업안전보건기준에 관한 규칙 제25조).
⑤ 사업주는 높이 1m 이상인 계단의 개방된 측면에 안전난간을 설치하여야 한다(산업안전보건기준에 관한 규칙 제30조).

7. 산업안전보건법령상 정부의 책무 또는 사업주 등의 의무에 관한 설명으로 옳지 않은 것은?

① 사업주는 안전·보건의식을 북돋우기 위하여 산업안전·보건 강조기간의 설정 및 그 시행과 관련된 시책을 마련하여야 한다.
② 정부는 산업재해에 관한 조사 및 통계의 유지·관리를 성실히 이행할 책무를 진다.
③ 사업주는 해당 사업장의 안전·보건에 관한 정보를 근로자에게 제공하여야 한다.
④ 근로자는 사업주 또는 근로감독관, 한국산업안전보건공단 등 관계자가 실시하는 산업재해 방지에 관한 조치에 따라야 한다.
⑤ 원재료 등을 제조·수입하는 자는 그 원재료 등을 제조·수입할 때 산업안전보건법령으로 정하는 기준을 지켜야 한다.

해설 ① 정부는 산업 안전 및 보건에 관한 의식을 북돋우기 위한 홍보·교육 등 안전문화 확산 추진을 성실히 이행할 책무를 진다(법 제4조 제1항 제5호).
② 정부는 산업재해에 관한 조사 및 통계의 유지·관리를 성실히 이행할 책무를 진다(법 제4조 제1항 제7호).
③ 근로자는 사업주 또는 근로감독관, 한국산업안전보건공단 등 관계자가 실시하는 산업재해 방지에 관한 조치에 따라야 한다(법 제5조 제1항 제3호).
④ 근로자는 이 법과 이 법에 따른 명령으로 정하는 산업재해 예방을 위한 기준을 지켜야 하며, 사업주 또는 근로감독관, 공단 등 관계인이 실시하는 산업재해 예방에 관한 조치에 따라야 한다(법 제6조).
⑤ 원재료 등을 제조·수입하는 자는 그 원재료 등을 제조·수입할 때 산업안전보건법령으로 정하는 기준을 지켜야 한다(법 제5조 제2항 제2호).

8. 산업안전보건법령상 유해인자인 벤젠의 노출농도의 허용기준을 옳게 연결한 것은?

	시간가중평균값(TWA)	단시간 노출값(STEL)
①	0.5ppm	2.0ppm
②	0.5ppm	2.5ppm
③	0.5ppm	3.0ppm
④	1.0ppm	2.5ppm
⑤	1.0ppm	3.0ppm

해설 벤젠(Benzene; 71-43-2)(규칙 별표 19)
1. 시간가중평균값(TWA) : 0.5ppm
2. 단시간 노출값(STEL) : 2.5ppm

9. 산업안전보건법령상 건강진단에 관한 설명으로 옳지 않은 것은?

① 사업주가 실시하여야 하는 근로자 건강진단에는 일반건강진단, 특수건강진단, 배치전건강진단, 수시건강진단 및 임시건강진단이 있다.
② 건강진단기관이 건강진단을 실시한 때에는 그 결과를 근로자 및 사업주에게 통보하고 고용노동부장관에게 보고하여야 한다.

정답 6 ② 7 ① 8 ② 9 ③

③ 사업주는 근로자대표가 요구할 때에는 해당 근로자 본인의 동의 없이도 그 근로자의 건강진단결과를 공개할 수 있다.
④ 사업주는 특수건강진단, 배치전건강진단 및 수시건강진단을 지방고용노동관서의 장이 지정하는 의료기관에서 실시하여야 한다.
⑤ 사업주가 「항공안전법」에 따른 신체검사를 실시하여 그 건강진단을 받은 근로자는 일반건강진단을 실시한 것으로 본다.

해설 ③ 개별 근로자의 건강진단 결과는 본인의 동의 없이 공개해서는 아니 된다(법 제132조 제2항).
① 사업주가 실시하여야 하는 근로자 건강진단에는 일반건강진단, 특수건강진단, 배치전건강진단, 수시건강진단 및 임시건강진단이 있다(법 제129조~제131조).
② 건강진단기관은 건강진단을 실시한 때에는 고용노동부령으로 정하는 바에 따라 그 결과를 근로자 및 사업주에게 통보하고 고용노동부장관에게 보고하여야 한다(법 제134조 제1항).
④ 의료기관이 특수건강진단, 배치전건강진단 또는 수시건강진단을 수행하려는 경우에는 고용노동부장관으로부터 건강진단을 할 수 있는 기관(특수건강진단기관)으로 지정받아야 한다(법 제135조 제1항).
⑤ 사업주가 「항공안전법」에 따른 신체검사를 실시하여 그 건강진단을 받은 근로자는 일반건강진단을 실시한 것으로 본다(법 제129조 제1항 단서, 규칙 제196조 제5호).

10. 산업안전보건법령상 산업안전지도사와 산업보건지도사의 업무범위에 공통적으로 해당하는 것을 모두 고른 것은?

㉠ 위험성평가의 지도
㉡ 안전보건개선계획서의 작성
㉢ 공정안전보고서의 작성 지도
㉣ 직업병 예방을 위한 작업관리에 필요한 지도
㉤ 보건진단 결과에 따른 개선에 필요한 기술 지도

① ㉠
② ㉠, ㉡
③ ㉠, ㉡, ㉢
④ ㉠, ㉡, ㉢, ㉣
⑤ ㉠, ㉡, ㉢, ㉣, ㉤

해설 산업안전지도사와 산업보건지도사의 공통 업무범위(법 제142조 제1항, 제2항)
1. 위험성평가의 지도
2. 안전보건개선계획서의 작성

11. 산업안전보건법령상 건설 일용근로자가 건설업 기초안전·보건교육을 이수하여야 하는 경우 그 교육 시간은?

① 1시간
② 2시간
③ 3시간
④ 4시간
⑤ 5시간

[해설] 건설업 기초안전·보건교육(규칙 별표 4)
건설 일용근로자 : 4시간 이상

12. 산업안전보건법령상 유해·위험설비에 해당하는 것은?
   ① 원자력 설비
   ② 군사시설
   ③ 차량 등의 운송설비
   ④ 「도시가스사업법」에 따른 가스공급시설
   ⑤ 화약 및 불꽃제품 제조업 사업장의 보유설비

[해설] 유해하거나 위험한 설비(영 제43조 제1항)
   1. 원유 정제처리업
   2. 기타 석유정제물 재처리업
   3. 석유화학계 기초화학물질 제조업 또는 합성수지 및 기타 플라스틱물질 제조업. 다만, 합성수지 및 기타 플라스틱물질 제조업은 인화성 액체 또는 메틸 이소시아네이트에 해당하는 경우로 한정한다.
   4. 질소 화합물, 질소·인산 및 칼리질 화학비료 제조업 중 질소질 비료 제조
   5. 복합비료 및 기타 화학비료 제조업 중 복합비료 제조(단순혼합 또는 배합에 의한 경우는 제외한다)
   6. 화학 살균·살충제 및 농업용 약제 제조업[농약 원제 제조만 해당한다]
   7. 화약 및 불꽃제품 제조업

13. 산업안전보건법령상 동일 사업장내에서 공정의 일부분을 도급하는 경우, 고용노동부장관의 인가를 받으면 그 작업만을 분리하여 도급(하도급을 포함한다)을 줄 수 있는 작업을 모두 고른 것은?

   ㉠ 도금작업
   ㉡ 카드뮴 등 중금속을 제련, 주입, 가공 및 가열하는 작업
   ㉢ 크롬산 아연을 제조하는 작업
   ㉣ 황화니켈을 사용하는 작업
   ㉤ 휘발성 콜타르피치를 사용하는 작업

   ① ㉠, ㉡
   ② ㉠, ㉣
   ③ ㉡, ㉢, ㉤
   ④ ㉢, ㉣, ㉤
   ⑤ ㉠, ㉡, ㉢, ㉣, ㉤

[해설] 사업주는 근로자의 안전 및 보건에 유해하거나 위험한 작업으로서 다음의 어느 하나에 해당하는 작업을 도급하여 자신의 사업장에서 수급인의 근로자가 그 작업을 하도록 해서는 아니 된다(법 제58조 제1항).

정답 10 ② 11 ④ 12 ⑤ 13 ⑤

1. 도금작업
2. 수은, 납 또는 카드뮴을 제련, 주입, 가공 및 가열하는 작업
3. 허가대상물질을 제조하거나 사용하는 작업(영 제88조)
   ㉠ α-나프틸아민[134-32-7] 및 그 염(α-Naphthylamine and its salts)
   ㉡ 디아니시딘[119-90-4] 및 그 염(Dianisidine and its salts)
   ㉢ 디클로로벤지딘[91-94-1] 및 그 염(Dichlorobenzidine and its salts)
   ㉣ 베릴륨(Beryllium; 7440-41-7)
   ㉤ 벤조트리클로라이드(Benzotrichloride; 98-07-7)
   ㉥ 비소[7440-38-2] 및 그 무기화합물(Arsenic and its inorganic compounds)
   ㉦ 염화비닐(Vinyl chloride; 75-01-4)
   ㉧ 콜타르피치[65996-93-2] 휘발물(Coal tar pitch volatiles)
   ㉨ 크롬광 가공(열을 가하여 소성 처리하는 경우만 해당한다)(Chromite ore processing)
   ㉩ 크롬산 아연(Zinc chromates; 13530-65-9 등)
   ㉪ o-톨리딘[119-93-7] 및 그 염(o-Tolidine and its salts)
   ㉫ 황화니켈류(Nickel sulfides; 12035-72-2, 16812-54-7)
   ㉬ ㉠부터 ㉣까지 또는 ㉥부터 ㉫까지의 어느 하나에 해당하는 물질을 포함한 혼합물(포함된 중량의 비율이 1퍼센트 이하인 것은 제외한다)
   ㉭ ㉤의 물질을 포함한 혼합물(포함된 중량의 비율이 0.5퍼센트 이하인 것은 제외한다)
4. 그 밖에 보건상 해로운 물질로서 산업재해보상보험및예방심의위원회의 심의를 거쳐 고용노동부장관이 정하는 유해물질

14. 산업안전보건법령상 제조 또는 사용허가를 받아야 하는 유해물질에 해당하지 않는 것은?

① 디클로로벤지딘과 그 염
② 오로토-톨리딘과 그 염
③ 디아니시딘과 그 염
④ 비소 및 그 무기화합물
⑤ 베타-나프틸아민과 그 염

해설 제조 또는 사용허가를 받아야 하는 유해물질(영 제88조)
1. α-나프틸아민[134-32-7] 및 그 염(α-Naphthylamine and its salts)
2. 디아니시딘[119-90-4] 및 그 염(Dianisidine and its salts)
3. 디클로로벤지딘[91-94-1] 및 그 염(Dichlorobenzidine and its salts)
4. 베릴륨(Beryllium; 7440-41-7)
5. 벤조트리클로라이드(Benzotrichloride; 98-07-7)
6. 비소[7440-38-2] 및 그 무기화합물(Arsenic and its inorganic compounds)
7. 염화비닐(Vinyl chloride; 75-01-4)
8. 콜타르피치[65996-93-2] 휘발물(Coal tar pitch volatiles)
9. 크롬광 가공(열을 가하여 소성 처리하는 경우만 해당한다)(Chromite ore processing)
10. 크롬산 아연(Zinc chromates; 13530-65-9 등)
11. o-톨리딘[119-93-7] 및 그 염(o-Tolidine and its salts)
12. 황화니켈류(Nickel sulfides; 12035-72-2, 16812-54-7)
13. 1.부터 4.까지 또는 6.부터 12.까지의 어느 하나에 해당하는 물질을 포함한 혼합물(포함된 중량의 비율이 1퍼센트 이하인 것은 제외한다)
14. 5.의 물질을 포함한 혼합물(포함된 중량의 비율이 0.5퍼센트 이하인 것은 제외한다)
15. 그 밖에 보건상 해로운 물질로서 산업재해보상보험및예방심의위원회의 심의를 거쳐 고용노동부장관이 정하는 유해물질

15. 산업안전보건법령상 유해위험방지계획서에 관한 설명으로 옳지 않은 것은?

① 산업재해발생률 등을 고려하여 고용노동부령으로 정하는 기준에 적합한 건설업체의 경우는 고용노동부령으로 정하는 자격을 갖춘 자의 의견을 생략하고 유해·위험방지계획서를 작성한 후 이를 스스로 심사하여야 한다.
② 유해위험방지계획서는 고용노동부장관에게 제출하여야 한다.
③ 유해위험방지계획서를 제출한 사업주는 공단의 확인을 받아야 한다.
④ 고용노동부장관은 유해위험방지계획서를 심사한 후 근로자의 안전과 보건을 위하여 필요하다고 인정할 때에는 공사계획을 변경할 것을 명령할 수는 있으나, 공사중지명령을 내릴 수는 없다.
⑤ 깊이 10미터 이상인 굴착공사를 착공하려는 사업주는 유해위험방지계획서를 작성하여야 한다.

해설 ④ 고용노동부장관은 제출된 유해위험방지계획서를 고용노동부령으로 정하는 바에 따라 심사하여 그 결과를 사업주에게 서면으로 알려 주어야 한다. 이 경우 근로자의 안전 및 보건의 유지·증진을 위하여 필요하다고 인정하는 경우에는 해당 작업 또는 건설공사를 중지하거나 유해위험방지계획서를 변경할 것을 명할 수 있다(법 제42조 제4항).
① 사업주 중 산업재해발생률 등을 고려하여 고용노동부령으로 정하는 기준에 해당하는 사업주는 유해위험방지계획서를 스스로 심사하고, 그 심사결과서를 작성하여 고용노동부장관에게 제출하여야 한다(법 제42조 제1항).
② 유해위험방지계획서는 고용노동부장관에게 제출하여야 한다(법 제42조 제1항).
③ 유해위험방지계획서를 제출한 사업주는 공단의 확인을 받아야 한다(규칙 제46조 제1항).
⑤ 깊이 10미터 이상인 굴착공사를 착공하려는 사업주는 유해위험방지계획서를 작성하여야 한다(영 제42조 제3항 제6호).

16. 산업안전보건법령상 안전·보건표지의 부착 등에 관한 설명으로 옳지 않은 것은?

① 「외국인근로자의 고용 등에 관한 법률」 제2조에 따른 외국인근로자를 채용한 사업주는 고용노동부장관이 정하는 바에 따라 해당 외국인근로자의 모국어로 작성하여야 한다.
② 안전·보건표지의 표시를 명백히 하기 위하여 필요한 경우에는 그 안전·보건표지의 주위에 표시사항을 글자로 덧붙여 적을 수 있다.
③ 안전·보건표지 속의 그림 또는 부호의 크기는 안전·보건표지의 크기와 비례하여야 하며, 안전·보건표지 전체 규격의 30퍼센트 이상이 되어야 한다.
④ 안전·보건표지의 성질상 설치하거나 부착하는 것이 곤란한 경우에는 해당 물체에 직접 도장(塗裝)할 수 있다.
⑤ 안전모 착용 지시표지의 경우 바탕은 노란색, 관련 그림은 검은색으로 한다.

해설 ⑤ 안전모 착용 지시표지의 경우 바탕은 파란색, 관련 그림은 흰색으로 한다(규칙 별표 6).
① 외국인근로자를 사용하는 사업주는 안전보건표지를 고용노동부장관이 정하는 바에 따라 해당 외국인근로자의 모국어로 작성하여야 한다(법 제37조 제1항).
② 안전보건표지의 표시를 명확히 하기 위하여 필요한 경우에는 그 안전보건표지의 주위에 표시사항을 글자로 덧붙여 적을 수 있다(규칙 제38조 제2항 전단).
③ 안전보건표지 속의 그림 또는 부호의 크기는 안전보건표지의 크기와 비례해야 하며, 안전보건표지 전체 규격의 30% 이상이 되어야 한다(규칙 제40조 제3항).
④ 안전보건표지의 성질상 설치하거나 부착하는 것이 곤란한 경우에는 해당 물체에 직접 도색할 수 있다(규칙 제39조 제3항).

정답 14 ⑤ 15 ④ 16 ⑤

17. 산업안전보건법령상 안전보건총괄책임자의 직무에 해당하지 않는 것은?

    ① 「산업안전보건법」 제41조의2에 따른 위험성평가의 실시에 관한 사항
    ② 안전인증대상 기계·기구등과 자율안전확인대상 기계·기구등의 사용 여부 확인
    ③ 근로자의 건강장해의 원인 조사와 재발 방지를 위한 의학적 조치
    ④ 「산업안전보건법」 제29조 제2항에 따른 도급사업 시의 산업재해 예방조치
    ⑤ 「산업안전보건법」 제30조에 따른 수급인의 산업안전보건관리비의 집행감독 및 그 사용에 관한 수급인 간의 협의·조정

    해설 안전보건총괄책임자의 직무(영 제53조 제1항)
    1. 위험성평가의 실시에 관한 사항
    2. 작업의 중지
    3. 도급 시 산업재해 예방조치
    4. 산업안전보건관리비의 관계수급인 간의 사용에 관한 협의·조정 및 그 집행의 감독
    5. 안전인증대상기계등과 자율안전확인대상기계등의 사용 여부 확인

18. 산업안전보건기준에 관한 규칙상 석면의 제조·사용 작업, 해체·제거작업 및 유지·관리 등의 조치기준에 관한 설명으로 옳지 않은 것은?

    ① 사업주는 분말 상태의 석면을 혼합하거나 용기에 넣거나 꺼내는 작업, 절단·천공 또는 연마하는 작업 등 석면분진이 흩날리는 작업에 근로자를 종사하도록 하는 경우에 석면의 부스러기 등을 넣어두기 위하여 해당 장소에 뚜껑이 있는 용기를 갖추어 두어야 한다.
    ② 사업주는 석면으로 인한 직업성 질병의 발생 원인, 재발 방지 방법 등을 석면을 취급하는 근로자에게 알려야 한다.
    ③ 사업주는 석면에 오염된 장비, 보호구 또는 작업복 등을 처리하는 경우에 압축공기를 불어서 석면오염을 제거해야 한다.
    ④ 사업주는 석면해체·제거작업에서 발생된 석면을 함유한 잔재물은 습식으로 청소하거나 고성능필터가 장착된 진공청소기를 사용하여 청소하는 등 석면분진이 흩날리지 않도록 하여야 한다.
    ⑤ 사업주는 석면해체·제거작업장과 연결되거나 인접한 장소에 탈의실·샤워실 및 작업복 갱의실 등의 위생설비를 설치하고 필요한 용품 및 용구를 갖추어 두어야 한다.

    해설 ③ 사업주는 석면에 오염된 장비, 보호구 또는 작업복 등을 폐기하는 경우에 밀봉된 불침투성 자루나 용기에 넣어 처리하여야 한다(산업안전보건기준에 관한 규칙 제485조 제1항).
    ① 사업주는 분말 상태의 석면을 혼합하거나 용기에 넣거나 꺼내는 작업, 절단·천공 또는 연마하는 작업 등 석면분진이 흩날리는 작업에 근로자를 종사하도록 하는 경우에 석면의 부스러기 등을 넣어두기 위하여 해당 장소에 뚜껑이 있는 용기를 갖추어 두어야 한다(산업안전보건기준에 관한 규칙 제484조).
    ② 사업주는 석면으로 인한 직업성 질병의 발생 원인, 재발 방지 방법 등을 석면을 취급하는 근로자에게 알려야 한다(산업안전보건기준에 관한 규칙 제486조).

④ 사업주는 석면해체·제거작업에서 발생된 석면을 함유한 잔재물은 습식으로 청소하거나 고성능필터가 장착된 진공청소기를 사용하여 청소하는 등 석면분진이 흩날리지 않도록 하여야 한다(산업안전보건기준에 관한 규칙 제497조 제1항).
⑤ 사업주는 석면해체·제거작업장과 연결되거나 인접한 장소에 평상복 탈의실, 샤워실 및 작업복 탈의실 등의 위생설비를 설치하고 필요한 용품 및 용구를 갖추어 두어야 한다(산업안전보건기준에 관한 규칙 제494조 제1항).

19. 산업안전보건법령상 작업 중 근로자가 추락할 위험이 있는 장소임에도 불구하고 사업주가 그 위험을 방지하기 위하여 필요한 조치를 취하지 않아 근로자가 사망한 경우, 사업주에게 과해지는 벌칙의 내용으로 옳은 것은?

① 7년 이하의 징역 또는 1억원 이하의 벌금
② 5년 이하의 징역 또는 5천만원 이하의 벌금
③ 3년 이하의 징역 또는 3천만원 이하의 벌금
④ 3년 이상의 징역 또는 10억원 이하의 과징금
⑤ 1년 이상의 징역 또는 5억원 이하의 과징금

해설 안전조치, 보건조치 또는 도급인의 안전조치 및 보건조치를 위반하여 근로자를 사망에 이르게 한 자는 7년 이하의 징역 또는 1억원 이하의 벌금에 처한다(법 제167조 제1항).

20. 산업안전보건법령상 안전보건관리책임자(이하 "관리책임자"라 한다)에 관한 설명으로 옳지 않은 것은?

① 「산업안전보건기준에 관한 규칙」에서 정하는 근로자의 위험 또는 건강장해의 방지에 관한 사항은 관리책임자의 업무에 해당한다.
② 사업주는 관리책임자에게 그 업무를 수행하는 데 필요한 권한을 주어야 한다.
③ 사업지원 서비스업의 경우에는 상시 근로자 50명 이상인 경우에 관리책임자를 두어야 한다.
④ 관리책임자는 해당 사업에서 그 사업을 실질적으로 총괄관리하는 사람이어야 한다.
⑤ 건설업의 경우에는 공사금액 20억원 이상인 경우에 관리책임자를 두어야 한다.

해설 ③ 사업지원 서비스업의 경우에는 상시 근로자 300명 이상인 경우에 관리책임자를 두어야 한다(영 별표 2).
① 안전보건규칙에서 정하는 근로자의 위험 또는 건강장해의 방지에 관한 사항은 관리책임자의 업무에 해당한다(규칙 제9조).
② 사업주는 안전보건관리책임자가 업무를 원활하게 수행할 수 있도록 권한·시설·장비·예산, 그 밖에 필요한 지원을 해야 한다(영 제14조 제2항).
④ 사업주는 사업장을 실질적으로 총괄하여 관리하는 사람에게 해당 사업장의 업무를 총괄하여 관리하도록 하여야 한다(법 제15조 제1항).
⑤ 건설업의 경우에는 공사금액 20억원 이상인 경우에 관리책임자를 두어야 한다(영 별표 2).

정답 17 ③ 18 ③ 19 ① 20 ③

21. 산업안전보건법령상 도급인인 사업주가 작업장의 안전·보건관리조치를 위하여 2일에 1회 이상 작업장을 순회점검하여야 하는 사업에 해당하는 것은?

① 음악 및 기타 오디오물 출판업
② 사회복지 서비스업
③ 금융 및 보험업
④ 소프트웨어 개발 및 공급업
⑤ 정보서비스업

해설 도급인인 사업주가 작업장의 안전·보건관리조치를 위하여 2일에 1회 이상 작업장을 순회점검하여야 하는 사업(규칙 제80조 제1항 제1호)
1. 건설업
2. 제조업
3. 토사석 광업
4. 서적, 잡지 및 기타 인쇄물 출판업
5. 음악 및 기타 오디오물 출판업
6. 금속 및 비금속 원료 재생업

22. 산업안전보건법령상 고용노동부장관의 확인을 받은 경우로서 화학물질의 유해성·위험성 조사에서 제외되는 것을 모두 고른 것은?

㉠ 신규화학물질을 전량 수출하기 위하여 연간 100톤 이하로 제조하는 경우
㉡ 신규화학물질의 연간 수입량이 100킬로그램 미만인 경우
㉢ 해당 신규화학물질의 용기를 국내에서 변경하지 아니하는 경우
㉣ 해당 신규화학물질이 완성된 제품으로서 국내에서 가공하지 아니하는 경우

① ㉠, ㉣
② ㉡, ㉢
③ ㉠, ㉡, ㉢
④ ㉡, ㉢, ㉣
⑤ ㉠, ㉡, ㉢, ㉣

해설 고용노동부장관의 확인을 받은 경우로서 화학물질의 유해성·위험성 조사에서 제외되는 것(규칙 제148조 제1항, 규칙 제149조 제1항, 규칙 제150 제1항)
1. 해당 신규화학물질이 완성된 제품으로서 국내에서 가공하지 않는 경우
2. 해당 신규화학물질의 포장 또는 용기를 국내에서 변경하지 않거나 국내에서 포장하거나 용기에 담지 않는 경우
3. 해당 신규화학물질이 직접 소비자에게 제공되고 국내의 사업장에서 사용되지 않는 경우
4. 신규화학물질의 연간 수입량이 100킬로그램 미만인 경우
5. 제조하거나 수입하려는 신규화학물질이 시험·연구를 위하여 사용되는 경우
6. 신규화학물질을 전량 수출하기 위하여 연간 10톤 이하로 제조하거나 수입하는 경우
7. 신규화학물질이 아닌 화학물질로만 구성된 고분자화합물로서 고용노동부장관이 정하여 고시하는 경우

23. 산업안전보건법령상 안전보건관리규정의 작성 등에 관한 설명으로 옳은 것은?

① 안전보건관리규정을 작성하여야 할 사업의 사업주는 안전보건관리규정을 변경할 사유가 발생한 경우에는 그 사유가 발생한 날부터 60일 이내에 안전보건관리규정을 변경하여야 한다.
② 농업의 경우 상시 근로자 100명 이상을 사용하는 사업장에는 안전보건관리규정을 작성하여야 한다.
③ 사업주가 안전보건관리규정을 작성하는 경우에는 소방·가스·전기·교통분야 등의 다른 법령에서 정하는 안전관리에 관한 규정과 통합하여 작성할 수 없다.
④ 사업주는 안전보건관리규정을 작성하거나 변경할 때에는 산업안전보건위원회의 심의·의결을 거쳐야 하며, 산업안전보건위원회가 설치되어 있지 아니한 사업장의 경우에는 근로자대표의 동의를 받아야 한다.
⑤ 해당 사업장에 적용되는 단체협약 및 취업규칙은 안전보건관리규정에 반할 수 없으며, 단체협약 또는 취업규칙 중 안전보건관리규정에 반하는 부분에 관하여는 안전보건관리규정으로 정한 기준에 따른다.

해설 ④ 사업주는 안전보건관리규정을 작성하거나 변경할 때에는 산업안전보건위원회의 심의·의결을 거쳐야 한다. 다만, 산업안전보건위원회가 설치되어 있지 아니한 사업장의 경우에는 근로자대표의 동의를 받아야 한다(법 제26조).
① 사업의 사업주는 안전보건관리규정을 작성해야 할 사유가 발생한 날부터 30일 이내에 별표 3의 내용을 포함한 안전보건관리규정을 작성해야 한다. 이를 변경할 사유가 발생한 경우에도 또한 같다(규칙 제25조 제2항).
② 농업의 경우 상시 근로자 300명 이상을 사용하는 사업장에는 안전보건관리규정을 작성하여야 한다(규칙 별표 2).
③ 사업주가 안전보건관리규정을 작성할 때에는 소방·가스·전기·교통 분야 등의 다른 법령에서 정하는 안전관리에 관한 규정과 통합하여 작성할 수 있다(규칙 제25조 제3항).
⑤ 안전보건관리규정은 단체협약 또는 취업규칙에 반할 수 없다. 이 경우 안전보건관리규정 중 단체협약 또는 취업규칙에 반하는 부분에 관하여는 그 단체협약 또는 취업규칙으로 정한 기준에 따른다(법 제25조 제2항).

24. 산업안전보건법령상 노사협의체에 관한 설명으로 옳지 않은 것은?

① 노사협의체의 회의는 근로자위원 및 사용자위원 각 과반수의 출석으로 시작하고 출석위원 과반수의 찬성으로 의결한다.
② 노사협의체의 위원장은 직권으로 노사협의체에 공사금액이 20억원 미만인 도급 또는 하도급 사업의 사업주 및 근로자대표를 위원으로 위촉할 수 있다.
③ 노사협의체의 위원장은 위원 중에서 호선(互選)한다. 이 경우 근로자위원과 사용자위원 중 각 1명을 공동위원장으로 선출할 수 있다.
④ 노사협의체의 위원장은 노사협의체에서 심의·의결된 내용 등 회의 결과와 중재 결정된 내용 등을 사내방송이나 사내보, 게시 또는 자체 정례조회, 그 밖의 적절한 방법으로 근로자에게 신속히 알려야 한다.
⑤ 노사협의체의 회의는 정기회의와 임시회의로 구분하되, 정기회의는 2개월마다 노사협의체의 위원장이 소집하며, 임시회의는 위원장이 필요하다고 인정할 때에 소집한다.

정답 21 ① 22 ④ 23 ④ 24 ②

해설 ② 노사협의체의 근로자위원과 사용자위원은 합의하여 노사협의체에 공사금액이 20억원 미만인 공사의 관계수급인 및 관계수급인 근로자대표를 위원으로 위촉할 수 있다(영 제64조 제2항).
① 회의는 근로자위원 및 사용자위원 각 과반수의 출석으로 개의(開議)하고 출석위원 과반수의 찬성으로 의결한다(영 제37조 제1항).
③ 노사협의체의 위원장은 위원 중에서 호선(互選)한다. 이 경우 근로자위원과 사용자위원 중 각 1명을 공동위원장으로 선출할 수 있다(영 제36조).
④ 노사협의체의 위원장은 노사협의체에서 심의·의결된 내용 등 회의 결과와 중재 결정된 내용 등을 사내방송이나 사내보, 게시 또는 자체 정례조회, 그 밖의 적절한 방법으로 근로자에게 신속히 알려야 한다(영 제39조).
⑤ 노사협의체의 회의는 정기회의와 임시회의로 구분하여 개최하되, 정기회의는 2개월마다 노사협의체의 위원장이 소집하며, 임시회의는 위원장이 필요하다고 인정할 때에 소집한다(영 제65조 제1항).

25. 산업안전보건법령상 안전검사에 관한 설명으로 옳지 않은 것은?

① 안전검사대상기계등을 사용하는 사업주와 소유자가 다른 경우에는 안전검사대상기계등을 사용하는 사업주가 안전검사를 받아야 한다.
② 이삿짐운반용 리프트의 최초 안전검사는 「자동차관리법」 제8조에 따른 신규등록 이후 3년 이내에 실시하여야 한다.
③ 안전검사 신청을 받은 안전검사기관은 30일 이내에 해당 기계·기구 및 설비별로 안전검사를 하여야 한다.
④ 안전검사에 합격한 안전검사대상기계등을 사용하는 사업주는 그 안전검사대상기계등이 안전검사에 합격한 것임을 나타내는 표시를 하여야 한다.
⑤ 안전검사를 받아야 하는 자가 자율검사프로그램을 정하고 고용노동부장관의 인정을 받아 그에 따라 안전검사대상기계등의 안전에 관한 성능검사를 하면 안전검사를 받은 것으로 보며, 이 경우 자율검사프로그램의 유효기간은 2년으로 한다.

해설 ① 안전검사대상기계등을 사용하는 사업주와 소유자가 다른 경우에는 안전검사대상기계등의 소유자가 안전검사를 받아야 한다(법 제93조 제1항).
② 이동식 크레인, 이삿짐운반용 리프트 및 고소작업대 : 신규등록 이후 3년 이내에 최초 안전검사를 실시하되, 그 이후부터 2년마다 실시하여야 한다(규칙 제126조 제1항 제2호).
③ 안전검사 신청을 받은 안전검사기관은 검사 주기 만료일 전후 각각 30일 이내에 해당 기계·기구 및 설비별로 안전검사를 해야 한다(규칙 제124조 제2항 전단).
④ 안전검사에 합격한 안전검사대상기계등을 사용하는 사업주는 그 안전검사대상기계등이 안전검사에 합격한 것임을 나타내는 표시를 하여야 한다(규칙 별표 16).
⑤ 안전검사를 받아야 하는 자가 자율검사프로그램을 정하고 고용노동부장관의 인정을 받아 그에 따라 안전검사대상기계등의 안전에 관한 성능검사를 하면 안전검사를 받은 것으로 보며, 이 경우 자율검사프로그램의 유효기간은 2년으로 한다(법 제98조 제1항, 제2항).

산업안전 일반

26. 산업안전보건법령상 관리감독자를 대상으로 실시하는 정기 안전보건교육 내용으로 옳지 않은 것은?

① 작업공정의 유해·위험과 재해 예방대책에 관한 사항
② 표준 안전 작업방법 및 지도요령에 관한 사항
③ 산업보건 및 직업병 예방에 관한 사항
④ 고용보험에 관한 사항
⑤ 산업안전보건법 및 일반관리에 관한 사항

해설 관리감독자 정기교육(규칙 별표 5)

교육내용
○ 산업안전 및 사고 예방에 관한 사항 ○ 산업보건 및 직업병 예방에 관한 사항 ○ 유해·위험 작업환경 관리에 관한 사항 ○ 산업안전보건법령 및 산업재해보상보험 제도에 관한 사항 ○ 직무스트레스 예방 및 관리에 관한 사항 ○ 직장 내 괴롭힘, 고객의 폭언 등으로 인한 건강장해 예방 및 관리에 관한 사항 ○ 작업공정의 유해·위험과 재해 예방대책에 관한 사항 ○ 표준안전 작업방법 및 지도 요령에 관한 사항 ○ 관리감독자의 역할과 임무에 관한 사항 ○ 안전보건교육 능력 배양에 관한 사항   – 현장근로자와의 의사소통능력 향상, 강의능력 향상 및 그 밖에 안전보건교육 능력 배양 등에 관한 사항. 이 경우 안전보건교육 능력 배양 교육은 별표 4에 따라 관리감독자가 받아야 하는 전체 교육시간의 3분의 1 범위에서 할 수 있다.

27. 교육의 3요소에는 주체, 객체, 매개체가 있다. 이 중 교육의 객체(object of education)에 해당하는 것은?

① 교육생　　　　② 강사
③ 교재　　　　　④ 설문지
⑤ 교육기관

해설 교육의 3요소
1. 주체 : 교사(강사)
2. 객체 : 교육생(수강생)
3. 매개체 : 교재

정답 25 ①　26 ④　27 ①

28. A기업은 학습지도 방법의 형태 중 '교재에 의한 피교육자의 자율적 학습' 방법을 선택하여 근로자에게 안전보건교육을 실시하고 있다. A기업의 학습지도 방식에 해당하는 것은?
   ① 강의식
   ② 필기식
   ③ 독서식
   ④ 시범식
   ⑤ 계도식

   해설 교재에 의한 피교육자의 자율적 학습은 피교육자가 교재를 읽어 학습하는 방법으로 독서식에 해당한다.
   학습지도방법 7형태 : 강의식, 독서식, 필기식, 계도식, 시범식, 시청각 교재 이용, 신체적 표현

29. 사업장 위험성평가에 관한 지침 중 용어의 정의로 옳지 않은 것은?
   ① 유해·위험요인은 유해·위험을 일으킬 잠재적 가능성이 있는 것의 고유한 특징이나 속성을 뜻한다.
   ② 위험성추정은 유해·위험요인이 부상 또는 질병으로 이어질 수 있는 가능성과 중대성을 조합한 것이다.
   ③ 위험성결정은 유해·위험요인별로 추정한 위험성의 크기가 허용가능한 범위인지를 판단하는 것을 말한다.
   ④ 기록은 사업장에서 위험성평가 활동을 수행한 근거와 그 결과를 문서로 작성하여 보존하는 것이다.
   ⑤ 유해·위험요인 파악은 유해요인과 위험요인을 찾아내는 과정을 말한다.

   해설 위험성이란 유해·위험요인이 부상 또는 질병으로 이어질 수 있는 가능성(빈도)과 중대성(강도)을 조합한 것을 의미한다(사업장 위험성평가에 관한 지침 제3조 제4호).
   위험성 추정이란 유해·위험요인별로 부상 또는 질병으로 이어질 수 있는 가능성과 중대성의 크기를 각각 추정하여 위험성의 크기를 산출하는 것을 말한다(사업장 위험성평가에 관한 지침 제3조 제5호).

30. 안전관리계획의 운영방법에서 안전보건평가 항목의 주요 평가척도의 종류에 해당되지 않는 것은?
   ① 절대척도
   ② 상대척도
   ③ 평정척도
   ④ 기능척도
   ⑤ 도수척도

   해설 안전보건평가 항목의 주요 평가척도
   1. 절대척도 : 재해건수 등 수치로 나타낸 것
   2. 상대척도 : 도수율, 강도율
   3. 도수척도 : 중앙값, % 등
   4. 평정척도 : 양적으로 나타내는 것, 양호·보통·불가 등 단계적으로 평정

31. 사업장 위험성평가에 관한 지침에 관한 설명 중 ( )에 들어갈 내용으로 옳은 것은?

> 사업주가 스스로 사업장의 유해·위험요인에 대한 실태를 파악하고 이를 평가하여 관리·개선하는 등 필요한 조치를 할 수 있도록 지원하기 위하여 위험성평가 ( ), ( ), ( ) 등에 관한 기준을 제시하고, 위험성평가 활성화를 위한 시책의 운영 및 지원사업 등 그 밖에 필요한 사항을 규정함을 목적으로 한다.

① 계획, 실시, 결과조치
② 방법, 절차, 시기
③ 목표, 계획, 시기
④ 규정, 계획, 방법
⑤ 계획, 절차, 결과

해설 사업주가 스스로 사업장의 유해·위험요인에 대한 실태를 파악하고 이를 평가하여 관리·개선하는 등 필요한 조치를 할 수 있도록 지원하기 위하여 위험성평가 방법, 절차, 시기 등에 대한 기준을 제시하고, 위험성평가 활성화를 위한 시책의 운영 및 지원사업 등 그 밖에 필요한 사항을 규정함을 목적으로 한다(사업장 위험성평가에 관한 지침 제1조).

32. 교육훈련평가의 4단계에서 각 단계별로 내용이 올바르게 연결된 것은?

① 제1단계 - 반응단계
② 제2단계 - 행동단계
③ 제3단계 - 결과단계
④ 제4단계 - 학습단계
⑤ 제4단계 - 행동단계

해설 교육훈련평가의 4단계모형 내용
1. 제1단계 반응단계 : 만족도 평가
2. 제2단계 학습단계
3. 제3단계 행동단계 : 전이평가
4. 제4단계 결과단계 : 경영성과 기여도 평가

33. B기업은 근로자들에게 안전지식을 높이고 의식을 함양하기 위해서 안전교육을 다음과 같은 방식으로 실시하였다. B기업에서 채택하고 있는 교육의 진행 방식으로 옳은 것은?

> 새로운 자료나 교재를 제시하고 거기에서 나온 문제점을 피교육자로 하여금 제기하게 하거나, 의견을 여러 가지 방법으로 발표하게 하고, 다시 깊이 파고들어서 토의를 진행하는 방법이다.

① Forum
② On the Job Training(OJT)
③ Panel Discussion
④ Buzz Session
⑤ Case Study

정답 28 ③ 29 ② 30 ④ 31 ② 32 ① 33 ①

해설 ① Forum : 제시된 과제에 대해서 2명의 전문가가 대화를 해서 토의를 위한 재료 내지 화제를 제공하여 청중의 의욕을 돋우고, 필요한 정보를 다시 추구하여 문제점을 분명하게 해서 거기에 대해 의견을 말하고, 태도를 표명하도록 해서 사회자가 그 문제에 대한 견해의 일치를 만들어 가는 방법이다.
② On the Job Training(OJT) : 직장 내 교육 및 훈련으로 종업원과 경영자가 직무를 수행함으로써 기업목적달성에 기여하는 동시에, 직무에 대한 훈련을 받도록 하는 제도다.
③ Panel Discussion : 특정 주제에 대해 상반되는 견해를 대표하는 몇몇 사람들이 사회자의 진행에 따라 토의하는 형태이다.
④ Buzz Session : 집단의 구성원 모두가 적극적으로 참가하여 발언할 수 있도록 한 소집단 토의법이다.
⑤ Case Study : 구체적인 현상이나 사회적 단위, 즉 사례에 대해 상세하고 심층적인 자료수집을 하고 이를 집중적으로 탐구하는 것을 뜻한다.

34. 재해손실에 따른 평가산정방식에서 재해코스트 이론을 주장한 인물과 평가산정방식의 내용이 옳지 않은 것은?

① 하인리히(H. Heinrich) : 총 재해코스트는 직접비와 간접비의 합이다.
② 시몬즈(R. Simonds) : 총 재해코스트는 산재보험코스트와 비보험코스트의 합이다.
③ 콤페스(P. Compes) : 총 재해손실비용은 공동비용(불변)과 개별비용(변수)의 합이다.
④ 버드(F. Bird) : 간접비의 빙산원리를 주장하였으며, 총 재해손실비용은 보험비, 비보험 재산비용, 비보험 제반비용을 포함한다고 하였다.
⑤ 노구찌(野口三郎) : 하인리히의 평균치법을 근거로 일본의 상황에 맞는 손실방법을 제시하였다.

해설 노구찌(野口三郎)는 하인리히의 1 : 4비율을 이용하지 않고 시몬즈의 평균치 법을 채택하였다. 총재해비=법정보상(산재보험부담금+회사부담금)+법정보상 제외보상(위로금+퇴직금할증+장례추가비용+기타경비)

35. ( )에 들어갈 내용으로 옳은 것은?

산업안전보건법령상 산업안전보건위원회의 회의는 정기회의와 임시회의로 구분하되, 정기회의는 ( )마다 위원장이 소집하며, 임시회의는 위원장이 필요하다고 인정할 때에 소집한다.

① 1개월 ② 분기
③ 반기 ④ 1년
⑤ 격년

해설 산업안전보건위원회의 회의는 정기회의와 임시회의로 구분하되, 정기회의는 분기마다 산업안전보건위원회의 위원장이 소집하며, 임시회의는 위원장이 필요하다고 인정할 때에 소집한다(영 제37조 제1항).

36. 신뢰성의 개념에 관한 설명으로 옳지 않은 것은? (단, t는 시간이다.)
   ① 신뢰도는 시스템, 기기 및 부품 등이 정해진 사용조건에서 의도하는 기간에 정해진 기능을 수행할 확률이다.
   ② 누적고장률함수 F(t)는 처음부터 임의의 시점까지 고장이 발생할 확률을 나타내는 함수이다.
   ③ 고장밀도함수 f(t)는 시간당 어떤 비율로 고장이 발생하고 있는가를 나타내는 함수이다.
   ④ 고장률 h(t)는 현재 고장이 발생하지 않은 제품 중 단위시간 동안 고장이 발생할 제품의 비율이다.
   ⑤ 신뢰도함수 R(t)는 임의의 시점에서 고장을 일으키지 않고 남아 있는 제품의 비율로, 1- f(t)로 정의된다.(단, f(t)는 고장밀도함수이다.)

   해설 신뢰도함수 R(t)는 전체 제품 중 시간 t까지 고장을 일으키지 않고 남아 있는 제품의 비율로, $R(t)=e^{-A(t)}$ 이다.

37. C회사에서 생산되는 가변저항의 수명이 지수분포를 따르고 고장밀도함수 $f(t)=\frac{1}{200}e^{-t/200}$ 이라면, t=200주(week)일 때 누적고장률 F(200)은 얼마인가? (단, 소숫점 넷째자리에서 반올림한다.)
   ① 0.018
   ② 0.268
   ③ 0.368
   ④ 0.632
   ⑤ 0.732

   해설 고장밀도함수 $f(t)=\frac{1}{200}e^{-t/200}$, $P(t≥200)=e^{-\frac{200}{200}}=e^{-1}=0.368$, 누적고장률 $F(t)=1-e^{-1}=1-0.368=0.632$

38. 시스템의 수명주기 5단계를 순서대로 나열한 것은?

㉠ 생산	㉡ 구상	㉢ 개발	㉣ 운전	㉤ 정의

   ① ㉠ - ㉡ - ㉢ - ㉣ - ㉤
   ② ㉡ - ㉢ - ㉠ - ㉤ - ㉣
   ③ ㉡ - ㉤ - ㉢ - ㉠ - ㉣
   ④ ㉣ - ㉢ - ㉠ - ㉤ - ㉡
   ⑤ ㉤ - ㉡ - ㉠ - ㉢ - ㉣

   해설 시스템의 수명주기 5단계 : 구상 → 정의 → 개발 → 생산 → 운전

정답 34 ⑤ 35 ② 36 ⑤ 37 ④ 38 ③

39. D부품회사는 최근 개발한 신규 볼 베어링의 수명을 예측하기 위하여 가속시험을 수행하였다. 통상적으로 볼 베어링에 작용하는 하중은 20kN이다. 이 볼 베어링에 80kN의 하중을 가해 가속시험을 하였을 때 가속계수는 얼마인가? (단, 가속모델은 n승 법칙 모델을 따르고, n=2.5이다.)

① 4　　　　　　　　　② 16
③ 32　　　　　　　　　④ 64
⑤ 128

해설 n=2.5이고 n승 법칙 모델을 따르면 가속계수는 가속계수 $= (\frac{80}{20})^{2.5} = 4^{2.5} = 32$

40. FTA(Fault Tree Analysis) 분석기법을 이용하여, 다음의 정상사상(top event) T의 미니멀 컷셋(minimal cut set)을 구하면?

$$T = A_1 \cdot A_2$$
$$A_1 = X_1 \cdot X_2,\ A_2 = X_1 + X_3$$

① (X_1, X_2)　　　　　　② (X_1, X_3)
③ (X_2, X_3)　　　　　　④ (X_1, X_2, X_3)
⑤ $(X_1, X_2),\ (X_2, X_3)$

해설 곱으로 표시된 부분은 AND Gate, +로 표시된 부분은 OR Gate이다. AND Gate는 병렬로 OR Gate는 직렬로 표현된다. 정상사상 T가 발생하기 위해서는 기본사상 X_1, X_2, X_1이 발생하거나 X_1, X_2, X_3이 발생해야 한다. cut set은 (X_1, X_2, X_1), (X_1, X_2, X_3)이다. X_1, X_2가 최소집합이므로 미니멀 컷셋(minimal cut set)은 (X_1, X_2)이다.

41. 광원으로부터 2m 떨어진 곳의 조도가 2,000lux이면, 같은 광원으로부터 4m 거리에서의 조도(lux)는? (단, 동일한 조명 환경이 유지되는 것으로 가정한다.)

① 100　　　　　　　　② 200
③ 250　　　　　　　　④ 500
⑤ 1,000

해설 조도 $= \frac{광원}{거리^2} = \frac{광원}{4} = 2,000$, 광원 $=$ 거리$^2 \times$ 조도 $= 2^2 \times 2,000 = 8,000$이다. 따라서 조도 $=$ $\frac{광원}{거리^2} = \frac{8,000}{4^2} = 500$lux이다.

42. E사의 안전관리자는 최근 설치된 수입 기계의 긴급 정지 버튼이 파란색으로 표시되어 있는 것을 발견하고, 이를 빨간색으로 교체하도록 시정 조치하였다. 안전관리자의 이러한 조치와 직접적으로 관련된 양립성은?

    ① 운동 양립성
    ② 위치 양립성
    ③ 공간 양립성
    ④ 개념 양립성
    ⑤ 양식 양립성

    해설 ④ 개념 양립성은 코드나 상징이 인간이 가지는 개념적 현상의 양립성으로 빨간색 정지, 파란색 운전 등이다.
    ① 운동 양립성은 조종장치의 조작방법에 따라서 기계장치나 자동차가 움직이는 것이다.
    ③ 공간 양립성은 표시장치와 이에 대응하는 조종장치의 위치가 인간의 기대에 모순되지 않는 것이다.
    ⑤ 양식 양립성은 문화적 관습에 의해 생기는 양립성 혹은 직무에 관련된 자극과 이에 대한 응답 등으로 청각적 자극제시와 이에 대한 음성응답 과업 사이에서 갖는 양립성이다.

43. 인간-기계 시스템에서 인간 기준(human criteria) 평가 척도의 유형이 나머지와 다른 것은?

    ① 근전도
    ② 피부온도
    ③ 심박수
    ④ 뇌파
    ⑤ 선호도

    해설 인간 기준(human criteria) 평가 척도의 유형
    1. 인간성능 : 빈도, 근력강도, 응답, 지속
    2. 생리학적 지표 : 심장, 호흡, 신경, 감각, 근력, 피부
    3. 주관적 반응 : 주관적 의견, 편의성, 선호도, 안락성

44. 500명이 근무하는 (주)안전의 작년 재해 통계를 기준으로 하였을 때, (주)안전의 근로자가 입사하여 정년까지 평균적으로 경험하는 재해 건수와 근로손실일수가 각각 0.5건과 10일인 것으로 나타났다. (주)안전의 작년 재해자수와 근로손실일수는? (단, 근로자 1인당 연간 총근로시간은 2,400시간, 근로자 1인이 입사하여 정년까지 근무하는 총근로시간은 100,000시간으로 가정한다.)

    ① 재해자수 : 5명, 근로손실일수 : 60일
    ② 재해자수 : 5명, 근로손실일수 : 120일
    ③ 재해자수 : 6명, 근로손실일수 : 60일
    ④ 재해자수 : 6명, 근로손실일수 : 120일
    ⑤ 재해자수 : 10명, 근로손실일수 : 100일

정답 39 ③ 40 ① 41 ④ 42 ④ 43 ⑤ 44 ④

해설 도수율 = $\dfrac{\text{연간재해건수}}{\text{연근로총시간수}} \times 1,000,000$

환산도수율(평생근로시 예상 재해건수) = 도수율 × 0.1

강도율 = $\dfrac{\text{연간 근로손실일수}}{\text{연근로총시간수}} \times 1,000$

환산강도율(평생근로시 예상 근로손실일수) = 강도율 × 100

---

45. 스웨인(Swain)의 인적오류 분류방법에 따를 때, 제품에 라벨을 부착하는 작업 중 잘못된 위치에 라벨을 부착한 경우에 해당되는 오류는?

① 작위 오류
② 누락 오류
③ 시간 오류
④ 순서 오류
⑤ 불필요한 수행 오류

해설 작위 오류는 필요한 직무 또는 절차의 불확실한 수행이고, 부작위 오류는 필요한 직무 또는 절차를 수행하지 않는 것이다.

---

46. 개인보호구에 관한 설명으로 옳지 않은 것은?

① 개인보호구는 근로자의 몸에 맞출 수 있도록 조절될 수 있어야 한다.
② ABE형 안전모는 규정된 시험 절차에 따라 내전압성 성능시험을 통과해야 한다.
③ 금속 흄 등과 같이 열적으로 생기는 분진 발생 장소에서는 1급 방진 마스크를 사용하는 것이 적절하다.
④ 차음해야 할 소음이 저음부터 고음까지 고른 경우에는 2종 귀마개(EP-2)를 사용해야 한다.
⑤ 청력보호구는 보호구 착용으로 8시간 시간가중평균 90dB(A) 이하의 소음노출수준이 되도록 차음효과가 있어야 한다.

해설 저음부터 고음까지 차음하는 것은 1종 귀마개(EP-1)이고, 주로 고음을 차음하고 저음은 차음하지 않는 것은 2종 귀마개(EP-2)이다.

---

47. 인간-기계시스템에 관한 설명으로 옳지 않은 것은?

① 인간-기계시스템에서 인간과 기계는 공통의 목표를 갖고 있다.
② 기계에서 경보음을 위한 스피커는 인간-기계시스템의 청각적 표시장치에 해당된다.
③ 인간-기계 인터페이스(interface)를 설계할 때는 인간의 신체적 특성, 인지특성, 감성 특성 등을 고려해야 한다.

④ 인간-기계시스템은 정보 표시 방식에 따라 개회로(open-loop) 시스템과 폐회로(closed-loop) 시스템으로 구분된다.
⑤ 인간-기계시스템은 사용 환경을 고려하여 설계하여야 한다.

해설 인간-기계시스템은 제어시스템에 따라 개회로(open-loop) 시스템과 폐회로(closed-loop) 시스템으로 구분된다. 개회로(open-loop) 시스템은 일단 작동된 후에는 그 이상의 조종이 필요없거나 조종이 불가능한 체계이고, 폐회로(closed-loop) 시스템은 연속적인 조종을 필요로 하는 연속적인 체계로서 연속적인 순환정보를 필요로 한다.

48. NIOSH 들기작업 공식을 이용한 중량물취급 작업의 평가에 관한 설명으로 옳은 것을 모두 고른 것은?

㉠ 들기지수(LI)가 1보다 작으면 안전한 작업이다.
㉡ 작업지속시간과 작업의 횟수를 조사해야 한다.
㉢ 가장 좋은 조건에서 들기작업의 최대 권장 하중은 25kg이다.

① ㉠
② ㉢
③ ㉠, ㉡
④ ㉡, ㉢
⑤ ㉠, ㉡, ㉢

해설 ㉢ 가장 좋은 조건에서 들기작업의 최대 권장 하중은 23kg이다.
㉠ 들기지수(LI)는 무게와 권장무게한계의 비율이며 들기지수(LI)가 1보다 작아야 안전하다.
㉡ 작업지속시간과 작업의 횟수를 조사해야 한다.

49. 재해원인을 파악하고 분석하는데 쓰이는 기법에 관한 설명으로 옳은 것을 모두 고른 것은?

㉠ 파레토 분석은 여러 관련 요인 중 재해의 주요 원인을 파악하는데 적합하다.
㉡ 관리도는 재해 관련 요인의 특성 변화 추이를 파악하여 목표를 관리하는데 적합하다.
㉢ 특성요인도는 재해 발생 과정을 포괄적으로 파악하여 특성별 수준에 따라 재해 발생 원인을 분석하는데 적합하다.

① ㉠
② ㉢
③ ㉠, ㉡
④ ㉡, ㉢
⑤ ㉠, ㉡, ㉢

해설 ㉠ 파레토 분석은 여러 가지 원인 및 대책에 있어서 집중적으로 관리해야 하는 대상을 선정하기에 적합하다.
㉡ 관리도는 재해 관련 요인의 특성 변화 추이를 파악하여 목표를 관리하는데 편리하다.
㉢ 특성요인도는 재해 발생 과정을 포괄적으로 파악하여 특성별 수준에 따라 재해 발생 원인을 분석하는데 편리하다.

정답 45 ① 46 ④ 47 ④ 48 ③ 49 ⑤

50. F사 안전보건팀은 작년에 이 회사에서 발생한 재해와 관련하여 다음과 같은 업무를 수행하였다. 재해사례 연구의 진행단계에 따라 각 업무활동을 순서대로 나열한 것은?

> ㉠ 재해와 관련된 사실 및 재해요인으로 알려진 사실을 확인하였다.
> ㉡ 유사 재해가 발생하는 것을 방지하기 위한 대책을 수립하였다.
> ㉢ 인적, 물적, 관리적 측면에서 문제점을 파악하고 분석하였다.
> ㉣ 재해 발생의 근본적 문제점을 결정하였다.

① ㉠ - ㉡ - ㉢ - ㉣
② ㉠ - ㉢ - ㉣ - ㉡
③ ㉠ - ㉣ - ㉢ - ㉡
④ ㉣ - ㉠ - ㉢ - ㉡
⑤ ㉣ - ㉢ - ㉠ - ㉡

해설 재해사례 연구의 진행단계 : 재해상황의 파악→사실의 확인→문제점의 발견→근본적 문제점 결정→대책수립

기업진단 · 지도

51. 해크만(J. Hackman)과 올드햄(G. Oldham)이 제시한 직무특성모델(job characteristic model)에서 5가지 핵심직무차원(core job dimensions)에 포함되지 않는 것은?

① 기술다양성(skill variety)
② 성장욕구(growth need)
③ 과업정체성(task identity)
④ 자율성(autonomy)
⑤ 피드백(feedback)

해설 5가지 핵심직무차원(core job dimensions) : 기술다양성(skill variety), 과업정체성(task identity), 자율성(autonomy), 피드백(feedback), 과업 중요성(task significance)

52. 직무급(job-based pay)에 관한 설명으로 옳은 것을 모두 고른 것은?

> ㉠ 동일노동 동일임금의 원칙(equal pay for equal work)이 적용된다.
> ㉡ 직무를 평가하고 임금을 산정하는 절차가 간단하다.
> ㉢ 유능한 인력을 확보하고 활용하는 것이 가능하다.
> ㉣ 직무의 상대적 가치를 기준으로 하여 임금을 결정한다.
> ㉤ 직무를 중심으로 한 합리적인 인적자원관리가 가능하게 됨으로써 인건비의 효율성을 증대시킬 수 있다.

① ㉠, ㉡, ㉢ ② ㉢, ㉣, ㉤
③ ㉠, ㉡, ㉣, ㉤ ④ ㉠, ㉢, ㉣, ㉤
⑤ ㉠, ㉡, ㉢, ㉣, ㉤

> **해설** ㉡ 직무를 평가하고 임금을 산정하는 절차가 복잡하고 노동시장이 폐쇄적일 때에는 곤란하다.
> ㉠ 동일 직급 내의 직무에 대하여 일정한 범위의 임금률을 설정·운영하는 형태이다.
> ㉢ 유능한 인재의 확보·유지가 가능하다.
> ㉣ 직무의 상대적 가치를 기준으로 하여 임금을 결정한다.
> ㉤ 직무중심의 합리적 인사관리를 가능하게 하여 인건비 절감과 인력의 적재적소 배치가 가능하다.

53. 홍길동이 A회사에 입사한 후 3년이 지났다. 홍길동이 그 동안 있었던 승진자들을 살펴보니 모두 뛰어난 업적을 보인 사람들이었다. 이에 홍길동은 자신도 뛰어난 성과를 보여 승진하겠다는 결심을 하고 지속적으로 열심히 노력하였다. 이 경우 홍길동과 관련된 학습이론은?

① 사회적 학습(social learning)
② 조직적 학습(organizational learning)
③ 고전적 조건화(classical conditioning)
④ 작동적 조건화(operant conditioning)
⑤ 액션 러닝(action learning)

> **해설** ① 사회적 학습(social learning) : 타인과 접촉할 때 그 타인의 의도와는 관계없이 그 개인의 행동을 모방하여 자기의 행동을 수정하는 학습이다.
> ② 조직적 학습(organizational learning) : 개인적 학습결과가 조직차원으로 승화 발전된 학습형태를 말한다.
> ③ 고전적 조건화(classical conditioning) : 반복적인 학습에 의하여 행동이 습득되거나 수정되는 것을 말한다.
> ④ 작동적 조건화(operant conditioning) : 지각에 대한 반응이 만족스럽다면 보상이 따르고 그렇지 않다면 다른 반응을 유도하기 위한 피드백이 주어지는 것이다.
> ⑤ 액션 러닝(action learning) : 조직구성원이 팀을 구성하여 동료와 촉진자의 도움을 받아 실제 업무의 문제를 해결함으로써 학습을 하는 것이다.

54. 허즈버그(F. Herzberg)가 제시한 2요인 이론(two factor theory)에서 동기부여요인(motivators)에 포함되지 않는 것은?

① 성취(achievement)
② 임금(wage)
③ 책임(responsibility)
④ 성장(growth)
⑤ 인정(recognition)

> **해설** 2요인 이론
> 1. 위생요인 : 임금, 정책, 관리, 감독, 작업조건, 대인관계, 지위, 안정된 직업 등
> 2. 동기부여요인 : 안정감, 책임감, 성장, 성취, 발전, 보람, 직무의 내용과 존경, 자아실현 등

정답 50 ② 51 ② 52 ④ 53 ① 54 ②

55. 사업부제 조직구조(divisional structure)에 관한 설명으로 옳지 않은 것은?

① 각 사업부는 사업영역에 대해 독자적인 권한과 책임을 보유하고 있어 독립적인 이익센터(profit center)로서 기능할 수 있다.

② 각 사업부들이 경영상의 책임단위가 됨으로써 본사의 최고경영층은 일상적인 업무로부터 벗어나 전사적인 차원의 문제에 집중할 수 있다.

③ 각 사업부 간에 기능의 중복현상이 발생하지 않는다.

④ 각 사업부마다 시장특성에 적합한 제품과 서비스를 생산하고 판매할 수 있게 됨으로써 시장세분화에 따른 제품차별화가 용이하다.

⑤ 각 사업부의 이해관계를 중시하는 사업부 이기주의로 인하여 사업부 간의 협조가 원활하지 못할 수 있다.

해설 사업부제 조직의 단점
1. 부서간 기능의 중복이 발생할 가능성이 높다.
2. 서로 다른 부서간 정보공유가 원활하지 않다.
3. 각 사업부간 경쟁이 심화된다.
4. 지식 및 전문적 역량의 공유 및 전사적 확산이 이루어지지 않는다.
5. 각 사업부간 협력이 이루어지지 않는다.

56. 6시그마 경영은 모토로라(Motorola)사에서 혁신적인 품질개선의 목적으로 시작된 기업경영전략이다. 6시그마 경영과 과거의 품질경영을 비교 설명한 것으로 옳은 것은?

① 과거의 품질경영 방식은 전체 최적화였으나 6시그마 경영은 부분 최적화라고 할 수 있다.

② 과거의 품질경영 계획대상은 공장 내 모든 프로세스였으나 6시그마 경영은 문제점이 발생한 곳 중심이라고 할 수 있다.

③ 과거의 품질경영 교육은 체계적이고 의무적이었으나 6시그마 경영은 자발적 참여를 중시한다.

④ 과거의 품질경영 관리단계는 DMAIC를 사용하였으나 6시그마 경영은 PDCA cycle을 사용한다.

⑤ 과거의 품질경영 방침결정은 하의상달 방식이었으나 6시그마 경영은 상의 하달 방식으로 이루어진다.

해설 ⑤ 과거의 품질경영 방침결정은 하의상달 방식이었으나 6시그마 경영은 상의 하달 방식으로 이루어진다.
① 과거의 품질경영 방식은 부분 최적화였으나 6시그마 경영은 전체 최적화라고 할 수 있다.
② 과거의 품질경영 계획대상은 문제점이 발생한 곳 중심이였으나 6시그마 경영은 공장 내 모든 프로세스이라고 할 수 있다.
③ 과거의 품질경영 교육은 자발적 참여를 중시하였으나 6시그마 경영은 체계적이고 의무적이다.
④ 과거의 품질경영 관리단계는 PDCA cycle을 사용하였으나 6시그마 경영은 DMAIC를 사용한다.

57. ABC 재고관리에 관한 설명으로 옳지 않은 것은?

① 자재 및 재고자산의 차별 관리방법이며, A등급, B등급, C등급으로 구분된다.
② 품목의 중요도를 결정하고, 품목의 상대적 중요도에 따라 통제를 달리하는 재고관리시스템이다.
③ 파레토 분석(Pareto Analysis) 결과에 따라 품목을 등급으로 나누어 분류한다.
④ 일반적으로 A등급에 속하는 품목의 수가 C등급에 속하는 품목의 수보다 많다.
⑤ 각 등급별 재고 통제수준은 A등급은 엄격하게, B등급은 중간 정도로, C등급은 느슨하게 한다.

해설 재고 시스템의 품목을 분류하면 대략 A품목 20%, B품목 30%, C품목 50%로 분류된다. ABC재고관리는 80/20법칙 혹은 파레토 분석의 원리에 기초를 둔다. 즉, 20%의 Input이 80%의 Output을 만들어낸다는 것으로 매출액을 기준으로 전체 금액의 80%에 해당되는 것이 보통 전체 품목의 20%에 해당한다.

58. 수요예측을 위한 시계열 분석에서 변동에 해당하지 않는 것은?

① 추세변동(trend variation) : 자료의 추이가 점진적, 장기적으로 증가 또는 감소하는 변동
② 계절변동(seasonal variation) : 월, 계절에 따라 증가 또는 감소하는 변동
③ 위치변동(locational variation) : 지역의 차이에 따라 증가 또는 감소하는 변동
④ 순환변동(cyclical variation) : 경기순환과 같은 요인으로 인한 변동
⑤ 불규칙변동(irregular variation) : 돌발사건, 전쟁 등으로 인한 변동

해설 수요예측을 위한 시계열 분석에서 변동에는 추세변동, 계절변동, 우연변동(불규칙변동), 순환변동이 있다.

59. 설비배치계획의 일반적 단계에 해당하지 않는 것은?

① 구성계획(construct plan)
② 세부배치계획(detailed layout plan)
③ 전반배치(general overall layout)
④ 설치(installation)
⑤ 위치(location)결정

해설 설비배치계획의 일반적 단계
1. 단계1 : 위치선정단계로 공장입지 등이 결정
2. 단계2 : 전체배치로 공장내 주요부서들의 개략적인 크기, 형태 위치 결정
3. 단계3 : 세부배치단계로 각 부서에 배치될 기계, 장비 등의 위치와 필요한 공간의 크기가 구체적으로 결정
4. 단계4 : 배치계획에 대한 승인, 시행, 감독 등의 업무 수행

정답 55 ③ 56 ⑤ 57 ④ 58 ③ 59 ①

60. 심리평가에서 평가센터(assessment center)에 관한 설명으로 옳지 않은 것은?

   ① 신규채용을 위하여 입사 지원자들을 평가하거나 또는 승진 결정 등을 위하여 현재 종업원들을 평가하는 데 사용할 수 있다.
   ② 관리 직무에 요구되는 단일 수행차원에 대해 피평가자들을 평가한다.
   ③ 기본적인 평가방식은 집단 내 다른 사람들의 수행과 비교하여 개인의 수행을 평가하는 것이다.
   ④ 평가도구로는 구두발표, 서류함 기법, 역할수행 등이 있다.
   ⑤ 다수의 평가자들이 피평가자들을 평가한다.

   해설 평가센터(assessment center)는 장소의 개념이 아닌 시스템이자 하나의 평가기법으로 훈련받은 다수의 평가자가 복수의 평가기법과 도구들을 사용하여 피평가자의 여러 평가요소들을 측정하는 평가방법이다. 각각의 목적에 따라 평가대상자, 평가방법, 주요 결과물, 피드백 유형이 달라질 수 있다.

61. 목표설정 이론(goal setting theory)에서 종업원의 직무수행을 향상시킬 수 있는 요인들을 모두 고른 것은?

   | ㉠ 도전적인 목표 | ㉡ 구체적인 목표 |
   | ㉢ 종업원의 목표 수용 | ㉣ 목표 달성 과정에 대한 피드백 |

   ① ㉠, ㉣
   ② ㉡, ㉢
   ③ ㉠, ㉡, ㉣
   ④ ㉡, ㉢, ㉣
   ⑤ ㉠, ㉡, ㉢, ㉣

   해설 종업원의 직무수행을 향상시킬 수 있는 요인
   1. 종업원의 목표 수용
   2. 목표를 향한 각 과정에 대한 피드백
   3. 어렵고 도전적인 목표
   4. 구체적인 목표

62. 인사선발에 관한 설명으로 옳은 것은?

   ① 올바른 합격자(true positive)란 검사에서 합격점을 받아서 채용되었지만 채용된 후에는 불만족스러운 직무수행을 나타내는 사람이다.
   ② 잘못된 합격자(false positive)란 검사에서 불합격점을 받아서 떨어뜨렸지만 채용하였다면 만족스러운 직무수행을 나타냈을 사람이다.
   ③ 올바른 불합격자(true negative)란 검사에서 불합격점을 받아서 떨어뜨렸고 채용하였더라도 불만족스러운 직무수행을 나타냈을 사람이다.

④ 잘못된 불합격자(false negative)란 검사에서 합격점을 받아서 채용되었고 채용된 후에도 만족스러운 직무수행을 나타내는 사람이다.
⑤ 인사선발 과정의 궁극적인 목적은 올바른 합격자와 잘못된 불합격자를 최대한 늘리고 올바른 불합격자와 잘못된 합격자를 줄이는 것이다.

> **해설** ③ 올바른 불합격자(true negative)란 검사에서 불합격점을 받아서 떨어뜨렸고 채용하였더라도 불만족스러운 직무수행을 나타냈을 사람이다.
> ① 올바른 합격자(true positive)란 검사에서 합격점을 받아서 채용되어 채용된 후에는 만족스러운 직무수행을 나타내는 사람이다.
> ② 잘못된 합격자(false positive)란 검사에서 합격점을 받아서 채용되었지만 채용 후 불만족스런 직무수행을 나타내는 사람이다.
> ④ 잘못된 불합격자(false negative)란 검사에서 불합격점을 받아서 떨어뜨렸고 채용되었다면 만족스러운 직무수행을 나타냈을 사람이다.
> ⑤ 인사선발 과정의 궁극적인 목적은 올바른 합격자를 최대한 늘리고 잘못된 합격자를 줄이는 것이다.

63. 심리평가에서 타당도와 신뢰도에 관한 설명으로 옳지 않은 것은?
    ① 구성타당도(construct validity)는 검사문항들이 검사용도에 적절한지에 대하여 검사를 받는 사람들이 느끼는 정도다.
    ② 내용타당도(content validity)는 검사의 문항들이 측정해야 할 내용들을 충분히 반영한 정도다.
    ③ 검사-재검사 신뢰도(test-retest reliability)는 검사를 반복해서 실시했을 때 얻어지는 검사점수의 안정성을 나타내는 정도다.
    ④ 평가자 간 신뢰도(inter-rater reliability)는 두 명 이상의 평가자들로부터의 평가가 일치하는 정도다.
    ⑤ 내적 일치 신뢰도(internal-consistency reliability)는 검사 내 문항들 간의 동질성을 나타내는 정도다.

> **해설** 구성타당도(construct validity)는 특정한 연구 계획에서 독립변인과 종속변인이 그것들이 측정하고자 하는 것을 정확하게 반영하거나 측정하는 정도이다.

64. 인사평가 시기가 되자 홍길동 부장은 매우 우수한 성과를 보인 이순신 사원을 평가하고, 다음 차례로 이몽룡 사원을 평가하였다. 이 때 이몽룡 사원은 평균적인 성과를 보였음에도 불구하고, 평균 이하의 평가를 받았다. 홍길동 부장의 평가에서 발생한 오류는?
    ① 후광 오류
    ② 관대화 오류
    ③ 중앙집중화 오류
    ④ 대비 오류
    ⑤ 엄격화 오류

정답 60 ② 61 ⑤ 62 ③ 63 ① 64 ④

[해설] ④ 대비 오류 : 다른 사람을 판단함에 있어서 절대적 기준에 기초하지 않고 다른 대상과의 비교를 통해 평가하는 오류를 말한다.
① 후광 오류 : 대상의 특징적인 장점 또는 단점이 눈에 띄면 그것을 그의 전부로 인식하는 오류를 말한다.
② 관대화 오류 : 평정자가 피평가자의 수행이나 성과를 실제보다 더 높게 평가하는 오류를 말한다.
③ 중앙집중화 오류 : 양극단으로 치우칠 자신의 판정을 스스로 회피하고자 마음먹을 때 나타나는 오류이다.
⑤ 엄격화 오류 : 모든 피평가자에 대하여 엄격하게 평가하는 오류이다.

65. 인간정보처리(human information processing)이론에서 정보량과 관련된 설명이다. 다음 중 옳지 않은 것은?

① 인간정보처리이론에서 사용하는 정보 측정단위는 비트(bit)다.
② 힉-하이만 법칙(Hick-Hyman law)은 선택반응시간과 자극 정보량 사이의 선형함수 관계로 나타난다.
③ 자극-반응 실험에서 인간에게 입력되는 정보량(자극 정보량)과 출력되는 정보량(반응 정보량)은 동일하다고 가정한다.
④ 정보란 불확실성을 감소시켜 주는 지식이나 소식을 의미한다.
⑤ 자극-반응 실험에서 전달된(transmitted) 정보량을 계산하기 위해서는 소음(noise) 정보량과 손실(loss) 정보량도 고려해야 한다.

[해설] 자극-반응 실험에서 인간에게 입력되는 정보량(자극 정보량)과 출력되는 정보량(반응 정보량)은 동일하지 않다고 가정한다.

66. 하인리히(H. Heinrich)의 연쇄성 이론에 관한 설명으로 옳지 않은 것은?

① 연쇄성 이론은 도미노 이론이라고 불리기도 한다.
② 사고를 예방하는 방법은 연쇄적으로 발생하는 사고원인들 중에서 어떤 원인을 제거하여 연쇄적인 반응을 막는 것이다.
③ 연쇄성 이론에 의하면 5개의 도미노가 있다.
④ 사고 발생의 직접적인 원인은 불안전한 행동과 불안전한 상태다.
⑤ 연쇄성 이론에서 첫 번째 도미노는 개인적 결함이다.

[해설] 연쇄성 이론에서 첫 번째 도미노는 선천적 결함이고, 두 번째 도미노는 개인적 결함이다.

67. 작업장의 적절한 조명수준을 결정하려고 한다. 다음 중 옳은 것을 모두 고른 것은?

> ㉠ 직접조명은 간접조명보다 조도는 높으나 눈부심이 일어나기 쉽다.
> ㉡ 정밀 조립작업을 수행할 경우에는 일반 사무작업을 할 때보다 권장조도가 높다.
> ㉢ 40세 이하의 작업자보다 55세 이상의 작업자가 작업할 때 권장조도가 높다.
> ㉣ 작업환경에서 조명의 색상은 작업자의 건강이나 생산성과 무관하다.
> ㉤ 표면 반사율이 높을수록 조도를 높여야 한다.

① ㉠, ㉡
② ㉠, ㉡, ㉢
③ ㉠, ㉢, ㉤
④ ㉡, ㉢, ㉣
⑤ ㉠, ㉡, ㉢, ㉣, ㉤

해설 ㉣ 작업환경에서 조명의 색상, 조도는 생산성에 직접 영향을 미친다.
㉤ 표면 반사율이 높을수록 조도를 낮추고, 낮을수록 조도를 높여야 한다.
㉠ 직접조명은 간접조명보다 조도는 높으나 눈부심이 일어나기 쉽다.
㉡ 정밀 조립작업을 수행할 경우에는 조도를 높이는 것이 바람직하다.
㉢ 나이가 많을수록 작업자가 작업할 때 권장조도가 높다.

68. 소리와 소음에 관한 설명으로 옳은 것은?

① 인간의 가청주파수 영역은 20,000Hz~30,000Hz다.
② 인간이 지각한(perceived) 음의 크기는 음의 세기(dB)와 항상 정비례한다.
③ 강력한 소음에 노출된 직후에 발생하는 일시적 청력손실은 휴식을 취하더라도 회복되지 않는다.
④ 우리나라 소음노출기준은 소음강도 90dB(A)에 8시간 노출될 때를 허용기준선으로 정하고 있다.
⑤ 소음노출지수가 100% 이상이어야 소음으로부터 안전한 작업장이다.

해설 ④ 우리나라 소음노출기준은 소음강도 90dB(A)에 1일 8시간 노출될 때를 허용기준선으로 정하고 있다.
① 인간의 가청주파수 영역은 20Hz~20kHz다.
② 인간이 지각한(perceived) 음의 크기는 음의 세기(dB)의 log에 비례한다.
③ 강력한 소음에 노출된 직후에 발생하는 일시적 청력손실은 휴식을 취하면 회복된다.
⑤ 소음노출지수가 100% 이하이어야 소음으로부터 안전한 작업장이다.

69. 산업위생전문가(industrial hygienist)의 주요 활동으로 옳지 않은 것은?

① 근로자 건강영향을 설문으로 묻고 진단한다.
② 근로자의 근무기간별 직무활동을 기록한다.
③ 근로자가 과거에 소속된 공정을 설문으로 조사한다.
④ 구매할 기계장비에서 발생될 수 있는 유해요인을 예측한다.
⑤ 유해인자 노출을 평가한다.

해설 근로자 건강영향을 설문으로 묻는 것이 아니라 면담을 통하여 묻고 진단하여야 한다.

정답 65 ③ 66 ⑤ 67 ② 68 ④ 69 ①

70. 화학물질 급성 중독으로 인한 건강영향을 예방하기 위한 노출기준만으로 옳은 것은?

① TWA, STEL
② Excursion limit, TWA
③ STEL, Ceiling
④ STEL, TLV
⑤ Excursion limit, TLV

해설 STEL : 단시간 노출농도 1회 15분, 1일 4회 제한, 1회당 간격 1시간 이상
Ceiling : 최고 노출기준으로 단기 급성
TWA : 시간가중평균 노출기준, 장기

71. 특수건강진단 결과의 활용으로 옳지 않은 것은?

① 근로자가 소속된 공정별로 분석하여 직무관련성을 추정한다.
② 근로자의 근무시기별로 비교하여 직무관련성을 분석한다.
③ 특수건강진단 대상자가 걸린 질병의 직무 영향을 고찰한다.
④ 직업병 요관찰자 또는 유소견자는 작업을 전환하는 방안을 강구한다.
⑤ 유해인자 노출기준 초과여부를 평가한다.

해설 유해인자 노출기준 초과여부를 평가하는 것은 특수건강진단을 실시하는 과정에서 평가하는 것이다. 특수건강진단 결과 근로자의 직무관련성을 추정, 분석, 고찰하고 직업병 요관찰자 또는 유소견자는 특수건강진단 주기를 2분의 1로 단축하여야 하고, 작업을 전환하는 방안도 강구해야 한다.

72. 유해물질 측정과 분석에 관한 설명으로 옳은 것은?

① 공기 중 먼지 농도를 표현하는 단위는 ppm이다.
② 공기 채취 펌프와 화학물질 분석기기는 1차 표준기구이다.
③ 미세먼지에서 중금속은 크로마토그래피로 정량한다.
④ 개인시료(personal sample) 채취에 의한 농도는 종합적인 유해인자 노출을 나타낸다.
⑤ 공기 중 유기용제는 대부분 고체 흡착관으로 채취한다.

해설 ⑤ 흡착제 표면에 오염물질을 흡착시키는 고체 흡착제를 가스 및 증기의 시료채취에 가장 널리 사용한다.
① 공기 중 존재하는 입자상 물질의 양을 표현하는 단위는 $\mu g/m^3$, mg/m^3이다.
② 1차 표준기구는 물리적 크기에 의해서 공간의 부피를 직접 측정할 수 있는 기구이다.
③ 크로마토그래피는 고체 흡착매의 입자를 담은 원통 또는 자잘한 조각 상태의 층에 고정상을 유지시키고, 여기에 기체, 액체, 용액 등의 시료를 통과시켜, 각 성분의 분배 계수의 차를 이용해서 물질을 분리하는 방법이다.
④ 개인시료(personal sample) 채취에 의한 농도는 유해인자의 양이나 강도를 확인하고, 지역시료는 종합적으로 평가한다.

73. 작업장에서 기계를 이용한 환기(ventilation)에 관한 설명으로 옳은 것은?

① HVACs(공조시설)는 발암물질을 제거하기 위해 설치하는 환기장치이다.
② 국소배기장치 덕트 크기(size)는 후드 유입 공기량(Q)과 반송속도(V)를 근거로 결정한다.
③ HVACs(공조시설) 공기 유입구와 국소배기장치 배기구는 서로 가까이 설치하는 것이 좋다.
④ HVACs(공조시설)에서 신선한 공기와 환류공기(returned air)의 비는 7:3이 적정하다.
⑤ 국소배기장치에서 송풍기는 공기정화장치 앞에 설치하는 것이 좋다.

해설 ② 국소배기장치 덕트 크기(size)는 후드 유입 공기량(Q)과 반송속도(V)를 근거로 결정한다.
① HVACs(공조시설)는 환기, 실내기온 등 종합적으로 순환시키는 시설이다.
③ HVACs(공조시설) 공기 유입구와 국소배기장치 배기구는 멀어야 좋다.
④ HVACs(공조시설)에서 신선한 공기와 환류공기(returned air)의 비는 3:7이 적정하다.
⑤ 국소배기장치에서 송풍기는 공기정화장치 뒤에 설치하는 것이 좋다. 순환순서는 후드→덕트→공기정화장치→송풍기→배기구 순이다.

74. 작업환경측정(유해인자 노출평가) 과정에서 예비조사 활동에 해당하지 않는 것은?

① 여러 유해인자 중 위험이 큰 측정대상 유해인자 선정
② 시료채취전략 수립
③ 노출기준 초과여부 결정
④ 공정과 직무 파악
⑤ 노출 가능한 유해인자 파악

해설 작업환경측정(유해인자 노출평가) 과정에서 예비조사 활동
1. 동일노출그룹의 설정
2. 시료채취전략 수립
3. 공정과 직무 파악
4. 측정대상 유해인자, 발생주기, 종사 근로자 현황
5. 유해인자별 측정방법 및 측정소요기간

75. 나노먼지가 주로 발생되는 공정 또는 작업이 아닌 것은?

① 용접
② 유리 용융
③ 선철 용해
④ CNC 가공
⑤ 디젤 연소(diesel combustion)

해설 나노먼지가 주로 발생되는 공정 또는 작업 : 용접사업장, 디젤 배출엔진, 가솔린 배출엔진 사업장, 유리 용융, 선철 용해, 은 나노입자, 은 나노 용액, TiO_2, Ni-Cu 금속분말, 탄소나노튜브 제조 및 이용 연구소, 카본블랙 이용 토너제조 등

정답 70 ③ 71 ⑤ 72 ⑤ 73 ② 74 ③ 75 ④

기 출 문 제

2019년

산업안전보건법령

1. 산업안전보건법령상 법령 요지의 게시 등과 안전 · 보건표지의 부착 등에 관한 설명으로 옳지 않은 것은?

   ① 근로자대표는 작업환경측정의 결과를 통지할 것을 사업주에게 요청할 수 있고, 사업주는 이에 성실히 응하여야 한다.
   ② 야간에 필요한 안전 · 보건표지는 야광물질을 사용하는 등 쉽게 알아볼 수 있도록 제작하여야 한다.
   ③ 안전 · 보건표지의 표시를 명백히 하기 위하여 필요한 경우에는 안전 · 보건표지의 주위에 표시사항을 글자로 덧붙여 적을 수 있으며, 이 경우 글자는 노란색 바탕에 검은색 한글고딕체로 표기하여야 한다.
   ④ 안전 · 보건표지의 성질상 설치하거나 부착하는 것이 곤란한 경우에는 해당 물체에 직접 도장(塗裝)할 수 있다.
   ⑤ 사업주는 산업안전보건법과 산업안전보건법에 따른 명령의 요지를 상시 각 작업장 내에 근로자가 쉽게 볼 수 있는 장소에 게시하거나 갖추어 두어 근로자로 하여금 알게 하여야 한다.

   해설 ③ 안전보건표지의 표시를 명확히 하기 위하여 필요한 경우에는 그 안전보건표지의 주위에 표시사항을 글자로 덧붙여 적을 수 있다. 이 경우 글자는 흰색 바탕에 검은색 한글고딕체로 표기해야 한다(규칙 제38조 제2항).
   ① 사업주는 근로자대표(관계수급인의 근로자대표를 포함한다.)가 요구하면 작업환경측정 시 근로자대표를 참석시켜야 한다(법 제125조 제4항).
   ② 야간에 필요한 안전보건표지는 야광물질을 사용하는 등 쉽게 알아볼 수 있도록 제작해야 한다(규칙 제40조 제5항).
   ④ 안전보건표지의 성질상 설치하거나 부착하는 것이 곤란한 경우에는 해당 물체에 직접 도색할 수 있다(규칙 제39조 제3항).
   ⑤ 사업주는 안전보건표지를 설치하거나 부착할 때에는 별표 7의 구분에 따라 근로자가 쉽게 알아볼 수 있는 장소 · 시설 또는 물체에 설치하거나 부착해야 한다(규칙 제39조 제1항).

2. 산업안전보건법령상 용어에 관한 설명으로 옳은 것을 모두 고른 것은?

> ⊙ 근로자란 직업의 종류와 관계없이 임금, 급료 기타 이에 준하는 수입에 의하여 생활하는 자를 말한다.
> ⓒ 작업환경측정이란 작업환경 실태를 파악하기 위하여 해당 근로자 또는 작업장에 대하여 사업주가 측정계획을 수립한 후 시료(試料)를 채취하고 분석·평가하는 것을 말한다.
> ⓒ 안전·보건진단이란 산업재해를 예방하기 위하여 잠재적 위험성을 발견하고 그 개선대책을 수립할 목적으로 고용노동부장관이 지정하는 자가 하는 조사·평가를 말한다.
> ⓔ 중대재해는 3개월 이상의 요양이 필요한 부상자가 동시에 2명 이상 발생한 재해를 포함한다.

① ⊙, ⓒ
② ⊙, ⓔ
③ ⓒ, ⓒ
④ ⓒ, ⓔ
⑤ ⓒ, ⓒ, ⓔ

해설
⊙ 근로자 : 직업의 종류와 관계없이 임금을 목적으로 사업이나 사업장에 근로를 제공하는 사람을 말한다(법 제2조 제3호).
ⓒ 작업환경측정 : 작업환경 실태를 파악하기 위하여 해당 근로자 또는 작업장에 대하여 사업주가 유해인자에 대한 측정계획을 수립한 후 시료를 채취하고 분석·평가하는 것을 말한다(법 제2조 제13호).
ⓒ 안전·보건진단 : 산업재해를 예방하기 위하여 잠재적 위험성을 발견하고 그 개선대책을 수립할 목적으로 조사·평가하는 것을 말한다(법 제2조 제12호).
ⓔ 중대재해
  ⓐ 사망자가 1명 이상 발생한 재해
  ⓑ 3개월 이상의 요양이 필요한 부상자가 동시에 2명 이상 발생한 재해
  ⓒ 부상자 또는 직업성 질병자가 동시에 10명 이상 발생한 재해

3. 사업주 갑(甲)의 사업장에 산업재해가 발생하였다. 이 경우 갑(甲)이 기록·보존해야 할 사항으로 산업안전보건법령상 명시되지 않은 것은? (다만, 법령에 따른 산업재해조사표 사본을 보존하거나 요양신청서의 사본에 재해재발방지 계획을 첨부하여 보존한 경우에 해당하지 아니 한다.)

① 사업장의 개요
② 근로자의 인적 사항 및 재산 보유현황
③ 재해 발생의 일시 및 장소
④ 재해 발생의 원인 및 과정
⑤ 재해 재발방지 계획

해설 사업주가 기록·보존해야 할 사항(규칙 제72조)
1. 사업장의 개요 및 근로자의 인적사항
2. 재해 발생의 일시 및 장소
3. 재해 발생의 원인 및 과정
4. 재해 재발방지 계획

정답 1 ③ 2 ⑤ 3 ②

4. 산업안전보건법령상 안전·보건 관리체제에 관한 설명으로 옳지 않은 것은?
   ① 사업주는 안전보건관리책임자를 선임하였을 때에는 그 선임 사실 및 법령에 따른 업무의 수행내용을 증명할 수 있는 서류를 갖춰 둬야 한다.
   ② 안전보건관리책임자는 안전관리자와 보건관리자를 지휘·감독한다.
   ③ 사업주는 안전보건조정자로 하여금 근로자의 건강진단 등 건강관리에 관한 업무를 총괄관리하도록 하여야 한다.
   ④ 사업주는 관리감독자에게 법령에 따른 업무 수행에 필요한 권한을 부여하고 시설·장비·예산, 그 밖의 업무수행에 필요한 지원을 하여야 한다.
   ⑤ 사업주는 안전보건관리책임자에게 법령에 따른 업무를 수행하는 데 필요한 권한을 주어야 한다.

   해설 ③ 사업주는 사업장을 실질적으로 총괄하여 관리하는 사람에게 근로자의 건강진단 등 건강관리에 관한 업무를 총괄관리하도록 하여야 한다(법 제15조 제1항 제5호).
   ① 사업주는 안전보건관리책임자를 선임했을 때에는 그 선임 사실 및 업무의 수행내용을 증명할 수 있는 서류를 갖추어 두어야 한다(영 제14조 제3항).
   ② 안전보건관리책임자는 안전관리자와 보건관리자를 지휘·감독한다(법 제15조 제2항).
   ④, ⑤ 사업주는 안전보건관리책임자가 업무를 원활하게 수행할 수 있도록 권한·시설·장비·예산, 그 밖에 필요한 지원을 해야 한다(영 제14조 제2항). 관리감독자에 대한 지원에 관하여는 안전보건관리책임자 규정을 준용한다(영 제15조 제2항).

5. 산업안전보건법령상 안전보건관리규정에 관한 설명으로 옳지 않은 것은?
   ① 소프트웨어 개발 및 공급업에서 상시 근로자 100명을 사용하는 사업장은 안전보건관리규정을 작성하여야 한다.
   ② 안전보건관리규정의 내용에는 작업지휘자 배치 등에 관한 사항이 포함되어야 한다.
   ③ 안전보건관리규정은 해당 사업장에 적용되는 단체협약 및 취업규칙에 반할 수 없다.
   ④ 안전보건관리규정에 관하여는 산업안전보건법에서 규정한 것을 제외하고는 그 성질에 반하지 아니하는 범위에서 「근로기준법」의 취업규칙에 관한 규정을 준용한다.
   ⑤ 사업주가 법령에 따라 안전보건관리규정을 작성하거나 변경할 때에는 산업안전보건위원회가 설치되어 있지 아니한 사업장의 경우에는 근로자대표의 동의를 받아야 한다.

   해설 ① 소프트웨어 개발 및 공급업에서 상시 근로자 300명을 사용하는 사업장은 안전보건관리규정을 작성하여야 한다(규칙 별표 2).
   ② 안전보건관리규정의 내용에는 작업지휘자 배치 등에 관한 사항이 포함되어야 한다(규칙 별표 3).
   ③, ④ 안전보건관리규정은 단체협약 또는 취업규칙에 반할 수 없다. 이 경우 안전보건관리규정 중 단체협약 또는 취업규칙에 반하는 부분에 관하여는 그 단체협약 또는 취업규칙으로 정한 기준에 따른다(법 제25조 제2항 전단).
   ⑤ 사업주는 안전보건관리규정을 작성하거나 변경할 때에는 산업안전보건위원회의 심의·의결을 거쳐야 한다. 다만, 산업안전보건위원회가 설치되어 있지 아니한 사업장의 경우에는 근로자대표의 동의를 받아야 한다(법 제26조).

6. 산업안전보건법령상 산업안전보건위원회의 심의·의결을 거쳐야 하는 사항에 해당하지 않는 것은?
   ① 유해하거나 위험한 기계·기구와 그 밖의 설비를 도입한 경우 안전·보건조치에 관한 사항
   ② 안전·보건과 관련된 안전장치 구입 시의 적격품 여부 확인에 관한 사항
   ③ 산업재해에 관한 통계의 기록 및 유지에 관한 사항
   ④ 산업재해 예방계획의 수립에 관한 사항
   ⑤ 근로자의 안전·보건교육에 관한 사항

   해설 산업안전보건위원회의 심의·의결을 거쳐야 하는 사항(법 제24조 제2항)
   1. 사업장의 산업재해 예방계획의 수립에 관한 사항
   2. 안전보건관리규정의 작성 및 변경에 관한 사항
   3. 안전보건교육에 관한 사항
   4. 작업환경측정 등 작업환경의 점검 및 개선에 관한 사항
   5. 근로자의 건강진단 등 건강관리에 관한 사항
   6. 산업재해에 관한 통계의 기록 및 유지에 관한 사항
   7. 산업재해의 원인 조사 및 재발 방지대책 수립에 관한 사항 중 중대재해에 관한 사항
   8. 유해하거나 위험한 기계·기구·설비를 도입한 경우 안전 및 보건 관련 조치에 관한 사항
   9. 그 밖에 해당 사업장 근로자의 안전 및 보건을 유지·증진시키기 위하여 필요한 사항

7. 산업안전보건법령상 안전관리자 및 보건관리자 등에 관한 설명으로 옳지 않은 것은?
   ① 사업주가 안전관리자를 배치할 때에는 연장근로·야간근로 또는 휴일근로 등 해당 사업장의 작업 형태를 고려하여야 한다.
   ② 건설업을 제외한 사업으로서 상시 근로자 300명 미만을 사용하는 사업의 사업주는 안전관리자의 업무를 안전관리전문기관에 위탁할 수 있다.
   ③ 안전관리전문기관은 고용노동부장관이 정하는 바에 따라 안전관리 업무의 수행 내용, 점검 결과 및 조치 사항 등을 기록한 사업장관리카드를 작성하여 갖추어 두어야 한다.
   ④ 지방고용노동관서의 장은 중대재해가 연간 2건 이상 발생한 경우에는 사업주에게 안전관리자·보건관리자를 교체하여 임명할 것을 명할 수 있다.
   ⑤ 고용노동부장관은 안전관리전문기관이 업무정지 기간 중에 업무를 수행한 경우 그 지정을 취소하여야 한다.

   해설 ④ 지방고용노동관서의 장은 중대재해가 연간 2건 이상 발생한 경우에는 사업주에게 안전관리자·보건관리자 또는 안전보건관리담당자를 정수 이상으로 증원하게 하거나 교체하여 임명할 것을 명할 수 있다(규칙 제12조 제1항 전단).
   ① 사업주가 안전관리자를 배치할 때에는 연장근로·야간근로 또는 휴일근로 등 해당 사업장의 작업 형태를 고려해야 한다(영 제18조 제2항).
   ② 건설업을 제외한 사업으로서 상시 근로자 300명 미만을 사용하는 사업의 사업주는 안전관리자의 업무를 안전관리전문기관에 위탁할 수 있다(영 제19조 제1항).
   ③ 안전관리전문기관은 고용노동부장관이 정하는 바에 따라 안전관리 업무의 수행 내용, 점검 결과 및 조치 사항 등을 기록한 사업장관리카드를 작성하여 갖추어 두어야 한다(규칙 제20조 제3항).
   ⑤ 고용노동부장관은 안전관리전문기관이 업무정지 기간 중에 업무를 수행한 경우 그 지정을 취소하여야 한다(법 제21조 제4항 제2호).

정답 4 ③ 5 ① 6 ② 7 ④

8. 산업안전보건법령상 도급 금지 및 도급사업의 안전·보건에 관한 설명으로 옳지 않은 것은?

① 유해하거나 위험한 작업을 도급 줄 때 지켜야 할 안전·보건조치의 기준은 고용노동부령으로 정한다.
② 도급작업은 하도급인 경우를 제외하고는 고용노동부장관의 인가를 받지 아니하면 그 작업만을 분리하여 도급을 줄 수 없다.
③ 법령상 구성 및 운영되어야 하는 안전·보건에 관한 협의체는 도급인인 사업주 및 그의 수급인인 사업주 전원으로 구성하여야 한다.
④ 법령상 작업장의 순회점검 등 안전·보건관리를 하여야 하는 도급인인 사업주는 토사석 광업의 경우 2일에 1회 이상 작업장을 순회점검하여야 한다.
⑤ 건설공사를 타인에게 도급하는 자는 자신의 책임으로 시공이 중단된 사유로 공사가 지연되어 그의 수급인이 산업재해 예방을 위하여 공사기간 연장을 요청하는 경우 특별한 사유가 없으면 그 연장 조치를 하여야 한다.

해설 ② 사업주는 근로자의 안전 및 보건에 유해하거나 위험한 작업으로서 도급작업을 도급하여 자신의 사업장에서 수급인의 근로자가 그 작업을 하도록 해서는 아니 된다(법 제58조 제1항).
③ 안전 및 보건에 관한 협의체는 도급인 및 그의 수급인 전원으로 구성해야 한다(규칙 제79조 제1항).
④ 법령상 작업장의 순회점검 등 안전·보건관리를 하여야 하는 도급인인 사업주는 토사석 광업의 경우 2일에 1회 이상 작업장을 순회점검하여야 한다(규칙 제80조 제1항).
⑤ 건설공사발주자는 요청을 받은 날부터 30일 이내에 공사기간 연장 조치를 해야 한다(규칙 제87조 제4항 전단).

9. 산업안전보건법령상 안전보건관리책임자 등에 대한 직무교육에 관한 설명으로 옳은 것은?

① 법령에 따른 안전보건관리책임자에 해당하는 사람이 해당 직위에 위촉된 경우에는 직무교육을 이수한 것으로 본다.
② 법령에 따른 안전보건관리담당자에 해당하는 사람은 선임된 후 매 2년이 되는 날을 기준으로 전후 6개월 사이에 고용노동부장관이 실시하는 안전보건에 관한 보수교육을 받아야 한다.
③ 법령에 따른 안전보건관리담당자에 해당하는 사람은 선임된 후 매 2년이 되는 날을 기준으로 전후 3개월 사이에 고용노동부장관이 실시하는 안전·보건에 관한 보수교육을 받아야 한다.
④ 직무교육기관의 장은 직무교육을 실시하기 30일 전까지 교육 일시 및 장소 등을 직무교육대상자에게 알려야 한다.
⑤ 직무교육을 이수한 사람이 다른 사업장으로 전직하여 신규로 선임된 경우로서 선임신고 시 전직 전에 받은 교육이수증명서를 제출하면 해당 교육의 2분의 1을 이수한 것으로 본다.

해설 ③ 법령에 따른 안전보건관리담당자에 해당하는 사람은 선임된 후 매 2년이 되는 날을 기준으로 전후 3개월 사이에 고용노동부장관이 실시하는 안전·보건에 관한 보수교육을 받아야 한다(규칙 제29조 제1항 후단).

① 안전보건관리책임자는 다른 법령에 따라 안전 및 보건에 관한 교육을 받는 등 고용노동부령으로 정하는 경우에는 안전보건교육의 전부 또는 일부를 하지 아니할 수 있다(법 제32조 제1항).
② 법령에 따른 안전보건관리담당자에 해당하는 사람은 선임된 후 2년이 되는 날을 기준으로 전후 6개월 사이에 고용노동부장관이 실시하는 안전보건에 관한 보수교육을 받아야 한다(규칙 제29조 제1항).
④ 직무교육을 실시하기 위한 집체교육, 현장교육, 인터넷원격교육 등의 교육 방법, 직무교육 기관의 관리, 그 밖에 교육에 필요한 사항은 고용노동부장관이 정하여 고시한다(규칙 제29조 제3항).
⑤ 보건관리자로서 해당 법령에 따른 교육기관에서 교육내용 중 고용노동부장관이 정하는 내용이 포함된 교육을 이수하고 해당 교육기관에서 발행하는 확인서를 제출하는 경우에는 직무교육 중 보수교육을 면제한다(규칙 제30조 제2항).

10. 산업안전보건법령상 고객의 폭언등으로 인한 건강장해를 예방하기 위하여 사업주가 조치하여야 하는 것으로 명시된 것은?

① 업무의 일시적 중단 또는 전환
② 고객과의 문제 상황 발생 시 대처방법 등을 포함하는 고객응대업무 매뉴얼 마련
③ 근로기준법에 따른 휴게시간의 연장
④ 폭언등으로 인한 건강장해 관련 치료
⑤ 관할 수사기관에 증거물을 제출하는 등 고객응대근로자가 폭언등으로 인하여 고소, 고발 등을 하는 데 필요한 지원

해설 고객의 폭언등으로 인한 건강장해 예방조치(규칙 제41조)
1. 폭언등을 하지 않도록 요청하는 문구 게시 또는 음성 안내
2. 고객과의 문제 상황 발생 시 대처방법 등을 포함하는 고객응대업무 매뉴얼 마련
3. 고객응대업무 매뉴얼의 내용 및 건강장해 예방 관련 교육 실시
4. 그 밖에 고객응대근로자의 건강장해 예방을 위하여 필요한 조치

11. 산업안전보건법령상 사업주가 근로자에 대하여 실시하여야 하는 근로자 안전·보건교육의 내용 중 관리감독자 정기안전·보건교육의 내용에 해당하지 않는 것은?

① 산업재해보상보험 제도에 관한 사항
② 산업보건 및 직업병 예방에 관한 사항
③ 유해·위험 작업환경 관리에 관한 사항
④ 「산업안전보건법」 및 일반관리에 관한 사항
⑤ 표준안전작업방법 및 지도 요령에 관한 사항

정답 8 ② 9 ③ 10 ② 11 ④

해설 관리감독자 정기안전 · 보건교육(규칙 별표 5)

교육내용
○ 산업안전 및 사고 예방에 관한 사항 ○ 산업보건 및 직업병 예방에 관한 사항 ○ 유해·위험 작업환경 관리에 관한 사항 ○ 산업안전보건법령 및 산업재해보상보험 제도에 관한 사항 ○ 직무스트레스 예방 및 관리에 관한 사항 ○ 직장 내 괴롭힘, 고객의 폭언 등으로 인한 건강장해 예방 및 관리에 관한 사항 ○ 작업공정의 유해·위험과 재해 예방대책에 관한 사항 ○ 표준안전 작업방법 및 지도 요령에 관한 사항 ○ 관리감독자의 역할과 임무에 관한 사항 ○ 안전보건교육 능력 배양에 관한 사항

12. 산업안전보건법령상 안전검사대상 유해·위험기계등의 검사 주기가 공정안전보고서를 제출하여 확인을 받은 경우 최초 안전검사를 실시한 후 4년마다인 것은?

① 이삿짐운반용 리프트 ② 고소작업대
③ 이동식 크레인 ④ 압력용기
⑤ 원심기

해설 프레스, 전단기, 압력용기, 국소 배기장치, 원심기, 롤러기, 사출성형기, 컨베이어 및 산업용 로봇 : 사업장에 설치가 끝난 날부터 3년 이내에 최초 안전검사를 실시하되, 그 이후부터 2년마다(공정안전보고서를 제출하여 확인을 받은 압력용기는 4년마다) 안전검사를 실시한다(규칙 제126조 제1항 제3호).

13. 산업안전보건법령상 지게차에 설치하여야 할 방호장치에 해당하지 않는 것은?

① 헤드 가드 ② 백레스트(backrest)
③ 전조등 ④ 후미등
⑤ 구동부 방호 연동장치

해설 지게차에 설치하여야 할 방호장치(규칙 제98조 제1항 제5호)
지게차 : 헤드 가드, 백레스트(backrest), 전조등, 후미등, 안전벨트

14. 산업안전보건법령상 불도저를 대여 받는 자가 그가 사용하는 근로자가 아닌 사람에게 불도저를 조작하도록 하는 경우 조작하는 사람에게 주지시켜야 할 사항으로 명시되지 않은 것은?

① 작업의 내용 ② 지휘계통
③ 연락·신호 등의 방법 ④ 제한속도
⑤ 면허의 갱신

해설 기계등을 대여받는 자가 그가 사용하는 근로자가 아닌 사람에게 불도저를 조작하도록 하는 경우 조작하는 사람에게 주지시켜야 할 사항(규칙 제101조 제1항 제2호)
1. 작업의 내용
2. 지휘계통
3. 연락·신호 등의 방법
4. 운행경로, 제한속도, 그 밖에 해당 기계등의 운행에 관한 사항
5. 그 밖에 해당 기계등의 조작에 따른 산업재해를 방지하기 위하여 필요한 사항

15. 산업안전보건법령상 설치·이전하는 경우 안전인증을 받아야 하는 기계·기구에 해당하는 것은?
    ① 프레스
    ② 곤돌라
    ③ 롤러기
    ④ 사출성형기(射出成形機)
    ⑤ 기계톱

    해설 설치·이전하는 경우 안전인증을 받아야 하는 기계·기구(영 제74조 제1항 제1호)
    1. 프레스
    2. 전단기 및 절곡기
    3. 크레인
    4. 리프트
    5. 압력용기
    6. 롤러기
    7. 사출성형기
    8. 고소(高所) 작업대
    9. 곤돌라

16. 산업안전보건법령상 자율안전확인의 신고 및 자율안전확인대상 기계·기구 등에 관한 설명으로 옳지 않은 것은?
    ① 휴대형 연마기는 자율안전확인대상 기계·기구등에 해당한다.
    ② 연구·개발을 목적으로 산업용 로봇을 제조하는 경우에는 신고를 면제할 수 있다.
    ③ 파쇄·절단·혼합·제면기가 아닌 식품가공용기계는 자율안전확인대상 기계·기구등에 해당하지 않는다.
    ④ 자동차정비용 리프트에 대하여 안전인증을 받은 경우에는 그 안전인증이 취소되거나 안전인증표시의 사용 금지 명령을 받은 경우가 아니라면 신고를 면제할 수 있다.
    ⑤ 인쇄기에 대하여 고용노동부령으로 정하는 다른 법령에서 안전성에 관한 검사나 인증을 받은 경우에는 신고를 면제할 수 있다.

    해설 ① 자율안전확인대상 기계·기구등에는 연삭기 또는 연마기. 이 경우 휴대형은 제외한다(영 제77조 제1항 제1호).

정답 12 ④ 13 ⑤ 14 ⑤ 15 ② 16 ①

② 연구·개발을 목적으로 산업용 로봇을 제조하는 경우에는 신고를 면제할 수 있다(법 제89조 제1항 제1호).
③ 파쇄·절단·혼합·제면기가 아닌 식품가공용기계는 자율안전확인대상 기계·기구등에 해당하지 않는다(영 제77조 제1항 제5호).
④ 안전인증을 받은 경우에는 그 안전인증이 취소되거나 안전인증표시의 사용 금지 명령을 받은 경우가 아니라면 신고를 면제할 수 있다(법 제89조 제1항 제2호).
⑤ 고용노동부령으로 정하는 다른 법령에서 안전성에 관한 검사나 인증을 받은 경우에는 신고를 면제할 수 있다(법 제89조 제1항 제3호).

17. 산업안전보건기준에 관한 규칙상 근로자가 주사 및 채혈 작업을 하는 경우 사업주가 하여야 할 조치에 해당하지 않는 것은?

① 안정되고 편안한 자세로 주사 및 채혈을 할 수 있는 장소를 제공할 것
② 채취한 혈액을 검사 용기에 옮기는 경우에는 주사침 사용을 금지하도록 할 것
③ 사용한 주사침의 바늘을 구부리는 행위를 금지할 것
④ 사용한 주사침의 뚜껑을 부득이하게 다시 씌워야 하는 경우에는 두 손으로 씌우도록 할 것
⑤ 사용한 주사침은 안전한 전용 수거용기에 모아 튼튼한 용기를 사용하여 폐기할 것

해설 사업주는 근로자가 주사 및 채혈 작업을 하는 경우에 다음의 조치를 하여야 한다(산업안전보건기준에 관한 규칙 제597조 제2항).
1. 안정되고 편안한 자세로 주사 및 채혈을 할 수 있는 장소를 제공할 것
2. 채취한 혈액을 검사 용기에 옮기는 경우에는 주사침 사용을 금지하도록 할 것
3. 사용한 주사침은 바늘을 구부리거나, 자르거나, 뚜껑을 다시 씌우는 등의 행위를 금지할 것(부득이하게 뚜껑을 다시 씌워야 하는 경우에는 한 손으로 씌우도록 한다)
4. 사용한 주사침은 안전한 전용 수거용기에 모아 튼튼한 용기를 사용하여 폐기할 것

18. 산업안전보건법령상 건강 및 환경 유해성 분류기준에 관한 설명으로 옳지 않은 것은?

① 입 또는 피부를 통하여 1회 투여 또는 8시간 이내에 여러 차례로 나누어 투여하거나 호흡기를 통하여 8시간 동안 흡입하는 경우 유해한 영향을 일으키는 물질은 급성 독성 물질이다.
② 접촉 시 피부조직을 파괴하거나 자극을 일으키는 물질은 피부 부식성 또는 자극성 물질이다.
③ 호흡기를 통하여 흡입되는 경우 기도에 과민반응을 일으키는 물질은 호흡기 과민성 물질이다.
④ 자손에게 유전될 수 있는 사람의 생식세포에 돌연변이를 일으킬 수 있는 물질은 생식세포 변이원성 물질이다.
⑤ 단기간 또는 장기간의 노출로 수생생물에 유해한 영향을 일으키는 물질은 수생 환경 유해성 물질이다.

해설 건강 및 환경 유해성 분류기준(규칙 별표 18)
1. 급성 독성 물질 : 입 또는 피부를 통하여 1회 투여 또는 24시간 이내에 여러 차례로 나누어 투여하거나 호흡기를 통하여 4시간 동안 흡입하는 경우 유해한 영향을 일으키는 물질
2. 피부 부식성 또는 자극성 물질 : 접촉 시 피부조직을 파괴하거나 자극을 일으키는 물질(피부 부식성 물질 및 피부 자극성 물질로 구분한다)

3. 심한 눈 손상성 또는 자극성 물질: 접촉 시 눈 조직의 손상 또는 시력의 저하 등을 일으키는 물질(눈 손상성 물질 및 눈 자극성 물질로 구분한다)
4. 호흡기 과민성 물질 : 호흡기를 통하여 흡입되는 경우 기도에 과민반응을 일으키는 물질
5. 피부 과민성 물질 : 피부에 접촉되는 경우 피부 알레르기 반응을 일으키는 물질
6. 발암성 물질 : 암을 일으키거나 그 발생을 증가시키는 물질
7. 생식세포 변이원성 물질 : 자손에게 유전될 수 있는 사람의 생식세포에 돌연변이를 일으킬 수 있는 물질
8. 생식독성 물질 : 생식기능, 생식능력 또는 태아의 발생·발육에 유해한 영향을 주는 물질
9. 특정 표적장기 독성 물질(1회 노출) : 1회 노출로 특정 표적장기 또는 전신에 독성을 일으키는 물질
10. 특정 표적장기 독성 물질(반복 노출): 반복적인 노출로 특정 표적장기 또는 전신에 독성을 일으키는 물질
11. 흡인 유해성 물질 : 액체 또는 고체 화학물질이 입이나 코를 통하여 직접적으로 또는 구토로 인하여 간접적으로, 기관 및 더 깊은 호흡기관으로 유입되어 화학적 폐렴, 다양한 폐 손상이나 사망과 같은 심각한 급성 영향을 일으키는 물질
12. 수생 환경 유해성 물질 : 단기간 또는 장기간의 노출로 수생생물에 유해한 영향을 일으키는 물질
13. 오존층 유해성 물질 : 「오존층 보호를 위한 특정물질의 제조규제 등에 관한 법률」 제2조제1호에 따른 특정물질

19. 산업안전보건법령상 건강진단에 관한 내용으로 ( )에 들어갈 내용을 순서대로 옳게 나열한 것은?

> ○ 사업주는 사업장의 작업환경측정 결과 노출기준 이상인 작업공정에서 해당 유해인자에 노출되는 모든 근로자에 대해서는 다음 회에 한정하여 관련 유해인자별로 특수건강진단 주기를 (㉠)분의 1로 단축하여야 한다.
> ○ 건강진단기관이 건강진단을 실시하였을 때에는 그 결과를 고용노동부장관이 정하는 건강진단개인표에 기록하고, 건강진단 실시일부터 (㉡)일 이내에 근로자에게 송부하여야 한다.
> ○ 사업주가 특수건강진단대상업무에 근로자를 배치하려는 경우 해당 작업에 배치하기 전에 배치전건강진단을 실시하여야 하나, 해당 사업장에서 해당 유해인자에 대하여 배치전건강진단을 받고 (㉢)개월이 지나지 아니한 근로자에 대해서는 배치전건강진단을 실시하지 아니할 수 있다.

① ㉠ : 2, ㉡ : 15, ㉢ : 3
② ㉠ : 2, ㉡ : 30, ㉢ : 3
③ ㉠ : 2, ㉡ : 30, ㉢ : 6
④ ㉠ : 3, ㉡ : 30, ㉢ : 6
⑤ ㉠ : 3, ㉡ : 60, ㉢ : 9

해설 ○ 사업장의 작업환경측정 결과 또는 특수건강진단 실시 결과 노출기준 이상인 작업공정에서 해당 유해인자에 노출되는 모든 근로자에 대해서는 다음 회에 한정하여 관련 유해인자별로 특수건강진단 주기를 2분의 1로 단축해야 한다(규칙 제202조 제2항).
○ 건강진단기관이 건강진단을 실시하였을 때에는 그 결과를 고용노동부장관이 정하는 건강진단개인표에 기록하고, 건강진단을 실시한 날부터 30일 이내에 근로자에게 송부해야 한다(규칙 제209조 제1항).
○ 사업주는 특수건강진단대상업무에 종사할 근로자의 배치 예정 업무에 대한 적합성 평가를 위하여 건강진단(배치전건강진단)을 실시하여야 한다. 다만, 건강진단을 받고 6개월이 지나지 않은 근로자에 대해서는 배치전건강진단을 실시하지 아니할 수 있다(법 제130조 제2항).

정답 17 ④ 18 ① 19 ③

20. 산업안전보건법령상 근로의 금지 및 제한에 관한 설명으로 옳은 것은?

① 사업주는 신장 질환이 있는 근로자가 근로에 의하여 병세가 악화될 우려가 있는 경우에 근로자의 동의가 없으면 근로를 금지할 수 없다.
② 사업주는 질병자의 근로를 다시 시작하도록 하는 경우에는 미리 보건관리자(의사가 아닌 보건관리자도 포함한다), 산업보건의 또는 건강진단을 실시한 의사의 의견을 들어야 한다.
③ 사업주는 관절염에 해당하는 질병이 있는 근로자를 고기압 업무에 종사시킬 수 있다.
④ 사업주는 갱내에서 하는 작업에 종사하는 근로자에게는 1일 6시간, 1주 34시간을 초과하여 근로하게 하여서는 아니 된다.
⑤ 사업주는 인력으로 중량물을 취급하는 작업에서 유해·위험 예방조치 외에 작업과 휴식의 적정한 배분, 그 밖에 근로시간과 관련된 근로조건의 개선을 통하여 근로자의 건강 보호를 위한 조치를 하여야 한다.

해설 ⑤ 사업주는 유해하거나 위험한 작업에 종사하는 근로자에게 필요한 안전조치 및 보건조치 외에 작업과 휴식의 적정한 배분 및 근로시간과 관련된 근로조건의 개선을 통하여 근로자의 건강 보호를 위한 조치를 하여야 한다(법 제139조 제2항).
① 사업주는 심장·신장·폐 등의 질환이 있는 사람으로서 근로에 의하여 병세가 악화될 우려가 있는 사람에 대해서는 근로를 금지해야 한다(규칙 제220조 제1항 제3호).
② 사업주는 근로를 금지하거나 근로를 다시 시작하도록 하는 경우에는 미리 보건관리자(의사인 보건관리자만 해당한다), 산업보건의 또는 건강진단을 실시한 의사의 의견을 들어야 한다(규칙 제220조 제2항).
③ 사업주는 관절염, 류마티스, 그 밖의 운동기계의 질병이 있는 근로자를 고기압 업무에 종사하도록 해서는 안 된다(규칙 제221조 제2항 제6호).
④ 사업주는 잠함 또는 잠수 작업 등 높은 기압에서 하는 작업에 종사하는 근로자에게는 1일 6시간, 1주 34시간을 초과하여 근로하게 해서는 아니 된다(법 제139조 제1항).

21. 산업안전보건법령상 안전보건개선계획 등에 관한 설명으로 옳지 않은 것은?

① 사업주는 안전보건개선계획을 수립할 때에는 산업안전보건위원회가 설치되어 있지 아니한 사업장의 경우에는 근로자대표의 의견을 들어야 한다.
② 사업주와 근로자는 안전보건개선계획을 준수하여야 한다.
③ 안전보건개선계획의 수립·시행명령을 받은 사업주는 고용노동부장관이 정하는 바에 따라 안전보건개선계획서를 작성하여 그 명령을 받은 날부터 60일 이내에 관할 지방고용노동관서의 장에게 제출하여야 한다.
④ 직업병에 걸린 사람이 연간 1명 발생한 사업장은 안전·보건진단을 받아 안전보건개선계획을 수립·제출하도록 지방고용노동관서의 장이 명할 수 있는 사업장에 해당한다.
⑤ 안전보건개선계획서에는 시설, 안전·보건관리체제, 안전·보건교육, 산업재해 예방 및 작업환경의 개선을 위하여 필요한 사항이 포함되어야 한다.

해설 ④ 직업성 질병자가 연간 2명 이상(상시근로자 1천명 이상 사업장의 경우 3명 이상) 발생한 사업장은 안전·보건진단을 받아 안전보건개선계획을 수립·제출하도록 지방고용노동관서의 장이 명할 수 있는 사업장에 해당한다(법 제49조 제1항, 영 제49조 제3호).
① 사업주는 안전보건개선계획을 수립할 때에는 산업안전보건위원회가 설치되어 있지 아니한 사업장의 경우에는 근로자대표의 의견을 들어야 한다(법 제49조 제2항 단서).
② 사업주와 근로자는 심사를 받은 안전보건개선계획서(보완한 안전보건개선계획서를 포함한다)를 준수하여야 한다(법 제50조 제3항).
③ 안전보건개선계획서를 제출해야 하는 사업주는 안전보건개선계획서 수립·시행 명령을 받은 날부터 60일 이내에 관할 지방고용노동관서의 장에게 해당 계획서를 제출(전자문서로 제출하는 것을 포함한다)해야 한다(규칙 제61조 제1항).
⑤ 안전보건개선계획서에는 시설, 안전보건관리체제, 안전보건교육, 산업재해 예방 및 작업환경의 개선을 위하여 필요한 사항이 포함되어야 한다(규칙 제61조 제2항).

22. 산업안전보건법령상 산업재해 발생 사실을 은폐하도록 교사(教唆)하거나 공모(共謀)한 자에게 적용되는 벌칙은?

① 500만원 이하의 벌금
② 1년 이하의 징역 또는 1천만원 이하의 벌금
③ 3년 이하의 징역 또는 3천만원 이하의 벌금
④ 5년 이하의 징역 또는 5천만원 이하의 벌금
⑤ 7년 이하의 징역 또는 1억원 이하의 벌금

해설 산업재해 발생 사실을 은폐한 자 또는 그 발생 사실을 은폐하도록 교사하거나 공모한 자는 1년 이하의 징역 또는 1천만원 이하의 벌금에 처한다(법 제170조).

23. 산업안전보건법령상 작업환경측정 등에 관한 설명으로 옳지 않은 것은?

① 사업주는 작업환경측정의 결과를 해당 작업장 근로자에게 알려야 하며 그 결과에 따라 근로자의 건강을 보호하기 위하여 해당 시설·설비의 설치·개선 또는 건강진단의 실시 등 적절한 조치를 하여야 한다.
② 사업주는 산업안전보건위원회 또는 근로자대표가 요구하면 작업환경측정 결과에 대한 설명회를 직접 개최하거나 작업환경측정을 한 기관으로 하여금 개최하도록 하여야 한다.
③ 고용노동부장관은 작업환경측정의 수준을 향상시키기 위하여 매년 지정측정기관을 평가한 후 그 결과를 공표하여야 한다.
④ 고용노동부장관은 작업환경측정 결과의 정확성과 정밀성을 평가하기 위하여 필요하다고 인정하는 경우에는 신뢰성평가를 할 수 있다.
⑤ 시설·장비의 성능은 고용노동부장관이 지정측정기관의 작업환경측정 수준을 평가하는 기준에 해당한다.

정답 20 ⑤ 21 ④ 22 ② 23 ③

해설 ③ 고용노동부장관은 작업환경측정의 수준을 향상시키기 위하여 필요한 경우 작업환경측정기관을 평가하고 그 결과(측정·분석능력의 확인 결과를 포함한다)를 공개할 수 있다(법 제126조 제3항 전단).
① 사업주는 작업환경측정 결과를 해당 작업장의 근로자(관계수급인 및 관계수급인 근로자를 포함한다.)에게 알려야 하며, 그 결과에 따라 근로자의 건강을 보호하기 위하여 해당 시설·설비의 설치·개선 또는 건강진단의 실시 등의 조치를 하여야 한다(법 제125조 제6항).
② 사업주는 산업안전보건위원회 또는 근로자대표가 요구하면 작업환경측정 결과에 대한 설명회 등을 개최하여야 한다. 이 경우 작업환경측정을 위탁하여 실시한 경우에는 작업환경측정기관에 작업환경측정 결과에 대하여 설명하도록 할 수 있다(법 제125조 제7항).
④ 고용노동부장관은 작업환경측정 결과에 대하여 그 신뢰성을 평가할 수 있다(법 제127조 제1항).
⑤ 시설·장비의 성능은 고용노동부장관이 지정측정기관의 작업환경측정 수준을 평가하는 기준에 해당한다(규칙 제191조 제1항 제1호).

24. 갑(甲)은 전국 규모의 사업주단체에 소속된 임직원으로서 해당 단체가 추천하여 법령에 따라 위촉된 명예감독관이다. 산업안전보건법령상 갑(甲)의 업무가 아닌 것을 모두 고른 것은?

> ㉠ 법령 및 산업재해 예방정책 개선 건의
> ㉡ 안전·보건 의식을 북돋우기 위한 활동과 무재해운동 등에 대한 참여와 지원
> ㉢ 사업장에서 하는 자체점검 참여 및 근로감독관이 하는 사업장 감독 참여
> ㉣ 법령을 위반한 사실이 있는 경우 사업주에 대한 개선 요청 및 감독기관에의 신고
> ㉤ 산업재해 발생의 급박한 위험이 있는 경우 사업주에 대한 작업중지 요청

① ㉠, ㉡, ㉢
② ㉠, ㉡, ㉤
③ ㉠, ㉢, ㉣
④ ㉡, ㉣, ㉤
⑤ ㉢, ㉣, ㉤

해설 명예산업안전감독관의 업무(영 제32조 제2항)
1. 사업장에서 하는 자체점검 참여 및 근로감독관이 하는 사업장 감독 참여
2. 사업장 산업재해 예방계획 수립 참여 및 사업장에서 하는 기계·기구 자체검사 참석
3. 법령을 위반한 사실이 있는 경우 사업주에 대한 개선 요청 및 감독기관에의 신고
4. 산업재해 발생의 급박한 위험이 있는 경우 사업주에 대한 작업중지 요청
5. 작업환경측정, 근로자 건강진단 시의 참석 및 그 결과에 대한 설명회 참여
6. 직업성 질환의 증상이 있거나 질병에 걸린 근로자가 여러 명 발생한 경우 사업주에 대한 임시건강진단 실시 요청
7. 근로자에 대한 안전수칙 준수 지도
8. 법령 및 산업재해 예방정책 개선 건의
9. 안전·보건 의식을 북돋우기 위한 활동 등에 대한 참여와 지원
10. 그 밖에 산업재해 예방에 대한 홍보 등 산업재해 예방업무와 관련하여 고용노동부장관이 정하는 업무

25. 산업안전보건법령상 산업재해 예방사업 보조·지원의 취소에 관한 설명으로 옳지 않은 것은?

① 거짓으로 보조·지원을 받은 경우 보조·지원의 전부를 취소하여야 한다.
② 보조·지원 대상을 임의매각·훼손·분실하는 등 지원 목적에 적합하게 유지·관리·사용하지 아니한 경우 보조·지원의 전부 또는 일부를 취소하여야 한다.
③ 보조·지원이 산업재해 예방사업의 목적에 맞게 사용되지 아니한 경우 보조·지원의 전부 또는 일부를 취소하여야 한다.
④ 보조·지원 대상 기간이 끝나기 전에 보조·지원 대상 시설 및 장비를 국외로 이전 설치한 경우 보조·지원의 전부 또는 일부를 취소하여야 한다.
⑤ 사업주가 보조·지원을 받은 후 5년 이내에 해당 시설 및 장비의 중대한 결함이나 관리상 중대한 과실로 인하여 근로자가 사망한 경우 보조·지원의 전부를 취소하여야 한다.

> 해설 ⑤ 사업주가 보조·지원을 받은 후 5년 이내에 해당 시설 및 장비의 중대한 결함이나 관리상 중대한 과실로 인하여 근로자가 사망한 경우 보조·지원의 환수와 제한을 한다(규칙 제237조 제1항).
> ① 거짓이나 그 밖의 부정한 방법으로 보조·지원을 받은 경우 보조·지원의 전부를 취소하여야 한다(법 제158조 제2항 제1호).
> ② 보조·지원 대상을 임의매각·훼손·분실하는 등 지원 목적에 적합하게 유지·관리·사용하지 아니한 경우 보조·지원의 전부 또는 일부를 취소하여야 한다(법 제158조 제2항 제3호).
> ③ 보조·지원이 산업재해 예방사업의 목적에 맞게 사용되지 아니한 경우 보조·지원의 전부 또는 일부를 취소하여야 한다(법 제158조 제2항 제4호).
> ④ 보조·지원 대상 기간이 끝나기 전에 보조·지원 대상 시설 및 장비를 국외로 이전 설치한 경우 보조·지원의 전부 또는 일부를 취소하여야 한다(법 제158조 제2항 제5호).

산업안전 일반

26. TWI(Training Within Industry) 교육훈련내용 중 사람을 다루는 방법(인간관계 관리기법)에 대한 훈련인 것은?

① JIT(Job Instruction Training)
② JMT(Job Method Training)
③ JRT(Job Relation Training)
④ CCS(Civil Communication Section)
⑤ MTP(Management Training Program)

> 해설 ③ JRT(Job Relation Training) : 민주적 리더십 향상
> ① JIT(Job Instruction Training) : 감독자의 기술지도능력 향상
> ② JMT(Job Method Training) : 생산관리능력 향상
> ④ CCS(Civil Communication Section) : 정책, 조직, 통제 및 운영 교육
> ⑤ MTP(Management Training Program) : 조직, 시간, 학습 관리

정답 24 ⑤ 25 ⑤ 26 ③

27. 산업안전보건법령상 사업주가 근로자에 대하여 실시하여야 하는 교육 중 채용 시 및 작업내용 변경 시의 교육내용으로 명시되어 있는 것이 아닌 것은?

① 기계·기구의 위험성과 작업의 순서 및 동선에 관한 사항
② 작업 개시 전 점검에 관한 사항
③ 정리정돈 및 청소에 관한 사항
④ 사고 발생 시 재해조사 및 방지계획에 관한 사항
⑤ 산업보건 및 직업병 예방에 관한 사항

해설 채용 시 교육 및 작업내용 변경 시 교육(규칙 별표 5)

교육내용
○ 산업안전 및 사고 예방에 관한 사항 ○ 산업보건 및 직업병 예방에 관한 사항 ○ 산업안전보건법령 및 산업재해보상보험 제도에 관한 사항 ○ 직무스트레스 예방 및 관리에 관한 사항 ○ 직장 내 괴롭힘, 고객의 폭언 등으로 인한 건강장해 예방 및 관리에 관한 사항 ○ 기계·기구의 위험성과 작업의 순서 및 동선에 관한 사항 ○ 작업 개시 전 점검에 관한 사항 ○ 정리정돈 및 청소에 관한 사항 ○ 사고 발생 시 긴급조치에 관한 사항 ○ 물질안전보건자료에 관한 사항

28. 하인리히(H. W. Heinrich)의 재해코스트 산정 시 간접비에 해당하는 것을 모두 고른 것은?

㉠ 휴업보상비　　㉡ 장해보상비
㉢ 재산손실　　　㉣ 유족보상비
㉤ 생산감소

① ㉠, ㉡　　　　② ㉠, ㉤
③ ㉡, ㉣　　　　④ ㉢, ㉣
⑤ ㉢, ㉤

해설 하인리히(H. W. Heinrich)의 재해코스트
1. 직접비 : 요양급여, 장해급여, 간병급여, 유족급여, 상병보상연금, 장의비, 휴업보상비
2. 간접비 : 직접비를 제외한 모든 비용

29. 산업안전보건기준에 관한 규칙상 지게차에 관한 내용으로 옳지 않은 것은?

① 사업주는 화물의 낙하에 의하여 지게차의 운전자에게 위험을 미칠 우려가 있는 경우에는 지게차 최대하중의 1.5배 값(3톤을 넘는 값에 대해서는 3톤으로 한다)의 등분포정하중에 견딜 수 있는 헤드가드를 갖추어야 한다.

② 사업주는 백레스트(backrest)를 갖추지 아니한 지게차를 사용해서는 아니 된다. 다만, 마스트의 후방에서 화물이 낙하함으로써 근로자가 위험해질 우려가 없는 경우에는 그러하지 아니하다.

③ 사업주는 전조등과 후미등을 갖추지 아니한 지게차를 사용해서는 아니 된다. 다만, 작업을 안전하게 수행하기 위하여 필요한 조명이 확보되어 있는 장소에서 사용하는 경우에는 그러하지 아니하다.

④ 사업주는 앉아서 조작하는 방식의 지게차를 운전하는 근로자에게 좌석 안전띠를 착용하도록 하여야 한다.

⑤ 사업주는 지게차에 의한 하역운반작업에 사용하는 팔레트(pallet)는 적재하는 화물의 중량에 따른 충분한 강도를 가지고 심한 손상·변형 또는 부식이 없는 것을 사용하여야 한다.

해설 사업주는 다음에 따른 적합한 헤드가드(head guard)를 갖추지 아니한 지게차를 사용해서는 아니 된다. 다만, 화물의 낙하에 의하여 지게차의 운전자에게 위험을 미칠 우려가 없는 경우에는 그러하지 아니하다(산업안전보건기준에 관한 규칙 제180조).
1. 강도는 지게차의 최대하중의 2배 값(4톤을 넘는 값에 대해서는 4톤으로 한다)의 등분포정하중에 견딜 수 있을 것
2. 상부틀의 각 개구의 폭 또는 길이가 16센티미터 미만일 것
3. 운전자가 앉아서 조작하거나 서서 조작하는 지게차의 헤드가드는 한국산업표준에서 정하는 높이 기준 이상일 것

30. 사업장 위험성평가에 관한 지침에서 위험성 추정 시 유의사항으로 옳지 않은 것은?

① 예상되는 부상 또는 질병의 대상자 및 내용을 명확하게 예측할 것
② 최악의 상황에서 가장 큰 부상 또는 질병의 중대성을 추정할 것
③ 부상 또는 질병의 중대성은 부상이나 질병 등의 종류에 따라 각각 별도의 척도를 사용하는 것이 바람직하며, 기본적으로 부상 또는 질병에 의한 요양기간 또는 근로손실 일수 등을 척도로 사용하지 아니 할 것
④ 기계·기구, 설비, 작업 등의 특성과 부상 또는 질병의 유형을 고려할 것
⑤ 유해성이 입증되어 있지 않은 경우에도 일정한 근거가 있는 경우에는 그 근거를 기초로 하여 유해성이 존재하는 것으로 추정할 것

해설 위험성 추정 시 유의사항(사업장 위험성평가에 관한 지침 제11조 제2항)
1. 예상되는 부상 또는 질병의 대상자 및 내용을 명확하게 예측할 것

정답 27 ④ 28 ⑤ 29 ① 30 ③

2. 최악의 상황에서 가장 큰 부상 또는 질병의 중대성을 추정할 것
3. 부상 또는 질병의 중대성은 부상이나 질병 등의 종류에 관계없이 공통의 척도를 사용하는 것이 바람직하며, 기본적으로 부상 또는 질병에 의한 요양기간 또는 근로손실 일수 등을 척도로 사용할 것
4. 유해성이 입증되어 있지 않은 경우에도 일정한 근거가 있는 경우에는 그 근거를 기초로 하여 유해성이 존재하는 것으로 추정할 것
5. 기계·기구, 설비, 작업 등의 특성과 부상 또는 질병의 유형을 고려할 것

31. 다음에서 설명하는 논리기호의 명칭은?

○ 더 이상 해석이나 분석할 필요가 없는 사상
○ 결함수 분석법(FTA)의 도표에 사용되는 논리기호 중 '원'기호로 표시됨

① 결함사상
② 기본사상
③ 이하 생략의 결함사상
④ 통상사상
⑤ 전이기호

해설 ② 기본사상 : 더 이상 전개할 수 없는 사건의 원인으로 '원'기호로 표시됨
① 결함사상 : 개별적인 결함사상
④ 통상사상 : 유통계통의 층 변화와 같이 일반적으로 발생이 예상되는 사상
⑤ 전이기호 : 다른 부분에 있는 게이트와의 연결관계를 나타내기 위한 기호

32. 산업안전보건기준에 관한 규칙상 통로에 관한 내용으로 옳지 않은 것은?

① 가설통로를 설치하는 경우 경사가 15도를 초과하는 경우에는 미끄러지지 아니하는 구조로 설치하여야 한다.
② 사다리식 통로를 설치하는 경우 사다리의 상단은 걸쳐놓은 지점으로부터 60센티미터 이상 올라가도록 설치하여야 한다.
③ 계단 및 계단참을 설치하는 경우 매제곱미터당 400킬로그램 이상의 하중에 견딜 수 있는 강도를 가진 구조로 설치하여야 한다.
④ 높이가 3미터를 초과하는 계단에 높이 3미터 이내마다 너비 1.2미터 이상의 계단참을 설치하여야 한다.
⑤ 높이 1미터 이상인 계단의 개방된 측면에 안전난간을 설치하여야 한다.

해설 사업주는 계단 및 계단참을 설치하는 경우 매제곱미터당 500킬로그램 이상의 하중에 견딜 수 있는 강도를 가진 구조로 설치하여야 하며, 안전율(안전의 정도를 표시하는 것으로서 재료의 파괴응력도와 허용응력도의 비율을 말한다)은 4 이상으로 하여야 한다(산업안전보건기준에 관한 규칙 제26조 제1항).

33. 인간공학에서는 인간의 신체적 특성과 인지적 특성을 고려하여 제품을 설계한다. 인간특성과 설계사례의 연결로 옳지 않은 것은?

① 신체적 특성 - 사용자의 손 크기를 고려한 박스의 손잡이 설계
② 인지적 특성 - 전자레인지가 작동 중에 문을 열면 작동을 멈추도록 하는 인터락 설계
③ 신체적 특성 - 오금 높이를 기준으로 책상용 의자의 높이를 설계
④ 인지적 특성 - 작업자의 팔 행동반경을 고려하여 조종 장치를 배치
⑤ 인지적 특성 - 전화기 버튼을 누르면, 눌릴 때 마다 청각적 피드백을 제공하는 설계

해설 신체적 특성은 인간 신체의 특성에 맞춰서 기계, 기구, 도구를 설계하는 기법이고, 인지적 특성은 인간에게 신호나 소리 등의 자극을 주어 인지할 수 있게 유도하는 설계기법이다.

34. 인간이 느끼는 음량크기에 관한 내용으로 옳지 않은 것은?

① phon은 특정 음과 같은 크기로 들리는 1,000Hz 순음의 음압수준(dB) 값으로 정의된다.
② 40phon은 20phon보다 2배 큰 음이다.
③ 2sone은 1sone의 2배 크기의 음이다.
④ 등음량 곡선은 주파수를 변화시켜 가면서 같은 크기로 들리는 음압수준(dB)들을 연결한 곡선이다.
⑤ 1sone은 1,000Hz, 40dB인 음의 크기이다.

해설 ② 40phon과 20phon은 20dB 차이가 나므로 10배 큰 음이다.
① phon은 주파수별 음의 크기를 1,000Hz의 음압수치로 나타낸 것이다.
③ sone은 소리세기의 상대적 관계를 표시하기 위해 고안된 것으로 감각상의 소리 크기의 단위이다.
④ 등음량 곡선은 주파수를 변화시켜 가면서 같은 크기로 들리는 음압수준(dB)들을 연결한 곡선이다.
⑤ 40dB의 1,000Hz 순음의 크기가 1sone이다.

35. 근골격계 질환 예방을 위한 유해요인 평가방법 중 안전하게 작업할 수 있는 중량물의 허용중량한계(RWL)를 계산할 수 있는 평가방법은?

① OWAS
② REBA
③ RULA
④ NIOSH Lifting Guidelines
⑤ Strain Index

해설 ④ NIOSH Lifting Guidelines은 들기지수로 먼저 권장무게한계(RWL)를 구하고 실제 들려고 하는 중량물의 무게를 RWL로 나누어 1보다 낮도록 관리한다.
① OWAS : 몸통(허리), 팔, 다리, 무게, 목의 자세 평가
② REBA : 작업자의 움직임 단계를 관찰한 후 신체부위를 분할하여 각 신체부위에 부위별 점수를 부여하여 점수코드 체계를 이용하여 평가
③ RULA : 상지의 근골격계 질환에 대한 인간공학적인 작업을 평가하는 도구
⑤ Strain Index : 손, 손목, 팔꿈치의 작업 관련성 근골격계 질환 위험도 평가하기 위해 개발한 평가 기법

정답 31 ② 32 ③ 33 ④ 34 ② 35 ④

36. 1칸델라(cd)의 점광원으로부터 2m 떨어진 곳의 조도는 얼마인가?
    ① 0.25lux
    ② 0.5lux
    ③ 1lux
    ④ 2lux
    ⑤ 3lux

    해설 조도 = $\dfrac{광도}{거리^2} = \dfrac{1}{2^2} = 0.25\,lux$

37. 고장률(failure rate)에 관한 내용으로 옳은 것을 모두 고른 것은?

    > ㉠ 고장률은 특정시점까지 고장나지 않고 작동하던 부품이 다음 순간에 고장나게 될 가능성을 나타내는 척도다.
    > ㉡ 고장률(h(t)), 신뢰도 함수(R(t))와 고장밀도함수(f(t)) 사이의 관계는 h(t)=f(t)/R(t)다.
    > ㉢ 고장률은 시간의 흐름에 따라 감소형, 증가형, 유지형으로 구분할 수 있다.
    > ㉣ 제품 혹은 부품의 전체 수명기간에 걸친 고장률의 변화는 욕조곡선(bathtub curve)의 형태로 나타난다.

    ① ㉠, ㉡
    ② ㉡, ㉢
    ③ ㉠, ㉡, ㉣
    ④ ㉡, ㉢, ㉣
    ⑤ ㉠, ㉡, ㉢, ㉣

    해설
    ㉠ 고장률은 특정시점까지 고장나지 않고 작동하던 부품이 계속해서 어떤 단위시간 내에 고장을 일으키는 비율을 말한다.
    ㉡ 고장률(h(t)), 신뢰도 함수(R(t))와 고장밀도함수(f(t)) 사이의 관계는 h(t)=f(t)/R(t)다.
    ㉢ 고장률은 시간의 흐름에 따라 감소형, 증가형, 유지형으로 구분할 수 있고, 유형에는 초기고장, 우발고장, 마모고장이 있다.
    ㉣ 제품 혹은 부품의 전체 수명기간에 걸친 고장률의 변화는 욕조곡선(bathtub curve)의 형태로 나타난다.

38. 다음의 시각적 표지장치 중 정성적 표시장치는?
    ① 횡단보도의 삼색신호등
    ② 지침이 움직이는 중량계
    ③ 디지털 시계
    ④ 눈금이 움직이는 체중계
    ⑤ 지침이 움직이는 시계

    해설 정성적 표시장치는 온도, 압력, 속도와 같은 연속적으로 변하는 변수의 대략적인 값이나 변화 추세 또는 현재 상태(횡단보도의 삼색신호등)의 정상, 비정상 여부 등을 알고자 할 때 사용한다.
    정량적 동력 표시장치의 기본형은 동침형, 동목형, 계수형이 있다.

39. 다음에서 설명하고 있는 인간실수 유형은?

> ○ 상황이나 목표의 해석은 제대로 하였으나 의도와는 다른 행동을 하는 경우에 발생하는 오류이다.
> ○ 행동 결과에 대한 피드백이 있으면, 목표와 결과의 불일치가 쉽게 발견된다.
> ○ 주의산만, 주의결핍에 의해 발생할 수 있으며, 잘못된 디자인이 원인이기도 하다.

① 작위오류(commission error)
② 착오(mistake)
③ 실수(slip)
④ 시간오류(timing error)
⑤ 위반(violation)

해설 ③ 실수(slip) : 계획된 목적 수행에 필요한 행동의 실행에 오류가 발생하는 것이다.
① 작위오류(commission error) : 수행하여야 할 직무를 부정확하게 수행하는 것이다.
② 착오(mistake) : 부적정한 계획의 결과로 인해 원래의 목적수행에 실패하는 것이다.
④ 시간오류(timing error) : 필요한 직무 또는 절차의 수행을 지연한 것이다.
⑤ 위반(violation) : 작업자가 절차서의 지시를 고의로 따르지 않고 다른 방향을 선택한 경우이다.

40. 다음 중 올바른 작업방법 설계 시 고려해야 할 사항으로 옳지 않은 것은?

① 동작을 천천히 하여 최대 근력을 얻도록 한다.
② 동작의 중간범위에서 최대한의 근력을 얻도록 한다.
③ 가능하다면 중력의 방향으로 작업을 수행하도록 한다.
④ 최대한 발휘할 수 있는 힘의 50% 이상을 유지한다.
⑤ 눈동자의 움직임을 최소화한다.

해설 올바른 작업방법 설계 시 고려해야 할 사항으로는 최대 근력을 얻도록 하고, 관성, 중력, 기계력을 이용할 수 있도록 설계하여야 한다.

41. 작업장에서 근로자가 1일 8시간 작업하는 동안 90dB(A)에서 4시간, 95dB(A)에서 4시간 소음에 노출되었다. 아래 허용노출시간표를 활용한 소음노출지수는 얼마인가?

1일 노출시간	소음강도
8시간	90dB(A)
4시간	95dB(A)
2시간	100dB(A)
1시간	105dB(A)
0.5시간	110dB(A)

① 0.8
② 0.9
③ 1.0
④ 1.2
⑤ 1.5

정답 36 ① 37 ⑤ 38 ① 39 ③ 40 ④ 41 ⑤

해설 실제 노출시간을 1일 허용노출시간으로 나누어 계산한다.

소음노출지수 = $\frac{4}{8} + \frac{4}{4} = 1.5$

42. 사업장 위험성평가에 관한 지침에 명시하고 있는 "유해·위험요인이 부상 또는 질병으로 이어질 수 있는 가능성(빈도)과 중대성(강도)을 조합한 것"을 정의하는 용어는?
    ① 유해·위험요인
    ② 위험성 결정
    ③ 위험성
    ④ 위험성 추정
    ⑤ 위험성 감소대책 수립 및 실행

    해설 ③ 위험성 : 유해·위험요인이 부상 또는 질병으로 이어질 수 있는 가능성(빈도)과 중대성(강도)을 조합한 것을 의미한다(사업장 위험성평가에 관한 지침 제3조 제1항 제4호).
    ① 유해·위험요인 : 유해·위험을 일으킬 잠재적 가능성이 있는 것의 고유한 특징이나 속성을 말한다(사업장 위험성평가에 관한 지침 제3조 제1항 제2호).
    ② 위험성 결정 : 유해·위험요인별로 추정한 위험성의 크기가 허용 가능한 범위인지 여부를 판단하는 것을 말한다(사업장 위험성평가에 관한 지침 제3조 제1항 제6호).
    ④ 위험성 추정 : 유해·위험요인별로 부상 또는 질병으로 이어질 수 있는 가능성과 중대성의 크기를 각각 추정하여 위험성의 크기를 산출하는 것을 말한다(사업장 위험성평가에 관한 지침 제3조 제1항 제5호).
    ⑤ 위험성 감소대책 수립 및 실행 : 위험성 결정 결과 허용 불가능한 위험성을 합리적으로 실천 가능한 범위에서 가능한 한 낮은 수준으로 감소시키기 위한 대책을 수립하고 실행하는 것을 말한다(사업장 위험성평가에 관한 지침 제3조 제1항 제7호).

43. 제조물 책임법에 관한 내용으로 옳지 않은 것은?
    ① 제조업자는 제조물의 결함으로 생명·신체 또는 재산에 손해를 입은 자에게 그 손해를 배상하여야 한다.
    ② 제조물이란 제조되거나 가공된 동산을 말한다.
    ③ 제조상의 결함이란 제조업자가 제조물에 대하여 제조상·가공상의 주의의무를 이행하였는지에 관계없이 제조물이 원래 의도한 설계와 다르게 제조·가공됨으로써 안전하지 못하게 된 경우를 말한다.
    ④ 설계상의 결함이란 제조업자가 합리적인 설명·지시·경고 또는 그 밖의 표시를 하였더라면 해당 제조물에 의하여 발생할 수 있는 피해나 위험을 줄이거나 피할 수 있었음에도 이를 하지 아니한 경우를 말한다.
    ⑤ 제조물의 제조·가공 또는 수입을 업으로 하는 자는 제조업자에 해당한다.

    해설 ④ 설계상의 결함이란 제조업자가 합리적인 대체설계(代替設計)를 채용하였더라면 피해나 위험을 줄이거나 피할 수 있었음에도 대체설계를 채용하지 아니하여 해당 제조물이 안전하지 못하게 된 경우를 말한다(제조물책임법 제2조 제2호 나목).

① 제조업자는 제조물의 결함으로 생명·신체 또는 재산에 손해를 입은 자에게 그 손해를 배상하여야 한다(제조물책임법 제3조 제1항).
② 제조물이란 제조되거나 가공된 동산을 말한다(제조물책임법 제2조 제1호).
③ 제조상의 결함이란 제조업자가 제조물에 대하여 제조상·가공상의 주의의무를 이행하였는지에 관계없이 제조물이 원래 의도한 설계와 다르게 제조·가공됨으로써 안전하지 못하게 된 경우를 말한다(제조물책임법 제2조 제2호 가목).
⑤ 제조물의 제조·가공 또는 수입을 업으로 하는 자는 제조업자에 해당한다(제조물책임법 제2조 제3호).

44. 위험성평가(risk assessment)를 실시하는 절차를 순서대로 옳게 나열한 것은?

㉠ 위험성 감소대책의 수립 및 실행
㉡ 파악된 유해·위험요인별 위험성의 추정
㉢ 근로자의 작업과 관계되는 유해·위험요인의 파악
㉣ 추정한 위험성이 허용 가능한 위험성인지 여부의 결정
㉤ 평가대상의 선정 등 사전준비

① ㉢ → ㉡ → ㉣ → ㉤ → ㉠
② ㉢ → ㉤ → ㉡ → ㉠ → ㉣
③ ㉢ → ㉤ → ㉡ → ㉣ → ㉠
④ ㉤ → ㉡ → ㉢ → ㉣ → ㉠
⑤ ㉤ → ㉢ → ㉡ → ㉣ → ㉠

해설 위험성평가(risk assessment)를 실시하는 절차
1. 평가대상의 선정 등 사전준비
2. 근로자의 작업과 관계되는 유해·위험요인의 파악
3. 파악된 유해·위험요인별 위험성의 추정
4. 추정한 위험성이 허용 가능한 위험성인지 여부의 결정
5. 위험성 감소대책의 수립 및 실행

45. 위험성 평가 시 유해위험요인의 발굴을 위해 4M기법을 활용한다. 다음 중 인적(Man) 항목이 아닌 것은?

① 작업자세
② 개인 보호구 미착용
③ 휴먼에러
④ 관리조직의 결함 및 건강관리의 불량
⑤ 미숙련자의 불안전한 행동

해설 인적(Man) 항목
1. 근로자 특성(장애자, 여성, 고령자, 외국인, 비정규직, 미숙련자)에 의한 불안전 행동
2. 작업정보의 부적절
3. 작업자세, 작업동작의 결함
4. 작업방법의 부적절
5. 개인 보호구 미착용
6. 휴먼에러

정답 42 ③ 43 ④ 44 ⑤ 45 ④

46. 국내 어느 사업장의 전년도 도수율은 3, 강도율은 27이었다. 이 사업장의 종합재해지수(FSI)는 얼마인가?

① 5   ② 6
③ 7   ④ 8
⑤ 9

해설 종합재해지수(FSI)= $\sqrt{도수율 \times 강도율} = \sqrt{3 \times 27} = 9$

47. 다음 FT도에서 정상사상 X의 값은 얼마인가?

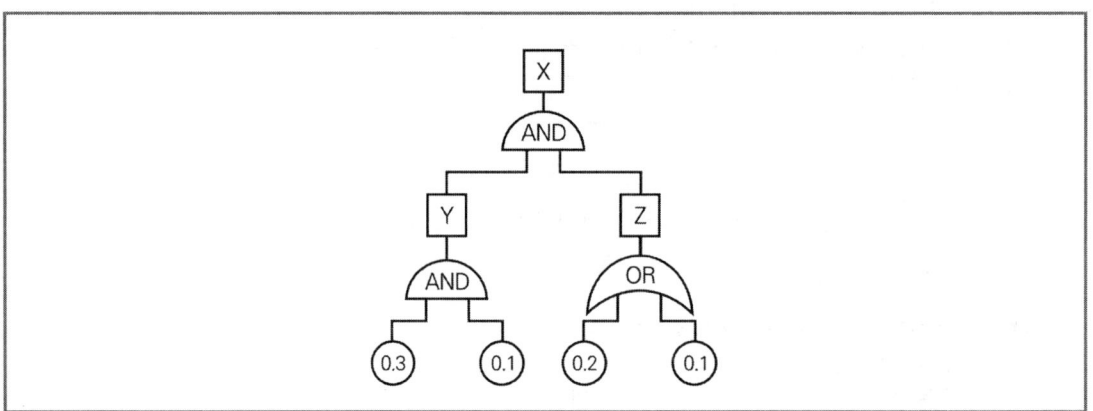

① 0.0084   ② 0.3826
③ 0.42   ④ 0.55
⑤ 0.61

해설 Y=0.3×0.1=0.03
Z=1-(1-0.2)(1-0.1)=0.28
X=Y×Z=0.03×0.28=0.0084

48. 안전관리 조직에 관한 설명으로 옳지 않은 것은?

① 안전관리 조직 형태는 라인형(Line type), 스태프형(Staff type), 라인스태프형(Line-staff type)으로 구분할 수 있다.
② 라인형은 회사내에 별도의 안전전담부서가 있으며 안전계획에서 실시까지 담당한다.
③ 스태프형은 안전에 관한 전문지식축적과 기술개발이 용이한 장점이 있다.
④ 라인스태프형은 명령 계통과 조언·권고적 참여가 혼돈되기 쉬운 단점이 있다.
⑤ 소규모 사업장일수록 라인형이 적합하며, 규모가 큰 사업장일수록 라인스태프형이 적합하다.

해설 라인형은 안전의 계획으로부터 실시에 이르기까지 전부 생산라인을 통해서 행하는 관리방식이다.
스태프형은 관리하는데 안전업무를 전문으로 하는 부문을 설치하고, 경영자의 참조적인 역할 즉 안전기획입안, 조사, 권고, 점검, 보고 등을 함과 동시에 자문에 따라, 또 생산라인에 대해서 안전의 지도 및 추진을 조언하는 관리조직이다.
라인스태프형은 라인형과 Staff형 안전관리를 절충한 조직으로 명령계통과 조언권고적 참여가 혼동되기 쉽다.

49. 다음과 같은 특징을 가지고 있는 위험성평가 기법은?

○ 재해나 사고가 일어나는 것을 확률적인 수치로 평가하는 것이 가능하다.
○ 어떤 기능이 고장 또는 실패할 경우 그 이후 다른 부분에 어떤 결과를 초래하는 지를 분석하는 귀납적 방법이다.

① 위험과 운전분석(HAZOP)
② 사건수분석(ETA)
③ 예비위험분석(PHA)
④ 체크리스트(Checklist)
⑤ 고장 형태에 따른 영향분석(FMEA)

해설 ② 사건수분석(ETA) : 초기사건으로 알려진 특정장치의 이상이나 운전자의 실수로부터 발생되는 잠재적인 사고결과를 평가하는 귀납적 기법
① 위험과 운전분석(HAZOP) : 공정에 존재하는 위험요인과 공정의 효율을 떨어뜨릴 수 있는 운전상의 문제점을 찾아내어 그 원인을 제거하는 방법
③ 예비위험분석(PHA) : 모든 시스템 안전프로그램의 최초단계의 분석으로 시스템내의 위험요소가 얼마나 위험상태에 있는가를 정성적으로 평가하는 방식
④ 체크리스트(Checklist) : 공정 및 설비의 오류, 결함상태, 위험상황 등을 목록화한 형태로 작성하여 경험적으로 비교하여 위험성을 파악하는 방법
⑤ 고장 형태에 따른 영향분석(FMEA) : 부품, 장치, 설비 및 시스템의 고장 또는 기능상실의 형태에 따른 원인과 영향을 체계적으로 분류하고 필요한 조치를 수립하는 절차

50. 하인리히(H.W.Heinrich)의 사고방지를 위한 기본 원리 5단계를 순서대로 옳게 나열한 것은?

㉠ 안전관리조직
㉡ 시정책의 실행
㉢ 사실의 발견
㉣ 시정방법의 선정
㉤ 분석평가

① ㉠ → ㉢ → ㉤ → ㉣ → ㉡
② ㉠ → ㉤ → ㉢ → ㉣ → ㉡
③ ㉢ → ㉣ → ㉡ → ㉤ → ㉠
④ ㉢ → ㉤ → ㉠ → ㉣ → ㉡
⑤ ㉢ → ㉤ → ㉣ → ㉡ → ㉠

해설 사고방지를 위한 기본 원리 5단계 : 안전관리조직→사실의 발견→분석평가→시정방법의 선정→시정책의 실행

정답 46 ⑤ 47 ① 48 ② 49 ② 50 ①

기업진단 · 지도

51. 직무관리에 관한 설명으로 옳지 않은 것은?
   ① 직무분석이란 직무의 내용을 체계적으로 분석하여 인사관리에 필요한 직무정보를 제공하는 과정이다.
   ② 직무설계는 직무 담당자의 업무 동기 및 생산성 향상 등을 목표로 한다.
   ③ 직무충실화는 작업자의 권한과 책임을 확대하는 직무설계방법이다.
   ④ 핵심직무특성 중 과업중요성은 직무담당자가 다양한 기술과 지식 등을 활용하도록 직무설계를 해야 한다는 것을 말한다.
   ⑤ 직무평가는 직무의 상대적 가치를 평가하는 활동이며, 직무평가 결과는 직무급의 산정에 활용된다.

   해설 핵심직무특성 중 과업중요성은 직무가 다른 사람의 생활에 미치는 영향의 중요성을 지각하는 정도를 말한다.

52. 노동조합에 관한 설명으로 옳지 않은 것은?
   ① 직종별 노동조합은 산업이나 기업에 관계없이 같은 직업이나 직종 종사자들에 의해 결성된다.
   ② 산업별 노동조합은 기업과 직종을 초월하여 산업을 중심으로 결성된다.
   ③ 산업별 노동조합은 직종 간, 회사 간 이해의 조정이 용이하지 않다.
   ④ 기업별 노동조합은 동일 기업에 근무하는 근로자들에 의해 결성된다.
   ⑤ 기업별 노동조합에서는 근로자의 직종이나 숙련 정도를 고려하여 가입이 결정된다.

   해설 기업별 노동조합은 하나의 기업 또는 사업장에 속하는 근로자들이 직종에 관계없이 결합한 노동조합이다.

53. 조직구조 유형에 관한 설명으로 옳지 않은 것은?
   ① 기능별 구조는 부서 간 협력과 조정이 용이하지 않고 환경변화에 대한 대응이 느리다.
   ② 사업별 구조는 기능 간 조정이 용이하다.
   ③ 사업별 구조는 전문적인 지식과 기술의 축적이 용이하다.
   ④ 매트릭스 구조에서는 보고체계의 혼선이 야기될 가능성이 높다.
   ⑤ 매트릭스 구조는 여러 제품라인에 걸쳐 인적자원을 유연하게 활용하거나 공유할 수 있다.

   해설 사업별 구조는 제품라인이 독립적으로 존재하기 때문에 제품라인과 제품라인 간의 조정이 어렵다. 따라서 전문적인 지식과 기술의 축적이 어렵다.

54. JIT(just-in-time) 생산방식의 특징으로 옳지 않은 것은?

① 간판(kanban)을 이용한 푸시(push) 시스템
② 생산준비시간 단축과 소(小)로트 생산
③ U자형 라인 등 유연한 설비배치
④ 여러 설비를 다룰 수 있는 다기능 작업자 활용
⑤ 불필요한 재고와 과잉생산 배제

해설 JIT(just-in-time) 생산방식은 간판(kanban)을 이용한 푸시(push) 시스템이 아니라 풀(pull) 시스템이다.

55. 매슬로우(A. Maslow)의 욕구단계이론 중 자아실현욕구를 조직행동에 적용한 것은?

① 도전적 과업 및 창의적 역할 부여
② 타인의 인정 및 칭찬
③ 화해와 친목분위기 조성 및 우호적인 작업팀 결성
④ 안전한 작업조건 조성 및 고용 보장
⑤ 냉난방 시설 및 사내식당 운영

해설 매슬로우(A. Maslow)의 욕구단계이론
1. 1단계 : 생리적 욕구 - 냉난방 시설 및 사내식당 운영
2. 2단계 : 안전의 욕구 - 안전한 작업조건 조성 및 고용 보장
3. 3단계 : 소속의 욕구 - 화해와 친목분위기 조성 및 우호적인 작업팀 결성
4. 4단계 : 존경의 욕구 - 타인의 인정 및 칭찬
5. 5단계 : 자아실현욕구 - 도전적 과업 및 창의적 역할 부여

56. 품질개선 도구와 그 주된 용도의 연결로 옳지 않은 것은?

① 체크시트(check sheet) : 품질 데이터의 정리와 기록
② 히스토그램(histogram) : 중심위치 및 분포 파악
③ 파레토도(Pareto diagram) : 우연변동에 따른 공정의 관리상태 판단
④ 특성요인도(cause and effect diagram) : 결과에 영향을 미치는 다양한 원인들을 정리
⑤ 산점도(scatter plot) : 두 변수 간의 관계를 파악

해설 불량, 결점, 고장 등의 발생건수 등을 항목별로 나누어 발생빈도의 순으로 나열하여 분석하는 기법은 파레토도이다.

정답 51 ④ 52 ⑤ 53 ③ 54 ① 55 ① 56 ③

57. 어떤 프로젝트의 PERT(program evaluation and review technique) 네트워크와 활동소요시간이 아래와 같을 때, 옳지 않은 설명은?

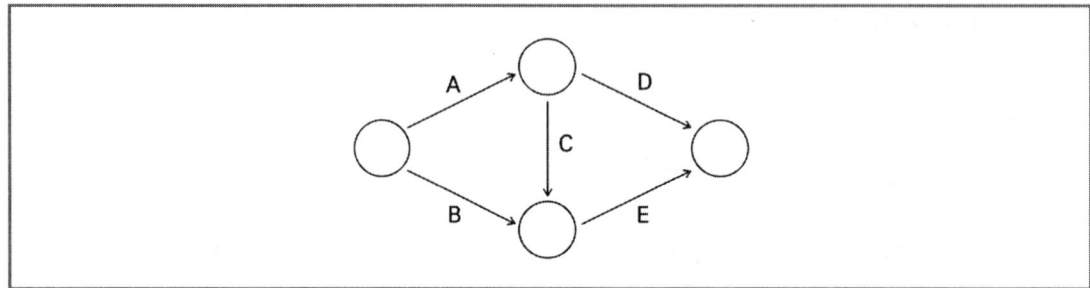

활동	소요시간(일)
A	10
B	17
C	10
D	7
E	8
계	52

① 주경로(critical path)는 A-C-E이다.
② 프로젝트를 완료하는 데에는 적어도 28일이 필요하다.
③ 활동 D의 여유시간은 11일이다.
④ 활동 E의 소요시간이 증가해도 주경로는 변하지 않는다.
⑤ 활동 A의 소요시간을 5일 만큼 단축시킨다면 프로젝트 완료시간도 5일 만큼 단축된다.

해설 경로1 : A-D 17일
경로2 : A-C-E 28일
경로3 : B-E 25일
⑤ 활동 A의 소요시간을 5일 만큼 단축시킨다면 주경로가 B-E가 된다. 따라서 프로젝트 완료시간도 3일 만큼 단축된다.
① 주경로(critical path)는 작업소요시간이 가장 긴 구간으로 A-C-E이다.
② 프로젝트를 완료하는 데에는 주경로의 28일이 필요하다.
③ 활동 D의 여유시간은 28-17=11일이다.
④ 주경로가 변경되지 않는 것을 전제한다.

58. 공장의 설비배치에 관한 설명으로 옳은 것을 모두 고른 것은?

㉠ 제품별 배치(product layout)는 연속, 대량 생산에 적합한 방식이다.
㉡ 제품별 배치를 적용하면 공정의 유연성이 높아진다는 장점이 있다.
㉢ 공정별 배치(process layout)는 범용설비를 제품의 종류에 따라 배치한다.
㉣ 고정위치형 배치(fixed position layout)는 주로 항공기 제조, 조선, 토목건축 현장에서 찾아볼 수 있다.
㉤ 셀형 배치(cellular layout)는 다품종소량생산에서 유연성과 효율성을 동시에 추구할 수 있다.

① ㉠, ㉢
② ㉠, ㉣, ㉤
③ ㉡, ㉢, ㉣
④ ㉠, ㉡, ㉣, ㉤
⑤ ㉠, ㉢, ㉣, ㉤

해설 ㉡ 제품별 배치는 표준 프로세스를 사용하므로 유연성이 적다.
㉢ 공정별 배치(process layout)는 유사한 기계 설비나 기능을 한 작업장에 모아서 배치하는 것으로 기계종류별로 배치한다.
㉠ 제품별 배치(product layout)는 연속, 대량 생산에 적합한 방식이다.
㉣ 고정위치형 배치(fixed position layout)는 비행기나 선박의 제조, 주택이나 도로 공사 등에서 찾아볼 수 있다.
㉤ 셀형 배치(cellular layout)는 다품종소량생산에서 유연성과 효율성을 동시에 추구할 수 있으나 다기능 숙련공의 육성이 절대적이다.

59. 리더십 이론의 설명으로 옳은 것을 모두 고른 것은?

㉠ 블레이크(R. Blake)와 머튼(J. Mouton)의 리더십 관리격자모형에 의하면 일(생산)에 대한 관심과 사람에 대한 관심이 모두 높은 리더가 이상적 리더이다.
㉡ 피들러(F. Fiedler)의 리더십상황이론에 의하면 상황이 호의적일 때 인간중심형 리더가 과업지향형 리더보다 효과적인 리더이다.
㉢ 리더-부하 교환이론(leader-member exchange theory)에 의하면 효율적인 리더는 믿을만한 부하들을 내 집단(in-group)으로 구분하여, 그들에게 더 많은 정보를 제공하고, 경력개발 지원 등의 특별한 대우를 한다.
㉣ 변혁적 리더는 예외적인 사항에 대해 개입하고, 부하가 좋은 성과를 내도록 하기 위해 보상시스템을 잘 설계한다.
㉤ 카리스마 리더는 강한 자기 확신, 인상관리, 매력적인 비전 제시 등을 특징으로 한다.

① ㉠, ㉡, ㉣
② ㉠, ㉢, ㉤
③ ㉡, ㉢, ㉣
④ ㉠, ㉡, ㉢, ㉤
⑤ ㉠, ㉢, ㉣, ㉤

해설 ㉡ 피들러(F. Fiedler)의 리더십상황이론에 의하면 상황이 호의적일 때 과업지향형 리더가 효과적인 리더이다.
㉣ 변혁적 리더는 주어진 목적의 중요성과 의미를 하위자에게 주지시키고 하위자가 개인적 이익을 넘어서서 전체의 이익을 위해 일하도록 만든다.
㉠ 블레이크(R. Blake)와 머튼(J. Mouton)의 리더십 관리격자모형에 의하면 일(생산)에 대한 관심과 사람에 대한 관심이 모두 높은 리더가 이상적 리더이다.
㉢ 리더-부하 교환이론(leader-member exchange theory)에 의하면 부하가 역량과 동기를 가져서 리더가 신뢰하는 부하들은 내집단(in-group) 구성원이 되고, 이들은 직무에서 요구하는 역할과 책임 이상의 일을 하며 리더가 지휘하는 단위 조직의 성공에 중요한 영향을 미치는 핵심적인 책임을 맡는다.
㉤ 카리스마 리더는 사람을 매료시키는 초인간적인 능력을 가지고 대중의 우상적·열광적 지지를 받는 지도자를 말한다.

정답 57 ⑤ 58 ② 59 ②

60. 산업심리학의 연구방법에 관한 설명으로 옳지 않은 것은?

① 관찰법 : 행동표본을 관찰하여 주요 현상들을 찾아 기술하는 방법이다.
② 사례연구법 : 한 개인이나 대상을 심층 조사하는 방법이다.
③ 설문조사법 : 설문지 혹은 질문지를 구성하여 연구하는 방법이다.
④ 실험법 : 원인이 되는 종속변인과 결과가 되는 독립변인의 인과관계를 살펴보는 방법이다.
⑤ 심리검사법 : 인간의 지능, 성격, 적성 및 성과를 측정하고 정보를 제공하는 방법이다.

> **해설** 실험법은 연구 대상을 실험 집단과 통제 집단으로 각각 나눈 뒤, 통제 집단에는 조작을 가하지 않고 실험 집단에는 일정한 조작을 하여 독립변수가 실험 집단에 미치는 영향을 통제 집단과 비교하여 측정함으로써 자료를 수집하는 방법이다.

61. 일-가정 갈등(work-family conflict)에 관한 설명으로 옳지 않은 것은?

① 일과 가정의 요구가 서로 충돌하여 발생한다.
② 장시간 근무나 과도한 업무량은 일-가정 갈등을 유발하는 주요한 원인이 될 수 있다.
③ 적은 시간에 많은 것을 해내기를 원하는 경향이 강한 사람은 더 많은 일-가정 갈등을 경험한다.
④ 직장은 일-가정 갈등을 감소시키는 데 중요한 역할을 담당하지 않는다.
⑤ 돌봐 주어야 할 어린 자녀가 많을수록 더 많은 일-가정 갈등을 경험한다.

> **해설** 일-가정 갈등(work-family conflict)은 적절한 노동시간과 자유시간, 가족의 역할 등으로 갈등을 해소 또는 완화시킬 수 있다. 따라서 일-가정 갈등을 감소시키는 데 직장은 아주 중요한 역할을 담당한다.

62. 인간의 정보처리 방식 중 정보의 한 가지 측면에만 초점을 맞추고 다른 측면은 무시하는 것은?

① 선택적 주의(selective attention)
② 분할주의(divided attention)
③ 도식(schema)
④ 기능적 고착(functional fixedness)
⑤ 분위기 가설(atmosphere hypothesis)

> **해설** ① 선택적 주의(selective attention)는 여러 가지 자극 중에서 하나만 선택해서 주의를 기울이는 인간의 보편적인 사고 경향을 말한다.
> ② 분할주의(divided attention)는 여러 주의를 동시에 수행하는 것을 말한다.
> ③ 도식(schema)은 생각이나 행동의 조직된 패턴을 일컫는다.
> ④ 기능적 고착(functional fixedness)은 사고의 전환을 하지 못하고 전통적 사고에 사로잡힌 상태를 말한다.
> ⑤ 분위기 가설(atmosphere hypothesis)은 전제에 포함된 양화사가 특정한 결론을 만들도록 분위기를 형성한다는 것이다.

63. 다음에 해당하는 갈등 해결방식은?

> 근로자가 동료나 관리자와 같은 제3자에게 갈등에 대해 언급하여, 자신과 갈등하는 대상을 직접 만나지 않고 저절로 갈등이 해결되는 것을 희망한다.

① 순응하기 방식(accommodating style)
② 협력하기 방식(collaborating style)
③ 회피하기 방식(avoiding style)
④ 강요하기 방식(forcing style)
⑤ 타협하기 방식(compromising style)

해설 ③ 회피하기 방식(avoiding style)은 절충하지 않고 서로 피하는 유형이다.
① 순응하기 방식(accommodating style)은 상대방의 주장만을 중시한다.
② 협력하기 방식(collaborating style)은 나와 상대방 모두의 주장을 중심에 두는 유형이다.
④ 강요하기 방식(forcing style)은 나의 주장만 중시한다.
⑤ 타협하기 방식(compromising style)은 절충형으로 나와 상대방의 주장을 부분적으로 받아들인다.

64. 직무분석에 관한 설명으로 옳은 것을 모두 고른 것은?

> ㉠ 직무분석 접근 방법은 크게 과업중심(task-oriented)과 작업자중심(worker-oriented)으로 분류할 수 있다.
> ㉡ 기업에서 필요로 하는 업무의 특성과 근로자의 자질을 파악할 수 있다.
> ㉢ 해당 직무를 수행하는 근로자들에게 필요한 교육훈련을 계획하고 실시할 수 있다.
> ㉣ 근로자에게 유용하고 공정한 수행 평가를 실시하기 위한 준거(criterion)를 획득할 수 있다.

① ㉠, ㉡
② ㉡, ㉢
③ ㉡, ㉣
④ ㉠, ㉢, ㉣
⑤ ㉠, ㉡, ㉢, ㉣

해설 직무분석은 어떤 일을 어떤 목적으로 어떤 방법에 의해 어떤 장소에서 수행하는지를 알아내고, 직무를 수행하는 데 요구되는 지식, 능력, 기술, 경험, 책임 등이 무엇인지를 과학적이고 합리적으로 알아내는 것으로 기업에서 필요로 하는 업무의 특성과 근로자의 자질을 파악할 수 있고, 해당 직무를 수행하는 근로자들에게 필요한 교육훈련을 계획하고 실시할 수 있다. 또한 근로자에게 유용하고 공정한 수행 평가를 실시하기 위한 준거(criterion)를 획득할 수 있으며 직무분석 접근 방법은 크게 과업중심(task-oriented)과 작업자중심(worker-oriented)으로 분류할 수 있다.

정답 60 ④ 61 ④ 62 ① 63 ③ 64 ⑤

65. 조명과 직무환경에 관한 설명으로 옳지 않은 것은?

① 조도는 어떤 물체나 표면에 도달하는 빛의 양을 말한다.

② 동일한 환경에서 직접조명은 간접조명보다 더 밝게 보이도록 하며, 눈부심과 눈의 피로도를 줄여준다.

③ 눈부심은 시각 정보 처리의 효율을 떨어트리고, 눈의 피로도를 증가시킨다.

④ 작업장에 조명을 설치할 때에는 빛의 밝기뿐만 아니라 빛의 배분도 고려해야 한다.

⑤ 최적의 밝기는 작업자의 연령에 따라서 달라진다.

해설 ② 간접조명은 광원으로부터 나온 빛의 반사광에 의해 피조면을 비추는 조명 방식으로 눈부심과 눈의 피로도를 줄여주고, 빛이 부드럽고 눈부심이 적어 온화한 분위기를 연출할 수 있으나 조명 효율이 떨어지므로 주로 특별한 경우에만 사용한다.

66. 다음 중 인간의 정보처리와 표시장치의 양립성(compatibility)에 관한 내용으로 옳은 것을 모두 고른 것은?

┌───┐
│ ㉠ 양립성은 인간의 인지기능과 기계의 표시장치가 어느 정도 일치하는가를 말한다. │
│ ㉡ 양립성이 향상되면 입력과 반응의 오류율이 감소한다. │
│ ㉢ 양립성이 감소하면 사용자의 학습시간은 줄어들지만, 위험은 증가한다. │
│ ㉣ 양립성이 향상되면 표시장치의 일관성은 감소한다. │
└───┘

① ㉠, ㉡　　　　　　　　　　② ㉡, ㉢
③ ㉢, ㉣　　　　　　　　　　④ ㉠, ㉡, ㉣
⑤ ㉠, ㉡, ㉢, ㉣

해설 ㉡, ㉢, ㉣ 양립성 정도가 높을수록 정보처리시 정보변환이 줄어들게 되어 학습이 더 빨리 진행되고 반응시간은 짧아지며, 오류가 적어진다. 표시장치의 일관성은 증가하고 정신적 부하가 감소한다.
㉠ 양립성은 자극들 간의, 반응들 간의, 혹은 자극-반응 조합에 대하여 공간, 운동, 개념 혹은 양태관계가 인간의 기대와 모순되지 않는 것을 말한다.

67. 아래 그림에서 평행한 두 선분은 동일한 길이임에도 불구하고 위의 선분이 더 길어 보인다. 이러한 현상을 나타내는 용어는?

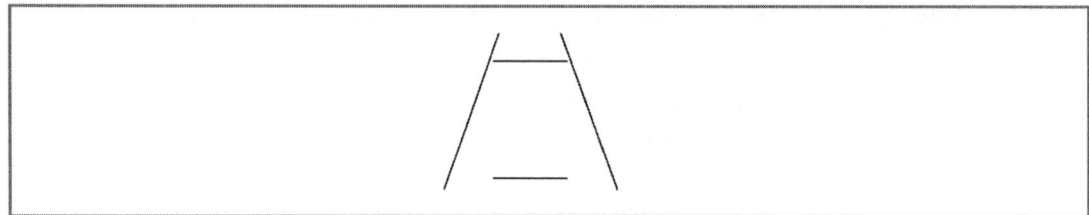

① 포겐도르프(Poggendorf) 착시현상   ② 뮬러-라이어(Müller-Lyer) 착시현상
③ 폰조(Ponzo) 착시현상   ④ 티체너(Titchener) 착시현상
⑤ 쵤너(Zöllner) 착시현상

해설 ③ 폰조(Ponzo) 착시현상 : 두 수평선부의 길이가 다르게 보이는 현상
① 포겐도르프(Poggendorf) 착시현상 : A와 C가 일직선상으로 보인다. 실제는 A와 B가 일직선
② 뮬러-라이어(Müller-Lyer) 착시현상 : A가 B보다 길게 보인다. 실제는 같음
④ 티체너(Titchener) 착시현상 : 같은 원이지만 다르게 보임
⑤ 쵤너(Zöllner) 착시현상 : 세로의 선이 굽어 보이는 것

68. 다음 중 산업재해이론과 그 내용의 연결로 옳지 않은 것은?

① 하인리히(H. Heinrich)의 도미노 이론 : 사고를 촉발시키는 도미노 중에서 불안전상태와 불안전행동을 가장 중요한 것으로 본다.
② 버드(F. Bird)의 수정된 도미노 이론 : 하인리히(H. Heinrich)의 도미노 이론을 수정한 이론으로, 사고 발생의 근본적 원인을 관리 부족이라고 본다.
③ 애덤스(E. Adams)의 사고연쇄반응 이론 : 불안전행동과 불안전상태를 유발하거나 방치하는 오류는 재해의 직접적인 원인이다.
④ 리전(J. Reason)의 스위스 치즈 모델 : 스위스 치즈 조각들에 뚫려 있는 구멍들이 모두 관통되는 것처럼 모든 요소의 불안전이 겹쳐져서 산업재해가 발생한다는 이론이다.
⑤ 하돈(W. Haddon)의 매트릭스 모델 : 작업자의 긴장 수준이 지나치게 높을 때, 사고가 일어나기 쉽고 작업 수행의 질도 떨어지게 된다는 것이 핵심이다.

해설 하돈(W. Haddon)의 매트릭스 모델은 사고전, 사고당시, 사고후 3가지 상황에서 사고의 피해를 최소화하기 위한 영역들을 분석하기 위한 틀을 활용하여 사고를 예방하는 것이다.

69. 국소배기장치의 환기효율을 위한 설계나 설치방법으로 옳지 않은 것은?

① 사각형관 닥트보다는 원형관 닥트를 사용한다.
② 공정에 방해를 주지 않는 한 포위형 후드로 설치한다.
③ 푸쉬-풀(push-pull) 후드의 배기량은 급기량보다 많아야 한다.
④ 공기보다 증기밀도가 큰 유기화합물 증기에 대한 후드는 발생원보다 낮은 위치에 설치한다.
⑤ 유기화합물 증기가 발생하는 개방처리조(open surface tank) 후드는 일반적인 사각형 후드 대신 슬롯형 후드를 사용한다.

해설 증기에 대한 후드는 발생원보다 높은 위치에 설치하여야 하고, 오염원 가까이 설치해야 환기가 잘된다.

정답 65 ② 66 ① 67 ③ 68 ⑤ 69 ④

70. 산업위생의 목적 달성을 위한 활동으로 옳지 않은 것은?
   ① 메탄올의 생물학적 노출지표를 검사하기 위하여 작업자의 혈액을 채취하여 분석한다.
   ② 노출기준과 작업환경측정결과를 이용하여 작업환경을 평가한다.
   ③ 피토관을 이용하여 국소배기장치 닥트의 속도압(동압)과 정압을 주기적으로 측정한다.
   ④ 금속 흄 등과 같이 열적으로 생기는 분진 등이 발생하는 작업장에서는 1급 이상의 방진마스크를 착용하게 한다.
   ⑤ 인간공학적 평가도구인 OWAS를 활용하여 작업자들에 대한 작업 자세를 평가한다.

   해설 메탄올의 생물학적 노출지표를 검사하기 위하여 작업자의 소변을 채취하여 분석하고, 혈액을 채취하여 검사하는 것은 에탄올, 벤젠, 톨루엔 등이 있다.

71. 화학물질 및 물리적 인자의 노출기준 중 2018년에 신설된 유해인자로 옳은 것은?
   ① 우라늄(가용성 및 불용성 화합물)
   ② 몰리브덴(불용성 화합물)
   ③ 이브롬화에틸렌
   ④ 이염화에틸렌
   ⑤ 라돈

   해설 라돈의 노출기준은 2018년 신설되어 작업장 농도는 600Bq/㎥이다(화학물질 및 물리적 인자의 노출기준 별표 4).

72. 공기시료채취펌프를 무마찰 비누거품관을 이용하여 보정하고자 한다. 비누거품관의 부피는 500㎤이었고 3회에 걸쳐 측정한 평균시간이 20초였다면, 펌프의 유량(L/min)은?
   ① 1.0
   ② 1.5
   ③ 2.0
   ④ 2.5
   ⑤ 3.0

   해설 펌프의 유량(L/min)=부피×평균시간=$0.5 \times \frac{60}{20} = 1.5$L/min
   부피 500㎤=0.5L

73. 작업장에서 휘발성 유기화합물(분자량 100, 비중 0.8) 1L가 완전히 증발하였을 때, 공기 중 이 물질이 차지하는 부피(L)는? (단, 25℃, 1기압)
   ① 179.2
   ② 192.8
   ③ 195.6
   ④ 241.0
   ⑤ 244.5

   해설 이상기체상태 방정식 $PV = \frac{W}{M}RT$, $V = \frac{WRT}{PM}$
   P : 압력, V : 부피, W : 무게(0.8kg/l=800g), M : 분자량(100), R : 기체상수(0.08205), T : 절대온도(298)

$$V=\frac{WRT}{PM}=\frac{800\times 0.08205\times 298}{1\times 100}=195.6$$

74. 근로자 건강증진활동 지침에 따라 건강증진활동 계획을 수립할 때, 포함해야 하는 내용을 모두 고른 것은?

㉠ 건강진단결과 사후관리조치
㉡ 작업환경측정결과에 대한 사후조치
㉢ 근골격계질환 징후가 나타난 근로자에 대한 사후조치
㉣ 직무스트레스에 의한 건강장해 예방조치
---

① ㉠, ㉡
② ㉠, ㉣
③ ㉠, ㉢, ㉣
④ ㉡, ㉢, ㉣
⑤ ㉠, ㉡, ㉢, ㉣

해설 건강증진활동계획을 수립·시행할 때 포함하여야 할 사항(근로자 건강증진활동 지침 제4조 제1항)
1. 사업주가 건강증진을 적극적으로 추진한다는 의사표명
2. 건강증진활동계획의 목표 설정
3. 사업장 내 건강증진 추진을 위한 조직구성
4. 직무스트레스 관리, 올바른 작업자세 지도, 뇌심혈관계질환 발병위험도 평가 및 사후관리, 금연, 절주, 운동, 영양개선 등 건강증진활동 추진내용
5. 건강증진활동을 추진하기 위해 필요한 예산, 인력, 시설 및 장비의 확보
6. 건강증진활동계획 추진상황 평가 및 계획의 재검토
7. 그 밖에 근로자 건강증진활동에 필요한 조치

75. 다음에서 설명하는 화학물질은?

○ 2006년에 이 화학물질을 취급하던 중국동포가 수개월 만에 급성간독성을 일으켜 사망한 사례가 있었다.
○ 이 화학물질은 폴리우레탄을 이용해 아크릴 등의 섬유, 필름, 표면코팅, 합성가죽 등을 제조하는 과정에서 노출될 수 있다.
---

① 벤젠
② 메탄올
③ 노말헥산
④ 이황화탄소
⑤ 디메틸포름아미드

해설 디메틸포름아미드는 합성피혁, 분석 시약, 가스 흡수제, 색소 사용 공정에서 노출될 수 있다. 주로 간에서 N-메틸포름아마이드(N-methylformamide)로 대사되고 급성 노출 시 수 시간에서 수일 후 상복부 통증, 구역, 구토, 경련성 복통, 피로, 알코올 불내성 등의 증상을 호소한 중독 사례가 있고, 중국동포가 수개월 만에 급성간독성을 일으켜 사망한 사례가 있었다.

2020년 기출문제

산업안전보건법령

1. 산업안전보건법령상 협조 요청 등에 관한 설명으로 옳지 않은 것은?

   ① 고용노동부장관은 산업재해 예방에 관한 기본계획을 효율적으로 시행하기 위하여 필요하다고 인정할 때에는 관계 행정기관의 장에게 필요한 협조를 요청할 수 있다.
   ② 고용노동부를 제외한 행정기관의 장은 사업장의 안전에 관하여 규제를 하려면 미리 고용노동부장관과 협의하여야 한다.
   ③ 고용노동부를 제외한 행정기관의 장은 고용노동부장관이 협의과정에서 해당 규제에 대한 변경을 요구하면 이에 따라야 하며, 고용노동부장관은 필요한 경우 국무총리에게 협의·조정 사항을 보고하여 확정할 수 있다.
   ④ 고용노동부장관은 산업재해 예방을 위하여 필요하다고 인정할 때에는 사업주에게 필요한 사항을 권고할 수 있다.
   ⑤ 고용노동부장관이 산정·통보한 산업재해발생률에 불복하는 건설업체는 통보를 받은 날부터 15일 이내에 고용노동부장관에게 이의를 제기하여야 한다.

   해설 ⑤ 고용노동부장관은 산업재해발생률 및 그 산정내역을 해당 건설업체에 통보해야 한다. 이 경우 산업재해발생률 및 산정내역에 불복하는 건설업체는 통보를 받은 날부터 10일 이내에 고용노동부장관에게 이의를 제기할 수 있다(규칙 제4조 제2항).
   ①, ④ 고용노동부장관은 산업재해 예방을 위하여 필요하다고 인정할 때에는 사업주, 사업주단체, 그 밖의 관계인에게 필요한 사항을 권고하거나 협조를 요청할 수 있다(법 제8조 제4항).
   ② 고용노동부를 제외한 행정기관의 장은 사업장의 안전에 관하여 규제를 하려면 미리 고용노동부장관과 협의하여야 한다(법 제8조 제2항).
   ③ 고용노동부를 제외한 행정기관의 장은 고용노동부장관이 협의과정에서 해당 규제에 대한 변경을 요구하면 이에 따라야 하며, 고용노동부장관은 필요한 경우 국무총리에게 협의·조정 사항을 보고하여 확정할 수 있다(법 제8조 제3항).

2. 산업안전보건법령상 산업재해발생건수등의 공표에 관한 설명으로 옳지 않은 것은?

   ① 고용노동부장관은 산업재해를 예방하기 위하여 사망재해자가 연간 2명 이상 발생한 사업장의 산업재해발생건수등을 공표하여야 한다.
   ② 고용노동부장관은 산업재해를 예방하기 위하여 중대산업사고가 발생한 사업장의 산업재해발생건수등을 공표하여야 한다.

③ 고용노동부장관은 도급인의 사업장 중 대통령령으로 정하는 사업장에서 관계수급인 근로자가 작업을 하는 경우에 도급인의 산업재해발생건수등에 관계수급인의 산업재해발생건수등을 포함하여 공표하여야 한다.
④ 산업재해발생건수등의 공표의 절차 및 방법에 관한 사항은 대통령령으로 정한다.
⑤ 고용노동부장관은 산업재해발생건수등을 공표하기 위하여 도급인에게 관계수급인에 관한 자료의 제출을 요청할 수 있다.

> **해설** ④ 산업재해발생건수등의 공표의 절차 및 방법, 그 밖에 필요한 사항은 고용노동부령으로 정한다(법 제10조 제4항).
> ① 고용노동부장관은 산업재해를 예방하기 위하여 사망재해자가 연간 2명 이상 발생한 사업장의 산업재해발생건수등을 공표하여야 한다(영 제10조 제1항 제1호).
> ② 고용노동부장관은 산업재해를 예방하기 위하여 중대산업사고가 발생한 사업장의 산업재해발생건수등을 공표하여야 한다(영 제10조 제1항 제3호).
> ③ 고용노동부장관은 도급인의 사업장 중 대통령령으로 정하는 사업장에서 관계수급인 근로자가 작업을 하는 경우에 도급인의 산업재해발생건수등에 관계수급인의 산업재해발생건수등을 포함하여 공표하여야 한다(법 제10조 제2항).
> ⑤ 고용노동부장관은 산업재해발생건수등을 공표하기 위하여 도급인에게 관계수급인에 관한 자료의 제출을 요청할 수 있다(법 제10조 제3항 전단).

3. 산업안전보건법령상 안전보건표지에 관한 설명으로 옳지 않은 것은?

① 안전보건표지의 표시를 명확히 하기 위하여 필요한 경우에는 그 안전보건표지의 주위에 표시사항을 흰색 바탕에 검은색 한글고딕체로 표기한 글자로 덧붙여 적을 수 있다.
② 사업주는 사업장에 설치한 안전보건표지의 색도기준이 유지되도록 관리해야 한다.
③ 안전보건표지의 성질상 부착하는 것이 곤란한 경우에도 해당 물체에 직접 도색할 수 없다.
④ 안전보건표지 속의 그림의 크기는 안전보건표지 전체 규격의 30 퍼센트 이상이 되어야 한다.
⑤ 안전보건표지는 쉽게 변형되지 않는 재료로 제작해야 한다.

> **해설** ③ 안전보건표지의 성질상 설치하거나 부착하는 것이 곤란한 경우에는 해당 물체에 직접 도색할 수 있다(규칙 제39조 제3항).
> ① 안전보건표지의 표시를 명확히 하기 위하여 필요한 경우에는 그 안전보건표지의 주위에 표시사항을 흰색 바탕에 검은색 한글고딕체로 표기한 글자로 덧붙여 적을 수 있다(규칙 제38조 제2항 전단).
> ② 사업주는 사업장에 설치한 안전보건표지의 색도기준이 유지되도록 관리해야 한다(규칙 제38조 제3항 후단).
> ④ 안전보건표지 속의 그림 또는 부호의 크기는 안전보건표지의 크기와 비례해야 하며, 안전보건표지 전체 규격의 30% 이상이 되어야 한다(규칙 제40조 제3항).
> ⑤ 안전보건표지는 쉽게 파손되거나 변형되지 않는 재료로 제작해야 한다(규칙 제40조 제4항).

4. 산업안전보건법령상 안전보건관리책임자의 업무에 해당하는 것을 모두 고른 것은?

㉠ 사업장의 산업재해 예방계획의 수립에 관한 사항
㉡ 산업재해에 관한 통계의 기록에 관한 사항
㉢ 작업환경측정 등 작업환경의 점검에 관한 사항
㉣ 산업재해의 재발 방지대책 수립에 관한 사항

정답 1 ⑤ 2 ④ 3 ③ 4 ⑤

① ㉠, ㉡, ㉢   ② ㉠, ㉡, ㉣
③ ㉠, ㉢, ㉣   ④ ㉡, ㉢, ㉣
⑤ ㉠, ㉡, ㉢, ㉣

> **해설** 안전보건관리책임자의 업무(법 제15조 제1항)
> 1. 사업장의 산업재해 예방계획의 수립에 관한 사항
> 2. 안전보건관리규정의 작성 및 변경에 관한 사항
> 3. 안전보건교육에 관한 사항
> 4. 작업환경측정 등 작업환경의 점검 및 개선에 관한 사항
> 5. 근로자의 건강진단 등 건강관리에 관한 사항
> 6. 산업재해의 원인 조사 및 재발 방지대책 수립에 관한 사항
> 7. 산업재해에 관한 통계의 기록 및 유지에 관한 사항
> 8. 안전장치 및 보호구 구입 시 적격품 여부 확인에 관한 사항
> 9. 그 밖에 근로자의 유해·위험 방지조치에 관한 사항으로서 위험성평가의 실시에 관한 사항과 안전보건규칙에서 정하는 근로자의 위험 또는 건강장해의 방지에 관한 사항(규칙 제9조)

5. 산업안전보건법령상 안전관리자에 관한 설명으로 옳지 않은 것은?
   ① 사업의 종류가 건설업(공사금액 120억원)인 경우, 그 사업주는 사업장에 안전관리자를 두어야 한다.
   ② 대통령령으로 정하는 사업의 종류 및 사업장의 상시근로자 수에 해당하는 사업장의 사업주는 안전관리전문기관에 안전관리자의 업무를 위탁할 수 있다.
   ③ 사업주가 안전관리자를 배치할 때에는 연장근로·야간근로 등 해당 사업장의 작업 형태를 고려해야 한다.
   ④ 사업주는 안전관리자를 선임한 경우에는 고용노동부령으로 정하는 바에 따라 선임한 날부터 7일 이내에 고용노동부장관에게 그 사실을 증명할 수 있는 서류를 제출해야 한다.
   ⑤ 고용노동부장관은 산업재해 예방을 위하여 필요한 경우로서 고용노동부령으로 정하는 사유에 해당하는 경우에는 사업주에게 안전관리자를 대통령령으로 정하는 수 이상으로 늘릴 것을 명할 수 있다.

> **해설** ④ 사업주는 안전관리자를 선임하거나 안전관리자의 업무를 안전관리전문기관에 위탁한 경우에는 고용노동부령으로 정하는 바에 따라 선임하거나 위탁한 날부터 14일 이내에 고용노동부장관에게 그 사실을 증명할 수 있는 서류를 제출해야 한다(영 제16조 제6항 전단).
> ① 사업의 종류가 건설업(공사금액 120억원)인 경우, 그 사업주는 사업장에 안전관리자를 두어야 한다(영 제16조 제2항).
> ② 대통령령으로 정하는 사업의 종류 및 사업장의 상시근로자 수에 해당하는 사업장의 사업주는 안전관리전문기관에 안전관리자의 업무를 위탁할 수 있다(법 제17조 제5항).
> ③ 사업주가 안전관리자를 배치할 때에는 연장근로·야간근로 또는 휴일근로 등 해당 사업장의 작업 형태를 고려해야 한다(영 제18조 제2항).
> ⑤ 고용노동부장관은 산업재해 예방을 위하여 필요한 경우로서 고용노동부령으로 정하는 사유에 해당하는 경우에는 사업주에게 안전관리자를 대통령령으로 정하는 수 이상으로 늘릴 것을 명할 수 있다(법 제17조 제4항).

6. 산업안전보건법령상 산업안전보건위원회에 관한 설명으로 옳지 않은 것은?

① 산업안전보건위원회는 근로자위원과 사용자위원을 같은 수로 구성·운영하여야 한다.
② 산업안전보건위원회의 위원장은 위원 중에서 고용노동부장관이 정한다.
③ 산업안전보건위원회는 단체협약, 취업규칙에 반하는 내용으로 심의·의결해서는 아니 된다.
④ 사업주는 산업안전보건위원회의 위원에게 직무 수행과 관련한 사유로 불리한 처우를 해서는 아니 된다.
⑤ 산업안전보건위원회의 회의는 근로자위원 및 사용자위원 각 과반수의 출석으로 개의(開議)하고 출석위원 과반수의 찬성으로 의결한다.

해설 ② 산업안전보건위원회의 위원장은 위원 중에서 호선한다. 이 경우 근로자위원과 사용자위원 중 각 1명을 공동위원장으로 선출할 수 있다(영 제36조).
① 근로자위원과 사용자위원이 같은 수로 구성되는 산업안전보건위원회를 구성·운영하여야 한다(법 제24조 제1항).
③ 산업안전보건위원회는 이 법, 이 법에 따른 명령, 단체협약, 취업규칙 및 안전보건관리규정에 반하는 내용으로 심의·의결해서는 아니 된다(법 제24조 제5항).
④ 사업주는 산업안전보건위원회의 위원에게 직무 수행과 관련한 사유로 불리한 처우를 해서는 아니 된다(법 제24조 제6항).
⑤ 회의는 근로자위원 및 사용자위원 각 과반수의 출석으로 개의하고 출석위원 과반수의 찬성으로 의결한다(영 제37조 제2항).

7. 산업안전보건법령상 안전보건관리규정에 관한 설명으로 옳은 것은?

① '안전보건교육에 관한 사항'은 안전보건관리규정에 포함되지 않는다.
② 상시근로자 수가 100명인 금융업의 경우 안전보건관리규정을 작성해야 한다.
③ 사업주가 안전보건관리규정을 작성할 때에는 소방·가스·전기·교통 분야 등의 다른 법령에서 정하는 안전관리에 관한 규정과 통합하여 작성할 수 있다.
④ 산업안전보건위원회가 설치되어 있지 아니한 사업장의 사업주가 안전보건관리규정을 변경할 경우 근로자대표의 동의를 받지 않아도 된다.
⑤ 사업주는 안전보건관리규정을 작성해야 할 사유가 발생한 날부터 15일 이내에 이를 작성해야 한다.

해설 ③ 사업주가 안전보건관리규정을 작성할 때에는 소방·가스·전기·교통 분야 등의 다른 법령에서 정하는 안전관리에 관한 규정과 통합하여 작성할 수 있다(규칙 제25조 제3항).
① '안전보건교육에 관한 사항'이 포함된 안전보건관리규정을 작성하여야 한다(법 제25조 제1항).
② 상시근로자 수가 300명인 금융업의 경우 안전보건관리규정을 작성해야 한다(규칙 별표 2).
④ 산업안전보건위원회가 설치되어 있지 아니한 사업장의 경우에는 근로자대표의 동의를 받아야 한다(법 제26조 후단).
⑤ 사업의 사업주는 안전보건관리규정을 작성해야 할 사유가 발생한 날부터 30일 이내에 별표 3의 내용을 포함한 안전보건관리규정을 작성해야 한다. 이를 변경할 사유가 발생한 경우에도 또한 같다(규칙 제25조 제2항).

정답 5 ④ 6 ② 7 ③

8. 산업안전보건법령상 도급의 승인 등에 관한 설명으로 옳은 것을 모두 고른 것은?

> ㉠ 고용노동부장관은 사업주가 유해한 작업의 도급금지 의무위반에 해당하는 경우에는 10억원 이하의 과징금을 부과·징수할 수 있다.
> ㉡ 도급승인 신청을 받은 지방고용노동관서의 장은 도급승인 기준을 충족한 경우 신청서가 접수된 날부터 30일 이내에 승인서를 신청인에게 발급해야 한다.
> ㉢ 도급에 대한 변경승인을 받으려는 자는 안전 및 보건에 관한 평가결과의 서류를 첨부하여 관할 지방고용노동관서의 장에게 제출해야 한다.

① ㉠
② ㉡
③ ㉢
④ ㉠, ㉢
⑤ ㉡, ㉢

해설 ㉠ 산출한 과징금 부과금액이 10억원을 넘는 경우에는 과징금 부과금액을 10억원으로 한다(영 별표 33).
㉡ 도급승인 신청을 받은 지방고용노동관서의 장은 도급승인 기준을 충족한 경우 신청서가 접수된 날부터 14일 이내에 승인서를 신청인에게 발급해야 한다(규칙 제75조 제4항).
㉢ 도급에 대한 변경승인을 받으려는 자는 변경신청서에 도급대상 작업의 공정 관련 서류 일체, 도급작업 안전보건관리계획서, 안전 및 보건에 관한 평가 결과(변경승인은 해당되지 않는다)의 서류를 첨부하여 관할 지방고용노동관서의 장에게 제출해야 한다(규칙 제78조 제1항).

9. 산업안전보건법령상 도급인의 안전조치 및 보건조치 등에 관한 설명으로 옳은 것은?
① 관계수급인 근로자가 도급인의 토사석 광업 사업장에서 작업을 하는 경우 도급인은 1주일에 1회 작업장 순회점검을 실시하여야 한다.
② 도급인은 관계수급인 근로자의 산업재해 예방을 위해 보호구 착용 지시 등 관계수급인 근로자의 작업행동에 관한 직접적인 조치도 포함하여 필요한 안전조치를 하여야 한다.
③ 안전 및 보건에 관한 협의체는 회의를 분기별 1회 정기적으로 개최하여야 한다.
④ 관계수급인 근로자가 도급인의 사업장에서 작업하는 경우 도급인은 위생시설 등 고용노동부령으로 정하는 시설의 설치 등을 위하여 필요한 장소의 제공 또는 도급인이 설치한 위생시설 이용의 협조를 이행하여야 한다.
⑤ 도급에 따른 산업재해 예방조치의무에 따라 도급인이 작업장의 안전 및 보건에 관한 합동점검을 할 때에는 도급인, 관계수급인, 도급인 및 관계수급인의 근로자 각 2명으로 점검반을 구성하여야 한다.

해설 ④ 관계수급인 근로자가 도급인의 사업장에서 작업하는 경우 도급인은 위생시설 등 고용노동부령으로 정하는 시설의 설치 등을 위하여 필요한 장소의 제공 또는 도급인이 설치한 위생시설 이용의 협조를 이행하여야 한다(법 제64조 제1항 제6호).
① 관계수급인 근로자가 도급인의 토사석 광업 사업장에서 작업을 하는 경우 도급인은 2일에 1회 작업장 순회점검을 실시하여야 한다(규칙 제80조 제1항).
② 도급인은 관계수급인 근로자가 도급인의 사업장에서 작업을 하는 경우에 자신의 근로자와 관계수급인 근로자의 산업재해를 예방하기 위하여 안전 및 보건 시설의 설치 등 필요한 안전조치 및 보건조치를 하여야 한다. 다만, 보호구 착용의 지시 등 관계수급인 근로자의 작업행동에 관한 직접적인 조치는 제외한다(법 제63조).

③ 협의체는 매월 1회 이상 정기적으로 회의를 개최하고 그 결과를 기록·보존해야 한다(규칙 제79조 제3항).
⑤ 도급에 따른 산업재해 예방조치의무에 따라 도급인이 작업장의 안전 및 보건에 관한 합동점검을 할 때에는 도급인, 관계수급인, 도급인 및 관계수급인의 근로자 각 1명으로 점검반을 구성하여야 한다(규칙 제82조 제1항).

10. 산업안전보건법령상 안전보건관리담당자는 고용노동부장관이 실시하는 안전보건에 관한 보수교육을 최소 몇 시간 이상 받아야 하는가? (단, 보수교육의 면제사유 등은 고려하지 않음)

① 4시간 ② 6시간
③ 8시간 ④ 24시간
⑤ 34시간

해설 안전보건관리책임자 등에 대한 교육(규칙 별표 4)

교육대상	교육시간	
	신규교육	보수교육
가. 안전보건관리책임자	6시간 이상	6시간 이상
나. 안전관리자, 안전관리전문기관의 종사자	34시간 이상	24시간 이상
다. 보건관리자, 보건관리전문기관의 종사자	34시간 이상	24시간 이상
라. 건설재해예방전문지도기관의 종사자	34시간 이상	24시간 이상
마. 석면조사기관의 종사자	34시간 이상	24시간 이상
바. 안전보건관리담당자	-	8시간 이상
사. 안전검사기관, 자율안전검사기관의 종사자	34시간 이상	24시간 이상

11. 산업안전보건법령상 관리감독자의 지위에 있는 근로자 A에 대하여 근로자 정기교육시간을 면제할 수 있는 경우를 모두 고른 것은?

㉠ A가 직무교육기관에서 실시한 전문화교육을 이수한 경우
㉡ A가 직무교육기관에서 실시한 인터넷 원격교육을 이수한 경우
㉢ A가 한국산업안전보건공단에서 실시한 안전보건관리담당자 양성교육을 이수한 경우

① ㉠ ② ㉠, ㉡
③ ㉠, ㉢ ④ ㉡, ㉢
⑤ ㉠, ㉡, ㉢

해설 관리감독자가 다음의 어느 하나에 해당하는 교육을 이수한 경우 별표 4에서 정한 근로자 정기교육시간을 면제할 수 있다(규칙 제27조 제3항).
1. 직무교육기관에서 실시한 전문화교육
2. 직무교육기관에서 실시한 인터넷 원격교육
3. 공단에서 실시한 안전보건관리담당자 양성교육
4. 검사원 성능검사 교육
5. 그 밖에 고용노동부장관이 근로자 정기교육 면제대상으로 인정하는 교육

정답 8 ① 9 ④ 10 ③ 11 ⑤

12. 산업안전보건법령상 유해·위험 기계 등에 대한 방호조치 등에 관한 설명으로 옳지 않은 것은?

① 금속절단기와 예초기에 설치해야 할 방호장치는 날접촉 예방장치이다.
② 작동부분에 돌기부분이 있는 기계는 작동부분의 돌기부분을 묻힘형으로 하거나 덮개를 부착하여야 한다.
③ 회전기계에 물체 등이 말려 들어갈 부분이 있는 기계는 회전기계의 물림점에 덮개 또는 방호망을 설치하여야 한다.
④ 동력전달 부분이 있는 기계는 동력전달부분에 덮개를 부착하거나 방호망을 설치하여야 한다.
⑤ 지게차에 설치해야 할 방호장치는 헤드 가드, 백레스트(backrest), 전조등, 후미등, 안전벨트이다.

해설 회전기계의 물림점(롤러나 톱니바퀴 등 반대방향의 두 회전체에 물려 들어가는 위험점)에는 덮개 또는 울을 설치할 것(규칙 제98조 제2항 제3호)

13. 산업안전보건법령상 대여 공장건축물에 대한 조치의 내용이다. ( )에 들어갈 내용이 옳은 것은?

> 공용으로 사용하는 공장건축물로서 다음 각 호의 어느 하나의 장치가 설치된 것을 대여하는 자는 해당 건축물을 대여받은 자가 2명 이상인 경우로서 다음 각 호의 어느 하나의 장치의 전부 또는 일부를 공용으로 사용하는 경우에는 그 공용부분의 기능이 유효하게 작동되도록 하기 위하여 점검·보수 등 필요한 조치를 해야 한다.
> 1. (㉠)
> 2. (㉡)
> 3. (㉢)

① ㉠ : 국소 배기장치, ㉡ : 국소 환기장치, ㉢ : 배기처리장치
② ㉠ : 국소 배기장치, ㉡ : 전체 환기장치, ㉢ : 배기처리장치
③ ㉠ : 국소 환기장치, ㉡ : 전체 환기장치, ㉢ : 국소 배기장치
④ ㉠ : 국소 환기장치, ㉡ : 환기처리장치, ㉢ : 전체 환기장치
⑤ ㉠ : 환기처리장치, ㉡ : 배기처리장치, ㉢ : 국소 환기장치

해설 공용으로 사용하는 공장건축물로서 다음의 어느 하나의 장치가 설치된 것을 대여하는 자는 해당 건축물을 대여받은 자가 2명 이상인 경우로서 다음의 어느 하나의 장치의 전부 또는 일부를 공용으로 사용하는 경우에는 그 공용부분의 기능이 유효하게 작동되도록 하기 위하여 점검·보수 등 필요한 조치를 해야 한다(규칙 제104조).
1. 국소 배기장치
2. 전체 환기장치
3. 배기처리장치

14. 산업안전보건법령상 안전인증과 안전검사에 관한 설명으로 옳지 않은 것은?

① 「화학물질관리법」에 따른 수시검사를 받은 경우 안전검사를 면제한다.

② 산업용 원심기는 안전검사대상기계등에 해당된다.

③ 프레스와 압력용기는 고용노동부장관이 실시하는 안전인증과 안전검사를 모두 받아야 한다.

④ 고용노동부장관은 안전인증을 받은 자가 안전인증기준을 지키고 있는지를 3년 이하의 범위에서 고용노동부령으로 정하는 주기마다 확인하여야 한다.

⑤ 안전검사 신청을 받은 안전검사기관은 검사 주기 만료일 전후 각각 30일 이내에 해당 기계·기구 및 설비별로 안전검사를 하여야 한다.

해설 ① 「화학물질관리법」에 따른 정기검사를 받은 경우 안전검사를 면제한다(규칙 제125조 제11호).
② 원심기(산업용만 해당한다)는 안전검사대상기계등에 해당에 해당된다(영 제78조 제1항).
③ 프레스와 압력용기는 고용노동부장관이 실시하는 안전인증과 안전검사를 모두 받아야 한다(규칙 제107조, 영 제78조 제1항).
④ 안전인증기관은 안전인증을 받은 자가 안전인증기준을 지키고 있는지를 2년에 1회 이상 확인해야 한다. 다만, 3년에 1회 이상 확인할 수 있다(규칙 제111조 제2항).
⑤ 안전검사 신청을 받은 안전검사기관은 검사 주기 만료일 전후 각각 30일 이내에 해당 기계·기구 및 설비별로 안전검사를 해야 한다(규칙 제124조 제2항 전단).

15. 산업안전보건기준에 관한 규칙 제662조(근골격계질환 예방관리 프로그램시행) 제1항 규정의 일부이다. ( )에 들어갈 숫자가 옳은 것은?

> 사업주는 다음 각 호의 어느 하나에 해당하는 경우에 근골격계질환 예방관리 프로그램을 수립하여 시행하여야 한다.
> 1. 근골격계질환으로 「산업재해보상보험법 시행령」 별표 3 제2호 가목·마목 및 제12호 라목에 따라 업무상 질병으로 인정받은 근로자가 연간 10명 이상 발생한 사업장 또는 5명 이상 발생한 사업장으로서 발생비율이 그 사업장 근로자 수의 ( )퍼센트 이상인 경우
> 2. 〈이하 생략〉

① 5
② 10
③ 20
④ 30
⑤ 50

해설 사업주는 다음의 어느 하나에 해당하는 경우에 근골격계질환 예방관리 프로그램을 수립하여 시행하여야 한다(산업안전보건기준에 관한 규칙 제662조 제1항).
1. 근골격계질환으로 업무상 질병으로 인정받은 근로자가 연간 10명 이상 발생한 사업장 또는 5명 이상 발생한 사업장으로서 발생 비율이 그 사업장 근로자 수의 10% 이상인 경우
2. 근골격계질환 예방과 관련하여 노사 간 이견이 지속되는 사업장으로서 고용노동부장관이 필요하다고 인정하여 근골격계질환 예방관리 프로그램을 수립하여 시행할 것을 명령한 경우

정답 12 ③ 13 ② 14 ① 15 ②

16. 산업안전보건기준에 관한 규칙의 내용으로 옳지 않은 것은?

    ① 사업주는 순간풍속이 초당 10m를 초과하는 바람이 불어올 우려가 있는 경우 옥외에 설치된 주행 크레인에 대하여 이탈방지를 위한 조치를 하여야 한다.
    ② 사업주는 순간풍속이 초당 15m를 초과하는 경우에는 타워크레인의 운전작업을 중지하여야 한다.
    ③ 사업주는 높이가 3미터를 초과하는 계단에 높이 3미터 이내마다 진행방향으로 길이 1.2미터 이상의 계단참을 설치해야 한다.
    ④ 사업주는 높이 1m 이상인 계단의 개방된 측면에 안전난간을 설치하여야 한다.
    ⑤ 사업주는 연면적이 400㎡ 이상이거나 상시 50명 이상의 근로자가 작업하는 옥내작업장에는 비상시에 근로자에게 신속하게 알리기 위한 경보용 설비 또는 기구를 설치하여야 한다.

    해설 ① 사업주는 순간풍속이 초당 30m를 초과하는 바람이 불어올 우려가 있는 경우 옥외에 설치되어 있는 주행 크레인에 대하여 이탈방지장치를 작동시키는 등 이탈 방지를 위한 조치를 하여야 한다(산업안전보건기준에 관한 규칙 제140조).
    ② 사업주는 순간풍속이 초당 10m를 초과하는 경우 타워크레인의 설치·수리·점검 또는 해체 작업을 중지하여야 하며, 순간풍속이 초당 15m를 초과하는 경우에는 타워크레인의 운전작업을 중지하여야 한다(산업안전보건기준에 관한 규칙 제37조 제2항).
    ③ 사업주는 높이가 3미터를 초과하는 계단에 높이 3미터 이내마다 진행방향으로 길이 1.2미터 이상의 계단참을 설치해야 한다(산업안전보건기준에 관한 규칙 제28조).
    ④ 사업주는 높이 1m 이상인 계단의 개방된 측면에 안전난간을 설치하여야 한다(산업안전보건기준에 관한 규칙 제30조).
    ⑤ 사업주는 연면적이 400㎡ 이상이거나 상시 50명 이상의 근로자가 작업하는 옥내작업장에는 비상시에 근로자에게 신속하게 알리기 위한 경보용 설비 또는 기구를 설치하여야 한다(산업안전보건기준에 관한 규칙 제19조).

17. 산업안전보건법령상 유해인자의 유해성·위험성 분류기준에 관한 설명으로 옳지 않은 것은?

    ① 인화성 액체는 표준압력(101.3kPa)에서 인화점이 93℃ 이하인 액체이다.
    ② 54℃ 이하 공기 중에서 자연발화하는 가스는 인화성 가스에 해당한다.
    ③ 20℃, 200 킬로파스칼(kPa) 이상의 압력 하에서 용기에 충전되어 있는 가스는 고압가스에 해당한다.
    ④ 유기과산화물은 2가의 -O-O- 구조를 가지고 3개의 수소원자가 유기라디칼에 의하여 치환된 과산화수소의 유도체를 포함한 액체 유기물질이다.
    ⑤ 자연발화성 액체는 적은 양으로도 공기와 접촉하여 5분 안에 발화할 수 있는 액체이다.

    해설 ④ 유기과산화물 : 2가의 -O-O-구조를 가지고 1개 또는 2개의 수소 원자가 유기라디칼에 의하여 치환된 과산화수소의 유도체를 포함한 액체 또는 고체 유기물질(규칙 별표 18)
    ① 인화성 액체 : 표준압력(101.3kPa)에서 인화점이 93℃ 이하인 액체(규칙 별표 18)
    ② 인화성 가스 : 20℃, 표준압력(101.3kPa)에서 공기와 혼합하여 인화되는 범위에 있는 가스와 54℃ 이하 공기 중에서 자연발화하는 가스를 말한다(규칙 별표 18).
    ③ 고압가스 : 20℃, 200킬로파스칼(kpa) 이상의 압력 하에서 용기에 충전되어 있는 가스 또는 냉동액화가스 형태로 용기에 충전되어 있는 가스(규칙 별표 18)
    ⑤ 자연발화성 액체 : 적은 양으로도 공기와 접촉하여 5분 안에 발화할 수 있는 액체(규칙 별표 18)

18. 산업안전보건법령상 유해인자별 노출 농도의 허용기준과 관련하여 단시간 노출값의 내용이다. ( )에 들어갈 숫자가 순서대로 옳은 것은?

> "단시간 노출값(STEL)"이란 15분 간의 시간가중평균값으로서 노출 농도가 시간가중평균값을 초과하고 단시간 노출값 이하인 경우에는 1회 노출 지속시간이 15분 미만이어야 하고, 이러한 상태가 1일 ( )회 이하로 발생해야 하며, 각 회의 간격은 ( )분 이상이어야 한다.

① 4, 30
② 4, 60
③ 5, 30
④ 5, 60
⑤ 6, 60

해설 "단시간 노출값(STEL, Short-Term Exposure Limit)"이란 15분 간의 시간가중평균값으로서 노출 농도가 시간가중평균값을 초과하고 단시간 노출값 이하인 경우에는 1회 노출 지속시간이 15분 미만이어야 하고, 이러한 상태가 1일 4회 이하로 발생해야 하며, 각 회의 간격은 60분 이상이어야 한다(규칙 별표 19).

19. 산업안전보건법령상 고용노동부장관이 작업환경측정기관에 대하여 그 지정을 취소하거나 6개월 이내의 기간을 정하여 그 업무의 정지를 명할 수 있는 경우가 아닌 것은?

① 작업환경측정 관련 서류를 거짓으로 작성한 경우
② 정당한 사유 없이 작업환경측정 업무를 거부한 경우
③ 위탁받은 작업환경측정 업무에 차질을 일으킨 경우
④ 작업환경측정 업무와 관련된 비치서류를 보존하지 않은 경우
⑤ 고용노동부장관이 실시하는 작업환경측정기관의 측정·분석능력 확인을 6개월 동안 받지 않은 경우

해설 작업환경측정기관의 지정 취소 등의 사유(영 제96조)
1. 작업환경측정 관련 서류를 거짓으로 작성한 경우
2. 정당한 사유 없이 작업환경측정 업무를 거부한 경우
3. 위탁받은 작업환경측정 업무에 차질을 일으킨 경우
4. 고용노동부령으로 정하는 작업환경측정 방법 등을 위반한 경우
5. 고용노동부장관이 실시하는 작업환경측정기관의 측정·분석능력 확인을 1년 이상 받지 않거나 작업환경측정기관의 측정·분석능력 확인에서 부적합 판정을 받은 경우
6. 작업환경측정 업무와 관련된 비치서류를 보존하지 않은 경우
7. 법에 따른 관계 공무원의 지도·감독을 거부·방해 또는 기피한 경우

정답 16 ① 17 ④ 18 ② 19 ⑤

20. 산업안전보건법령상 일반건강진단의 주기에 관한 내용이다. ( )에 들어갈 숫자가 순서대로 옳은 것은?

> 사업주는 상시 사용하는 근로자 중 사무직에 종사하는 근로자(공장 또는 공사현장과 같은 구역에 있지 않은 사무실에서 서무·인사·경리·판매·설계 등의 사무업무에 종사하는 근로자를 말하며, 판매업무 등에 직접 종사하는 근로자는 제외한다)에 대해서 ( )년에 ( )회 이상 일반건강진단을 실시해야 한다.

① 1, 1　　　　　　　　　② 1, 2
③ 2, 1　　　　　　　　　④ 2, 2
⑤ 3, 2

해설 사업주는 상시 사용하는 근로자 중 사무직에 종사하는 근로자(공장 또는 공사현장과 같은 구역에 있지 않은 사무실에서 서무·인사·경리·판매·설계 등의 사무업무에 종사하는 근로자를 말하며, 판매업무 등에 직접 종사하는 근로자는 제외한다)에 대해서는 2년에 1회 이상, 그 밖의 근로자에 대해서는 1년에 1회 이상 일반건강진단을 실시해야 한다(규칙 제197조 제1항).

21. 산업안전보건법령상 사업주가 질병자의 근로를 금지해야 하는 대상에 해당하지 않는 사람은?

① 조현병에 걸린 사람
② 마비성 치매에 걸릴 우려가 있는 사람
③ 신장 질환이 있는 사람으로서 근로에 의하여 병세가 악화될 우려가 있는 사람
④ 심장 질환이 있는 사람으로서 근로에 의하여 병세가 악화될 우려가 있는 사람
⑤ 폐 질환이 있는 사람으로서 근로에 의하여 병세가 악화될 우려가 있는 사람

해설 사업주는 다음의 어느 하나에 해당하는 사람에 대해서는 근로를 금지해야 한다(규칙 제220조 제1항).
1. 전염될 우려가 있는 질병에 걸린 사람. 다만, 전염을 예방하기 위한 조치를 한 경우는 제외한다.
2. 조현병, 마비성 치매에 걸린 사람
3. 심장·신장·폐 등의 질환이 있는 사람으로서 근로에 의하여 병세가 악화될 우려가 있는 사람
4. 1.부터 3.까지의 규정에 준하는 질병으로서 고용노동부장관이 정하는 질병에 걸린 사람

22. 산업안전보건법령상 교육기관의 지정 등에 관한 설명으로 옳지 않은 것은?

① 고용노동부장관은 유해하거나 위험한 작업으로서 상당한 지식이나 숙련도가 요구되는 고용노동부령으로 정하는 작업의 경우, 그 작업에 필요한 자격·면허의 취득 또는 근로자의 기능 습득을 위하여 교육기관을 지정할 수 있다.
② 교육기관의 지정 요건 및 지정 절차는 고용노동부령으로 정한다.
③ 고용노동부장관은 지정받은 교육기관이 거짓으로 지정을 받은 경우에는 그 지정을 취소하여야 한다.

④ 고용노동부장관은 지정받은 교육기관이 업무정지 기간 중에 업무를 수행한 경우에는 그 지정을 취소하여야 한다.
⑤ 교육기관의 지정이 취소된 자는 지정이 취소된 날부터 3년 이내에는 해당 교육기관으로 지정받을 수 없다.

해설 ⑤ 교육기관의 지정이 취소된 자는 지정이 취소된 날부터 2년 이내에는 각각 해당 안전관리전문기관 또는 보건관리전문기관으로 지정받을 수 없다(법 제21조 제5항).
① 고용노동부장관은 자격·면허의 취득 또는 근로자의 기능 습득을 위하여 교육기관을 지정할 수 있다(법 제140조 제2항).
② 교육기관의 지정 요건 및 지정 절차, 그 밖에 필요한 사항은 고용노동부령으로 정한다(법 제140조 제3항).
③ 고용노동부장관은 지정받은 교육기관이 거짓으로 지정을 받은 경우에는 그 지정을 취소하여야 한다(법 제21조 제4항 제1호).
④ 고용노동부장관은 지정받은 교육기관이 업무정지 기간 중에 업무를 수행한 경우에는 그 지정을 취소하여야 한다(법 제21조 제4항 제2호).

23. 산업안전보건법령상 근로감독관 등에 관한 설명으로 옳지 않은 것은?
① 근로감독관은 이 법을 시행하기 위하여 필요한 경우 석면해체·제거업자의 사무소에 출입하여 관계인에게 관계 서류의 제출을 요구할 수 있다.
② 근로감독관은 산업재해 발생의 급박한 위험이 있는 경우 사업장에 출입하여 관계인에게 관계 서류의 제출을 요구할 수 있다.
③ 근로감독관은 기계·설비등에 대한 검사에 필요한 한도에서 무상으로 제품·원재료 또는 기구를 수거할 수 있다.
④ 지방고용노동관서의 장은 근로감독관이 이 법에 따른 명령의 시행을 위하여 관계인에게 출석명령을 하려는 경우, 긴급하지 않는 한 14일 이상의 기간을 주어야 한다.
⑤ 근로감독관은 이 법을 시행하기 위하여 사업장에 출입하는 경우에 그 신분을 나타내는 증표를 지니고 관계인에게 보여 주어야 한다.

해설 ④ 지방고용노동관서의 장은 보고 또는 출석의 명령을 하려는 경우에는 7일 이상의 기간을 주어야 한다. 다만, 긴급한 경우에는 그렇지 않다(규칙 제236조 제1항).
① 근로감독관은 이 법을 시행하기 위하여 필요한 경우 석면해체·제거업자의 사무소에 출입하여 관계인에게 관계 서류의 제출을 요구할 수 있다(법 제155조 제1항 제4호).
② 근로감독관은 산업재해 발생의 급박한 위험이 있는 경우 사업장에 출입하여 관계인에게 관계 서류의 제출을 요구할 수 있다(규칙 제235조 제1호).
③ 근로감독관은 기계·설비등에 대한 검사를 할 수 있으며, 검사에 필요한 한도에서 무상으로 제품·원재료 또는 기구를 수거할 수 있다. 이 경우 근로감독관은 해당 사업주 등에게 그 결과를 서면으로 알려야 한다(법 제155조 제2항).
⑤ 근로감독관은 이 법을 시행하기 위하여 사업장에 출입하는 경우에 그 신분을 나타내는 증표를 지니고 관계인에게 보여 주어야 한다(법 제155조 제4항).

정답 20 ③ 21 ② 22 ⑤ 23 ④

24. 산업안전보건법령상 산업안전지도사로 등록한 A가 손해배상의 책임을 보장하기 위하여 보증보험에 가입해야 하는 경우, 최저 보험금액이 얼마 이상인 보증보험에 가입해야 하는가? (단, A는 법인이 아님)

① 1천만원 ② 2천만원
③ 3천만원 ④ 4천만원
⑤ 5천만원

해설 등록한 지도사(법인을 설립한 경우에는 그 법인을 말한다.)는 보험금액이 2천만원(법인인 경우에는 2천만원에 사원인 지도사의 수를 곱한 금액) 이상인 보증보험에 가입해야 한다(영 제108조 제1항).

25. 산업안전보건법령상 산업재해 예방활동의 보조·지원을 받은 자의 폐업으로 인해 고용노동부장관이 그 보조·지원의 전부를 취소한 경우, 그 취소한 날부터 보조·지원을 제한할 수 있는 기간은?

① 1년 ② 2년
③ 3년 ④ 4년
⑤ 5년

해설 보조·지원을 제한할 수 있는 기간은 다음과 같다(규칙 제237조 제2항).
1. 거짓이나 그 밖의 부정한 방법으로 보조·지원을 받은 경우 : 5년
2. 보조·지원 대상자가 폐업하거나 파산한 경우 : 3년
3. 보조·지원 대상을 임의매각·훼손·분실하는 등 지원 목적에 적합하게 유지·관리·사용하지 아니한 경우 : 3년
4. 산업재해 예방사업의 목적에 맞게 사용되지 아니한 경우 : 3년
5. 보조·지원 대상 기간이 끝나기 전에 보조·지원 대상 시설 및 장비를 국외로 이전한 경우 : 3년
6. 보조·지원을 받은 사업주가 필요한 안전조치 및 보건조치 의무를 위반하여 산업재해를 발생시킨 경우로서 고용노동부령으로 정하는 경우 : 3년
7. 2.부터 6.까지의 어느 하나를 위반한 후 5년 이내에 2.부터 6.까지의 어느 하나를 위반한 경우 : 5년

산업안전 일반

26. 학습지도의 원리로 옳은 것을 모두 고른 것은?

㉠ 개별화의 원리   ㉡ 직관의 원리
㉢ 구체화의 원리   ㉣ 통합의 원리
㉤ 주관화의 원리

① ㉠, ㉡, ㉢
② ㉠, ㉢, ㉣
③ ㉠, ㉣, ㉤
④ ㉡, ㉢, ㉣
⑤ ㉡, ㉣, ㉤

> **해설** 학습지도의 원리 : 개별화의 원리, 직관의 원리, 통합의 원리, 사회화의 원리, 자기활동의 원리

27. 수공구 설계원칙에 관한 설명으로 옳은 것을 모두 고른 것은?

> ㉠ 손에 맞는 장갑을 착용한다.
> ㉡ 손잡이를 꺾지 말고 손목을 꺾는다.
> ㉢ 손잡이 접촉면적을 작게 하여 힘을 집중시킨다.
> ㉣ 가능한 수동공구가 아닌 동력공구를 사용한다.
> ㉤ 양손잡이를 모두 고려한 설계를 한다.

① ㉠, ㉡, ㉢
② ㉠, ㉣, ㉤
③ ㉡, ㉢, ㉣
④ ㉡, ㉣, ㉤
⑤ ㉢, ㉣, ㉤

> **해설**
> ㉡ 손목을 꺾어 작업하게 되면 손목에 무리가 가게 된다.
> ㉢ 손잡이 접촉면적을 크게 하여야 힘을 집중시킬 수 있다.
> ㉠ 손에 맞는 장갑을 착용한다.
> ㉣ 가능한 수동공구가 아닌 동력공구를 사용한다.
> ㉤ 양손잡이를 모두 고려한 설계를 한다.

28. 피교육자의 능력에 따라 교육하고 급소를 강조하며, 주안점을 두어 논리적·체계적으로 반복교육을 실시하는 교육진행 단계는?

① 도입단계
② 확인단계
③ 적용단계
④ 응용단계
⑤ 제시단계

> **해설** 교육진행 4단계
> 1. 도입단계 : 새로운 것을 받아들이려는 학생의 마음을 준비시킨다.
> 2. 제시단계 : 작업을 설명하고 급소를 강조한다.
> 3. 적용단계 : 작업을 시켜 본다.
> 4. 확인단계 : 가르친 것을 살펴본다.

정답 24 ② 25 ③ 26 ① 27 ② 28 ⑤

29. 위험예지훈련 4라운드를 순서대로 바르게 나열한 것은?

> ㉠ 이것이 위험요점이다.
> ㉡ 우리는 이렇게 한다.
> ㉢ 당신이라면 어떻게 할 것인가?
> ㉣ 어떤 위험이 잠재하고 있는가?

① ㉠ - ㉣ - ㉢ - ㉡
② ㉢ - ㉣ - ㉠ - ㉡
③ ㉣ - ㉠ - ㉢ - ㉡
④ ㉣ - ㉢ - ㉠ - ㉡
⑤ ㉣ - ㉢ - ㉡ - ㉠

해설 위험예지훈련 4라운드
1. 제1단계 : 현상파악
2. 제2단계 : 본질추구
3. 제3단계 : 대책수립
4. 제4단계 : 목표설정

30. 빛의 성질에 관한 설명으로 옳지 않은 것은?

① 과녁이 배경보다 어두우면 대비는 0~100% 사이의 값이다.
② 명도는 색의 선명한 정도, 즉 색깔의 강약을 말한다.
③ 휘도는 단위면적당 표면에서 반사 또는 방출되는 빛의 양을 말한다.
④ 조도는 어떤 물체나 표면에 도달하는 빛의 밀도를 말한다.
⑤ 빛을 완전히 발산 및 반사시키는 표면의 반사율은 100%이다.

해설 ② 명도는 물체의 색이나 빛의 색이 지니는 밝기의 정도를 말한다.
① 대비는 질적으로나 양적으로 서로 다른 두개의 요소가 동시적으로나 계속적으로 배열될 때 상호의 특질이 한층 강하게 느껴지는 현상으로 과녁이 배경보다 어두우면 대비는 0~100% 사이의 값이다.
③ 휘도는 일정한 넓이를 가진 광원 또는 빛의 반사체 표면의 밝기를 나타내는 양을 말한다.
④ 조도는 어떤 면에 투사(投射)되는 광속을 면의 면적으로 나눈 것을 말한다.
⑤ 반사율은 반사광의 에너지와 입사광의 에너지의 비율로 빛을 완전히 발산 및 반사시키는 표면의 반사율은 100%이다.

31. 재해조사의 1단계(사실의 확인)에서 수행하지 않는 것은?

① 재해의 직접원인 및 문제점 파악
② 사고 또는 재해발생 시 조치
③ 불안전 행동 유무에 관한 관계자 사실 청취
④ 작업 중 지도·지휘의 조사
⑤ 작업 환경·조건의 조사

해설 재해의 직접원인 및 문제점 파악은 2단계에서의 실시사항이다.
재해조사의 1단계(사실의 확인)
1. 재해조사까지의 경과확인
2. 인적·물적·관리적인 면에 관한 사실수집
3. 사고 또는 재해발생 시 조치
4. 불안전 행동 유무에 관한 관계자 사실 청취
5. 작업 중 지도·지휘의 조사
6. 작업 환경·조건의 조사

32. 재해조사방법에 관한 설명으로 옳지 않은 것은?
① 피해자에 대한 조사자의 기본적 태도는 동정적이고 피해자의 입장을 이해해야 한다.
② 목격자 등이 증언하는 사실 이외의 추측의 말은 참고로만 한다.
③ 사고의 재발방지보다 책임소재 파악을 우선하는 기본적 태도를 갖는다.
④ 재해조사는 재해발생 직후 현장을 보존하며 신속하게 수행한다.
⑤ 피해자에 대한 구급조치를 우선한다.

해설 재해조사는 조사하는 것이 목적이 아니고, 관계자의 책임을 추궁하는 목적이 아니며, 재해조사에서 중요한 것은 진실을 파악하는 것이다.

33. 하인리히(Heinrich)의 도미노(Domino)이론에서 사고의 직접원인이 아닌 것은?
① 불안전한 자세 및 위치
② 권한 없이 행한 조작
③ 당황, 놀람, 잡담, 장난
④ 부적절한 태도
⑤ 불량한 정리정돈

해설 하인리히(Heinrich)의 도미노(Domino)이론에서 사고의 직접원인에는 불안전한 자세 및 위치, 권한 없이 행한 조작, 당황, 놀람, 잡담, 장난, 불량한 정리정돈 등으로 불안전한 행동과 불안전한 상태가 사고발생의 원인이 된다.

34. 산업안전보건법령상 근로자 정기교육의 내용에 해당하지 않는 것은?
① 건강증진 및 질병 예방에 관한 사항
② 산업재해보상보험 제도에 관한 사항
③ 기계·장비의 주요장치에 관한 사항
④ 유해·위험 작업환경 관리에 관한 사항
⑤ 직무스트레스 예방 및 관리에 관한 사항

정답 29 ③ 30 ② 31 ① 32 ③ 33 ④ 34 ③

해설 근로자 정기교육(규칙 별표 5)

교육내용
○ 산업안전 및 사고 예방에 관한 사항 ○ 산업보건 및 직업병 예방에 관한 사항 ○ 위험성 평가에 관한 사항 ○ 건강증진 및 질병 예방에 관한 사항 ○ 유해·위험 작업환경 관리에 관한 사항 ○ 산업안전보건법령 및 산업재해보상보험 제도에 관한 사항 ○ 직무스트레스 예방 및 관리에 관한 사항 ○ 직장 내 괴롭힘, 고객의 폭언 등으로 인한 건강장해 예방 및 관리에 관한 사항

35. 위험성평가 실시 주체에 관한 설명으로 옳은 것은?

① 사업주는 위험성평가 시 해당 작업장의 근로자를 참여시켜야 한다.
② 안전보건관리책임자는 유해·위험요인을 파악하고 그 결과에 따라 개선조치를 시행한다.
③ 관리감독자는 위험성평가 실시에 대하여 안전보건관리책임자를 보좌하고 지도·조언한다.
④ 안전보건관리책임자는 주체가 되어 도급사업주와 함께 각자의 역할을 분담하여 위험성 평가를 실시한다.
⑤ 안전·보건관리자는 위험성평가 실시를 총괄한다.

해설 ① 사업주는 위험성 평가 시 고용노동부장관이 정하여 고시하는 바에 따라 해당 작업장의 근로자를 참여시켜야 한다(법 제36조 제2항).
② 사업주는 관리감독자가 유해·위험요인을 파악하고 그 결과에 따라 개선조치를 시행하게 하여야 한다(사업장 위험성평가에 관한 지침 제7조 제1항 제3호).
③ 사업주는 사업장의 안전관리자, 보건관리자 등이 위험성평가의 실시에 관하여 안전보건관리책임자를 보좌하고 지도·조언하게 하여야 한다(사업장 위험성평가에 관한 지침 제7조 제1항 제2호).
④ 작업의 일부 또는 전부를 도급에 의하여 행하는 사업의 경우는 도급을 준 도급인과 도급을 받은 수급인은 각각 위험성평가를 실시하여야 한다(사업장 위험성평가에 관한 지침 제5조 제2항).
⑤ 사업주는 안전보건관리책임자 등 해당 사업장에서 사업의 실시를 총괄 관리하는 사람에게 위험성평가의 실시를 총괄 관리하게 하여야 한다(사업장 위험성평가에 관한 지침 제7조 제1항 제1호).

36. 산업안전보건법령상 사업주가 위험성평가 실시내용 및 결과를 기록·보존할 때 포함되어야 할 사항을 모두 고른 것은?

㉠ 산업안전보건관리비의 산출내역과 변경관리
㉡ 위험성 결정의 내용
㉢ 위험성평가 제외 대상 공종의 작업계획 및 회의내용
㉣ 위험성평가 대상의 유해·위험요인
㉤ 위험성평가의 실시내용을 확인하기 위하여 필요한 사항으로서 고용노동부장관이 정하여 고시하는 사항

① ㄱ, ㄴ, ㄷ
② ㄱ, ㄷ, ㄹ
③ ㄴ, ㄷ, ㄹ
④ ㄴ, ㄹ, ㅁ
⑤ ㄷ, ㄹ, ㅁ

해설 위험성평가 실시내용 및 결과를 기록·보존할 때 포함되어야 할 사항(규칙 제37조 제1항)
1. 위험성평가 대상의 유해·위험요인
2. 위험성 결정의 내용
3. 위험성 결정에 따른 조치의 내용
4. 그 밖에 위험성평가의 실시내용을 확인하기 위하여 필요한 사항으로서 고용노동부장관이 정하여 고시하는 사항

37. 산업안전보건법령상 중대재해 발생 시 업무절차 및 원인조사에 관한 설명으로 옳은 것은?

① 사업주는 중대재해가 발생한 사실을 알게 된 경우에는 대통령령으로 정하는 바에 따라 지체 없이 한국산업안전보건공단에 보고하여야 한다.
② 고용노동부장관은 중대재해 발생 시 사업주가 자율적으로 안전보건개선계획 수립·시행 후 결과를 제출하면 중대재해 원인조사를 생략한다.
③ 누구든지 중대재해 발생 현장을 훼손하거나 고용노동부장관의 원인조사를 방해해서는 아니 된다.
④ 중대재해가 발생한 사업장에 대한 원인조사의 내용 및 절차, 그 밖에 필요한 사항은 대통령령으로 정한다.
⑤ 한국산업안전보건공단이사장은 중대재해 발생 시 그 원인 규명 또는 산업재해예방대책 수립을 위하여 그 발생 원인을 조사할 수 있다.

해설 ③ 누구든지 중대재해 발생 현장을 훼손하거나 고용노동부장관의 원인조사를 방해해서는 아니 된다(법 제56조 제3항).
① 사업주는 중대재해가 발생한 사실을 알게 된 경우에는 고용노동부령으로 정하는 바에 따라 지체 없이 고용노동부장관에게 보고하여야 한다(법 제54조 제1항).
② 고용노동부장관은 중대재해가 발생한 사업장의 사업주에게 안전보건개선계획의 수립·시행, 그 밖에 필요한 조치를 명할 수 있다(법 제56조 제2항).
④ 중대재해가 발생한 사업장에 대한 원인조사의 내용 및 절차, 그 밖에 필요한 사항은 고용노동부령으로 정한다(법 제56조 제4항).
⑤ 고용노동부장관은 중대재해가 발생하였을 때에는 그 원인 규명 또는 산업재해 예방대책 수립을 위하여 그 발생 원인을 조사할 수 있다(법 제56조 제1항).

정답 35 ① 36 ④ 37 ③

38. 교육훈련 기법에서 토의법의 종류가 아닌 것은?

① 강의법(Lecture Method)
② 문제법(Problem Method)
③ 포럼(Forum)
④ 심포지움(Symposium)
⑤ 사례연구(Case Study)

> **해설** 강의법(Lecture Method)은 교수(강사) 중심적 수업형태의 하나로서 학생들에게 제시할 학습자료를 설명 또는 주입의 형식을 통해 행하는 수업이다.
> 토의법에는 집단토의, 패널 디스커션(panel discussion), 포럼(Forum), 심포지움(Symposium), 토론회(debate meeting), 사례연구(Case Study), 위원회 형식(committee meeting), 문제법(Problem Method) 등이 있다.

39. 안전보건조정자의 업무로 옳은 것을 모두 고른 것은?

> ㉠ 같은 장소에서 이루어지는 각각의 공사 간에 혼재된 작업의 파악
> ㉡ 혼재된 작업으로 인한 산업재해 발생의 위험성 파악
> ㉢ 혼재된 작업의 능률 개선을 위한 작업의 시기·내용 조정
> ㉣ 각각의 공사 도급인의 안전관리자 간 교육내용 공유 확인

① ㉠, ㉡
② ㉠, ㉢
③ ㉡, ㉢
④ ㉡, ㉣
⑤ ㉢, ㉣

> **해설** 안전보건조정자의 업무(영 제57조 제1항)
> 1. 같은 장소에서 이루어지는 각각의 공사 간에 혼재된 작업의 파악
> 2. 혼재된 작업으로 인한 산업재해 발생의 위험성 파악
> 3. 혼재된 작업으로 인한 산업재해를 예방하기 위한 작업의 시기·내용 및 안전보건 조치 등의 조정
> 4. 각각의 공사 도급인의 안전보건관리책임자 간 작업 내용에 관한 정보 공유 여부의 확인

40. 안전보건경영시스템(KOSHA 18001)에 관한 설명으로 옳지 않은 것은?

① "안전보건경영"이란 사업주가 자율적으로 해당 사업장의 산업재해를 예방하기 위하여 안전보건관리체제를 구축하고 정기적으로 위험성평가를 실시하여 잠재유해·위험 요인을 지속적으로 개선하는 등 산업재해예방을 위한 조치 사항을 체계적으로 관리하는 제반 활동을 말한다.
② "인증심사"란 인증서를 받은 사업장에서 인증기준을 지속적으로 유지·개선 또는 보완하여 운영하고 있는지를 판단하기 위하여 인증 후 매년 1회 정기적으로 실시하는 심사를 말한다.

③ "심사원 양성교육"이란 심사원을 양성하기 위하여 인증운영·인증기준·심사절차 및 심사요령 등에 관하여 실시하는 총 교육시간이 34시간 이상을 실시하는 안전보건경영시스템 교육을 말한다.
④ "연장심사"란 인증 유효기간을 연장하고자 하는 사업장에 대하여 인증 유효기간이 만료되기 전까지 인증의 연장 여부를 결정하기 위하여 실시하는 심사를 말한다.
⑤ "실태심사"란 인증 신청 사업장에 대하여 인증심사를 실시하기 전에 안전보건경영 관련 서류와 사업장의 준비상태 및 안전보건경영활동 운영현황 등을 확인하는 심사를 말한다.

> **해설** "인증심사"란 인증 신청 사업장에 대한 인증의 적합 여부를 판단하기 위하여 인증기준과 관련된 안전보건경영 절차의 이행상태 등을 현장 확인을 통해 실시하는 심사를 말한다(안전보건경영시스템(KOSHA-MS) 인증업무 처리규칙 제2조 제6호).

41. 안전보건진단에 관한 산업안전보건법 제47조 규정의 일부이다. ( )에 들어갈 내용을 순서대로 나열한 것은?

> 고용노동부장관은 (㉠)·붕괴, 화재·폭발, 유해하거나 위험한 물질의 누출 등 (㉡) 발생의 위험이 현저히 높은 사업장의 (㉢)에게 산업안전보건법 제48조에 따라 지정받은 기관(이하 "안전보건진단기관"이라 한다)이 실시하는 안전보건진단을 받을 것을 명할 수 있다.

① ㉠ : 감전 ㉡ : 사망사고 ㉢ : 사업주
② ㉠ : 감전 ㉡ : 산업재해 ㉢ : 관리감독자
③ ㉠ : 추락 ㉡ : 산업재해 ㉢ : 안전관리자
④ ㉠ : 추락 ㉡ : 산업재해 ㉢ : 사업주
⑤ ㉠ : 전도 ㉡ : 사망사고 ㉢ : 관리감독자

> **해설** 고용노동부장관은 추락·붕괴, 화재·폭발, 유해하거나 위험한 물질의 누출 등 산업재해 발생의 위험이 현저히 높은 사업장의 사업주에게 제48조에 따라 지정받은 기관(이하 "안전보건진단기관"이라 한다)이 실시하는 안전보건진단을 받을 것을 명할 수 있다(법 제47조 제1항).

42. 고장률에 관한 욕조곡선(Bathtub Curve)의 설명으로 옳은 것을 모두 고른 것은?

> ㉠ 시간에 따른 평균고장시간(MTTF)을 도시한 것이다.
> ㉡ 초기고장 기간, 우발고장 기간, 마모고장 기간으로 구분된다.
> ㉢ 초기고장을 줄이기 위해 디버깅(Debugging)이나 번인(Burn-in)을 실시한다.
> ㉣ 피로나 노화 고장은 마모고장 기간에서 발생한다.
> ㉤ 예방보전은 우발고장 기간에서 가장 효과적이다.

정답 38 ① 39 ① 40 ② 41 ④ 42 ③

① ㉠, ㉡
② ㉠, ㉡, ㉢
③ ㉡, ㉢, ㉣
④ ㉢, ㉣, ㉤
⑤ ㉡, ㉢, ㉣, ㉤

해설 ㉠ 고장률에 관한 욕조곡선(Bathtub Curve)은 고장까지의 평균시간인 평균고장시간(MTTF)을 도시한 것이다.
㉤ 예방보전은 마모고장 기간에서 가장 효과적이다.
㉡ 초기고장 기간, 우발고장 기간, 마모고장 기간으로 구분된다.
㉢ 초기고장은 결함을 찾아내어 고장률을 안전시키는 기간이라 하여 디버깅(Debugging)이나 번인(Burn-in)을 실시한다.
㉣ 마모고장 기간은 구성부품 등의 피로, 마모, 노화현상이 발생한다.

43. 부품의 신뢰도가 $R(t) = e^{-0.5t}$일 때 옳지 않은 것은? (단, 시간 t는 년(year)이며, 소수점 아래 넷째자리에서 반올림한다.)

① 고장확률밀도함수는 $f(t) = 0.5e^{-0.5t}$이다.
② 평균고장시간(MTTF)은 2년이다.
③ 부품의 MTTF 동안 신뢰도는 0.368이다.
④ 시간에 따라 고장률은 점차 증가한다.
⑤ 부품이 3년 내에 고장 날 확률은 0.777이다.

해설 m<1이면 λ(t)는 DFR에 따르고, m>1이면 λ(t)는 IFR에 따르며 m=1이면 λ(t)는 CFR을 따른다. 따라서 m<1이면 λ(t)는 DFR에 따르므로 시간에 따라 고장률은 점차 감소한다.
○ IFR(Increasing Failure Rate) : 고장률이 시간에 따라 증가
○ DFR(Decreasing Failure Rate) : 고장률이 시간에 따라 감소
○ CFR(Constant Failure Rate) : 고장률이 시간에 따라 일정

44. 다음에 적용된 본질적 안전 설계의 개념으로 옳은 것은?

㉠ 극성이 정해져 있는 전원 커넥터를 극성이 다르게 삽입되지 않도록 설계
㉡ 전기히터가 넘어지면 저절로 꺼지도록 설계

① ㉠ : Fool Proof, ㉡ : Fail Safe
② ㉠ : Fool Proof, ㉡ : Fool Proof
③ ㉠ : Fail Safe, ㉡ : Fool Proof
④ ㉠ : Fail Safe, ㉡ : Fail Safe
⑤ ㉠ : Fail Proof, ㉡ : Fail Safe

해설 ㉠ Fool Proof : 조작순서를 착각하거나, 이상이나 고장이 있어도 위험한 상태가 될만한 조작을 하지 않도록 한 장치이다.
㉡ Fail Safe : 체계의 일부에 고장이나 잘못된 조작이 있어도 안전장치가 반드시 작동하여 사고를 방지하도록 되어 있는 기구이다.

45. 작업공간 배치의 기본 원칙에 관한 설명으로 옳지 않은 것은?
   ① 자주 사용하는 요소일수록 사용하기 편리한 지점에 배치한다.
   ② 사용 및 조작 순서를 고려하여 배치한다.
   ③ 동일한 요소들은 기억과 탐색이 쉽도록 일관된 지점에 배치한다.
   ④ 기능적으로 관련성이 높은 요소들은 분산 배치한다.
   ⑤ 목적 달성에 중요한 요소일수록 사용하기 편리한 지점에 배치한다.

   > 해설 기능별 배치의 원칙은 기능적으로 관련성이 높은 요소들은 모아서 배치한다.
   >   ① 사용 빈도의 원칙
   >   ② 사용 순서의 원칙
   >   ③ 기능별 배치의 원칙
   >   ⑤ 중요성의 원칙

46. 다음은 FMEA에서 어떤 고장유형의 심각도, 발생도, 검출도, 가용도를 평가한 결과이다. 이 고장유형에 대한 위험우선순위점수(Risk Priority Number)는 얼마인가?

   ○ 심각도(Severity) : 6   ○ 발생도(Occurrence) : 5
   ○ 검출도(Detection) : 10   ○ 가용도(Availability) : 2

   ① 7   ② 21
   ③ 300   ④ 600
   ⑤ 900

   > 해설 위험우선순위점수(Risk Priority Number)=심각도(심각성)×발생도(빈도)×검출도=300

47. 사용자 인터페이스 설계에서 고려되는 사용성(Usability)의 세부내용에 관한 설명으로 옳지 않은 것은?
   ① 학습 용이성 : 과거의 경험과 직관에 의해 사용법을 쉽게 익히도록 설계한다.
   ② 효율성 : 저렴한 비용으로 최상의 정보를 얻을 수 있도록 설계한다.
   ③ 기억 용이성 : 시간이 지나도 사용법을 기억하기 쉽도록 설계한다.
   ④ 오류 최소화 및 복구 용이성 : 오류가 적어야 하고 오류가 발생하더라도 복구하기 쉽게 설계한다.
   ⑤ 주관적 만족감 : 사용자가 만족하고 몰입할 수 있도록 설계한다.

   > 해설 효율성은 어떤 특정한 일을 성취하기 위한 시간이 적게 걸린다는 것을 말한다. 또한 어떤 특정한 일을 성취하기 위한 자원이 덜 소요된다는 것이다.

정답 43 ④ 44 ① 45 ④ 46 ③ 47 ②

48. 경계, 경보를 위한 청각신호 선택 지침에 관한 설명으로 옳지 않은 것은?

① 개시기간이 짧은 고강도 신호를 사용한다.

② 주파수는 500~3,000Hz가 가장 효과적이다.

③ 장거리 신호는 1,000Hz 이하로 한다.

④ 주의, 집중을 위해서는 변조된 신호를 사용한다.

⑤ 배경소음의 주파수와 동일하게 한다.

해설 ④ 주의를 끌기 위해서 변조된 신호를 사용한다.
① 개시기간이 짧고 간단할 때 청각장치를 사용한다.
② 귀가 가장 민감한 음역은 중음역으로 주파수는 500~3,000Hz가 가장 효과적이다.
③ 300m 이상 장거리 신호는 1,000Hz 이하로 한다.
⑤ 배경소음의 주파수와 동일하게 사용하면 공진, 중첩, 감쇠 등의 효과로 인하여 정확한 청각 신호의 전달이 어려울 수 있다.

49. 결함수(Fault Tree)가 다음과 같을 때 정상사상 T가 발생할 확률은? (단, 기본사상 a, b, c는 서로 독립이고 발생확률은 각각 0.1이다.)

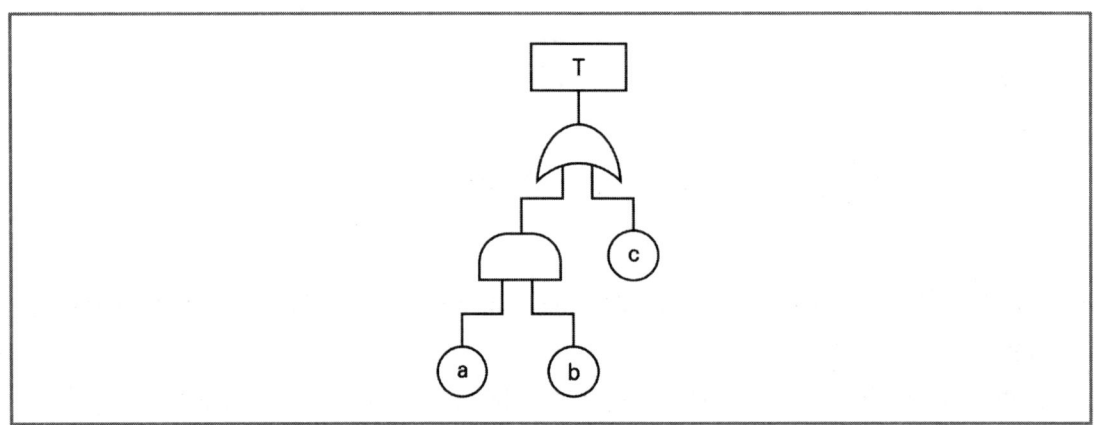

① 0.001　　　　② 0.009
③ 0.019　　　　④ 0.109
⑤ 0.729

해설 T=1-(1-(a×b))(1-c)=1-(1-0.01)(1-0.1)=0.109

50. 다음은 4중2 시스템의 신뢰성 블록도(Reliability Block Diagram)이다. 시스템은 동일한 4개의 부품으로 구성되며 4개 중 2개 이상이 정상이면 시스템은 정상 작동한다. 시스템 신뢰도는 얼마인가? (단, 모든 부품의 신뢰도는 0.9이다.)

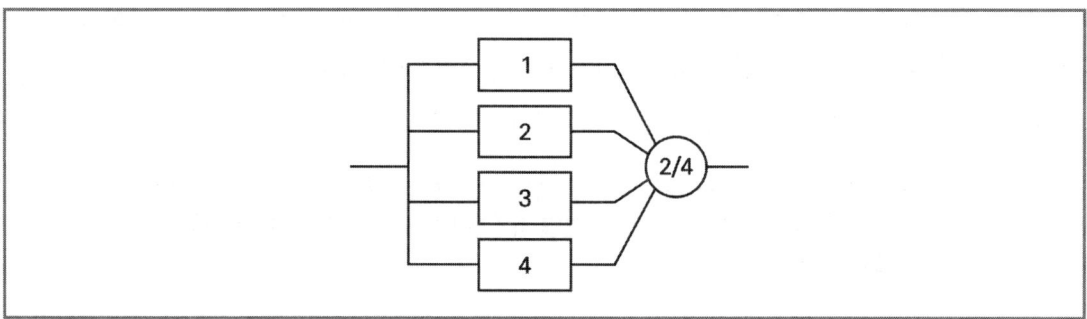

① 0.2916
② 0.6561
③ 0.7290
④ 0.9963
⑤ 0.99

해설 시스템 신뢰도 $R_s = \sum_{i=2}^{4} \binom{4}{i}(0.9)^i(1-0.9)^{4-i} = 0.9963$

기업진단 · 지도

51. 인사평가 방법에 관한 설명으로 옳지 않은 것은?

① 서열(ranking)법은 등위를 부여해 평가하는 방법으로, 평가 비용과 시간을 절약할 수 있다.
② 평정척도(rating scale)법은 평가 항목에 대해 리커트(Likert) 척도 등을 이용해 평가한다.
③ BARS(Behaviorally Anchored Rating Scale) 평가법은 성과 관련 주요 행동에 대한 수행정도로 평가한다.
④ MBO(Management by Objectives) 평가법은 상급자와 합의하여 설정한 목표 대비 실적으로 평가한다.
⑤ BSC(Balanced Score Card) 평가법은 연간 재무적 성과 결과를 중심으로 평가한다.

해설 BSC(Balanced Score Card) 평가법은 회계적, 재무적 측면에서만 측정하는 시스템 한계를 보완하기 위해 재무적 관점, 고객관점, 내부 프로세스 관점, 학습 및 성장관점의 성과지표를 도출하여 성과를 관리하는 성과관리시스템이다.

52. 노사관계에 관한 설명으로 옳지 않은 것은?

① 우리나라에서 단체협약은 1년을 초과하는 유효기간을 정할 수 없다.
② 1935년 미국의 와그너법(Wagner Act)은 부당노동행위를 방지하기 위하여 제정되었다.
③ 유니온 숍제는 비조합원이 고용된 이후, 일정기간 이후에 조합에 가입하는 형태이다.
④ 우리나라에서 임금교섭은 조합 수 기준으로 기업별 교섭형태가 가장 많다.
⑤ 직장폐쇄는 사용자측의 대항행위에 해당한다.

> **해설** 단체협약의 유효기간은 3년을 초과하지 않는 범위에서 노사가 합의하여 정할 수 있다. 단체협약에 그 유효기간을 정하지 아니한 경우 또는 기간을 초과하는 유효기간을 정한 경우에 그 유효기간은 3년으로 한다(노동조합 및 노동관계조정법 제32조 제1항, 제2항).

53. 조직문화 중 안전문화에 관한 설명으로 옳은 것은?

① 안전문화 수준은 조직구성원이 느끼는 안전 분위기나 안전풍토(safety climate)에 대한 설문으로 평가할 수 있다.
② 안전문화는 TMI(Three Mile Island) 원자력발전소 사고 관련 국제원자력기구(IAEA) 보고서에 의해 그 중요성이 널리 알려졌다.
③ 브래들리 커브(Bradley Curve) 모델은 기업의 안전문화 수준을 병적-수동적-계산적-능동적-생산적 5단계로 구분하고 있다.
④ Mohamed가 제시한 안전풍토의 요인들은 재해율이나 보호구 착용률과 같이 구체적이어서 안전문화 수준을 계량화하기 쉽다.
⑤ Pascale의 7S모델은 안전문화의 구성요인으로 Safety, Strategy, Structure, System, Staff, Skill, Style을 제시하고 있다.

> **해설** ① 안전풍토(Safety Climate)는 작업장에서 안전과 관련되어 조직 구성원이 가지는 공통된 인식을 의미한다.
> ② 안전문화는 체르노빌 원자력 누출사고에 따른 원자력안전자문단(INSAG)의 보고서에서 처음 사용되었다.
> ③ 브래들리 커브(Bradley Curve) 모델은 기업의 안전문화 수준을 자연적 본능(반응적)-감독·규제(의존적)-개인(의식적 안전)-팀(무의식적 안전) 4단계로 구분하고 있다.
> ④ Mohamed가 제시한 안전풍토의 요인들은 조직의 의지 및 의사소통, 현장관리자의 의지, 감독자의 역할, 개인의 역할, 동료근로자의 영향, 직원의 능력, 위험감수행위 및 영향요인, 안전한 행동에 대한 방해요소, 작업허가, 사고 및 보고 등으로 계량화하기 어렵다.
> ⑤ Pascale의 7S모델은 안전문화의 구성요인으로 shared value, Strategy, Structure, System, Staff, Skill, Style을 제시하고 있다.

54. 동기부여 이론에 관한 설명으로 옳은 것을 모두 고른 것은?

㉠ 매슬로우(A. Maslow)의 욕구 5단계이론에서 가장 상위계층의 욕구는 자기가 원하는 집단에 소속되어 우의와 애정을 갖고자 하는 사회적 욕구이다.
㉡ 허츠버그(F. Herzberg)의 2요인이론에서 급여와 복리후생은 동기요인에 해당한다.
㉢ 맥그리거(D. McGregor)의 X이론에 의하면 사람은 엄격한 지시·명령으로 통제되어야 조직 목표를 달성할 수 있다.
㉣ 맥클랜드(D. McClelland)는 주제통각시험(TAT)을 이용하여 사람의 욕구를 성취욕구, 권력욕구, 친교욕구로 구분하였다.

① ㉠, ㉡
② ㉠, ㉣
③ ㉢, ㉣
④ ㉠, ㉡, ㉢
⑤ ㉡, ㉢, ㉣

해설 ㉠ 매슬로우(A. Maslow)의 욕구 5단계이론에서 가장 상위계층의 욕구는 자아실현의 욕구이다.
㉡ 허츠버그(F. Herzberg)의 2요인이론에서 급여와 복리후생은 위생요인에 해당한다.
㉢ 맥그리거(D. McGregor)의 X이론에 의하면 사람은 게으르고 타율적이며 일을 싫어하므로 엄격한 지시·명령으로 통제되어야 조직 목표를 달성할 수 있다고 본다.
㉣ 맥클랜드(D. McClelland)는 성취욕구 측정방법인 주제통각시험(TAT)을 이용하여 사람의 욕구를 성취욕구, 권력욕구, 친교욕구로 구분하였다.

55. 리더십(leadership)에 관한 설명으로 옳은 것은?

① 리더십 행동이론에서 리더의 행동은 상황이나 조건에 의해 결정된다고 본다.
② 리더십 특성이론에서 좋은 리더는 리더십 행동에 대한 훈련에 의해 육성될 수 있다고 본다.
③ 리더십 상황이론에서 리더십은 리더와 부하 직원들 간의 상호작용에 따라 달라질 수 있다고 본다.
④ 헤드십(headship)은 조직 구성원에 의해 선출된 관리자가 발휘하기 쉬운 리더십을 의미한다.
⑤ 헤드십은 최고경영자의 민주적인 리더십을 의미한다.

해설 ③ 리더십 상황이론에서 리더십은 리더와 부하 직원들 간의 상호작용에 따라 달라질 수 있다고 본다.
① 리더십 행동이론에서 리더의 행동은 그 자신의 행동에 따라 집단 성원에 의해 리더로 선정되며 리더로서의 역할과 리더십이 결정된다고 본다.
② 리더십 특성이론에서 좋은 리더는 비효과적인 리더와 구별될 수 있는 보편적 특성이 존재한다고 본다.
④ 헤드십(headship)은 장, 대표, 직위의 권위를 근거로 강제적, 통제나 강요, 위계적 질서, 직권으로만 조직을 움직이려는 행위이다.
⑤ 헤드십은 일방적, 강제성을 그 본질로 한다.

정답 52 ① 53 ① 54 ③ 55 ③

56. 수요예측 방법에 관한 설명으로 옳은 것은?

① 델파이 방법은 일반 소비자를 대상으로 하는 정량적 수요예측 방법이다.
② 이동평균법은 과거 수요예측치의 평균으로 예측한다.
③ 시계열분석법의 변동요인에 추세(trend)는 포함되지 않는다.
④ 단순회귀분석법에서 수요량 예측은 최대자승법을 이용한다.
⑤ 지수평활법은 과거 실제 수요량과 예측치 간의 오차에 대해 지수적 가중치를 반영해 예측한다.

해설 ⑤ 지수평활법은 과거 수요 측정값을 최근 실적으로 수정해서 이것을 새로운 수요 추정값으로 하려는 것이다.
① 델파이 방법은 적절한 해답이 알려져 있지 않거나 일정한 합의점에 도달하지 못한 문제에 대하여 다수의 전문가를 대상으로 설문조사나 우편조사로 수차에 걸쳐 피드백하면서 그들의 의견을 수렴하고 집단적 합의를 도출해 내는 조사방법으로 정성적 수요예측 방법이다.
② 이동평균법은 최근 몇 기간 동안 시계열 관측치 평균으로 예측한다.
③ 시계열분석법의 변동요인에 추세(trend), 순환, 계절, 불규칙 변동을 포함한다.
④ 단순회귀분석법에서 수요량 예측은 최소자승법을 이용한다.

57. 재고관리에 관한 설명으로 옳지 않은 것은?

① 경제적 주문량(EOQ) 모형에서 재고유지비용은 주문량에 비례한다.
② 신문판매원 문제(newsboy problem)는 확정적 재고모형에 해당한다.
③ 고정주문량모형은 재고수준이 미리 정해진 재주문점에 도달할 경우 일정량을 주문하는 방식이다.
④ ABC 재고관리는 재고의 품목 수와 재고 금액에 따라 중요도를 결정하고 재고관리를 차별적으로 적용하는 기법이다.
⑤ 재고로 인한 금융비용, 창고 보관료, 자재 취급비용, 보험료는 재고유지비용에 해당한다.

해설 단일기간 재고모형은 신문, 월간잡지, 크리스마스 트리 등과 같은 단일기간 상품의 최적 주문량을 결정하는 재고모형이다.

58. 품질경영기법에 관한 설명으로 옳지 않은 것은?

① SERVQUAL 모형은 서비스 품질수준을 측정하고 평가하는데 이용될 수 있다.
② TQM은 고객의 입장에서 품질을 정의하고 조직 내의 모든 구성원이 참여하여 품질을 향상하고자 하는 기법이다.
③ HACCP은 식품의 품질 및 위생을 생산부터 유통단계를 거쳐 최종 소비될 때까지 합리적이고 철저하게 관리하기 위하여 도입되었다.
④ 6시그마 기법에서는 품질특성치가 허용한계에서 멀어질수록 품질비용이 증가하는 손실함수 개념을 도입하고 있다.

⑤ ISO 9000 시리즈는 표준화된 품질의 필요성을 인식하여 제정되었으며 제3자(인증기관)가 심사하여 인증하는 제도이다.

> **해설** 품질특성치가 허용한계에서 멀어질수록 품질비용이 증가하는 손실함수 개념을 도입하고 있는 것은 다구치 방법이다. 품질비용에 관한 다구치의 접근방식은 품질특성치가 이상적인 값, 목표값으로부터 멀어짐에 따라 더 많이 발생한다는 것이다.

59. 식음료 제조업체의 공급망관리팀 팀장인 홍길동은 유통단계에서 최종 소비자의 주문량 변동이 소매상, 도매상, 제조업체로 갈수록 증폭되는 현상을 발견하였다. 이에 관한 설명으로 옳지 않은 것은?

① 공급사슬 상류로 갈수록 주문의 변동이 증폭되는 현상을 채찍효과(bullwhip effect)라고 한다.
② 유통업체의 할인 이벤트 등으로 가격 변동이 클 경우 주문량 변동이 감소할 것이다.
③ 제조업체와 유통업체의 협력적 수요예측시스템은 주문량 변동이 감소하는데 기여할 것이다.
④ 공급사슬의 정보공유가 지연될수록 주문량 변동은 증가할 것이다.
⑤ 공급사슬의 리드타임(lead time)이 길수록 주문량 변동은 증가할 것이다.

> **해설** ② 유통업체의 할인 이벤트 등으로 가격 변동이 클 경우 주문량 변동이 증가할 것이다.
> ① 채찍효과(bullwhip effect)는 고객의 수요가 각 단계별로 전달될수록 수요의 변동성이 증가해 주문의 변동이 증폭되는 현상을 말한다.
> ③ 제조업체와 유통업체의 협력적 수요예측시스템은 주문량 변동을 적게 할 수 있다.
> ④ 공급사슬의 정보공유가 지연되면 지연될수록 주문량 변동은 증가할 것이다.
> ⑤ 공급사슬의 리드타임(lead time)이 길어질수록 주문량 변동은 증가할 것이다.

60. 스트레스의 작용과 대응에 관한 설명으로 옳지 않은 것은?

① A유형이 B유형 성격의 사람에 비해 스트레스에 더 취약하다.
② Selye가 구분한 스트레스 3단계 중에서 2단계는 저항단계이다.
③ 스트레스 관련 정보수집, 시간관리, 구체적 목표의 수립은 문제중심적 대처 방법이다.
④ 자신의 사건을 예측할 수 있고, 통제 가능하다고 지각하면 스트레스를 덜 받는다.
⑤ 긴장(각성) 수준이 높을수록 수행 수준은 선형적으로 감소한다.

> **해설** ⑤ 긴장(각성) 수준이 높을수록 수행 수준은 증가하는 경향을 보인다.
> ① A유형은 초조하고 조급해하며 경쟁적인 특성으로 심혈관계 질환에 걸릴 가능성이 높은 유형을 의미하며, B타입은 이와는 반대로 느긋하고 여유 있는 성격이 특징이다.
> ② Selye가 구분한 스트레스 3단계 중에서 1단계는 경계·경보·경고단계이고, 2단계는 저항단계, 3단계는 탈진·소진단계이다.
> ③ 문제중심적 대처는 스트레스를 유발하는 상황에 초점을 맞춰 이를 해결하려는 노력을 말한다.
> ④ 예측이 가능하고 통제 가능한 경우는 스트레스를 덜 받는다.

정답 56 ⑤ 57 ② 58 ④ 59 ② 60 ⑤

61. 김부장은 직원의 직무수행을 평가하기 위해 평정척도를 이용하였다. 금년부터는 평정오류를 줄이기 위한 방법으로 '종업원 비교법'을 도입하고자 한다. 이때 제거 가능한 오류(a)와 여전히 존재하는 오류(b)를 옳게 짝지은 것은?

① a : 후광오류, b : 중앙집중오류
② a : 후광오류, b : 관대화오류
③ a : 중앙집중오류, b : 관대화오류
④ a : 관대화오류, b : 중앙집중오류
⑤ a : 중앙집중오류, b : 후광오류

해설 a : 중앙집중오류 : 모든 피평가자에게 평균에 가까운 점수를 주는 것을 말한다. 종업원 비교법을 도입하면 평균에 가까운 점수를 주지 않을 수 있다.
b : 후광오류 : 어느 한 분야에서 어떤 사람에 대한 호의적인 또는 비호의적인 인상이 그 사람에 대한 다른 분야의 평가에 영향을 준다. 종업원 비교법을 도입하더라도 후광오류를 줄일 수는 없다.

62. 인사 담당자인 김부장은 신입사원 채용을 위해 적절한 심리검사를 활용하고자 한다. 심리검사에 관한 설명으로 옳지 않은 것은?

① 다른 조건이 모두 동일하다면 검사의 문항 수는 내적 일관성의 정도에 영향을 미치지 않는다.
② 반분 신뢰도(split-half reliability)는 검사의 내적 일관성 정도를 보여주는 지표이다.
③ 안면 타당도(face validity)는 검사문항들이 외관상 특정 검사의 문항으로 적절하게 보이는 정도를 의미한다.
④ 준거 타당도(criterion validity)에는 동시 타당도(concurrent validity)와 예측타당도(predictive validity)가 있다.
⑤ 동형 검사 신뢰도(equivalent-form reliability)는 동일한 구성개념을 측정하는 두 독립적인 검사를 하나의 집단에 실시하여 측정한다.

해설 내적 일관성은 부분검사 또는 문항 간의 일관성 정도를 나타내는 것으로 문항 간 측정의 일관성을 추정하는 방법을 문항내적일관성 신뢰도라 한다.

63. 다음에 설명하는 용어는?

응집력이 높은 조직에서 모든 구성원들이 하나의 의견에 동의하려는 욕구가 매우 강해, 대안적인 행동방식을 객관적이고 타당하게 평가하지 못함으로써 궁극적으로 비합리적이고 비현실적인 의사결정을 하게 되는 현상이다.

① 집단사고(groupthink)
② 사회적 태만(social loafing)
③ 집단극화(group polarization)
④ 사회적 촉진(social facilitation)
⑤ 남만큼만 하기 효과(sucker effect)

해설 ① 집단사고(groupthink) : 집단 구성원들 간에 강한 응집력을 보이는 집단에서 의사 결정 시에 만장일치에 도달하려는 분위기가 다른 대안들을 현실적으로 평가하려는 경향을 억압할 때 나타나는 구성원들의 왜곡되고 비합리적인 사고방식이다.
② 사회적 태만(social loafing) : 집단에 속한 사람들이 공동의 목표를 달성하기 위해 함께 일하는 상황에서 혼자 일할 때보다 노력을 덜 들여 개인의 수행이 떨어지는 현상을 말한다.
③ 집단극화(group polarization) : 집단의 의사결정이 구성원 개개인의 평균치보다 극단으로 치우치게 되는 현상을 말한다.
④ 사회적 촉진(social facilitation) : 혼자 있는 상황과 비교할 때 타인이 존재하는 조건에서 과제에 대한 친숙성이 높을 경우 더 잘하게 되는 사회적 촉진이 일어나고, 친숙성이 낮을 경우 더 못하게 되는 사회적 저하 경향이 있다.
⑤ 남만큼만 하기 효과(sucker effect) : 학습능력이 높은 학습자가 자신의 노력이 다른 사람에게 돌아갈까봐 소극적으로 참여하는 것을 말한다.

64. 용접공이 작업 중에 보호안경을 쓰지 않으면 시력손상을 입는 산업재해가 발생한다. 용접공의 행동특성을 ABC행동이론(선행사건, 행동, 결과)에 근거하여 기술한 내용으로 옳은 것을 모두 고른 것은?

㉠ 보호안경을 착용하지 않으면 편리하다는 확실한 결과를 얻을 수 있다.
㉡ 보호안경 착용으로 나타나는 예방효과는 안전행동에 결정적인 영향을 미친다.
㉢ 미래의 불확실한 이득(시력보호)으로 보호안경의 착용 행위를 증가시키는 것은 어렵다.
㉣ 모범적인 보호안경 착용자에게 공개적인 인센티브를 제공하여 위험행동을 감소하도록 유도한다.

① ㉠, ㉢
② ㉡, ㉣
③ ㉠, ㉢, ㉣
④ ㉡, ㉢, ㉣
⑤ ㉠, ㉡, ㉢, ㉣

해설 ABC행동이론 : 스키너는 인간의 행동(behavior)이 선행요인(antecedents)으로서 환경자극에 의해 동기화되며 행동에 따르는 결과(consequences)에 의해 전적으로 결정된다고 보았다. 선행요인(antecedents)→행동(behavior)→결과(consequences)로 이어지는 ABC모델은 적응 행동 혹은 부적응 행동이 일어나는데 있어서 우선 과거의 환경자극과 같은 선행요인이 있고, 그 선행자극에 의해 행동이 나타나며, 이후 행동 뒤에 일어나는 후속자극에 의해 행동이 학습된다고 본다.

정답 61 ⑤ 62 ① 63 ① 64 ①, ②, ③, ④, ⑤

65. 휴먼에러 발생 원인을 설명하는 모델 중 주로 익숙하지 않은 문제를 해결할 때 사용하는 모델이며 지름길을 사용하지 않고 상황파악, 정보수집, 의사결정, 실행의 모든 단계를 순차적으로 실행하는 방법은?

① 위반행동 모델(violation behavior model)
② 숙련기반행동 모델(skill-based behavior model)
③ 규칙기반행동 모델(rule-based behavior model)
④ 지식기반행동 모델(knowledge-based behavior model)
⑤ 일반화 에러 모형(generic error modeling system)

해설 ④ 지식기반행동 모델(knowledge-based behavior model)은 주로 익숙하지 않은 문제를 해결할 때 상황파악, 정보수집, 의사결정, 실행의 모든 단계를 순차적으로 실행하는 방법이다.
② 숙련기반행동 모델(skill-based behavior model) : 숙련되어 마치 몸이 명령을 내리는 것처럼 행동하는 것으로 무의식에 의한 행동, 행동패턴에 의한 자동적 행동을 말한다.
③ 규칙기반행동 모델(rule-based behavior model) : 익숙한 상황에 적용되며 저장된 규칙을 적용하는 행동 모델이다.

66. 소음의 특성과 청력손실에 관한 설명으로 옳지 않은 것은?

① 0dB 청력수준은 20대 정상 청력을 근거로 산출된 최소역치수준이다.
② 소음성 난청은 달팽이관의 유모세포 손상에 따른 영구적 청력손실이다.
③ 소음성 난청은 주로 1,000Hz 주변의 청력손실로부터 시작된다.
④ 소음작업이란 1일 8시간 작업을 기준으로 85dBA 이상의 소음이 발생하는 작업이다.
⑤ 중이염 등으로 고막이나 이소골이 손상된 경우 기도와 골도 청력에 차이가 발생할 수 있다.

해설 소음성 난청은 괴롭고 원치 않는 큰 소리를 소음이라 하는데 이러한 소음에 의해서 발생하는 감음 신경성 난청을 말한다. 85dB 이상 소음에 지속적으로 노출될 때는 귀에 손상을 줄 수 있고, 100dB에서 보호장치 없이 15분 이상 노출될 때, 110dB에서 1분 이상 규칙적으로 노출될 때 청력 손실의 위험이 발생한다.

67. 인간의 정보처리과정에 관한 설명으로 옳은 것을 모두 고른 것은?

㉠ 단기기억의 용량은 덩이 만들기(chunking)를 통해 확장할 수 있다.
㉡ 감각기억에 있는 정보를 단기기억으로 이전하기 위해서는 주의가 필요하다.
㉢ 신호검출이론(signal-detection theory)에서 누락(miss)은 신호가 없는데도 있다고 잘못 판단하는 경우이다.
㉣ Weber의 법칙에 따르면 10kg의 물체에 대한 무게 변화감지역(JND)이 1kg의 물체에 대한 무게 변화감지역보다 더 크다.

① ㉡, ㉢
② ㉠, ㉡, ㉣
③ ㉠, ㉢, ㉣
④ ㉡, ㉢, ㉣
⑤ ㉠, ㉡, ㉢, ㉣

> **해설** 신호검출이론(signal-detection theory)은 소음(noise)이 신호검출에 미치는 영향을 파악하고 이와 관련된 최적의 의사결정 기준을 다룬 이론이다.
> 신호상황에 따른 인간의 판정결과 4가지
> 1. Hit : 신호를 신호로 판정(올바른 채택)
> 2. False Alarm : 소음(Noise)를 신호로 오인(허위경보)
> 3. Miss : 신호가 있으나 탐지 못함(누락)
> 4. Correct Rejection : 소음(Noise)을 소음(Noise)로 판정(올바른 거부)

68. 어떤 가설을 받아들이고 나면 다른 가능성은 검토하지도 않고 그 가설을 지지하는 증거만을 탐색해서 받아들이는 현상에 해당하는 것은?

① 대표성 어림법(representativeness heuristic)
② 가용성 어림법(availability heuristic)
③ 과잉확신(overconfidence)
④ 확증 편향(confirmation bias)
⑤ 사후확신 편향(hindsight bias)

> **해설** ④ 확증 편향(confirmation bias)은 자신의 신념과 일치하는 정보는 받아들이고 신념과 일치하지 않는 정보는 무시하는 경향으로 어떤 가설을 받아들이고 나면 다른 가능성은 검토하지도 않고 그 가설을 지지하는 증거만을 탐색해서 받아들이는 현상이다.
> ① 대표성 어림법(representativeness heuristic)은 한동안 일어나지 않았던 일이 자주 일어났던 일보다 앞으로는 더 자주 일어날 것이라는 엉뚱한 믿음을 갖게 되는 현상이다.
> ② 가용성 어림법(availability heuristic) : 우리의 기억에 보다 쉽게 떠오르는 사건을 더 자주 일어나는 일로 판단하는 현상이다.
> ③ 과잉확신(overconfidence)은 사람들이 자기의 판단이나 지식 등에 대해 실제보다 과장되게 평가하는 경향을 말한다.
> ⑤ 사후확신 편향(hindsight bias)은 이미 일어난 사건을 그 일이 일어나기 전에 비해서 더 예측 가능한 것으로 생각하는 경향이다.

69. 근로자 건강진단에 관한 설명으로 옳지 않은 것은?

① 납땜 후 기판에 묻어 있는 이물질을 제거하기 위하여 아세톤을 취급하는 근로자는 특수건강진단 대상자이다.
② 우레탄수지 코팅공정에 디메틸포름아미드 취급 근로자의 배치후 첫 번째 특수건강진단 시기는 3개월 이내이다.
③ 6개월간 오후 10시부터 다음날 오전 6시 사이의 시간 중 작업을 월 평균 60시간 이상 수행하는 근로자는 야간작업 특수건강진단 대상자이다.
④ 직업성 천식 및 직업성 피부염이 의심되는 근로자에 대한 수시건강진단의 검사항목이 있다.
⑤ 정밀기계 가공작업에서 금속가공유 취급시 노출되는 근로자는 배치전·특수건강진단 대상자이다.

정답 65 ④ 66 ③ 67 ② 68 ④ 69 ②

해설 특수건강진단의 시기 및 주기(규칙 별표 23)

구분	대상 유해인자	시기(배치 후 첫 번째 특수 건강진단)	주기
1	N,N-디메틸아세트아미드 디메틸포름아미드	1개월 이내	6개월
2	벤젠	2개월 이내	6개월
3	1,1,2,2-테트라클로로에탄 사염화탄소 아크릴로니트릴 염화비닐	3개월 이내	6개월
4	석면, 면 분진	12개월 이내	12개월
5	광물성 분진 목재 분진 소음 및 충격소음	12개월 이내	24개월
6	제1호부터 제5호까지의 대상 유해인자를 제외한 별표 22의 모든 대상 유해인자	6개월 이내	12개월

70. 관리대상 유해물질 관련 국소배기장치 후드의 제어풍속에 관한 설명으로 옳지 않은 것은?
   ① 가스 상태 물질 포위식 포위형 후드는 제어풍속이 0.4m/s 이상이다.
   ② 가스 상태 물질 외부식 측방흡인형 후드는 제어풍속이 0.5m/s 이상이다.
   ③ 가스 상태 물질 외부식 상방흡인형 후드는 제어풍속이 1.0m/s 이상이다.
   ④ 입자 상태 물질 포위식 포위형 후드는 제어풍속이 1.0m/s 이상이다.
   ⑤ 입자 상태 물질 외부식 상방흡인형 후드는 제어풍속이 1.2m/s 이상이다.

해설 관리대상 유해물질 관련 국소배기장치 후드의 제어풍속(산업안전보건기준에 관한 규칙 별표 13)

물질의 상태	후드 형식	제어풍속(m/sec)
가스 상태	포위식 포위형	0.4
	외부식 측방흡인형	0.5
	외부식 하방흡인형	0.5
	외부식 상방흡인형	1.0
입자 상태	포위식 포위형	0.7
	외부식 측방흡인형	1.0
	외부식 하방흡인형	1.0
	외부식 상방흡인형	1.2

71. 산업위생의 범위에 관한 설명으로 옳지 않은 것은?
   ① 새로운 화학물질을 공정에 도입하려고 계획할 때, 알려진 참고자료를 바탕으로 노출 위험성을 예측한다.
   ② 화학물질 관리를 위해 국소배기장치를 직접 제작 및 설치한다.
   ③ 작업환경에서 발생할 수 있는 감염성질환을 포함한 생물학적 유해인자에 대한 위험성 평가를 실시한다.
   ④ 노출기준이 설정되지 않은 물질에 대하여 노출수준을 측정하고 참고자료와 비교하여 평가한다.
   ⑤ 동일한 직무를 수행하는 노동자 그룹별로 직무특성을 상세하게 기술하고 유사 노출그룹을 분류한다.

   해설 산업위생의 범위
   1. 연령, 성별, 적성 문제
   2. 작업환경과 신체적 최적 환경의 연구
   3. 신기술과 건강 피해 연구
   4. 노동 생리와 정신적 조건 연구
   5. 작업능력과 작업조건의 연구
   6. 노동력의 재생산과 사회경제적 조건 연구
   7. 유해환경의 영향과 대책 연구
   8. 생체리듬의 연구
   9. 노동시간과 교대제 연구

72. 미국산업위생학회에서 산업위생의 정의에 관한 설명으로 옳지 않은 것은?
   ① 인지란 현재 상황의 유해인자를 파악하는 것으로 위험성 평가(Risk Assessment)를 통해 실행할 수 있다.
   ② 측정은 유해인자의 노출 정도를 정량적으로 계측하는 것이며 정성적 계측도 포함한다.
   ③ 평가의 대표적인 활동은 측정된 결과를 참고자료 혹은 노출기준과 비교하는 것이다.
   ④ 관리에서 개인보호구의 사용은 최후의 수단이며 공학적, 행정적인 관리와 병행해야 한다.
   ⑤ 예측은 산업위생 활동에서 마지막으로 요구되는 활동으로 앞 단계들에서 축적된 자료를 활용하는 것이다.

   해설 미국산업위생학회의(AIHA)의 산업위생 정의는 근로자나 일반 대중에게 질병, 건강장애, 심각한 불쾌감 및 능률 저하 등을 초래하는 작업환경요인과 스트레스를 예측(Anticipation), 인지(Recognition), 측정(Measurement), 평가(Evaluation), 관리(Control)하는 과학과 기술이다. 산업위생의 활동순서는 예측, 인지, 측정, 평가, 관리의 순이다.

정답 70 ④ 71 ② 72 ⑤

73. 국가별 노출기준 중 법적 제재력이 없는 것은?

① 독일 GCIHHCC의 MAK
② 영국 HSE의 WEL
③ 일본 노동성의 CL
④ 우리나라 고용노동부의 허용기준
⑤ 미국 OSHA의 PEL

해설 독일 GCIHHCC의 MAK는 법적 제재력이 없다. NIOSH의 REL은 권고기준이다. ACGIH의 TLV, BEL은 법적 제재력이 없다.

74. 산업위생관리의 기본원리 중 작업관리에 해당하는 것은?

① 유해물질의 대체 ② 국소배기 시설
③ 설비의 자동화 ④ 작업방법 개선
⑤ 생산공정의 변경

해설 산업위생관리의 기본원리 중 작업관리는 공정의 변경, 시설의 변경, 유해물질의 변경, 저장물질의 격리, 시설의 격리, 전체환기, 국소배기장치 설치 등이 있다.

75. 유기용제의 일반적인 특성 및 독성에 관한 설명으로 옳은 것을 모두 고른 것은?

┌───┐
│ ㉠ 탄소사슬의 길이가 길수록 유기화학물질의 중추신경 억제효과는 증가한다. │
│ ㉡ 염화메틸렌이 사염화탄소보다 더 강력한 마취특성을 가지고 있다. │
│ ㉢ 불포화탄화수소는 포화탄화수소보다 자극성이 작다. │
│ ㉣ 유기분자에 아민이 첨가되면 피부에 대한 부식성이 증가한다. │
└───┘

① ㉠, ㉡ ② ㉠, ㉢
③ ㉠, ㉣ ④ ㉡, ㉢
⑤ ㉡, ㉣

해설 ㉡ 사염화탄소가 염화메틸렌보다 더 강력한 마취특성을 가지고 있다.
㉢ 탄화수소가 불포화되어 있으면 자극성이 낮다.

2021년 기출문제

산업안전보건법령

1. 산업안전보건법령상 안전보건관리체제에 관한 설명으로 옳지 않은 것은?

① 안전보건관리책임자는 안전관리자와 보건관리자를 지휘·감독한다.
② 사업주는 사업장을 실질적으로 총괄하여 관리하는 사람에게 해당 사업장의 작업환경측정 등 작업환경의 점검 및 개선에 관한 업무를 총괄하여 관리하도록 하여야 한다.
③ 사업주는 안전관리자에게 산업 안전 및 보건에 관한 업무로서 해당작업에서 발생한 산업재해에 관한 보고 및 이에 대한 응급조치에 관한 업무를 수행하도록 하여야 한다.
④ 사업주는 안전보건관리책임자가 「산업안전보건법」에 따른 업무를 원활하게 수행할 수 있도록 권한·시설·장비·예산, 그 밖에 필요한 지원을 해야 한다.
⑤ 사업주는 안전보건관리책임자를 선임했을 때에는 그 선임 사실 및 「산업안전보건법」에 따른 업무의 수행내용을 증명할 수 있는 서류를 갖추어 두어야 한다.

> **해설** ③ 산업 안전 및 보건에 관한 업무로서 해당작업에서 발생한 산업재해에 관한 보고 및 이에 대한 응급조치에 관한 업무는 보건관리자의 업무이다(영 제22조 제1항).
> ① 안전보건관리책임자는 안전관리자와 보건관리자를 지휘·감독한다(법 제15조 제2항).
> ② 사업주는 사업장을 실질적으로 총괄하여 관리하는 사람에게 해당 사업장의 작업환경측정 등 작업환경의 점검 및 개선에 관한 업무를 총괄하여 관리하도록 하여야 한다(법 제15조 제1항).
> ④ 사업주는 안전보건관리책임자가 「산업안전보건법」에 따른 업무를 원활하게 수행할 수 있도록 권한·시설·장비·예산, 그 밖에 필요한 지원을 해야 한다(영 제14조 제2항).
> ⑤ 사업주는 안전보건관리책임자를 선임했을 때에는 그 선임 사실 및 「산업안전보건법」에 따른 업무의 수행내용을 증명할 수 있는 서류를 갖추어 두어야 한다(영 제14조 제3항).

2. 산업안전보건법령상 협조 요청 등에 관한 설명으로 옳지 않은 것은?

① 고용노동부장관은 산업재해 예방에 관한 기본계획을 효율적으로 시행하기 위하여 필요하다고 인정할 때에는 「공공기관의 운영에 관한 법률」에 따른 공공기관의 장에게 필요한 협조를 요청할 수 있다.
② 고용노동부를 제외한 행정기관의 장은 사업장의 안전 및 보건에 관하여 규제를 하려면 미리 고용노동부장관과 협의하여야 한다.

정답 73 ① 74 ④ 75 ③ / 1 ③ 2 ④

③ 고용노동부장관은 산업재해 예방을 위하여 필요하다고 인정할 때에는 사업주단체에게 필요한 사항을 권고하거나 협조를 요청할 수 있다.
④ 고용노동부장관은 산업재해 예방을 위하여 중앙행정기관의 장과 지방자치단체의 장 또는 공단 등 관련 기관·단체의 장에게 「소득세법」에 따른 납세실적에 관한 정보의 제공을 요청할 수 있다.
⑤ 고용노동부장관은 산업재해 예방을 위하여 중앙행정기관의 장과 지방자치단체의 장 또는 공단 등 관련 기관·단체의 장에게 「고용보험법」에 따른 근로자의 피보험자격의 취득 및 상실 등에 관한 정보의 제공을 요청할 수 있다.

해설 ④ 고용노동부장관은 산업재해 예방을 위하여 중앙행정기관의 장과 지방자치단체의 장 또는 공단 등 관련 기관·단체의 장에게 「부가가치세법」, 「법인세법」에 따른 사업자등록에 관한 정보의 제공을 요청할 수 있다(법 제8조 제5항).
① 고용노동부장관은 산업재해 예방에 관한 기본계획을 효율적으로 시행하기 위하여 필요하다고 인정할 때에는 「공공기관의 운영에 관한 법률」에 따른 공공기관의 장에게 필요한 협조를 요청할 수 있다(법 제8조 제1항).
② 고용노동부를 제외한 행정기관의 장은 사업장의 안전 및 보건에 관하여 규제를 하려면 미리 고용노동부장관과 협의하여야 한다(법 제8조 제2항).
③ 고용노동부장관은 산업재해 예방을 위하여 필요하다고 인정할 때에는 사업주단체에게 필요한 사항을 권고하거나 협조를 요청할 수 있다(법 제8조 제4항).
⑤ 고용노동부장관은 산업재해 예방을 위하여 중앙행정기관의 장과 지방자치단체의 장 또는 공단 등 관련 기관·단체의 장에게 「고용보험법」에 따른 근로자의 피보험자격의 취득 및 상실 등에 관한 정보의 제공을 요청할 수 있다(법 제8조 제5항).

3. 산업안전보건법령상 산업재해발생건수등의 공표대상 사업장에 해당하는 것은?
① 사망재해자가 연간 1명 이상 발생한 사업장
② 사망만인율(연간 상시근로자 1만명당 발생하는 사망재해자 수의 비율)이 규모별 같은 업종의 평균 사망만인율 이상인 사업장
③ 「산업안전보건법」에 따른 중대재해가 발생한 사업장
④ 산업재해 발생 사실을 은폐했거나, 은폐할 우려가 있는 사업장
⑤ 「산업안전보건법」에 따른 산업재해의 발생에 관한 보고를 최근 3년 이내 1회 이상 하지 않은 사업장

해설 공표대상 사업장(영 제10조 제1항)
1. 산업재해로 인한 사망자가 연간 2명 이상 발생한 사업장
2. 사망만인율(연간 상시근로자 1만명당 발생하는 사망재해자 수의 비율을 말한다)이 규모별 같은 업종의 평균 사망만인율 이상인 사업장
3. 중대산업사고가 발생한 사업장
4. 산업재해 발생 사실을 은폐한 사업장
5. 산업재해의 발생에 관한 보고를 최근 3년 이내 2회 이상 하지 않은 사업장

4. 산업안전보건법령상 사업주가 산업안전보건위원회의 심의·의결을 거쳐야 하는 사항을 모두 고른 것은?

> ㉠ 안전장치 및 보호구 구입 시 적격품 여부 확인에 관한 사항
> ㉡ 작업환경측정 등 작업환경의 점검 및 개선에 관한 사항
> ㉢ 산업재해의 원인 조사 및 재발 방지대책 수립에 관한 사항 중 중대재해에 관한 사항
> ㉣ 유해하거나 위험한 기계·기구·설비를 도입한 경우 안전 및 보건 관련 조치에 관한 사항

① ㉠
② ㉠, ㉡
③ ㉢, ㉣
④ ㉡, ㉢, ㉣
⑤ ㉠, ㉡, ㉢, ㉣

해설 산업안전보건위원회 심의·의결사항(법 제24조 제2항, 법 제15조 제1항))
1. 사업장의 산업재해 예방계획의 수립에 관한 사항
2. 안전보건관리규정의 작성 및 변경에 관한 사항
3. 안전보건교육에 관한 사항
4. 작업환경측정 등 작업환경의 점검 및 개선에 관한 사항
5. 근로자의 건강진단 등 건강관리에 관한 사항
7. 산업재해에 관한 통계의 기록 및 유지에 관한 사항
2. 산업재해의 원인 조사 및 재발 방지대책 수립에 관한 사항 중 중대재해에 관한 사항
3. 유해하거나 위험한 기계·기구·설비를 도입한 경우 안전 및 보건 관련 조치에 관한 사항
4. 그 밖에 해당 사업장 근로자의 안전 및 보건을 유지·증진시키기 위하여 필요한 사항

5. 산업안전보건법령상 안전보건관리규정에 관한 설명으로 옳은 것은?
① 사업주는 안전보건관리규정을 작성해야 할 사유가 발생한 날부터 30일 이내에, 이를 변경할 사유가 발생한 경우에는 15일 이내에 안전보건관리규정을 작성해야 한다.
② 사업주가 안전보건관리규정을 작성할 때에는 소방·가스·전기·교통 분야 등의 다른 법령에서 정하는 안전관리에 관한 규정과 통합하여 작성해서는 안 된다.
③ 안전보건관리규정이 단체협약에 반하는 경우 안전보건관리규정으로 정한 기준에 따른다.
④ 산업안전보건위원회가 설치되어 있지 아니한 사업장의 경우에는 사업주가 안전보건관리규정을 작성하거나 변경할 때에 근로자대표의 동의를 받아야 한다.
⑤ 안전보건관리규정에는 안전 및 보건에 관한 관리조직에 관한 사항은 포함되지 않는다.

해설 ④ 산업안전보건위원회가 설치되어 있지 아니한 사업장의 경우에는 사업주가 안전보건관리규정을 작성하거나 변경할 때에 근로자대표의 동의를 받아야 한다(법 제26조 후단).
① 사업주는 사업장의 안전 및 보건을 유지하기 위하여 안전보건관리규정을 작성하여야 한다(법 제25조 제1항).
② 사업주가 안전보건관리규정을 작성할 때에는 소방·가스·전기·교통 분야 등의 다른 법령에서 정하는 안전관리에 관한 규정과 통합하여 작성할 수 있다(규칙 제25조 제3항).
③ 안전보건관리규정은 단체협약 또는 취업규칙에 반할 수 없다. 이 경우 안전보건관리규정 중 단체협약 또는 취업규칙에 반하는 부분에 관하여는 그 단체협약 또는 취업규칙으로 정한 기준에 따른다(법 제25조 제2항).
⑤ 안전보건관리규정에는 안전 및 보건에 관한 관리조직과 그 직무에 관한 사항을 포함하여야 한다(법 제25조 제1항 제1호).

정답 3 ② 4 ④ 5 ④

6. 산업안전보건법령상 사업주의 의무 사항에 해당하는 것은?

　① 산업 안전 및 보건 정책의 수립 및 집행
　② 해당 사업장의 안전 및 보건에 관한 정보를 근로자에게 제공
　③ 산업재해에 관한 조사 및 통계의 유지·관리
　④ 산업 안전 및 보건 관련 단체 등에 대한 지원 및 지도·감독
　⑤ 산업 안전 및 보건에 관한 의식을 북돋우기 위한 홍보·교육 등 안전문화 확산 추진

> **해설** 사업주 의무(법 제5조 제1항)
> 1. 이 법과 이 법에 따른 명령으로 정하는 산업재해 예방을 위한 기준
> 2. 근로자의 신체적 피로와 정신적 스트레스 등을 줄일 수 있는 쾌적한 작업환경의 조성 및 근로조건 개선
> 3. 해당 사업장의 안전 및 보건에 관한 정보를 근로자에게 제공

7. 산업안전보건법령상 용어에 관한 설명으로 옳지 않은 것은?

　① 건설공사발주자는 도급인에 해당한다.
　② 근로자의 과반수로 조직된 노동조합이 없는 경우에는 근로자의 과반수를 대표하는 자를 근로자대표로 한다.
　③ 노무를 제공하는 사람이 업무에 관계되는 설비에 의하여 질병에 걸리는 것은 산업재해에 해당한다.
　④ 명칭에 관계없이 물건의 제조·건설·수리 또는 서비스의 제공, 그 밖의 업무를 타인에게 맡기는 계약은 도급이다.
　⑤ 산업재해 중 3개월 이상의 요양이 필요한 부상자가 동시에 2명 이상 발생한 재해는 중대재해에 해당한다.

> **해설** 건설공사발주자 : 건설공사를 도급하는 자로서 건설공사의 시공을 주도하여 총괄·관리하지 아니하는 자를 말한다. 다만, 도급받은 건설공사를 다시 도급하는 자는 제외한다(법 제2조 제10호).

8. 산업안전보건법령상 자율검사프로그램에 따른 안전검사를 할 수 있는 검사원의 자격을 갖추지 못한 사람은?

　① 「국가기술자격법」에 따른 기계·전기·전자·화공 또는 산업안전 분야에서 기사 이상의 자격을 취득한 후 해당 분야의 실무경력이 4년인 사람
　② 「국가기술자격법」에 따른 기계·전기·전자·화공 또는 산업안전 분야에서 산업기사 이상의 자격을 취득한 후 해당 분야의 실무경력이 6년인 사람
　③ 「초·중등교육법」에 따른 고등학교·고등기술학교에서 기계·전기 또는 전자·화공 관련 학과를 졸업한 후 해당 분야의 실무경력이 6년인 사람

④ 「고등교육법」에 따른 학교 중 수업연한이 4년인 학교에서 기계·전기·전자·화공 또는 산업안전 분야의 관련 학과를 졸업한 후 해당 분야의 실무경력이 4년인 사람

⑤ 「국가기술자격법」에 따른 기계·전기·전자·화공 또는 산업안전 분야에서 기능사 이상의 자격을 취득한 후 해당 분야의 실무경력이 8년인 사람

해설 검사원의 자격(규칙 제130조)
1. 기계·전기·전자·화공 또는 산업안전 분야에서 기사 이상의 자격을 취득한 후 해당 분야의 실무경력이 3년 이상인 사람
2. 기계·전기·전자·화공 또는 산업안전 분야에서 산업기사 이상의 자격을 취득한 후 해당 분야의 실무경력이 5년 이상인 사람
3. 기계·전기·전자·화공 또는 산업안전 분야에서 기능사 이상의 자격을 취득한 후 해당 분야의 실무경력이 7년 이상인 사람
4. 학교 중 수업연한이 4년인 학교(같은 수준 이상의 학력이 인정되는 학교를 포함한다)에서 기계·전기·전자·화공 또는 산업안전 분야의 관련 학과를 졸업한 후 해당 분야의 실무경력이 3년 이상인 사람
5. 「고등교육법」에 따른 학교 중 4.에 따른 학교 외의 학교(같은 수준 이상의 학력이 인정되는 학교를 포함한다)에서 기계·전기·전자·화공 또는 산업안전 분야의 관련 학과를 졸업한 후 해당 분야의 실무경력이 5년 이상인 사람
6. 고등학교·고등기술학교에서 기계·전기 또는 전자·화공 관련 학과를 졸업한 후 해당 분야의 실무경력이 7년 이상인 사람
7. 자율검사프로그램에 따라 안전에 관한 성능검사 교육을 이수한 후 해당 분야의 실무경력이 1년 이상인 사람

9. 산업안전보건법령상 안전보건관리책임자에 대한 신규교육 및 보수교육의 교육시간이 옳게 연결된 것은? (단, 다른 면제조건이나 감면조건을 고려하지 않음)

① 신규교육 : 6시간 이상, 보수교육 : 6시간 이상
② 신규교육 : 10시간 이상, 보수교육 : 6시간 이상
③ 신규교육 : 10시간 이상, 보수교육 : 10시간 이상
④ 신규교육 : 24시간 이상, 보수교육 : 10시간 이상
⑤ 신규교육 : 34시간 이상, 보수교육 : 24시간 이상

해설 안전보건관리책임자 등에 대한 교육(규칙 별표 4)

교육대상	교육시간	
	신규교육	보수교육
가. 안전보건관리책임자	6시간 이상	6시간 이상
나. 안전관리자, 안전관리전문기관의 종사자	34시간 이상	24시간 이상
다. 보건관리자, 보건관리전문기관의 종사자	34시간 이상	24시간 이상
라. 건설재해예방전문지도기관의 종사자	34시간 이상	24시간 이상
마. 석면조사기관의 종사자	34시간 이상	24시간 이상
바. 안전보건관리담당자	-	8시간 이상
사. 안전검사기관, 자율안전검사기관의 종사자	34시간 이상	24시간 이상

정답 6 ② 7 ① 8 ③ 9 ①

10. 산업안전보건법령상 안전인증대상기계등이 아닌 유해 · 위험기계등으로서 자율안전확인대상기계등에 해당하는 것이 아닌 것은?

① 휴대형이 아닌 연삭기(研削機)
② 파쇄기 또는 분쇄기
③ 용접용 보안면
④ 자동차정비용 리프트
⑤ 식품가공용 제면기

> **해설** 자율안전확인대상기계등(영 제77조 제1항 제1호)
> 1. 연삭기 또는 연마기. 이 경우 휴대형은 제외한다.
> 2. 산업용 로봇
> 3. 혼합기
> 4. 파쇄기 또는 분쇄기
> 5. 식품가공용 기계(파쇄 · 절단 · 혼합 · 제면기만 해당한다)
> 6. 컨베이어
> 7. 자동차정비용 리프트
> 8. 공작기계(선반, 드릴기, 평삭 · 형삭기, 밀링만 해당한다)
> 9. 고정형 목재가공용 기계(둥근톱, 대패, 루타기, 띠톱, 모떼기 기계만 해당한다)
> 10. 인쇄기

11. 산업안전보건법령상 물질안전보건자료의 작성·제출 제외 대상 화학물질 등에 해당하지 않는 것은?

① 「마약류 관리에 관한 법률」에 따른 마약 및 향정신성의약품
② 「사료관리법」에 따른 사료
③ 「생활주변방사선 안전관리법」에 따른 원료물질
④ 「약사법」에 따른 의약품 및 의약외품
⑤ 「방위사업법」에 따른 군수품

> **해설** 물질안전보건자료의 작성 · 제출 제외 대상 화학물질 등(영 제86조)
> 1. 건강기능식품
> 2. 농약
> 3. 마약 및 향정신성의약품
> 4. 비료
> 5. 사료
> 6. 원료물질
> 7. 안전확인대상생활화학제품 및 살생물제품 중 일반소비자의 생활용으로 제공되는 제품
> 8. 식품 및 식품첨가물
> 9. 의약품 및 의약외품
> 10. 방사성물질
> 11. 위생용품
> 12. 의료기기
> 13. 첨단바이오의약품

14. 화약류
15. 폐기물
16. 화장품
17. 화학물질 또는 혼합물로서 일반소비자의 생활용으로 제공되는 것(일반소비자의 생활용으로 제공되는 화학물질 또는 혼합물이 사업장 내에서 취급되는 경우를 포함한다)
18. 고용노동부장관이 정하여 고시하는 연구·개발용 화학물질 또는 화학제품
19. 그 밖에 고용노동부장관이 독성·폭발성 등으로 인한 위해의 정도가 적다고 인정하여 고시하는 화학물질

12. 산업안전보건법령상 안전보건교육 교육대상별 교육내용 중 근로자 정기교육에 해당하지 않는 것은?

① 관리감독자의 역할과 임무에 관한 사항
② 산업보건 및 직업병 예방에 관한 사항
③ 산업안전보건법령 및 산업재해보상보험 제도에 관한 사항
④ 직무스트레스 예방 및 관리에 관한 사항
⑤ 산업안전 및 사고 예방에 관한 사항

해설 근로자 정기교육(규칙 별표 5)

교육내용
○ 산업안전 및 사고 예방에 관한 사항
○ 산업보건 및 직업병 예방에 관한 사항
○ 위험성 평가에 관한 사항
○ 건강증진 및 질병 예방에 관한 사항
○ 유해·위험 작업환경 관리에 관한 사항
○ 산업안전보건법령 및 산업재해보상보험 제도에 관한 사항
○ 직무스트레스 예방 및 관리에 관한 사항
○ 직장 내 괴롭힘, 고객의 폭언 등으로 인한 건강장해 예방 및 관리에 관한 사항

13. 산업안전보건법령상 유해하거나 위험한 기계·기구·설비로서 안전검사대상기계등에 해당하는 것은?

① 정격 하중 1톤인 크레인
② 이동식 국소 배기장치
③ 밀폐형 구조의 롤러기
④ 가정용 원심기
⑤ 산업용 로봇

해설 유해하거나 위험한 기계·기구·설비로서 안전검사대상기계등(영 제78조 제1항)
1. 프레스

정답 10 ③ 11 ⑤ 12 ① 13 ⑤

2. 전단기
3. 크레인(정격 하중이 2톤 미만인 것은 제외한다)
4. 리프트
5. 압력용기
6. 곤돌라
7. 국소 배기장치(이동식은 제외한다)
8. 원심기(산업용만 해당한다)
9. 롤러기(밀폐형 구조는 제외한다)
10. 사출성형기[형 체결력 294킬로뉴턴(KN) 미만은 제외한다]
11. 고소작업대(화물자동차 또는 특수자동차에 탑재한 고소작업대로 한정한다)
12. 컨베이어
13. 산업용 로봇

14. 산업안전보건법령상 도급인 및 그의 수급인 전원으로 구성된 안전 및 보건에 관한 협의체에서 협의해야 하는 사항이 아닌 것은?

① 작업의 시작 시간
② 작업의 종료 시간
③ 작업 또는 작업장 간의 연락방법
④ 재해발생 위험이 있는 경우 대피방법
⑤ 사업주와 수급인 또는 수급인 상호 간의 연락 방법 및 작업공정의 조정

해설 도급인 및 그의 수급인 전원으로 구성된 안전 및 보건에 관한 협의체에서 협의해야 하는 사항(규칙 제79조 제2항)
1. 작업의 시작 시간
2. 작업 또는 작업장 간의 연락방법
3. 재해발생 위험이 있는 경우 대피방법
4. 작업장에서의 위험성평가의 실시에 관한 사항
5. 사업주와 수급인 또는 수급인 상호 간의 연락 방법 및 작업공정의 조정

15. 산업안전보건법령상 유해성·위험성 조사 제외 화학물질에 해당하는 것을 모두 고른 것은?

㉠ 원소
㉡ 천연으로 산출되는 화학물질
㉢ 「총포·도검·화약류 등의 안전관리에 관한 법률」에 따른 화약류
㉣ 「생활화학제품 및 살생물제의 안전관리에 관한 법률」에 따른 살생물물질 및 살생물제품
㉤ 「폐기물관리법」에 따른 폐기물

① ㉡
② ㉠, ㉤
③ ㉢, ㉣, ㉤
④ ㉠, ㉡, ㉢, ㉣
⑤ ㉠, ㉡, ㉢, ㉣, ㉤

해설 유해성·위험성 조사 제외 화학물질(영 제85조)
1. 원소
2. 천연으로 산출된 화학물질
3. 건강기능식품
4. 군수품[통상품은 제외한다]
5. 농약 및 원제
6. 마약류
7. 비료
8. 사료
9. 살생물질 및 살생물제품
10. 식품 및 식품첨가물
11. 의약품 및 의약외품
12. 방사성물질
13. 위생용품
14. 의료기기
15. 화약류
16. 화장품과 화장품에 사용하는 원료
17. 고용노동부장관이 명칭, 유해성·위험성, 근로자의 건강장해 예방을 위한 조치 사항 및 연간 제조량·수입량을 공표한 물질로서 공표된 연간 제조량·수입량 이하로 제조하거나 수입한 물질
18. 고용노동부장관이 환경부장관과 협의하여 고시하는 화학물질 목록에 기록되어 있는 물질

16. 산업안전보건법령상 기계등 대여자의 유해·위험 방지 조치로서 타인에게 기계등을 대여하는 자가 해당 기계등을 대여받은 자에게 서면으로 발급해야 할 사항을 모두 고른 것은?

> ㉠ 해당 기계등의 성능 및 방호조치의 내용
> ㉡ 해당 기계등의 특성 및 사용 시의 주의사항
> ㉢ 해당 기계등의 수리·보수 및 점검 내역과 주요 부품의 제조일
> ㉣ 해당 기계등의 정밀진단 및 수리 후 안전점검 내역, 주요 안전부품의 교환이력 및 제조일

① ㉠, ㉣
② ㉡, ㉢
③ ㉢, ㉣
④ ㉠, ㉡, ㉢
⑤ ㉠, ㉡, ㉢, ㉣

해설 해당 기계등을 대여받은 자에게 다음의 사항을 적은 서면을 발급할 것(규칙 제100조)
1. 해당 기계등의 성능 및 방호조치의 내용
2. 해당 기계등의 특성 및 사용 시의 주의사항
3. 해당 기계등의 수리·보수 및 점검 내역과 주요 부품의 제조일
4. 해당 기계등의 정밀진단 및 수리 후 안전점검 내역, 주요 안전부품의 교환이력 및 제조일

정답 14 ② 15 ④ 16 ⑤

17. 산업안전보건기준에 관한 규칙상 사업주가 작업장에 비상구가 아닌 출입구를 설치하는 경우 준수해야 하는 사항으로 옳지 않은 것은?

① 출입구의 위치, 수 및 크기가 작업장의 용도와 특성에 맞도록 할 것
② 출입구에 문을 설치하는 경우에는 근로자가 쉽게 열고 닫을 수 있도록 할 것
③ 주된 목적이 하역운반기계용인 출입구에는 인접하여 보행자용 출입구를 따로 설치할 것
④ 하역운반기계의 통로와 인접하여 있는 출입구에서 접촉에 의하여 근로자에게 위험을 미칠 우려가 있는 경우에는 비상등·비상벨 등 경보장치를 할 것
⑤ 출입구에 문을 설치하지 아니한 경우로서 계단이 출입구와 바로 연결된 경우, 작업자의 안전한 통행을 위하여 그 사이에 1.5m 이상 거리를 둘 것

> **해설** 사업주는 작업장에 출입구(비상구는 제외한다.)를 설치하는 경우 다음의 사항을 준수하여야 한다(산업안전보건기준에 관한 규칙 제11조).
> 1. 출입구의 위치, 수 및 크기가 작업장의 용도와 특성에 맞도록 할 것
> 2. 출입구에 문을 설치하는 경우에는 근로자가 쉽게 열고 닫을 수 있도록 할 것
> 3. 주된 목적이 하역운반기계용인 출입구에는 인접하여 보행자용 출입구를 따로 설치할 것
> 4. 하역운반기계의 통로와 인접하여 있는 출입구에서 접촉에 의하여 근로자에게 위험을 미칠 우려가 있는 경우에는 비상등·비상벨 등 경보장치를 할 것
> 5. 계단이 출입구와 바로 연결된 경우에는 작업자의 안전한 통행을 위하여 그 사이에 1.2m 이상 거리를 두거나 안내표지 또는 비상벨 등을 설치할 것. 다만, 출입구에 문을 설치하지 아니한 경우에는 그러하지 아니하다.

18. 산업안전보건기준에 관한 규칙상 사업주가 사다리식 통로 등을 설치하는 경우 준수해야 하는 사항으로 옳지 않은 것은? (단, 잠함(潛函) 및 건조·수리중인 선박의 경우는 아님)

① 발판과 벽과의 사이는 15cm 이상의 간격을 유지할 것
② 폭은 30cm 이상으로 할 것
③ 사다리식 통로의 길이가 10m 이상인 경우에는 5m 이내마다 계단참을 설치할 것
④ 고정식 사다리식 통로의 기울기는 75도 이하로 하고 그 높이가 5m 이상인 경우에는 바닥으로부터 높이가 2m 되는 지점부터 등받이울을 설치할 것
⑤ 사다리의 상단은 걸쳐놓은 지점으로부터 60cm 이상 올라가도록 할 것

> **해설** 사다리식 통로 등의 구조(산업안전보건기준에 관한 규칙 제24조)
> 1. 견고한 구조로 할 것
> 2. 심한 손상·부식 등이 없는 재료를 사용할 것
> 3. 발판의 간격은 일정하게 할 것
> 4. 발판과 벽과의 사이는 15센티미터 이상의 간격을 유지할 것
> 5. 폭은 30센티미터 이상으로 할 것
> 6. 사다리가 넘어지거나 미끄러지는 것을 방지하기 위한 조치를 할 것
> 7. 사다리의 상단은 걸쳐놓은 지점으로부터 60센티미터 이상 올라가도록 할 것
> 8. 사다리식 통로의 길이가 10미터 이상인 경우에는 5미터 이내마다 계단참을 설치할 것
> 9. 사다리식 통로의 기울기는 75도 이하로 할 것. 다만, 고정식 사다리식 통로의 기울기는 90도 이하로 하고, 그 높이가 7미터 이상인 경우에는 다음 각 목의 구분에 따른 조치를 할 것
>   ㉠ 등받이울이 있어도 근로자 이동에 지장이 없는 경우: 바닥으로부터 높이가 2.5미터 되는 지점부터 등받이울을 설치할 것

ⓒ 등받이울이 있으면 근로자가 이동이 곤란한 경우: 한국산업표준에서 정하는 기준에 적합한 개인용 추락 방지 시스템을 설치하고 근로자로 하여금 한국산업표준에서 정하는 기준에 적합한 전신안전대를 사용하도록 할 것
10. 접이식 사다리 기둥은 사용 시 접혀지거나 펼쳐지지 않도록 철물 등을 사용하여 견고하게 조치할 것

19. 산업안전보건법령상 사업주가 보존해야 할 서류의 보존기간이 2년인 것은?

① 노사협의체의 회의록
② 안전보건관리책임자의 선임에 관한 서류
③ 화학물질의 유해성·위험성 조사에 관한 서류
④ 산업재해의 발생 원인 등 기록
⑤ 작업환경측정에 관한 서류

해설 사업주는 다음의 서류를 3년(2.의 경우 2년을 말한다) 동안 보존하여야 한다. 다만, 고용노동부령으로 정하는 바에 따라 보존기간을 연장할 수 있다(법 제164조 제1항).
1. 안전보건관리책임자·안전관리자·보건관리자·안전보건관리담당자 및 산업보건의 선임에 관한 서류
2. 회의록
3. 안전조치 및 보건조치에 관한 사항으로서 고용노동부령으로 정하는 사항을 적은 서류
4. 산업재해의 발생원인 등 기록
5. 화학물질의 유해성·위험성 조사에 관한 서류
6. 작업환경측정에 관한 서류
7. 건강진단에 관한 서류

20. 산업안전보건법령상 작업환경측정기관에 관한 지정 요건을 갖추면 작업환경측정기관으로 지정 받을 수 있는 자를 모두 고른 것은?

| ㉠ 국가 또는 지방자치단체의 소속기관 | ㉡ 「의료법」에 따른 종합병원 또는 병원 |
| ㉢ 「고등교육법」에 따른 대학 또는 그 부속기관 | ㉣ 작업환경측정 업무를 하려는 법인 |

① ㉠, ㉡
② ㉢, ㉣
③ ㉠, ㉡, ㉢
④ ㉡, ㉢, ㉣
⑤ ㉠, ㉡, ㉢, ㉣

해설 작업환경측정기관의 지정 요건(영 제95조)
1. 국가 또는 지방자치단체의 소속기관
2. 종합병원 또는 병원
3. 대학 또는 그 부속기관
4. 작업환경측정 업무를 하려는 법인
5. 작업환경측정 대상 사업장의 부속기관(해당 부속기관이 소속된 사업장 등 고용노동부령으로 정하는 범위로 한정하여 지정받으려는 경우로 한정한다)

정답 17 ⑤ 18 ④ 19 ① 20 ⑤

21. 산업안전보건법령상 일반건강진단을 실시한 것으로 인정되는 건강진단에 해당하지 않는 것은?

① 「국민건강보험법」에 따른 건강검진
② 「선원법」에 따른 건강진단
③ 「진폐의 예방과 진폐근로자의 보호 등에 관한 법률」에 따른 정기 건강진단
④ 「병역법」에 따른 신체검사
⑤ 「항공안전법」에 따른 신체검사

해설 일반건강진단 실시의 인정(규칙 제196조)
1. 「국민건강보험법」에 따른 건강검진
2. 「선원법」에 따른 건강진단
3. 「진폐의 예방과 진폐근로자의 보호 등에 관한 법률」에 따른 정기 건강진단
4. 「학교보건법」에 따른 건강검사
5. 「항공안전법」에 따른 신체검사
6. 그 밖에 일반건강진단의 검사항목을 모두 포함하여 실시한 건강진단

22. 산업안전보건법령상 사업주가 작성하여야 할 공정안전보고서에 포함되어야 할 내용으로 옳지 않은 것은?

① 공정안전자료
② 산업재해 예방에 관한 기본계획
③ 안전운전계획
④ 비상조치계획
⑤ 공정위험성 평가서

해설 공정안전보고서에 포함되어야 할 내용(영 제44조 제1항)
1. 공정안전자료
2. 공정위험성 평가서
3. 안전운전계획
4. 비상조치계획
5. 그 밖에 공정상의 안전과 관련하여 고용노동부장관이 필요하다고 인정하여 고시하는 사항

23. 산업안전보건법령상 역학조사 및 자격 등에 의한 취업제한 등에 관한 설명으로 옳지 않은 것은?

① 사업주는 유해하거나 위험한 작업으로 상당한 지식이나 숙련도가 요구되는 고용노동부령으로 정하는 작업의 경우 그 작업에 필요한 자격·면허·경험 또는 기능을 가진 근로자가 아닌 사람에게 그 작업을 하게 해서는 아니된다.
② 사업주 및 근로자는 고용노동부장관이 역학조사를 실시하는 경우 적극 협조하여야 하며, 정당한 사유없이 역학조사를 거부·방해하거나 기피해서는 아니 된다.
③ 한국산업안전보건공단이 업무상 질병 여부의 결정을 위하여 역학조사를 요청하는 경우 근로복지공단은 역학조사를 실시하여야 한다.

④ 고용노동부장관은 역학조사를 위하여 필요하면 「산업안전보건법」에 따른 근로자의 건강진단결과, 「국민건강보험법」에 따른 요양급여기록 및 건강검진 결과, 「고용보험법」에 따른 고용정보, 「암관리법」에 따른 질병정보 및 사망원인 정보 등을 관련 기관에 요청할 수 있다.

⑤ 유해하거나 위험한 작업으로 상당한 지식이나 숙련도가 요구되는 고용노동부령으로 정하는 작업의 경우 고용노동부장관은 자격·면허의 취득 또는 근로자의 기능 습득을 위하여 교육기관을 지정할 수 있다.

해설 ③ 근로복지공단이 고용노동부장관이 정하는 바에 따라 업무상 질병 여부의 결정을 위하여 역학조사를 요청하는 경우 공단은 역학조사를 할 수 있다(규칙 제222조 제1항).
① 사업주는 유해하거나 위험한 작업으로 상당한 지식이나 숙련도가 요구되는 고용노동부령으로 정하는 작업의 경우 그 작업에 필요한 자격·면허·경험 또는 기능을 가진 근로자가 아닌 사람에게 그 작업을 하게 해서는 아니 된다(법 제140조 제1항).
② 사업주 및 근로자는 고용노동부장관이 역학조사를 실시하는 경우 적극 협조하여야 하며, 정당한 사유없이 역학조사를 거부·방해하거나 기피해서는 아니 된다(법 제141조 제2항).
④ 고용노동부장관은 역학조사를 위하여 필요하면 「산업안전보건법」에 따른 근로자의 건강진단결과, 「국민건강보험법」에 따른 요양급여기록 및 건강검진 결과, 「고용보험법」에 따른 고용정보, 「암관리법」에 따른 질병정보 및 사망원인 정보 등을 관련 기관에 요청할 수 있다(법 제141조 제5항).
⑤ 유해하거나 위험한 작업으로 상당한 지식이나 숙련도가 요구되는 고용노동부령으로 정하는 작업의 경우 고용노동부장관은 자격·면허의 취득 또는 근로자의 기능 습득을 위하여 교육기관을 지정할 수 있다(법 제140조 제2항).

24. 산업안전보건법령상 산업안전지도사에 관한 설명으로 옳지 않은 것은?
① 산업안전지도사는 산업보건에 관한 조사·연구의 직무를 수행한다.
② 산업안전지도사는 유해·위험의 방지대책에 관한 평가·지도의 직무를 수행한다.
③ 산업안전지도사의 업무 영역은 기계안전·전기안전·화공안전·건설안전 분야로 구분한다.
④ 산업안전지도사가 직무를 수행하려는 경우에는 고용노동부령으로 정하는 바에 따라 고용노동부장관에게 등록하여야 한다.
⑤ 「산업안전보건법」을 위반하여 벌금형을 선고받고 1년이 지나지 아니한 사람은 산업안전지도사 직무수행을 위해 고용노동부장관에게 등록을 할 수 없다.

해설 ① 산업보건에 관한 조사·연구는 산업보건지도사의 직무이다(법 제142조 제2항).
② 산업안전지도사는 유해·위험의 방지대책에 관한 평가·지도의 직무를 수행한다(법 제142조 제1항 제2호).
③ 산업안전지도사의 업무 영역은 기계안전·전기안전·화공안전·건설안전 분야로 구분한다(영 제102조 제1항).
④ 지도사가 그 직무를 수행하려는 경우에는 고용노동부령으로 정하는 바에 따라 고용노동부장관에게 등록하여야 한다(법 제145조 제1항).
⑤ 「산업안전보건법」을 위반하여 벌금형을 선고받고 1년이 지나지 아니한 사람은 산업안전지도사 직무수행을 위해 고용노동부장관에게 등록을 할 수 없다(법 제145조 제3항 제5호).

정답 21 ④ 22 ② 23 ③ 24 ①

25. 산업안전보건법령상 유해하거나 위험한 작업에 해당하여 근로조건의 개선을 통하여 근로자의 건강보호를 위한 조치를 하여야 하는 작업을 모두 고른 것은?

> ㉠ 동력으로 작동하는 기계를 이용하여 중량물을 취급하는 작업
> ㉡ 갱(坑) 내에서 하는 작업
> ㉢ 강렬한 소음이 발생하는 장소에서 하는 작업

① ㉠
② ㉡
③ ㉢
④ ㉠, ㉢
⑤ ㉡, ㉢

해설 유해하거나 위험한 작업에 해당하여 근로조건의 개선을 통하여 근로자의 건강보호를 위한 조치를 하여야 하는 작업(영 제99조 제3항)
1. 갱 내에서 하는 작업
2. 다량의 고열물체를 취급하는 작업과 현저히 덥고 뜨거운 장소에서 하는 작업
3. 다량의 저온물체를 취급하는 작업과 현저히 춥고 차가운 장소에서 하는 작업
4. 라듐방사선이나 엑스선, 그 밖의 유해 방사선을 취급하는 작업
5. 유리·흙·돌·광물의 먼지가 심하게 날리는 장소에서 하는 작업
6. 강렬한 소음이 발생하는 장소에서 하는 작업
7. 착암기(바위에 구멍을 뚫는 기계) 등에 의하여 신체에 강렬한 진동을 주는 작업
8. 인력으로 중량물을 취급하는 작업
9. 납·수은·크롬·망간·카드뮴 등의 중금속 또는 이황화탄소·유기용제, 그 밖에 고용노동부령으로 정하는 특정 화학물질의 먼지·증기 또는 가스가 많이 발생하는 장소에서 하는 작업

산업안전 일반

26. TWI(Training Within Industry)의 교육훈련내용이 아닌 것은?

① 작업적응훈련(JAT)
② 작업방법훈련(JMT)
③ 작업안전훈련(JST)
④ 작업지도훈련(JIT)
⑤ 인간관계훈련(JRT)

해설 ② 작업방법훈련(JMT) : 생산관리능력 향상
③ 작업안전훈련(JST) : 안전관리능력 향상
④ 작업지도훈련(JIT) : 감독자의 기술지도능력 향상
⑤ 인간관계훈련(JRT) : 민주적 리더십 향상

27. 안전관리 조직에 관한 내용으로 옳지 않은 것은?

① 라인스태프형은 명령 계통과 조언·권고적 참여가 혼돈되기 쉬운 단점이 있다.
② 라인형은 1,000명 이상의 대규모 사업장에 주로 활용된다.
③ 라인형은 안전에 대한 지시 및 전달이 비교적 신속하다.
④ 스태프형은 권한다툼이나 조정 때문에 라인형 보다 통제수속이 복잡하며 시간과 노력이 더 소모된다.
⑤ 안전관리 조직 형태는 라인형(Line type), 스태프형(Staff type), 라인스태프형(Line-Staff type)으로 구분할 수 있다.

해설 ② 라인형은 100명 이하의 소규모 사업장에 주로 활용된다.
① 라인스태프형은 명령 계통과 조언·권고적 참여가 혼돈되기 쉬운 단점이 있다.
③ 라인형은 안전에 대한 지시 및 전달이 비교적 신속하고, 개선조치가 빠르게 진행된다.
④ 스태프형은 안전지시의 이원화로 명령계통의 혼란초래, 라인형 보다 통제수속이 복잡하며 시간과 노력이 더 소모된다.
⑤ 안전관리 조직 형태는 라인형(Line type), 스태프형(Staff type), 라인스태프형(Line-Staff type)으로 구분한다.

28. 다음 (　)에 들어갈 것으로 옳은 것은?

> (　)는 330건의 사고가 발생하는 가운데 중상 또는 사망 1건, 경상 29건, 무상해 사고 300건의 비율로 재해가 발생한다는 법칙을 주장하였다.

① 버드(F. Bird)　　② 아담스(E. Adams)
③ 시몬즈(R. Simonds)　　④ 하인리히(H. Heinrich)
⑤ 콤페스(P. Compes)

해설 ④ 하인리히(H. Heinrich)의 재해구성비율은 1(사망) : 29(경상) : 300(무상해 사고)이다.
① 버드(F. Bird)의 재해구성비율은 1(사망) : 20(중상) : 30(물적피해) : 600(아차사고)이다.
② 아담스(E. Adams)는 1단계 관리구조결여, 2단계 작전적 에러, 3단계 전술적 에러, 4단계 사고, 5단계 재해로 구분하였다.

29. 보호구 안전인증 고시에서 정하고 있는 추락 및 감전 위험방지용 안전모의 성능기준에 관한 내용 중 안전모의 시험성능기준 항목이 아닌 것은?

① 내관통성　　② 충격흡수성
③ 내약품성　　④ 턱끈풀림
⑤ 내수성

정답 25 ⑤　26 ①　27 ②　28 ④　29 ③

해설 안전모의 시험성능기준(보호구 안전인증고시 별표 1)

항 목	시 험 성 능 기 준
내관통성	AE, ABE종 안전모는 관통거리가 9.5mm 이하이고, AB종 안전모는 관통거리가 11.1mm 이하이어야 한다.
충격흡수성	최고전달충격력이 4,450N을 초과해서는 안되며, 모체와 착장체의 기능이 상실되지 않아야 한다.
내전압성	AE, ABE종 안전모는 교류 20kV 에서 1분간 절연파괴 없이 견뎌야 하고, 이때 누설되는 충전전류는 10mA 이하이어야 한다.
내 수 성	AE, ABE종 안전모는 질량증가율이 1% 미만이어야 한다.
난 연 성	모체가 불꽃을 내며 5초 이상 연소되지 않아야 한다.
턱끈풀림	150N 이상 250N 이하에서 턱끈이 풀려야 한다.

30. 산업안전보건법령상 대여자 등이 안전조치 등을 해야 하는 기계·기구·설비 및 건축물 등에 해당하는 것을 모두 고른 것은?

| ㉠ 타워크레인　　　　　　㉡ 이동식 크레인 |
| ㉢ 고소작업대　　　　　　㉣ 리프트 |

① ㉠, ㉡
② ㉢, ㉣
③ ㉠, ㉡, ㉣
④ ㉡, ㉢, ㉣
⑤ ㉠, ㉡, ㉢, ㉣

해설 대여자 등이 안전조치 등을 해야 하는 기계·기구·설비 및 건축물 등(영 별표 21)
1. 사무실 및 공장용 건축물
2. 이동식 크레인
3. 타워크레인
4. 불도저
5. 모터 그레이더
6. 로더
7. 스크레이퍼
8. 스크레이퍼 도저
9. 파워 셔블
10. 드래그라인
11. 클램셸
12. 버킷굴착기
13. 트렌치
14. 항타기
15. 항발기
16. 어스드릴

17. 천공기
18. 어스오거
19. 페이퍼드레인머신
20. 리프트
21. 지게차
22. 롤러기
23. 콘크리트 펌프
24. 고소작업대
25. 그 밖에 산업재해보상보험및예방심의위원회 심의를 거쳐 고용노동부장관이 정하여 고시하는 기계, 기구, 설비 및 건축물 등

31. "미끄러운 기름이 흘러있는 복도 위를 걷다가 미끄러지면서 넘어져 기계에 머리를 부딪쳐서 다쳤다." 이러한 재해상황에 관한 내용으로 옳은 것은?

① 가해물 : 복도, 기인물 : 기름, 사고유형 : 추락
② 가해물 : 기름, 기인물 : 복도, 사고유형 : 끼임
③ 가해물 : 기계, 기인물 : 기름, 사고유형 : 전도
④ 가해물 : 기름, 기인물 : 기계, 사고유형 : 화재
⑤ 가해물 : 기계, 기인물 : 기름, 사고유형 : 감전

해설 기계에 머리를 부딪쳐서 다쳤으므로 가해물은 기계이고, 기름에 미끄러져 넘어졌으므로 기인물은 기름이며, 넘어졌으므로 전도에 해당한다.

32. 비행기로부터 30m 떨어진 곳에서의 음압이 140dB이라면, 300m 떨어진 곳에서의 음압은 몇 dB인가? (단, 조건은 동일하다.)

① 90   ② 100
③ 110   ④ 120
⑤ 130

해설 소음을 내는 기계로부터 거리가 d_2만큼 떨어진 곳의 소음
$dB_2 = sB_1 - 20 \times \log\left(\frac{d_2}{d_1}\right) = 140dB - 20\log\frac{300}{30} = 120dB$

33. 공기 중 연소(폭발)범위가 가장 넓은 것은?

① 수소   ② 암모니아
③ 프로판   ④ 에탄
⑤ 메탄

정답 30 ⑤ 31 ③ 32 ④ 33 ①

해설
① 수소 : 4~75
② 암모니아 : 15~28
③ 프로판 : 2.1~9.5
④ 에탄 : 3~12.5
⑤ 메탄 : 5~15

34. 사업장 위험성평가에 관한 지침에서 정하고 있는 위험성평가의 절차에서 "상시근로자수가 20명 미만 사업장(총 공사금액 20억원 미만의 건설공사)의 경우"에 생략할 수 있는 절차는?

① 평가대상의 선정 등 사전준비
② 근로자의 작업과 관계되는 유해·위험요인의 파악
③ 파악된 유해·위험요인별 위험성의 추정
④ 위험성 감소대책의 수립 및 실행
⑤ 위험성평가 실시내용 및 결과에 관한 기록

해설 사업주는 위험성평가를 다음의 절차에 따라 실시하여야 한다. 다만, 상시근로자수 20명 미만 사업장(총 공사금액 20억원 미만의 건설공사)의 경우에는 다음 중 3.을 생략할 수 있다(사업장 위험성평가에 관한 지침 제8조).
1. 평가대상의 선정 등 사전준비
2. 근로자의 작업과 관계되는 유해·위험요인의 파악
3. 파악된 유해·위험요인별 위험성의 추정
4. 추정한 위험성이 허용 가능한 위험성인지 여부의 결정
5. 위험성 감소대책의 수립 및 실행
6. 위험성평가 실시내용 및 결과에 관한 기록

35. 인간-기계체계의 신뢰도 유지방안 중 피드백 제어방식에 해당하는 것을 모두 고른 것은?

㉠ 서보 메커니즘(servo mechanism)
㉡ 프로세스 컨트롤(process control)
㉢ 오토매틱 레귤레이션(automatic regulation)

① ㉠
② ㉡
③ ㉠, ㉢
④ ㉡, ㉢
⑤ ㉠, ㉡, ㉢

해설 피드백 제어방식
1. 서보 메커니즘(servo mechanism) : 제어 대상의 공간적 위치, 방향 또는 자세 등을 제어하는 피드백 제어 시스템
2. 프로세스 컨트롤(process control) : 인간의 수동 제어만으로는 달성할 수 없는 일관성, 경제성 및 안전성의 생산수준을 달성하기 위한 산업제어 시스템
3. 오토매틱 레귤레이션(automatic regulation) : 고정된 목표값에 신속히 되돌아오게 하는 것으로 미지의 외란에 대하여 안정된 출력을 유지하도록 하는 제어 시스템

2021년 기출문제

36. 학습평가 기본기준 4가지에 해당하지 않는 것은?

① 타당성
② 신뢰성
③ 객관성
④ 실용성
⑤ 주관성

해설 학습평가 기본기준 4가지
1. 타당도 : 측정하고자 하는 본래 목적과 일치하느냐의 정도를 나타내는 기준
2. 신뢰도 : 신용도로서 측정의 오차가 얼마나 적으냐를 나타내는 것
3. 객관도 : 측정의 결과에 대해 누가 보아도 일치된 의견이 나올 수 있는 것
4. 실용도 : 사용에 편리하고 쉽게 적용시킬 수 있는 기준이 실용도가 높은 것

37. 다음은 위험성평가 기법인 MORT에 관한 설명이다. ( )에 들어갈 것으로 옳은 것은?

> MORT는 ( )와(과) 동일한 논리방법을 사용하여 관리, 설계, 생산 및 보전 등의 넓은 범위에 걸친 안전 확보를 위하여 활용하는 기법으로 원자력 산업 등에 이용된다.

① HAZOP
② FTA
③ CA
④ FMEA
⑤ PHA

해설 MORT(management oversight and risk tree)는 MORT로 이름 붙여진 해석 트리(tree)를 중심으로 FTA와 똑같은 이론수법을 사용해서 관리, 설계, 생산, 보전 등 넓은 범위에 걸쳐서 안전성을 확보하려고 하는 수법으로, 고도의 안전성을 달성하는 것을 목적으로 하고 있다.

38. CA(Criticality Analysis)기법에서 "작업의 실패로 이어질 염려가 있는 고장"의 카테고리는?

① 카테고리-Ⅰ
② 카테고리-Ⅱ
③ 카테고리-Ⅲ
④ 카테고리-Ⅳ
⑤ 카테고리-Ⅴ

해설 고장형 위험도 분류
1. 카테고리-Ⅰ : 생명, 장비의 손상위험
2. 카테고리-Ⅱ : 작업의 실패로 이어질 염려가 있는 고장
3. 카테고리-Ⅲ : 운용지연 또는 손실
4. 카테고리-Ⅳ : 무시 가능한 위험

정답 34 ③ 35 ⑤ 36 ⑤ 37 ② 38 ②

39. 건구온도 42℃, 습구온도 32℃일 경우 Oxford지수는?
   ① 33.5℃
   ② 35.5℃
   ③ 37.5℃
   ④ 38.5℃
   ⑤ 40.5℃

   해설 $WD = 0.85\,Twb(습구) + 0.15\,Tdb(흑구) = 0.85 \times 32 + 0.15 \times 42 = 33.5$

40. 화학물질 및 물리적 인자의 노출기준에서 제시된 소음의 노출기준(충격소음 제외)에 관한 일부 내용이다. ( )에 들어갈 내용으로 옳은 것은?

1일 노출시간(hr)	소음강도 dB(A)
8	(㉠)
4	(㉡)

   ① ㉠ : 90, ㉡ : 95
   ② ㉠ : 90, ㉡ : 100
   ③ ㉠ : 95, ㉡ : 100
   ④ ㉠ : 95, ㉡ : 105
   ⑤ ㉠ : 100, ㉡ : 100

   해설 소음의 노출기준(충격소음 제외)(화학물질 및 물리적 인자의 노출기준 별표 2-1)

1일 노출시간(hr)	소음강도 dB(A)
8	90
4	95
2	100
1	105
1/2	110
1/4	115

41. 브레인스토밍 기법에 관한 내용으로 옳은 것을 모두 고른 것은?

   ㉠ 타인의 아이디어를 비판하지 않을 것
   ㉡ 자유로운 분위기를 조성할 것
   ㉢ 타인의 아이디어에 내 아이디어를 덧붙여 아이디어를 제시하는 것은 금지할 것
   ㉣ 다수의 아이디어를 낼 수 있도록 할 것

   ① ㉠, ㉡
   ② ㉡, ㉢
   ③ ㉠, ㉡, ㉣
   ④ ㉠, ㉢, ㉣
   ⑤ ㉠, ㉡, ㉢, ㉣

   해설 브레인스토밍 4원칙 : 비판금지, 자유분방, 대량발언, 수정발언

42. 산업안전보건기준에 관한 규칙의 일부이다. ( )에 들어갈 내용으로 옳은 것은?

> 제8조(조도) 사업주는 근로자가 상시 작업하는 장소의 작업면 조도(照度)를 다음 각 호의 기준에 맞도록 하여야 한다. 다만, 갱내(坑內) 작업장과 감광재료(感光材料)를 취급하는 작업장은 그러하지 아니하다.
> 1. 초정밀작업 : (㉠)럭스(lux) 이상
> 2. 정밀작업 : (㉡)럭스 이상

① ㉠ : 600, ㉡ : 300
② ㉠ : 650, ㉡ : 250
③ ㉠ : 700, ㉡ : 200
④ ㉠ : 750, ㉡ : 300
⑤ ㉠ : 800, ㉡ : 250

해설 사업주는 근로자가 상시 작업하는 장소의 작업면 조도를 다음의 기준에 맞도록 하여야 한다. 다만, 갱내 작업장과 감광재료를 취급하는 작업장은 그러하지 아니하다(산업안전보건기준에 관한 규칙 제8조).
1. 초정밀작업 : 750럭스(lux) 이상
2. 정밀작업 : 300럭스 이상
3. 보통작업 : 150럭스 이상
4. 그 밖의 작업 : 75럭스 이상

43. 일본의 의학자인 하시모토 쿠니에가 제시한 의식수준 5단계(Phase)의 의식상태와 신뢰성에 관한 내용으로 옳은 것은?

① Phase 0의 의식상태는 무의식 상태이며 신뢰성은 0.3이다.
② Phase 1의 의식상태는 실신 상태이며 신뢰성은 0.6 이상이다.
③ Phase 2의 의식상태는 의식이 둔한 상태이며 신뢰성은 0.9이다.
④ Phase 3의 의식상태는 명석한 상태이며 신뢰성은 0.999999 이상이다.
⑤ Phase 4의 의식상태는 편안한 상태이며 신뢰성은 1.0이다.

해설 의식수준 5단계(Phase)

단계	의식상태	신뢰도
0	수면 중, 무의식	0
I	졸음, 흐린 의식	0.9 이하
II	일상생활, 이완상태	0.99~0.99999
III	적극활동, 분명한 의식	0.99999 이상
IV	과긴장 상태	0.9 이하

정답 39 ① 40 ① 41 ③ 42 ④ 43 ④

44. 산업안전보건법령상 안전보건표지의 색도기준 및 용도에 관한 내용으로 옳지 않은 것은? (단, 색도기준은 한국산업규격(KS)에 따른 색의 3속성에 의한 표시방법(KSA 0062 기술표준원 고시 제2008-0759)에 따른다.)

① 7.5R 4/14 : 정지신호, 소화설비 및 그 장소, 유해행위의 금지
② N9.5 : 화학물질 취급장소에서의 유해·위험 경고
③ 5Y 8.5/12 : 화학물질 취급장소에서의 유해·위험경고 이외의 위험경고, 주의표지 또는 기계방호물
④ 2.5PB 4/10 : 특정 행위의 지시 및 사실의 고지
⑤ 2.5G 4/10 : 비상구 및 피난소, 사람 또는 차량의 통행표지

해설 안전보건표지의 색도기준 및 용도(규칙 별표 8)

색채	색도기준	용도	사용례
빨간색	7.5R 4/14	금지	정지신호, 소화설비 및 그 장소, 유해행위의 금지
		경고	화학물질 취급장소에서의 유해·위험 경고
노란색	5Y 8.5/12	경고	화학물질 취급장소에서의 유해·위험경고 이외의 위험경고, 주의표지 또는 기계방호물
파란색	2.5PB 4/10	지시	특정 행위의 지시 및 사실의 고지
녹색	2.5G 4/10	안내	비상구 및 피난소, 사람 또는 차량의 통행표지
흰색	N9.5		파란색 또는 녹색에 대한 보조색
검은색	N0.5		문자 및 빨간색 또는 노란색에 대한 보조색

45. 다음은 푸르키네 효과(Purkinje Effect)에 관한 내용이다. ( )에 들어갈 내용으로 옳은 것은?

○ 색의 식별은 암순응과 명순응으로 나누어지고 우리 눈의 망막에는 추상체와 간상체라는 두 종류의 시신경이 있는데 추상체는 (㉠)을(를) 주로 느끼고 간상체는 (㉡)을(를) 주로 느낀다.
○ (㉢)된 눈의 최대비시감도는 약 555nm이고 (㉣)된 눈의 최대비시감도는 약 510nm로서 짧은 파장으로 이동한다.

① ㉠ : 색상, ㉡ : 명암, ㉢ : 명순응, ㉣ : 암순응
② ㉠ : 명암, ㉡ : 색상, ㉢ : 암순응, ㉣ : 명순응
③ ㉠ : 명암, ㉡ : 채도, ㉢ : 암순응, ㉣ : 명순응
④ ㉠ : 명암, ㉡ : 색상, ㉢ : 명순응, ㉣ : 암순응
⑤ ㉠ : 채도, ㉡ : 명암, ㉢ : 암순응, ㉣ : 명순응

해설 푸르키네 효과(Purkinje Effect)
1. 밝은 장소에서 빨간색은 선명하고, 어두워질수록 파란색에 민감해지는 현상
2. 추상체는 밝은 곳에서 활동하고, 간상체는 어두운 곳에서 활동
3. 눈의 최대비시감도는 약 555nm이고, 암순응된 눈일 경우 약 510nm

46. 5m 떨어진 곳에서 1.5mm 벌어진 틈을 구분할 수 있는 사람의 최소가분시력은? (단, 소수점 둘째자리에서 반올림하여 소수점 첫째자리까지 구하시오.)

① 0.5
② 1.0
③ 2.0
④ 2.5
⑤ 3.0

해설 최소가분시력은 눈이 식별할 수 있는 표적의 최소공간이다.

최소가분시력 = $\frac{180°}{\pi} \times 60 \times \frac{물체의 크기}{물체와의 거리} = 57.3 \times 60 \times \frac{1.5}{5,000} = 1.0314 ≒ 1.0$

47. 관리격자이론에서 "생산에 관한 관심은 대단히 높으나 인간에 대한 관심이 극히 낮은 리더십"의 유형은?

① (1.1)형
② (1.9)형
③ (9.1)형
④ (9.9)형
⑤ (5.5)형

해설 ③ (9.1)형 : 생산에 관한 관심은 대단히 높으나 인간에 대한 관심이 극히 낮은 리더십, 과업형
① (1.1)형 : 생산에 관한 관심은 대단히 낮고 인간에 대한 관심도 극히 낮은 리더십, 무기력형
② (1.9)형 : 생산에 관한 관심은 대단히 낮으나 인간에 대한 관심이 극히 높은 리더십, 컨트리클럽형
④ (9.9)형 : 생산에 관한 관심은 대단히 높고 인간에 대한 관심도 높은 리더십, 팀형
⑤ (5.5)형 : 생산에 관한 관심과 인간에 대한 관심이 중간인 리더십, 중도형

48. 산업안전보건법령상 산업안전보건위원회를 구성할 수 있는 사용자위원 중 상시근로자 50명 이상 100명 미만을 사용하는 사업장에서는 제외할 수 있는 사람은?

① 해당 사업의 대표자(같은 사업으로서 다른 지역에 사업장이 있는 경우에는 그 사업장의 안전보건관리책임자를 말한다. 이하 같다)
② 안전관리자(제16조제1항에 따라 안전관리자를 두어야 하는 사업장으로 한정하되, 안전관리자의 업무를 안전관리전문기관에 위탁한 사업장의 경우에는 그 안전관리전문기관의 해당 사업장 담당자를 말한다) 1명

정답 44 ② 45 ① 46 ② 47 ③ 48 ⑤

③ 보건관리자(제20조제1항에 따라 보건관리자를 두어야 하는 사업장으로 한정하되, 보건관리자의 업무를 보건관리전문기관에 위탁한 사업장의 경우에는 그 보건관리전문기관의 해당 사업장 담당자를 말한다) 1명
④ 산업보건의(해당 사업장에 선임되어 있는 경우로 한정한다)
⑤ 해당 사업의 대표자가 지명하는 9명 이내의 해당 사업장 부서의 장

해설 산업안전보건위원회의 사용자위원은 다음의 사람으로 구성한다. 다만, 상시근로자 50명 이상 100명 미만을 사용하는 사업장에서는 5.에 해당하는 사람을 제외하고 구성할 수 있다(영 제35조 제2항).
1. 해당 사업의 대표자(같은 사업으로서 다른 지역에 사업장이 있는 경우에는 그 사업장의 안전보건관리책임자를 말한다.)
2. 안전관리자(제16조제1항에 따라 안전관리자를 두어야 하는 사업장으로 한정하되, 안전관리자의 업무를 안전관리전문기관에 위탁한 사업장의 경우에는 그 안전관리전문기관의 해당 사업장 담당자를 말한다) 1명
3. 보건관리자(제20조제1항에 따라 보건관리자를 두어야 하는 사업장으로 한정하되, 보건관리자의 업무를 보건관리전문기관에 위탁한 사업장의 경우에는 그 보건관리전문기관의 해당 사업장 담당자를 말한다) 1명
4. 산업보건의(해당 사업장에 선임되어 있는 경우로 한정한다)
5. 해당 사업의 대표자가 지명하는 9명 이내의 해당 사업장 부서의 장

49. 500명의 근로자가 근무하는 사업장에서 연간 30건의 재해가 발생하여 35명의 재해자로 인해 120일의 근로손실일수가 발생한 경우, 이 사업장의 재해통계(도수율, 강도율)로 옳은 것은? (단, 1일 8시간, 연 300일 근무하는 것으로 가정한다.)
① 도수율 : 0.25, 강도율 : 0.1
② 도수율 : 2.1, 강도율 : 0.1
③ 도수율 : 25, 강도율 : 1.0
④ 도수율 : 0.21, 강도율 : 10
⑤ 도수율 : 25, 강도율 : 0.1

해설 도수율 $= \dfrac{재해건수}{연간근로총시간수} \times 1,000,000 = \dfrac{30}{500 \times 8 \times 300} \times 1,000,000 = 25$

강도율 $= \dfrac{총근로손실일수}{연간근로총시간수} \times 1,000 = \dfrac{120}{500 \times 8 \times 300} \times 1,000 = 0.1$

50. 다음 논리식을 가장 간단하게 표현한 것은?

$$\{(A+B+C)(\overline{A}+B+C)\} + AB + BC$$

① $A+B$
② $A+\overline{B}$
③ $B+C$
④ $\overline{B}+\overline{C}$
⑤ $A+\overline{B}+C$

해설 불대수 $A\times(1+0)=A, A+\overline{A}=1, A\times\overline{A}=0$
$\{(A+B+C)(\overline{A}+B+C)\}+AB+BC$
$=0+(B+C)+(A+\overline{A})\times(B+C)+(AB+BC)$
$=0+(B+C)+1\times(B+C)+AB+BC$
$=B+C+AB+BC$
$=B(1+A+C)+C$
$=B+C$

기업진단 · 지도

51. 조직구조 설계의 상황요인에 해당하는 것을 모두 고른 것은?

| ㉠ 조직의 규모 | ㉡ 표준화 | ㉢ 전략 | ㉣ 환경 | ㉤ 기술 |

① ㉠, ㉡, ㉢
② ㉠, ㉡, ㉣
③ ㉡, ㉢, ㉤
④ ㉠, ㉡, ㉢, ㉣
⑤ ㉠, ㉢, ㉣, ㉤

해설 조직구조 설계의 상황요인과 구조적 차원
1. 상황요인 : 권력, 환경, 전략, 규모, 기술
2. 구조적 차원 : 복잡성, 표준화(공식화), 집권화

52. 프렌치(J. French)와 레이븐(B. Raven)의 권력의 원천에 관한 설명으로 옳지 않은 것은?

① 공식적 권력은 특정역할과 지위에 따른 계층구조에서 나온다.
② 공식적 권력은 해당지위에서 떠나면 유지되기 어렵다.
③ 공식적 권력은 합법적 권력, 보상적 권력, 강압적 권력이 있다.
④ 개인적 권력은 전문적 권력과 정보적 권력이 있다.
⑤ 개인적 권력은 자신의 능력과 인격을 다른 사람으로부터 인정받아 생긴다.

해설 개인적 권력은 전문적 권력과 준거적 권력이 있다. 전문적 권력은 전문성, 즉 지식이 많은 사람이 권력을 가진다는 것이다. 준거적 권력은 그 사람이 가지고 있는 인간적인 매력이 주는 힘이다.

정답 49 ⑤ 50 ③ 51 ⑤ 52 ④

53. 직무분석과 직무평가에 관한 설명으로 옳지 않은 것은?
   ① 직무분석은 인력확보와 인력개발을 위해 필요하다.
   ② 직무분석은 교육훈련 내용과 안전사고 예방에 관한 정보를 제공한다.
   ③ 직무명세서는 직무수행자가 갖추어야 할 자격요건인 인적특성을 파악하기 위한 것이다.
   ④ 직무평가 요소비교법은 평가대상 개별직무의 가치를 점수화하여 평가하는 기법이다.
   ⑤ 직무평가는 조직의 목표달성에 더 많이 공헌하는 직무를 다른 직무에 비해 더 가치가 있다고 본다.

   해설 ④ 직무평가 요소비교법은 대표가 될 만한 직무들을 선정하여 기준직무로 정해놓고 각 요소별로 평가할 직무와 기준직무를 비교해가며 점수를 부여한다.
   ①, ② 직무분석은 어떤 일을 어떤 목적으로 어떤 방법에 의해 어떤 장소에서 수행하는지를 알아내고, 직무를 수행하는데 요구되는 지식, 능력, 기술, 경험, 책임 등이 무엇인지를 과학적이고 합리적으로 알아내는 것이다.
   ③ 직무명세서는 직무의 특성이나 직무를 수행한 내역 등을 기록한 서식. 직무명세서란 회사 내의 특정 직무를 맡은 사람이 일정 기간 동안 수행한 업무의 경과, 결과, 그리고 문제점 등을 기록한 문서를 말한다.
   ⑤ 직무평가는 각 직무 상호간의 비교에 의하여 상대가치를 결정하는 일이다.

54. 협상에 관한 설명으로 옳지 않은 것은?
   ① 협상은 둘 이상의 당사자가 희소한 자원을 어떻게 분배할지 결정하는 과정이다.
   ② 협상에 관한 접근방법으로 분배적 교섭과 통합적 교섭이 있다.
   ③ 분배적 교섭은 내가 이익을 보면 상대방은 손해를 보는 구조이다.
   ④ 통합적 교섭은 윈-윈 해결책을 창출하는 타결점이 있다는 것을 전제로 한다.
   ⑤ 분배적 교섭은 협상당사자가 전체자원(pie)이 유동적이라는 전제하에 협상을 진행한다.

   해설 ⑤ 분배적 교섭은 한정된 양의 자원을 나누어 가지려고 하는 협상이다.
   ① 협상은 둘 이상의 당사자가 희소한 자원을 어떻게 분배할지 결정하는 과정으로, 두 당사자간 세력이 비슷할 경우에 이루어진다.
   ② 협상에는 분배적 교섭과 통합적 교섭이 있다.
   ③ 분배적 교섭은 내가 이익을 보면 상대방은 손해를 보는 구조이다.
   ④ 통합적 교섭은 윈-윈 해결책을 전제로 한다.

55. 노동쟁의와 관련하여 성격이 다른 하나는?
   ① 파업
   ② 준법투쟁
   ③ 불매운동
   ④ 생산통제
   ⑤ 대체고용

   해설 파업, 준법투쟁, 불매운동, 생산통제는 노동자의 노동쟁의이고, 대체고용이나 직장폐쇄는 사용자의 노동쟁의이다.

56. 대량고객화(mass customization)에 관한 설명으로 옳지 않은 것은?

① 높은 가격과 다양한 제품 및 서비스를 제공하는 개념이다.
② 대량고객화 달성 전략의 하나로 모듈화 설계와 생산이 사용된다.
③ 대량고객화 관련 프로세스는 주로 주문조립생산과 관련이 있다.
④ 정유, 가스 산업처럼 대량고객화를 적용하기 어렵고 효과 달성이 어려운 제품이나 산업이 존재한다.
⑤ 주문접수 시까지 제품 및 서비스를 연기(postpone)하는 활동은 대량고객화 기법중의 하나이다.

해설 ① 대량고객화(mass customization)는 상품과 서비스를 맞춤화하여 대량 생산하는 마케팅 방법으로 다양한 상품을 낮은 비용으로 생산하여 소비자의 다양한 요구를 만족시키는 것이다.
② 대량고객화 달성 전략으로 모듈화 설계와 생산이 사용된다.
③ 대량고객화 관련 프로세스는 주로 주문조립생산 한다.
④ 정유, 가스 산업처럼 대량고객화를 적용하기 어렵고 효과 달성이 어려운 제품이나 산업이 존재한다.
⑤ 대량고객화 기법 중 제품 및 서비스를 연기(postpone) 활동도 있다.

57. 품질경영에 관한 설명으로 옳지 않은 것은?

① 쥬란(J. Juran)은 품질삼각축(quality trilogy)으로 품질 계획, 관리, 개선을 주장했다.
② 데밍(W. Deming)은 최고경영진의 장기적 관점 품질관리와 종업원 교육훈련 등을 포함한 14가지 품질경영 철학을 주장했다.
③ 종합적 품질경영(TQM)의 과제 해결 단계는 DICA(Define, Implement, Check, Act)이다.
④ 종합적 품질경영(TQM)은 프로세스 향상을 위해 지속적 개선을 지향한다.
⑤ 종합적 품질경영(TQM)은 외부 고객만족 뿐만 아니라 내부 고객만족을 위해 노력한다.

해설 종합적 품질경영(TQM)의 과제 해결 단계는 Plan-Do-Check-Act이다. 프로세스 향상을 위해 지속적 개선을 지향하고 외부 고객만족 뿐만 아니라 내부 고객만족을 위해 노력한다.
① 쥬란(J. Juran)은 품질삼각축(quality trilogy)으로 품질계획, 품질관리, 품질개선을 주장했다.
② 데밍(W. Deming)은 최대한도로 유용성을 강조하고 구매자가 찾는 제품을 만든다는 것을 강조하고, 최고경영진의 장기적 관점 품질관리와 종업원 교육훈련 등을 포함한 14가지 품질경영 철학을 주장했다.

58. 6시그마와 린을 비교 설명한 것으로 옳은 것은?

① 6시그마는 낭비 제거나 감소에, 린은 결점 감소나 제거에 집중한다.
② 6시그마는 부가가치 활동 분석을 위해 모든 형태의 흐름도를, 린은 가치흐름도를 주로 사용한다.
③ 6시그마는 임원급 챔피언의 역할이 없지만, 린은 임원급 챔피언의 역할이 중요하다.
④ 6시그마는 개선활동에 파트타임(겸임) 리더가, 린은 풀타임(전담) 리더가 담당한다.
⑤ 6시그마의 개선 과제는 전략적 관점에서 선정하지 않지만, 린은 전략적 관점에서 선정한다.

정답 53 ④ 54 ⑤ 55 ⑤ 56 ① 57 ③ 58 ②

해설 ② 6시그마는 부가가치 활동 분석을 위해 모든 형태의 흐름도(통계적 기법을 사용하여 품질향상)를, 린은 가치흐름도(리드 타임이나 사이클 타임 감소)를 주로 사용한다.
① 6시그마는 결점 감소나 제거에, 린은 낭비 제거나 감소에 집중한다.
③, ④ 6시그마는 경영진의 적극적인 리더십과 지원이 필요하다.
⑤ 6시그마의 개선 과제는 전략적 관점에서 선정하지만, 린은 전략적 관점에서 선정하지 않는다.

59. 생산운영관리의 최신 경향 중 기업의 사회적 책임과 환경경영에 관한 설명으로 옳은 것을 모두 고른 것은?

> ㉠ ISO 29000은 기업의 사회적 책임에 관한 국제 인증제도이다.
> ㉡ 포터(M. Porter)와 크래머(M. Kramer)가 제안한 공유가치창출(CSV: Creating Shared Value)은 기업의 경쟁력 강화 보다 사회적 책임을 우선시 한다.
> ㉢ 지속가능성이란 미래 세대의 니즈(needs)와 상충되지 않도록 현 사회의 니즈(needs)를 충족시키는 정책과 전략이다.
> ㉣ 청정생산(cleaner production) 방법으로는 친환경원자재의 사용, 청정 프로세스의 활용과 친환경생산 프로세스 관리 등이 있다.
> ㉤ 환경경영시스템인 ISO 14000은 결과 중심 경영시스템이다.

① ㉠, ㉡
② ㉢, ㉣
③ ㉣, ㉤
④ ㉢, ㉣, ㉤
⑤ ㉠, ㉢, ㉣, ㉤

해설 ㉠ 기업의 사회적 책임에 관한 국제 인증제도는 ISO 26000이다.
㉡ 포터(M. Porter)와 크래머(M. Kramer)가 제안한 공유가치창출(CSV : Creating Shared Value)은 기업의 경쟁력 강화와 사회적 책임 모두 중요시 한다.
㉤ 환경경영시스템인 ISO 14000은 과정과 결과 모두를 중요시 하는 경영시스템이다.
㉢ 지속가능성은 인간과 자원의 공생, 개발과 보전의 조화, 현 세대와 미래 세대 간의 형평 등을 추구한다.
㉣ 청정생산(cleaner production) 방법은 원료의 도입에서 제품의 생산 및 폐기까지 환경오염물질 발생을 근원적으로 제거하여 인체와 환경에 미치는 위해성을 최소화하고 자원의 효율성을 극대화하는 방법이다.

60. 직무분석을 위해 사용되는 방법들 중 정보입력, 정신적 과정, 작업의 결과, 타인과의 관계, 직무맥락, 기타 직무특성 등의 범주로 조직화되어 있는 것은?

① 과업질문지(Task Inventory : TI)
② 기능적 직무분석(Functional Job Analysis : FJA)
③ 직위분석질문지(Position Analysis Questionnaire : PAQ)
④ 직무요소질문지(Job Components Inventory : JCI)
⑤ 직무분석 시스템(Job Analysis System : JAS)

해설 ③ 직위분석질문지(Position Analysis Questionnaire: PAQ) : 직무수행자의 응답을 통해 직무에 대한 광범위한 정보를 획득할 수 있으며 거의 대부분의 직무에 적용할 수 있어 표준화된 정보를 수집하는 대표적인 직무분석 방법이다.
① 과업질문지(Task Inventory: TI) : 분석대상 직무에서 수행될 수 있는 특정한 과업들의 목록을 담고 있는 질문지를 말한다.
② 기능적 직무분석(Functional Job Analysis: FJA) : 각 직무를 자료, 사람, 사물과 관련시켜 종업원의 각 기능을 분류·비교하여 종합분석한 것이다.
④ 직무요소질문지(Job Components Inventory: JCI) : 직무요건과 근로자의 특성의 일치여부를 판단하는 방법이다.
⑤ 직무분석 시스템(Job Analysis System: JAS) : 직무를 분석을 하여 개선하는 시스템이다.

61. 직업 스트레스 모델 중 종단 설계를 사용하여 업무량과 이외의 다양한 직무요구가 종업원의 안녕과 동기에 미치는 영향을 살펴보기 위한 것은?

① 요구-통제 모델(Demands-Control model)
② 자원보존이론(Conservation of Resources theory)
③ 사람-환경 적합 모델(Person-Environment Fit model)
④ 직무 요구-자원 모델(Job Demands-Resources model)
⑤ 노력-보상 불균형 모델(Effort-Reward Imbalance model)

해설 직무 요구-자원 모델(Job Demands-Resources model) : 종단 설계를 사용하여 업무량과 이외의 다양한 직무요구가 종업원의 안녕과 동기에 미치는 영향을 살펴보기 위한 연구 모형이다.
① 요구-통제 모델(Demands-Control model) : 직무 현장에서 대다수 직원이 겪는 직무 긴장의 원인을 직무요구와 직무통제 등 직무환경 요인들에서 찾을 수 있다는 연구 모형이다.
② 자원보존이론(Conservation of Resources theory) : 역할 간, 역할 내 스트레스에 연관 관계를 설명하는 이론으로 일-가정 중 상실에 의해 스트레스를 낳게 된다는 것이다.
③ 사람-환경 적합 모델(Person-Environment Fit model) : 개인과 환경 간의 적합도가 부족할 때 업무 환경이 스트레스를 준다고 본다.
⑤ 노력-보상 불균형 모델(Effort-Reward Imbalance model) : 스트레스를 일으키는 가장 큰 원인은 본인이 지출하는 노력의 내용과 크기와 본인이 직접 체험하는 보상의 내용과 크기 간의 불균형으로 보는 것이다.

62. 자기결정이론(self-determination theory)에서 내적동기에 영향을 미치는 세 가지 기본욕구를 모두 고른 것은?

㉠ 자율성	㉡ 관계성	㉢ 통제성	㉣ 유능성	㉤ 소속성

① ㉠, ㉡, ㉢
② ㉠, ㉡, ㉣
③ ㉠, ㉢, ㉤
④ ㉡, ㉢, ㉤
⑤ ㉢, ㉣, ㉤

해설 자기결정이론(self-determination theory)에서 내적동기에 영향을 미치는 세 가지 기본욕구 : 유능성, 자율성, 관계성

정답 59 ② 60 ③ 61 ④ 62 ②

63. 터크맨(B. Tuckman)이 제안한 팀 발달의 단계 모형에서 '개별적 사람의 집합'이 '의미 있는 팀'이 되는 단계는?

① 형성기(forming)　　　　② 격동기(storming)
③ 규범기(norming)　　　　④ 수행기(performing)
⑤ 휴회기(adjourning)

해설 ③ 규범기(norming)에는 갈등기를 극복한 그룹이 서로 이해하고 공동의 목표를 대해서 생각하여 자발적으로 행동 규범을 만들고, 그룹의 성공을 위해 노력하기 시작하는 단계로 의미 있는 팀을 만드는 단계이다.
① 형성기(forming)에는 팀워크 성과보다는 개인적 노력으로 성과를 내려는 경향이 강하고, 팀원 중 경험, 능력이 뛰어난 인물이 타인의 모범이 되거나 영향을 끼치는 단계이다.
② 격동기(storming)에는 그룹이나 타인에 대한 불만을 표현하기 시작하는 단계로 그룹원간 갈등 발생, 스트레스가 발생한다.
④ 수행기(performing)는 개인과 그룹이 조화를 이루어 성과를 이루어 내는 단계로 상사의 특별한 관리 감독없이 그룹 구성원이 동기부여가 되고 업무에 대한 지식과 노하우를 갖는다.

64. 반생산적 업무행동(CWB) 중 직·간접적으로 조직 내에서 행해지는 일을 방해하려는 의도적 시도를 의미하며 다음과 같은 사례에 해당하는 것은?

○ 고의적으로 조직의 장비나 재산의 일부를 손상시키기
○ 의도적으로 재료나 공급물품을 낭비하기
○ 자신의 업무영역을 더럽히거나 지저분하게 만들기

① 철회(withdrawal)　　　　② 사보타주(sabotage)
③ 직장무례(workplace incivility)　　　　④ 생산일탈(production deviance)
⑤ 타인학대(abuse toward others)

해설 사보타주(sabotage)는 고의로 근로를 소홀히 하거나 업무의 효율적인 진행을 방해하여 업무가 정상적으로 진행되지 않도록 하는 것으로 맡겨진 일을 불성실하게, 건성으로 하는 것을 말한다.

65. 스웨인(A. Swain)과 커트맨(H. Cuttmann)이 구분한 인간오류(human error)의 유형에 관한 설명으로 옳지 않은 것은?

① 생략오류(omission error) : 부분으로는 옳으나 전체로는 틀린 것을 옳다고 주장하는 오류
② 시간오류(timing error) : 업무를 정해진 시간보다 너무 빠르게 혹은 늦게 수행했을 때 발생하는 오류
③ 순서오류(sequence error) : 업무의 순서를 잘못 이해했을 때 발생하는 오류

④ 실행오류(commission error) : 수행해야 할 업무를 부정확하게 수행하기 때문에 생겨나는 오류
⑤ 부가오류(extraneous error) : 불필요한 절차를 수행하는 경우에 생기는 오류

해설 생략오류(omission error) : 필요한 직무나 단계를 수행하지 않은(생략) 오류이다.

66. 아래 그림에서 (a)와 (c)가 일직선으로 보이지만 실제로는 (a)와 (b)가 일직선이다. 이러한 현상을 나타내는 용어는?

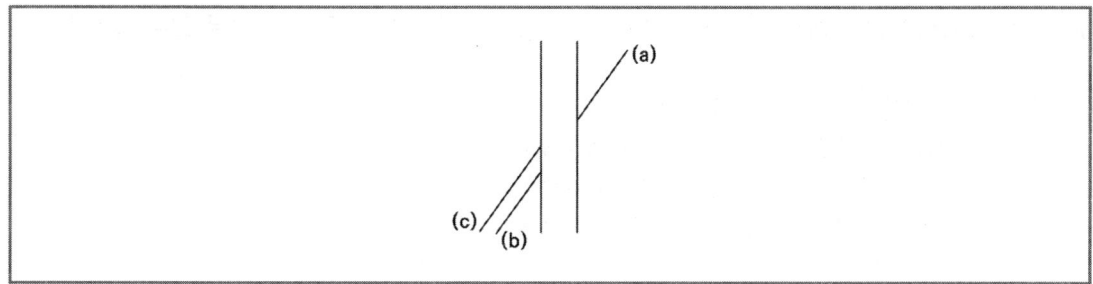

① 뮬러-라이어(Müller-Lyer) 착시현상
② 티체너(Titchener) 착시현상
③ 폰조(Ponzo) 착시현상
④ 포겐도르프(Poggendorf) 착시현상
⑤ 죌너(Zöllner) 착시현상

해설 ④ 포겐도르프(Poggendorf) 착시현상 : (a)와 (c)가 일직선상으로 보이나 실제는 (a)와 (b)가 일직선
① 뮬러-라이어(Müller-Lyer) 착시현상 : (a)가 (b)보다 길게 보이나 실제 (a)=(b)인 경우
② 티체너(Titchener) 착시현상 : 같은 크기의 원이지만 달라보이는 경우
③ 폰조(Ponzo) 착시현상 : 두 수평선부의 길이가 다르게 보이는 경우
⑤ 죌너(Zöllner) 착시현상 : 가로보다 세로의 선이 굽어 보이는 경우

67. 산업재해이론 중 하인리히(H. Heinrich)가 제시한 이론에 관한 설명으로 옳은 것은?
① 매트릭스 모델(Matrix model)을 제안하였으며, 작업자의 긴장수준이 사고를 유발한다고 보았다.
② 사고의 원인이 어떻게 연쇄반응을 일으키는지 도미노(domino)를 이용하여 설명하였다.
③ 재해는 관리부족, 기본원인, 직접원인, 사고가 연쇄적으로 발생하면서 일어나는 것으로 보았다.
④ 재해의 직접적인 원인은 불안전행동과 불안전상태를 유발하거나 방치한 전술적 오류에서 비롯된다고 보았다.
⑤ 스위스 치즈 모델(Swiss cheese model)을 제시하였으며, 모든 요소의 불안전이 겹쳐져서 사고가 발생한다고 주장하였다.

정답 63 ③ 64 ② 65 ① 66 ④ 67 ②

해설 ② 하인리히(H. Heinrich)는 사고의 원인이 어떻게 연쇄반응을 일으키는지 도미노(domino)를 이용하여 설명하였다.
① 매트릭스 모델(Matrix model)은 하돈(W. Haddon)이 제시하였다.
③ 재해를 관리부족, 기본원인, 직접원인, 사고가 연쇄적으로 발생하면서 일어나는 것으로 보는 학자는 버드(F. Bird)이다.
④ 재해의 직접적인 원인을 불안전행동과 불안전상태를 유발하거나 방치한 전술적 오류에서 비롯된다고 본 학자는 아담스(E. Adams)이다.
⑤ 스위스 치즈 모델(Swiss cheese model)은 리전(J. Reason)이 제시하였다.

68. 조직 스트레스원 자체의 수준을 감소시키기 위한 방법으로 옳은 것을 모두 고른 것은?

㉠ 더 많은 자율성을 가지도록 직무를 설계하는 것
㉡ 조직의 의사결정에 대한 참여기회를 더 많이 제공하는 것
㉢ 직원들과 더 효과적으로 의사소통할 수 있도록 관리자를 훈련하는 것
㉣ 갈등해결기법을 효과적으로 사용할 수 있도록 종업원을 훈련하는 것

① ㉠, ㉡
② ㉢, ㉣
③ ㉠, ㉡, ㉣
④ ㉡, ㉢, ㉣
⑤ ㉠, ㉡, ㉢, ㉣

해설 조직 스트레스원 자체의 수준을 감소시키기 위한 방법에는 자율, 참여, 타협, 협력, 양보, 훈련, 의사소통 등이 있다.

69. 산업위생의 목적에 해당하는 것을 모두 고른 것은?

㉠ 유해인자 예측 및 관리
㉡ 작업조건의 인간공학적 개선
㉢ 작업환경개선 및 직업병 예방
㉣ 작업자의 건강보호 및 생산성 향상

① ㉠, ㉡, ㉢
② ㉠, ㉡, ㉣
③ ㉠, ㉢, ㉣
④ ㉡, ㉢, ㉣
⑤ ㉠, ㉡, ㉢, ㉣

해설 산업위생의 목적
1. 유해인자 예측 및 관리
2. 작업환경 및 작업조건의 인간공학적 개선
3. 작업환경개선 및 직업병의 근원적 예방
4. 작업자의 건강보호 및 생산성 향상

70. 노출기준 설정방법 등에 관한 설명으로 옳지 않은 것은?
   ① 노동으로 인한 외부로부터 노출량(dose)과 반응(response)의 관계를 정립한 사람은 Pearson Norman(1972)이다.
   ② 노출에 따른 활동능력의 상실과 조절능력의 상실 관계는 지수형 곡선으로 나타난다.
   ③ 항상성(homeostasis)이란 노출에 대해 적응할 수 있는 단계로 정상조절이 가능한 단계이다.
   ④ 정상기능 유지단계는 노출에 대해 방어기능을 동원하여 기능장해를 방어할 수 있는 대상성(compensation) 조절기능 단계이다.
   ⑤ 대상성(compensation) 조절기능 단계를 벗어나면 회복이 불가능하여 질병이 야기된다.

   해설 ① 노동으로 인한 외부로부터 노출량(dose)과 반응(response)의 관계를 정립한 사람은 Theodore Hatch이다.
   ② 노출에 따른 활동능력의 상실과 조절능력의 상실 관계는 지수형 곡선으로 나타난다.
   ③ 항상성(homeostasis) 단계는 노출에 대해 적응할 수 있는 단계로 정상조절이 가능한 단계이다.
   ④ 정상기능 유지단계는 노출에 대해 방어기능을 동원하여 기능장해를 방어할 수 있는 대상성(compensation) 조절기능 단계로 보상단계이다.
   ⑤ 대상성(compensation) 조절기능 단계를 벗어나면 회복이 불가능하여 질병이 야기되어 기관이 파괴된다.

71. 우리나라 작업환경측정에서 화학적 인자와 시료채취 매체의 연결이 옳은 것은?
   ① 2-브로모프로판 – 실리카겔관
   ② 디메틸포름아미드 – 활성탄관
   ③ 시클로헥산 – 실리카겔관
   ④ 트리클로로에틸렌 – 활성탄관
   ⑤ 니켈 – 활성탄관

   해설 ④ 트리클로로에틸렌 – 활성탄관
   ① 2-브로모프로판 – 활성탄관
   ② 디메틸포름아미드 – 실리카겔관
   ③ 시클로헥산 – 활성탄관
   ⑤ 니켈 – 막여과지와 패드가 장착된 3단 카세트

72. 공기정화장치 중 집진(먼지제거) 장치에 사용되는 방법 또는 원리에 해당하지 않는 것은?
   ① 세정
   ② 여과(여포)
   ③ 흡착
   ④ 원심력
   ⑤ 전기 전하

   해설 집진(먼지제거) 장치에 사용되는 방법 또는 원리 : 중력, 여과, 관성 및 원심력, 음파, 세정, 전기전하

73. 산업안전보건법 시행규칙 별지 제85호 서식(특수·배치전·수시·임시 건강진단 결과표)의 작성 사항이 아닌 것은?

① 작업공정별 유해요인 분포 실태
② 유해인자별 건강진단을 받은 근로자 현황
③ 질병코드별 질병유소견자 현황
④ 질병별 조치 현황
⑤ 건강진단 결과표 작성일, 송부일, 검진기관명

해설 특수·배치전·수시·임시 건강진단 결과표(규칙 별지 제85호 서식)

74. 산업안전보건기준에 관한 규칙상 사업주가 근로자에게 송기마스크나 방독마스크를 지급하여 착용하도록 하여야 하는 업무에 해당하지 않는 것은?

① 국소배기장치의 설비 특례에 따라 밀폐설비나 국소배기장치가 설치되지 아니한 장소에서의 유기화합물 취급업무
② 임시작업인 경우의 설비 특례에 따라 밀폐설비나 국소배기장치가 설치되지 아니한 장소에서의 유기화합물 취급업무
③ 단시간작업인 경우의 설비 특례에 따라 밀폐설비나 국소배기장치가 설치되지 아니한 장소에서의 유기화합물 취급업무
④ 유기화합물 취급 장소에 설치된 환기장치 내의 기류가 확산될 우려가 있는 물체를 다루는 유기화합물 취급업무
⑤ 유기화합물 취급 장소에서 청소 등으로 유기화합물이 제거된 설비를 개방하는 업무

해설 사업주는 근로자가 다음의 어느 하나에 해당하는 업무를 하는 경우에 해당 근로자에게 송기마스크나 방독마스크를 지급하여 착용하도록 하여야 한다(산업안전보건기준에 관한 규칙 제450조 제2항).
1. 임시작업인 경우의 설비 특례, 단시간작업인 경우의 설비 특례, 국소배기장치의 설비 특례, 다른 실내 작업장과 격리되어 있는 작업장에 대한 설비 특례 및 유기화합물의 설비 특례에 따라 밀폐설비나 국소배기장치가 설치되지 아니한 장소에서의 유기화합물 취급업무
2. 유기화합물 취급 장소에 설치된 환기장치 내의 기류가 확산될 우려가 있는 물체를 다루는 유기화합물 취급업무
3. 유기화합물 취급 장소에서 유기화합물의 증기 발산원을 밀폐하는 설비(청소 등으로 유기화합물이 제거된 설비는 제외한다)를 개방하는 업무

75. 화학물질 및 물리적 인자의 노출기준에서 유해물질별 그 표시 내용의 연결이 옳은 것은?

① 인듐 및 그 화합물 - 흡입성
② 크롬산 아연 - 발암성 1A
③ 일산화탄소 - 호흡성
④ 불화수소 - 생식세포 변이원성 2
⑤ 트리클로로에틸렌 - 생식독성 1

해설 ② 크롬산 아연 - 발암성 1A(유해물질 및 물리적 인자의 노출기준 별표 1)
① 인듐 및 그 화합물 - 호흡성(유해물질 및 물리적 인자의 노출기준 별표 1)
③ 일산화탄소 - 생식독성 1A(유해물질 및 물리적 인자의 노출기준 별표 1)
④ 불화수소 - Skin(유해물질 및 물리적 인자의 노출기준 별표 1)
⑤ 트리클로로에틸렌 - 발암성 1A, 생식세포 변이원성 2(유해물질 및 물리적 인자의 노출기준 별표 1)

정답 73 ① 74 ⑤ 75 ②

2022년 기출문제

산업안전보건법령

1. 산업안전보건법령상 관계수급인 근로자가 도급인의 사업장에서 작업을 하는 경우 도급인의 안전조치 및 보건조치에 관한 설명으로 옳지 않은 것은?
   ① 도급인은 같은 장소에서 이루어지는 도급인과 관계수급인의 작업에 있어서 관계수급인의 작업시기·내용, 안전조치 및 보건조치 등을 확인하여야 한다.
   ② 건설업의 경우에는 도급사업의 정기 안전·보건 점검을 분기에 1회 이상 실시하여야 한다.
   ③ 관계수급인의 공사금액을 포함한 해당 공사의 총공사금액이 20억원 이상인 건설업의 경우 도급인은 그 사업장의 안전보건관리책임자를 안전보건총괄책임자로 지정하여야 한다.
   ④ 도급인은 도급인과 수급인을 구성원으로 하는 안전 및 보건에 관한 협의체를 도급인 및 그의 수급인 전원으로 구성하여야 한다.
   ⑤ 도급인은 제조업 작업장의 순회점검을 2일에 1회 이상 실시하여야 한다.

   해설 ② 건설업, 선박 및 보트 건조업의 경우에는 도급사업의 정기 안전·보건 점검을 2개월에 1회 이상 실시하여야 한다 (영 제82조 제2항 제1호).
   ① 도급인은 수급인이 제공받은 안전 및 보건에 관한 정보에 따라 필요한 안전조치 및 보건조치를 하였는지를 확인하여야 한다(법 제65조 제3항).
   ③ 관계수급인의 공사금액을 포함한 해당 공사의 총공사금액이 20억원 이상인 건설업의 경우 도급인은 그 사업장의 안전보건관리책임자를 안전보건총괄책임자로 지정하여야 한다(영 제52조).
   ④ 도급인은 도급인과 수급인을 구성원으로 하는 안전 및 보건에 관한 협의체를 도급인 및 그의 수급인 전원으로 구성하여야 한다(규칙 제79조 제1항).
   ⑤ 도급인은 제조업 작업장의 순회점검을 2일에 1회 이상 실시하여야 한다(규칙 제80조 제1항).

2. 산업안전보건법령상 '대여자 등이 안전조치 등을 해야 하는 기계·기구·설비 및 건축물 등'에 규정되어 있는 것을 모두 고른 것은? (단, 고용노동부장관이 정하여 고시하는 기계·기구·설비 및 건축물 등은 고려하지 않음)

   | ㉠ 어스오거 | ㉡ 산업용 로봇 | ㉢ 클램셸 | ㉣ 압력용기 |

   ① ㉠, ㉡
   ② ㉠, ㉢
   ③ ㉡, ㉣
   ④ ㉠, ㉢, ㉣
   ⑤ ㉡, ㉢, ㉣

해설 대여자 등이 안전조치 등을 해야 하는 기계 · 기구 · 설비 및 건축물 등(영 별표 21)
1. 사무실 및 공장용 건축물
2. 이동식 크레인
3. 타워크레인
4. 불도저
5. 모터 그레이더
6. 로더
7. 스크레이퍼
8. 스크레이퍼 도저
9. 파워 셔블
10. 드래그라인
11. 클램셸
12. 버킷굴착기
13. 트렌치
14. 항타기
15. 항발기
16. 어스드릴
17. 천공기
18. 어스오거
19. 페이퍼드레인머신
20. 리프트
21. 지게차
22. 롤러기
23. 콘크리트 펌프
24. 고소작업대
25. 그 밖에 산업재해보상보험및예방심의위원회 심의를 거쳐 고용노동부장관이 정하여 고시하는 기계, 기구, 설비 및 건축물 등

3. 산업안전보건법령상 유해하거나 위험한 기계 · 기구에 대한 방호조치 등에 관한 설명으로 옳은 것을 모두 고른 것은?

┌───┐
│ ㉠ 래핑기에는 구동부 방호 연동장치를 설치해야 한다.   │
│ ㉡ 원심기에는 압력방출장치를 설치해야 한다.   │
│ ㉢ 작동 부분에 돌기 부분이 있는 기계는 그 돌기 부분에 방호망을 설치하여야 한다. │
│ ㉣ 동력전달 부분이 있는 기계는 동력전달 부분을 묻힘형으로 하여야 한다. │
└───┘

① ㉠　　　　　　　　　　② ㉠, ㉡
③ ㉡, ㉢　　　　　　　　④ ㉢, ㉣
⑤ ㉠, ㉢, ㉣

정답 1 ②　2 ②　3 ①

해설 유해하거나 위험한 기계·기구에 대한 방호조치(규칙 제98조 제2항)
1. 작동 부분의 돌기부분은 묻힘형으로 하거나 덮개를 부착할 것
2. 동력전달부분 및 속도조절부분에는 덮개를 부착하거나 방호망을 설치할 것
3. 회전기계의 물림점(롤러나 톱니바퀴 등 반대방향의 두 회전체에 물려 들어가는 위험점)에는 덮개 또는 울을 설치할 것

4. 산업안전보건법령상 사업주가 근로자의 작업내용을 변경할 때에 그 근로자에게 하여야 하는 안전보건교육의 내용으로 규정되어 있지 않은 것은?
   ① 사고 발생 시 긴급조치에 관한 사항
   ② 기계·기구의 위험성과 작업의 순서 및 동선에 관한 사항
   ③ 표준안전 작업방법에 관한 사항
   ④ 직장 내 괴롭힘, 고객의 폭언 등으로 인한 건강장해 예방 및 관리에 관한 사항
   ⑤ 작업 개시 전 점검에 관한 사항

   해설 채용 시 교육 및 작업내용 변경 시 교육(규칙 별표 5)

교육내용
○ 산업안전 및 사고 예방에 관한 사항
○ 산업보건 및 직업병 예방에 관한 사항
○ 위험성 평가에 관한 사항
○ 산업안전보건법령 및 산업재해보상보험 제도에 관한 사항
○ 직무스트레스 예방 및 관리에 관한 사항
○ 직장 내 괴롭힘, 고객의 폭언 등으로 인한 건강장해 예방 및 관리에 관한 사항
○ 기계·기구의 위험성과 작업의 순서 및 동선에 관한 사항
○ 작업 개시 전 점검에 관한 사항
○ 정리정돈 및 청소에 관한 사항
○ 사고 발생 시 긴급조치에 관한 사항
○ 물질안전보건자료에 관한 사항

5. 산업안전보건법령상 안전검사에 관한 설명으로 옳지 않은 것은?
   ① 형 체결력(型 締結力) 294킬로뉴턴(KN) 이상의 사출성형기는 안전검사대상기계 등에 해당한다.
   ② 사업주는 자율안전검사를 받은 경우에는 그 결과를 기록하여 보존하여야 한다.
   ③ 안전검사기관이 안전검사 업무를 게을리하거나 업무에 차질을 일으킨 경우 고용노동부장관은 안전검사기관 지정을 취소하거나 6개월 이내의 기간을 정하여 그 업무의 정지를 명할 수 있다.
   ④ 곤돌라를 건설현장에서 사용하는 경우 사업장에 최초로 설치한 날부터 6개월마다 안전검사를 하여야 한다.
   ⑤ 안전검사대상기계등을 사용하는 사업주와 소유자가 다른 경우에는 사업주가 안전검사를 받아야 한다.

해설 ⑤ 안전검사대상기계등을 사용하는 사업주와 소유자가 다른 경우에는 안전검사대상기계등의 소유자가 안전검사를 받아야 한다(법 제93조 제1항).
① 형 체결력(型 締結力) 294킬로뉴턴(KN) 이상의 사출성형기는 안전검사대상기계 등에 해당한다(영 제78조 제1항).
② 사업주는 자율안전검사를 받은 경우에는 그 결과를 기록하여 보존하여야 한다(법 제98조 제3항).
③ 안전검사기관이 안전검사 업무를 게을리하거나 업무에 차질을 일으킨 경우 고용노동부장관은 안전검사기관 지정을 취소하거나 6개월 이내의 기간을 정하여 그 업무의 정지를 명할 수 있다(법 제96조 제5항, 법 제21조).
④ 곤돌라를 건설현장에서 사용하는 경우 사업장에 최초로 설치한 날부터 6개월마다 안전검사를 하여야 한다(규칙 제126조 제1항 제1호).

6. 산업안전보건법령상 제조 또는 사용허가를 받아야 하는 유해물질을 모두 고른 것은? (단, 고용노동부장관의 승인을 받은 경우는 제외함)

⊙ 크롬산 아연	ⓒ β-나프틸아민과 그 염
ⓒ o-톨리딘 및 그 염	② 폴리클로리네이티드 터페닐
ⓜ 콜타르피치 휘발물	

① ⊙, ⓒ, ⓒ ② ⊙, ⓒ, ⓜ
③ ⊙, ②, ⓜ ④ ⓒ, ⓒ, ②
⑤ ⓒ, ②, ⓜ

해설 허가대상 유해물질(영 제88조)
1. α-나프틸아민[134-32-7] 및 그 염(α-Naphthylamine and its salts)
2. 디아니시딘[119-90-4] 및 그 염(Dianisidine and its salts)
3. 디클로로벤지딘[91-94-1] 및 그 염(Dichlorobenzidine and its salts)
4. 베릴륨(Beryllium; 7440-41-7)
5. 벤조트리클로라이드(Benzotrichloride; 98-07-7)
6. 비소[7440-38-2] 및 그 무기화합물(Arsenic and its inorganic compounds)
7. 염화비닐(Vinyl chloride; 75-01-4)
8. 콜타르피치[65996-93-2] 휘발물(Coal tar pitch volatiles)
9. 크롬광 가공(열을 가하여 소성 처리하는 경우만 해당한다)(Chromite ore processing)
10. 크롬산 아연(Zinc chromates; 13530-65-9 등)
11. o-톨리딘[119-93-7] 및 그 염(o-Tolidine and its salts)
12. 황화니켈류(Nickel sulfides; 12035-72-2, 16812-54-7)
13. 1.부터 4.까지 또는 6.부터 12.까지의 어느 하나에 해당하는 물질을 포함한 혼합물(포함된 중량의 비율이 1퍼센트 이하인 것은 제외한다)
14. 5.의 물질을 포함한 혼합물(포함된 중량의 비율이 0.5퍼센트 이하인 것은 제외한다)
15. 그 밖에 보건상 해로운 물질로서 산업재해보상보험및예방심의위원회의 심의를 거쳐 고용노동부장관이 정하는 유해물질

정답 4 ③ 5 ⑤ 6 ②

7. 산업안전보건법령상 중대재해에 속하는 경우를 모두 고른 것은?

㉠ 사망자가 1명 발생한 재해
㉡ 3개월 이상의 요양이 필요한 부상자가 동시에 2명 발생한 재해
㉢ 부상자가 동시에 5명 발생한 재해
㉣ 직업성 질병자가 동시에 10명 발생한 재해

① ㉠
② ㉡, ㉢
③ ㉢, ㉣
④ ㉠, ㉡, ㉣
⑤ ㉠, ㉡, ㉢, ㉣

해설 중대재해의 범위(규칙 제3조)
1. 사망자가 1명 이상 발생한 재해
2. 3개월 이상의 요양이 필요한 부상자가 동시에 2명 이상 발생한 재해
3. 부상자 또는 직업성 질병자가 동시에 10명 이상 발생한 재해

8. 산업안전보건법령상 안전인증에 관한 설명으로 옳은 것은?

① 안전인증 심사 중 유해·위험기계등이 서면심사 내용과 일치하는지와 유해·위험기계등의 안전에 관한 성능이 안전인증기준에 적합한지에 대한 심사는 기술능력 및 생산체계 심사에 해당한다.
② 거짓이나 그 밖의 부정한 방법으로 안전인증을 받은 사유로 안전인증이 취소된 자는 안전인증이 취소된 날부터 3년 이내에는 취소된 유해·위험기계등에 대하여 안전인증을 신청할 수 없다.
③ 크레인, 리프트, 곤돌라는 설치·이전하는 경우뿐만 아니라 주요 구조 부분을 변경하는 경우에도 안전인증을 받아야 한다.
④ 안전인증기관은 안전인증을 받은 자가 최근 2년 동안 안전인증표시의 사용금지를 받은 사실이 없는 경우에는 안전인증기준을 지키고 있는지를 3년에 1회 이상 확인해야 한다.
⑤ 안전인증대상기계등이 아닌 유해·위험기계등을 제조하는 자는 그 유해·위험기계등의 안전에 관한 성능을 평가받기 위하여 고용노동부장관에게 안전인증을 신청할 수 없다.

해설 ③ 유해·위험기계등 중 근로자의 안전 및 보건에 위해를 미칠 수 있다고 인정되어 대통령령으로 정하는 것(안전인증대상기계등(크레인, 리프트, 곤돌라 등))을 제조하거나 수입하는 자(고용노동부령으로 정하는 안전인증대상기계등을 설치·이전하거나 주요 구조 부분을 변경하는 자를 포함한다.)는 안전인증대상기계등이 안전인증기준에 맞는지에 대하여 고용노동부장관이 실시하는 안전인증을 받아야 한다.
① 안전인증 심사 중 유해·위험기계등이 서면심사 내용과 일치하는지와 유해·위험기계등의 안전에 관한 성능이 안전인증기준에 적합한지에 대한 심사는 제품심사에 해당한다(규칙 제110조 제1항 제4호).
② 안전인증이 취소된 자는 안전인증이 취소된 날부터 1년 이내에는 취소된 유해·위험기계등에 대하여 안전인증을 신청할 수 없다(법 제86조 제3항).

④ 안전인증기관은 안전인증을 받은 자가 안전인증기준을 지키고 있는지를 2년에 1회 이상 확인해야 한다(규칙 제111조 제2항).
⑤ 안전인증대상기계등이 아닌 유해·위험기계등을 제조하거나 수입하는 자가 그 유해·위험기계등의 안전에 관한 성능 등을 평가받으려면 고용노동부장관에게 안전인증을 신청할 수 있다(법 제84조 제3항).

9. 산업안전보건법령상 상시근로자 1000명인 A회사(「상법」 제170조에 따른 주식회사)의 대표이사 甲이 수립해야 하는 회사의 안전 및 보건에 관한 계획에 포함되어야 하는 내용이 아닌 것은?

① 안전 및 보건에 관한 경영방침
② 안전·보건관리 업무 위탁에 관한 사항
③ 안전·보건관리 조직의 구성·인원 및 역할
④ 안전·보건 관련 예산 및 시설 현황
⑤ 안전 및 보건에 관한 전년도 활동실적 및 다음 연도 활동계획

해설 안전 및 보건에 관한 계획에 포함되어야 하는 내용(영 제13조 제2항)
1. 안전 및 보건에 관한 경영방침
2. 안전·보건관리 조직의 구성·인원 및 역할
3. 안전·보건 관련 예산 및 시설 현황
4. 안전 및 보건에 관한 전년도 활동실적 및 다음 연도 활동계획

10. 산업안전보건법령상 안전관리전문기관에 대해 그 지정을 취소하여야 하는 경우는?

① 업무정지 기간 중에 업무를 수행한 경우
② 안전관리 업무 관련 서류를 거짓으로 작성한 경우
③ 정당한 사유 없이 안전관리 업무의 수탁을 거부한 경우
④ 안전관리 업무 수행과 관련한 대가 외에 금품을 받은 경우
⑤ 법에 따른 관계 공무원의 지도·감독을 거부·방해 또는 기피한 경우

해설 고용노동부장관은 안전관리전문기관 또는 보건관리전문기관이 다음의 어느 하나에 해당할 때에는 그 지정을 취소하거나 6개월 이내의 기간을 정하여 그 업무의 정지를 명할 수 있다. 다만, 1. 또는 2.에 해당할 때에는 그 지정을 취소하여야 한다(법 제21조 제4항).
1. 거짓이나 그 밖의 부정한 방법으로 지정을 받은 경우
2. 업무정지 기간 중에 업무를 수행한 경우
3. 지정 요건을 충족하지 못한 경우
4. 지정받은 사항을 위반하여 업무를 수행한 경우
5. 그 밖에 대통령령으로 정하는 사유에 해당하는 경우

정답 7 ④   8 ③   9 ②   10 ①

11. 산업안전보건법령상 통합공표 대상 사업장 등에 관한 내용이다. (   )에 들어갈 사업으로 옳지 않은 것은?

> 고용노동부장관이 도급인의 사업장에서 관계수급인 근로자가 작업을 하는 경우에 도급인의 산업재해발생건수등에 관계수급인의 산업재해발생건수등을 포함하여 공표하여야 하는 사업장이란 (   )에 해당하는 사업이 이루어지는 사업장으로서 도급인이 사용하는 상시근로자 수가 500명 이상이고 도급인 사업장의 사고사망만인율보다 관계수급인의 근로자를 포함하여 산출한 사고사망만인율이 높은 사업장을 말한다. 단, 여기서 사고사망만인율은 질병으로 인한 사망재해자를 제외하고 산출한 사망만인율을 말한다.

① 제조업
② 철도운송업
③ 도시철도운송업
④ 도시가스업
⑤ 전기업

해설 고용노동부장관은 도급인의 사업장(도급인이 제공하거나 지정한 경우로서 도급인이 지배·관리하는 대통령령으로 정하는 장소를 포함한다.) 중 다음 제조업, 철도운송업, 도시철도운송업, 전기업의 어느 하나에 해당하는 사업이 이루어지는 사업장으로서 도급인이 사용하는 상시근로자 수가 500명 이상이고 도급인 사업장의 사고사망만인율(질병으로 인한 사망재해자를 제외하고 산출한 사망만인율을 말한다.)보다 관계수급인의 근로자를 포함하여 산출한 사고사망만인율이 높은 사업장에서 관계수급인 근로자가 작업을 하는 경우에 도급인의 산업재해발생건수등에 관계수급인의 산업재해발생건수등을 포함하여 공표하여야 한다(법 제10조 제2항, 영제12조).

12. 산업안전보건법령상 자율안전확인의 신고에 관한 설명으로 옳지 않은 것은?
① 자율안전확인대상기계등을 제조하는 자가 「산업표준화법」 제15조에 따른 인증을 받은 경우 고용노동부장관은 자율안전확인신고를 면제할 수 있다.
② 산업용 로봇, 혼합기, 파쇄기, 컨베이어는 자율안전확인대상기계등에 해당한다.
③ 자율안전확인대상기계등을 수입하는 자로서 자율안전확인신고를 하여야 하는 자는 수입하기 전에 신고서에 제품의 설명서, 자율안전확인대상기계등의 자율안전기준을 충족함을 증명하는 서류를 첨부하여 한국산업안전보건공단에 제출해야 한다.
④ 자율안전확인의 표시를 하는 경우 인체에 상해를 입힐 우려가 있는 재질이나 표면이 거친 재질을 사용해서는 안 된다.
⑤ 고용노동부장관은 신고된 자율안전확인대상기계등의 안전에 관한 성능이 자율안전기준에 맞지 아니하게 된 경우 신고한 자에게 1년 이내의 기간을 정하여 자율안전기준에 맞게 시정하도록 명할 수 있다.

해설 ⑤ 고용노동부장관은 신고된 자율안전확인대상기계등의 안전에 관한 성능이 자율안전기준에 맞지 아니하게 된 경우에는 신고한 자에게 6개월 이내의 기간을 정하여 자율안전확인표시의 사용을 금지하거나 자율안전기준에 맞게 시정하도록 명할 수 있다(법 제91조 제1항).
① 자율안전확인대상기계등을 제조하는 자가 「산업표준화법」 제15조에 따른 인증을 받은 경우 고용노동부장관은 자율안전확인신고를 면제할 수 있다(규칙 제119조 제2호).
② 산업용 로봇, 혼합기, 파쇄기, 컨베이어는 자율안전확인대상기계등에 해당한다(영 제77조 제1항 제1호).
③ 자율안전확인대상기계등을 수입하는 자로서 자율안전확인신고를 하여야 하는 자는 수입하기 전에 신고서에 제품의 설명서, 자율안전확인대상기계등의 자율안전기준을 충족함을 증명하는 서류를 첨부하여 한국산업안전보건공단에 제출해야 한다(규칙 제130조 제1항).
④ 자율안전확인의 표시를 하는 경우 인체에 상해를 입힐 우려가 있는 재질이나 표면이 거친 재질을 사용해서는 안 된다(규칙 별표 14).

13. 산업안전보건법령상 공정안전보고서에 포함되어야 하는 사항을 모두 고른 것은?

㉠ 공정위험성 평가서	㉡ 안전운전계획
㉢ 비상조치계획	㉣ 공정안전자료

① ㉠
② ㉡, ㉣
③ ㉢, ㉣
④ ㉠, ㉡, ㉢
⑤ ㉠, ㉡, ㉢, ㉣

해설 공정안전보고서에 포함되어야 하는 사항(영 제44조 제1항)
1. 공정안전자료
2. 공정위험성 평가서
3. 안전운전계획
4. 비상조치계획
5. 그 밖에 공정상의 안전과 관련하여 고용노동부장관이 필요하다고 인정하여 고시하는 사항

14. 산업안전보건법령상 사업장의 상시근로자 수가 50명인 경우에 산업안전보건위원회를 구성해야 할 사업은?

① 컴퓨터 프로그래밍, 시스템 통합 및 관리업
② 소프트웨어 개발 및 공급업
③ 비금속 광물제품 제조업
④ 정보서비스업
⑤ 금융 및 보험업

정답 11 ④ 12 ⑤ 13 ⑤ 14 ③

해설 산업안전보건위원회를 구성해야 할 사업의 종류 및 사업장의 상시근로자(영 별표 9)

사업의 종류	사업장의 상시근로자 수
1. 토사석 광업 2. 목재 및 나무제품 제조업; 가구제외 3. 화학물질 및 화학제품 제조업; 의약품 제외(세제, 화장품 및 광택제 제조업과 화학섬유 제조업은 제외한다) 4. 비금속 광물제품 제조업 5. 1차 금속 제조업 6. 금속가공제품 제조업; 기계 및 가구 제외 7. 자동차 및 트레일러 제조업 8. 기타 기계 및 장비 제조업(사무용 기계 및 장비 제조업은 제외한다) 9. 기타 운송장비 제조업(전투용 차량 제조업은 제외한다)	상시근로자 50명 이상
10. 농업 11. 어업 12. 소프트웨어 개발 및 공급업 13. 컴퓨터 프로그래밍, 시스템 통합 및 관리업 14. 정보서비스업 15. 금융 및 보험업 16. 임대업; 부동산 제외 17. 전문, 과학 및 기술 서비스업(연구개발업은 제외한다) 18. 사업지원 서비스업 19. 사회복지 서비스업	상시근로자 300명 이상
20. 건설업	공사금액 120억원 이상(「건설산업기본법 시행령」 별표 1의 종합공사를 시공하는 업종의 건설업종란 제1호에 따른 토목공사업의 경우에는 150억원 이상)
21. 제1호부터 제20호까지의 사업을 제외한 사업	상시근로자 100명 이상

15. 산업안전보건법령상 사업주가 관리감독자에게 수행하게 하여야 하는 산업안전 및 보건에 관한 업무로 명시되지 않은 것은?

① 산업재해에 관한 통계의 기록 및 유지에 관한 사항
② 사업장 내 관리감독자가 지휘·감독하는 작업과 관련된 기계·기구 또는 설비의 안전·보건 점검 및 이상 유무의 확인
③ 관리감독자에게 소속된 근로자의 작업복·보호구 및 방호장치의 점검과 그 착용·사용에 관한 교육·지도
④ 해당작업에서 발생한 산업재해에 관한 보고 및 이에 대한 응급조치
⑤ 해당작업의 작업장 정리·정돈 및 통로 확보에 대한 확인·감독

해설 사업주가 관리감독자에게 수행하게 하여야 하는 산업안전 및 보건에 관한 업무(영 제15조 제1항)
1. 사업장 내 관리감독자가 지휘·감독하는 작업과 관련된 기계·기구 또는 설비의 안전·보건 점검 및 이상 유무의 확인
2. 관리감독자에게 소속된 근로자의 작업복·보호구 및 방호장치의 점검과 그 착용·사용에 관한 교육·지도
3. 해당작업에서 발생한 산업재해에 관한 보고 및 이에 대한 응급조치
4. 해당작업의 작업장 정리·정돈 및 통로 확보에 대한 확인·감독
5. 사업장의 다음의 어느 하나에 해당하는 사람의 지도·조언에 대한 협조
   ㉠ 안전관리자 또는 안전관리자의 업무를 안전관리전문기관에 위탁한 사업장의 경우에는 그 안전관리전문기관의 해당 사업장 담당자
   ㉡ 보건관리자 또는 보건관리자의 업무를 보건관리전문기관에 위탁한 사업장의 경우에는 그 보건관리전문기관의 해당 사업장 담당자
   ㉢ 안전보건관리담당자 또는 안전보건관리담당자의 업무를 안전관리전문기관 또는 보건관리전문기관에 위탁한 사업장의 경우에는 그 안전관리전문기관 또는 보건관리전문기관의 해당 사업장 담당자
   ㉣ 산업보건의
6. 위험성평가에 관한 다음의 업무
   ㉠ 유해·위험요인의 파악에 대한 참여
   ㉡ 개선조치의 시행에 대한 참여
7. 그 밖에 해당작업의 안전 및 보건에 관한 사항으로서 고용노동부령으로 정하는 사항

16. 산업안전보건법령상 도급승인 대상 작업에 관한 것으로 "급성 독성, 피부부식성 등이 있는 물질의 취급 등 대통령령으로 정하는 작업"에 관한 내용이다. ( )에 들어갈 내용을 순서대로 옳게 나열한 것은?

> ○ 중량비율 (㉠)퍼센트 이상의 황산, 불화수소, 질산 또는 염화수소를 취급하는 설비를 개조·분해·해체·철거하는 작업 또는 해당 설비의 내부에서 이루어지는 작업. 다만, 도급인이 해당 화학물질을 모두 제거한 후 증명자료를 첨부하여 (㉡)에게 신고한 경우는 제외한다.
> ○ 그 밖에 「산업재해보상보험법」 제8조 제1항에 따른 (㉢)의 심의를 거쳐 고용노동부장관이 정하는 작업

① ㉠ : 1, ㉡ : 고용노동부장관, ㉢ : 산업재해보상보험및예방심의위원회
② ㉠ : 1, ㉡ : 한국산업안전보건공단 이사장, ㉢ : 산업재해보상보험및예방심의위원회
③ ㉠ : 2, ㉡ : 고용노동부장관, ㉢ : 산업재해보상보험및예방심의위원회
④ ㉠ : 2, ㉡ : 지방고용노동관서의 장, ㉢ : 산업안전보건심의위원회
⑤ ㉠ : 3, ㉡ : 고용노동부장관, ㉢ : 산업안전보건심의위원회

해설 급성 독성, 피부 부식성 등이 있는 물질의 취급 등 대통령령으로 정하는 작업(영 제51조)
1. 중량비율 1퍼센트 이상의 황산, 불화수소, 질산 또는 염화수소를 취급하는 설비를 개조·분해·해체·철거하는 작업 또는 해당 설비의 내부에서 이루어지는 작업. 다만, 도급인이 해당 화학물질을 모두 제거한 후 증명자료를 첨부하여 고용노동부장관에게 신고한 경우는 제외한다.
2. 그 밖에 「산업재해보상보험법」 제8조 제1항에 따른 산업재해보상보험및예방심의위원회의 심의를 거쳐 고용노동부장관이 정하는 작업

정답 15 ① 16 ①

17. 산업안전보건법령상 보건관리자에 관한 설명으로 옳지 않은 것은?

① 상시근로자 300명 이상을 사용하는 사업장의 사업주는 보건관리자에게 그 업무만을 전담하도록 하여야 한다.
② 안전인증대상기계등과 자율안전확인대상기계등 중 보건과 관련된 보호구(保護具) 구입 시 적격품 선정에 관한 보좌 및 지도·조언은 보건관리자의 업무에 해당한다.
③ 외딴곳으로서 고용노동부장관이 정하는 지역에 있는 사업장의 사업주는 보건관리전문기관에 보건관리자의 업무를 위탁할 수 있다.
④ 보건관리자의 업무를 위탁할 수 있는 보건관리전문기관은 지역별 보건관리전문기관과 업종별·유해인자별 보건관리전문기관으로 구분한다.
⑤ 「의료법」에 따른 간호사는 보건관리자가 될 수 없다.

해설 보건관리자의 자격(영 별표 6)
1. 산업보건지도사 자격을 가진 사람
2. 「의료법」에 따른 의사
3. 「의료법」에 따른 간호사
4. 「국가기술자격법」에 따른 산업위생관리산업기사 또는 대기환경산업기사 이상의 자격을 취득한 사람
5. 「국가기술자격법」에 따른 인간공학기사 이상의 자격을 취득한 사람
6. 「고등교육법」에 따른 전문대학 이상의 학교에서 산업보건 또는 산업위생 분야의 학위를 취득한 사람(법령에 따라 이와 같은 수준 이상의 학력이 있다고 인정되는 사람을 포함한다)

18. 산업안전보건법령상 안전보건관리규정(이하 "규정"이라 함)에 관한 설명으로 옳은 것은?

① 안전 및 보건에 관한 관리조직은 규정에 포함되어야 하는 사항이 아니다.
② 규정 중 취업규칙에 반하는 부분에 관하여는 규정으로 정한 기준이 취업규칙에 우선하여 적용된다.
③ 산업안전보건위원회가 설치되어 있지 아니한 사업장의 사업주가 규정을 작성할 때에는 지방고용노동관서의 장의 승인을 받아야 한다.
④ 사업주가 규정을 작성할 때에는 산업안전보건위원회의 심의·의결을 거쳐야 하나, 변경할 때에는 심의만 거치면 된다.
⑤ 규정을 작성해야 하는 사업의 사업주는 규정을 작성해야 할 사유가 발생한 날부터 30일 이내에 작성해야 한다.

해설 ⑤ 사업의 사업주는 안전보건관리규정을 작성해야 할 사유가 발생한 날부터 30일 이내에 별표 3의 내용을 포함한 안전보건관리규정을 작성해야 한다. 이를 변경할 사유가 발생한 경우에도 또한 같다(규칙 제25조 제2항).
① 안전 및 보건에 관한 관리조직은 안전보건관리규정에 포함되어야 한다(법 제25조 제1항 제1호).
② 안전보건관리규정은 단체협약 또는 취업규칙에 반할 수 없다. 이 경우 안전보건관리규정 중 단체협약 또는 취업규칙에 반하는 부분에 관하여는 그 단체협약 또는 취업규칙으로 정한 기준에 따른다(법 제25조 제2항).
③, ④ 사업주는 안전보건관리규정을 작성하거나 변경할 때에는 산업안전보건위원회의 심의·의결을 거쳐야 한다. 다만, 산업안전보건위원회가 설치되어 있지 아니한 사업장의 경우에는 근로자대표의 동의를 받아야 한다(법 제26조).

19. 산업안전보건법령상 고용노동부장관이 안전관리전문기관 또는 보건관리전문기관의 지정을 취소하거나 6개월 이내의 기간을 정하여 그 업무의 정지를 명할 수 있도록 하는 규정이 준용되는 기관이 아닌 것은?

① 안전보건교육기관
② 안전보건진단기관
③ 건설재해예방전문지도기관
④ 역학조사 실시 업무를 위탁받은 기관
⑤ 석면조사기관

해설 건설재해예방전문지도기관에 관하여는 제21조 제4항(고용노동부장관이 안전관리전문기관 또는 보건관리전문기관의 지정을 취소하거나 6개월 이내의 기간을 정하여 그 업무의 정지를 명할 수 있도록 하는 규정) 및 제5항을 준용한다. 이 경우 "안전관리전문기관 또는 보건관리전문기관"은 "건설재해예방전문지도기관"으로 본다(법 제74조 제4항). 석면조사기관에 관하여는 제21조 제4항(고용노동부장관이 안전관리전문기관 또는 보건관리전문기관의 지정을 취소하거나 6개월 이내의 기간을 정하여 그 업무의 정지를 명할 수 있도록 하는 규정) 및 제5항을 준용한다. 이 경우 "안전관리전문기관 또는 보건관리전문기관"은 "석면조사기관"으로 본다(법 제120조 제5항).

20. 산업안전보건법령상 사업주가 작업환경측정을 할 때 지켜야 할 사항으로 옳은 것을 모두 고른 것은?

> ㉠ 작업환경측정을 하기 전에 예비조사를 할 것
> ㉡ 일출 후 일몰 전에 실시할 것
> ㉢ 모든 측정은 지역 시료채취방법으로 하되, 지역 시료채취방법이 곤란한 경우에는 개인 시료채취방법으로 실시할 것
> ㉣ 작업환경측정기관에 위탁하여 실시하는 경우에는 해당 작업환경측정기관에 공정별 작업내용, 화학물질의 사용실태 및 물질안전보건자료 등 작업환경측정에 필요한 정보를 제공할 것

① ㉠, ㉣
② ㉡, ㉢
③ ㉢, ㉣
④ ㉠, ㉡, ㉣
⑤ ㉠, ㉡, ㉢, ㉣

해설 사업주가 작업환경측정을 할 때 지켜야 할 사항(규칙 제189조 제1항)
1. 작업환경측정을 하기 전에 예비조사를 할 것
2. 작업이 정상적으로 이루어져 작업시간과 유해인자에 대한 근로자의 노출 정도를 정확히 평가할 수 있을 때 실시할 것
3. 모든 측정은 개인 시료채취방법으로 하되, 개인 시료채취방법이 곤란한 경우에는 지역 시료채취방법으로 실시할 것. 이 경우 그 사유를 작업환경측정 결과표에 분명하게 밝혀야 한다.
4. 작업환경측정기관에 위탁하여 실시하는 경우에는 해당 작업환경측정기관에 공정별 작업내용, 화학물질의 사용실태 및 물질안전보건자료 등 작업환경측정에 필요한 정보를 제공할 것

정답 17 ⑤ 18 ⑤ 19 ④ 20 ①

21. 산업안전보건법령상 같은 유해인자에 노출되는 근로자들에게 유사한 질병의 증상이 발생한 경우에 고용노동부장관은 근로자의 건강을 보호하기 위하여 사업주에게 특정 근로자에 대해 건강진단을 실시할 것을 명할 수 있다. 이에 해당하는 건강진단은?
    ① 일반건강진단
    ② 특수건강진단
    ③ 배치전건강진단
    ④ 임시건강진단
    ⑤ 수시건강진단

    해설 고용노동부장관은 같은 유해인자에 노출되는 근로자들에게 유사한 질병의 증상이 발생한 경우 등 고용노동부령으로 정하는 경우에는 근로자의 건강을 보호하기 위하여 사업주에게 특정 근로자에 대한 건강진단(임시건강진단)의 실시나 작업전환, 그 밖에 필요한 조치를 명할 수 있다(법 제131조 제1항).

22. 산업안전보건법령상 유해성·위험성 조사 제외 화학물질로 규정되어 있지 않은 것은? (단, 고용노동부장관이 공표하거나 고시하는 물질은 고려하지 않음)
    ① 「의료기기법」제2조 제1항에 따른 의료기기
    ② 「약사법」제2조 제4호 및 제7호에 따른 의약품 및 의약외품(醫藥外品)
    ③ 「건강기능식품에 관한 법률」제3조 제1호에 따른 건강기능식품
    ④ 「첨단재생의료 및 첨단바이오의약품 안전 및 지원에 관한 법률」제2조 제5호에 따른 첨단바이오의약품
    ⑤ 천연으로 산출된 화학물질

    해설 유해성·위험성 조사 제외 화학물질(영 제85조)
    1. 원소
    2. 천연으로 산출된 화학물질
    3. 「건강기능식품에 관한 법률」제3조 제1호에 따른 건강기능식품
    4. 「군수품관리법」제2조 및 「방위사업법」제3조 제2호에 따른 군수품[「군수품관리법」제3조에 따른 통상품(痛常品)은 제외한다]
    5. 「농약관리법」제2조 제1호 및 제3호에 따른 농약 및 원제
    6. 「마약류 관리에 관한 법률」제2조 제1호에 따른 마약류
    7. 「비료관리법」제2조 제1호에 따른 비료
    8. 「사료관리법」제2조 제1호에 따른 사료
    9. 「생활화학제품 및 살생물제의 안전관리에 관한 법률」제3조제7호 및 제8호에 따른 살생물질 및 살생물제품
    10. 「식품위생법」제2조 제1호 및 제2호에 따른 식품 및 식품첨가물
    11. 「약사법」제2조 제4호 및 제7호에 따른 의약품 및 의약외품(醫藥外品)
    12. 「원자력안전법」제2조 제5호에 따른 방사성물질
    13. 「위생용품 관리법」제2조 제1호에 따른 위생용품
    14. 「의료기기법」제2조 제1항에 따른 의료기기
    15. 「총포·도검·화약류 등의 안전관리에 관한 법률」제2조제3항에 따른 화약류
    16. 「화장품법」제2조 제1호에 따른 화장품과 화장품에 사용하는 원료
    17. 고용노동부장관이 명칭, 유해성·위험성, 근로자의 건강장해 예방을 위한 조치 사항 및 연간 제조량·수입량을 공표한 물질로서 공표된 연간 제조량·수입량 이하로 제조하거나 수입한 물질
    18. 고용노동부장관이 환경부장관과 협의하여 고시하는 화학물질 목록에 기록되어 있는 물질

23. 산업안전보건법령상 작업환경측정 또는 건강진단의 실시 결과만으로 직업성질환에 걸렸는지를 판단하기 곤란한 근로자의 질병에 대하여 한국산업안전보건공단에 역학조사를 요청할 수 있는 자로 규정되어 있지 않은 자는?
    ① 사업주
    ② 근로자대표
    ③ 보건관리자
    ④ 건강진단기관의 의사
    ⑤ 산업안전보건위원회의 위원장

    해설 작업환경측정 또는 건강진단의 실시 결과만으로 직업성 질환에 걸렸는지를 판단하기 곤란한 근로자의 질병에 대하여 사업주·근로자대표·보건관리자(보건관리전문기관을 포함한다) 또는 건강진단기관의 의사가 역학조사를 요청하는 경우 할 수 있다(규칙 제222조 제1항 제1호).

24. 산업안전보건법령상 징역 또는 벌금에 처해질 수 있는 자는?
    ① 작업환경측정 결과를 해당 작업장 근로자에게 알리지 아니한 사업주
    ② 등록하지 아니하고 타워크레인을 설치·해체한 자
    ③ 석면이 포함된 건축물이나 설비를 철거하거나 해체하면서 고용노동부령으로 정하는 석면해체·제거의 작업기준을 준수하지 아니한 자
    ④ 역학조사 참석이 허용된 사람의 역학조사 참석을 방해한 자
    ⑤ 물질안전보건자료대상물질을 양도하면서 이를 양도받는 자에게 물질안전보건자료를 제공하지 아니한 자

    해설 석면이 포함된 건축물이나 설비를 철거하거나 해체하면서 고용노동부령으로 정하는 석면해체·제거의 작업기준을 준수하지 아니한 자에 대하여 3년 이하의 징역 또는 3천만원 이하의 벌금에 처한다(법 제169조 제1호).

25. 산업안전보건법령상 근로의 금지 및 제한에 관한 설명으로 옳은 것은?
    ① 사업주가 잠수 작업에 종사하는 근로자에게 1일 6시간, 1주 36시간 근로하게 하는 것은 허용된다.
    ② 사업주는 알코올중독의 질병이 있는 근로자를 고기압 업무에 종사하도록 해서는 안 된다.
    ③ 사업주가 조현병에 걸린 사람에 대해 근로를 금지하는 경우에는 미리 보건관리자(의사가 아닌 보건관리자 포함), 산업보건의 또는 건강검진을 실시한 의사의 의견을 들어야 한다.
    ④ 사업주는 마비성 치매에 걸릴 우려가 있는 사람에 대해 근로를 금지해야 한다.
    ⑤ 사업주는 전염될 우려가 있는 질병에 걸린 사람이 있는 경우 전염을 예방하기 위한 조치를 한 후에도 그 사람의 근로를 금지해야 한다.

정답 21 ④ 22 ④ 23 ⑤ 24 ③ 25 ②

해설 ② 사업주는 알코올중독의 질병이 있는 근로자를 고기압 업무에 종사하도록 해서는 안 된다(규칙 221조 제2항).
① 사업주는 유해하거나 위험한 작업으로서 잠함 또는 잠수 작업 등 높은 기압에서 하는 작업에 종사하는 근로자에게는 1일 6시간, 1주 34시간을 초과하여 근로하게 해서는 아니 된다(법 제139조 제1항).
③, ④ 사업주는 조현병, 마비성 치매에 걸린 사람은 근로를 금지해야 한다(규칙 제220조 제1항 제2호).
⑤ 사업주는 전염될 우려가 있는 질병에 걸린 사람은 근로를 금지해야 한다. 다만, 전염을 예방하기 위한 조치를 한 경우는 제외한다(규칙 제220조 제1항 제1호).

산업안전 일반

26. 리스크 관리의 용어 정의에 관한 지침에서 "가능성과 결과에 대한 범위를 구분하여 리스크 등급을 표시하고, 리스크 우선순위를 정하기 위한 도구"로 정의되는 용어는?

① 리스크 통합(Risk aggregation)
② 리스크 프로파일(Risk profile)
③ 리스크 수준 판정(Risk evaluation)
④ 리스크 기준(Risk criteria)
⑤ 리스크 매트릭스(Risk matrix)

해설 ⑤ 리스크 매트릭스(Risk matrix)이라 함은 가능성과 결과에 대한 범위를 구분하여 리스크 등급을 표시하고, 리스크 우선순위를 정하기 위한 도구를 말한다.
① 리스크 통합(Risk aggregation) : 전체 리스크 수준을 이해하기 위해 다수의 리스크를 하나의 리스크로 통합시키는 것을 말한다.
② 리스크 프로파일(Risk profile) : 조직 또는 단체에서 관리 대상이 되는 리스크의 우선순위 및 그에 관한 설명을 말한다
③ 리스크 수준 판정(Risk evaluation) : 리스크 또는 리스크 경감이 수용할만한 수준인지 결정하기 위하여 주어진 리스크 기준과 리스크 분석의 결과를 비교하는 과정을 말한다. 리스크 수준 판정은 리스크 처리 결정을 위해 보조적으로 활용된다.
④ 리스크 기준(Risk criteria) : 리스크의 유의성(Significance)을 판단하기 위한 기준 항목을 말한다.

27. 안전교육의 단계별 과정 중 태도교육의 내용이 아닌 것은?

① 작업동작 및 표준작업방법의 습관화
② 공구 · 보호구 등의 관리 및 취급태도의 확립
③ 작업 전후 점검 및 검사요령의 정확화 및 습관화
④ 작업지시 · 전달 등의 언어 · 태도의 정확화 및 습관화
⑤ 작업에 필요한 안전규정 숙지

해설 태도교육은 안전지식, 안전기능교육의 성과를 특히 체득시켜서 어떠한 경우에도 불안전행동을 취하지 않는 태도로 육성하기 위한 개인교육으로 작업에 필요한 안전규정 숙지는 지식교육에 해당한다.

28. 학습지도원리에 해당하지 않는 것은?
   ① 자발성의 원리
   ② 개별화의 원리
   ③ 사회화의 원리
   ④ 도미노 이론의 원리
   ⑤ 직관의 원리

   > 해설 학습지도원리 : 개별화의 원리, 사회화의 원리, 자발성의 원리, 직관의 원리, 통합성의 원리, 목적의 원리, 과학성의 원리

29. 산업안전보건법령상 안전보건교육에서 다음 작업의 특별교육 교육내용이 아닌 것은? (단, 그 밖에 안전·보건관리에 필요한 사항은 고려하지 않는다.)

   작업명 : 동력에 의하여 작동되는 프레스기계를 5대 이상 보유한 사업장에서 해당 기계로 하는 작업

   ① 프레스의 특성과 위험성에 관한 사항
   ② 방호장치 종류와 취급에 관한 사항
   ③ 안전작업방법에 관한 사항
   ④ 국소배기장치 및 안전설비에 관한 사항
   ⑤ 프레스 안전기준에 관한 사항

   > 해설 동력에 의하여 작동되는 프레스기계를 5대 이상 보유한 사업장에서 해당 기계로 하는 작업(규칙 별표 5)
   ○ 프레스의 특성과 위험성에 관한 사항
   ○ 방호장치 종류와 취급에 관한 사항
   ○ 안전작업방법에 관한 사항
   ○ 프레스 안전기준에 관한 사항
   ○ 그 밖에 안전·보건관리에 필요한 사항

30. OJT(on the job training)에 비하여 Off JT(off the job training)의 장점으로 옳은 것을 모두 고른 것은?

   ㉠ 다수의 근로자에게 조직적 훈련이 가능하다.
   ㉡ 개개인에 적합한 지도훈련이 가능하다.
   ㉢ 훈련에만 전념할 수 있다.
   ㉣ 전문가를 강사로 초청할 수 있다.

   ① ㉠, ㉡
   ② ㉡, ㉢
   ③ ㉠, ㉢, ㉣
   ④ ㉡, ㉢, ㉣
   ⑤ ㉠, ㉡, ㉢, ㉣

정답 26 ⑤ 27 ⑤ 28 ④ 29 ④ 30 ③

해설 Off JT(off the job training)의 장점
1. 한번에 다수를 대상으로 일괄적·조직적으로 교육할 수 있다.
2. 전문가를 강사로 초청할 수 있다.
3. 교육기자재 및 특별교재나 시설을 활용할 수 있다.
4. 업무와 분리되어 훈련에만 전념할 수 있다.
5. 다른 분야 및 다른 직장의 경험이나 지식을 교환할 수 있다.
6. 교육목표를 위하여 집단적으로 협력과 협조가 가능하다.
7. 원리, 개념, 이론교육에 적합하다.

31. 사업장 위험성평가에 관한 지침에서 사업주는 위험성평가를 효과적으로 실시하기 위하여 위험성평가 실시규정을 작성하고 관리하여야 한다. 이때 실시규정에 포함되어야 할 사항이 아닌 것은?

① 평가의 목적 및 방법
② 인정심사위원회의 구성·운영
③ 평가담당자 및 책임자의 역할
④ 평가시기 및 절차
⑤ 주지방법 및 유의사항

해설 실시규정에 포함되어야 할 사항(사업장 위험성평가에 관한 지침 제9조 제1항)
1. 평가의 목적 및 방법
2. 평가담당자 및 책임자의 역할
3. 평가시기 및 절차
4. 주지방법 및 유의사항
5. 결과의 기록·보존

32. 산업안전보건법령상 고용노동부장관이 사업주에게 안전보건진단을 받아 안전보건개선계획을 수립하여 시행할 것을 명할 수 있는 사업장으로 옳지 않은 것은?

① 산업재해율이 같은 업종 평균 산업재해율의 1.5배인 사업장
② 사업주가 필요한 안전조치를 이행하지 아니하여 중대재해가 발생한 사업장
③ 직업성 질병자가 연간 2명 발생한 상시근로자 900명인 사업장
④ 직업성 질병자가 연간 3명 발생한 상시근로자 1,500명인 사업장
⑤ 작업환경 불량, 화재·폭발 또는 누출 사고 등으로 사업장 주변까지 피해가 확산된 사업장으로서 고용노동부령으로 정하는 사업장

해설 안전보건개선계획을 수립하여 시행할 것을 명할 수 있는 사업장(법 제49조 제1항)
1. 산업재해율이 같은 업종의 규모별 평균 산업재해율보다 높은 사업장
2. 사업주가 필요한 안전조치 또는 보건조치를 이행하지 아니하여 중대재해가 발생한 사업장
3. 직업성 질병자가 연간 2명 이상의 직업성 질병자가 발생한 사업장
4. 유해인자의 노출기준을 초과한 사업장

33. 작업장의 도구, 부품, 조종장치 배치에서 작업의 효율성 향상을 위해 적용하는 원리가 아닌 것은?

   ① 일관성 원리
   ② 중요도 원리
   ③ 독창성 원리
   ④ 사용 순서의 원리
   ⑤ 사용 빈도의 원리

   해설 작업장에서 공간배치의 원리 : 중요도 원리, 사용 빈도의 원리, 사용 순서의 원리, 일관성 원리, 양립성의 원리, 기능성의 원리, 혼잡선 회피원리

34. 인간-기계 시스템에서 표시장치(display)와 조종장치(control)의 설계에 관한 내용으로 옳지 않은 것은?

   ① 작업자의 즉각적 행동이 필요한 경우에 청각적 표시장치가 시각적 표시장치보다 유리하다.
   ② 330m 이상 정도의 장거리에 신호를 전달하고자 할 때는 청각 신호의 주파수를 1,000Hz 이하로 하는 것이 좋다.
   ③ 광삼현상으로 인해 음각(검은 바탕의 흰 글씨)의 글자 획폭(stroke width)은 양각(흰 바탕의 검은 글씨)보다 작은 값이 권장된다.
   ④ 조종-반응 비(C/R 비)가 작을수록 조종장치와 표시장치의 민감도가 낮아져 미세조종에 유리하다.
   ⑤ 공간적 양립성은 표시장치와 조종장치의 배치와 관련된다.

   해설 ④ 조종-반응 비(C/R 비)가 작을수록 이동시간이 최소화되고 원하는 위치에 갖다놓기 힘들다.
   ① 청각적 표시장치는 즉각적인 행동이 필요한 경우에 적합하다.
   ② 330m 이상 정도의 장거리에 신호를 전달하고자 할 때는 1,000Hz 이하의 진동수를 사용한다.
   ③ 광삼현상은 흰 모양이 주위의 검은 배경으로 번져 보이는 현상으로 음각(검은 바탕의 흰 글씨)의 글자 획폭(stroke width)은 양각(흰 바탕의 검은 글씨)보다 작은 값이 권장된다.
   ⑤ 공간적 양립성은 특정한 사물, 특히 표시장치나 조종장치에서 물리적 형태나 공간적 배치의 양립성이다.

35. 인간-컴퓨터 상호작용에서 닐슨(J. Nielsen)이 정의한 사용성의 세부 속성에 해당하지 않는 것은?

   ① 적합성(conformity)
   ② 학습 용이성(learnability)
   ③ 기억 용이성(memorability)
   ④ 주관적 만족도(subjective satisfaction)
   ⑤ 오류의 빈도와 정도(error frequency and severity)

   해설 사용성의 세부 속성에는 학습성, 효율성, 기억성, 오류, 주관적인 만족 등이다.

정답 31 ② 32 ⑤ 33 ③ 34 ④ 35 ①

36. 사업장 위험성평가에 관한 지침에서 위험성평가의 실시에 관한 내용으로 옳지 않은 것은?

① 위험성평가는 최초평가 및 수시평가, 정기평가로 구분하여 실시하여야 한다.
② 최초평가 및 정기평가는 전체작업을 대상으로 한다.
③ 중대산업사고 또는 산업재해(휴업 이상의 요양을 요하는 경우에 한정한다) 발생시에는 재해 발생 작업을 대상으로 작업을 재개하기 전에 수시평가를 실시하여야 한다.
④ 사업장 건설물의 설치·이전·변경 또는 해체 계획이 있는 경우에는 해당 계획의 실행을 착수하기 전에 수시평가를 실시하여야 한다.
⑤ 정기평가는 최초평가 후 2년에 1회 실시하여야 한다.

해설 ⑤ 정기평가는 최초평가 후 매년 정기적으로 실시한다(사업장 위험성평가에 관한 지침 제15조 제3항).
① 위험성평가는 최초평가 및 수시평가, 정기평가로 구분하여 실시하여야 한다(사업장 위험성평가에 관한 지침 제15조 제1항).
② 최초평가 및 정기평가는 전체작업을 대상으로 한다(사업장 위험성평가에 관한 지침 제15조 제1항 후단).
③ 중대산업사고 또는 산업재해(휴업 이상의 요양을 요하는 경우에 한정한다) 발생시에는 재해발생 작업을 대상으로 작업을 재개하기 전에 수시평가를 실시하여야 한다(사업장 위험성평가에 관한 지침 제15조 제2항 제5호).
④ 사업장 건설물의 설치·이전·변경 또는 해체 계획이 있는 경우에는 해당 계획의 실행을 착수하기 전에 수시평가를 실시하여야 한다(사업장 위험성평가에 관한 지침 제15조 제2항 제1호).

37. 재해 조사 과정에서 수행해야 할 절차 내용을 순서대로 옳게 나열한 것은?

> ㉠ 근본적 문제점 결정
> ㉡ 4M 모델에 따른 기본 원인 파악
> ㉢ 5W1H 원칙에 따른 사실 확인
> ㉣ 불안전 상태와 불안전 행동에 해당하는 직접 원인 파악

① ㉠ → ㉡ → ㉢ → ㉣
② ㉡ → ㉠ → ㉢ → ㉣
③ ㉢ → ㉡ → ㉣ → ㉠
④ ㉢ → ㉣ → ㉡ → ㉠
⑤ ㉣ → ㉢ → ㉠ → ㉡

해설 재해 조사 과정에서 수행해야 할 절차 내용
1. 1단계 : 사실의 확인
2. 2단계 : 직접원인과 문제점 확인
3. 3단계 : 근본적 문제점 결정
4. 4단계 : 대책의 수립

38. 산업재해 연구에 관한 내용으로 옳은 것을 모두 고른 것은?

㉠ 시몬즈(Simonds)는 평균치법을 적용해 재해손실비용을 산출하였다.
㉡ 하인리히(Heinrich)는 재해손실비용의 직접비와 간접비 비율을 약 1 : 4로 제시하였다.
㉢ 버드(Bird)는 1건의 중상이 발생할 때 10건의 경상, 300건의 아차 사고가 발생한다고 하였다.

① ㉠
② ㉢
③ ㉠, ㉡
④ ㉡, ㉢
⑤ ㉠, ㉡, ㉢

해설 ㉢ 버드(Bird)는 1건의 중상이 발생할 때 10건의 경상, 30명 무증상사고, 600건의 아차사고가 발생한다고 하였다.
㉠ 시몬즈(Simonds)는 재해손실비용 산출에 평균치 계산방식을 적용하였다.
㉡ 하인리히(Heinrich)는 재해손실비용의 직접비와 간접비 비율을 약 1 : 4가 된다고 하였다.

39. 시력이 1.2인 사람이 6m 떨어진 곳에서 구분할 수 있는 벌어진 틈의 최소 크기(mm)는? (단, 소수점 둘째자리에서 반올림하여 소수점 첫째자리까지 구하시오.)

① 1.0
② 1.3
③ 1.5
④ 1.7
⑤ 1.9

해설 시각$(')= 57.3 \times 60 \times \dfrac{H}{D}$ (시각 $= \dfrac{1}{시력}$)

$\dfrac{1}{1.2} = 57.3 \times 60 \times \dfrac{x}{6,000}$

$x = 1.5357 \fallingdotseq 1.5$

40. 근골격계부담작업 유해성 평가를 위한 인간공학적 도구에 관한 내용으로 옳지 않은 것은?

① RULA는 하지 자세를 평가에 반영한다.
② REBA는 동작의 반복성을 평가에 반영한다.
③ QEC는 작업자의 주관적 평가 과정이 포함되어 있다.
④ OWAS는 중량물 취급 정도를 평가에 반영한다.
⑤ NLE는 중량물의 수평 이동거리를 평가에 반영한다.

해설 ① RULA는 어깨, 팔목, 손목, 목 등 상지에 초점을 맞추어서 작업자세로 인한 작업부하를 쉽고 빠르게 평가하기 위해 만들어진 기법이다.
② REBA는 비정형화된 자세를 수행하는 작업자의 자세에 대한 부담정도와 유해인자에의 노출정도를 분석하기 위하여 만들어진 기법이다.
③ QEC는 분석자의 분석결과와 작업자의 설문결과가 조합되어 평가가 이루어지므로 작업자의 주관적 평가 과정이 포함되어 있다.
④ OWAS는 허리, 상지, 하지로 구분하고 종합적 자세평가를 수행한다.
⑤ NLE는 들기작업에만 적절하게 쓰이고 중량물의 수평 이동거리를 평가에 반영한다.

41. 신뢰도 이론의 욕조곡선(bathtub curve)을 나타낸 것으로 옳은 것은? (단, t : 시간, h(t) : 고장률, f(t) : 확률밀도함수, F(t) : 불신뢰도이다.)

①
②
③
④
⑤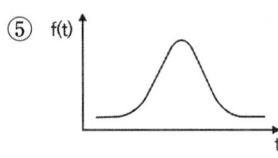

해설 욕조곡선(bathtub curve)은 체계, 설비 또는 아이템을 사용하기 시작하여 폐기할 때까지의 고장 발생 상태를 도시한 곡선으로 고장률이 시간의 변화에 따라 높은 값에서 점차로 감소하여 일정한 값을 얼마 동안 유지한 후 점차로 높아지는 변화 양상이 욕조를 닮아 붙여진 이름이다. 세로축은 고장률(h(t))을, 가로축은 시간(t)을 나타낸다.
1. 초기 고장 기간 : 설계나 제조상의 결함 또는 불량 부품으로 인하여 발생
2. 우발 고장 기간 : 제품 사용 조건의 우발적인 변화에 기인하여 발생
3. 마모 고장 기간 : 마모·노화 등의 원인에 의하여 발생

42. 2,500명의 근로자가 근무하는 사업장의 재해율(천인율)은 1.6, 도수율은 0.8, 강도율은 1.2이었다. 이 사업장의 연간 재해발생건수와 근로손실일수로 옳은 것은? (단, 1일 8시간, 연간 250일 근무하는 것으로 가정한다.)

① 재해발생건수 : 4건, 근로손실일수 : 4,000일
② 재해발생건수 : 4건, 근로손실일수 : 6,000일
③ 재해발생건수 : 6건, 근로손실일수 : 6,000일
④ 재해발생건수 : 6건, 근로손실일수 : 8,000일
⑤ 재해발생건수 : 8건, 근로손실일수 : 8,000일

해설 도수율 = $\dfrac{\text{재해건수}}{\text{근로자수} \times \text{연간근로시간}} \times 1{,}000{,}000$

$0.8 = \dfrac{x}{2{,}500 \times 8 \times 250} \times 1{,}000{,}000$

재해발생건수 = 4건

강도율 = $\dfrac{\text{근로손실일수}}{\text{연근로시간수}} \times 1{,}000$

$1.2 = \dfrac{x}{2{,}500 \times 8 \times 250} \times 1{,}000$

근로손실일수 = 6,000일

---

43. 라스무센(Rasmussen)의 SRK 모델을 근거로 리전(J. Reason)이 제안한 인적오류 분류에 관한 내용으로 옳은 것을 모두 고른 것은?

> ㉠ 실수(slip)와 망각(lapse)은 비의도적 행동으로 분류되는 숙련 기반오류이다.
> ㉡ 잘못된 규칙을 적용하는 것은 비의도적 행동으로 분류되는 규칙 기반착오(mistake)이다.
> ㉢ 불충분한 정보로 인해 잘못된 결정을 내리는 것은 의도적 행동으로 분류되는 지식 기반 착오(mistake)이다.

① ㉠
② ㉡
③ ㉠, ㉢
④ ㉡, ㉢
⑤ ㉠, ㉡, ㉢

해설
㉡ 규칙 기반착오(mistake), 지식 기반 착오(mistake)는 의도적 행동에 기인한 착오이다.
㉠ 실수(slip)는 의도하지 않았고 어떤 기준에 맞지 않는 것이고, 망각(lapse)은 의도되지 않은 행동으로 기억실패에 의한 망각이다.
㉢ 불충분한 정보로 인해 잘못된 결정을 내리는 것은 의도적 행동으로 분류되는 지식 기반 착오(mistake)이다.

---

44. 신뢰성 수명분포 중 지수분포에 관한 내용으로 옳은 것을 모두 고른 것은?

> ㉠ 우발적인 고장을 다루는 데 적합하다.
> ㉡ 무기억성(memoryless property)을 갖는다.
> ㉢ 평균(mean)이 중앙값(median)보다 작다.

① ㉠
② ㉢
③ ㉠, ㉡
④ ㉡, ㉢
⑤ ㉠, ㉡, ㉢

해설 ⓒ 정적분포에서는 최빈값〈중앙값〈평균이고, 부적분포에서는 최빈값〉중앙값〉평균이다.
㉠ 지수분포는 시간에 따라 마모나 열화가 없고, 과부하여 우발적으로 고장이 발생하는 아이템의 수명분포이다.
㉡ 지수분포는 무기억성(memoryless property)을 가지는 유일한 연속확률분포이다.

45. 예방보전에 해당하지 않는 것은?
    ① 기회보전
    ② 고장보전
    ③ 수명기반보전
    ④ 시간기반보전
    ⑤ 상태기반보전

    해설 보전활동 종류
    1. 예방보전 : 적응보전, 상태기반보전, 시간기반보전, 기회보전, 수명기반보전
    2. 사후보전 : 고장보전

46. 어떤 사고의 발생건수는 연평균 1회로 포아송(Poisson)분포를 따른다. 이 사고가 3년 동안 한 건도 발생하지 않을 확률은 얼마인가? (단, 소수점 셋째자리에서 반올림하여 소수점 둘째자리까지 구하시오.)
    ① 0.05
    ② 0.15
    ③ 0.25
    ④ 0.33
    ⑤ 0.50

    해설 포아송 분포 $P(X=x) = \dfrac{e^{-\lambda}\lambda^x}{x}$
    $1 - e^{-\lambda \times x} = 1 - e^{-1 \times 3} = 0.05$
    λ는 1이고 $\dfrac{1}{\lambda} = \dfrac{1}{1} = 1$이다.

47. 다음에서 설명하고 있는 위험성평가 기법은?

    ○ 초기 개발 단계에서 시스템 고유의 위험성을 파악하고 예상되는 재해의 위험수준을 결정한다.
    ○ 시스템 내의 위험요소가 어떤 위험 상태에 있는가를 평가하는 정성적인 기법이다.

    ① CA
    ② FMEA
    ③ MORT
    ④ THERP
    ⑤ PHA

    해설 ⑤ PHA : 시스템 최초 개발단계의 분석으로 시스템의 위험분석을 하기 전 실시하는 예비작업으로 공정의 위험부분을 열거하고 그 사고 빈도와 심각성에 대해 토의하여 결정하는 정성적 기법이다.

① CA : 직접 시스템의 손실과 인명의 사상에 연결되는 높은 위험도를 가진 요소나 고장의 형태에 따른 정량적 분석이다.
② FMEA : 시스템을 구성하는 한 요소의 고장이 시스템 전체에 미치는 영향을 해석하는 정성적·귀납적 분석기법이다.
③ MORT : tree를 중심으로 연역적 기법과 같은 논리방법을 사용하여 관리, 설계, 생산 및 보전 등의 넓은 범위에 걸친 안전확보를 위하여 활용하는 기법이다.
④ THERP : 인간의 실수를 정량적으로 평가하는 기법으로 인간의 과오에 기인한 사고원입분석 기법으로 100만 운전시간당 과오도수를 기본과오로 평가한다.

48. 시스템 안전성 확보를 위한 방법이 아닌 것은?
① 위험상태 존재의 최소화
② 중복설계(redundancy)의 배제
③ 안전장치의 채용
④ 경보장치의 채택
⑤ 인간공학적 설계의 적용

해설 시스템 안전성 확보를 위한 방법에는 위험의 최소화 위한 설계, 경보장치의 채택, 안전장치 채택, 특수한 수단의 개발

49. 서로 독립인 기본사상 a, b, c로 구성된 아래의 결함수(Fault Tree)에서 정상사상 T에 관한 최소 절단집합(minimal cut set)을 모두 구하면?

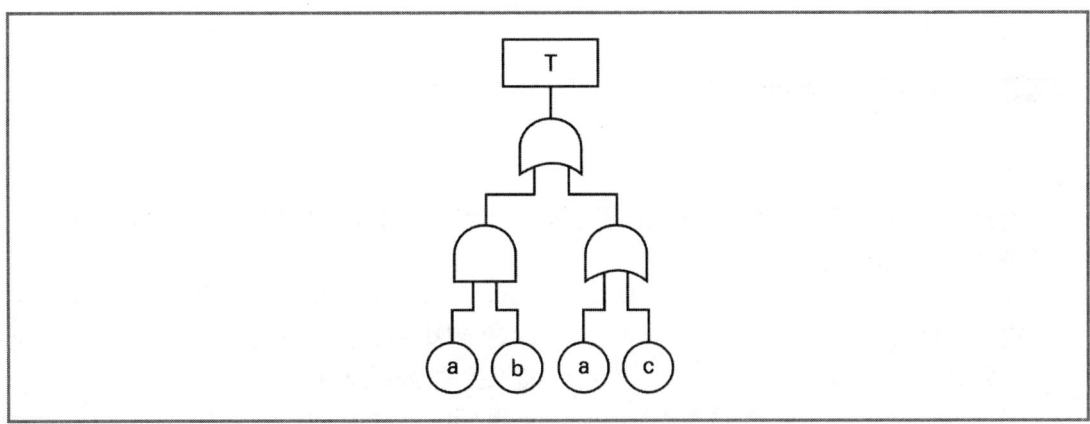

① {a}
② {a, b}
③ {a, c}
④ {a}, {b}
⑤ {a}, {c}

해설 {a}가 최소집합이므로 미니멀 컷셋(minimal cut set)은 {a}이다.

정답 45 ② 46 ① 47 ⑤ 48 ⑤ 49 ①

50. 안전성평가 종류 중 기술개발의 종합평가(technology assessment)에서 단계별 내용으로 옳지 않은 것은?

① 1단계 : 생산성 및 보전성
② 2단계 : 실현가능성
③ 3단계 : 안전성 및 위험성
④ 4단계 : 경제성
⑤ 5단계 : 종합 평가

해설 기술개발의 종합평가(technology assessment) 5단계
1. 1단계 : 사회적 복리 기여도
2. 2단계 : 실현가능성
3. 3단계 : 안전성 및 위험성의 비교 평가
4. 4단계 : 경제성 검토
5. 5단계 : 종합 평가 및 조정

기업진단 · 지도

51. 균형성과표(BSC : Balanced Score Card)에서 조직의 성과를 평가하는 관점이 아닌 것은?

① 재무 관점
② 고객 관점
③ 내부 프로세스 관점
④ 학습과 성장 관점
⑤ 공정성 관점

해설 균형성과표(BSC : Balanced Score Card) : 재무적 관점, 고객의 관점, 프로세스 관점, 학습과 자원의 관점

52. 노사관계에서 숍제도(shop system)를 기본적인 형태와 변형적인 형태로 구분할 때, 기본적인 형태를 모두 고른 것은?

㉠ 클로즈드 숍(closed shop)	㉡ 에이전시 숍(agency shop)
㉢ 유니온 숍(union shop)	㉣ 오픈 숍(open shop)
㉤ 프레퍼렌셜 숍(preferential shop)	㉥ 메인티넌스 숍(maintenance shop)

① ㉠, ㉡, ㉢
② ㉠, ㉢, ㉣
③ ㉠, ㉢, ㉥
④ ㉡, ㉣, ㉤
⑤ ㉡, ㉤, ㉥

해설 숍제도(shop system) 기본적인 형태 : 클로즈드 숍(closed shop), 유니온 숍(union shop), 오픈 숍(open shop)
숍제도(shop system) 변형적인 형태 : 에이전시 숍(agency shop), 프레퍼렌셜 숍(preferential shop), 메인티넌스 숍(maintenance shop)

53. 홉스테드(G. Hofstede)가 국가 간 문화차이를 비교하는데 이용한 차원이 아닌 것은?

① 성과지향성(performance orientation)
② 개인주의 대 집단주의(individualism vs collectivism)
③ 권력격차(power distance)
④ 불확실성 회피성향(uncertainty avoidance)
⑤ 남성적 성향 대 여성적 성향(masculinity vs feminity)

해설 홉스테드(G. Hofstede) 국가 간 문화차이 분류 차원 : 권력격차, 개인주의-집단주의, 남성성(성취지향)-여성성(관계지향), 불확실성 회피성향, 장기지향성(미래중시)-단기지향성(현재중시), 자적(indulgence)-자제(restraint)

54. 레윈(K. Lewin)의 조직변화의 과정으로 옳은 것은?

① 점검(checking) - 비전(vision) 제시 - 교육(education) - 안정(stability)
② 구조적 변화 - 기술적 변화 - 생각의 변화
③ 진단(diagnosis) - 전환(transformation) - 적응(adaptation) - 유지(maintenance)
④ 해빙(unfreezing) - 변화(changing) - 재동결(refreezing)
⑤ 필요성 인식 - 전략수립 - 실행 - 해결 - 정착

해설 레윈(K. Lewin)의 조직변화의 과정 : 현재 상태를 해빙시켜 새로운 수준의 상태로 변화시키고 새로운 수준에서 재동결시켜야 한다는 것이다.

55. 하우스(R. House)의 경로-목표 이론(path-goal theory)에서 제시되는 리더십 유형이 아닌 것은?

① 지시적 리더십(directive leadership)
② 지원적 리더십(supportive leadership)
③ 참여적 리더십(participative leadership)
④ 성취지향적 리더십(achievement-oriented leadership)
⑤ 거래적 리더십(transactional leadership)

해설
① 지시적 리더십(directive leadership) : 구체적 지침과 표준, 작업 스케줄을 제공하는 등 부하들이 과업을 계획하고 규정을 마련하여 적극적으로 지시, 조정해 나가는 리더십이다.
② 지원적 리더십(supportive leadership) : 부하들과 상호 만족스런 인간관계를 중심으로 친밀하고 후원적인 분위기 조성에 노력하는 리더십이다.
③ 참여적 리더십(participative leadership) : 부하들과 정보를 공유하고 그들의 의견을 의사결정에 반영함으로서 팀 또는 집단 중심의 관리를 중요시하는 리더십이다.
④ 성취지향적 리더십(achievement-oriented leadership) : 높은 수준의 목표를 설정하고 이에 따른 목표달성 및 성과 개선을 강조하는 리더십이다.

정답 50 ① 51 ⑤ 52 ② 53 ① 54 ④ 55 ⑤

56. 재고관리에 관한 설명으로 옳은 것은?
   ① 재고비용은 재고유지비용과 재고부족비용의 합이다.
   ② 일반적으로 재고는 많이 비축할수록 좋다.
   ③ 경제적주문량(EOQ) 모형에서 재고유지비용은 주문량에 비례한다.
   ④ 1회 주문량을 Q라고 할 때, 평균재고는 Q/3이다.
   ⑤ 경제적주문량(EOQ) 모형에서 발주량에 따른 총재고비용선은 역U자 모양이다.

   해설 ③ 경제적주문량(EOQ) 모형은 주문비용과 재고유지비용을 최소화하는 주문량이므로 재고유지비용은 주문량에 비례한다.
   ① 재고비용은 발주·구매비용, 준비비용, 재고유지비용, 재고부족비용의 합이다.
   ② 일반적으로 재고는 적정할수록 좋다. 너무 많아도 너무 적어도 좋지 않다.
   ④ 1회 주문량을 Q라고 할 때, 평균재고는 Q/2이다.
   ⑤ 경제적주문량(EOQ) 모형에서 발주량에 따른 총재고비용선은 U자 모양이다.

57. 품질경영에 관한 설명으로 옳은 것은?
   ① 품질비용은 실패비용과 예방비용의 합이다.
   ② R-관리도는 검사한 물품을 양품과 불량품으로 나누어서 불량의 비율을 관리하고자 할 때 이용한다.
   ③ ABC품질관리는 품질규격에 적합한 제품을 만들어 내기 위해 통계적 방법에 의해 공정을 관리하는 기법이다.
   ④ TQM은 고객의 입장에서 품질을 정의하고 조직 내의 모든 구성원이 참여하여 품질을 향상하고자 하는 기법이다.
   ⑤ 6시그마운동은 최초로 미국의 애플이 혁신적인 품질개선을 목적으로 개발한 기업경영전략이다.

   해설 ④ TQM은 제품이나 서비스의 품질 뿐만 아니라 경영과 업무, 직장환경, 조직 구성원의 자질까지도 품질개념에 넣어 품질을 향상하고자 하는 기법이다.
   ① 품질비용은 품질 관련 노력과 결점의 총 비용을 수량화한 것이다.
   ② R-관리도는 제조 공정의 불균일을 범위 R에 의해서 관리하기 위한 관리도이다.
   ③ ABC품질관리는 품질은 제품의 질 뿐 아니라 경영과 업무, 직장환경, 조 직구성원의 자질까지도 품질개념에 넣어 관리한다.
   ⑤ 6시그마운동은 최초로 미국의 모토롤라의 혁신적인 품질개선을 목적으로 개발한 기업경영전략이다.

58. JIT(Just In Time) 생산시스템의 특징에 해당하지 않는 것은?
   ① 부품 및 공정의 표준화　　② 공급자와의 원활한 협력
   ③ 채찍효과 발생　　　　　　④ 다기능 작업자 필요
   ⑤ 칸반시스템 활용

해설 JIT(Just In Time) 생산시스템의 특징
1. 필요할 때 필요한 만큼 생산, 공급하는 시스템
2. 재고를 0으로 재고비용 최소로 함
3. 생산준비기간, 로트 크기 최소
4. 다품종 소량생산체제의 구축
채찍효과는 하류의 고객주문 정보가 상류로 전달되면서 정보가 왜곡되고 확대되는 현상을 말한다.

59. 1년 중 여름에 아이스크림의 매출이 증가하고 겨울에는 스키 장비의 매출이 증가한다고 할 때, 이를 설명하는 변동은?

① 추세변동
② 공간변동
③ 순환변동
④ 계절변동
⑤ 우연변동

해설 ④ 계절변동 : 해마다 원인으로 생기는 거의 규칙적인 물가지수의 변동
① 추세변동 : 일방적인 방향을 지속하는 것과 같은 장시간에 걸치는 경향변동
③ 순환변동 : 장기적인 추세변동, 12개월 주기의 계절변동, 우발적 요인에 의해 일어나는 불규칙변동과 함께 시계열 통계에 포함되어 있는 변동
⑤ 우연변동 : 돌발사건 등에 의하여 일어나는 것으로 불규칙변동

60. 업무를 수행 중인 종업원들로부터 현재의 생산성 자료를 수집한 후 즉시 그들에게 검사를 실시하여 그 검사 점수들과 생산성 자료들과의 상관을 구하는 타당도는?

① 내적 타당도(internal validity)
② 동시 타당도(concurrent validity)
③ 예측 타당도(predictive validity)
④ 내용 타당도(content validity)
⑤ 안면 타당도(face validity)

해설 ② 동시 타당도(concurrent validity) : 새로운 검사를 제작했을 때 새로 제작한 검사의 타당도를 위해 기존의 타당도를 보장받고 있는 검사와의 유사성 혹은 연관성에 의해 타당도를 검정하는 방법이다.
① 내적 타당도(internal validity) : 특정 사건이 일어나는 경우 환경이 바뀌고 이에 따라 연구결과가 다르게 나타날 수 있다는 것이다.
③ 예측 타당도(predictive validity) : 기준 타당도의 한 종류로 어떠한 행위가 일어날 것이라고 예측한 것과 실제 대상자 또는 집단이 나타난 행위간의 관계를 측정하는 것이다.
④ 내용 타당도(content validity) : 논리적 사고에 입각한 논리적인 분석과정으로 판단하는 주관적인 타당도이다.
⑤ 안면 타당도(face validity) : 검사문항이 그 검사가 재고자 하는 바를 충실하게 재어 주고 있다고 피검사자의 입장에서 보는 정도를 의미한다.

61. 직무분석에 관한 설명으로 옳지 않은 것은?

   ① 직무분석가는 여러 직무 간의 관계에 관하여 정확한 정보를 주는 정보 제공자이다.
   ② 작업자 중심 직무분석은 직무를 성공적으로 수행하는데 요구되는 인적 속성들을 조사함으로써 직무를 파악하는 접근 방법이다.
   ③ 작업자 중심 직무분석에서 인적 속성은 지식, 기술, 능력, 기타 특성 등으로 분류할 수 있다.
   ④ 과업 중심 직무분석 방법의 대표적인 예는 직위분석질문지(Position Analysis Questionnaire)이다.
   ⑤ 직무분석의 정보 수집 방법 중 설문조사는 효율적이며 비용이 적게 드는 장점이 있다.

   해설 직위분석질문지(Position Analysis Questionnaire)는 직무수행자의 응답을 통해 직무에 대한 광범위한 정보를 획득할 수 있으며 거의 대부분의 직무에 적용할 수 있어 표준화된 정보를 수집하는 대표적인 직무분석 방법이다.

62. 리전(J. Reason)의 불안전행동에 관한 설명으로 옳지 않은 것은?

   ① 위반(violation)은 고의성 있는 위험한 행동이다.
   ② 실책(mistake)은 부적절한 의도(계획)에서 발생한다.
   ③ 실수(slip)는 의도하지 않았고 어떤 기준에 맞지 않는 것이다.
   ④ 착오(lapse)는 의도를 가지고 실행한 행동이다.
   ⑤ 불안전행동 중에는 실제 행동으로 나타나지 않고 당사자만 인식하는 것도 있다.

   해설 착오(lapse)는 의도되지 않은 행동으로 기억실패에 의한 망각이다.

63. 작업동기 이론에 관한 설명으로 옳은 것을 모두 고른 것은?

   ㉠ 기대 이론(expectancy theory)에서 노력이 수행을 이끌어 낼 것이라는 믿음을 도구성(instrumentality)이라고 한다.
   ㉡ 형평 이론(equity theory)에 의하면 개인이 자신의 투입에 대한 성과의 비율과 다른 사람의 투입에 대한 성과의 비율이 일치하지 않는다고 느낀다면 이러한 불형평을 줄이기 위해 동기가 발생한다.
   ㉢ 목표설정 이론(goal-setting theory)의 기본 전제는 명확하고 구체적이며 도전적인 목표를 설정하면 수행동기가 증가하여 더 높은 수준의 과업수행을 유발한다는 것이다.
   ㉣ 작업설계 이론(work design theory)은 열심히 노력하도록 만드는 직무의 차원이나 특성에 관한 이론으로, 직무를 적절하게 설계하면 작업 자체가 개인의 동기를 촉진할 수 있다고 주장한다.
   ㉤ 2요인 이론(two-factor theory)은 동기가 외부의 보상이나 직무 조건으로부터 발생하는 것이지 직무 자체의 본질에서 발생하는 것이 아니라고 주장한다.

① ㉠, ㉡, ㉤ ② ㉠, ㉢, ㉣
③ ㉡, ㉢, ㉣ ④ ㉡, ㉣, ㉤
⑤ ㉢, ㉣, ㉤

해설
㉠ 기대 이론(expectancy theory)에서 노력이 수행을 이끌어 낼 것이라는 믿음을 기대감(expectation)이라고 한다.
㉤ 2요인 이론(two-factor theory)은 동기는 개인의 내적 성장을 추구하며 개인의 만족을 증가시키는 욕구로 성취감, 인정, 직무 자체, 책임증대, 성장 발전, 승진 등이 있다.
㉡ 형평 이론(equity theory)은 자기가 바친 투입 대비 결과의 상대적 형평성에 대한 사람들의 지각과 신념이 직무형태에 영향을 미친다는 이론이다.
㉢ 목표설정 이론(goal-setting theory)은 조직목표에 기초하여 부하와 상관이 협의·상담을 실시한 이후 구체적인 목표를 설정하고 피드백하는 관리방식을 말한다.
㉣ 작업설계 이론(work design theory)은 동기를 유발하는 근원이 업무수행자 자신보다도 작업이 수행되는 환경에 있다고 보면서, 직무가 적절하게 설계되어 있다면 작업자체가 업무 동기와 열정을 증진시킬 수 있다고 본다.

64. 직업 스트레스 모델에 관한 설명으로 옳지 않은 것은?

① 노력-보상 불균형 모델(Effort-Reward Imbalance Model)은 직장에서 제공하는 보상이 종업원의 노력에 비례하지 않을 때 종업원이 많은 스트레스를 느낀다고 주장한다.
② 요구-통제 모델(Demands-Control Model)에 따르면 작업장에서 스트레스가 가장 높은 상황은 종업원에 대한 업무 요구가 높고 동시에 종업원 자신이 가지는 업무 통제력이 많을 때이다.
③ 직무요구-자원 모델(Job Demands-Resources Model)은 업무량 이외에도 다양한 요구가 존재한다는 점을 인식하고, 이러한 다양한 요구가 종업원의 안녕과 동기에 미치는 영향을 연구한다.
④ 자원보존 모델(Conservation of Resources Model)은 자원의 실제적 손실 또는 손실의 위협이 종업원에게 스트레스를 경험하게 한다고 주장한다.
⑤ 사람-환경 적합 모델(Person-Environment Fit Model)에 의하면 종업원은 개인과 환경 간의 적합도가 낮은 업무 환경을 스트레스원(stressor)으로 지각한다.

해설
② 요구-통제 모델(Demands-Control Model)은 개인의 목표나 열망-일의 환경 제공물 간의 불일치에 따른 스트레스를 경험하게 한다고 본다. 종업원이 심한 업무 요구를 받게 되면서 동시에 자신의 업무에 대한 통제권이 없는 상황이 될 수 있다는 것으로 통제력은 요구의 부정적 효과를 완충해 주는 역할을 한다.

65. 산업재해의 인적 요인이라고 볼 수 없는 것은?
    ① 작업 환경   ② 불안전행동
    ③ 인간 오류   ④ 사고 경향성
    ⑤ 직무 스트레스

    해설 산업재해의 요인
    1. 인적 요인 : 기질, 신경질환, 감각능력 결함, 체력저하, 지식 및 기능 부족 등
    2. 관리적 요인 : 안전교육의 불충분, 작업관리의 불량, 채용과정의 오류 등
    3. 환경적 요인 : 유해물질, 건강장애, 정리정돈, 조명, 환기 등이 불량한 상태

66. 인간의 일반적인 정보처리 순서에서 행동실행 바로 전 단계에 해당하는 것은?
    ① 자극   ② 지각
    ③ 주의   ④ 감각
    ⑤ 결정

    해설 인간의 일반적인 정보처리 순서 : 정보입력→감지(정보수용)→정보처리 의사결정→행동기능→출력

67. 조명의 측정단위에 관한 설명으로 옳은 것을 모두 고른 것은?

    ㉠ 광도는 광원의 밝기 정도이다.
    ㉡ 조도는 물체의 표면에 도달하는 빛의 양이다.
    ㉢ 휘도는 단위 면적당 표면에서 반사 혹은 방출되는 빛의 양이다.
    ㉣ 반사율은 조도와 광도간의 비율이다.

    ① ㉠, ㉢   ② ㉡, ㉣
    ③ ㉠, ㉡, ㉢   ④ ㉠, ㉢, ㉣
    ⑤ ㉠, ㉡, ㉢, ㉣

    해설 ㉣ 반사율은 반사광의 에너지와 입사광의 에너지의 비율을 말한다.
         ㉠ 광도는 원에서 나오는 빛의 밝기 정도이다.
         ㉡ 조도는 물체의 표면에 도달하는 빛의 양으로 장소의 밝기를 나타낸다.
         ㉢ 휘도는 단위 면적당 표면에서 반사 혹은 방출되는 빛의 양으로 기호는 cd/㎡ 또는 sb이다.

68. 아래의 그림에서 a에서 b까지의 선분 길이와 c에서 d까지의 선분 길이가 다르게 보이지만 실제로는 같다. 이러한 현상을 나타내는 용어는?

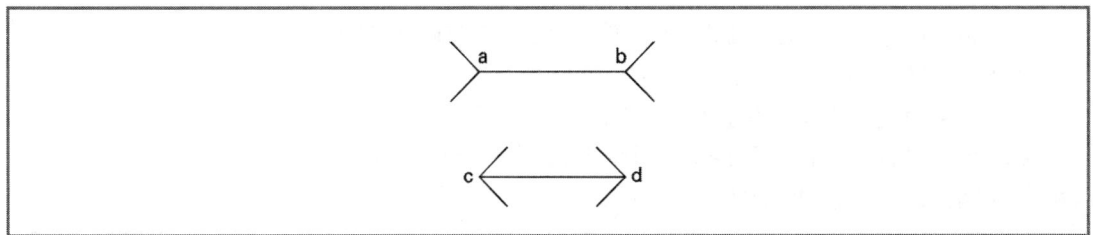

① 포겐도르프(Poggendorf) 착시현상
② 뮬러-라이어(Müller-Lyer) 착시현상
③ 폰조(Ponzo) 착시현상
④ 쵤너(Zöllner) 착시현상
⑤ 티체너(Titchener) 착시현상

해설 뮬러-라이어(Müller-Lyer) 착시현상은 a-b가 c-d보다 길게 보이는 현상이다.

포겐도르프(Poggendorf) 착시현상	뮬러-라이어(Müller-Lyer) 착시현상	폰조(Ponzo) 착시현상	쵤너(Zöllner) 착시현상	티체너(Titchener) 착시현상

69. 유해인자와 주요 건강 장해의 연결이 옳지 않은 것은?

① 감압환경 : 관절 통증
② 일산화탄소 : 재생불량성 빈혈
③ 망간 : 파킨슨병 유사 증상
④ 납 : 조혈기능 장해
⑤ 사염화탄소 : 간독성

해설 재생불량빈혈의 원인은 면역계에 의해 생성된 항체가 자신의 줄기세포를 공격해서 파괴해 버리는 자가면역 기전에 의해 발생한 조혈모세포의 장애에 의한 발병이다. 일산화탄소에 의한 급성중독은 맥박상승, 심전도 이상 등의 순환기 장해, 국소 부종 등의 피부병변, 호흡장해, 혈구증다증, 단백뇨가 나타난다.

정답 65 ① 66 ⑤ 67 ③ 68 ② 69 ②

70. 우리나라에서 발생한 대표적인 직업병 집단 발생 사례들이다. 가장 먼저 발생한 것부터 연도순으로 나열한 것은?

> ㉠ 경남 소재 에어컨 부속 제조업체의 세척 작업 중 트리클로로메탄에 의한 간독성 사례
> ㉡ 전자부품 업체의 2-bromopropane에 의한 생식독성 사례
> ㉢ 휴대전화 부품 협력업체의 메탄올에 의한 시신경 장해 사례
> ㉣ 노말-헥산에 의한 외국인 근로자들의 다발성 말초신경계 장해 사례
> ㉤ 원진레이온에서 발생한 이황화탄소 중독 사례

① ㉠ → ㉡ → ㉢ → ㉣ → ㉤
② ㉠ → ㉤ → ㉣ → ㉢ → ㉡
③ ㉣ → ㉢ → ㉡ → ㉠ → ㉤
④ ㉤ → ㉡ → ㉣ → ㉢ → ㉠
⑤ ㉤ → ㉣ → ㉢ → ㉡ → ㉠

해설 ㉤ 원진레이온에서 발생한 이황화탄소 중독 사례 - 1988년
㉡ 전자부품 업체의 2-bromopropane에 의한 생식독성 사례 - 1995년
㉣ 노말-헥산에 의한 외국인 근로자들의 다발성 말초신경계 장해 사례 - 2004년
㉢ 휴대전화 부품 협력업체의 메탄올에 의한 시신경 장해 사례 - 2015년
㉠ 경남 소재 에어컨 부속 제조업체의 세척 작업 중 트리클로로메탄에 의한 간독성 사례 - 2022년

71. 국소배기장치에 관한 설명으로 옳은 것을 모두 고른 것은?

> ㉠ 공기보다 무거운 증기가 발생하더라도 발생원보다 낮은 위치에 후드를 설치해서는 안 된다.
> ㉡ 오염물질을 가능한 모두 제거하기 위해 필요환기량을 최대화한다.
> ㉢ 공정에 지장을 받지 않으면 후드 개구부에 플랜지를 부착하여 오염원 가까이 설치한다.
> ㉣ 주관과 분지관 합류점의 정압 차이를 크게 한다.

① ㉠, ㉡
② ㉠, ㉢
③ ㉡, ㉣
④ ㉢, ㉣
⑤ ㉠, ㉡, ㉢, ㉣

해설 ㉠ 공기보다 무거운 증기가 발생하면 발생원보다 낮은 위치(하방 흡인)에 후드를 설치해야 된다.
㉡ 국소배기장치에서 필요환기량을 가능한 최소화하면서도 오염물질을 제어할 수 있는 후드를 선정해야 한다.
㉢ 공정에 지장을 받지 않으면 후드 개구부에 플랜지를 부착하여 오염원 가장 가까운 곳에 설치한다.
㉣ 덕트 내에 오염물질이 쌓이지 않도록 주관과 분지관 합류점의 정압 차이를 크게 한다.

72. 수동식 시료채취기(passive sampler)에 관한 설명으로 옳지 않은 것은?
① 간섭의 원리로 채취한다.
② 장점은 간편성과 편리성이다.

③ 작업장 내 최소한의 기류가 있어야 한다.
④ 시료채취시간, 기류, 온도, 습도 등의 영향을 받는다.
⑤ 매우 낮은 농도를 측정하려면 능동식에 비하여 더 많은 시간이 소요된다.

해설 ① 수동식 시료채취기는 공기채취펌프가 필요 없고 공기층을 통한 확산 또는 투과되는 현상을 이용하여 수동적으로 농도구배에 따라 가스나 증기를 포집한다.
② 장점은 간편성 및 편리성이다.
③ 작업장 내 최소한의 기류가 있어야 한다.
④ 시료채취시간, 기류, 온도, 습도 등의 영향을 받는다.
⑤ 매우 낮은 농도를 측정하려면 능동식에 비하여 장시간에 걸쳐 시료채취를 해야 한다.

73. 화학물질 및 물리적 인자의 노출기준에서 STEL에 관한 설명이다. ( )안의 ㉠, ㉡, ㉢을 모두 합한 값은?

> "단시간노출기준(STEL)"이란 (㉠)분의 시간가중평균노출값으로서 노출농도가 시간가중평균노출기준(TWA)을 초과하고 단시간노출기준 이하인 경우에는 1회 노출 지속시간이 (㉡)분 미만이어야 하고, 이러한 상태가 1일 4회 이하로 발생하여야 하며, 각 노출의 간격은 (㉢)분 이상이어야 한다.

① 15
② 30
③ 65
④ 90
⑤ 105

해설 단시간노출기준(STEL)이란 15분간의 시간가중평균노출값으로서 노출농도가 시간가중평균노출기준(TWA)을 초과하고 단시간노출기준(STEL) 이하인 경우에는 1회 노출 지속시간이 15분 미만이어야 하고, 이러한 상태가 1일 4회 이하로 발생하여야 하며, 각 노출의 간격은 60분 이상이어야 한다(화학물질 및 물리적 인자의 노출기준 제2조 제3호).
15+15+60=90

74. 라돈에 관한 설명으로 옳지 않은 것은?
① 색, 냄새, 맛이 없는 방사성 기체이다.
② 밀도는 9.73g/L로 공기보다 무겁다.
③ 국제암연구기구(IARC)에서는 사람에게서 발생하는 폐암에 대하여 제한적 증거가 있는 group 2A로 분류하고 있다.
④ 고용노동부에서는 작업장에서의 노출기준으로 600Bq/㎥를 제시하고 있다.
⑤ 미국 환경보호청(EPA)에서는 4pCi/L를 규제기준으로 제시하고 있다.

정답 70 ④ 71 ④ 72 ① 73 ④ 74 ④

[해설] ④ 고용노동부에서는 작업장에서의 노출기준으로 148Bq/㎥, 캐나다 200Bq/㎥, 스웨덴 400Bq/㎥를 제시하고 있다.
① 색, 냄새, 맛이 없는 방사성 기체, 비활성 기체이다.
③ 국제암연구기구(IARC)에서는 사람에게서 발생하는 폐암에 대하여 제한적 증거가 있는 group 2A(사람에게 암을 일으키는 것이 가능할 수도 있는 물질)로 분류하고 있다.
② 밀도는 9.73g/L로 공기보다 매우 무거운 기체이다.
⑤ 미국 환경보호청(EPA)에서는 4pCi/L를 규제기준으로 제시하고 있다.

75. 세균성 질환이 아닌 것은?

① 파상풍(tetanus)

② 탄저병(anthrax)

③ 레지오넬라증(legionnaires' disease)

④ 결핵(tuberculosis)

⑤ 광견병(rabies)

[해설] 광견병은 바이러스가 매개하는 감염증이다.
세균성 질환 : 클라미디아 폐렴균, 디프테리아, 레지오넬라증, 뇌수막염, 결핵균, 백일해, 연쇄상구균, 파상풍, 탄저병 등

2023년 기출문제

산업안전보건법령

1. 산업안전보건법령상 산업재해발생건수등의 공표대상 사업장에 해당하지 않는 것은?
   ① 산업재해로 인한 사망자가 연간 2명 이상 발생한 사업장
   ② 사망만인율(死亡萬人率)이 규모별 같은 업종의 평균 사망만인율 이상인 사업장
   ③ 중대산업사고가 발생한 사업장
   ④ 사업주가 산업재해 발생 사실을 은폐한 사업장
   ⑤ 사업주가 산업재해 발생에 관한 보고를 최근 3년 이내 1회 이상 하지 않은 사업장

   해설 공표대상 사업장(영 제10조 제1항)
   1. 산업재해로 인한 사망자가 연간 2명 이상 발생한 사업장
   2. 사망만인율(연간 상시근로자 1만명당 발생하는 사망재해자 수의 비율을 말한다)이 규모별 같은 업종의 평균 사망만인율 이상인 사업장
   3. 중대산업사고가 발생한 사업장
   4. 산업재해 발생 사실을 은폐한 사업장
   5. 산업재해의 발생에 관한 보고를 최근 3년 이내 2회 이상 하지 않은 사업장

2. 산업안전보건법령상 상시근로자 100명인 사업장에 안전보건관리책임자를 두어야 하는 사업을 모두 고른 것은?

㉠ 식료품 제조업, 음료 제조업	㉡ 1차 금속 제조업
㉢ 농업	㉣ 금융 및 보험업

   ① ㉠, ㉡
   ② ㉡, ㉢
   ③ ㉢, ㉣
   ④ ㉠, ㉡, ㉣
   ⑤ ㉠, ㉡, ㉢, ㉣

정답 75 ⑤ / 1 ⑤ 2 ①

해설 안전보건관리책임자를 두어야 하는 사업의 종류 및 사업장의 상시근로자(영 별표 2)

사업의 종류	사업장의 상시근로자 수
1. 토사석 광업 2. 식료품 제조업, 음료 제조업 3. 목재 및 나무제품 제조업; 가구 제외 4. 펄프, 종이 및 종이제품 제조업 5. 코크스, 연탄 및 석유정제품 제조업 6. 화학물질 및 화학제품 제조업; 의약품 제외 7. 의료용 물질 및 의약품 제조업 8. 고무 및 플라스틱제품 제조업 9. 비금속 광물제품 제조업 10. 1차 금속 제조업 11. 금속가공제품 제조업; 기계 및 가구 제외 12. 전자부품, 컴퓨터, 영상, 음향 및 통신장비 제조업 13. 의료, 정밀, 광학기기 및 시계 제조업 14. 전기장비 제조업 15. 기타 기계 및 장비 제조업 16. 자동차 및 트레일러 제조업 17. 기타 운송장비 제조업 18. 가구 제조업 19. 기타 제품 제조업 20. 서적, 잡지 및 기타 인쇄물 출판업 21. 해체, 선별 및 원료 재생업 22. 자동차 종합 수리업, 자동차 전문 수리업	상시 근로자 50명 이상
23. 농업 24. 어업 25. 소프트웨어 개발 및 공급업 26. 컴퓨터 프로그래밍, 시스템 통합 및 관리업 27. 정보서비스업 28. 금융 및 보험업 29. 임대업; 부동산 제외 30. 전문, 과학 및 기술 서비스업(연구개발업은 제외한다) 31. 사업지원 서비스업 32. 사회복지 서비스업	상시 근로자 300명 이상
33. 건설업	공사금액 20억원 이상
34. 제1호부터 제33호까지의 사업을 제외한 사업	상시 근로자 100명 이상

3. 산업안전보건법령상 사업주가 소속 근로자에게 정기적인 안전보건교육을 실시하여야 하는 사업에 해당하는 것은? (단, 다른 감면조건은 고려하지 않음)

① 소프트웨어 개발 및 공급업
② 금융 및 보험업
③ 사업지원 서비스업
④ 사회복지 서비스업
⑤ 사진처리업

해설 다음의 어느 하나에 해당하는 사업은 법의 일부를 적용하지 않는 사업 또는 사업장 및 적용 제외 법 규정(영 별표 1)
1. 소프트웨어 개발 및 공급업
2. 컴퓨터 프로그래밍, 시스템 통합 및 관리업
3. 정보서비스업
4. 금융 및 보험업
5. 기타 전문서비스업

6. 건축기술, 엔지니어링 및 기타 과학기술 서비스업
6. 기타 전문, 과학 및 기술 서비스업(사진 처리업은 제외한다)
7. 사업지원 서비스업
8. 사회복지 서비스업

4. 산업안전보건법령상 안전관리전문기관에 대하여 6개월 이내의 기간을 정하여 업무정지명령을 할 수 있는 사유에 해당하지 않는 것은?

① 지정받은 사항을 위반하여 업무를 수행한 경우
② 거짓이나 그 밖의 부정한 방법으로 지정을 받은 경우
③ 정당한 사유 없이 안전관리 또는 보건관리 업무의 수탁을 거부한 경우
④ 안전관리 또는 보건관리 업무와 관련된 비치서류를 보존하지 않은 경우
⑤ 안전관리 또는 보건관리 업무 수행과 관련한 대가 외에 금품을 받은 경우

해설 고용노동부장관은 안전관리전문기관 또는 보건관리전문기관이 다음의 어느 하나에 해당할 때에는 그 지정을 취소하거나 6개월 이내의 기간을 정하여 그 업무의 정지를 명할 수 있다. 다만, 1. 또는 2.에 해당할 때에는 그 지정을 취소하여야 한다(법 제21조 제4항).
1. 거짓이나 그 밖의 부정한 방법으로 지정을 받은 경우
2. 업무정지 기간 중에 업무를 수행한 경우
3. 지정 요건을 충족하지 못한 경우
4. 지정받은 사항을 위반하여 업무를 수행한 경우
5. 그 밖에 대통령령으로 정하는 사유에 해당하는 경우

5. 산업안전보건법령상 건설업체의 산업재해발생률 산출 계산식상 사업주의 법 위반으로 인한 것이 아니라고 인정되는 재해에 의한 사고사망자로서 '사고사망자 수' 산정에서 제외되는 경우를 모두 고른 것은?

㉠ 방화, 근로자간 또는 타인간의 폭행에 의한 경우
㉡ 태풍 등 천재지변에 의한 불가항력적인 재해의 경우
㉢ 「도로교통법」에 따라 도로에서 발생한 교통사고로서 해당 공사의 공사용 차량·장비에 의한 사고에 의한 경우
㉣ 야유회 중의 사고 등 건설작업과 직접 관련이 없는 경우

① ㉠, ㉢
② ㉡, ㉣
③ ㉠, ㉡, ㉢
④ ㉠, ㉡, ㉣
⑤ ㉠, ㉡, ㉢, ㉣

해설 사고사망자 중 다음의 어느 하나에 해당하는 경우로서 사업주의 법 위반으로 인한 것이 아니라고 인정되는 재해에 의한 사고사망자는 사고사망자 수 산정에서 제외한다(규칙 별표 1).
1. 방화, 근로자간 또는 타인간의 폭행에 의한 경우

정답 3 ⑤ 4 ② 5 ④

2. 「도로교통법」에 따라 도로에서 발생한 교통사고에 의한 경우(해당 공사의 공사용 차량·장비에 의한 사고는 제외한다)
3. 태풍·홍수·지진·눈사태 등 천재지변에 의한 불가항력적인 재해의 경우
4. 작업과 관련이 없는 제3자의 과실에 의한 경우(해당 목적물 완성을 위한 작업자간의 과실은 제외한다)
5. 그 밖에 야유회, 체육행사, 취침·휴식 중의 사고 등 건설작업과 직접 관련이 없는 경우

6. 산업안전보건법령상 도급인의 안전조치 및 보건조치에 관한 설명으로 옳은 것은?
   ① 건설업의 도급인은 작업장의 정기 안전·보건점검을 분기에 1회 이상 실시하여야 한다.
   ② 토사석 광업의 도급인은 3일에 1회 이상 작업장 순회점검을 실시하여야 한다.
   ③ 안전 및 보건에 관한 협의체는 도급인 및 그의 수급인 전원으로 구성해야 한다.
   ④ 안전 및 보건에 관한 협의체는 분기별 1회 이상 정기적으로 회의를 개최하고 그 결과를 기록·보존해야 한다.
   ⑤ 관계수급인의 공사금액을 포함한 해당 공사의 총공사금액이 10억원 이상인 건설업은 안전보건총괄책임자 지정 대상사업에 해당한다.

   해설 ③ 안전 및 보건에 관한 협의체는 도급인 및 그의 수급인 전원으로 구성해야 한다(규칙 제79조 제1항).
   ① 건설업의 도급인은 작업장의 정기 안전·보건점검을 2개월에 1회 이상 실시하여야 한다(규칙 제82조 제2항).
   ② 토사석 광업의 도급인은 2일에 1회 이상 작업장 순회점검을 실시하여야 한다(규칙 제80조 제1항).
   ④ 협의체는 매월 1회 이상 정기적으로 회의를 개최하고 그 결과를 기록·보존해야 한다(규칙 제79조 제3항).
   ⑤ 안전보건총괄책임자를 지정해야 하는 사업의 종류 및 사업장의 상시근로자 수는 관계수급인에게 고용된 근로자를 포함한 상시근로자가 100명(선박 및 보트 건조업, 1차 금속 제조업 및 토사석 광업의 경우에는 50명) 이상인 사업이나 관계수급인의 공사금액을 포함한 해당 공사의 총공사금액이 20억원 이상인 건설업으로 한다(영 제52조).

7. 산업안전보건법령상 안전보건관리규정의 세부 내용 중 작업장 안전관리에 관한 사항에 해당하지 않는 것은?
   ① 안전·보건관리에 관한 계획의 수립 및 시행에 관한 사항
   ② 기계·기구 및 설비의 방호조치에 관한 사항
   ③ 보호구의 지급 등에 관한 사항
   ④ 위험물질의 보관 및 출입 제한에 관한 사항
   ⑤ 안전표시·안전수칙의 종류 및 게시에 관한 사항

   해설 작업장 안전관리(규칙 별표 3)
   1. 안전·보건관리에 관한 계획의 수립 및 시행에 관한 사항
   2. 기계·기구 및 설비의 방호조치에 관한 사항
   3. 유해·위험기계등에 대한 자율검사프로그램에 의한 검사 또는 안전검사에 관한 사항
   4. 근로자의 안전수칙 준수에 관한 사항
   5. 위험물질의 보관 및 출입 제한에 관한 사항
   6. 중대재해 및 중대산업사고 발생, 급박한 산업재해 발생의 위험이 있는 경우 작업중지에 관한 사항
   7. 안전표지·안전수칙의 종류 및 게시에 관한 사항과 그 밖에 안전관리에 관한 사항

8. 산업안전보건법 제58조(유해한 작업의 도급금지) 규정의 일부이다. ( )에 들어갈 숫자로 옳은 것은?

> 제58조(유해한 작업의 도급금지) ①~④ 〈생략〉
> ⑤ 고용노동부장관은 제4항에 따른 유효기간이 만료되는 경우에 사업주가 유효기간의 연장을 신청하면 승인의 유효기간이 만료되는 날의 다음날부터 ( )년의 범위에서 고용노동부령으로 정하는 바에 따라 그 기간의 연장을 승인할 수 있다. 〈이하 생략〉

① 1
② 2
③ 3
④ 4
⑤ 5

해설 고용노동부장관은 제4항에 따른 유효기간이 만료되는 경우에 사업주가 유효기간의 연장을 신청하면 승인의 유효기간이 만료되는 날의 다음 날부터 3년의 범위에서 고용노동부령으로 정하는 바에 따라 그 기간의 연장을 승인할 수 있다. 이 경우 사업주는 제3항에 따른 안전 및 보건에 관한 평가를 받아야 한다(법 제58조 제5항).

9. 산업안전보건법령상 타워크레인 설치·해체업의 등록 등에 관한 설명으로 옳지 않은 것은?

① 타워크레인 설치·해체업을 등록한 자가 등록한 사항 중 업체의 소재지를 변경할 때에는 변경등록을 하여야 한다.
② 타워크레인을 설치하거나 해체하려는 자가 「국가기술자격법」에 따른 비계기능사의 자격을 가진 사람 3명을 보유하였다면, 타워크레인 설치·해체업을 등록할 수 있다.
③ 송수신기는 타워크레인 설치·해체업의 장비기준에 포함된다.
④ 타워크레인 설치·해체업을 등록하려는 자는 설치·해체업 등록신청서에 관련 서류를 첨부하여 주된 사무소의 소재지를 관할하는 지방고용노동관서의 장에게 제출해야 한다.
⑤ 타워크레인 설치·해체업의 등록이 취소된 자는 등록이 취소된 날부터 2년 이내에는 타워크레인 설치·해체업으로 등록받을 수 없다.

해설 ② 타워크레인을 설치하거나 해체하려는 자가 「국가기술자격법」에 따른 비계기능사의 자격을 가진 사람 4명을 보유하였다면, 타워크레인 설치·해체업을 등록할 수 있다(영 별표 22).
① 타워크레인 설치·해체업을 등록한 자가 등록한 사항 중 업체의 소재지를 변경할 때에는 변경등록을 하여야 한다(법 제82조 제1항, 영 제72조 제2항).
③ 송수신기는 타워크레인 설치·해체업의 장비기준에 포함된다(영 별표 22).
④ 타워크레인 설치·해체업을 등록하려는 자는 설치·해체업 등록신청서에 관련 서류를 첨부하여 주된 사무소의 소재지를 관할하는 지방고용노동관서의 장에게 제출해야 한다(규칙 제106조 제1항).
⑤ 타워크레인 설치·해체업의 등록이 취소된 자는 등록이 취소된 날부터 2년 이내에는 타워크레인 설치·해체업으로 등록받을 수 없다(법 제82조 제4항).

정답 6 ③　7 ①, ②, ③, ④, ⑤　8 ③　9 ②

10. 산업안전보건법령상 안전검사를 면제할 수 있는 경우에 해당하지 않는 것은?

① 「방위사업법」 제28조 제1항에 따른 품질보증을 받은 경우
② 「선박안전법」 제8조부터 제12조까지의 규정에 따른 검사를 받은 경우
③ 「에너지이용 합리화법」 제39조 제4항에 따른 검사를 받은 경우
④ 「항만법」 제26조 제1항 제3호에 따른 검사를 받은 경우
⑤ 「화학물질관리법」 제24조 제3항 본문에 따른 정기검사를 받은 경우

해설 안전검사를 면제하는 경우(규칙 제125조)
1. 「건설기계관리법」에 따른 검사를 받은 경우(안전검사 주기에 해당하는 시기의 검사로 한정한다)
2. 「고압가스 안전관리법」에 따른 검사를 받은 경우
3. 「광산안전법」에 따른 검사 중 광업시설의 설치·변경공사 완료 후 일정한 기간이 지날 때마다 받는 검사를 받은 경우
4. 「선박안전법」에 따른 검사를 받은 경우
5. 「에너지이용 합리화법」에 따른 검사를 받은 경우
6. 「원자력안전법」에 따른 검사를 받은 경우
7. 「위험물안전관리법」에 따른 정기점검 또는 정기검사를 받은 경우
8. 「전기사업법」에 따른 검사를 받은 경우
9. 「항만법」에 따른 검사를 받은 경우
10. 「화재예방, 소방시설 설치·유지 및 안전관리에 관한 법률」에 따른 자체점검 등을 받은 경우
11. 「화학물질관리법」에 따른 정기검사를 받은 경우

11. 산업안전보건법령상 유해하거나 위험한 기계·기구에 대한 방호조치에 관한 설명으로 옳지 않은 것은?

① 동력으로 작동하는 금속절단기에 날접촉 예방장치를 설치하여야 사용에 제공할 수 있다.
② 동력으로 작동하는 기계·기구로서 속도조절 부분이 있는 것은 속도조절 부분에 덮개를 부착하거나 방호망을 설치하여야 양도할 수 있다.
③ 사업주는 방호조치가 정상적인 기능을 발휘할 수 있도록 방호조치와 관련되는 장치를 상시적으로 점검하고 정비하여야 한다.
④ 동력으로 작동하는 기계·기구의 방호조치를 해체하려는 경우 사업주의 허가를 받아야 한다.
⑤ 동력으로 작동하는 진공포장기에 구동부 방호 연동장치를 설치하지 않고 대여의 목적으로 진열한 자는 3년 이하의 징역 또는 3천만원 이하의 벌금에 처한다.

해설 ⑤ 동력으로 작동하는 진공포장기에 구동부 방호 연동장치를 설치하지 않고 대여의 목적으로 진열한 자는 1년 이하의 징역 또는 1천만원 이하의 벌금에 처한다(법 제170조 제4호).
① 동력으로 작동하는 금속절단기에 날접촉 예방장치를 설치하여야 사용에 제공할 수 있다(규칙 제98조 제1항).
② 동력으로 작동하는 기계·기구로서 속도조절 부분이 있는 것은 속도조절 부분에 덮개를 부착하거나 방호망을 설치하여야 양도할 수 있다(규칙 제98조 제2항).
③ 사업주는 방호조치가 정상적인 기능을 발휘할 수 있도록 방호조치와 관련되는 장치를 상시적으로 점검하고 정비하여야 한다(법 제80조 제3항).
④ 동력으로 작동하는 기계·기구의 방호조치를 해체하려는 경우 사업주의 허가를 받아야 한다(규칙 제99조 제1항).

12. 산업안전보건법령상 주요 구조 부분을 변경하는 경우 안전인증을 받아야 하는 기계 및 설비에 해당하지 않는 것은?

① 컨베이어
② 프레스
③ 전단기 및 절곡기
④ 사출성형기
⑤ 롤러기

해설 주요 구조 부분을 변경하는 경우 안전인증을 받아야 하는 기계 및 설비(규칙 제107조)
1. 프레스   2. 전단기 및 절곡기   3. 크레인
4. 리프트   5. 압력용기   6. 롤러기
7. 사출성형기   8. 고소작업대   9. 곤돌라

13. 산업안전보건법령상 상시근로자 30명인 도매업의 사업주가 그 밖의 근로자에게 실시해야 하는 안전보건교육 교육과정별 교육시간 중 채용시 교육의 교육시간으로 옳은 것은? (단, 다른 감면 조건은 고려하지 않음)

① 30분 이상
② 1시간 이상
③ 2시간 이상
④ 3시간 이상
⑤ 4시간 이상

해설 근로자 안전보건교육(규칙 별표 4)

교육과정	교육대상		교육시간
가. 정기교육	1) 사무직 종사 근로자		매반기 6시간 이상
	2) 그 밖의 근로자	가) 판매업무에 직접 종사하는 근로자	매반기 6시간 이상
		나) 판매업무에 직접 종사하는 근로자 외의 근로자	매반기 12시간 이상
나. 채용시 교육	1) 일용근로자 및 근로계약기간이 1주일 이하인 기간제근로자		1시간 이상
	2) 근로계약기간이 1주일 초과 1개월 이하인 기간제근로자		4시간 이상
	3) 그 밖의 근로자		8시간 이상
다. 작업내용 변경 시 교육	1) 일용근로자 및 근로계약기간이 1주일 이하인 기간제근로자		1시간 이상
	2) 그 밖의 근로자		2시간 이상
라. 특별교육	1) 일용근로자 및 근로계약기간이 1주일 이하인 가간제근로자 : 별표 5 제1호 라목(제39호는 제외한다)에 해당하는 작업에 종사하는 근로자에 한정한다.		2시간 이상
	2) 일용근로자 및 근로계약기간이 1주일 이하인 가간제근로자 : 별표 5 제1호 라목제39호에 해당하는 작업에 종사하는 근로자에 한정한다.		8시간 이상
	3) 일용근로자 및 근로계약기간이 1주일 이하인 가간제근로자 : 별표 5 제1호에 해당하는 작업에 종사하는 근로자에 한정한다.		가) 16시간 이상(최초 작업에 종사하기 전 4시간 이상 실시하고 12시간은 3개월 이내에서 분할하여 실시 가능) 나) 단기간 작업 또는 간헐적 작업인 경우에는 2시간 이상

상시근로자 50명 미만의 도매업, 숙박 및 음식점업은 위 표의 규정에도 불구하고 해당교육과정별 교육시간의 2분의 1 이상을 그 교육시간으로 한다.

정답 10 ① 11 ⑤ 12 ① 13 ⑤

14. 산업안전보건법령상 유해성·위험성 조사 제외 화학물질에 해당하는 것을 모두 고른 것은? (단, 고용노동부장관이 공표하거나 고시하는 물질은 고려하지 않음)

> ㉠ 「농약관리법」 제2조 제1호 및 제3호에 따른 농약 및 원제
> ㉡ 「마약류 관리에 관한 법률」 제2조 제1호에 따른 마약류
> ㉢ 「사료관리법」 제2조 제1호에 따른 사료
> ㉣ 「생활주변방사선 안전관리법」 제2조 제2호에 따른 원료물질

① ㉠, ㉡
② ㉢, ㉣
③ ㉠, ㉡, ㉢
④ ㉡, ㉢, ㉣
⑤ ㉠, ㉡, ㉢, ㉣

해설 유해성·위험성 조사 제외 화학물질(영 제85조)
1. 원소
2. 천연으로 산출된 화학물질
3. 건강기능식품
4. 군수품[통상품은 제외한다]
5. 농약 및 원제
6. 마약류
7. 비료
8. 사료
9. 살생물물질 및 살생물제품
10. 식품 및 식품첨가물
11. 의약품 및 의약외품
12. 방사성물질
13. 위생용품
14. 의료기기
15. 화약류
16. 화장품과 화장품에 사용하는 원료
17. 고용노동부장관이 명칭, 유해성·위험성, 근로자의 건강장해 예방을 위한 조치 사항 및 연간 제조량·수입량을 공표한 물질로서 공표된 연간 제조량·수입량 이하로 제조하거나 수입한 물질
18. 고용노동부장관이 환경부장관과 협의하여 고시하는 화학물질 목록에 기록되어 있는 물질

15. 산업안전보건법령상 자율안전확인의 신고에 관한 설명으로 옳지 않은 것은?

① 「산업표준화법」 제15조에 따른 인증을 받은 경우에는 자율안전확인의 신고를 면제할 수 있다.
② 롤러기 급정지장치는 자율안전확인대상기계등에 해당한다.
③ 자율안전확인의 표시는 「국가표준기본법 시행령」 제15조의7 제1항에 따른 표시기준 및 방법에 따른다.
④ 자율안전확인 표시의 사용 금지 공고내용에 사업장 소재지가 포함되어야 한다.
⑤ 고용노동부장관은 자율안전확인표시의 사용을 금지한 날부터 20일 이내에 그 사실을 관보 등에 공고하여야 한다.

해설 ⑤ 고용노동부장관은 자율안전확인표시 사용을 금지한 날부터 30일 이내에 그 사항을 관보나 인터넷 등에 공고해야 한다(규칙 제122조 제2항).
① 「산업표준화법」 제15조에 따른 인증을 받은 경우에는 자율안전확인의 신고를 면제할 수 있다(법 제89조 제1항 제2호).
② 롤러기 급정지장치는 자율안전확인대상기계등에 해당한다(영 제77조 제1항).
③ 자율안전확인의 표시는 「국가표준기본법 시행령」 제15조의7 제1항에 따른 표시기준 및 방법에 따른다(규칙 제121조).
④ 자율안전확인 표시의 사용 금지 공고내용에 사업장 소재지, 자율안전확인번호, 제조자(수입자)가 포함되어야 한다(규칙 제122조 제2항).

16. 산업안전보건법령상 안전보건관리책임자 등에 대한 직무교육 중 신규교육이 면제되는 사람에 관한 내용이다. ( )에 들어갈 숫자로 옳은 것은?

> 「고등교육법」에 따른 이공계 전문대학 또는 이와 같은 수준 이상의 학교에서 학위를 취득하고, 해당 사업의 관리감독자로서의 업무를 (㉠)년(4년제 이공계 대학 학위 취득자는 1년) 이상 담당한 후 고용노동부장관이 지정하는 기관이 실시하는 교육(1998년 12월 31일까지의 교육만 해당한다)을 받고 정해진 시험에 합격한 사람. 다만, 관리감독자로 종사한 사업과 같은 업종(한국표준산업분류에 따른 대분류를 기준으로 한다)의 사업장이면서, 건설업의 경우를 제외하고는 상시근로자 (㉡)명 미만인 사업장에서만 안전관리자가 될 수 있다.

① ㉠ : 2, ㉡ : 200
② ㉠ : 2, ㉡ : 300
③ ㉠ : 3, ㉡ : 200
④ ㉠ : 3, ㉡ : 300
⑤ ㉠ : 5, ㉡ : 200

해설 「고등교육법」에 따른 이공계 전문대학 또는 이와 같은 수준 이상의 학교에서 학위를 취득하고, 해당 사업의 관리감독자로서의 업무(건설업의 경우는 시공실무경력)를 3년(4년제 이공계 대학 학위 취득자는 1년) 이상 담당한 후 고용노동부장관이 지정하는 기관이 실시하는 교육(1998년 12월 31일까지의 교육만 해당한다)을 받고 정해진 시험에 합격한 사람. 다만, 관리감독자로 종사한 사업과 같은 업종(한국표준산업분류에 따른 대분류를 기준으로 한다)의 사업장이면서, 건설업의 경우를 제외하고는 상시근로자 300명 미만인 사업장에서만 안전관리자가 될 수 있다(영 별표 4).

17. 산업안전보건법령상 서류의 보존기간이 3년인 것을 모두 고른 것은?

> ㉠ 산업보건의의 선임에 관한 서류
> ㉡ 산업재해의 발생 원인 등 기록
> ㉢ 산업안전보건위원회의 회의록
> ㉣ 신규화학물질의 유해성·위험성 조사에 관한 서류

① ㉠, ㉢
② ㉡, ㉣
③ ㉠, ㉡, ㉣
④ ㉡, ㉢, ㉣
⑤ ㉠, ㉡, ㉢, ㉣

해설 사업주는 다음의 서류를 3년(2.의 경우 2년을 말한다) 동안 보존하여야 한다. 다만, 고용노동부령으로 정하는 바에 따라 보존기간을 연장할 수 있다(법 제164조 제1항).

정답 14 ③ 15 ⑤ 16 ④ 17 ③

1. 안전보건관리책임자·안전관리자·보건관리자·안전보건관리담당자 및 산업보건의의 선임에 관한 서류
2. 회의록
3. 안전조치 및 보건조치에 관한 사항으로서 고용노동부령으로 정하는 사항을 적은 서류
4. 산업재해의 발생원인 등 기록
5. 화학물질의 유해성·위험성 조사에 관한 서류
6. 작업환경측정에 관한 서류
7. 건강진단에 관한 서류

18. 산업안전보건법령상 유해인자의 유해성·위험성 분류기준에 관한 설명으로 옳은 것을 모두 고른 것은?

> ㉠ 소음은 소음성난청을 유발할 수 있는 90데시벨(A) 이상의 시끄러운 소리이다.
> ㉡ 물과 상호작용을 하여 인화성 가스를 발생시키는 고체·액체 또는 혼합물은 물반응성 물질에 해당한다.
> ㉢ 20℃, 표준압력(101.3kPa)에서 공기와 혼합하여 인화되는 범위에 있는 가스는 인화성 가스에 해당한다.
> ㉣ 이상기압은 게이지 압력이 제곱센티미터당 1킬로그램 초과 또는 미만인 기압이다.

① ㉠, ㉡
② ㉢, ㉣
③ ㉠, ㉡, ㉢
④ ㉡, ㉢, ㉣
⑤ ㉠, ㉡, ㉢, ㉣

해설
㉠ 소음 : 소음성난청을 유발할 수 있는 85데시벨(A) 이상의 시끄러운 소리(규칙 별표 18)
㉡ 물반응성 물질 : 물과 상호작용을 하여 자연발화되거나 인화성 가스를 발생시키는 고체·액체 또는 혼합물(규칙 별표 18)
㉢ 인화성 가스 : 20℃, 표준압력(101.3kPa)에서 공기와 혼합하여 인화되는 범위에 있는 가스와 54℃ 이하 공기 중에서 자연발화하는 가스를 말한다.(혼합물을 포함한다)(규칙 별표 18)
㉣ 이상기압 : 게이지 압력이 제곱센티미터당 1킬로그램 초과 또는 미만인 기압(규칙 별표 18)

19. 산업안전보건법령상 근로환경의 개선에 관한 설명으로 옳지 않은 것은?

① 도급인의 사업장에서 관계수급인 또는 관계수급인의 근로자가 작업을 하는 경우에는 도급인은 그 사업장에 소속된 사람 중 산업위생관리산업기사 이상의 자격을 가진 사람으로 하여금 작업환경측정을 하도록 하여야 한다.
② 사업주는 근로자대표가 요구하면 작업환경측정 시 근로자대표를 참석시켜야 한다.
③ 「의료법」에 따른 의원 또는 한의원은 작업환경측정기관으로 고용노동부장관의 승인을 받을 수 있다.
④ 한국산업안전보건공단은 작업환경측정 결과가 노출기준 미만인데도 직업병 유소견자가 발생한 경우에는 작업환경측정 신뢰성평가를 할 수 있다.
⑤ 사업주는 산업안전보건위원회 또는 근로자대표가 요구하면 작업환경측정 결과에 대한 설명회 등을 개최하여야 한다.

해설 ③ 「의료법」에 따른 종합병원 또는 병원은 작업환경측정기관으로 고용노동부장관의 지정을 받을 수 있다(영 제95조).
① 도급인의 사업장에서 관계수급인 또는 관계수급인의 근로자가 작업을 하는 경우에는 도급인이 자격을 가진 자로 하여금 작업환경측정을 하도록 하여야 한다(법 제125조 제2항).
② 사업주는 근로자대표(관계수급인의 근로자대표를 포함한다.)가 요구하면 작업환경측정 시 근로자대표를 참석시켜야 한다(법 제125조 제4항).
④ 공단은 작업환경측정 결과가 노출기준 미만인데도 직업병 유소견자가 발생한 경우에는 작업환경측정 신뢰성평가를 할 수 있다(규칙 제194조 제1항).
⑤ 사업주는 산업안전보건위원회 또는 근로자대표가 요구하면 작업환경측정 결과에 대한 설명회 등을 개최하여야 한다(법 제125조 제7항).

20. 산업안전보건법령상 공정안전보고서에 관한 설명으로 옳지 않은 것은?

① 원유 정제처리업의 보유설비가 있는 사업장의 사업주는 공정안전보고서를 작성하여야 한다.
② 사업주가 공정안전보고서를 작성할 때, 산업안전보건위원회가 설치되어 있지 아니한 사업장의 경우에는 근로자대표의 의견을 들어야 한다.
③ 공정안전보고서에는 비상조치계획이 포함되어야 하고, 그 세부 내용에는 주민홍보계획을 포함해야 한다.
④ 원자력 설비는 공정안전보고서의 제출 대상인 유해하거나 위험한 설비에 해당한다.
⑤ 공정안전보고서 이행상태평가의 방법 등 이행상태평가에 필요한 세부적인 사항은 고용노동부장관이 정한다.

해설 ④ 원자력 설비, 군사시설 등은 유해하거나 위험한 설비로 보지 않는다(영 제43조 제2항).
① 원유 정제처리업의 보유설비가 있는 사업장의 사업주는 공정안전보고서를 작성하여야 한다(영 제43조 제1항).
② 사업주는 공정안전보고서를 작성할 때 산업안전보건위원회의 심의를 거쳐야 한다. 다만, 산업안전보건위원회가 설치되어 있지 아니한 사업장의 경우에는 근로자대표의 의견을 들어야 한다(법 제44조 제2항).
③ 공정안전보고서에는 비상조치계획이 포함되어야 하고, 그 세부 내용에는 주민홍보계획을 포함해야 한다(영 제44조 제1항, 규칙 제50조 제1항).
⑤ 공정안전보고서 이행상태평가의 방법 등 이행상태평가에 필요한 세부적인 사항은 고용노동부장관이 정한다(규칙 제54조 제4항).

21. 산업안전보건법령상 유해위험방지계획서 제출 대상인 건설공사에 해당하지 않는 것은? (단, 자체심사 및 확인업체의 사업주가 착공하려는 건설공사는 제외함)

① 연면적 3천제곱미터 이상인 냉동·냉장 창고시설의 설비공사
② 최대 지간(支間)길이(다리의 기둥과 기둥의 중심사이의 거리)가 50미터 이상인 다리의 건설 등 공사
③ 지상높이가 31미터 이상인 건축물의 건설등 공사
④ 저수용량 2천만톤 이상의 용수 전용 댐의 건설등 공사
⑤ 깊이 10미터 이상인 굴착공사

정답 18 ④ 19 ③ 20 ④ 21 ①

해설 유해위험방지계획서 제출 대상인 건설공사(영 제42조 제3항)
1. 다음의 어느 하나에 해당하는 건축물 또는 시설 등의 건설·개조 또는 해체 공사
   ㉠ 지상높이가 31미터 이상인 건축물 또는 인공구조물
   ㉡ 연면적 3만㎡ 이상인 건축물
   ㉢ 연면적 5천㎡ 이상인 시설로서 다음의 어느 하나에 해당하는 시설 : 문화 및 집회시설(전시장 및 동물원·식물원은 제외한다), 판매시설, 운수시설(고속철도의 역사 및 집배송시설은 제외한다), 종교시설, 의료시설 중 종합병원, 숙박시설 중 관광숙박시설, 지하도상가, 냉동·냉장 창고시설
2. 연면적 5천㎡ 이상인 냉동·냉장 창고시설의 설비공사 및 단열공사
3. 최대 지간길이(다리의 기둥과 기둥의 중심사이의 거리)가 50미터 이상인 다리의 건설등 공사
4. 터널의 건설등 공사
5. 다목적댐, 발전용댐, 저수용량 2천만톤 이상의 용수 전용 댐 및 지방상수도 전용 댐의 건설등 공사
6. 깊이 10미터 이상인 굴착공사

22. 산업안전보건법령상 건강진단 및 건강관리에 관한 설명으로 옳지 않은 것은?

① 사업주가 「선원법」에 따른 건강진단을 실시한 경우에는 그 건강진단을 받은 근로자에 대하여 일반건강진단을 실시한 것으로 본다.
② 일반건강진단의 제1차 검사항목에 흉부방사선 촬영은 포함되지 않는다.
③ 사업주는 특수건강진단의 결과를 근로자의 건강 보호 및 유지 외의 목적으로 사용해서는 아니 된다.
④ 일반건강진단, 특수건강진단, 배치전건강진단, 수시건강진단, 임시건강진단의 비용은 「국민건강보험법」에서 정한 기준에 따른다.
⑤ 사업주는 배치전건강진단을 실시하는 경우 근로자대표가 요구하면 근로자대표를 참석시켜야 한다.

해설
② 일반건강진단의 제1차 검사항목은 과거병력, 작업경력 및 자각·타각증상(시진·촉진·청진 및 문진), 혈압·혈당·요당·요단백 및 빈혈검사, 체중·시력 및 청력, 흉부방사선 촬영, AST(SGOT) 및 ALT(SGPT), γ-GTP 및 총콜레스테롤 등이다(규칙 제198조 제1항).
① 사업주가 「선원법」에 따른 건강진단을 실시한 경우에는 그 건강진단을 받은 근로자에 대하여 일반건강진단을 실시한 것으로 본다(규칙 제196조).
③ 사업주는 건강진단의 결과를 근로자의 건강 보호 및 유지 외의 목적으로 사용해서는 아니 된다(법 제132조 제3항).
④ 일반건강진단, 특수건강진단, 배치전건강진단, 수시건강진단, 임시건강진단의 비용은 「국민건강보험법」에서 정한 기준에 따른다(규칙 제208조).
⑤ 사업주는 건강진단을 실시하는 경우 근로자대표가 요구하면 근로자대표를 참석시켜야 한다(법 제132조 제1항).

23. 산업안전보건법령상 지도사 보수교육에 관한 설명이다. ( )에 들어갈 숫자로 옳은 것은?

> 고용노동부령으로 정하는 보수교육의 시간은 업무교육 및 직업윤리교육의 교육시간을 합산하여 총 (㉠)시간 이상으로 한다. 다만, 법 제145조 제4항에 따른 지도사 등록의 갱신기간 동안 시행규칙 제230조 제1항에 따른 지도실적이 (㉡)년 이상인 지도사의 교육시간은 (㉢)시간 이상으로 한다.

① ㉠ : 10, ㉡ : 1, ㉢ : 5
② ㉠ : 10, ㉡ : 2, ㉢ : 10
③ ㉠ : 20, ㉡ : 1, ㉢ : 5
④ ㉠ : 20, ㉡ : 2, ㉢ : 10
⑤ ㉠ : 20, ㉡ : 2, ㉢ : 15

해설 보수교육의 시간은 업무교육 및 직업윤리교육의 교육시간을 합산하여 총 20시간 이상으로 한다. 다만, 지도사 등록의 갱신기간 동안 지도실적이 2년 이상인 지도사의 교육시간은 10시간 이상으로 한다(규칙 제231조 제2항).

24. 산업안전보건법령상 안전보건진단을 받아 안전보건개선계획을 수립할 대상으로 옳은 것을 모두 고른 것은?

㉠ 유해인자의 노출기준을 초과한 사업장
㉡ 산업재해율이 같은 업종의 규모별 평균 산업재해율보다 높은 사업장
㉢ 사업주가 필요한 안전조치 또는 보건조치를 이행하지 아니하여 중대재해가 발생한 사업장
㉣ 상시근로자 1천명 이상 사업장으로서 직업성 질병자가 연간 3명 이상 발생한 사업장

① ㉠, ㉡
② ㉢, ㉣
③ ㉠, ㉡, ㉢
④ ㉡, ㉢, ㉣
⑤ ㉠, ㉡, ㉢, ㉣

해설 안전보건진단을 받아 안전보건개선계획을 수립할 대상(영 제49조)
1. 산업재해율이 같은 업종 평균 산업재해율의 2배 이상인 사업장
2. 사업주가 필요한 안전조치 또는 보건조치를 이행하지 아니하여 중대재해가 발생한 사업장
3. 직업성 질병자가 연간 2명 이상(상시근로자 1천명 이상 사업장의 경우 3명 이상) 발생한 사업장
4. 그 밖에 작업환경 불량, 화재·폭발 또는 누출 사고 등으로 사업장 주변까지 피해가 확산된 사업장으로서 고용노동부령으로 정하는 사업장

25. 산업안전보건법령상 산업안전지도사와 산업보건지도사의 직무에 공통적으로 해당되는 것은?
① 유해·위험의 방지대책에 관한 평가·지도
② 근로자 건강진단에 따른 사후관리 지도
③ 작업환경의 평가 및 개선 지도
④ 공정상의 안전에 관한 평가·지도
⑤ 안전보건개선계획서의 작성

해설 산업안전지도사 등의 직무
1. 산업안전지도사의 직무(법 제142조 제1항)
 ㉠ 공정상의 안전에 관한 평가·지도

정답 22 ② 23 ④ 24 ② 25 ⑤

ⓒ 유해·위험의 방지대책에 관한 평가·지도
ⓒ ⓐ 및 ⓑ의 사항과 관련된 계획서 및 보고서의 작성
ⓔ 그 밖에 산업안전에 관한 사항으로서 대통령령으로 정하는 사항(영 제101조 제1항)
   ⓐ 위험성평가의 지도
   ⓑ 안전보건개선계획서의 작성
   ⓒ 그 밖에 산업안전에 관한 사항의 자문에 대한 응답 및 조언

2. 산업보건지도사의 직무(법 제142조 제2항)
   ⓐ 작업환경의 평가 및 개선 지도
   ⓑ 작업환경 개선과 관련된 계획서 및 보고서의 작성
   ⓒ 근로자 건강진단에 따른 사후관리 지도
   ⓓ 직업성 질병 진단(의사인 산업보건지도사만 해당한다) 및 예방 지도
   ⓔ 산업보건에 관한 조사·연구
   ⓕ 그 밖에 산업보건에 관한 사항으로서 대통령령으로 정하는 사항(영 제101조 제2항)
       ⓐ 위험성평가의 지도
       ⓑ 안전보건개선계획서의 작성
       ⓒ 그 밖에 산업보건에 관한 사항의 자문에 대한 응답 및 조언

산업안전 일반

26. 산업안전보건법령상 안전보건교육 교육대상별 교육내용에서 특별교육 대상에 해당하지 않는 작업명은?
    ① 전압이 75볼트 이상인 정전 및 활선작업
    ② 콘크리트 파쇄기를 사용하여 하는 파쇄작업(2미터 이상인 구축물의 파쇄작업만 해당한다)
    ③ 굴착면의 높이가 2미터 이상이 되는 지반 굴착(터널 및 수직갱 외의 갱 굴착은 제외한다)작업
    ④ 선박에 짐을 쌓거나 부리거나 이동시키는 작업
    ⑤ 게이지 압력을 제곱미터당 1킬로그램 이상으로 사용하는 압력용기의 설치 및 취급작업

    해설 ⑤ 게이지 압력을 제곱센티미터당 1킬로그램 이상으로 사용하는 압력용기의 설치 및 취급작업(규칙 별표 5 32.)
    특별교육 대상 작업별 교육(규칙 별표 5)
    ① 전압이 75볼트 이상인 정전 및 활선작업(규칙 별표 5 17.)
    ② 콘크리트 파쇄기를 사용하여 하는 파쇄작업(2미터 이상인 구축물의 파쇄작업만 해당한다)(규칙 별표 5 18.)
    ③ 굴착면의 높이가 2미터 이상이 되는 지반 굴착(터널 및 수직갱 외의 갱 굴착은 제외한다)작업(규칙 별표 5 19.)
    ④ 선박에 짐을 쌓거나 부리거나 이동시키는 작업(규칙 별표 5 24.)

27. 교육훈련 기법에서 강의법(Lecture method)의 장점으로 옳지 않은 것은?
    ① 수강자의 학습참여도가 높고 적극성과 협조성을 부여하는 데 효과적이다.
    ② 오래된 전통 교수방법이며 안전지식의 전달방법으로 유용하다.

③ 시간과 장소의 제약이 비교적 적다.
④ 수업의 도입이나 초기단계에 적용이 효과적이다.
⑤ 많은 인원을 대상으로 교육할 수 있다.

> **해설** ① 강의법은 수강자의 학습참여도가 낮고 적극성과 협조성을 부여하는 데 효과적이지 않다.
>
> 강의법(Lecture method)의 장점
> 1. 말로 설명하는 것이 인쇄된 글자보다 훨씬 효과적
> 2. 강의는 도중에 설명을 되풀이하거나 수정 가능
> 3. 학생에게 듣는 경험을 얻게 함
> 4. 시간 절약
> 5. 능력 있는 학생에게 효과적
> 6. 오래된 교수법
> 7. 많은 대상 교육 가능

28. 원인결과분석(CCA)기법에 관한 기술지침상 원인결과분석의 평가절차를 순서대로 옳게 나열한 것은?

| ㉠ 안전요소의 확인 | ㉡ 최소컷세트 평가 | ㉢ 사건수의 구성 |
| ㉣ 평가할 사건의 선정 | ㉤ 결과의 문서화 | ㉥ 결함수의 구성 |

① ㉠ → ㉣ → ㉢ → ㉥ → ㉡ → ㉤
② ㉠ → ㉣ → ㉥ → ㉡ → ㉢ → ㉤
③ ㉢ → ㉥ → ㉡ → ㉣ → ㉠ → ㉤
④ ㉣ → ㉠ → ㉢ → ㉥ → ㉡ → ㉤
⑤ ㉣ → ㉠ → ㉥ → ㉡ → ㉢ → ㉤

> **해설** 원인결과분석의 평가절차(원인결과분석(CCA)기법에 관한 기술지침 5.) : 평가할 사건의 선정→안전요소의 확인→사건수의 구성→결함수의 구성→최소컷세트 평가→결과의 문서화

29. 안전관리 활동을 통해서 얻을 수 있는 긍정적인 효과가 아닌 것은?
① 근로자의 사기 진작
② 생산성 향상
③ 손실비용 증가
④ 신뢰성 유지 및 확보
⑤ 이윤 증대

> **해설** 안전관리 활동 : 기업이 정해진 법에 의하여 재해나 사고의 방지를 위하여 취하는 조치나 활동으로 재해가 예상되는 생산과정을 분석·검토하여 예방조치를 강구하므로 신뢰성 유지 및 확보, 근로자의 사기 진작, 생산성 향상, 이윤 증대 등을 얻을 수 있다. 손실비용 증가는 부정적인 효과이다.

정답 26 ⑤ 27 ① 28 ④ 29 ③

30. 현장이나 직장에서 직속상사가 부하직원에게 일상 업무를 통하여 지식, 기능, 문제해결능력 및 태도 등을 교육 훈련하는 방법으로 개별교육에 적합한 것은?

① TWI(Training Within Industry)
② OJT(On the Job Training)
③ ATP(Administration Training Program)
④ MTP(Management Training Program)
⑤ Off JT(Off the Job Training)

해설 ② OJT(On the Job Training) : 직무를 수행하는 과정에서 부서 내 직속 상사나 선배들에게 직접적으로 직무교육을 받는 방식이다.
① TWI(Training Within Industry) : 관리감독자의 기술지도능력 향상, 생산관리 능력의 향상, 민주적 리더십 향상, 안전관리능력의 향상을 목적으로 하는 교육이다.
③ ATP(Administration Training Program) : 지도자가 의견을 제시하여 결론을 이끌어 내는 방식이다.
④ MTP(Management Training Program) : 중간관리자를 위한 교육으로 관리의 기능, 조직의 원칙, 조직의 운영, 시간관리, 학습의 원칙 등을 교육한다.
⑤ Off JT(Off the Job Training) : 하던 업무를 잠시 중단하고 연수원이나 전문교육기관에서 교육받는 방식이다.

31. 산업안전보건법상 산업안전보건위원회의 심의·의결 사항으로 옳은 것을 모두 고른 것은?

┌───┐
│ ㉠ 산업재해에 관한 통계의 기록 및 유지에 관한 사항
│ ㉡ 사업장의 산업재해 예방계획의 수립에 관한 사항
│ ㉢ 작업환경측정 등 작업환경의 점검 및 개선에 관한 사항
│ ㉣ 유해하거나 위험한 기계·기구·설비를 도입한 경우 안전 및 보건 관련 조치에 관한 사항
└───┘

① ㉠
② ㉡, ㉣
③ ㉢, ㉣
④ ㉠, ㉡, ㉢
⑤ ㉠, ㉡, ㉢, ㉣

해설 산업안전보건위원회의 심의·의결 사항(법 제24조 제2항)
1. 사업장의 산업재해 예방계획의 수립에 관한 사항
2. 안전보건관리규정의 작성 및 변경에 관한 사항
3. 안전보건교육에 관한 사항
4. 작업환경측정 등 작업환경의 점검 및 개선에 관한 사항
5. 근로자의 건강진단 등 건강관리에 관한 사항
6. 산업재해의 원인 조사 및 재발 방지대책 수립에 관한 사항 중 중대재해에 관한 사항
7. 산업재해에 관한 통계의 기록 및 유지에 관한 사항
8. 유해하거나 위험한 기계·기구·설비를 도입한 경우 안전 및 보건 관련 조치에 관한 사항
9. 그 밖에 해당 사업장 근로자의 안전 및 보건을 유지·증진시키기 위하여 필요한 사항

32. 재해의 통계적 원인분석 방법에 해당하지 않는 것은?

① 파레토도

② 특성요인도

③ 소시오메트리도

④ 클로즈분석도

⑤ 관리도

해설 ③ 소시오메트리도 : 집단구성원 간의 친화와 반발을 조사하여 그 빈도와 강도에 따라 집단 구조를 이해하는 척도
① 파레토도 : 사고의 유형과 기인물 등으로 분류하여 항목이 큰 순서대로 도표화 하여 분석하는 방법
② 특성요인도 : 사고특성과 요인관계를 도표화 하여 분석하는 방법
④ 클로즈분석도 : 2개 이상의 문제점에 대하여 관계를 분석하는 방법
⑤ 관리도 : 재해율, 재해건수 등의 추이를 관리하기 위해 분석하는 방법

33. 제조물 책임법에 관한 내용으로 옳지 않은 것은?

① "제조업자"란 제조물의 제조·가공 또는 수입을 업(業)으로 하는 자를 말한다.

② 동일한 손해에 대하여 배상할 책임이 있는 자가 2인 이상인 경우에는 연대하여 그 손해를 배상할 책임이 있다.

③ "제조물"이란 제조되거나 가공된 동산(다른 동산이나 부동산의 일부를 구성하는 경우를 포함한다)을 말한다.

④ "설계상의 결함"이란 제조업자가 합리적인 설명·지시·경고 또는 그 밖의 표시를 하였더라면 해당 제조물에 의하여 발생할 수 있는 피해나 위험을 줄이거나 피할 수 있었음에도 이를 하지 아니한 경우를 말한다.

⑤ 제조업자는 제조물의 결함으로 생명·신체 또는 재산에 손해(그 제조물에 대하여만 발생한 손해는 제외한다)를 입은 자에게 그 손해를 배상하여야 한다.

해설 ④ 설계상의 결함 : 제조업자가 합리적인 대체설계를 채용하였더라면 피해나 위험을 줄이거나 피할 수 있었음에도 대체설계를 채용하지 아니하여 해당 제조물이 안전하지 못하게 된 경우를 말한다(제조물책임법 제2조 제2호 나목).
① 제조업자 : 제조물의 제조·가공 또는 수입을 업(業)으로 하는 자를 말한다(제조물책임법 제2조 제3호).
② 동일한 손해에 대하여 배상할 책임이 있는 자가 2인 이상인 경우에는 연대하여 그 손해를 배상할 책임이 있다(제조물책임법 제5조).
③ 제조물 : 제조되거나 가공된 동산(다른 동산이나 부동산의 일부를 구성하는 경우를 포함한다)을 말한다(제조물책임법 제2조 제1호).
⑤ 제조업자는 제조물의 결함으로 생명·신체 또는 재산에 손해(그 제조물에 대하여만 발생한 손해는 제외한다)를 입은 자에게 그 손해를 배상하여야 한다(제조물책임법 제3조 제1항).

34. 제어시스템에서의 안전무결성등급(SIL)에 관한 일부내용이다. ( )에 들어갈 것으로 옳은 것은?

안전무결성등급	목표평균 고장확률
(㉠)	10^{-5} 이상 ~ 10^{-4} 미만
(㉡)	10^{-2} 이상 ~ 10^{-1} 미만

① ㉠ : 1, ㉡ : 4   ② ㉠ : 1, ㉡ : 5
③ ㉠ : 4, ㉡ : 1   ④ ㉠ : 5, ㉡ : 1
⑤ ㉠ : 5, ㉡ : 2

해설 안전무결성등급(Safety integrity level, SIL) : 전기 전자 프로그램 가능형 전자장치로 구성된 안전시스템에서, 기능안전의 안전무결성 요건(Safety integrity requirements)을 명시한 별개의 등급(1~4)을 말하며 그 중 등급 4가 가장 높고 등급 1이 가장 낮다(안전무결성등급(SIL)의 산정에 관한 지침).

안전무결성등급(표 1) : 고장확률(Probability of failure on demand, PFD)

요구운전방식		비고
안전무결성등급	목표평균 고장확률	
4	10^{-5} 이상 ~ 10^{-4} 미만	
3	10^{-4} 이상 ~ 10^{-3} 미만	
2	10^{-3} 이상 ~ 10^{-2} 미만	
1	10^{-2} 이상 ~ 10^{-1} 미만	

35. 산업재해발생의 기본 원인 4M에 해당하지 않는 것은?
① Man
② Method
③ Machine
④ Media
⑤ Management

해설 산업재해발생의 기본 원인 4M : Man, Machine, Media, Management

36. 공정안전성 분석(K-PSR)기법에 관한 기술지침상 "위험형태"에 해당하는 것을 모두 고른 것은?

㉠ 누출	㉡ 화재·폭발	㉢ 공정 트러블	㉣ 상해

① ㉠, ㉡   ② ㉠, ㉢
③ ㉡, ㉢   ④ ㉠, ㉡, ㉢
⑤ ㉠, ㉡, ㉢, ㉣

해설 위험형태 : 사업장에서 발생한 사고로 인하여 직·간접적으로 인적, 물적, 환경적 피해를 입히는 원인이 될 수 있는 잠재적인 위험의 종류를 말하며 본 지침에서는 누출, 화재·폭발, 공정 트러블 및 상해 등 4가지로 표현된다(공정안전성 분석(K-PSR)기법에 관한 기술 3.).

37. 인간공학적 동작 경제원칙에 관한 내용으로 옳지 않은 것은?

① 양손은 동시에 시작하고 동시에 끝나지 않도록 한다.
② 양팔의 동작은 동시에 서로 반대방향으로 대칭적으로 움직이도록 한다.
③ 손과 신체동작은 작업을 원만하게 수행할 수 있는 범위 내에서 가장 낮은 동작등급을 사용하도록 한다.
④ 족답장치를 활용하여 양손이 다른 일을 할 수 있도록 한다.
⑤ 휴식시간을 제외하고는 양손이 동시에 쉬지 않도록 한다.

해설 동작 경제원칙
1. 양손의 동작은 동시에 시작하여 동시에 끝나야 한다.
2. 양손은 휴식시간을 제외하고는 동시에 쉬어서는 안 된다.
3. 팔의 동작은 서로 반대의 대칭적 방향으로 이루어져야 하며 동시에 행해져야 한다.
4. 손과 몸의 동작은 일에 만족스럽게 할 수 있는 가장 단순한 동작에 한정되어야 한다.
5. 작업에 도움이 되도록 가급적 물체의 관성(慣性)을 활용하고, 근육운동으로 작업을 수행하는 경우를 최소한으로 줄여야 한다.
6. 갑자기 예각방향으로 변화를 하는 직선동작보다는 유연하고 연속적인 곡선동작을 하는 것이 좋다.
7. 제한되거나 통제된 동작보다는 탄도적 동작이 보다 빠르고 쉬우며 정확하다.
8. 작업을 원활하고 자연스럽게 수행하는 데는 리듬이 중요하다. 가급적 쉽고 자연스러운 리듬이 가능하도록 작업이 배열되어야 한다.
9. 눈의 고정은 가급적 줄이고 함께 가까이 있도록 한다.

38. 부품 신뢰도가 A인 동일한 4개의 부품을 병렬로 연결하였을 때 전체시스템의 신뢰도는 0.9984가 되었다. 이 부품 신뢰도 A는 얼마인가?

① 0.5　　　　　　② 0.6
③ 0.7　　　　　　④ 0.8
⑤ 0.9

해설 $1-(1-x)^4 = 0.9984$
$x = 0.8$

39. 안전성평가 6단계에서 단계별 내용으로 옳지 않은 것은?

① 2단계 : 정성적 평가
② 3단계 : 정량적 평가
③ 4단계 : 안전대책
④ 5단계 : 재해정보에 의한 재평가
⑤ 6단계 : ETA에 의한 재평가

정답 34 ③　35 ②　36 ⑤　37 ①　38 ④　39 ⑤

해설 안전성평가 6단계
1. 1단계 : 관계자료의 정비검토
2. 2단계 : 정성적 평가
3. 3단계 : 정량적 평가
4. 4단계 : 안전대책
5. 5단계 : 재해정보에 의한 재평가
6. 6단계 : FTA에 의한 재평가

40. 인간-기계시스템 설계과정 6단계를 순서대로 옳게 나열한 것은?

㉠ 시스템 정의	㉡ 목표 및 성능명세 결정
㉢ 기본설계	㉣ 인터페이스 설계
㉤ 촉진물, 보조물 설계	㉥ 시험 및 평가

① ㉠ → ㉡ → ㉢ → ㉣ → ㉤ → ㉥
② ㉠ → ㉡ → ㉣ → ㉢ → ㉤ → ㉥
③ ㉠ → ㉢ → ㉡ → ㉤ → ㉣ → ㉥
④ ㉡ → ㉠ → ㉢ → ㉣ → ㉤ → ㉥
⑤ ㉡ → ㉢ → ㉠ → ㉤ → ㉣ → ㉥

해설 인간-기계시스템 설계과정 6단계 : 목표 및 성능명세 결정→시스템 정의→기본설계→인터페이스 설계→촉진물, 보조물 설계→시험 및 평가

41. 사고 피해예측 기법에 관한 기술지침상 위험 기준의 정립에 관한 내용이다. ( )에 들어갈 것으로 옳은 것은?

○ 화재(복사열) : 화구 등과 같이 짧은 시간동안 발생하는 강렬한 복사열에 의한 위험 또는 증기운화재, 고압분출 화재, 액면 화재 등에 의한 장시간의 복사열에 의하여 근로자 또는 주변 기기에 미치는 영향을 판단할 수 있는 기준은 (㉠)kW/m²의 복사열이 미치는 거리로 한다.
○ 폭발(과압) : 증기운 폭발 등과 같은 폭발 사고시 주변 기기 및 근로자 등에 미치는 영향을 판단할 수 있는 기준은 (㉡) kPa의 과압이 도달하는 거리로 한다.

① ㉠ : 1, ㉡ : 0.07
② ㉠ : 1, ㉡ : 6.9
③ ㉠ : 5, ㉡ : 0.07
④ ㉠ : 5, ㉡ : 6.9
⑤ ㉠ : 10, ㉡ : 0.07

해설 ○ 화재(복사열) : 화구 등과 같이 짧은 시간동안 발생하는 강렬한 복사열에 의한 위험 또는 증기운 화재, 고압분출 화재, 액면 화재 등에 의한 장시간의 복사열에 의하여 근로자 또는 주변 기기에 미치는 영향을 판단할 수 있는 기준은 5kW/m²(1,585Btu/hr/ft²)의 복사열이 미치는 거리로 한다. 참고로 복사열에 의한 영향은 〈별표 1〉과 같다(사고 피해예측 기법에 관한 기술지침 7.2).
○ 폭발(과압) : 증기운 폭발 등과 같은 폭발 사고시 주변 기기 및 근로자 등에 미치는 영향을 판단할 수 있는 기준은 0.07kgf/cm²(6.9kPa, 1psi)의 과압이 도달하는 거리로 한다. 참고로 과압에 의한 영향은 〈별표 2〉와 같다(사고 피해예측 기법에 관한 기술지침 7.3).

42. A부품의 고장확률 밀도함수는 평균고장률이 시간당 10^{-2}인 지수분포를 따르고 있다. 이 부품을 180분 작동시켰을 때의 불신뢰도는? (단, 소수점 셋째자리에서 반올림하여 소수점 둘째자리까지 구하시오.)

① 0.03
② 0.05
③ 0.95
④ 0.97
⑤ 0.99

해설 불신뢰도=고장발생확률=F(t)=1-R(t)
신뢰도 R=$e \times p(-\lambda t)$
평균고장율은 10^{-2}=0.01, 180분은 3시간이므로 $e(0.01 \times 3) = 0.97$
불신뢰도=1-R(t)=1-0.97=0.03

43. 산업안전보건기준에 관한 규칙상 공기압축기를 가동하기 전에 관리감독자가 하여야 하는 작업시작 전 점검사항으로 옳지 않은 것은?

① 슬라이드 또는 칼날에 의한 위험방지 기구의 기능
② 압력방출장치의 기능
③ 언로드밸브(unloading valve)의 기능
④ 회전부의 덮개
⑤ 드레인밸브(drain valve)의 조작 및 배수

해설 공기압축기를 가동할 때 작업시작 전 점검사항(산업안전보건기준에 관한 규칙 별표 3)
1. 공기저장 압력용기의 외관 상태
2. 드레인밸브(drain valve)의 조작 및 배수
3. 압력방출장치의 기능
4. 언로드밸브(unloading valve)의 기능
5. 윤활유의 상태
6. 회전부의 덮개 또는 울
7. 그 밖의 연결 부위의 이상 유무

44. 재해사례연구의 진행단계에 관한 내용이다. 진행단계를 순서대로 옳게 나열한 것은?

㉠ 재해와 관계가 있는 사실 및 재해요인으로 알려진 사실을 객관적으로 확인한다.
㉡ 재해의 중심이 된 근본적인 문제점을 결정한 후 재해원인을 결정한다.
㉢ 재해 상황을 파악한다.
㉣ 파악된 사실로부터 문제점을 파악한다.
㉤ 동종재해와 유사재해의 예방대책 및 실시계획을 수립한다.

정답 40 ④ 41 ④ 42 ① 43 ① 44 ⑤

① ㉠ → ㉢ → ㉡ → ㉣ → ㉤　　② ㉠ → ㉢ → ㉣ → ㉡ → ㉤
③ ㉡ → ㉢ → ㉠ → ㉣ → ㉤　　④ ㉢ → ㉠ → ㉡ → ㉣ → ㉤
⑤ ㉢ → ㉠ → ㉣ → ㉡ → ㉤

해설 재해사례연구의 진행단계 : 재해상황의 파악→사실확인→문제점 발견→근본적 문제점 결정→대책수립

45. 암실 내에서 정지된 작은 빛을 응시하고 있으면 그 빛이 움직이는 것처럼 보이는 것을 자동운동이라고 한다. 자동운동이 생기기 쉬운 조건으로 옳은 것은?
    ① 광점이 클 것
    ② 광의 강도가 작을 것
    ③ 시야의 다른 부분이 밝을 것
    ④ 대상이 복잡할 것
    ⑤ 광의 눈부심과 조도가 클 것

해설 자동운동이 생기기 쉬운 조건
1. 광점이 작은 것
2. 빛의 강도가 작은 것
3. 시야의 다른 부분이 암흑으로 되어 있는 것
4. 대상이 단순한 것

46. 통전경로별 위험도가 큰 순서대로 옳게 나열한 것은?

| ㉠ 오른손 - 가슴 | ㉡ 왼손 - 한발 또는 양발 |
| ㉢ 왼손 - 가슴 | ㉣ 왼손 - 오른손 |

① ㉠>㉡>㉢>㉣　　② ㉡>㉢>㉠>㉣
③ ㉢>㉠>㉡>㉣　　④ ㉣>㉠>㉡>㉢
⑤ ㉣>㉠>㉢>㉡

해설 통전경로별 위험도

통전경로	위험도
왼손 - 가슴	1.5
오른손 - 가슴	1.3
왼손 - 한발 또는 양발	1.0
양손 - 양발	1.0
오른손 - 한발 또는 양발	0.8
왼손 - 등	0.7
한손 또는 양손 - 앉아 있는 자리	0.7
왼손 - 오른손	0.4
오른손 - 등	0.3

47. 반지름 30cm의 조종구를 20° 움직였을 때 표시계기의 지침이 2cm 이동하였다면, 이 계기의 통제표시비는?

① 약 4.12
② 약 5.23
③ 약 7.34
④ 약 8.42
⑤ 약 10.46

해설 통제표시비 : 통제기기와 표시장치의 관계를 나타낸 비율을 말하며, C/D비라고도 한다.
C/D=X/Y (X : 통제기기의 변위량, Y : 표시계기의 변위량)

$$C/D = \frac{\frac{a}{360} \times 2\pi L}{\text{표시계기의 이동거리}(Y)}$$ (a : 조정장치의 이동각도, L : 조종장치의 반경)

$$= \frac{\frac{20}{360} \times 2 \times 3.14 \times 30}{2} = 약\ 5.23$$

최적의 C/D비는 1.18~2.42이다.

48. 시몬즈(Simonds)의 재해손실비 평가방법에 관한 내용이다. ( )에 들어갈 것으로 옳은 것은?

○ 총 재해비용 = 산재보험비용 + (㉠)비용
○ (㉠)비용 = 휴업상해건수×A + (㉡)건수×B + (㉢)건수×C + 무상해사고건수×D
  (여기서, A, B, C, D는 장해 정도별 비보험비용의 평균치임)

① ㉠ : 비보험, ㉡ : 입원상해, ㉢ : 유족상해
② ㉠ : 간접,   ㉡ : 입원상해, ㉢ : 비응급조치
③ ㉠ : 비보험, ㉡ : 통원상해, ㉢ : 응급조치
④ ㉠ : 간접,   ㉡ : 통원상해, ㉢ : 중상해
⑤ ㉠ : 비보험, ㉡ : 물적손실, ㉢ : 비응급조치

해설 시몬즈(Simonds)의 재해손실비 평가방법 E=보험비용+비보험비용
E=보험비용+(휴업상해건수×A)+(통상상해건수×B)+(응급조치건수×C)+(무상해사고건수×D)
비보험비용=(휴업상해건수×A)+(통상상해건수×B)+(응급조치건수×C)+(무상해사고건수×D)

49. 매슬로우(Maslow)의 동기부여이론(욕구5단계이론)에 관한 내용으로 옳지 않은 것은?

① 제1단계 : 생리적 욕구(생명유지의 기본적 욕구)
② 제2단계 : 도전 욕구(새로운 것에 대한 도전 욕구)
③ 제3단계 : 사회적 욕구(소속감과 애정 욕구)
④ 제4단계 : 존경 욕구(인정받으려는 욕구)
⑤ 제5단계 : 자아실현 욕구(잠재적 능력의 실현 욕구)

정답 45 ② 46 ③ 47 ② 48 ③ 49 ②

해설 매슬로우(Maslow)의 동기부여이론(욕구5단계이론)
1. 제1단계 : 생리적 욕구(생명유지의 기본적 욕구)
2. 제2단계 : 안전 욕구(위험으로부터 자신을 보호하고자 하는 욕구)
3. 제3단계 : 사회적 욕구(소속감과 애정 욕구)
4. 제4단계 : 존경 욕구(인정받으려는 욕구)
5. 제5단계 : 자아실현 욕구(잠재적 능력의 실현 욕구)

50. 산업안전보건기준에 관한 규칙에서 정하고 있는 "충격소음작업" 정의의 일부내용이다. ( )에 들어갈 것으로 옳은 것은?

"충격소음작업"이란 소음이 1초 이상의 간격으로 발생하는 작업으로서 다음 각 목의 어느 하나에 해당하는 작업을 말한다.
가. 120데시벨을 초과하는 소음이 1일 (㉠)회 이상 발생하는 작업
나. (㉡)데시벨을 초과하는 소음이 1일 1천회 이상 발생하는 작업

① ㉠ : 1천, ㉡ : 125
② ㉠ : 3천, ㉡ : 125
③ ㉠ : 5천, ㉡ : 125
④ ㉠ : 8천, ㉡ : 130
⑤ ㉠ : 1만, ㉡ : 130

해설 충격소음작업 : 소음이 1초 이상의 간격으로 발생하는 작업으로서 다음의 어느 하나에 해당하는 작업을 말한다(산업안전보건기준에 관한 규칙 제513조 제3호).
1. 120데시벨을 초과하는 소음이 1일 1만회 이상 발생하는 작업
2. 130데시벨을 초과하는 소음이 1일 1천회 이상 발생하는 작업
3. 140데시벨을 초과하는 소음이 1일 1백회 이상 발생하는 작업

기업진단 · 지도

51. 인사평가의 방법을 상대평가법과 절대평가법으로 구분할 때 상대평가법에 속하는 기법을 모두 고른 것은?

㉠ 서열법 ㉡ 쌍대비교법 ㉢ 평정척도법
㉣ 강제할당법 ㉤ 행위기준척도법

① ㉠, ㉡, ㉢
② ㉠, ㉡, ㉣
③ ㉠, ㉢, ㉣
④ ㉡, ㉢, ㉤
⑤ ㉡, ㉣, ㉤

해설 ㉠ 서열법 : 최고성과자부터 차례대로 순서를 정하는 방법-상대평가
㉡ 쌍대비교법 : 일일이 임의로 두 사람씩 짝을 지은 다음 서로 비교하는 것을 되풀이하여, 서열을 결정하는 방법-상대평가
㉢ 강제할당법 : 사전에 정해진 정규분포에 따라 일정한 비율로 강제로 서열을 정하는 방법-상대평가
㉣ 평정척도법 : 특성과 행동 평가요소와 달성도를 기준으로 평가하는 방법-절대평가
㉤ 행위기준척도법 : 피평가자의 실제 행동을 평가의 기준으로 삼는 고과법으로서, 중요사건기술법과 평정척도법이 결합된 기법-절대평가

52. 기능별 부문화와 제품별 부문화를 결합한 조직구조는?
① 가상조직(virtual organization)
② 하이퍼텍스트조직(hypertext organization)
③ 애드호크라시(adhocracy)
④ 매트릭스조직(matrix organization)
⑤ 네트워크조직(network organization)

해설 ④ 매트릭스조직(matrix organization) : 계층적인 기능식 조직에 수평적인 사업부제 조직을 결합한 부문화의 형태이고, 때로는 조직구조에서 제품과 기능을 또는 제품과 지역이 동시에 강조되는 다초점이 필요한 경우에 수평적 연결 메커니즘이 잘 작동되지 않을 때 발생한다.
① 가상조직(virtual organization) : 지리적으로 떨어져 있고 문화적으로 다양한 사람들을 전자적인 의사소통의 방식으로 연결한 집단이다.
② 하이퍼텍스트조직(hypertext organization) : 구성원이 소속부서에 얽매이지 않고 자유자재로 재조직되는 유연한 조직이다.
③ 애드호크라시(adhocracy) : 여러 분야의 전문가를 모아 임시로 조직을 편성해 주어진 문제를 해결하려고 하는 구조이다.
⑤ 네트워크조직(network organization) : 조직적으로 존재하는 장벽을 없애거나 최소한으로 줄이기 위해 경영자가 선택하는 조직 구조이다.

53. 아담스(J. Adams)의 공정성이론에서 투입과 산출의 내용 중 투입이 아닌 것은?
① 시간
② 노력
③ 임금
④ 경험
⑤ 창의성

해설 공정성이론 : 조직구성원은 자신의 투입에 대한 결과의 비율을, 동일한 직무 상황에 있는 준거인의 투입 대 결과의 비율과 비교해 자신의 행동을 결정하게 된다는 애덤스(J. Stacy Adams) 등의 동기이론
1. 투입 : 노력, 기술, 지식, 시간, 창의성 등
2. 산출 : 임금, 승진, 인정, 지위 등

정답 50 ⑤ 51 ② 52 ④ 53 ③

54. 집단의사결정기법에 관한 설명으로 옳지 않은 것은?
   ① 델파이법(Delphi technique)은 의사결정 시간이 짧아 긴박한 문제의 해결에 적합하다.
   ② 브레인스토밍(brainstorming)은 다른 참여자의 아이디어에 대해 비판할 수 없다.
   ③ 프리모텀(premortem) 기법은 어떤 프로젝트가 실패했다고 미리 가정하고 그 실패의 원인을 찾는 방법이다.
   ④ 지명반론자법은 악마의 옹호자(devil's advocate) 기법이라고도 하며, 집단사고의 위험을 줄이는 방법이다.
   ⑤ 명목집단법은 참여자들 간에 토론을 하지 못한다.

   해설 ① 델파이법(Delphi technique) : 전문가 집단의 의견과 판단을 추출하고 종합하기 위하여 동일한 전문가 집단에게 설문조사를 실시하여 집단의 의견을 종합하고 정리하는 연구 기법
   ② 브레인스토밍(brainstorming) : 일정한 테마에 관하여 회의형식을 채택하고, 구성원의 자유발언을 통한 아이디어의 제시를 요구하여 발상을 찾아내려는 방법
   ③ 프리모텀(premortem) 기법 : 미리 사업이 실패한 상황을 가정하고 그 실패원인을 도출해 제거함으로써 성공가능성을 높이려는 의사결정기법
   ④ 지명반론자법 : 집단토론에서 의무적으로 반대의견을 제시하는 사람이나 집단을 지정하고 의무적 반대의견 제시는 집단사고 등 집단적 의사결정의 병리적 현상을 완화·제거할 수 있는 기법
   ⑤ 명목집단법 : 팀의 구성원들이 모여서 문제나 이슈를 식별하고 순위를 정하는 가중서열화법

55. 부당노동행위 중 근로자가 어느 노동조합에 가입하지 아니할 것 또는 탈퇴할 것을 고용조건으로 하거나 특정한 노동조합의 조합원이 될 것을 고용조건으로 하는 행위는?
   ① 불이익대우
   ② 단체교섭거부
   ③ 지배·개입 및 경비원조
   ④ 정당한 단체행동참가에 대한 해고 및 불이익대우
   ⑤ 황견계약

   해설 황견계약 : 근로자가 노동조합에 가입하지 않을 것 또는 노동조합에서 탈퇴할 것을 고용조건으로 하는 근로계약
   부당노동행위 : 불이익대우, 황견계약, 단체교섭거부, 지배·개입 및 경비원조, 정당한 단체행동참가에 대한 해고 및 불이익대우

56. 식스 시그마(Six Sigma) 분석도구 중 품질 결함의 원인이 되는 잠재적인 요인들을 체계적으로 표현해주며, Fishbone Diagram으로도 불리는 것은?
   ① 린 차트
   ② 파레토 차트
   ③ 가치흐름도
   ④ 원인결과 분석도
   ⑤ 프로세스 관리도

   해설 ④ Fishbone Diagram(어골도) : 문제 정의하기→주요 원인 카테고리 선정→하위 원인 세분화→원인 간 상호작용 및 영향력 분석

① 린 차트 : 모든 활동에서 낭비와 지연을 제거하여 부가가치를 극대화 하는 운영시스템
② 파레토 차트 : 불량품에 대해서 불량원인별로 데이터를 취하여 그 영향이 큰 것 순(빈도수 또는 금액)으로 나타낸 도표
③ 가치흐름도 : 낭비를 제거하기 위한 정상적인 린 시스템 도구로서 현상도, 목표도, 구현계획으로 구성
⑤ 프로세스 관리도 : 전체 비즈니스 프로세스를 효율적으로 관리하고 최적화할 수 있는 변화 관리 및 시스템 구현 기법.

57. 수요를 예측하는데 있어 과거 자료보다는 최근 자료가 더 중요한 역할을 한다는 논리에 근거한 지수평활법을 사용하여 수요를 예측하고자 한다. 다음 자료의 수요 예측값(F_t)은?

○ 직전 기간의 지수평활 예측값(F_{t-1})=1,000
○ 평활 상수(α)=0.05
○ 직전 기간의 실제값(A_{t-1})=1,200

① 1,005
② 1,010
③ 1,015
④ 1,020
⑤ 1,200

해설 당기예측치=전기예측치+a(전기실적치-전기예측치)=1,000+0.05(1,200-1,000)=1,010
(a는 평활상수)

58. 재고량에 관한 의사결정을 할 때 고려해야 하는 재고유지 비용을 모두 고른 것은?

㉠ 보관설비 비용　　㉡ 생산준비 비용　　㉢ 진부화 비용
㉣ 품절 비용　　　　㉤ 보험 비용

① ㉠, ㉡, ㉢
② ㉠, ㉡, ㉣
③ ㉠, ㉢, ㉤
④ ㉠, ㉣, ㉤
⑤ ㉡, ㉢, ㉣

해설 재고유지 비용 : 재고를 유지하는데 드는 비용으로 투자기회의 상실, 저장 및 취급비용, 세금 및 보험비용, 재고손실 및 진부화 비용

59. 서비스 수율관리(yield management)가 효과적으로 나타나는 경우가 아닌 것은?

① 변동비가 높고 고정비가 낮은 경우
② 재고가 저장성이 없어 시간이 지나면 소멸하는 경우
③ 예약으로 사전에 판매가 가능한 경우

정답 54 ① 55 ⑤ 56 ④ 57 ② 58 ③ 59 ①

④ 수요의 변동이 시기에 따라 큰 경우

⑤ 고객특성에 따라 수요를 세분화할 수 있는 경우

> **해설** 수율관리(yield management)는 재료생산성을 의미하며 재료비의 이상적 원가를 계산하는 과정에서 발생하는 로스를 파악하고 개선에 활용하기 위한 목적으로 사용한다.
> 수율관리가 효과적인 경우
> 1. 고객그룹별로 수요가 분리될 수 있을 경우
> 2. 고정비는 높고 변동비는 낮은 경우
> 3. 재고(잉여공급능력)는 시간이 지나면 사용 불가
> 4. 예약으로 사전판매가 가능한 경우
> 5. 수요가 매우 변동성이 높을 경우

60. 오건(D. Organ)이 범주화한 조직시민행동의 유형에서 불평, 불만, 험담 등을 하지 않고, 있지도 않은 문제를 과장해서 이야기 하지 않는 행동에 해당하는 것은?

① 시민덕목(civic virtue)

② 이타주의(altruism)

③ 성실성(conscientiousness)

④ 스포츠맨십(sportsmanship)

⑤ 예의(courtesy)

> **해설** ④ 스포츠맨십(sportsmanship) : 조직 내에서 어떠한 갈등이나 문제가 발생하더라도 그에 대해 불평이나 비난을 하는 대신, 가능하면 조직 생활의 고충이나 불편함을 스스로 해결하려고 하는 행동을 말한다.
> ① 시민덕목(civic virtue) : 조직 생활을 하면서 조직 내에서 벌어지는 활동에 책임감을 가지고 적극적으로 참여하며, 조직 내의 활동에 몰입하는 행동을 의미한다.
> ② 이타주의(altruism) : 직무상 필수적이지는 않지만, 한 구성원이 조직 내 업무나 문제에 대해 다른 구성원들을 도와주려는 직접적이고 자발적인 조직 내 행동을 일컫는다.
> ③ 성실성(conscientiousness) : 조직에서 요구하는 최저 수준 이상의 역할을 수행하는 것을 의미한다.
> ⑤ 예의(courtesy) : 구성원 스스로가 자신의 의사 결정과 행동으로 인해 다른 구성원들과 직무 관련 문제가 발생할 때를 대비하여, 문제가 일어나기 전에 이미 구성원들 간에 정보 등을 공유하여 문제 자체를 예방하고자 하는 행동을 의미한다.

61. 직업 스트레스에 관한 설명으로 옳지 않은 것은?

① 비르(T. Beehr)와 프랜즈(T. Franz)는 직업 스트레스를 의학적 접근, 임상·상담적 접근, 공학심리학적 접근, 조직심리학적 접근 등 네 가지 다른 관점에서 설명할 수 있다고 제안하였다.

② 요구-통제 모델(Demands-Control Model)은 업무량 이외에도 다양한 요구가 존재한다는 점을 인식하고, 이러한 다양한 요구가 종업원의 안녕과 동기에 미치는 영향을 연구한다.

③ 자원보존 이론(Conservation of Resources Theory)은 종업원들은 시간에 걸쳐 자원을 축적하려는 동기를 가지고 있으며, 자원의 실제적 손실 또는 손실의 위협이 그들에게 스트레스를 경험하게 한다고 주장한다.

④ 셀리에(H. Selye)의 일반적 적응증후군 모델은 경고(alarm), 저항(resistance), 소진(exhaustion)의 세 가지 단계로 구성된다.
⑤ 직업 스트레스 요인 중 역할 모호성(role ambiguity)은 종업원이 자신의 직무기능과 책임이 무엇인지 불명확하게 느끼는 정도를 말한다.

해설 ② 요구-통제 모델(Demands-Control Model)에서 직무긴장(job strain)은 직무요구와 직무통제 간 상호작용 결과물이고, 직무요구와 재량권 결합에 따라 긴장 정도가 결정된다고 본다.
① 비르(T. Beehr)는 직무관련 스트레스 조절변인 중 사회적 지원을 정서적 지원과 수단적 지원으로 구분하였다.
③ 자원보존 이론(Conservation of Resources Theory)은 구성원들은 업무를 수행하기 위해 자원을 필요로 하고, 자원을 확보하였을 때, 긍정적인 태도나 성과를 나타낼 수 있다고 설명한다.
④ 셀리에(H. Selye)의 일반적 적응증후군 모델은 경고(alarm) 또는 충격단계, 저항(resistance)단계, 소진(exhaustion)단계의 세 가지 단계로 구성된다.
⑤ 직업 스트레스 요인 중 역할 모호성(role ambiguity)은 조직 구성원을 둘러싼 역할에 대한 기대치나 역할을 수행하는 방식, 역할을 수행함으로써 도출되는 결과 등을 개인이 예측하지 못하는 상태를 말한다.

62. 직무만족을 측정하는 대표적인 척도인 직무기술 지표(Job Descriptive Index: JDI)의 하위 요인이 아닌 것은?
① 업무
② 동료
③ 관리 감독
④ 승진 기회
⑤ 작업 조건

해설 직무기술 지표(Job Descriptive Index: JDI)의 하위 요인 : 직무자체, 감독, 임금, 승진, 동료

63. 해크만(J. Hackman)과 올드햄(G. Oldham)의 직무특성 이론은 5개의 핵심직무특성이 중요 심리상태라고 불리는 다음 단계와 직접적으로 연결된다고 주장하는데, '일의 의미감(meaningfulness) 경험'이라는 심리상태와 관련있는 직무특성을 모두 고른 것은?

| ㉠ 기술 다양성 | ㉡ 과제 피드백 | ㉢ 과제 정체성 |
| ㉣ 자율성 | ㉤ 과제 중요성 | |

① ㉠, ㉢
② ㉠, ㉢, ㉤
③ ㉡, ㉣, ㉤
④ ㉢, ㉣, ㉤
⑤ ㉡, ㉢, ㉣, ㉤

해설 '일의 의미감(meaningfulness) 경험'이라는 심리상태와 관련있는 직무특성 : 기술 다양성, 과제 정체성, 과제 중요성
㉠ 기술 다양성, ㉢ 과제 정체성, ㉤ 과제 중요성 : 작업에 대한 의미 경험
㉡ 과제 피드백 : 과업에 대한 인식
㉣ 자율성 : 결과의 책임 경험

정답 60 ④ 61 ② 62 ⑤ 63 ②

64. 브룸(V. Vroom)의 기대 이론(expectancy theory)에서 일정 수준의 행동이나 수행이 결과적으로 어떤 성과를 가져올 것이라는 믿음을 나타내는 것은?

① 기대(expectancy)
② 방향(direction)
③ 도구성(instrumentality)
④ 강도(intensity)
⑤ 유인가(valence)

해설 브룸(V. Vroom)의 기대 이론(expectancy theory)은 노력(동기유발력), 성과, 보상, 기대치, 수단성(도구성), 유인가를 중심으로 한다. 기대는 개인의 노력이 성과를 초래할 것이라는 믿음의 정도, 즉 주관적 확률이다. 성과가 보상을 낳을 주관적 확률로 성과는 개인적 입장에서 보면 그 자체가 목적이 아니라 보상을 위한 수단 또는 도구라는 의미이다.

65. 라스뮈센(J. Rasmussen)의 수행수준 이론에 관한 설명으로 옳은 것은?

① 실수(slip)의 기본적인 분류는 3가지 주제에 대한 것으로 의도형성에 따른 오류, 잘못된 활성화에 의한 오류, 잘못된 촉발에 의한 오류이다.
② 인간의 행동을 숙련(skill)에 바탕을 둔 행동, 규칙(rule)에 바탕을 둔 행동, 지식(knowledge)에 바탕을 둔 행동으로 분류한다.
③ 오류의 종류로 인간공학적 설계오류, 제작오류, 검사오류, 설치 및 보수오류, 조작오류, 취급오류를 제시한다.
④ 오류를 분류하는 방법으로 오류를 일으키는 원인에 의한 분류, 오류의 발생결과에 의한 분류, 오류가 발생하는 시스템 개발단계에 의한 분류가 있다.
⑤ 사람들의 오류를 분석하고 심리수준에서 구체적으로 설명할 수 있는 모델이며 욕구체계, 기억체계, 의도체계, 행위체계가 존재한다.

해설 ② 라스뮈센(J. Rasmussen)의 수행수준 이론은 인간의 행동을 숙련(skill), 규칙(rule), 지식(knowledge)에 바탕을 둔 행동으로 분류한다.
③ 루크의 휴면오류
⑤ 리즌(J. T. Reason)이 제시한 정보처리 모형의 분류체계

66. 착시를 크기 착시와 방향 착시로 구분하는 경우, 동일한 물리적인 길이와 크기를 가지는 선이나 형태를 다르게 지각하는 크기 착시에 해당하지 않는 것은?

① 뮬러-라이어(Müller-Lyer) 착시
② 폰조(Ponzo) 착시
③ 에빙하우스(Ebbinghaus) 착시
④ 포겐도르프(Poggendorf) 착시
⑤ 델뵈프(Delboeuf) 착시

해설 ④ 포겐도르프(Poggendorf) 착시 : (a)와 (c)가 일직선상으로 보이나 실제는 (a)와 (b)가 일직선이다
① 뮬러-라이어(Müller-Lyer) 착시 : (a)가 (b)보다 길게 보이나 실제 (a) = (b)
② 폰조(Ponzo) 착시 : 두 수평선부의 길이가 다르게 보이나 실제는 같다.
③ 에빙하우스(Ebbinghaus) 착시 : 같은 크기의 원이지만 다르게 보인다.
⑤ 델뵈프(Delboeuf) 착시 : 가운데 있는 두 개의 검은 원은 같은 크기이지만 한쪽 원이 더 커 보인다.

67. 집단(팀)에 관한 다음 설명에 해당하는 모델은?

> ○ 집단이 발전함에 따라 다양한 단계를 거친다는 가정을 한다.
> ○ 집단발달의 단계로 5단계(형성, 폭풍, 규범화, 성과, 해산)를 제시하였다.
> ○ 시간의 경과에 따라 팀은 여러 단계를 왔다 갔다 반복하면서 발달한다.

① 캠피온(Campion)의 모델
② 맥그래스(McGrath)의 모델
③ 그래드스테인(Gladstein)의 모델
④ 해크만(Hackman)의 모델
⑤ 터크만(Tuckman)의 모델

해설 터크만(Tuckman)의 모델 : 집단이 발전함에 따라 5단계(형성, 폭풍, 규범화, 성과, 해산)를 제시하고, 시간의 경과에 따라 팀은 여러 단계를 왔다 갔다 반복하면서 발달한다고 본다.
  1. 형성 : 팀 구성단계
  2. 격동 : 논의 시 갈등발생
  3. 표준화 : 팀원 간의 신뢰도 형성 및 성과 증가
  4. 수행 : 원활
  5. 해산

68. 산업재해이론 중 아담스(E. Adams)의 사고연쇄 이론에 관한 설명으로 옳은 것은?

① 관리구조의 결함, 전술적 오류, 관리기술 오류가 연속적으로 발생하게 되며 사고와 재해로 이어진다.
② 불안전상태와 불안전행동을 어떻게 조절하고 관리할 것인가에 관심을 가지고 위험해결을 위한 노력을 기울인다.
③ 긴장 수준이 지나치게 높은 작업자가 사고를 일으키기 쉽고 작업수행의 질도 떨어진다.
④ 작업자의 주의력이 저하하거나 약화될 때 작업의 질은 떨어지고 오류가 발생해서 사고나 재해가 유발되기 쉽다.
⑤ 사고나 재해는 사고를 낸 당사자나 사고발생 당시의 불안전행동, 그리고 불안전행동을 유발하는 조건과 감독의 불안전 등이 동시에 나타날 때 발생한다.

해설 아담스(E. Adams)의 사고연쇄 이론
  1. 관리구조의 결함, 작전적 오류, 전술적 오류, 관리기술 오류가 연속적으로 발생하게 되며 사고와 재해로 이어진다.
  2. 재해의 직접적인 원인은 불안전상태와 불안전행동으로 이를 어떻게 조절하고 관리할 것인가에 관심을 가지고 위험해결을 위한 노력을 기울인다.
  3. 상해와 사고는 우연적 관계로 존재한다.

정답 64 ①, ③ 65 ② 66 ④ 67 ⑤ 68 ①, ②

69. 다음은 산업위생을 연구한 학자이다. 누구에 관한 설명인가?

○ 독일 의사
○ "광물에 대하여(De Re Metallica)" 저술
○ 먼지에 의한 규폐증 기록

① Alice Hamilton
② Percival Pott
③ Thomas Percival
④ Georgius Agricola
⑤ Pliny the Elder

해설 ④ Georgius Agricola : 독일 의사로 "광물에 대하여(De Re Metallica)" 저술하여 광업의 유해성을 언급하였고 광부들의 호흡기 질환, 천식증과 소모성 증세에 대하여 상세히 기술하였다.
① Alice Hamilton : 산업현장 유해 화학물질과 노동자 질병의 연관성을 연구하였다.
② Percival Pott : 세계 최초로 직업성 암인 음낭암을 발견하고 원인물질을 발견하였다.
③ Thomas Percival : 산업보건을 위한 최초의 공장의사이다.
⑤ Pliny the Elder : 유해 분진을 막기 위해 마스크를 사용할 것을 주장하였다.

70. 화학물질 및 물리적 인자의 노출기준에 관한 설명으로 옳지 않은 것은?

① "최고노출기준(C)"이란 근로자가 1일 작업시간동안 잠시라도 노출되어서는 아니 되는 기준이다.
② 노출기준을 이용할 경우에는 근로시간, 작업의 강도, 온열조건, 이상기압도 고려하여야 한다.
③ "Skin" 표시물질은 피부자극성을 뜻하는 것은 아니며, 점막과 눈 그리고 경피로 흡수되어 전신 영향을 일으킬 수 있는 물질이다.
④ 발암성 정보물질의 표기는 화학물질의 분류·표시 및 물질안전보건자료에 관한 기준에 따라 1A, 1B, 2로 표기한다.
⑤ "단시간노출기준(STEL)"이란 15분간의 시간가중평균노출값으로서 노출농도가 시간가중평균노출기준(TWA)을 초과하고 단시간노출기준(STEL) 이하인 경우에는 1회 노출 지속시간이 15분 미만이어야 하고, 이러한 상태가 1일 3회 이하로 발생하여야 하며, 각 노출의 간격은 45분 이상이어야 한다.

해설 ⑤ 단시간노출기준(STEL) : 15분간의 시간가중평균노출값으로서 노출농도가 시간가중평균노출기준(TWA)을 초과하고 단시간노출기준(STEL) 이하인 경우에는 1회 노출 지속시간이 15분 미만이어야 하고, 이러한 상태가 1일 4회 이하로 발생하여야 하며, 각 노출의 간격은 60분 이상이어야 한다(화학물질 및 물리적 인자의 노출기준 제2조 제1항 제3호).
① 최고노출기준(C) : 근로자가 1일 작업시간동안 잠시라도 노출되어서는 아니 되는 기준을 말하며, 노출기준 앞에 "C"를 붙여 표시한다(화학물질 및 물리적 인자의 노출기준 제2조 제1항 제4호).
② 노출기준은 1일 8시간 작업을 기준으로 하여 제정된 것이므로 이를 이용할 경우에는 근로시간, 작업의 강도, 온열조건, 이상기압 등이 노출기준 적용에 영향을 미칠 수 있으므로 이와 같은 제반요인을 특별히 고려하여야 한다(화학물질 및 물리적 인자의 노출기준 제3조 제2항).

③ Skin 표시 물질은 점막과 눈 그리고 경피로 흡수되어 전신 영향을 일으킬 수 있는 물질을 말함(피부자극성을 뜻하는 것이 아님)(화학물질 및 물리적 인자의 노출기준 별표 1)
④ 발암성 정보물질의 표기는 화학물질의 분류·표시 및 물질안전보건자료에 관한 기준에 따라 1A, 1B, 2로 표기한다(화학물질 및 물리적 인자의 노출기준 별표 1).

71. 근로자건강진단 실무지침에서 화학물질에 대한 생물학적 노출지표의 노출기준 값으로 옳지 않은 것은?

① 노말-헥산 : [소변 중 2,5-헥산디온, 5mg/L]
② 메틸클로로포름 : [소변 중 삼염화초산, 10mg/L]
③ 크실렌 : [소변 중 메틸마뇨산, 1.5g/g crea]
④ 톨루엔 : [소변 중 o-크레졸, 1mg/g crea]
⑤ 인듐 : [혈청 중 인듐, 1.2㎍/L]

해설 ④ 톨루엔 : [소변 중 o-크레졸, 0.8mg/L](근로자건강진단 실무지침 표3)
톨루엔 : [혈액 중 톨루엔, 0.8mg/L](근로자건강진단 실무지침 표3)
톨루엔 : [소변 중 마뇨산, 2.5g/g crea](근로자건강진단 실무지침 표3)
① 노말-헥산 : [소변 중 2,5-헥산디온, 5mg/L](근로자건강진단 실무지침 표3)
③ 크실렌 : [소변 중 메틸마뇨산, 1.5g/g crea](근로자건강진단 실무지침 표3)

72. 후드 개구부 면에서 제어속도(capture velocity)를 측정해야 하는 후드 형태에 해당하는 것은?

① 외부식 후드
② 포위식 후드
③ 리시버(receiver)식 후드
④ 슬롯(slot) 후드
⑤ 캐노피(canopy) 후드

해설 ② 포위식 후드 : 발생원을 완전히 포위하는 형태의 후드로 후드개구면에서 측정한 속도인 면속도가 제어속도가 된다.
① 외부식 후드 : 후드의 흡인력이 외부까지 미치도록 설계한 후드로 후드개구면에서 측정한 면속도가 제어속도가 된다.
③ 리시버(receiver)식 후드 : 오염물질이 발생되는 방향 쪽에 후드의 입구를 설치함으로서 보다 적은 풍량으로 오염물질을 포집할 수 있도록 설계한 후드이다.
④ 슬롯(slot) 후드 : 후드 개방부분의 길이가 길고, 높이(폭)가 좁은 형태로 [높이(폭)/길이]의 비가 0.2이하인 후드이다.
⑤ 캐노피(canopy) 후드 : 리시버(receiver)식 후드의 한 종류로 작업 근로자의 호흡영역을 보호하지 못한다.

73. 카드뮴 및 그 화합물에 대한 특수건강진단 시 제1차 검사항목에 해당하는 것은? (단, 근로자는 해당 작업에 처음 배치되는 것은 아니다.)

① 소변 중 카드뮴
② 베타 2 마이크로글로불린
③ 혈중 카드뮴
④ 객담세포검사
⑤ 단백뇨정량

정답 69 ④ 70 ⑤ 71 ④ 72 ② 73 ③

해설 카드뮴 및 그 화합물에 대한 특수건강진단 시 검사항목(규칙 별표 24)
1. 제1차 검사항목 : 요검사 10종, 혈압 측정, 전립선 증상문진, 청진, 흉부방사선(후전면), 폐활량 검사, 혈중 카드뮴
2. 제2차 검사항목 : 단백뇨정량, 혈청 크레아티닌, 요소질소, 전립선특이항원(남), 베타 2 마이크로글로불린, 흉부방사선(측면), 흉부 전산화 단층촬영, 객담세포검사, 소변 중 카드뮴

74. 근로자 건강진단 실시기준에서 유해요인과 인체에 미치는 영향으로 옳지 않은 것은?
   ① 니켈 - 폐암, 비강암, 눈의 자극증상
   ② 오산화바나듐 - 천식, 폐부종, 피부습진
   ③ 베릴륨 - 기침, 호흡곤란, 폐의 육아종 형성
   ④ 카드뮴 - 만성 폐쇄성 호흡기 질환 및 폐기종
   ⑤ 망간 - 접촉성 피부염, 비중격 점막의 괴사

   해설 ⑤ 망간 - 퇴행성 신경장애, 두통, 폐렴, 파킨슨병, 정신 질환, 무기력증
   ① 니켈 - 위장 장애, 적혈구 수 증가, 신장 스트레스, 만성 기관지염, 폐 기능 감소
   ② 오산화바나듐 - 비염, 인두염, 기관지염, 천식, 흉통, 폐렴, 폐부종, 피부습진 등
   ③ 베릴륨 - 기침, 호흡곤란, 폐의 육아종 형성. 피부염
   ④ 카드뮴 - 만성 폐쇄성 호흡기 질환 및 폐기종

75. 작업환경측정 대상 유해인자에는 해당하지만 특수건강진단 대상 유해인자는 아닌 것은?
   ① 디에틸아민   ② 디에틸에테르
   ③ 무수프탈산   ④ 브롬화메틸
   ⑤ 피리딘

   해설 특수건강진단 대상 유해인자(규칙 별표 22) : 디에틸에테르, 무수프탈산, 브롬화메틸, 피리딘 등 유기화합물 109종, 금속류 20종, 산 및 알칼리류 8종, 가스 상태 물질류 14종, 허가 대상 유해물질 12종, 분진 7종, 물리적 인자 8종, 야간작업 2종

2024년 기출문제

기출문제

산업안전보건법령

1. 산업안전보건법령상 산업안전보건위원회에 관한 내용으로 옳지 않은 것은?

   ① 사업주는 사업장의 안전 및 보건에 관한 중요 사항을 심의·의결하기 위하여 사업장에 근로자위원과 사용자위원이 같은 수로 구성되는 산업안전보건위원회 를 구성·운영하여야 한다.
   ② 사업주는 공정안전보고서를 작성할 때 산업안전보건위원회가 설치되어 있지 아니한 사업장의 경우에는 근로자대표의 의견을 들어야 한다.
   ③ 산업안전보건위원회의 회의는 근로자위원 및 사용자위원 각 과반수의 출석으로 개의(開)하고 출석위원 과반수의 찬성으로 의결한다.
   ④ 사업주는 산업안전보건위원회 또는 근로자대표가 요구하면 작업환경측정 결과에 대한 설명회 등을 개최하여야 한다.
   ⑤ 사업주는 산업안전보건위원회가 요구할 때에는 개별 근로자의 건강진단 결과를 본인의 동의가 없어도 공개할 수 있다.

   해설 ⑤ 사업주는 산업안전보건위원회 또는 근로자대표가 요구할 때에는 직접 또는 건강진단을 한 건강진단기관에 건강진단 결과에 대하여 설명하도록 하여야 한다. 다만, 개별 근로자의 건강진단 결과는 본인의 동의 없이 공개해서는 아니 된다(법 제132조 제2항).
   ① 사업주는 사업장의 안전 및 보건에 관한 중요 사항을 심의·의결하기 위하여 사업장에 근로자위원과 사용자위원이 같은 수로 구성되는 산업안전보건위원회를 구성·운영하여야 한다(법 제24조 제1항).
   ② 사업주는 공정안전보고서를 작성할 때 산업안전보건위원회의 심의를 거쳐야 한다. 다만, 산업안전보건위원회가 설치되어 있지 아니한 사업장의 경우에는 근로자대표의 의견을 들어야 한다(법 제44조 제1항).
   ③ 산업안전보건위원회의 회의는 근로자위원 및 사용자위원 각 과반수의 출석으로 개의(開議)하고 출석위원 과반수의 찬성으로 의결한다(영 제37조 제2항).
   ④ 사업주는 산업안전보건위원회 또는 근로자대표가 요구하면 작업환경측정 결과에 대한 설명회 등을 개최하여야 한다(법 제125조 제7항).

2. 산업안전보건법령상 산업재해 발생에 관한 설명으로 옳지 않은 것은?

   ① 고용노동부장관은 산업재해로 인한 사망자가 연간 2명 이상 발생한 사업장의 경우 산업재해를 예방하기 위하여 산업재해발생건수 등을 공표하여야 한다.
   ② 중대재해가 발생한 사실을 알게 된 사업주가 사업장 소재지를 관할하는 지방고용노동관서의 장에게 보고하는 방법에는 전화·팩스가 포함된다.

정답 74 ⑤ 75 ① / 1 ⑤ 2 ⑤

③ 사업주는 산업재해조사표에 근로자대표의 확인을 받아야 하지만, 근로자대표가 없는 경우에는 재해자 본인의 확인을 받아 산업재해조사표를 제출할 수 있다.
④ 고용노동부장관은 중대재해가 발생하였을 때에는 그 원인 규명 또는 산업재해예방대책 수립을 위하여 그 발생 원인을 조사할 수 있다.
⑤ 사업주는 산업재해로 사망자가 발생한 경우에는 지체 없이 산업재해조사표를 작성하여 한국산업안전보건공단에 제출해야 한다.

해설 ⑤ 사업주는 산업재해로 사망자가 발생하거나 3일 이상의 휴업이 필요한 부상을 입거나 질병에 걸린 사람이 발생한 경우에는 해당 산업재해가 발생한 날부터 1개월 이내에 산업재해조사표를 작성하여 관할 지방고용노동관서의 장에게 제출(전자문서로 제출하는 것을 포함한다)해야 한다(규칙 제73조 제1항).
① 고용노동부장관은 산업재해로 인한 사망자가 연간 2명 이상 발생한 사업장의 경우 근로자 산업재해 발생건수, 재해율 또는 그 순위 등("산업재해발생건수등")을 공표하여야 한다(법 제10조 제1항, 영 제10조 제1항 제1호).
② 사업주는 중대재해가 발생한 사실을 알게 된 경우에는 지체 없이 사업장 소재지를 관할하는 지방고용노동관서의 장에게 전화·팩스 또는 그 밖의 적절한 방법으로 보고해야 한다(규칙 제67조).
③ 사업주는 산업재해조사표에 근로자대표의 확인을 받아야 하며, 그 기재 내용에 대하여 근로자대표의 의견이 있는 경우에는 그 내용을 첨부해야 한다. 다만, 근로자대표가 없는 경우에는 재해자 본인의 확인을 받아 산업재해조사표를 제출할 수 있다(규칙 제73조 제3항).
④ 고용노동부장관은 중대재해가 발생하였을 때에는 그 원인 규명 또는 산업재해 예방대책 수립을 위하여 그 발생 원인을 조사할 수 있다(법 제56조 제1항).

3. 산업안전보건법령상 상시근로자 수가 200명인 경우에 안전보건관리규정을 작성해야 하는 사업의 종류에 해당하는 것은?
① 농업
② 정보서비스업
③ 부동산 임대업
④ 금융 및 보험업
⑤ 사업지원 서비스업

해설 안전보건관리규정을 작성해야 할 사업의 종류 및 상시근로자 수(규칙 별표 2)

사업의 종류	상시근로자 수
1. 농업 2. 어업 3. 소프트웨어 개발 및 공급업 4. 컴퓨터 프로그래밍, 시스템 통합 및 관리업 5. 정보서비스업 6. 금융 및 보험업 7. 임대업; 부동산 제외 8. 전문, 과학 및 기술 서비스업(연구개발업은 제외한다) 9. 사업지원 서비스업 10. 사회복지 서비스업	300명 이상
11. 제1호부터 제10호까지의 사업을 제외한 사업	100명 이상

4. 산업안전보건법령상 근로자의 안전 및 보건에 유해하거나 위험한 작업으로서 사업주가 이를 도급하여 자신의 사업장에서 수급인의 근로자가 그 작업을 하도록 해서는 아니 되는 작업을 모두 고른 것은? (단, 제시된 내용 외의 다른 상황은 고려하지 않음)

> ㄱ. 도금작업
> ㄴ. 수은을 제련, 주입, 가공 및 가열하는 작업
> ㄷ. 카드뮴을 제련, 주입, 가공 및 가열하는 작업
> ㄹ. 망간을 제련, 주입, 가공 및 가열하는 작업

① ㄱ
② ㄹ
③ ㄱ, ㄴ, ㄷ
④ ㄴ, ㄷ, ㄹ
⑤ ㄱ, ㄴ, ㄷ, ㄹ

해설 사업주는 근로자의 안전 및 보건에 유해하거나 위험한 작업으로서 다음의 어느 하나에 해당하는 작업을 도급하여 자신의 사업장에서 수급인의 근로자가 그 작업을 하도록 해서는 아니 된다(법 제58조 제1항).
　1. 도금작업
　2. 수은, 납 또는 카드뮴을 제련, 주입, 가공 및 가열하는 작업
　3. 허가대상물질을 제조하거나 사용하는 작업

5. 산업안전보건법령상 안전보건표지에 관한 설명으로 옳은 것은?

① 지시표지의 색채는 바탕은 파란색, 관련 그림은 흰색으로 한다.
② 방사성물질 경고의 경고표지는 바탕은 무색, 기본모형은 빨간색으로 한다.
③ 안전보건표지의 성질상 설치하거나 부착하는 것이 곤란한 경우에도 해당 물체에 직접 도색할 수 없다.
④ 「외국인근로자의 고용 등에 관한 법률」 제2조에 따른 외국인근로자를 사용하는 사업주는 안전보건표지를 고용노동부장관이 정하는 바에 따라 해당 외국인 근로자의 모국어와 영어로 작성하여야 한다.
⑤ 안전보건표지의 표시를 명확히 하기 위하여 필요한 경우에는 그 안전보건표지의 주위에 표시사항을 글자로 덧붙여 적을 수 있으며, 이 경우 그 글자는 검정 색 바탕에 노란색 한글고딕체로 표기해야 한다.

해설 ① 지시표지의 색채는 바탕은 파란색, 관련 그림은 흰색으로 한다(규칙 별표 7).
② 방사성물질 경고의 경고표지는 바탕은 노란색, 기본모형은 검은색으로 한다(규칙 별표 6).
③ 안전보건표지의 성질상 설치하거나 부착하는 것이 곤란한 경우에는 해당 물체에 직접 도색할 수 있다(규칙 제39조 제3항).

정답 3 ③ 4 ③ 5 ①

④ 사업주는 유해하거나 위험한 장소·시설·물질에 대한 경고, 비상시에 대처하기 위한 지시·안내 또는 그 밖에 근로자의 안전 및 보건 의식을 고취하기 위한 사항 등을 그림, 기호 및 글자 등으로 나타낸 표지를 근로자가 쉽게 알아 볼 수 있도록 설치하거나 붙여야 한다. 이 경우 「외국인근로자의 고용 등에 관한 법률」 제2조에 따른 외국인근로자를 사용하는 사업주는 안전보건표지를 고용노동부장관이 정하는 바에 따라 해당 외국인근로자의 모국어로 작성하여야 한다(법 제37조 제1항).
⑤ 안전보건표지의 표시를 명확히 하기 위하여 필요한 경우에는 그 안전보건표지의 주위에 표시사항을 글자로 덧붙여 적을 수 있다. 이 경우 글자는 흰색 바탕에 검은색 한글고딕체로 표기해야 한다(규칙 제38조 제1항).

6. 산업안전보건법령상 안전보건관리책임자에 관한 설명으로 옳지 않은 것은?

① 안전보건관리책임자는 안전관리자와 보건관리자를 지휘·감독한다.
② 사업주가 안전보건관리책임자에게 총괄하여 관리하도록 하여야 하는 사항에는 해당 사업장의 「산업안전보건법」 제36조(위험성평가의 실시)에 따른 위험성평가의 실시에 관한 사항도 포함된다.
③ 상시 근로자 수가 100명인 1차 금속 제조업의 사업장에는 안전보건관리책임자를 두어야 한다.
④ 건설업의 경우 공사금액이 10억원인 사업장에는 안전보건관리책임자를 두어야 한다.
⑤ 사업주는 안전보건관리책임자의 선임에 관한 서류를 3년 동안 보존하여야 한다.

해설 ④ 건설업의 경우 공사금액이 20억원인 사업장에는 안전보건관리책임자를 두어야 한다(영 별표 2).
① 안전보건관리책임자는 안전관리자와 보건관리자를 지휘·감독한다(법 제15조 제2항).
② 사업주가 안전보건관리책임자에게 총괄하여 관리하도록 하여야 하는 사항에는 해당 사업장의 「산업안전보건법」 제36조(위험성평가의 실시)에 따른 위험성평가의 실시에 관한 사항도 포함된다(법 제15조 제1항, 규칙 제9조).
③ 상시 근로자 수가 50명인 1차 금속 제조업의 사업장에는 안전보건관리책임자를 두어야 한다(영 별표 2).
⑤ 사업주는 안전보건관리책임자의 선임에 관한 서류를 3년 동안 보존하여야 한다(법 제164조 제1항).

7. 산업안전보건법령상 안전관리자 및 보건관리자 등에 관한 설명으로 옳지 않은 것은?

① 지방고용노동관서의 장은 보건관리자가 질병으로 1개월 이상 직무를 수행할 수 없게 된 경우에는 사업주에게 보건관리자를 정수 이상으로 증원하게 할 것을 명할 수 있다.
② 건설업을 제외한 사업으로서 상시근로자 300명 미만을 사용하는 사업장의 사업주는 안전관리전문기관에 안전관리자의 업무를 위탁할 수 있다.
③ 전기장비 제조업 중 상시근로자 300명 이상을 사용하는 사업장의 사업주는 보건관리자에게 보건관리자의 업무만을 전담하도록 하여야 한다.
④ 식료품 제조업 중 상시근로자 300명 이상을 사용하는 사업장의 사업주는 안전관리자에게 안전관리자의 업무만을 전담하도록 하여야 한다.
⑤ 안전관리자와 보건관리자가 수행하는 업무에는 산업안전보건위원회 또는 안전 및 보건에 관한 노사협의체에서 심의·의결한 업무도 포함된다.

해설 ① 지방고용노동관서의 장은 관리자가 질병이나 그 밖의 사유로 3개월 이상 직무를 수행할 수 없게 된 경우 사업주에게 안전관리자·보건관리자 또는 안전보건관리담당자를 정수 이상으로 증원하게 하거나 교체하여 임명할 것을 명할 수 있다(규칙 제12조 제1항).
② 건설업을 제외한 사업으로서 상시근로자 300명 미만을 사용하는 사업장의 사업주는 안전관리 업무를 전문적으로 수행하는 기관에 안전관리자의 업무를 위탁할 수 있다(법 제17조 제1항, 영 제19조 제1항).
③, ④ 상시근로자 300명 이상을 사용하는 사업장[건설업의 경우에는 공사금액이 120억원 이상인 사업장]의 사업주는 안전관리자에게 그 업무만을 전담하도록 하여야 한다(법 제17조 제3항, 영 제16조 제2항).
⑤ 안전관리자와 보건관리자가 수행하는 업무에는 안전보건관리책임자의 업무 중 안전에 관한 기술적인 사항에 관하여 사업주 또는 안전보건관리책임자를 보좌하고 관리감독자에게 지도·조언하는 업무를 수행한다(법 제17조 제1항, 제18조 제1항).

8. 산업안전보건법령상 관계수급인 근로자가 도급인의 사업장에서 작업을 하는 경우 도급인이 이행해야 하는 사항에 해당하는 것을 모두 고른 것은?

> ㉠ 작업장 순회점검
> ㉡ 관계수급인이 「산업안전보건법」 제29조(근로자에 대한 안전보건교육) 제1항에 따라 근로자에게 정기적으로 하는 안전보건교육을 위한 장소 및 자료의 제공 등 지원
> ㉢ 도급인과 수급인을 구성원으로 하는 안전 및 보건에 관한 협의체의 구성 및 운영
> ㉣ 작업 장소에서 발파작업을 하는 경우에 대비한 경보체계 운영과 대피방법 등 훈련

① ㉠
② ㉡, ㉣
③ ㉢, ㉣
④ ㉠, ㉡, ㉢
⑤ ㉠, ㉡, ㉢, ㉣

해설 도급인은 관계수급인 근로자가 도급인의 사업장에서 작업을 하는 경우 다음의 사항을 이행하여야 한다(법 제64조 제1항).
1. 도급인과 수급인을 구성원으로 하는 안전 및 보건에 관한 협의체의 구성 및 운영
2. 작업장 순회점검
3. 관계수급인이 근로자에게 하는 제29조(근로자에 대한 안전보건교육) 제1항부터 제3항까지의 규정에 따른 안전보건교육을 위한 장소 및 자료의 제공 등 지원
4. 관계수급인이 근로자에게 하는 제29조제3항에 따른 안전보건교육의 실시 확인
5. 다음의 어느 하나의 경우에 대비한 경보체계 운영과 대피방법 등 훈련
   ㉠ 작업 장소에서 발파작업을 하는 경우
   ㉡ 작업 장소에서 화재·폭발, 토사·구축물 등의 붕괴 또는 지진 등이 발생한 경우
6. 위생시설 등 고용노동부령으로 정하는 시설의 설치 등을 위하여 필요한 장소의 제공 또는 도급인이 설치한 위생시설 이용의 협조
7. 같은 장소에서 이루어지는 도급인과 관계수급인 등의 작업에 있어서 관계수급인 등의 작업시기·내용, 안전조치 및 보건조치 등의 확인
8. 확인 결과 관계수급인 등의 작업 혼재로 인하여 화재·폭발 등 대통령령으로 정하는 위험이 발생할 우려가 있는 경우 관계수급인 등의 작업시기·내용 등의 조정

정답 6 ④ 7 ① 8 ⑤

9. 산업안전보건법령상 주요 구조 부분을 변경하는 경우 안전인증을 받아야 하는 기계 및 설비에 해당하지 않는 것은? (단, 안전인증을 면제받는 경우는 고려하지 않음)
   ① 원심기
   ② 프레스
   ③ 롤러기
   ④ 압력용기
   ⑤ 고소작업대

   해설 안전인증을 받아야 하는 기계 및 설비(영 제74조 제1항 제1호)
   1. 프레스
   2. 전단기 및 절곡기(折曲機)
   3. 크레인
   4. 리프트
   5. 압력용기
   6. 롤러기
   7. 사출성형기(射出成形機)
   8. 고소(高所) 작업대
   9. 곤돌라

10. 산업안전보건법령상 용어의 정의로 옳은 것은?
    ① "작업환경측정"이란 작업환경 실태를 파악하기 위하여 해당 근로자 또는 작업장에 대하여 사업주가 유해인자에 대한 측정계획을 수립한 후 시료(試料)를 채취하고 분석·평가하는 것을 말한다.
    ② "중대재해"란 근로자가 사망하거나 부상을 입을 수 있는 설비에서의 누출·화재·폭발 사고를 말한다.
    ③ "건설공사발주자"란 건설공사를 도급하는 자로서 건설공사의 시공을 주도하여 총괄·관리하는 자를 말한다.
    ④ "산업재해"란 근로자가 업무에 관계되는 건설물설비·원재료·가스. 증기·분진 등에 의하거나 작업 또는 그 밖의 업무로 인하여 사망 또는 3일 이상의 휴업이 필요한 질병에 걸리는 것을 말한다.
    ⑤ "위험성평가"란 산업재해를 예방하기 위하여 잠재적 위험성을 발견하고 그 개선대책을 수립할 목적으로 조사·평가하는 것을 말한다.

    해설 ① 작업환경측정 : 작업환경 실태를 파악하기 위하여 해당 근로자 또는 작업장에 대하여 사업주가 유해인자에 대한 측정계획을 수립한 후 시료(試料)를 채취하고 분석·평가하는 것을 말한다(법 제2조 제13호).
    ② 중대재해 : 산업재해 중 사망 등 재해 정도가 심하거나 다수의 재해자가 발생한 경우로서 고용노동부령으로 정하는 재해를 말한다다(법 제2조 제2호).
    ③ 건설공사발주자 : 건설공사를 도급하는 자로서 건설공사의 시공을 주도하여 총괄·관리하지 아니하는 자를 말한다(법 제2조 제10호).
    ④ 산업재해 : 노무를 제공하는 사람이 업무에 관계되는 건설물·설비·원재료·가스·증기·분진 등에 의하거나 작업 또는 그 밖의 업무로 인하여 사망 또는 부상하거나 질병에 걸리는 것을 말한다(법 제2조 제1호).

⑤ 안전보건진단 : 산업재해를 예방하기 위하여 잠재적 위험성을 발견하고 그 개선대책을 수립할 목적으로 조사·평가하는 것을 말한다(법 제2조 제12호).

11. 산업안전보건법령상 유해하거나 위험한 기계·기구에 대한 방호조치 등에 관한 설명으로 옳은 것을 모두 고른 것은?

> ㉠ 진공포장기, 래핑기를 제외한 포장기계에는 구동부 방호 연동장치를 설치해야 한다.
> ㉡ 회전기계에 물체 등이 말려 들어갈 부분이 있는 기계는 물림점을 묻힘형으로 하여야 한다.
> ㉢ 예초기 및 금속절단기에는 날접촉 예방장치를 설치해야 하고, 원심기에는 회전체 접촉 예방장치를 설치해야 한다.
> ㉣ 근로자가 방호조치를 해체하려는 경우에는 사업주의 허가를 받아야 한다.

① ㉠
② ㉠, ㉡
③ ㉡, ㉢
④ ㉢, ㉣
⑤ ㉠, ㉢, ㉣

해설 ㉠ 진공포장기 래핑기로 한정한 포장기계에는 구동부 방호 연동장치를 설치해야 한다(규칙 제98조 제1항).
㉡ 회전기계에 물체 등이 말려 들어갈 부분이 있는 기계는 덮개 또는 울을 설치하여야 한다(규칙 제98조 제2항).
㉢ 예초기 및 금속절단기에는 날접촉 예방장치를 설치해야 하고, 원심기에는 회전체 접촉 예방장치를 설치해야 한다(규칙 제98조 제1항).
㉣ 근로자가 방호조치를 해체하려는 경우에는 사업주의 허가를 받아 하여야 한다(규칙 제89조 제1항).

12. 산업안전보건법 시행규칙의 일부이다. ( )에 들어갈 숫자로 옳은 것은?

> 산업안전보건법 시행규칙 [별표 4]
> 안전보건교육 교육과정별 교육시간(제26조 제1항 등 관련)
> 1. 근로자 안전보건교육(제26조 제1항, 제28조 제1항 관련)
>
> | 교육과정 | 교육대상 | 교육시간 |
> | --- | --- | --- |
> | 마. 건설업 기초안전보건교육 | 건설 일용근로자 | ( )시간 이상 |

① 1
② 2
③ 4
④ 6
⑤ 8

해설 근로자 안전보건교육 교육과정별 교육시간(규칙 별표 4)

교육과정	교육대상		교육시간
가. 정기교육	1) 사무직 종사 근로자		매반기 6시간 이상
	2) 그 밖의 근로자	가) 판매업무에 직접 종사하는 근로자	매반기 6시간 이상
		나) 판매업무에 직접 종사하는 근로자 외의 근로자	매반기 12시간 이상
나. 채용 시 교육	1) 일용근로자 및 근로계약기간이 1주일 이하인 기간제근로자		1시간 이상
	2) 근로계약기간이 1주일 초과 1개월 이하인 기간제근로자		4시간 이상
	3) 그 밖의 근로자		8시간 이상
다. 작업내용 변경 시 교육	1) 일용근로자 및 근로계약기간이 1주일 이하인 기간제근로자		1시간 이상
	2) 그 밖의 근로자		2시간 이상
라. 특별교육	1) 일용근로자 및 근로계약기간이 1주일 이하인 기간제근로자: 별표 5 제1호라목(제39호는 제외한다)에 해당하는 작업에 종사하는 근로자에 한정한다.		2시간 이상
	2) 일용근로자 및 근로계약기간이 1주일 이하인 기간제근로자 : 별표 5 제1호 라목 제39호에 해당하는 작업에 종사하는 근로자에 한정한다.		8시간 이상
	3) 일용근로자 및 근로계약기간이 1주일 이하인 기간제근로자를 제외한 근로자: 별표 5 제1호라목에 해당하는 작업에 종사하는 근로자에 한정한다.		가) 16시간 이상(최초 작업에 종사하기 전 4시간 이상 실시하고 12시간은 3개월 이내에서 분할하여 실시 가능) 나) 단기간 작업 또는 간헐적 작업인 경우에는 2시간 이상
마. 건설업 기초 안전·보건 교육	건설 일용근로자		4시간 이상

13. 산업안전보건법령상 보건관리자에 대한 직무교육에 관한 내용이다. ( )에 들어갈 내용을 순서대로 옳게 나열한 것은? (단, 직무교육을 면제받는 경우는 고려하지 않음)

사업주가 보건관리자에게 안전보건교육기관에서 직무와 관련한 안전보건 교육을 이수하도록 하여야 하는 경우, 의사인 보건관리자는 해당 직위에 선임된 후 (㉠) 이내에 직무를 수행하는 데 필요한 신규교육을 받아야 하며, 신규교육을 이수한 후 매 (㉡)이 되는 날을 기준으로 전후 (㉢) 사이에 고용노동부장관이 실시하는 안전보건에 관한 보수교육을 받아야 한다.

① ㉠ : 3개월, ㉡ : 1년, ㉢ : 3개월
② ㉠ : 3개월, ㉡ : 1년, ㉢ : 6개월
③ ㉠ : 3개월, ㉡ : 2년, ㉢ : 6개월
④ ㉠ : 1년, ㉡ : 1년, ㉢ : 3개월
⑤ ㉠ : 1년, ㉡ : 2년, ㉢ : 6개월

> **해설** 사업주가 보건관리자에게 안전보건교육기관에서 직무와 관련한 안전보건 교육을 이수하도록 하여야 하는 경우, 채용된 후 3개월(보건관리자가 의사인 경우는 1년을 말한다) 이내에 직무를 수행하는 데 필요한 신규교육을 받아야 하며, 신규교육을 이수한 후 매 2년이 되는 날을 기준으로 전후 6개월 사이에 고용노동부장관이 실시하는 안전보건에 관한 보수교육을 받아야 한다(규칙 제29조 제1항).

14. 산업안전보건법령상 기계등을 대여받은 자가 그 설치·해체 작업이 이루어지는 동안 작업과정 전반(全般)을 영상으로 기록하여 대여기간 동안 보관하여야 하는 기계등에 해당하는 것은?
    ① 파워 셔블
    ② 타워크레인
    ③ 고소작업대
    ④ 버킷굴착기
    ⑤ 콘크리트 펌프

> **해설** 타워크레인을 대여받은 자는 타워크레인 설치·해체 작업이 이루어지는 동안 작업과정 전반(全般)을 영상으로 기록하여 대여기간 동안 보관할 하여야 한다(규칙 제101조 제2항)

15. 산업안전보건법령상 안전검사대상기계등에 대해 안전검사를 면제할 수 있는 경우가 아닌 것은?
    ①「고압가스 안전관리법」 제17조 제2항에 따른 검사를 받은 경우
    ②「원자력안전법」 제22조 제1항에 따른 검사를 받은 경우
    ③「에너지이용합리화법」 제39조 제4항에 따른 검사를 받은 경우
    ④「전기용품 및 생활용품 안전관리법」 제8조에 따른 안전검사를 받은 경우
    ⑤「위험물안전관리법」 제18조에 따른 정기점검 또는 정기검사를 받은 경우

> **해설** 안전검사의 면제(규칙 제125조)
> 1.「건설기계관리법」 제13조 제1항 제1호·제2호 및 제4호에 따른 검사를 받은 경우(안전검사 주기에 해당하는 시기의 검사로 한정한다)
> 2.「고압가스 안전관리법」 제17조 제2항에 따른 검사를 받은 경우
> 3.「광산안전법」 제9조에 따른 검사 중 광업시설의 설치·변경공사 완료 후 일정한 기간이 지날 때마다 받는 검사를 받은 경우
> 4.「선박안전법」 제8조부터 제12조까지의 규정에 따른 검사를 받은 경우
> 5.「에너지이용 합리화법」 제39조 제4항에 따른 검사를 받은 경우
> 6.「원자력안전법」 제22조 제1항에 따른 검사를 받은 경우

정답 13 ⑤ 14 ② 15 ④

7. 「위험물안전관리법」 제18조에 따른 정기점검 또는 정기검사를 받은 경우
8. 「전기사업법」 제65조에 따른 검사를 받은 경우
9. 「항만법」 제26조 제1항 제3호에 따른 검사를 받은 경우
10. 「화재예방, 소방시설 설치·유지 및 안전관리에 관한 법률」 제25조 제1항에 따른 자체점검 등을 받은 경우
11. 「화학물질관리법」 제24조 제3항 본문에 따른 정기검사를 받은 경우

16. 산업안전보건법령상 일반건강진단을 실시한 것으로 보는 건강진단에 해당하지 않는 것은?

   ① 「선원법」에 따른 건강진단
   ② 「학교보건법」에 따른 건강검사
   ③ 「항공안전법」에 따른 신체검사
   ④ 「국민건강보험법」에 따른 건강검진
   ⑤ 「교육공무원법」에 따른 신체검사

   해설 일반건강진단 실시의 인정(규칙 제196조)
   1. 「국민건강보험법」에 따른 건강검진
   2. 「선원법」에 따른 건강진단
   3. 「진폐의 예방과 진폐근로자의 보호 등에 관한 법률」에 따른 정기 건강진단
   4. 「학교보건법」에 따른 건강검사
   5. 「항공안전법」에 따른 신체검사
   6. 그 밖에 제198조 제1항에서 정한 법 제129조 제1항에 따른 일반건강진단의 검사항목을 모두 포함하여 실시한 건강진단

17. 산업안전보건법령상 자율안전확인대상기계등에 해당하는 것을 모두 고른 것은?

   ㉠ 용접용 보안면
   ㉡ 고정형 목재가공용 모떼기 기계
   ㉢ 롤러기 급정지장치
   ㉣ 추락 및 감전 위험방지용 안전모
   ㉤ 휴대형 연마기
   ㉥ 차광(光) 및 비산물(飛物)위험방지용 보안경

   ① ㉠, ㉤
   ② ㉡, ㉢
   ③ ㉠, ㉣, ㉤, ㉥
   ④ ㉡, ㉢, ㉣, ㉥
   ⑤ ㉠, ㉡, ㉢, ㉣, ㉤, ㉥

해설 자율안전확인대상기계등(영 제77조 제1항)
1. 기계 또는 설비
   ㉠ 연삭기(研削機) 또는 연마기. 이 경우 휴대형은 제외한다.
   ㉡ 산업용 로봇
   ㉢ 혼합기
   ㉣ 파쇄기 또는 분쇄기
   ㉤ 식품가공용 기계(파쇄·절단·혼합·제면기만 해당한다)
   ㉥ 컨베이어
   ㉦ 자동차정비용 리프트
   ㉧ 공작기계(선반, 드릴기, 평삭·형삭기, 밀링만 해당한다)
   ㉨ 고정형 목재가공용 기계(둥근톱, 대패, 루타기, 띠톱, 모떼기 기계만 해당한다)
   ㉩ 인쇄기
2. 방호장치
   ㉠ 아세틸렌 용접장치용 또는 가스집합 용접장치용 안전기
   ㉡ 교류 아크용접기용 자동전격방지기
   ㉢ 롤러기 급정지장치
   ㉣ 연삭기 덮개
   ㉤ 목재 가공용 둥근톱 반발 예방장치와 날 접촉 예방장치
   ㉥ 동력식 수동대패용 칼날 접촉 방지장치
   ㉦ 추락·낙하 및 붕괴 등의 위험 방지 및 보호에 필요한 가설기자재(제74조 제1항 제2호 아목의 가설기자재는 제외한다)로서 고용노동부장관이 정하여 고시하는 것
3. 보호구
   ㉠ 안전모(추락 및 감전 위험방지용 안전모는 제외한다)
   ㉡ 보안경(차광(遮光) 및 비산물(飛散物) 위험방지용 보안경은 제외한다)
   ㉢ 보안면(용접용 보안면은 제외한다)

18. 산업안전보건법령상 유해인자의 유해성·위험성 분류기준 중 물리적 인자의 분류기준으로 옳지 않은 것은?
    ① 소음 : 소음성난청을 유발할 수 있는 85데시벨(A) 이상의 시끄러운 소리
    ② 진동 : 착암기, 손망치 등의 공구를 사용함으로써 발생되는 백랍병·레이노 현상, 말초순환장애 등의 국소 진동 및 차량 등을 이용함으로써 발생되는 관절 통·디스크·소화장애 등의 전신 진동
    ③ 방사선 : 직접·간접으로 공기 또는 세포를 전리하는 능력을 가진 알파선, 베타선·감마선·엑스선·중성자선 등의 전자선
    ④ 에어로졸 : 재충전이 가능한 금속·유리 또는 플라스틱 용기에 압축가스·액화 가스 또는 용해가스를 충전하고 내용물을 가스에 현탁시킨 고체나 액상입자로, 액상 또는 가스상에서 폼·페이스트·분말상으로 배출되는 분사장치를 갖춘 것
    ⑤ 이상기온 : 고열·한랭·다습으로 인하여 열사병·동상, 피부질환 등을 일으킬 수 있는 기온

정답 16 ⑤ 17 ② 18 ④

해설 ④ 에어로졸(화학물질의 분류기준) : 재충전이 가능한 금속·유리 또는 플라스틱 용기에 압축가스·액화 가스 또는 용해가스를 충전하고 내용물을 가스에 현탁시킨 고체나 액상입자로, 액상 또는 가스상에서 폼·페이스트·분말상으로 배출되는 분사장치를 갖춘 것(규칙 별표 18)
① 소음 : 소음성난청을 유발할 수 있는 85데시벨(A) 이상의 시끄러운 소리(규칙 별표 18)
② 진동 : 착암기, 손망치 등의 공구를 사용함으로써 발생되는 백랍병·레이노 현상. 말초순환장애 등의 국소 진동 및 차량 등을 이용함으로써 발생되는 관절 통·디스크·소화장애 등의 전신 진동(규칙 별표 18)
③ 방사선 : 직접·간접으로 공기 또는 세포를 전리하는 능력을 가진 알파선. 베타선·감마선·엑스선·중성자선 등의 전자선(규칙 별표 18)
⑤ 이상기온 : 고열·한랭·다습으로 인하여 열사병·동상. 피부질환 등을 일으킬 수 있는 기온(규칙 별표 18)

19. 산업안전보건법령상 제조 등이 금지되는 유해물질로서 대체물질이 개발되지 아니하여 고용노동부장관의 허가를 받아서 제조·사용할 수 있는 '허가 대상 유해물질'에 해당하는 것은? (단, 제시된 내용 외의 다른 상황은 고려하지 않음)

① B-나프틸아민[91-59-8]과 그 염(B-Naphthylamine and its salts)
② 4-니트로디페닐[92-93-3]과 그 염(4-Nitrodiphenyl and its salts)
③ 염화비닐(Vinyl chloride; 75-01-4)
④ 폴리클로리네이티드 터페닐(Polychlorinated terphenyls; 61788-33-8 등)
⑤ 황린(黃燐)[12185-10-3] 성냥(Yellow phosphorus match)

해설 제조 등이 금지되는 유해물질로서 대체물질이 개발되지 아니하여 고용노동부장관의 허가를 받아서 제조·사용할 수 있는 '허가 대상 유해물질(영 제88조)
1. α-나프틸아민[134-32-7] 및 그 염(α-Naphthylamine and its salts)
2. 디아니시딘[119-90-4] 및 그 염(Dianisidine and its salts)
3. 디클로로벤지딘[91-94-1] 및 그 염(Dichlorobenzidine and its salts)
4. 베릴륨(Beryllium; 7440-41-7)
5. 벤조트리클로라이드(Benzotrichloride; 98-07-7)
6. 비소[7440-38-2] 및 그 무기화합물(Arsenic and its inorganic compounds)
7. 염화비닐(Vinyl chloride; 75-01-4)
8. 콜타르피치[65996-93-2] 휘발물(Coal tar pitch volatiles)
9. 크롬광 가공(열을 가하여 소성 처리하는 경우만 해당한다)(Chromite ore processing)
10. 크롬산 아연(Zinc chromates; 13530-65-9 등)
11. o-톨리딘[119-93-7] 및 그 염(o-Tolidine and its salts)
12. 황화니켈류(Nickel sulfides; 12035-72-2, 16812-54-7)
13. 1.부터 4.까지 또는 6.부터 12.까지의 어느 하나에 해당하는 물질을 포함한 혼합물(포함된 중량의 비율이 1퍼센트 이하인 것은 제외한다)
14. 제5호의 물질을 포함한 혼합물(포함된 중량의 비율이 0.5퍼센트 이하인 것은 제외한다)
15. 그 밖에 보건상 해로운 물질로서 산업재해보상보험및예방심의위원회의 심의를 거쳐 고용노동부장관이 정하는 유해물질

20. 산업안전보건법령상 작업환경측정기관으로 지정 받을 수 있는 자에 해당하지 않는 것은?

① 지방자치단체의 소속기관
② 「의료법」에 따른 종합병원
③ 「고등교육법」 제2조 제1호에 따른 대학
④ 작업환경측정 업무를 하려는 법인
⑤ 「산업안전보건법」에 따라 자격증을 취득한 산업보건지도사

해설 작업환경측정기관으로 지정받을 수 있는 자(영 제95조)
1. 국가 또는 지방자치단체의 소속기관
2. 「의료법」에 따른 종합병원 또는 병원
3. 「고등교육법」 제2조 제1호부터 제6호까지의 규정에 따른 대학 또는 그 부속기관
4. 작업환경측정 업무를 하려는 법인
5. 작업환경측정 대상 사업장의 부속기관(해당 부속기관이 소속된 사업장 등 고용노동부령으로 정하는 범위로 한정하여 지정받으려는 경우로 한정한다)

21. 산업안전보건법령상 휴게실 설치·관리기준 준수대상 사업장에 관한 규정의 일부이다. [ ]에 들어갈 숫자를 옳게 나열한 것은?

> 시행령 제96조의2(휴게시설 설치·관리기준 준수 대상 사업장의 사업주) 법 제128조의2 제2항에서 "사업의 종류 및 사업장의 상시 근로자 수 등 대통령령으로 정하는 기준에 해당하는 사업장"이란 다음 각 호의 어느 하나에 해당하는 사업장을 말한다.
> 1. 상시근로자(관계수급인의 근로자를 포함한다. 이하 제2호에서 같다) [㉠]명 이상을 사용하는 사업장(건설업의 경우에는 관계수급인의 공사금액을 포함한 해당 공사의 총공사금액이 [㉡]억원 이상인 사업장으로 한정한다)
> 2. 생략

① ㉠ : 10, ㉡ : 20
② ㉠ : 10, ㉡ : 120
③ ㉠ : 20, ㉡ : 10
④ ㉠ : 20, ㉡ : 20
⑤ ㉠ : 20, ㉡ : 120

해설 휴게시설 설치·관리기준 준수 대상 사업장의 사업주 : 법 제128조의2 제2항에서 "사업의 종류 및 사업장의 상시 근로자 수 등 대통령령으로 정하는 기준에 해당하는 사업장"이란 다음 각 호의 어느 하나에 해당하는 사업장을 말한다(영 제96조의2).
1. 상시근로자(관계수급인의 근로자를 포함한다. 이하 제2호에서 같다) 20명 이상을 사용하는 사업장(건설업의 경우에는 관계수급인의 공사금액을 포함한 해당 공사의 총공사금액이 20억원 이상인 사업장으로 한정한다)

정답 19 ③　20 ⑤　21 ④

22. 산업안전보건법령상 1일 6시간을 초과하여 근무할 수 없는 작업은?

① 갱(坑) 내에서 하는 작업
② 잠함(潛) 또는 잠수 작업 등 높은 기압에서 하는 작업
③ 현저히 덥고 뜨거운 장소에서 하는 작업
④ 강렬한 소음이 발생하는 장소에서 하는 작업
⑤ 라듐방사선이나 엑스선, 그 밖의 유해 방사선을 취급하는 작업

해설 사업주는 유해하거나 위험한 작업으로서 높은 기압에서 하는 작업 등 잠함(潛函) 또는 잠수 작업 등 높은 기압에서 하는 작업에 종사하는 근로자에게는 1일 6시간, 1주 34시간을 초과하여 근로하게 해서는 아니 된다(법 제139조 제1항, 영 제99조 제1항).

23. 산업안전보건법령상 1년 이하의 징역 또는 1천만원 이하의 벌금에 처해질 수 있는 자는?

① 물질안전보건자료대상물질을 양도하면서 양도받는 자에게 물질안전보건자료를 제공하지 아니한 자
② 자격대여행위의 금지를 위반하여 다른 사람에게 지도사자격증을 대여한 사람
③ 중대재해 발생 사실을 보고하지 아니하거나 거짓으로 보고한 사업주
④ 정당한 사유 없이 역학조사를 거부·방해하거나 기피한 근로자
⑤ 물질안전보건자료의 일부 비공개 승인 신청 시 영업비밀과 관련되어 보호사유를 거짓으로 작성하여 신청한 자

해설 1년 이하의 징역 또는 1천만원 이하의 벌금(법 제170조)
1. 근로자에 대하여 부당한 해고나 그 밖의 불리한 처우를 한 자
2. 중대재해 발생 현장을 훼손하거나 고용노동부장관의 원인조사를 방해한 자
3. 산업재해 발생 사실을 은폐한 자 또는 그 발생 사실을 은폐하도록 교사(敎唆)하거나 공모(共謀)한 자
4. 수급인에 대한 정보제공, 유해하거나 위험한 기계·기구에 대한 방호조치, 안전인증의 표시 등, 자율안전확인대상기계등의 제조 등의 금지 등, 역학조사에 따른 비밀유지 또는 비밀유지를 위반한 자
5. 안전인증의 표시 또는 자율안전확인대상기계등의 제조 등의 금지 등에 따른 명령을 위반한 자
6. 조사, 수거 또는 성능시험을 방해하거나 거부한 자
7. 다른 사람에게 자기의 성명이나 사무소의 명칭을 사용하여 지도사의 직무를 수행하게 하거나 자격증·등록증을 대여한 사람
8. 지도사의 성명이나 사무소의 명칭을 사용하여 지도사의 직무를 수행하거나 자격증·등록증을 대여받거나 이를 알선한 사람

24. 산업안전보건법령상 근로감독관 등에 관한 설명으로 옳지 않은 것은?

① 근로감독관은 기계·설비등에 대한 검사에 필요한 한도에서 무상으로 제품·원재료 또는 기구를 수거할 수 있다.
② 근로감독관은 「산업안전보건법」에 따른 명령의 시행을 위하여 근로자에게 출석을 명할 수 있다.
③ 근로자는 사업장의 「산업안전보건법」 위반 사실을 근로감독관에게 신고할 수 있다.
④ 한국산업안전보건공단 소속 직원이 지도업무 등을 하였을 때에는 그 결과를 근로감독관 및 사업주에게 즉시 보고하여야 한다.
⑤ 「의료법」에 따른 한의사는 5일의 입원치료가 필요한 부상이 환자의 업무와 관련성이 있다고 판단할 경우 치료과정에서 알게 된 정보를 고용노동부장관에게 신고할 수 있다.

해설 ④ 공단 소속 직원이 검사 또는 지도업무 등을 하였을 때에는 그 결과를 고용노동부장관에게 보고하여야 한다(법 제156조 제2항).
① 근로감독관은 기계·설비등에 대한 검사를 할 수 있으며, 검사에 필요한 한도에서 무상으로 제품·원재료 또는 기구를 수거할 수 있다(법 제155조 제2항).
② 근로감독관은 이 법 또는 이 법에 따른 명령의 시행을 위하여 관계인에게 보고 또는 출석을 명할 수 있다(법 제155조 제3항).
③ 사업장에서 이 법 또는 이 법에 따른 명령을 위반한 사실이 있으면 근로자는 그 사실을 고용노동부장관 또는 근로감독관에게 신고할 수 있다(법 제157조 제1항).
⑤ 「의료법」 제2조에 따른 의사·치과의사 또는 한의사는 3일 이상의 입원치료가 필요한 부상 또는 질병이 환자의 업무와 관련성이 있다고 판단할 경우에는 치료과정에서 알게 된 정보를 고용노동부장관에게 신고할 수 있다(법 제157조 제2항).

25. 산업안전보건법령상 지도사의 위반행위에 대해서 지도사 등록을 필수적으로 취소하여야 하는 경우를 모두 고른 것은?

㉠ 부정한 방법으로 갱신등록을 한 경우
㉡ 업무정지 기간 중에 업무를 수행한 경우
㉢ 업무 관련 서류를 거짓으로 작성한 경우
㉣ 직무의 수행과정에서 고의로 인하여 중대재해가 발생한 경우
㉤ 보증보험에 가입하지 아니하거나 그 밖에 필요한 조치를 하지 아니한 경우

① ㉠, ㉤
② ㉢, ㉣
③ ㉠, ㉡, ㉢
④ ㉡, ㉣, ㉤
⑤ ㉠, ㉡, ㉢, ㉣, ㉤

정답 22 ② 23 ② 24 ④ 25 ③

해설 고용노동부장관은 지도사가 다음의 어느 하나에 해당하는 경우에는 그 등록을 취소하거나 2년 이내의 기간을 정하여 그 업무의 정지를 명할 수 있다. 다만, 1.부터 3.까지의 규정에 해당할 때에는 그 등록을 취소하여야 한다(법 제154조).
1. 거짓이나 그 밖의 부정한 방법으로 등록 또는 갱신등록을 한 경우
2. 업무정지 기간 중에 업무를 수행한 경우
3. 업무 관련 서류를 거짓으로 작성한 경우
4. 직무의 수행과정에서 고의 또는 과실로 인하여 중대재해가 발생한 경우
5. 결격사유 중 어느 하나에 해당하게 된 경우
6. 보증보험에 가입하지 아니하거나 그 밖에 필요한 조치를 하지 아니한 경우
7. 품위유지와 성실의무를 위반하거나 직무와 관련하여 작성하거나 확인한 서류에 기명·날인 또는 서명을 하지 아니한 경우
8. 금지행위, 자격대여행위 및 대여알선행위 또는 비밀유지를 위반한 경우

산업안전일반

26. 안전보건교육규정에서 정의하는 교육에 관한 내용으로 옳지 않은 것은?

① "비대면 실시간교육"이란 정보통신매체를 활용하여 강사와 교육생이 쌍방향으로 실시간 소통하면서 이루어지는 교육을 말한다.
② "인터넷 원격교육"이란 정보통신매체를 활용하여 교육이 실시되고 훈련생관리 등이 웹상으로 이루어지는 교육을 말한다.
③ "현장교육"이란 사업장의 생산시설 또는 근무장소에서 실시하는 교육을 말한다.
④ "안전보건관리담당자 양성교육"이란 안전보건총괄책임자 자격을 부여하기 위한 양성교육을 말한다.
⑤ "전문화교육"이란 직무교육기관이 근로자등 및 직무교육대상자의 전문성을 높이기 위해 업종 또는 관련 분야별로 개발·운영하는 교육을 말한다.

해설 ④ 안전보건관리담당자 양성교육 : 안전보건관리담당자를 양성하기 위한 교육을 말한다(안전보건교육규정 제23조의5 제1항).
① 비대면 실시간교육 : 정보통신매체를 활용하여 강사와 교육생이 쌍방향으로 실시간 소통하면서 이루어지는 교육을 말한다.
② 인터넷 원격교육 : 정보통신매체를 활용하여 교육이 실시되고 훈련생관리 등이 웹상으로 이루어지는 교육을 말한다(안전보건교육규정 제2조 제4호).
③ 현장교육 : 산업체의 생산시설 또는 근무장소에서 실시하는 교육을 말한다(안전보건교육규정 제2조 제3호).
⑤ 전문화교육 : 직무교육을 위탁받은 기관에서 업종 또는 전문분야별로 개발·운영하는 교육을 말한다.

27. 산업안전보건법령상 안전보건개선계획서에 관한 내용으로 옳지 않은 것은?

① 안전보건개선계획서에는 시설, 안전보건관리체제, 안전보건교육, 산업재해 예방 및 작업환경의 개선을 위하여 필요한 사항이 포함되어야 한다.
② 사업주는 안전보건개선계획서 수립·시행 명령을 받은 날부터 60일 이내에 관할 지방고용노동관서의 장에게 해당 계획서를 제출해야 한다.
③ 지방고용노동관서의 장이 안전보건개선계획서를 접수한 경우에는 접수일부터 30일 이내에 심사하여 사업주에게 그 결과를 알려야 한다.
④ 지방고용노동관서의 장은 안전보건개선계획서의 적정 여부 확인을 공단 또는 지도사에게 요청할 수 있다.
⑤ 고용노동부장관은 산업재해 예방을 위하여 종합적인 개선조치를 할 필요가 있다고 인정되는 사업장의 사업주에게 고용노동부령으로 정하는 바에 따라 그 사업장, 시설, 그 밖의 사항에 관한 안전 및 보건에 관한 개선계획을 수립하여 시행할 것을 명할 수 있다.

해설 ③ 지방고용노동관서의 장이 안전보건개선계획서를 접수한 경우에는 접수일부터 15일 이내에 심사하여 사업주에게 그 결과를 알려야 한다(규칙 제62조 제1항).
① 안전보건개선계획서에는 시설, 안전보건관리체제, 안전보건교육, 산업재해 예방 및 작업환경의 개선을 위하여 필요한 사항이 포함되어야 한다(규칙 제61조 제2항).
② 안전보건개선계획의 수립·시행 명령을 받은 사업주는 수립·시행 명령을 받은 날부터 60일 이내에 안전보건개선계획서를 작성하여 고용노동부장관에게 제출하여야 한다(법 제50조 제1항).
④ 지방고용노동관서의 장은 안전보건개선계획서에 정한 사항이 적정하게 포함되어 있는지 검토해야 한다. 이 경우 지방고용노동관서의 장은 안전보건개선계획서의 적정 여부 확인을 공단 또는 지도사에게 요청할 수 있다(규칙 제62조 제2항).
⑤ 고용노동부장관은 산업재해 예방을 위하여 종합적인 개선조치를 할 필요가 있다고 인정되는 사업장의 사업주에게 고용노동부령으로 정하는 바에 따라 그 사업장, 시설, 그 밖의 사항에 관한 안전 및 보건에 관한 개선계획을 수립하여 시행할 것을 명할 수 있다(법 제49조 제1항).

28. 버드(F. Bird)의 재해 구성비율에 해당하는 것은?

① 1 : 20 : 200
② 1 : 29 : 300
③ 1 : 10 : 29 : 300
④ 1 : 10 : 30 : 600
⑤ 1 : 11 : 40 : 600

해설 버드(F. Bird)의 재해 구성비율
중상 또는 폐질 : 경상 : 무상해 사고 : 무상해 무사고 고장=1:10:30:600

정답 26 ④ 27 ③ 28 ④

29. 산업안전보건법령상 안전보건관리담당자의 업무가 아닌 것은?

① 산업재해에 관한 통계의 유지·관리·분석을 위한 보좌 및 지도·조언
② 위험성평가에 관한 보좌 및 지도·조언
③ 작업환경측정 및 개선에 관한 보좌 및 지도 · 조언
④ 안전보건교육 실시에 관한 보좌 및 지도 · 조언
⑤ 산업 안전·보건과 관련된 안전장치 및 보호구 구입 시 적격품 선정에 관한 보좌 및 지도·조언

해설 안전보건관리담당자의 업무(영 제25조)
1. 안전보건교육 실시에 관한 보좌 및 지도 · 조언
2. 위험성평가에 관한 보좌 및 지도 · 조언
3. 작업환경측정 및 개선에 관한 보좌 및 지도 · 조언
4. 각종 건강진단에 관한 보좌 및 지도 · 조언
5. 산업재해 발생의 원인 조사, 산업재해 통계의 기록 및 유지를 위한 보좌 및 지도 · 조언
6. 산업 안전 · 보건과 관련된 안전장치 및 보호구 구입 시 적격품 선정에 관한 보좌 및 지도 · 조언

30. 안전보건교육 방법에서 하버드학파의 5단계 교수법을 순서대로 옳게 나열한 것은?

㉠ 준비시킨다(Preparation) ㉡ 총괄시킨다(Generalization)
㉢ 교시한다(Presentation)   ㉣ 연합한다(Association)
㉤ 응용시킨다(Application)

① ㉠ → ㉡ → ㉢ → ㉣ → ㉤
② ㉠ → ㉡ → ㉣ → ㉢ → ㉤
③ ㉠ → ㉢ → ㉣ → ㉡ → ㉤
④ ㉠ → ㉢ → ㉣ → ㉤ → ㉡
⑤ ㉠ → ㉣ → ㉢ → ㉤ → ㉡

해설 하버드학파의 5단계 교수법 : ㉠ 준비시킨다(Preparation) → ㉢ 교시한다(Presentation), 가르친다 → ㉣ 연합한다(Association) → ㉡ 총괄시킨다(Generalization) → ㉤ 응용시킨다(Application)

31. 다음에서 설명하고 있는 안전관리의 생산성 측면 효과로 옳지 않은 것은?

> 안전관리란 생산성의 향상과 손실(Loss)의 최소화를 위하여 행하는 것으로 비능률적 요소인 사고가 발생하지 않는 상태를 유지하기 위한 활동이다.

① 근로자의 사기진작
② 사회적 신뢰성 유지 및 확보
③ 이윤 증대
④ 비용 절감
⑤ 생산시설의 고급화 및 다양화

해설 안전관리
1. 개념 : 생산성의 향상과 손실(Loss)의 최소화를 위하여 행하는 것으로 비능률적 요소인 사고가 발생하지 않는 상태를 유지하기 위한 활동
2. 안전관리의 생산성 측면 효과
   ㉠ 근로자의 사기진작
   ㉡ 생산성 향상
   ㉢ 사회적 신뢰성 유지 및 확보
   ㉣ 비용 절감
   ㉤ 이윤 증대

32. 안전교육의 지도원칙으로 옳지 않은 것은?
① 피교육자 중심 교육
② 동기부여
③ 어려운 부분에서 쉬운 부분으로 진행
④ 오관(감각기관) 활용
⑤ 기능적 이해

해설 안전교육의 지도원칙(8원칙) : 피교육자 중심 교육, 동기부여, 반복, 쉬운 부분에서 어려운 부분으로 진행, 한번에 한가지씩, 인상 강화, 오감 활용, 기능적 이해

정답 29 ① 30 ③ 31 ⑤ 32 ③

33. 안전보건교육규정에서 정하고 있는 "직무교육의 방법"의 일부 내용이다. ( )에 들어갈 것으로 옳은 것은?

> 교육형태 : 다음 각 목에 따른 교육형태 중 어느 하나 또는 혼합한 방식으로 할 것. 다만, 총 교육시간의 (㉠)분의 (㉡) 이상을 가목이나 나목 또는 (㉢)목의 형태로 할 것
> 가. 집체교육
> 나. 현장교육
> 다. 인터넷 원격교육
> 라. 비대면 실시간교육

① ㉠ : 2, ㉡ : 1, ㉢ : 다
② ㉠ : 2, ㉡ : 1, ㉢ : 라
③ ㉠ : 3, ㉡ : 1, ㉢ : 다
④ ㉠ : 3, ㉡ : 2, ㉢ : 다
⑤ ㉠ : 3, ㉡ : 2, ㉢ : 라

해설 사업주는 교육을 실시할 때에는 적합한 교육교재와 적절한 교육장비 등을 갖추고 집체교육, 현장교육, 인터넷 원격교육 중 어느 하나에 해당하는 교육을 실시할 수 있다. 다만, 인터넷 원격교육을 실시할 경우 관리감독자의 정기교육은 해당연도 총 교육시간의 2분의 1범위 이상, 특별교육은 총 교육시간의 3분의 2범위 이상을 집체교육 또는 현장교육으로 하여야 한다(안전보건교육규정 제3조 제1항).

34. 제조물 책임법상 결함에 해당되는 것을 모두 고른 것은?

> ㉠ 제조상 결함   ㉡ 배송상 결함
> ㉢ 설계상 결함   ㉣ 표시상 결함

① ㉠, ㉡
② ㉢, ㉣
③ ㉠, ㉢, ㉣
④ ㉡, ㉢, ㉣
⑤ ㉠, ㉡, ㉢, ㉣

해설 결함 : 해당 제조물에 다음의 어느 하나에 해당하는 제조상·설계상 또는 표시상의 결함이 있거나 그 밖에 통상적으로 기대할 수 있는 안전성이 결여되어 있는 것을 말한다(제조물 책임법 제2조 제2호).
1. 제조상의 결함 : 제조업자가 제조물에 대하여 제조상·가공상의 주의의무를 이행하였는지에 관계없이 제조물이 원래 의도한 설계와 다르게 제조·가공됨으로써 안전하지 못하게 된 경우를 말한다.
2. 설계상의 결함 : 제조업자가 합리적인 대체설계(代替設計)를 채용하였더라면 피해나 위험을 줄이거나 피할 수 있었음에도 대체설계를 채용하지 아니하여 해당 제조물이 안전하지 못하게 된 경우를 말한다.
3. 표시상의 결함 : 제조업자가 합리적인 설명·지시·경고 또는 그 밖의 표시를 하였더라면 해당 제조물에 의하여 발생할 수 있는 피해나 위험을 줄이거나 피할 수 있었음에도 이를 하지 아니한 경우를 말한다.

35. 재해조사의 1단계(사실 확인)에 포함되는 활동을 모두 고른 것은?

⊙ 재해 발생 작업의 지휘·감독 상황 조사
ⓒ 재해 발생의 직접 원인(불안전 상태와 불안전 행동) 판단
ⓒ 재해 발생 기계·설비의 위험방호설비 확인

① ⊙
② ⓒ
③ ⊙, ⓒ
④ ⓒ, ⓒ
⑤ ⊙, ⓒ, ⓒ

해설 재해조사의 1단계
1. 제1단계 사실의 확인 : 재해 발생까지의 경과확인, 인적·물적·관리적인 면에 관한 사실 수집
2. 제2단계 재해요인의 확인 : 직접적인 원인의 확정 및 문제점의 유무, 인적·물적·관리적인 면에서 재해 요인 파악
3. 제3단계 재해요인의 결정 : 기본원인과 기본적 문제의 결정
4. 제4단계 대책의 수립 : 구체적이고 실시가능한 것, 동종재해 및 유사재해의 예방대책

36. 재해 통계에 관한 내용으로 옳은 것은?

① 강도율 계산 시 사망 재해의 경우 10,000일의 근로손실일수를 산정한다.
② 도수율(빈도율)은 연 근로시간 100,000시간당 재해 발생 건수를 의미한다.
③ 재해율(천인율)은 연 평균 근로자 1,000명당 재해 발생 건수를 의미한다.
④ 종합재해지수(FSI)는 도수율과 강도율을 곱한 값이다.
⑤ 안전성 비교(Safety T Score)는 현재의 안전성을 과거와 비교한 것으로서 -2 이하인 경우 과거에 비해 안전성이 개선된 것을 의미한다.

해설 ⑤ 안전성 비교(Safety T Score)는 현재의 안전성을 과거와 비교한 것으로 결과값이 +이면 나쁜 기록이고 -이면 좋은 기록이다. -2 이하인 경우 과거보다 안전성이 개선된 것을 의미한다.
① 강도율은 근로시간 1,000시간당 재해에 의해 상실된 근로 손실일수를 말한다.
② 도수율(빈도율)은 재해의 빈도를 나타내는 지수로서 근로시간 100만 시간당 발생하는 재해건수를 말한다.
③ 재해율(천인율)은 근로자 1,000명당 재해자수를 말한다.
④ 종합재해지수(FSI)는 빈도율과 강도율을 곱한 것이다.

정답 33 ⑤ 34 ③ 35 ③ 36 ⑤

37. 재해 발생 시 조치사항으로 옳지 않은 것은?
   ① 재해 피해자 구출과 응급조치를 가장 먼저 실시한다.
   ② 재해 조사를 위하여 현장을 보존하고 촬영 등의 기록을 실시한다.
   ③ 재해 조사 담당 인력에 안전관리자를 포함시킨다.
   ④ 재해 조사는 2차 재해 발생 우려가 없는지 확인 후 가능하면 신속히 실시한다.
   ⑤ 빠른 복구를 위해 재해 조사는 재해 발생 현장으로 대상 범위를 한정하여 실시한다.

   해설 재해 발생 시 조치사항
      1. 재해자 발견시 재해 발생기계 정지 및 재해자 구출
      2. 응급처치 및 2차 재해방지 조치
      3. 책임자에게 보고 및 현장보존
      4. 대책수립

38. 인간-기계 시스템에 관한 설명으로 옳은 것은?
   ① 인간-기계 인터페이스는 인간-기계 시스템을 구성하는 요소이다.
   ② 인간-기계 시스템에서 표시장치는 인간의 반응을 표시하는 장치를 의미한다.
   ③ 작업자가 전동 공구를 사용하여 제품을 조립하는 과정은 인간-기계 시스템에 해당하지 않는다.
   ④ 인간의 주관적 반응은 인간-기계 시스템의 평가기준 중 시스템 기준(system-descriptive criteria)에 해당한다.
   ⑤ 인간-기계 시스템을 평가할 때 심박수는 인간 성능에 관한 척도(performance measure)에 해당한다.

   해설 ① 인간-기계 인터페이스는 인간-기계 시스템을 구성하는 4단계 요소이다.
   ② 인간-기계 시스템에서 표시장치는 기계의 반응을 표시하는 장치를 의미한다.
   ③ 인간-기계 시스템에서는 인간이 작업을 하기 위해 도구나 기계 등을 이용한다.
   ④ 인간의 주관적 반응은 인간-기계 시스템의 평가기준 중 인간 기준 평가척도이다.
   ⑤ 인간-기계 시스템을 평가할 때 인간 성능에 관한 척도(performance measure)는 빈도, 근력 강도, 응답, 지속 등이다.

39. 산업안전보건기준에 관한 규칙상 소음 및 진동에 의한 건강장해의 예방에 관한 내용으로 옳지 않은 것은?

① 1일 8시간 작업을 기준으로 90데시벨의 소음이 발생한 작업은 소음작업에 해당한다.
② 105 데시벨의 소음이 1일 30분 발생하는 작업은 강렬한 소음작업에 해당한다.
③ 임팩트 렌치(impact wrench)를 사용하는 작업은 진동작업에 속한다.
④ 1초 간격으로 125데시벨의 소음이 1일 1만회 발생하는 작업은 충격소음작업에 해당한다.
⑤ 청력보존 프로그램 시행 대상 사업장에서는 소음의 유해성과 예방에 관한 교육과 정기적 청력검사를 실시해야 한다.

해설 ② 105데시벨 이상의 소음이 1일 1시간 이상 발생하는 작업은 강렬한 소음작업에 해당한다(산업안전보건기준에 관한 규칙 제512조 제2호).
① 소음작업 : 1일 8시간 작업을 기준으로 85데시벨 이상의 소음이 발생하는 작업을 말한다(산업안전보건기준에 관한 규칙 제512조 제1호).
③ 임팩트 렌치(impact wrench)를 사용하는 작업은 진동작업에 속한다(산업안전보건기준에 관한 규칙 제512조 제4호).
④ 충격소음작업 : 소음이 1초 이상의 간격으로 발생하는 작업으로서 120데시벨을 초과하는 소음이 1일 1만회 이상 발생하는 작업을 말한다(산업안전보건기준에 관한 규칙 제512조 제3호).
⑤ 청력보존 프로그램 : 소음노출 평가, 소음노출 기준 초과에 따른 공학적 대책, 청력보호구의 지급과 착용, 소음의 유해성과 예방에 관한 교육, 정기적 청력검사, 기록·관리 사항 등이 포함된 소음성 난청을 예방·관리하기 위한 종합적인 계획을 말한다(산업안전보건기준에 관한 규칙 제512조 제5호).

40. 인간의 시각 기능에 관한 설명으로 옳지 않은 것은?

① 명순응은 암순응에 비해 시간이 짧게 걸린다.
② 암순응 과정에서 원추세포와 간상세포의 순으로 순응 단계가 진행된다.
③ 눈에서 물체까지의 거리가 멀어질수록 수정체의 두께를 두껍게 하여 초점을 맞춘다.
④ 최소가분사력(minimum separable acuity)은 일정 거리에서 구분할 수 있는 표적의 최소 크기에 따라 정해진다.
⑤ 가장 민감한 빛의 파장은 간상세포가 원추세포에 비해 짧다.

해설 ③ 눈에서 물체까지의 거리가 멀어질수록 수정체의 두께를 얇게 하여 초점을 맞추고, 가까운 곳을 볼 때 두껍게 하여 초점을 맞춘다.
① 명순응은 약 수 초분, 암순응은 약 5분 정도 걸린다.
② 암순응 과정에서 원추세포(수 초)와 간상세포(약 1~2분)의 순으로 순응 단계가 진행된다.
④ 최소가분사력(minimum separable acuity)은 눈이 파악할 수 있는 최소 공간이다.
⑤ 간상세포는 빛의 파장에 둔감하고 원추세포는 특정 파장의 빛에만 반응한다. 가장 민감한 빛의 파장은 간상세포가 원추세포에 비해 짧다.

정답 37 ⑤ 38 ① 39 ② 40 ③

41. 제품 설계에 인체 측정치를 적용하는 절차를 순서대로 옳게 나열한 것은?

㉠ 설계에 필요한 인체치수 선택	㉡ 적절한 인체측정 자료 선택
㉢ 필요한 여유치 결정	㉣ 인체측정 자료 응용 원리 결정

① ㉠ → ㉡ → ㉣ → ㉢
② ㉠ → ㉣ → ㉡ → ㉢
③ ㉡ → ㉠ → ㉢ → ㉣
④ ㉡ → ㉢ → ㉠ → ㉣
⑤ ㉣ → ㉡ → ㉠ → ㉢

해설 제품 설계에 인체 측정치를 적용하는 절차 : ㉠ 설계에 필요한 인체치수 선택 → ㉣ 인체측정 자료 응용 원리 결정 → ㉡ 적절한 인체측정 자료 선택 → ㉢ 필요한 여유치 결정

42. 산업안전보건기준에 관한 규칙상 근골격계부담작업으로 인한 건강장해 예방과 관련된 내용으로 옳지 않은 것은?

① 근골격계질환 예방과 관련하여 노사 간 이견(異見)이 없는 근로자 수 80명인 사업장에서 연간 업무상 질병으로 인정받은 근골격계질환자가 5명 발생한 경우에 근골격계질환 예방관리 프로그램을 수립 및 시행해야 한다.
② 근로자가 근골격계부담작업을 하는 경우에 해당 작업에 대해 3년마다 유해요인조사를 실시하여야 한다.
③ 근골격계부담작업에 해당하는 새로운 작업·설비를 도입한 경우에는 지체 없이 유해요인조사를 실시해야 한다.
④ 5킬로그램 이상의 중량물을 들어올리는 작업을 하는 경우에는 취급하는 물품의 중량과 무게중심에 대해 작업장 주변에 안내표시하여야 한다.
⑤ 근골격계부담작업 유해요인조사를 실시할 때 작업과 관련된 근골격계질환 징후와 증상 유무를 조사해야 한다.

해설 ① 사업주는 근골격계질환 예방과 관련하여 노사 간 이견(異見)이 지속되는 사업장으로서 고용노동부장관이 필요하다고 인정하여 근골격계질환 예방관리 프로그램을 수립하여 시행할 것을 명령한 경우에 근골격계질환 예방관리 프로그램을 수립하여 시행해야 한다(산업안전보건기준에 관한 규칙 제662조 제1항 제2호).
② 사업주는 근로자가 근골격계부담작업을 하는 경우에 해당 작업에 대해 3년마다 유해요인조사를 실시하여야 한다(산업안전보건기준에 관한 규칙 제657조 제1항).
③ 사업주는 근골격계부담작업에 해당하는 새로운 작업·설비를 도입한 경우에는 지체 없이 유해요인조사를 실시해야 한다(산업안전보건기준에 관한 규칙 제657조 제2항 제2호).
④ 사업주는 근로자가 5킬로그램 이상의 중량물을 들어올리는 작업을 하는 경우에는 취급하는 물품의 중량과 무게중심에 대해 작업장 주변에 안내표시하여야 한다(산업안전보건기준에 관한 규칙 제665조 제1호).
⑤ 사업주는 근로자가 근골격계부담작업을 하는 경우에 작업과 관련된 근골격계질환 징후와 증상 유무 등에 대한 유해요인조사를 하여야 한다(산업안전보건기준에 관한 규칙 제657조 제1항 제3호).

43. 근골격계질환 예방을 위한 유해요인 평가방법에 관한 설명으로 옳은 것은?
   ① REBA는 손으로 물체를 잡을 때 손잡이 조건을 평가에 반영한다.
   ② NLE의 LI는 값이 클수록 안전한 작업이다.
   ③ REBA는 보행 동작을 평가에 반영한다.
   ④ NLE는 중량물의 수평 운반거리를 평가에 반영한다.
   ⑤ OWAS는 팔꿈치 각도를 평가에 반영한다.

   해설 ① REBA의 그룹 B는 윗팔, 아래팔, 손목의 자세 및 손잡이에 대한 평가로 이루어진다.
   ② NLE의 LI는 들기지수로 실제 작업물의 무게와 RWL의 비(ratio)이며 특정 작업에서의 육체적 스트레스의 상대적인 양을 나타낸다. 즉 LI가 1.0보다 크면 작업 부하가 권장치보다 크다고 할 수 있다.
   ③ REBA는 몸통, 목, 다리, 윗팔, 아래팔, 손목을 평가에 반영한다.
   ④ NLE는 들기작업에서 위험 요인을 찾아 제거할 수 있도록 하여 최대허용무게는 안전작업무게의 3배이며 들기작업을 할 때 요추(L5/S1) 디스크에 650kg 이상의 인간공학적 부하가 부과되는 작업물의 무게이다.
   ⑤ OWAS는 신체부위별로 각 코드의 비율을 조사하고 각 작업자세를 4가지 작업수준으로 나눈 기준에 따라 분류하는 것이다.

44. 정상 청력을 가진 성인이 느끼는 소리의 크기를 비교할 때, 1,000Hz 순음에서 80dB의 소리는 60dB의 소리에 비해 얼마나 더 크게 들리는가?
   ① 약 1.3배   ② 약 2배
   ③ 약 2.6배   ④ 약 4배
   ⑤ 약 8배

   해설 80dB와 60dB를 80phon, 60phon으로 환산하여 구하면 $sone = 2^{\frac{phon-40}{10}}$ 각각 16sone, 4sone이 된다. 따라서 4배이다.

45. 산업안전보건법령상 유해위험방지계획서 제출 대상인 공사를 모두 고른 것은?

   ㉠ 지상높이 25미터 건축물 건설
   ㉡ 연면적 2만제곱미터 건축물 해체
   ㉢ 연면적 6천제곱미터 판매시설 건설
   ㉣ 깊이 12미터 굴착공사

   ① ㉡   ② ㉠, ㉣
   ③ ㉡, ㉢   ④ ㉢, ㉣
   ⑤ ㉠, ㉢, ㉣

정답 41 ② 42 ① 43 ① 44 ④ 45 ④

> **해설** 유해위험방지계획서 제출 대상인 공사(영 제42조 제3항)
> 1. 다음의 어느 하나에 해당하는 건축물 또는 시설 등의 건설·개조 또는 해체공사
>   ㉠ 지상높이가 31미터 이상인 건축물 또는 인공구조물
>   ㉡ 연면적 3만제곱미터 이상인 건축물
>   ㉢ 연면적 5천제곱미터 이상인 시설로서 다음의 어느 하나에 해당하는 시설
>   ⓐ 문화 및 집회시설(전시장 및 동물원·식물원은 제외한다)
>   ⓑ 판매시설, 운수시설(고속철도의 역사 및 집배송시설은 제외한다)
>   ⓒ 종교시설
>   ⓓ 의료시설 중 종합병원
>   ⓔ 숙박시설 중 관광숙박시설
>   ⓕ 지하도상가
>   ⓖ 냉동·냉장 창고시설
> 2. 연면적 5천제곱미터 이상인 냉동·냉장 창고시설의 설비공사 및 단열공사
> 3. 최대 지간(支間)길이(다리의 기둥과 기둥의 중심사이의 거리)가 50미터 이상인 다리의 건설등 공사
> 4. 터널의 건설등 공사
> 5. 다목적댐, 발전용댐, 저수용량 2천만톤 이상의 용수 전용 댐 및 지방상수도 전용 댐의 건설등 공사
> 6. 깊이 10미터 이상인 굴착공사

46. 서로 독립인 기본사상 a, b, c로 구성된 아래의 결함수(Fault Tree)에서 정상사상 T에 관한 최소 절단집합(minimal cut set)을 모두 구하면?

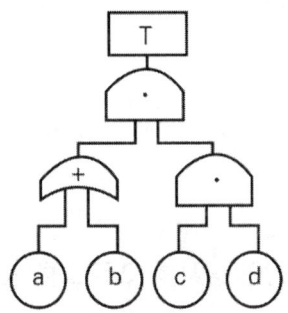

① {a, b} ② {a, c}
③ {b, c} ④ {a, b, c}
⑤ {a, c}, {a, b, c}

> **해설** $\binom{a}{b}(a,c)$
> {a, a, c} {b, a, c}
> {a, c}   {a, b, c}
> {a, c}

47. 신뢰도가 A인 동일한 부품 3개를 그림과 같이 직렬 및 병렬로 연결하였을 때 전체시스템의 신뢰도는 0.8309이다. 이 부품의 신뢰도 A는 얼마인가?

① 0.70 ② 0.75
③ 0.80 ④ 0.85
⑤ 0.90

해설 $x \times (1-(1-x^2)) = 0.8309$

48. 정성적, 귀납적인 시스템안전 분석기법으로 시스템에 영향을 미치는 모든 요소의 고장을 형태별로 분석하여 그 영향을 검토하는 기법은?

① ETA ② FMEA
③ THERP ④ FTA
⑤ PHA

해설 ② FMEA : 전형적인 정성적·귀납적 분석방법으로, 시스템에 영향을 미치는 전체 요소의 고장을 형태별로 분석하여 시스템이다.
① ETA : 작업자를 포함하는 시스템의 각 구성요소의 초기사건을 시작으로 하여 이로부터 발생되는 최종 결과를 귀납적인 접근방법으로 평가하는 정성·정량적 위험성 평가방법이다.
③ THERP : 확률론적 안전기법으로 인간의 과오에 기인된 사고 원인을 분석하기 위해 100만 운전시간당 과오도 수를 기본과오율로 하여 인간의 기본과오율을 평가하는 기법이다.
④ FTA : 분석방법이 간단하고 비교적 쉽게 위험성을 파악할 수 있고 잠재적 원인과 경로를 정성적으로 식별한다.
⑤ PHA : 시스템내의 위험요소가 얼마나 위험상태에 있는가를 평가하는 시스템 안전프로그램의 최초단계의 정성적 분석기법이다

49. A부품의 고장확률 밀도함수는 지수분포를 따르며, 평균수명은 10시간이다. 이 부품을 10시간 작동시켰을 때의 신뢰도는 얼마인가? (단, 소수점 셋째 자리에서 반올림하여 소수점 둘째자리까지 구한다.)

① 0.05 ② 0.10
③ 0.15 ④ 0.85
⑤ 0.90

해설 신뢰도 $R(t) = e^{-\lambda t} = 1 - F(t)$
$F(t) = 1 - e^{-\lambda t}, \lambda = \dfrac{1}{10^4}, e = ^{-10^{-4} \cdot 10^3}, R(t) = 0.9$

정답 46 ② 47 ④ 48 ② 49 ⑤

50. 사업장 위험성평가에 관한 지침에 따라 위험성평가 실시규정을 작성할 때 반드시 포함되어야 할 사항이 아닌 것은?

① 평가의 목적 및 방법
② 결과의 기록·보존
③ 위험성평가 인정신청서 작성방법
④ 근로자에 대한 참여·공유방법 및 유의사항
⑤ 평가담당자 및 책임자의 역할

해설 사업주는 위험성평가를 효과적으로 실시하기 위하여 최초 위험성평가시 다음의 사항이 포함된 위험성평가 실시규정을 작성하고, 지속적으로 관리하여야 한다(사업장 위험성평가에 관한 지침 제9조 제1항).
  1. 평가의 목적 및 방법
  2. 평가담당자 및 책임자의 역할
  3. 평가시기 및 절차
  4. 주지방법 및 유의사항
  5. 결과의 기록·보존

기업진단 · 지도

51. 테일러(F. Taylor)의 과학적 관리법(scientific management)에 관한 설명으로 옳은 것을 모두 고른 것은?

㉠ 고임금 고노무비	㉡ 개방체계
㉢ 차별성과급 제도	㉣ 시간연구
㉤ 작업장의 사회적 조건	㉥ 과업의 표준

① ㉠
② ㉡, ㉤
③ ㉠, ㉢, ㉥
④ ㉡, ㉣, ㉤
⑤ ㉢, ㉣, ㉥

해설 테일러(F. Taylor)의 과학적 관리법 : 시간연구와 동작연구, 성과에 대한 차별적 임금, 과업의 표준, 작업도구의 표준화, 직무에 적합한 작업자 선발과 훈련, 권한과 책임의 원칙 등

52. 조직에서 생산적 행동(Productive behavior)과 반생산적 행동(Counterproductive work behavior: CWB)에 관한 설명으로 옳지 않은 것은?

① 조직시민행동(Organizational Citizenship Behavior : OCB)은 생산적 행동에 속한다.
② OCB는 친사회적 행동이며 역할 외 행동이라고도 한다.
③ 일탈행동(Deviance)은 CWB에 속하지만 조직에 해로운 행동은 아니다.
④ 조직시민행동은 OCB-I(Individual)와 OCB-O(Organizational)로 분류되기도 한다.
⑤ CWB는 개인적 범주와 조직적 범주로 분류할 수 있다.

> **해설** ③ 반생산적인 업무행동은 조직적 공격성, 작업장 이탈, 반사회적 행동, 보복 등 다양한 용어로 개념화되지만 조직과 조직구성원에게 해로운 효과를 가져오는 행동이란 것에 귀결된다.
> ① 조직시민행동(Organizational Citizenship Behavior : OCB)은 직무에 대한 최소한의 요구를 넘어서서 조직을 위해 과업 수행을 지원하는 사회적, 심리적 맥락의 유지와 강화에 기여하는 행동이다.
> ② OCB는 친사회적 행동이며 자신의 직무에 필요한 역할 외의 행동이라고도 한다.
> ④ 조직시민행동은 OCB-I(Individual : 아픈 동료를 위해 대신 일 해주는 것처럼 개인에 대한 시민행동)와 OCB-O(Organizational : 시키지도 않았던 회사제품을 홍보하는 조직에 대한 시민행동)로 분류되기도 한다.
> ⑤ 사보타주는 조직적 범주에 속하고 절도나 타인학대는 개인적 범주에 속한다.

53. 직무평가에 관한 설명으로 옳은 것을 모두 고른 것은?

> ㉠ 직무평가 대상은 직무 자체임
> ㉡ 다른 직무들과의 상대적 가치를 평가
> ㉢ 직무수행자를 평가
> ㉣ 종업원의 기업목표달성 공헌도 평가
> ㉤ 직무의 중요성, 난이도, 위험도의 반영

① ㉠, ㉢
② ㉠, ㉡, ㉣
③ ㉠, ㉡, ㉤
④ ㉢, ㉣, ㉤
⑤ ㉡, ㉢, ㉣, ㉤

> **해설** 직무평가
> 1. 각 직위의 직무에 대한 난이도, 책임도를 측정·평가하여 등급을 결정하는 것이다.
> 2. 직무의 구체적인 내용과 직무수행자의 자격요건으로 해당직무의 가치를 밝히는 활동이다.
> 3. 해당직무의 양과 질의 가치를 간접적으로 평가한다.

정답 50 ③ 51 ⑤ 52 ③ 53 ③

54. 노동쟁의조정에 관한 설명으로 옳지 않은 것은?

① 노동쟁의조정은 노동위원회가 담당한다.
② 노동쟁의조정은 조정, 중재, 긴급조정 등이 있다.
③ 노동쟁의 조정 방법에 있어서 임의조정제도는 허용되지 않는다.
④ 확정된 중재내용은 단체협약과 동일한 효력을 갖는다.
⑤ 노동쟁의조정 중 조정은 노동위원회에서 조정안을 작성하여 관계당사자들에게 제시하는 방법이다.

해설 ③ 노동쟁의 조정은 당사자 일방이 노동쟁의의 조정을 신청한 때에 조정을 개시하므로 임의조정을 허용하고 있다(노동조합 및 노동관계조정법 제53조 제1항 참조).
① 노동쟁의의 조정을 위하여 노동위원회에 조정위원회를 둔다(노동조합 및 노동관계조정법 제55조 제1항).
② 노동쟁의조정은 조정, 중재, 긴급조정 등이 있다.
④ 조정서의 내용은 단체협약과 동일한 효력을 가진다(노동조합 및 노동관계조정법 제61조 제2항).
⑤ 조정위원회 또는 단독조정인은 조정안을 작성하여 이를 관계 당사자에게 제시하고 그 수락을 권고하는 동시에 그 조정안에 이유를 붙여 공표할 수 있으며, 필요한 때에는 신문 또는 방송에 보도 등 협조를 요청할 수 있다(노동조합 및 노동관계조정법 제60조 제1항).

55. 조직설계에 영향을 미치는 기술유형을 학자들이 제시한 것이다. ( )에 들어갈 내용으로 옳은 것은?

○ 우드워드(J. Woodward) : 소량단위 생산기술, (㉠), 연속공정 생산기술
○ 페로우(C. Perrow) : 일상적 기술, 비일상적 기술, (㉡), 공학적 기술
○ 톰슨(J. Thompson) : (㉢), 연속형 기술, 집약형 기술

① ㉠ : 대량생산기술, ㉡ : 장인기술, ㉢ : 중개형 기술
② ㉠ : 대량생산기술, ㉡ : 중개형 기술, ㉢ : 장인기술
③ ㉠ : 중개형 기술, ㉡ : 장인기술, ㉢ : 대량생산기술
④ ㉠ : 장인기술, ㉡ : 중개형 기술, ㉢ : 대량생산기술
⑤ ㉠ : 장인기술, ㉡ : 대량생산기술, ㉢ : 중개형 기술

해설 조직설계에 영향을 미치는 기술유형
1. 우드워드(J. Woodward) : 소량단위 생산기술, 대량생산기술, 연속공정 생산기술
2. 페로우(C. Perrow) : 일상적 기술, 비일상적 기술, 장인기술, 공학적 기술
3. 톰슨(J. Thompson) : 중개형 기술, 연속형 기술, 집약형 기술

56. 수요예측 방법 중 주관적(정성적) 접근방법에 해당하지 않는 것은?

① 델파이법
② 이동평균법
③ 시장조사법
④ 자료유추법
⑤ 판매원 의견종합법

해설 수요예측 방법
1. 주관적(정성적) 접근방법 : 시나리오 기법, 명목집단법, 델파이법, 시장조사법, 전문가의견법, 판매원 의견종합법, 자료유추법 등
2. 정량적 예측법 : 이동평균법, 지수평활법, 최소자승법, 회귀모델, 개량경제모델

57. 총괄생산계획 기법 중 휴리스틱 계획기법에 해당하지 않는 것은?

① 선형계획법
② 매개변수에 의한 생산계획
③ 생산전환 탐색법
④ 서어치 다시즌 룰(search decision rule)
⑤ 경영계수이론

해설 ① 선형계획법 : 문제해결에 있어서 변수들의 관계를 일차방정식으로 정의하고, 이 일차방정식을 연립방정식으로 풀어 해를 구하는 방법으로 주로 자원할당문제에 대한 의사결정에 이용된다.
휴리스틱 계획기법은 시뮬레이션 기법에 인간의 지혜와 판단을 가미하는 방법이다. 이 기법에는 생산전환 탐색법, 경영계수이론, 서어치 다시즌 룰(search decision rule), 매개변수에 의한 생산계획 등이 있다.

58. 다음은 신 QC 7가지 도구 중 무엇에 관한 설명인가?

> 문제를 해결하는 활동에 필요한 실시사항을 시계열적인 순서에 따라 네트워크로 나타낸 화살표 그림을 이용하여 최적의 일정계획을 위한 진척도를 관리하는 방법

① 친화도
② 계통도
③ PDPC(Process Decision Program Chart)
④ 애로우 다이어그램
⑤ 매트릭스 다이어그램

해설 신 QC 7가지 도구
1. 친화도 : 언어 데이터로 포착하여 아이디어나 문제 사이의 관계 또는 상대적 중요성을 명확히 하는 방법
2. 연관도법 : 문제점과 요인 간의 인과관계를 명확히 하기 위한 도구
3. 매트릭스 다이어그램 : 짝이 되는 요소를 찾아내어 행과 열로 배치하여 그 교점에 각 요소의 관련유무 및 정도를 표시함으로써 문제해결을 효과적으로 추진하는 방법

정답 54 ③ 55 ① 56 ② 57 ① 58 ④

4. 매트릭스 데이터 해석법 : 매트릭스도에 있어서 요소 간의 관련이 정량화된 경우 배열된 데이터를 도상으로 판단하기 좋게 정리하는 방법
5. 계통도 : 목적, 목표를 달성하기 위한 최적 수단, 방책을 계통적으로 전개함으로써 문제의 중점을 명확히 하는 방법
6. PDPC(Process Decision Program Chart) : 사태의 진정과 더불어 여러 가지 결과가 상정되는 문제에 대해 바람직한 결과에 이르는 과정을 정하는 방법
7. 애로우 다이어그램 : 최적의 일정 계획을 세워 효율적으로 진척을 관리하는 방법

59. 도요타 생산방식의 주축을 이루는 JIT(Just In Time) 시스템의 장점에 해당되지 않는 것은?

① 한정된 수의 공급자와 친밀한 유대관계를 구축한다.
② 미래의 수요예측에 근거한 기본일정계획을 달성하기 위해 종속품목의 양과 시기를 결정한다.
③ JIT 생산으로 원자재, 재공품, 제품의 재고수준을 줄인다.
④ 유연한 설비배치와 다기능공으로 작업자 수를 줄인다.
⑤ 생산성의 낭비제거로 원가를 낮추고 생산성을 향상시킨다.

해설 JIT(Just In Time) 시스템의 장점 : 원재료와 상품 재고를 제로화로 하여 필요한 적재 장소가 최소화 되고, 그에 따른 제반 비용 효율화를 기대할 수 있으며 계획대로, 전략대로, 원하는 수량만큼 생산하므로 철저히 통제되는 생산활동이다. 미래 예측과는 무관하다.

60. 유용성이 높은 인사 선발 도구에 관한 설명으로 옳지 않은 것은?

① 예측변인(predictor)의 타당도가 커질수록 전체 집단의 평균적인 준거수행(criterion)에 비해 합격한 집단의 평균적인 준거수행은 높아진다.
② 선발률(selection ratio)이 낮을수록 예측변인의 가치는 커진다.
③ 기초율(base rate)이 높을수록 사용한 선발 도구의 유용성 수준은 높아진다.
④ 선발률과 기초율의 상관은 0이다.
⑤ 예측변인의 점수와 준거수행으로 이루어진 산점도(scatter plot)가 1사분면은 높고 3사분면은 낮은 타원형을 이룬다.

해설 ③ 총지원자수 대비 우수성과자 비율이므로 높을수록 사용한 선발 도구의 유용성 수준은 높아진다.
④ 유용한 선발도구의 3요소는 기초율, 선발률, 타당도이다. 기초율은 총지원자수 대비 우수성과자 비율이고 선발률은 총지원자수 대비 선발인원이므로 두 요소 간의 상관이 있다.
① 예측변인(predictor)의 타당도가 커질수록 합격한 집단의 평균적인 준거수행은 높아진다.
② 선발률은 총지원자수 대비 선발인원이므로 낮을수록 예측변인의 가치는 커진다.
⑤ 예측변인의 점수와 준거수행으로 이루어진 산점도(scatter plot)가 1사분면은 높고 3사분면은 낮은 타원형을 이룬다.

61. 집단 또는 팀(team)에 관한 설명으로 옳지 않은 것은?

① 교차기능팀(cross functional team)은 조직 내의 다양한 부서에 근무하는 사람들로 이루어진 팀이다.
② '남만큼만 하기 효과(sucker effect)'는 사회적 태만(social loafing)의 한 현상이다.
③ 제니스(Janis)의 모형에서 집단사고(groupthink)의 선행요인 중 하나는 구성원들 간 낮은 응집성과 친밀성이다.
④ 다른 사람의 존재가 개인의 성과에 부정적 영향을 미치는 것을 사회적 억제(social inhibition)라고 한다.
⑤ 높은 집단 응집성은 그 집단에 긍정적 효과와 부정적 효과를 준다.

해설 ③ 제니스(Janis)의 모형에서 집단사고(groupthink)의 선행요인 중 하나는 구성원들 간 높은 응집성과 고립성이다. 집단사고는 응집력 있는 집단에서 생기는 하나의 사고방식이다.
① 교차기능팀(cross functional team)은 하나의 과업을 달성하기 위하여 분야가 다른 구성원으로 조직된 팀이다.
② 사회적 태만(social loafing)은 공동으로 작업할 경우 투입하는 노력을 줄이는 것으로 '남만큼만 하기 효과(sucker effect)'는 사회적 태만(social loafing)의 한 현상이다.
④ 사회적 억제(social inhibition)는 다른 사람의 존재가 개인의 성적을 떨어뜨린다는 것이다.
⑤ 높은 집단 응집성은 그 집단에 구성원들이 상호협조적이며, 친밀하고 집단의 통합을 증진시키는 방향으로 행동하는 경향의 긍정적 효과와 집단사고로 이어지는 부정적 효과가 있다.

62. 내적(intrinsic) 동기와 외적(extrinsic) 동기의 특징과 관계를 체계적으로 다루는 동기이론으로 옳은 것은?

① 앨더퍼(Alderfer)의 ERG 이론
② 아담스(Adams)의 형평이론(equity theory)
③ 로크(Locke)의 목표설정이론(goal-setting theory)
④ 맥클래란드(McClelland)의 성취동기이론(need for achievement theory)
⑤ 리안(Ryan)과 디시(Deci)의 자기결정이론(self-determination theory)

해설 ⑤ 리안(Ryan)과 디시(Deci)의 자기결정이론(self-determination theory) : 인간의 행동동기에 초점을 맞춘 이론으로 내재적 동기 및 외재적 동기로 인해 나타나는 행동이나 가치가 내면화되는 과정에 초점
① 앨더퍼(Alderfer)의 ERG 이론 : 존재욕구, 관계욕구, 성장욕구로 구분
② 아담스(Adams)의 형평이론(equity theory) : 자기가 바친 투입 대비 결과의 상대적 형평성에 대한 사람들의 지각과 신념이 직무형태에 영향을 미친다는 이론
③ 로크(Locke)의 목표설정이론(goal-setting theory) : 목표 달성 의도가 동기부여의 원천이 된다는 것
④ 맥클래란드(McClelland)의 성취동기이론(need for achievement theory) : 개인의 욕구를 성취욕구, 친교욕구, 권력욕구로 구분

정답 59 ② 60 ③, ④ 61 ③ 62 ⑤

63. 산업심리학의 연구방법에 관한 설명으로 옳은 것은?

① 내적 타당도는 실험에서 종속변인의 변화가 독립변인과 가외변인(extraneous variable)의 영향에 따른 것이라고 신뢰하는 정도이다.
② 검사-재검사 신뢰도를 구할 때는 역균형화(counterbalancing)를 실시한다.
③ 쿠더 리차드슨 공식 20(Kuder-Richardson formula 20)은 검사 문항들 간의 내적 일관성 정도를 알려준다.
④ 내용타당도와 안면타당도는 동일한 타당도이다.
⑤ 실험실 실험(laboratory experiment)보다 준실험(quasi-experiment)에서 통제를 더 많이 한다.

해설 ③ 쿠더 리차드슨 공식 20(Kuder-Richardson formula 20)은 문항 내적 동질성 신뢰도를 추정하는 방법이다.
① 내적 타당도는 연구 결과로 한 변수가 다른 변수의 원인인지 아닌지를 정확하게 기술하고 있다는 확신의 정도이다.
② 검사-재검사 신뢰도는 동일인이 동일한 측정도구를 가지고 2번 검사하는 방식으로 검사-재검사 신뢰도를 구할 때는 역균형화(counterbalancing)를 실시한다.
④ 안면타당도는 그 검사에 관한 검사자의 어느 정도 피상적인 관찰에 의해서 결정되며, 그 문항이 재고자 하는 것이 무엇인지 명료하게 판단될 수 있는 내용에 국한된다. 내용타당도는 심리측정에 소양을 가진 전문가의 철저하고 계획적인 판단에 의해서 규정되며 명료하게 눈에 띄는 내용뿐만 아니라 그 의도가 명료하지 않은 복잡한 내용에 관한 것도 고려하게 된다.
⑤ 준실험(quasi-experiment)은 진실험설계의 조건을 일부 완화시킨 실험방법이므로 실험실 실험(laboratory experiment)보다 준실험(quasi-experiment)에서 통제를 더 많이 한다.

64. 라스뮈센(Rasmussen)의 인간행동 분류에 관한 설명으로 옳은 것을 모두 고른 것은?

㉠ 숙련기반행동(skill-based behavior)은 사람이 충분히 습득하여 자동적으로 하는 행동을 말한다.
㉡ 지식기반행동(knowledge-based behavior)은 입력된 정보를 그때마다 의식적이고 체계적으로 처리해서 나타난 행동을 말한다.
㉢ 규칙기반행동(rule-based behavior)은 친숙하지 않은 상황에서 기억 속의 규칙에 기반한 무의식적 행동을 말한다.
㉣ 수행기반행동(commission-based behavior)은 다수의 시행착오를 통해 학습한 행동을 말한다.

① ㉠, ㉡
② ㉡, ㉣
③ ㉢, ㉣
④ ㉠, ㉡, ㉢
⑤ ㉠, ㉢, ㉣

해설 라스뮈센(Rasmussen)의 인간행동 분류
㉠ 숙련기반행동(skill-based behavior)은 사람이 자동적으로, 거의 무의식적으로 수행하는 행동을 말한다.
㉡ 지식기반행동(knowledge-based behavior)은 새롭거나 복잡한 상황에서의 의사결정과정을 말한다.
㉢ 규칙기반행동(rule-based behavior)은 경험이나 학습한 규칙이나 절차를 적용하여 문제를 해결하는 과정을 말한다.

65. 스웨인(Swain)이 분류한 휴먼에러 유형에 해당하는 것을 모두 고른 것은?

㉠ 조작에러(performance error)
㉡ 시간에러(time error)
㉢ 위반에러(violation error)

① ㉠
② ㉡
③ ㉠, ㉢
④ ㉡, ㉢
⑤ ㉠, ㉡, ㉢

해설 스웨인(Swain)이 분류한 휴먼에러 유형 : 생략에러(omission error), 수행 에러(commission error), 순서 에러(sequential error), 시간에러(time error), 과잉행동에러(extraneous error)

66. 인간의 뇌파에 관한 설명으로 옳지 않은 것은?

① 델타(δ)파는 무의식, 실신 상태에서 주로 나타나는 뇌파이다.
② 세타(θ)파는 피로나 졸림 등의 상태에서 주로 나타나는 뇌파이다.
③ 알파(α)파는 편안한 휴식 상태에서 주로 나타나는 뇌파이다.
④ 베타(β)파는 적극적으로 활동할 때 주로 나타나는 뇌파이다.
⑤ 오메가(Ω)파는 과도한 집중과 긴장 상태에서 주로 나타나는 뇌파이다.

해설 ⑤ 인간의 뇌파에는 델타(δ)파, 세타(θ)파, 알파(α)파, 베타(β)파, 감마(γ)로 구분한다.
① 델타(δ)파는 무의식, 수면상태, 실신 상태에서 주로 나타나는 뇌파이다.
② 세타(θ)파는 피로나 졸림, 얕은 수면 등의 상태에서 주로 나타나는 뇌파이다.
③ 알파(α)파는 성인이 긴장을 풀고 휴식하는 상태에서 생긴다.
④ 베타(β)파는 적극적으로 활동할 때 주로 나타나는 뇌파로 긴장과 불안, 초조 등이 나타난다.

67. 면적에 관련한 착시현상으로 옳은 것은?

① 뮬러-라이어(Müller-Lyer) 착시
② 폰조(Ponzo) 착시
③ 포겐도르프(Poggendorf) 착시
④ 에빙하우스(Ebbinghaus) 착시
⑤ 죌너(Zöllner) 착시

해설 ④ 에빙하우스(Ebbinghaus) 착시 : 같은 크기의 원이지만 달라 보이는 착시
① 뮬러-라이어(Müller-Lyer) 착시 : 실제는 (a)와 (b)의 길이가 같지만 다르게 보이는 착시
② 폰조(Ponzo) 착시 ; 두 수평선의 길이가 다르게 보이는 착시
③ 포겐도르프(Poggendorf) 착시 : 실제는 (a)와 (b)가 일직선인데 (a)와 (c)가 일직선으로 보이는 착시
⑤ 죌너(Zöllner) 착시 : 세로의 선이 굽어보이는 착시

정답 63 ③ 64 ① 65 ② 66 ⑤ 67 ④

68. 신체와 환경의 열교환 종류에 관한 설명으로 옳지 않은 것은?

① 대류(convection)는 피부와 공기의 온도 차이로 생긴 기류를 통해서 열을 교환하는 것이다.
② 반사(reflection)는 피부에서 열이 혼합되면서 열전달이 발생하는 것이다.
③ 증발(evaporation)은 땀이 피부의 열로 가열되어 수증기로 변하면서 열교환이 발생하는 것이다.
④ 복사(radiation)는 전자파에 의해 물체들 사이에서 일어나는 열전달 방법이다.
⑤ 전도(conduction)는 신체가 고체나 유체와 직접 접촉할 때 열이 전달되는 방법이다.

해설 ② 반사(reflection)는 피부에서 열을 흡수하지 않고 방향을 바꾸는 것이다.
① 대류(convection)는 피부와 공기의 온도 차이로 생긴 기류를 통해서 열을 전달하는 것이다.
③ 증발(evaporation)은 땀이 피부의 열로 가열되어 수증기로 변하면서 발생하는 것이다.
④ 복사(radiation)는 전자기파를 통해서 고온의 물체에서 저온의 물체로 직접 에너지가 전달된다.
⑤ 전도(conduction)는 신체가 고체나 유체와 직접 접촉할 때 열이 전달되는 방법이다.

69. 산업안전보건기준에 관한 규칙에서 정하고 있는 특별관리물질이 아닌 것은?

① 디메틸포름아미드(68-12-2), 벤젠(71-43-2), 포름알데히드(50-00-0)
② 납(7439-92-1) 및 그 무기화합물, 1-브로모프로판(106-94-5), 아크릴로니트릴(107-13-1)
③ 아크릴아미드(79~06-1), 포름아미드(75-12-7), 사염화탄소(56-23-5)
④ 트리클로로에틸렌(79-01-6), 2-브로모프로판(75-26-3), 1,3-부타디엔(106-99-0)
⑤ 니트로글리세린(55~63-0), 트리에틸아민(121-44-8), 이황화탄소(75-15-0)

해설 특별관리물질(산업안전보건기준에 관한 규칙 별표 12) : 2-니트로톨루엔(2-Nitrotoluene; 88-72-2), 디니트로톨루엔(Dinitrotoluene; 25321-14-6 등), N,N-디메틸아세트아미드(N,N-Dimethylacetamide; 127-19-5), 디메틸포름아미드(Dimethylformamide; 68-12-2), 디부틸 프탈레이트(Dibutyl phthalate; 84-74-2), 1,2-디클로로에탄(1,2-Dichloroethane; 107-06-2), 1,2-디클로로프로판(1,2-Dichloropropane; 78-87-5), 2-메톡시에탄올(2-Methoxyethanol; 109-86-4), 2-메톡시에틸 아세테이트(2-Methoxyethyl acetate; 110-49-6), 벤젠(Benzene; 71-43-2), 벤조(a)피렌[Benzo(a)pyrene; 50-32-8], 1,3-부타디엔(1,3-Butadiene; 106-99-0), 1-브로모프로판(1-Bromopropane; 106-94-5), 2-브로모프로판(2-Bromopropane; 75-26-3), 사염화탄소(Carbon tetrachloride; 56-23-5), 아크릴로니트릴(Acrylonitrile; 107-13-1), 아크릴아미드(Acrylamide; 79-06-1), 2-에톡시에탄올(2-Ethoxyethanol; 110-80-5), 2-에톡시에틸 아세테이트(2-Ethoxyethyl acetate; 111-15-9), 에틸렌이민(Ethyleneimine; 151-56-4), 2,3-에폭시-1-프로판올(2,3-Epoxy-1-propanol; 556-52-5 등), 1,2-에폭시프로판(1,2-Epoxypropane; 75-56-9 등), 에피클로로히드린(Epichlorohydrin; 106-89-8 등), 와파린(Warfarin; 81-81-2), 트리클로로에틸렌(Trichloroethylene; 79-01-6), 1,2,3-트리클로로프로판(1,2,3-Trichloropropane; 96-18-4), 퍼클로로에틸렌(Perchloroethylene; 127-18-4), 포름아미드(Formamide; 75-12-7), 포름알데히드(Formaldehyde; 50-00-0), 프로필렌이민(Propyleneimine; 75-55-8), 황산 디메틸(Dimethyl sulfate; 77-78-1), 히드라진[302-01-2] 및 그 수화물(Hydrazine and its hydrates), 납[7439-92-1] 및 그 무기화합물(Lead and its inorganic compounds), 납[7439-92-1] 및 그 무기화합물(Lead and its inorganic compounds), 산화붕소(Boron oxide; 1303-86-2), 수은[7439-97-6] 및 그 화합물(Mercury and its compounds), 카드뮴[7440-43-9] 및 그 화합물(Cadmium and its compounds), 사붕소산 나트륨(무수물, 오수화물)(Sodium tetraborate; 1330-43-4, 12179-04-3), 산화에틸렌(Ethylene oxide; 75-21-8)

70. 화학물질 및 물리적 인자의 노출기준에서 노출기준 사용상의 유의사항으로 옳지 않은 것은?
   ① 각 유해인자의 노출기준은 해당 유해인자가 단독으로 존재하는 경우의 노출기준이다.
   ② 노출기준은 1일 8시간 작업을 기준으로 하여 제정된 것이다.
   ③ 노출기준은 직업병진단에 사용하거나 노출기준 이하의 작업환경이라는 이유만으로 직업성 질병의 이환을 부정하는 근거 또는 반증자료로 사용하여서는 아니 된다.
   ④ 노출기준은 대기오염의 평가 또는 관리상의 지표로 사용하여서는 아니 된다.
   ⑤ 상승작용을 하는 화학물질이 2종 이상 혼재하는 경우에는 유해인자별로 각각 독립적인 노출기준을 사용하여야 한다.

   해설 ①, ⑤ 각 유해인자의 노출기준은 해당 유해인자가 단독으로 존재하는 경우의 노출기준을 말하며, 2종 또는 그 이상의 유해인자가 혼재하는 경우에는 각 유해인자의 상가작용으로 유해성이 증가할 수 있으므로 산출하는 혼합 노출기준을 사용하여야 한다(화학물질 및 물리적 인자의 노출기준 제3조 제1항).
   ② 노출기준은 1일 8시간 작업을 기준으로 하여 제정된 것이므로 이를 이용할 경우에는 근로시간, 작업의 강도, 온열조건, 이상기압 등이 노출기준 적용에 영향을 미칠 수 있으므로 이와 같은 제반요인을 특별히 고려하여야 한다(화학물질 및 물리적 인자의 노출기준 제3조 제2항).
   ③ 유해인자에 대한 감수성은 개인에 따라 차이가 있고, 노출기준 이하의 작업환경에서도 직업성 질병에 이환되는 경우가 있으므로 노출기준은 직업병진단에 사용하거나 노출기준 이하의 작업환경이라는 이유만으로 직업성질병의 이환을 부정하는 근거 또는 반증자료로 사용하여서는 아니 된다(화학물질 및 물리적 인자의 노출기준 제3조 제3항).
   ④ 노출기준은 대기오염의 평가 또는 관리상의 지표로 사용하여서는 아니 된다(화학물질 및 물리적 인자의 노출기준 제3조 제4항).

71. 작업환경측정 및 정도관리 등에 관한 고시에서 정하는 용어의 정의로 옳지 않은 것은?
   ① "정확도"란 일정한 물질에 대해 반복측정·분석을 했을 때 나타나는 자료 분석치의 변동크기가 얼마나 작은가 하는 수치상의 표현을 말한다.
   ② "직접채취방법"이란 시료공기를 흡수, 흡착 등의 과정을 거치지 아니하고 직접 채취대 또는 진공채취병 등의 채취용기에 물질을 채취하는 방법을 말한다.
   ③ "호흡성분진"이란 호흡기를 통하여 폐포에 축적될 수 있는 크기의 분진을 말한다.
   ④ "흡입성분진"이란 호흡기의 어느 부위에 침착하더라도 독성을 일으키는 분진을 말한다.
   ⑤ "고체채취방법"이란 시료공기를 고체의 입자층을 통해 흡입, 흡착하여 해당 고체입자에 측정하려는 물질을 채취하는 방법을 말한다.

   해설 ① 정확도 : 분석치가 참값에 얼마나 접근하였는가 하는 수치상의 표현을 말한다(작업환경측정 및 정도관리 등에 관한 고시 제2조 제16호).
   ② 직접채취방법 : 시료공기를 흡수, 흡착 등의 과정을 거치지 아니하고 직접채취대 또는 진공채취병 등의 채취용기에 물질을 채취하는 방법을 말한다(작업환경측정 및 정도관리 등에 관한 고시 제2조 제3호).
   ③ 호흡성분진 : 호흡기를 통하여 폐포에 축적될 수 있는 크기의 분진을 말한다(작업환경측정 및 정도관리 등에 관한 고시 제2조 제11호).

④ 흡입성분진 : 호흡기의 어느 부위에 침착하더라도 독성을 일으키는 분진을 말한다(작업환경측정 및 정도관리 등에 관한 고시 제2조 제12호).
⑤ 고체채취방법 : 시료공기를 고체의 입자층을 통해 흡입, 흡착하여 해당 고체입자에 측정하려는 물질을 채취하는 방법을 말한다(작업환경측정 및 정도관리 등에 관한 고시 제2조 제2호).

72. 작업환경측정 및 정도관리 등에 관한 고시에서 정하는 시료채취에 관한 설명으로 옳은 것은?
① 8명이 있는 단위작업 장소에서는 평균 노출근로자 2명 이상에 대하여 동시에 개인 시료채취 방법으로 측정한다.
② 개인 시료채취 시 동일 작업근로자수가 20명을 초과하는 경우에는 매 5명당 1명 이상 추가하여 측정하여야 한다.
③ 개인 시료채취 시 동일 작업근로자수가 50명을 초과하는 경우에는 최대 시료채취 근로자수를 10명으로 조정할 수 있다.
④ 지역 시료채취 방법으로 측정을 하는 경우 단위작업장소 내에서 1개 이상의 지점에 대하여 동시에 측정하여야 한다.
⑤ 지역시료 채취 시 단위작업 장소의 넓이가 50평방미터 이상인 경우에는 매 30평방미터마다 1개 지점 이상을 추가로 측정하여야 한다.

해설 ⑤ 단위작업 장소의 넓이가 50평방미터 이상인 경우에는 매 30평방미터마다 1개 지점 이상을 추가로 측정하여야 한다(작업환경측정 및 정도관리 등에 관한 고시 제19조 제2항 단서).
①, ② 단위작업 장소에서 최고 노출근로자 2명 이상에 대하여 동시에 개인 시료채취 방법으로 측정하되, 단위작업 장소에 근로자가 1명인 경우에는 그러하지 아니하며, 동일 작업근로자수가 10명을 초과하는 경우에는 매 5명당 1명 이상 추가하여 측정하여야 한다(작업환경측정 및 정도관리 등에 관한 고시 제19조 제1항).
③ 동일 작업근로자수가 100명을 초과하는 경우에는 최대 시료채취 근로자수를 20명으로 조정할 수 있다(작업환경측정 및 정도관리 등에 관한 고시 제19조 제1항 단서).
④ 지역 시료채취 방법으로 측정을 하는 경우 단위작업장소 내에서 2개 이상의 지점에 대하여 동시에 측정하여야 한다(작업환경측정 및 정도관리 등에 관한 고시 제19조 제2항).

73. 다음 설명에 해당하는 중금속은?

○ 중독의 임상증상은 급성 복부 산통의 위장계통 장해, 손처짐을 동반하는 팔과 손의 마비가 특징인 신경근육계통의 장해, 주로 급성 뇌병증이 심한 중추신경계통의 장해로 구분할 수 있다.
○ 적혈구의 친화성이 높아 뼈조직에 결합된다.
○ 중독으로 인한 빈혈증은 heme의 생합성 과정에 장해가 생겨 혈색소량이 감소하고 적혈구의 생존기간이 단축된다.

① 크롬　　　　② 수은
③ 납　　　　　④ 비소
⑤ 망간

해설 ③ 납 : 납 중독은 언어 장애, 두통, 복통, 빈혈, 운동 마비 등의 증상이 나타난다. 납 중독에 의해 소화기계 증상, 빈혈과 같은 조혈기관 이상, 신경계 증상이 나타난다. 납은 적혈구에 친화성이 매우 높아 뼈조직에 결합된다.
① 크롬 : 크롬 중독은 피부궤양이 나타나고 코 안의 격막을 짓무르게 하여 궤양이 되고 최후에는 코 안의 격막에 천공이 생긴다.
② 수은 : 수은에 중독되면 뇌손상, 마비, 섬망 등의 증상이 나타난다.
④ 비소 : 비소중독은 급성증상으로써는 피부점막 등의 자극증상, 위장증상으로써 식욕부진, 강한 구토 및 설사, 호흡중추의 마비, 피부증상으로써 홍진·구진 등의 궤양 그리고 색소침착, 탈색등의 색소이상을 노출부에 발증한다.
⑤ 망간 : 망간중독은 중추신경계의 장애에 의한 것으로 초기에는 두통, 식욕부진, 전신권태, 관절통, 근육통 등 외에 경도의 신경장애가 나타나며 결국에는 파킨슨씨병 증후군이라고 하는 정신장애가 일어난다.

74. 포름알데히드에 관한 설명으로 옳은 것을 모두 고른 것은?

> ㉠ 자극성 냄새가 나는 무색기체이다.
> ㉡ 호흡기를 통해 빠르게 흡수되고 피부접촉에 의한 노출은 극히 적다.
> ㉢ 대사경로는 포름알데히드 → 포름산 → 이산화탄소이다.
> ㉣ 생물학적 모니터링을 위한 생체지표가 많이 존재하며 발암성은 없다.

① ㉠, ㉣
② ㉡, ㉢
③ ㉠, ㉡, ㉢
④ ㉠, ㉢, ㉣
⑤ ㉠, ㉡, ㉢, ㉣

해설 ㉠ 자극성이 강한 냄새를 띤 기체상의 화학물질이다.
㉡ 호흡기를 통해 빠르게 흡수되고 피부접촉에 의한 노출은 극히 적다.
㉢ 포름알데히드는 알코올 분해효소의 촉매작용에 의해 포름산로 대사되고 엽산 의존성 경로를 통해 최종적으로 이산화탄소와 물로 전환된다.
㉣ 포름알데히드는 세계보건기구(WHO) 산하 국제암연구기관(IARC)에서 분류한 1군 발암물질이다.

75. 산업안전보건법령상 근로자 건강진단의 종류가 아닌 것은?

① 특수건강진단
② 배치전건강진단
③ 건강관리카드 소지자 건강진단
④ 종합건강진단
⑤ 임시건강진단

해설 근로자 건강진단의 종류 : 일반건강진단(제129조), 특수건강진단(법 제130조), 배치전건강진단(법 제130조), 임시건강진단(법 제131조), 건강관리카드 소지자 건강진단(법 제137조)

정답 72 ⑤ 73 ③ 74 ①, ②, ③, ④, ⑤ 75 ④

2025년 기출문제

산업안전보건법령

1. 산업안전보건법령상 용어에 관한 설명으로 옳지 않은 것은?

    ① 국가유산수리 등에 관한 법률에 따른 국가유산수리공사는 건설공사에 해당한다.
    ② 근로자의 과반수로 조직된 노동조합이 없는 경우 근로자의 과반수를 대표하는 자가 근로자 대표이다.
    ③ 관계수급인이란 도급이 여러 단계에 걸쳐 체결된 경우에 각 단계별로 도급받은 사업주 전부를 말한다.
    ④ 도급받은 건설공사를 다시 도급하는 자는 건설공사발주자가 아니다.
    ⑤ 건설공사발주자는 도급인에 해당한다.

    해설 ⑤ 도급인 : 물건의 제조·건설·수리 또는 서비스의 제공, 그 밖의 업무를 도급하는 사업주를 말한다. 다만, 건설공사발주자는 제외한다(법 제2조 제7호).
    ① 건설공사 : 「건설산업기본법」에 따른 건설공사, 「전기공사업법」에 따른 전기공사, 「정보통신공사업법」에 따른 정보통신공사, 「소방시설공사업법」에 따른 소방시설공사, 「국가유산수리 등에 관한 법률」에 따른 국가유산 수리공사(법 제2조 제11호)
    ② 근로자대표 : 근로자의 과반수로 조직된 노동조합이 있는 경우에는 그 노동조합을, 근로자의 과반수로 조직된 노동조합이 없는 경우에는 근로자의 과반수를 대표하는 자를 말한다(법 제2조 제5호).
    ③ 관계수급인 : 도급이 여러 단계에 걸쳐 체결된 경우에 각 단계별로 도급받은 사업주 전부를 말한다(법 제2조 제9호).
    ④ 건설공사발주자 : 건설공사를 도급하는 자로서 건설공사의 시공을 주도하여 총괄·관리하지 아니하는 자를 말한다. 다만, 도급받은 건설공사를 다시 도급하는 자는 제외한다(법 제2조 제10호).

2. 산업안전보건법령상 산업재해 중 중대재해에 해당하는 것을 모두 고른 것은?

    ㉠ 사망자가 1명 이상 발생한 재해
    ㉡ 직업성 질병자가 동시에 5명 이상 발생한 재해
    ㉢ 3개월 이상의 요양이 필요한 부상자가 동시에 2명 이상 발생한 재해

    ① ㉠
    ② ㉡
    ③ ㉠, ㉢
    ④ ㉡, ㉢
    ⑤ ㉠, ㉡, ㉢

> **해설** 중대재해의 범위(규칙 제3조)
> 1. 사망자가 1명 이상 발생한 재해
> 2. 3개월 이상의 요양이 필요한 부상자가 동시에 2명 이상 발생한 재해
> 3. 부상자 또는 직업성 질병자가 동시에 10명 이상 발생한 재해

3. 산업안전보건법령상 산업재해 발생건수 등의 공표대상 사업장이 아닌 것은?

① 사망재해자가 연간 1명 발생한 사업장
② 산업전보건법 제44조 제1항 전단에 따른 중대산업사고가 발생한 사업장
③ 산업안전보건법 제57조 제1항을 위반하여 산업재해 발생 사실을 은폐한 사업장
④ 사망만인율이 규모별 같은 업종의 평균 사망만인율 이상인 사업장
⑤ 산업안전보건법 제57조 제3항에 따른 산업재해의 발생에 관한 보고를 최근 3년 이내 2회 하지 않은 사업장

> **해설** 공표대상 사업장(영 제10조 제1항)
> 1. 산업재해로 인한 사망자가 연간 2명 이상 발생한 사업장
> 2. 사망만인율(死亡萬人率 : 연간 상시근로자 1만명당 발생하는 사망재해자 수의 비율을 말한다)이 규모별 같은 업종의 평균 사망만인율 이상인 사업장
> 3. 중대산업사고가 발생한 사업장
> 4. 산업재해 발생 사실을 은폐한 사업장
> 5. 산업재해의 발생에 관한 보고를 최근 3년 이내 2회 이상 하지 않은 사업장

4. 산업안전보건법령상 안전보건관리책임자에 관한 설명으로 옳은 것은?

① 안전보건교육에 관한 사항 중 안전에 관한 기술적인 사항에 관하여 안전관리자가 지도·조언하는 경우 안전보건관리책임자는 이에 상응하는 적절한 조치를 하여야 한다.
② 안전장치 및 보호구 구입 시 적격품 여부 확인에 관란 사항은 안전보건관리책임자의 업무가 아니다.
③ 안전보건관리책임자가 있는 경우 건설기술 진흥법에 따라 안전관리책임자 및 안전관리자를 각각 둔 것으로 본다.
④ 안전관리자와 보건관리자는 안전보건관리책임자의 지휘·감독을 받지 아니한다.
⑤ 안전 및 보건에 관하여 사업주를 보좌하고 관리감독자에게 지도·조언하는 업무를 수행하는 것은 안전보건책임자의 업무에 해당한다.

정답 1 ⑤ 2 ③ 3 ① 4 ①

해설 ① 사업주, 안전보건관리책임자 및 관리감독자는 안전관리자, 보건관리자, 안전보건관리담당자, 안전관리전문기관 또는 보건관리전문기관에 해당하는 자가 안전 또는 보건에 관한 기술적인 사항에 관하여 지도·조언하는 경우에는 이에 상응하는 적절한 조치를 하여야 한다(법 제20조).
② 안전장치 및 보호구 구입 시 적격품 여부 확인에 관한 사항은 안전보건관리책임자의 업무이다(법 제15조 제1항 제8호).
③ 관리감독자가 있는 경우에는 「건설기술 진흥법」에 따른 안전관리책임자 및 같은 항 제3호에 따른 안전관리담당자를 각각 둔 것으로 본다(법 제16조 제2항).
④ 사업장의 업무를 총괄하여 관리하는 사람(안전보건관리책임자)은 안전관리자와 보건관리자를 지휘·감독한다(법 제15조 제2항).
⑤ 사업주는 사업장에 안전보건교육에 관한 사항 중 안전에 관한 기술적인 사항에 관하여 사업주 또는 안전보건관리책임자를 보좌하고 관리감독자에게 지도·조언하는 업무를 수행하는 사람을 두어야 한다(법 제17조 제1항).

5. 산업안전보건법령상 산업안전보건위원회에 관한 설명으로 옳은 것은?
① 명예산업안전감독관이 위촉되어 있는 사업장의 경우 근로자대표가 지명하는 1명 이상의 명예산업안전감독관을 포함하여 사용자위원을 구성할 수 있다.
② 해당 사업장에 선임되어 있지 않은 산업보건의도 사용자위원이 될 수 있다.
③ 상시근로자 50명을 사용하는 사업장에서는 해당 사업의 대표자가 지명하는 9명 이내의 해당 사업장 부서의 장을 제외하고 사용자위원을 구성할 수 있다.
④ 산업안전보건위원회는 취업규칙에 구속받지 않고 심의·의결할 수 있다.
⑤ 산업재해에 관한 통계의 기록 및 유지에 관한 사항은 산업안전보건위원회의 심의·의결사항이 아니다.

해설 ③ 상시근로자 50명을 사용하는 사업장에서는 해당 사업의 대표자가 지명하는 9명 이내의 해당 사업장 부서의 장을 사용자위원으로 구성할 수 있다(영 제35조 제2항 제5호).
① 명예산업안전감독관이 위촉되어 있는 사업장의 경우 근로자대표가 지명하는 1명 이상의 명예산업안전감독관을 포함하여 근로자위원을 구성할 수 있다(영 제35조 제1항 제2호).
② 해당 사업장에 선임되어 있는 산업보건의도 사용자위원이 될 수 있다(영 제35조 제2항 제4호).
④ 산업안전보건위원회는 이 법, 이 법에 따른 명령, 단체협약, 취업규칙 및 안전보건관리규정에 반하는 내용으로 심의·의결해서는 아니 된다(법 제24조 제5항).
⑤ 사업주는 다음의 사항에 대해서는 산업안전보건위원회의 심의·의결을 거쳐야 한다(법 제24조 제2항).
  1. 안전보건관리책임자의 업무에 관한 사항
  2. 산업재해의 원인 조사 및 재발 방지대책 수립에 관한 사항 중 중대재해에 관한 사항
  3. 유해하거나 위험한 기계·기구·설비를 도입한 경우 안전 및 보건 관련 조치에 관한 사항
  4. 그 밖에 해당 사업장 근로자의 안전 및 보건을 유지·증진시키기 위하여 필요한 사항

6. 산업안전보건법령상 관계수급인 근로자가 도급인의 사업장에서 작업을 하는 경우 도급인이 이행하여야 할 사항이 아닌 것은?

① 작업장 순회점검
② 보호구 착용의 지시 등 관계수급인 근로자의 작업행동에 관한 직접적인 조치
③ 작업 장소에서 지진 등이 발행한 경우에 대비한 경보체계 운영과 대피방법 등 훈련
④ 관계수급인이 근로자에게 하는 산업안전보건법 제29조 제3항에 따른 안전보건교육의 실시 확인
⑤ 같은 장소에서 이루어지는 도급인과 관계수급인 등의 작업에 있어서 관계수급인 등의 작업시기·내용, 안전조치 및 보건조치 등의 확인

해설 도급인은 관계수급인 근로자가 도급인의 사업장에서 작업을 하는 경우 다음의 사항을 이행하여야 한다(법 제64조 제1항).
1. 도급인과 수급인을 구성원으로 하는 안전 및 보건에 관한 협의체의 구성 및 운영
2. 작업장 순회점검
3. 관계수급인이 근로자에게 하는 안전보건교육을 위한 장소 및 자료의 제공 등 지원
4. 관계수급인이 근로자에게 하는 제29조 제3항에 따른 안전보건교육의 실시 확인
5. 다음의 어느 하나의 경우에 대비한 경보체계 운영과 대피방법 등 훈련
   ㉠ 작업 장소에서 발파작업을 하는 경우
   ㉡ 작업 장소에서 화재·폭발, 토사·구축물 등의 붕괴 또는 지진 등이 발생한 경우
6. 위생시설 등 고용노동부령으로 정하는 시설의 설치 등을 위하여 필요한 장소의 제공 또는 도급인이 설치한 위생시설 이용의 협조
7. 같은 장소에서 이루어지는 도급인과 관계수급인 등의 작업에 있어서 관계수급인 등의 작업시기·내용, 안전조치 및 보건조치 등의 확인
8. 7.에 따른 확인 결과 관계수급인 등의 작업 혼재로 인하여 화재·폭발 등 대통령령으로 정하는 위험이 발생할 우려가 있는 경우 관계수급인 등의 작업시기·내용 등의 조정

7. 산업안전보건법령상 도급인과 수급인을 구성원으로 하는 안전 및 보건에 관한 협의체에 관한 설명으로 옳은 것은?

① 도급인 및 그의 수급인 대표로 구성해야 한다.
② 수급인 상호 간의 작업공정의 조정은 협의사항이다.
③ 사업주와 수급인 간의 연락방법은 협의사항이 아니다.
④ 작업의 시작 시간은 협의사항이 아니다.
⑤ 분기별 1회 이상 정기적으로 회의를 개최를 개최하고 그 결과를 기록·보존해야 한다.

해설 ②, ③, ④ 협의체는 다음의 사항을 협의해야 한다(규칙 제79조 제2항).
1. 작업의 시작 시간
2. 작업 또는 작업장 간의 연락방법
3. 재해발생 위험이 있는 경우 대피방법

정답 5 ③ 6 ② 7 ②

4. 작업장에서의 위험성평가의 실시에 관한 사항
5. 사업주와 수급인 또는 수급인 상호 간의 연락 방법 및 작업공정의 조정
㉠ 대통령령으로 정하는 규모의 건설공사의 건설공사도급인은 해당 건설공사 현장에 근로자위원과 사용자위원이 같은 수로 구성되는 안전 및 보건에 관한 협의체를 대통령령으로 정하는 바에 따라 구성·운영할 수 있다(법 제75조 제1항).
㉡ 협의체는 매월 1회 이상 정기적으로 회의를 개최하고 그 결과를 기록·보존해야 한다(규칙 제79조 제3항).

8. 산업안전보건법령상 안전관리전문기관 또는 보건관리전문기관의 지정을 취소하여야 하는 경우는?
① 지정받은 사항을 위반하여 업무를 수행한 경우
② 안전관리 또는 보건관리 업무와 관련된 비치서류를 보존하지 않은 경우
③ 정당한 사유없이 안전관리 또는 보건관리 업무의 수탁을 거부한 경우
④ 업무정지 기간 중에 업무를 수행한 경우
⑤ 안전관리 또는 보건관리 업무 수행과 관련한 대가 외에 금품을 받은 경우

해설 고용노동부장관은 안전관리전문기관 또는 보건관리전문기관이 다음의 어느 하나에 해당할 때에는 그 지정을 취소하거나 6개월 이내의 기간을 정하여 그 업무의 정지를 명할 수 있다. 다만, 1. 또는 2.에 해당할 때에는 그 지정을 취소하여야 한다(법 제21조 제4항, 영 제28조).
1. 거짓이나 그 밖의 부정한 방법으로 지정을 받은 경우
2. 업무정지 기간 중에 업무를 수행한 경우
3. 지정 요건을 충족하지 못한 경우
4. 지정받은 사항을 위반하여 업무를 수행한 경우
5. 안전관리 또는 보건관리 업무 관련 서류를 거짓으로 작성한 경우
6. 정당한 사유 없이 안전관리 또는 보건관리 업무의 수탁을 거부한 경우
7. 위탁받은 안전관리 또는 보건관리 업무에 차질을 일으키거나 업무를 게을리한 경우
8. 안전관리 또는 보건관리 업무를 수행하지 않고 위탁 수수료를 받은 경우
9. 안전관리 또는 보건관리 업무와 관련된 비치서류를 보존하지 않은 경우
10. 안전관리 또는 보건관리 업무 수행과 관련한 대가 외에 금품을 받은 경우
11. 법에 따른 관계 공무원의 지도·감독을 거부·방해 또는 기피한 경우

9. 산업안전보건법령상 안전보건교육에 관한 설명으로 옳지 않은 것은?
① 사업주는 소속 근로자에게 고용노동부령으로 정하는 바에 따라 정기적으로 안전보건교육을 하여야 한다.
② 건설 일용근로자에 대한 건설업 기초안전보건교육의 교육시간은 4시간 이상이다.
③ 사업주가 건설업 기초안전보건교육을 이수한 건설 일용근로자를 채용하는 경우에는 해당 작업에 대한 필요한 안전보건교육을 하지 않아도 된다.
④ 사용주가 근로자에 대한 안전보건교육을 자체적으로 실시하는 경우에 해당 사업장의 산업보건의는 교육을 할 수 있는 사람에 해당되지 않는다.
⑤ 관리감독자에 대한 안전보건교육 중 정기교육의 교육시간은 연간 16시간 이상이다.

해설 ④ 사업주가 안전보건교육을 자체적으로 실시하는 경우에 교육을 할 수 있는 사람은 안전보건관리책임자, 관리감독자, 산업보건의, 공단에서 실시하는 해당 분야의 강사요원 교육과정을 이수한 사람에 해당하는 사람으로 한다(규칙 제26조 제3항).
① 사업주는 소속 근로자에게 고용노동부령으로 정하는 바에 따라 정기적으로 안전보건교육을 하여야 한다(법 제29조 제1항).
② 건설 일용근로자에 대한 건설업 기초안전보건교육의 교육시간은 4시간 이상이다(규칙 별표 4).
③ 건설업의 사업주는 건설 일용근로자를 채용할 때에는 그 근로자로 하여금 안전보건교육기관이 실시하는 안전보건교육을 이수하도록 하여야 한다. 다만, 건설 일용근로자가 그 사업주에게 채용되기 전에 안전보건교육을 이수한 경우에는 그러하지 아니하다(법 제31조 제1항).
⑤ 관리감독자에 대한 안전보건교육 중 정기교육의 교육시간은 연간 16시간 이상이다(규칙 별표 4).

10. 산업안전보건법령상 안전보건교육기관에 관한 설명으로 옳은 것은?
① 보건관리자가 고용노동부장관이 정하여 고시하는 안전·보건에 관한 교육을 이수한 경우에는 직무교육 중 신규교육을 면제한다.
② 안전보건교육기관이 해당 업무를 폐지한 경우 지체 없이 근로자안전보건교육기관등록증 또는 직무교육기관 등록증을 지방고용노동청장에게 반납하여야 한다.
③ 고용노동부장관은 안전보건교육기관이 등록한 사항을 위반하여 업무를 수행한 경우에는 그 등록을 취소하여야 한다.
④ 지방노동관서의 장은 건설업 기초안전·보건교육기관 등록취소 등을 한 경우에는 그 사실을 한국산업인력공단에 통보해야 한다.
⑤ 안전보건교육기관 등록이 취소된 자는 등록이 취소된 날로부터 3년 이내에 해당 안전보건교육기관으로 등록할 수 없다.

해설 ② 안전보건교육기관이 해당 업무를 폐지하거나 등록이 취소된 경우 지체 없이 근로자안전보건교육기관 등록증 또는 직무교육기관 등록증을 지방고용노동청장에게 반납해야 한다(규칙 제31조 제6항).
① 관리감독자가 고용노동부장관이 근로자 정기교육 면제대상으로 인정하는 교육을 이수한 경우 별표 4에서 정한 근로자 정기교육시간을 면제할 수 있다(규칙 제27조 제3항 제5호).
③ 등록을 취소하여야 하는 경우는 교육 관련 서류를 거짓으로 작성한 경우, 정당한 사유 없이 교육 실시를 거부한 경우, 교육을 실시하지 않고 수수료를 받은 경우, 교육의 내용 및 방법을 위반한 경우 등이다(영 제40조 제5항).
④ 지방고용노동관서의 장은 건설업 기초안전·보건교육기관 등록취소 등을 한 경우에는 그 사실을 공단(한국산업안전보건공단)에 통보해야 한다(규칙 제34조 제2항).
⑤ 지정이 취소된 자는 지정이 취소된 날부터 2년 이내에는 각각 해당 안전관리전문기관 또는 보건관리전문기관으로 지정받을 수 없다(법 제21조 제5항). 지정이 취소되는 사유에 준용하여 안전보건교육기관도 준용한다(영 제40조 제5항).

정답 8 ④ 9 ④ 10 ②

11. 산업안전보건법령상 유해·위험방지를 위한 방호조지가 필요한 기계·기구가 아닌 것은?
   ① 절곡기(折曲機)
   ② 공기압축기
   ③ 지게차
   ④ 금속절단기
   ⑤ 원심기

   해설 유해·위험 방지를 위한 방호조치가 필요한 기계·기구(영 별표 20)
   1. 예초기
   2. 원심기
   3. 공기압축기
   4. 금속절단기
   5. 지게차
   6. 포장기계(진공포장기, 래핑기로 한정한다)

12. 산업안전보건법령상 대여자 등이 안전조치 등을 해야 하는 기계·기구·설비 및 건축물 등에 해당하는 것을 모두 고른 것은? (단, 고용노동부장관이 정하여 고시하는 기계·기구·설비 및 건축물 등은 고려하지 않음)

   ㄱ. 압력용기
   ㄴ. 어스드릴
   ㄷ. 사출성형기(射出成形機)
   ㄹ. 파워 셔블

   ① ㄱ, ㄷ
   ② ㄱ, ㄹ
   ③ ㄴ, ㄹ
   ④ ㄱ, ㄴ, ㄷ
   ⑤ ㄴ, ㄷ, ㄹ

   해설 대여자 등이 안전조치 등을 해야 하는 기계·기구·설비 및 건축물 등(영 별표 2)
   1. 사무실 및 공장용 건축물
   2. 이동식 크레인
   3. 타워크레인
   4. 불도저
   5. 모터 그레이더
   6. 로더
   7. 스크레이퍼
   8. 스크레이퍼 도저
   9. 파워 셔블
   10. 드래그라인
   11. 클램셸
   12. 버킷굴착기
   13. 트렌치
   14. 항타기

15. 항발기
16. 어스드릴
17. 천공기
18. 어스오거
19. 페이퍼드레인머신
20. 리프트
21. 지게차
22. 롤러기
23. 콘크리트 펌프
24. 고소작업대
25. 그 밖에 산업재해보상보험및예방심의위원회 심의를 거쳐 고용노동부장관이 정하여 고시하는 기계, 기구, 설비 및 건축물 등

13. 산업안전보건법령상 유해성·위험성 조사 제외 화학물질이 아닌 것은? (단, 고용노동부장관이 공표하거나 고시하는 물질은 고려하지 않음)

① 천연으로 산출된 화학물질
② 마약류 관리에 관한 법률 제2조 제1호에 따른 마약류
③ 군수품관리법 제3조에 따른 통상품
④ 총포·도검·화약류 등의 안전관리에 관한 법률 제2조 제3항에 따른 화약류
⑤ 약사법 제2조 제4호 및 제7호에 따른 의약품 및 의약외품(醫藥外品)

해설 유해성·위험성 조사 제외 화학물질(규칙 제85조)
1. 원소
2. 천연으로 산출된 화학물질
3. 「건강기능식품에 관한 법률」 제3조 제1호에 따른 건강기능식품
4. 「군수품관리법」 제2조 및 「방위사업법」 제3조제2호에 따른 군수품[「군수품관리법」 제3조에 따른 통상품(通常品)은 제외한다]
5. 「농약관리법」 제2조제1호 및 제3호에 따른 농약 및 원제
6. 「마약류 관리에 관한 법률」 제2조 제1호에 따른 마약류
7. 「비료관리법」 제2조 제1호에 따른 비료
8. 「사료관리법」 제2조 제1호에 따른 사료
9. 「생활화학제품 및 살생물제의 안전관리에 관한 법률」 제3조 제7호 및 제8호에 따른 살생물질 및 살생물제품
10. 「식품위생법」 제2조 제1호 및 제2호에 따른 식품 및 식품첨가물
11. 「약사법」 제2조 제4호 및 제7호에 따른 의약품 및 의약외품(醫藥外品)
12. 「원자력안전법」 제2조 제5호에 따른 방사성물질
13. 「위생용품 관리법」 제2조 제1호에 따른 위생용품
14. 「의료기기법」 제2조 제1항에 따른 의료기기
15. 「총포·도검·화약류 등의 안전관리에 관한 법률」 제2조 제3항에 따른 화약류
16. 「화장품법」 제2조 제1호에 따른 화장품과 화장품에 사용하는 원료
17. 법 제108조 제3항에 따라 고용노동부장관이 명칭, 유해성·위험성, 근로자의 건강장해 예방을 위한 조치 사항 및 연간 제조량·수입량을 공표한 물질로서 공표된 연간 제조량·수입량 이하로 제조하거나 수입한 물질
18. 고용노동부장관이 환경부장관과 협의하여 고시하는 화학물질 목록에 기록되어 있는 물질

정답 11 ① 12 ③ 13 ③

14. 산업안전보건법령상 유해인자의 유해성·위험성 분류기준 중 물리적 위험성 분류기준에 관한 설명으로 옳지 않은 것은?

① 자연발화성 고체는 적은 양으로 공기와 접촉하여 5분 안에 발화할 수 있는 고체이다.
② 20℃, 200킬로파스칼(kPa) 이상의 압력 하에서 용기에 충전되어 있는 가스는 고압가스에 해당한다.
③ 20℃, 표준압력(101.3kPa)에서 공기와 혼합하여 인화되는 범위에 있는 가스는 인화성 가스에 해당한다.
④ 유기과산화물은 2가의 -O-O- 구조를 가지고 5개의 수소 원자가 유기라디칼에 의하여 치환된 과산화수소의 유도체를 포함한 고체 유기물질이다.
⑤ 인화성 액체는 표준압력(101.3kPa)에서 인화점이 93℃ 이하인 액체이다.

해설 ④ 유기과산화물: 2가의 -O-O- 구조를 가지고 1개 또는 2개의 수소 원자가 유기라디칼에 의하여 치환된 과산화수소의 유도체를 포함한 액체 또는 고체 유기물질(규칙 별표 18)
① 자연발화성 고체 : 적은 양으로도 공기와 접촉하여 5분 안에 발화할 수 있는 고체(규칙 별표 18)
② 고압가스 : 20℃, 200킬로파스칼(kpa) 이상의 압력 하에서 용기에 충전되어 있는 가스 또는 냉동액화가스 형태로 용기에 충전되어 있는 가스(압축가스, 액화가스, 냉동액화가스, 용해가스로 구분한다)(규칙 별표 18)
③ 인화성 가스 : 20℃, 표준압력(101.3kPa)에서 공기와 혼합하여 인화되는 범위에 있는 가스와 54℃ 이하 공기 중에서 자연발화하는 가스를 말한다.(혼합물을 포함한다)(규칙 별표 18)
⑤ 인화성 액체 : 표준압력(101.3kPa)에서 인화점이 93℃ 이하인 액체(규칙 별표 18)

15. 산업안전보건법령상 자율안전확인에 관한 설명으로 옳지 않은 것은?

① 자율안전확인의 표시를 하는 경우 인체에 상해를 입힐 우려가 있는 재질이나 표면이 거친 재질을 사용해서는 안된다.
② 농업기계화촉진법 제9조에 따른 검정을 받은 경우에도 자율안전확인의 신고를 하여야 한다.
③ 한국산업안전보건공단은 자율안전확인대상기계등에 대한 자율안전확인의 신고를 받은 날부터 15일 이내에 자율안전확인 신고증명서를 신고인에게 발급해야 한다.
④ 연구·개발을 목적으로 자율안전확인대상기계등을 제조·수입하는 경우에는 자율안전확인의 신고를 면제할 수 있다.
⑤ 자동차정비용 리프트와 컨베이어는 자율안전확인대상기계등에 해당한다.

해설 ② 「농업기계화촉진법」 제9조에 따른 검정을 받은 경우 자율안전확인의 신고를 면제한다(규칙 제119조 제1호).
① 자율안전확인의 표시를 하는 경우 인체에 상해를 입힐 우려가 있는 재질이나 표면이 거친 재질을 사용해서는 안된다(규칙 별표 14).
③ 공단은 자율안전확인의 신고를 받은 날부터 15일 이내에 자율안전확인 신고증명서를 신고인에게 발급해야 한다(규칙 제120조 제3항).
④ 연구·개발을 목적으로 제조·수입하거나 수출을 목적으로 제조하는 경우 자율안전확인의 신고를 면제할 수 있다(법 제89조 제1항 제1호).

⑤ 자율안전확인대상기계등(영 제77조 제1항 제1호)
  1. 연삭기(研削機) 또는 연마기. 이 경우 휴대형은 제외한다.
  2. 산업용 로봇
  3. 혼합기
  4. 파쇄기 또는 분쇄기
  5. 식품가공용 기계(파쇄·절단·혼합·제면기만 해당한다)
  6. 컨베이어
  7. 자동차정비용 리프트
  8. 공작기계(선반, 드릴기, 평삭·형삭기, 밀링만 해당한다)
  9. 고정형 목재가공용 기계(둥근톱, 대패, 루타기, 띠톱, 모떼기 기계만 해당한다)
  10. 인쇄기

16. 산업안전보건법령상 안전인증에 관한 설명으로 옳지 않은 것은?

① 프레스 및 전단기 방호장치는 안전인증대상기계등에 해당한다.
② 안전인증을 받은 유해·위험기계등을 제조·수입·양도·대여하는 자는 안전인증표시를 임의로 변경하거나 제거해서는 아니 된다.
③ 안전인증이 취소된 자는 안전인증이 취소된 날부터 1년 이내에는 취소된 유해·위험기계등에 대하여 안전인증을 신청할 수 없다.
④ 곤돌라는 설치·이전하는 경우뿐만 아니라 주요 구조부분을 변경하는 경우에도 안전인증을 받지 않아도 된다.
⑤ 제품심사의 경우 처리기간 내에 심사를 끝낼 수 없는 부득이한 사유가 있을 때에는 안전인증기관은 15일의 범위에서 심사기간을 연장할 수 있다.

해설 ④ 곤돌라를 설치·이전하는 경우 안전인증을 받아야 한다(규칙 제107조 제1호 다목).
① 프레스 및 전단기 방호장치는 안전인증대상기계등에 해당한다(영 제74조 제1항 제1호, 제2호).
② 안전인증을 받은 유해·위험기계등을 제조·수입·양도·대여하는 자는 안전인증표시를 임의로 변경하거나 제거해서는 아니 된다(법 제85조 제3항).
③ 안전인증이 취소된 자는 안전인증이 취소된 날부터 1년 이내에는 취소된 유해·위험기계등에 대하여 안전인증을 신청할 수 없다(법 제86조 제3항).
⑤ 안전인증기관은 안전인증 신청서를 제출받으면 심사 종류별 기간 내에 심사해야 한다. 다만, 제품심사의 경우 처리기간 내에 심사를 끝낼 수 없는 부득이한 사유가 있을 때에는 15일의 범위에서 심사기간을 연장할 수 있다(규칙 제110조 제3항).

17. 산업안전보건법령상 안전검사대상기계등에 대한 안전검사를 면제할 수 있는 경우를 모두 고른 것은?

> ㉠ 광산안전법에 따른 검사 중 광업시설의 설치·변경공사 완료 후 일정한 기간이 지날 때마다 받는 검사를 받은 경우
> ㉡ 소방시설 설치 및 관리에 관한 법률에 따른 자체점검을 받은 경우
> ㉢ 화학물질관리법에 따른 정기검사를 받은 경우
> ㉣ 위험물안전관리법에 따른 정기점검 또는 정기검사를 받은 경우

① ㉠, ㉡
② ㉢, ㉣
③ ㉠, ㉡, ㉢
④ ㉡, ㉢, ㉣
⑤ ㉠, ㉡, ㉢, ㉣

해설 안전검사의 면제(규칙 제125조)
1. 「건설기계관리법」 제13조 제1항 제1호·제2호 및 제4호에 따른 검사를 받은 경우(안전검사 주기에 해당하는 시기의 검사로 한정한다)
2. 「고압가스 안전관리법」 제17조 제2항에 따른 검사를 받은 경우
3. 「광산안전법」 제9조에 따른 검사 중 광업시설의 설치·변경공사 완료 후 일정한 기간이 지날 때마다 받는 검사를 받은 경우
4. 「선박안전법」 제8조부터 제12조까지의 규정에 따른 검사를 받은 경우
5. 「에너지이용 합리화법」 제39조제4항에 따른 검사를 받은 경우
6. 「원자력안전법」 제22조제1항에 따른 검사를 받은 경우
7. 「위험물안전관리법」 제18조에 따른 정기점검 또는 정기검사를 받은 경우
8. 「전기안전관리법」 제11조에 따른 검사를 받은 경우
9. 「항만법」 제33조제1항제3호에 따른 검사를 받은 경우
10. 「소방시설 설치 및 관리에 관한 법률」 제22조 제1항에 따른 자체점검을 받은 경우
11. 「화학물질관리법」 제24조 제3항 본문에 따른 정기검사를 받은 경우

18. 산업안전보건법령상 작업환경측정 및 작업환경측정기관에 관한 설명으로 옳은 것은?
① 사업주는 작업환경측정 중 시료의 분석만을 작업환경측정기관에 위탁할 수 없다.
② 사업주는 근로자대표가 요구하더라도 작업환경측정의 예비조사에 그를 참석시키지 아니할 수 있다.
③ 사업주는 작업환경측정 결과에 대한 신뢰성을 평가한 후 그 결과를 관할 지방고용노동관서의 장에게 보고하여야 한다.
④ 의료법에 따른 병원이 종합병원이 아닌 경우 작업환경측정기관으로 지정받을 수 없다.
⑤ 작업환경측정기관에 대한 평가는 서면조사 및 방문조사의 방법으로 실시한다.

해설 ⑤ 안전관리전문기관 또는 보건관리전문기관에 대한 평가는 서면조사 및 방문조사의 방법으로 실시한다(규칙 제17조 제3항).
① 사업주(도급인을 포함한다.)는 작업환경측정을 지정받은 기관에 위탁할 수 있다(법 제125조 제3항).

② 사업주는 근로자대표 또는 해당 작업공정을 수행하는 근로자가 요구하면 예비조사에 참석시켜야 한다(규칙 제189조 제2항).
③ 공단이 신뢰성평가를 할 때에는 작업환경측정 결과와 작업환경측정 서류를 검토하고, 해당 작업공정 또는 사업장에 대하여 작업환경측정을 해야 하며, 그 결과를 해당 사업장의 소재지를 관할하는 지방고용노동관서의 장에게 보고해야 한다(규칙 제194조 제2항).
④ 국가 또는 지방자치단체의 소속기관, 종합병원 또는 병원, 대학 또는 그 부속기관, 작업환경측정 업무를 하려는 법인은 작업환경측정기관으로 지정받을 수 있다(영 제95조).

19. 산업안전보건법령상 상시근로자 수 300명 이상의 사업 중 안전보건관리규정을 작성해야 하는 사업이 아닌 것은?
  ① 부동산임대업
  ② 정보서비스업
  ③ 금융 및 보험업
  ④ 사업지원 서비스업
  ⑤ 사회복지 서비스업

해설 안전보건관리규정을 작성해야 할 사업의 종류 및 상시근로자 수(규칙 별표 2)

사업의 종류	상시근로자 수
1. 농업 2. 어업 3. 소프트웨어 개발 및 공급업 4. 컴퓨터 프로그래밍, 시스템 통합 및 관리업 4의2. 영상·오디오물 제공 서비스업 5. 정보서비스업 6. 금융 및 보험업 7. 임대업; 부동산 제외 8. 전문, 과학 및 기술 서비스업(연구개발업은 제외한다) 9. 사업지원 서비스업 10. 사회복지 서비스업	300명 이상
11. 제1호부터 제4호까지, 제4호의2 및 제5호부터 제10호까지의 사업을 제외한 사업	100명 이상

20. 특수건강진단의 시기 및 주기에 관한 산업안전보건법 시행규칙 [별표 23]의 일부이다. ( )에 들어갈 숫자로 옳은 것은? (단, 특수건강진단 주기의 예외 규정은 고려하지 않음)

대상 유해인자	시기(배치 후 첫 번째 특수건강진단)	주기
벤젠	(㉠)개월 이내	6개월
석면, 면, 분진	12개월 이내	(㉡)개월

① ㉠ : 1, ㉡ : 12
② ㉠ : 2, ㉡ : 12
③ ㉠ : 2, ㉡ : 24
④ ㉠ : 3, ㉡ : 12
⑤ ㉠ : 3, ㉡ : 24

해설 특수건강진단의 시기 및 주기(규칙 별표 23)

구분	대상 유해인자	시기(배치 후 첫 번째 특수건강진단)	주기
1	N,N-디메틸아세트아미드 디메틸포름아미드	1개월 이내	6개월
2	벤젠	2개월 이내	6개월
3	1,1,2,2-테트라클로로에탄 사염화탄소 아크릴로니트릴 염화비닐	3개월 이내	6개월
4	석면, 면 분진	12개월 이내	12개월
5	광물성 분진 목재 분진 소음 및 충격소음	12개월 이내	24개월
6	제1호부터 제5호까지의 대상 유해인자를 제외한 별표22의 모든 대상 유해인자	6개월 이내	12개월

21. 산업안전보건법령상 작업환경측정 또는 건강진단의 실시 결과만으로 직업성질환에 걸렸는지를 판단하기 곤란한 근로자의 질병에 대하여 한국산업안전보건공단에 역학조사를 요청할 수 있는 자로 규정되어 있지 않는 자는?

① 사업주
② 근로자대표
③ 근강진단기관의 의사
④ 역학조사평가위원회 위원장
⑤ 보건관리자(보건관리기관 포함)

해설 공단은 다음의 어느 하나에 해당하는 경우에는 역학조사를 할 수 있다(규칙 제222조 제1항).
1. 작업환경측정 또는 건강진단의 실시 결과만으로 직업성 질환에 걸렸는지를 판단하기 곤란한 근로자의 질병에 대하여 사업주·근로자대표·보건관리자(보건관리전문기관을 포함한다) 또는 건강진단기관의 의사가 역학조사를 요청하는 경우
2. 「산업재해보상보험법」에 따른 근로복지공단이 고용노동부장관이 정하는 바에 따라 업무상 질병 여부의 결정을 위하여 역학조사를 요청하는 경우
3. 공단이 직업성 질환의 예방을 위하여 필요하다고 판단하여 역학조사평가위원회의 심의를 거친 경우
4. 그 밖에 직업성 질환에 걸렸는지 여부로 사회적 물의를 일으킨 질병에 대하여 작업장 내 유해요인과의 연관성 규명이 필요한 경우 등으로서 지방고용노동관서의 장이 요청하는 경우

22. 산업안전보건법령상 산업안전지도사에 관한 설명으로 옳지 않은 것은?

① 산업안전에 관한 사항으로서 안전보건개선계획서의 작성은 지도사의 직무에 해당한다.
② 직무수행을 위하여 지도사 등록을 한 자는 5년마다 등록을 갱신하여야 한다.
③ 지도사는 직무수행과 관련하여 보증보험금으로 손해배상을 한 경우에는 그 날부터 15일 이내에 다시 보증보험에 가입해야 한다.
④ 금고 이상의 실형을 선고받고 그 집행이 끝난 날부터 2년이 지나지 아니한 사람은 지도사 등록을 할 수 없다.
⑤ 지도사가 직무의 조직적·전문적 수행을 위하여 설립하는 법인에 관하여는 상법 중 합명회사에 관한 규정을 적용한다.

해설 ③ 지도사는 보증보험금으로 손해배상을 한 경우에는 그 날부터 10일 이내에 다시 보증보험에 가입해야 한다(영 제108조 제2항).
① 위험성평가의 지도, 안전보건개선계획서의 작성은 지도사의 직무에 해당한다(영 제101조 제1항).
② 등록을 한 지도사는 고용노동부령으로 정하는 바에 따라 5년마다 등록을 갱신하여야 한다(법 제145조 제4항).
④ 금고 이상의 실형을 선고받고 그 집행이 끝나거나(집행이 끝난 것으로 보는 경우를 포함한다) 집행이 면제된 날부터 2년이 지나지 아니한 사람은 등록을 할 수 없다(법 제145조 제3항 제3호).
⑤ 법인에 관하여는 「상법」 중 합명회사에 관한 규정을 적용한다(법 제145조 제6항).

23. 산업안전보건법령상 질병자의 근로 금지·제한 및 유해·위험작업에 대한 근로시간에 관한 설명으로 옳은 것을 모두 고른 것은?

㉠ 사업주는 마비성 치매에 걸린 사람에 대해서 의료법에 따른 의사의 진단에 따라 근로를 금지해야 한다.
㉡ 사업주는 의료법에 따른 의사의 진단에 따라 정신신경증의 질병이 있는 근로자를 고기압 업무에 종사하도록 해서는 안된다.
㉢ 사업주는 유해하거나 위험한 작업으로서 잠함(潛函) 또는 잠수 작업 등 높은 기압에서 하는 작업에 종사하는 근로자에게는 1일 6시간, 1주 30시간을 초과하여 근로하게 해서는 아니 된다.

① ㉠
② ㉢
③ ㉠, ㉡
④ ㉡, ㉢
⑤ ㉠, ㉡, ㉢

해설 ㉢ 사업주는 유해하거나 위험한 작업으로서 잠함(潛函) 또는 잠수 작업 등 높은 기압에서 하는 작업에 종사하는 근로자에게는 1일 6시간, 1주 34시간을 초과하여 근로하게 해서는 아니 된다.
㉠ 사업주는 조현병, 마비성 치매에 걸린 사람에 대해서 의료법에 따른 의사의 진단에 따라 근로를 금지해야 한다(규칙 제220조 제1항 제2호).
㉡ 사업주는 의료법에 따른 의사의 진단에 따라 정신신경증, 알코올중독, 신경통, 그 밖의 정신신경계의 질병이 있는 근로자를 고기압 업무에 종사하도록 해서는 안된다(규칙 제221조 제2항 제4호).

정답 21 ④ 22 ③ 23 ③

24. 산업안전보건법령상 공정안전보고서에 포함되어야 할 비상조치계획의 세부 내용으로 규정된 것은?

① 주민홍보계획
② 변경요소 관리계획
③ 도급업체 안전관리계획
④ 각종 건물·설비의 배치도
⑤ 자체감사 및 사고조사계획

해설 비상조치계획(규칙 제50조 제1항 제4호)
1. 비상조치를 위한 장비·인력 보유현황
2. 사고발생 시 각 부서·관련 기관과의 비상연락체계
3. 사고발생 시 비상조치를 위한 조직의 임무 및 수행 절차
4. 비상조치계획에 따른 교육계획
5. 주민홍보계획
6. 그 밖에 비상조치 관련 사항

25. 산업안전보건법령상 위반행위에 대한 과태료 금액이 다른 하나는? (단, 가중 및 감경규정은 고려하지 않음)

① 산업안전보건법 제137조 제3항을 위반하여 건강관리카드를 타인에게 양도하거나 대여한 경우
② 산업안전보건법 제17조 제1항을 위반하여 안전관리자를 선임하지 아니한 경우
③ 산업안전보건법 제68조 제1항을 위반하여 안전보건조정자를 두지 않은 경우
④ 산업안전보건법 제109조 제1항에 따른 유해성·위험성 조사 결과 또는 유해성·위험성 평가에 필요한 자료를 제출하지 않은 경우
⑤ 산업안전보건법 제10조 제3항 후단을 위반하여 관계수급인에 관한 자료를 거짓으로 제출한 경우

해설 ⑤ 산업안전보건법 제10조 제3항 후단을 위반하여 관계수급인에 관한 자료를 거짓으로 제출한 경우 : 1천만원 이하의 과태료(법 제175조 제4항)
①, ②, ③ 제15조 제1항, 제16조 제1항, 제17조 제1항·제3항, 제18조 제1항·제3항, 제19조 제1항 본문, 제22조 제1항 본문, 제24조 제1항·제4항, 제25조 제1항, 제26조, 제29조 제1항·제2항(제166조의2에서 준용하는 경우를 포함한다), 제31조 제1항, 제32조 제1항(제1호부터 제4호까지의 경우만 해당한다), 제37조 제1항, 제44조 제2항, 제49조제2항, 제50조제3항, 제62조제1항, 제66조, 제68조 제1항, 제75조 제6항, 제77조 제2항, 제90조 제1항, 제94조 제2항, 제122조 제2항, 제124조 제1항(증명자료의 제출은 제외한다), 제125조 제7항, 제132조 제2항, 제137조 제3항 또는 제145조 제1항을 위반한 자 : 500만원 이하의 과태료(법 제175조 제5항)
④ 제109조 제1항에 따른 유해성·위험성 조사 결과 또는 유해성·위험성 평가에 필요한 자료를 제출하지 아니한 자 : 500만원 이하의 과태료(법 제175조 제5항)

산업안전 일반

26. 다음에서 설명하고 있는 안전교육 방법은?

○ 스스로 자신의 성장과 향상 의욕을 고취하고 주도적으로 학습하는 방법
○ 장점 : 자율적으로 필요한 시간에 개인의 관심, 흥미, 능력, 환경 등에 적합하게 수행할 수 있고 학습참여와 내용 선택에서도 높은 자율성이 부여됨

① 시범법
② 토의법
③ 실연법
④ 반복법
⑤ 프로그램 학습법

해설 ⑤ 프로그램 학습법 : 학습자가 프로그램을 통해 단독으로 학습하는 방법으로 스스로 자신의 성장과 향상 의욕을 고취하고 주도적으로 학습하는 방법
① 시범법 : 어떤 기능이나 작업과정을 학습시키기 위해 동작을 제시하여 교육하는 방법
② 토의법 : 안전지식과 안전관리에 경험이 있는 사람들을 교육하는 방법
③ 실연법 : 지식이나 기능을 강사의 지휘나 감독 아래 직접적으로 연습하여 적용해 보게 하는 방법
④ 반복법 : 반복을 통하여 기능을 익숙하게 하는 방법

27. 학습자가 지니고 있는 각자의 요구와 능력 등에 알맞은 학습활동의 기회를 마련해 주어야 한다는 학습지도원리에 해당하는 것은?

① 직관의 원리
② 개별화의 원리
③ 자발성의 원리
④ 목적의 원리
⑤ 통합의 원리

해설 ② 개별화의 원리 : 학습자의 능력과 요구 수준에 맞는 학습활동의 기회를 제공해 주어야 한다는 원리
① 직관의 원리 : 구체적인 사물과의 접촉을 통해 이에 대한 개념을 인식시키자는 원리
③ 자발성의 원리 : 학습자 자신의 활동과 노력을 중시하는 원리
④ 목적의 원리 : 학습내용을 현실사회의 사상과 문제에 기반을 두어야 한다는 원리
⑤ 통합의 원리 : 학습이 종합적으로 연결될 수 있도록 지도하자는 원리

정답 24 ① 25 ⑤ 26 ⑤ 27 ②

28. 제조물 책임법상 손해배상책임을 지는 자가 사실을 입증한 경우에 손해배상책임을 면하는 사유에 해당하지 않는 것을 모두 고른 것은?

> ㉠ 제조업자가 해당 제조물을 공급하지 아니하였다는 사실
> ㉡ 제조업자가 해당 제조물을 공급한 당시의 과학·기술 수준으로 결함의 존재를 발견할 수 있었다는 사실
> ㉢ 제조물의 결함이 제조업자가 해당 제조물을 공급할 당시의 법령에서 정하는 기준을 준수함으로써 발생하였다는 사실
> ㉣ 원재료나 부품의 경우에는 그 원재료나 부품을 사용한 제조물 제조업자의 설계 또는 제작에 관한 지시로 인하여 결함이 발생하였다는 사실

① ㉠
② ㉡
③ ㉠, ㉡
④ ㉡, ㉢
⑤ ㉠, ㉡, ㉢, ㉣

해설 면책사유(제조물 책임법 제4조 제1항)
1. 제조업자가 해당 제조물을 공급하지 아니하였다는 사실
2. 제조업자가 해당 제조물을 공급한 당시의 과학·기술 수준으로는 결함의 존재를 발견할 수 없었다는 사실
3. 제조물의 결함이 제조업자가 해당 제조물을 공급한 당시의 법령에서 정하는 기준을 준수함으로써 발생하였다는 사실
4. 원재료나 부품의 경우에는 그 원재료나 부품을 사용한 제조물 제조업자의 설계 또는 제작에 관한 지시로 인하여 결함이 발생하였다는 사실

29. 적응기제에 관한 내용이다. ( )에 들어갈 것으로 옳은 것은?

> ○ (㉠) : 어떤 행동이 억압되었을 때 그 행동이 사회적으로 용납할 수 있는 이유를 설명함으로써 자아를 보호하는 행동
> ○ (㉡) : 현실적으로 도저히 만족할 수 없는 욕구나 소원을 상상의 세계에서 얻으려고 하는 행동
> ○ (㉢) : 억압당한 욕구가 사회적·문화적으로 가치 있는 목적으로 향하여 노력함으로써 욕구를 충족시키는 것

① ㉠ 동일시, ㉡ 고립, ㉢ 보상
② ㉠ 동일시, ㉡ 백일몽, ㉢ 승화
③ ㉠ 합리화, ㉡ 고립, ㉢ 승화
④ ㉠ 합리화, ㉡ 백일몽, ㉢ 승화
⑤ ㉠ 합리화, ㉡ 백일몽, ㉢ 보상

해설 ㉠ 합리화 : 부정적인 면이 있는 사건을 긍정적으로 포장하려고 하는 행동으로 감정적 상처나 실망거리를 회피하기 위해 구실을 만들어내는 심리적 방어기제
㉡ 백일몽 : 현실적으로 만족시킬 수 없는 욕구나 소원을 공상이나 상상의 세계에서 얻으려는 심리적 도피기제

ⓒ 승화 : 사회적으로 인정되지 않는 충동·욕구를 예술 활동, 종교 활동 따위의 사회적·정신적 가치가 있는 것으로 치환하여 충족하는 일

30. 산업안전보건법령상 다음과 같은 기계 등을 보유하여 작업하는 사업장의 사업주가 특별교육을 실시하여야 하는 대상 작업에 해당하는 것을 모두 고른 것은?

> ㉠ 정격하중 2.8톤 천장주행크레인 1대, 정격하중 0.5톤 호이스트 5대를 보유하여 사용한 작업
> ㉡ 3톤 지게차 1대를 보유하여 사용한 작업
> ㉢ 고정식인 둥근톱기계, 띠톱기계 및 모떼기기계를 각 1대씩 보유하여 사용한 작업

① ㉠
② ㉡
③ ㉠, ㉢
④ ㉡, ㉢
⑤ ㉠, ㉡, ㉢

해설 특별교육 대상(규칙 별표 5)
1. 고압실 내 작업(잠함공법이나 그 밖의 압기공법으로 대기압을 넘는 기압인 작업실 또는 수갱 내부에서 하는 작업만 해당한다)
2. 아세틸렌 용접장치 또는 가스집합 용접장치를 사용하는 금속의 용접·용단 또는 가열작업(발생기·도관 등에 의하여 구성되는 용접장치만 해당한다)
3. 밀폐된 장소(탱크 내 또는 환기가 극히 불량한 좁은 장소를 말한다)에서 하는 용접작업 또는 습한 장소에서 하는 전기용접 작업
4. 폭발성·물반응성·자기반응성·자기발열성 물질, 자연발화성 액체·고체 및 인화성 액체의 제조 또는 취급작업(시험연구를 위한 취급작업은 제외한다)
5. 액화석유가스·수소가스 등 인화성 가스 또는 폭발성 물질 중 가스의 발생장치 취급 작업
6. 화학설비 중 반응기, 교반기·추출기의 사용 및 세척작업
7. 화학설비의 탱크 내 작업
8. 분말·원재료 등을 담은 호퍼(하부가 깔대기 모양으로 된 저장통)·저장창고 등 저장탱크의 내부작업
9. 다음에 정하는 설비에 의한 물건의 가열·건조작업
    ㉠ 건조설비 중 위험물 등에 관계되는 설비로 속부피가 1세제곱미터 이상인 것
    ㉡ 건조설비 중 ㉠의 위험물 등 외의 물질에 관계되는 설비로서, 연료를 열원으로 사용하는 것(그 최대연소소비량이 매 시간당 10킬로그램 이상인 것만 해당한다) 또는 전력을 열원으로 사용하는 것(정격소비전력이 10킬로와트 이상인 경우만 해당한다)
10. 다음에 해당하는 집재장치(집재기·가선·운반기구·지주 및 이들에 부속하는 물건으로 구성되고, 동력을 사용하여 원목 또는 장작과 숯을 담아 올리거나 공중에서 운반하는 설비를 말한다)의 조립, 해체, 변경 또는 수리작업 및 이들 설비에 의한 집재 또는 운반 작업
    ㉠ 원동기의 정격출력이 7.5킬로와트를 넘는 것
    ㉡ 지간의 경사거리 합계가 350미터 이상인 것
    ㉢ 최대사용하중이 200킬로그램 이상인 것
11. 동력에 의하여 작동되는 프레스기계를 5대 이상 보유한 사업장에서 해당 기계로 하는 작업
12. 목재가공용 기계[둥근톱기계, 띠톱기계, 대패기계, 모떼기기계 및 라우터기(목재를 자르거나 홈을 파는 기계)만 해당하며, 휴대용은 제외한다]를 5대 이상 보유한 사업장에서 해당 기계로 하는 작업

정답 28 ② 29 ④ 30 ①

13. 운반용 등 하역기계를 5대 이상 보유한 사업장에서의 해당 기계로 하는 작업
14. 1톤 이상의 크레인을 사용하는 작업 또는 1톤 미만의 크레인 또는 호이스트를 5대 이상 보유한 사업장에서 해당 기계로 하는 작업(제40호의 작업은 제외한다)
15. 건설용 리프트·곤돌라를 이용한 작업
16. 주물 및 단조(금속을 두들기거나 눌러서 형체를 만드는 일) 작업
17. 전압이 75볼트 이상인 정전 및 활선작업
18. 콘크리트 파쇄기를 사용하여 하는 파쇄작업(2미터 이상인 구축물의 파쇄작업만 해당한다)
19. 굴착면의 높이가 2미터 이상이 되는 지반 굴착(터널 및 수직갱 외의 갱 굴착은 제외한다)작업
20. 흙막이 지보공의 보강 또는 동바리를 설치하거나 해체하는 작업
21. 터널 안에서의 굴착작업(굴착용 기계를 사용하여 하는 굴착작업 중 근로자가 칼날 밑에 접근하지 않고 하는 작업은 제외한다) 또는 같은 작업에서의 터널 거푸집 지보공의 조립 또는 콘크리트 작업
22. 굴착면의 높이가 2미터 이상이 되는 암석의 굴착작업
23. 높이가 2미터 이상인 물건을 쌓거나 무너뜨리는 작업(하역기계로만 하는 작업은 제외한다)
24. 선박에 짐을 쌓거나 부리거나 이동시키는 작업
25. 거푸집 동바리의 조립 또는 해체작업
26. 비계의 조립·해체 또는 변경작업
27. 건축물의 골조, 다리의 상부구조 또는 탑의 금속제의 부재로 구성되는 것(5미터 이상인 것만 해당한다)의 조립·해체 또는 변경작업
28. 처마 높이가 5미터 이상인 목조건축물의 구조 부재의 조립이나 건축물의 지붕 또는 외벽 밑에서의 설치작업
29. 콘크리트 인공구조물(그 높이가 2미터 이상인 것만 해당한다)의 해체 또는 파괴작업
30. 타워크레인을 설치(상승작업을 포함한다)·해체하는 작업
31. 보일러(소형 보일러 및 다음에서 정하는 보일러는 제외한다)의 설치 및 취급 작업
㉠ 몸통 반지름이 750밀리미터 이하이고 그 길이가 1,300밀리미터 이하인 증기보일러
㉡ 전열면적이 3제곱미터 이하인 증기보일러
㉢ 전열면적이 14제곱미터 이하인 온수보일러
㉣ 전열면적이 30제곱미터 이하인 관류보일러(물관을 사용하여 가열시키는 방식의 보일러)
32. 게이지 압력을 제곱센티미터당 1킬로그램 이상으로 사용하는 압력용기의 설치 및 취급작업
33. 방사선 업무에 관계되는 작업(의료 및 실험용은 제외한다)
34. 밀폐공간에서의 작업
35. 허가 또는 관리 대상 유해물질의 제조 또는 취급작업
36. 로봇작업
37. 석면해체·제거작업
38. 가연물이 있는 장소에서 하는 화재위험작업
39. 타워크레인을 사용하는 작업시 신호업무를 하는 작업

31. 재해발생 원인에 관한 휴의 이론 중 다음에서 설명하고 있는 요인에 해당하는 것은?

무리한 행동, 안전작업에 대한 소홀, 신체적 특성을 고려하지 못한 작업배치, 자동화 기기와 일반기계와의 속도차이, 단순작업이 계속될 경우의 권태감·무력감, 작업자의 신체 기능의 변화, 정보처리능력의 변화 등으로 스트레스가 증가하여 재해가 발생할 수 있다.

① 심리적 요인
② 기계적 요인
③ 인위적 요인
④ 기술적 요인
⑤ 환경적 요인

해설 ③ 인위적 요인 : 권태감·무력감, 작업자의 신체 기능의 변화, 정보처리능력의 변화 등으로 스트레스가 증가하여 재해 발생
① 심리적 요인 : 불안전한 자세, 동작으로 인하여 재해 발생
② 기계적 요인 : 결함이 있는 기계, 기구의 사용으로 인하여 재해 발생
④ 기술적 요인 : 건물, 기계장치의 설계불량, 구조 및 재료의 부적합, 생산방법의 부적합 등으로 재해 발생
⑤ 환경적 요인 : 조명, 온도, 습도, 배기 소음 등으로 인하여 재해 발생

32. T.B.M(Tool Box Meeting)의 실시순서 5단계를 옳게 나열한 것은?

㉠ 작업지시
㉡ 도입
㉢ 점검 및 정비
㉣ 확인
㉤ 위험예측

① ㉠ - ㉡ - ㉢ - ㉣ - ㉤
② ㉠ - ㉡ - ㉣ - ㉢ - ㉤
③ ㉡ - ㉠ - ㉢ - ㉤ - ㉣
④ ㉡ - ㉢ - ㉠ - ㉤ - ㉣
⑤ ㉡ - ㉣ - ㉢ - ㉠ - ㉤

해설 T.B.M(Tool Box Meeting) : 작업 현장 근처에서 작업 시작 전에 공종별 관리자를 중심으로 작업자들이 모여 작업내용과 안전작업절차 등에 대해 쉽고 빠르게 확인 및 의논하는 위험예지활동이다.

T.B.M(Tool Box Meeting)의 실시순서 5단계
1. 작업내용분석(도입)
2. 위험요소 목록작성(점검 및 정비)
3. 위험도 평가(작업지시)
4. 예방조치계획수립(위험예측)
5. 책임자 및 작업자 확인(확인)

정답 31 ③ 32 ④

33. 산업안전보건법령상 산업안전보건위원회의 심의 · 의결을 거쳐야 하는 사항이 아닌 것은? (그 밖의 근로자의 유해 · 위험방지조치에 관한 사항으로서 고용노동부령으로 정하는 사항은 제외함)

① 사업장의 산업재해 예방계획의 수립에 관한 사항
② 안전보건관리규정의 작성 및 변경에 관한 사항
③ 안전장치 및 보호구 구입 시 적격품 여부 확인에 관한 사항
④ 작업환경측정 등 작업환경의 점검 및 개선에 관한 사항
⑤ 안전보건교육에 관한 사항

> **해설** 사업주는 다음의 사항에 대해서는 산업안전보건위원회의 심의 · 의결을 거쳐야 한다(법 제24조 제2항).
> 1. 사업장의 산업재해 예방계획의 수립에 관한 사항
> 2. 안전보건관리규정의 작성 및 변경에 관한 사항
> 3. 안전보건교육에 관한 사항
> 4. 작업환경측정 등 작업환경의 점검 및 개선에 관한 사항
> 5. 근로자의 건강진단 등 건강관리에 관한 사항
> 6. 산업재해에 관한 통계의 기록 및 유지에 관한 사항
> 7. 산업재해의 원인 조사 및 재발 방지대책 수립에 관한 사항 중 중대재해에 관한 사항
> 8. 유해하거나 위험한 기계 · 기구 · 설비를 도입한 경우 안전 및 보건 관련 조치에 관한 사항
> 9. 그 밖에 해당 사업장 근로자의 안전 및 보건을 유지 · 증진시키기 위하여 필요한 사항

34. 위험성평가기법에 관한 설명으로 옳지 않은 것은?

① FMEA는 각 요소가 고장유형과 그 고장이 미치는 영향을 분석하는 방법으로 귀납적 분석기법이다.
② PHA는 시스템 내의 위험요소가 어떤 위험 상태에 있는가를 평가하는 기법이다.
③ MORT는 FTA와 동일한 논리방법을 사용하여 관리, 설계, 생산 및 보전 등의 넓은 범위에 안전성 확보를 위하여 활용하는 기법이다.
④ HEA는 운전원, 보수반원, 기술자 등의 불안전행동으로 발생할 수 있는 피해에 대해서 그 원인을 파악 · 추적하여 문제점을 개선하기 위한 평가기법이다.
⑤ HAZOP은 잠재된 사고의 결과 및 근본적인 원인을 찾아내고 사고결과와 원인 사이의 상호관계를 예측하여 리스크를 평가하는 기법이다.

> **해설** ⑤ HAZOP은 공정에 존재하는 위험요인과 공정의 효율을 떨어뜨릴 수 있는 운전상의 문제점을 찾아내어 그 원인을 제거하는 방법을 말한다.
> ① FMEA는 제품, 공정, 시스템 등에서 발생할 수 있는 잠재적인 실패 원인을 사전에 분석하고 이를 통해 리스크를 최소화하는 방법론으로 귀납적 분석기법이다.
> ② PHA는 설계단계에서 처음부터 위험을 결정하고 평가하는 방법이다.
> ③ MORT는 어느 작업장에서 현재 사고가 일어날 가능성은 거의 없지만 일어났다고 가정하고 논리적으로 기호를 그리고, 이 논리적인 기호에 따라 분석해 가는 방법을 말한다.
> ④ HEA는 설비운전원, 장비유지보수원, 기술자 등의 실수요소를 평가하고 원인을 파악하는 방법이다.

35. 산업안전보건법령에서 정하고 있는 안전보건관리책임자를 두어야 하는 사업의 종류 및 사업장의 상시근로자 수의 연결로 옳지 않은 것은?

① 의료용 물질 및 의약품 제조업 - 50명 이상
② 금융 및 보험업 - 300명 이상
③ 해체, 선별 및 원료 재생업 - 50명 이상
④ 소프트웨어 개발 및 공급업 - 50명
⑤ 정보서비스업 - 300명

해설 안전보건관리책임자를 두어야 하는 사업의 종류 및 사업장의 상시근로자 수(영 별표 2)

사업의 종류	사업장의 상시근로자 수
1. 토사석 광업 2. 식료품 제조, 음료 제조업 3. 목재 및 나무제품 제조업; 가구 제외 4. 펄프, 종이 및 종이제품 제조업 5. 코크스, 연탄 및 석유정제품 제조업 6. 화학물질 및 화학제품 제조업; 의약품 제외 7. 의료용 물질 및 의약품 제조업 8. 고무 및 플라스틱제품 제조업 9. 비금속 광물제품 제조업 10. 1차 금속 제조업 11. 금속가공제품 제조업; 기계 및 가구 제외 12. 전자부품, 컴퓨터, 영상, 음향 및 통신장비 제조업 13. 의료, 정밀, 광학기기 및 시계 제조업 14. 전기장비 제조업 15. 기타 기계 및 장비 제조업 16. 자동차 및 트레일러 제조업 17. 기타 운송장비 제조업 18. 가구 제조업 19. 기타 제품 제조업 20. 서적, 잡지 및 기타 인쇄물 출판업 21. 해체, 선별 및 원료 재생업 22. 자동차 종합 수리업, 자동차 전문 수리업	상시 근로자 50명 이상
23. 농업 24. 어업 25. 소프트웨어 개발 및 공급업 26. 컴퓨터 프로그래밍, 시스템 통합 및 관리업 26의2. 영상·오디오물 제공 서비스업 27. 정보서비스업 28. 금융 및 보험업 29. 임대업; 부동산 제외 30. 전문, 과학 및 기술 서비스업(연구개발업은 제외한다) 31. 사업지원 서비스업 32. 사회복지 서비스업	상시 근로자 300명 이상
33. 건설업	공사금액 20억원 이상
34. 제1호부터 제26호까지, 제26호의2 및 제27호부터 제33호까지의 사업을 제외한 사업	상시 근로자 100명 이상

36. 서로 독립인 기본사상 $x_1 \sim x_5$로 구성된 다음의 결함수(Fault Tree)에서 정상사상 T에 관한 최소 절단집합(minimal cut set)을 모두 구한 것은?

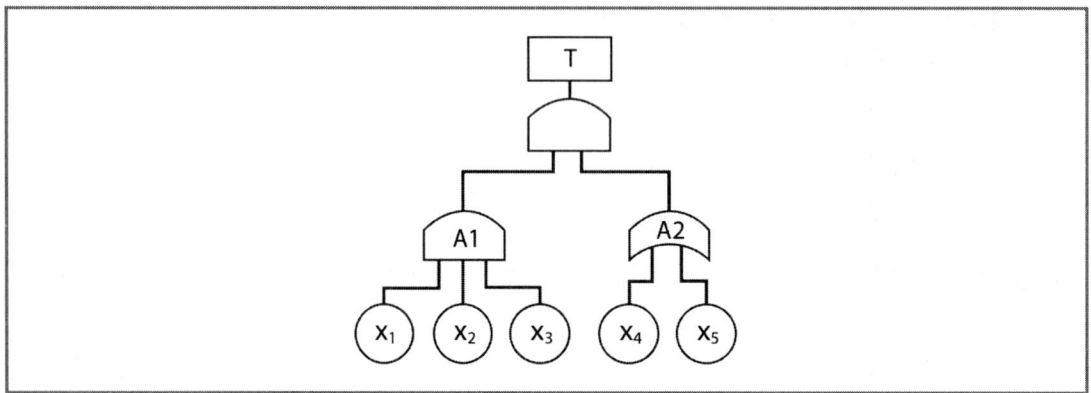

① $(x_1, x_2, x_3), (x_1, x_4, x_5)$
② $(x_1, x_2, x_3, x_4), (x_1, x_2, x_3, x_5)$
③ $(x_1, x_2, x_4), (x_1, x_3, x_5), (x_2, x_3, x_5)$
④ $(x_1, x_2, x_4), (x_1, x_2, x_5), (x_1, x_4, x_5)$
⑤ $(x_1, x_4, x_5), (x_2, x_4, x_5), (x_3, x_4, x_5)$

해설 AND게이트는 곱셈으로 계산하고, OR게이트는 덧셈으로 계산한다. 따라서 $(x_1, x_2, x_3, x_4), (x_1, x_2, x_3, x_5)$

37. 신뢰성 척도에 관한 함수 중 옳은 것을 모두 고른 것은? (단, F(t) : 고장분포함수, f(t) : 고장밀도함수, R(t) : 신뢰도함수, h(t) : 고장률함수, t : 시간이다.)

㉠ $F(t) = 1 - R(t)$
㉡ $f(t) = \dfrac{d}{dt} F(t)$
㉢ $h(t) = \dfrac{f(t)}{1 - F(t)}$
㉣ $h(t) = \dfrac{df(t)/dt}{1 - F(t)}$

① ㉠
② ㉠, ㉡, ㉢
③ ㉠, ㉢, ㉣
④ ㉡, ㉢, ㉣
⑤ ㉠, ㉡, ㉢, ㉣

해설 ㉠ 불신뢰도(누적고장률함수) $F(t) = 1 - R(t)$

㉡ 고장밀도함수 $f(t) = \dfrac{d}{dt}F(t)$

㉢ 고장률함수 $h(t) = \dfrac{f(t)}{R(t)} = \dfrac{f(t)}{1-F(t)}$

38. HAZOP 기법에서 적용되는 가이드 워드(guide word)의 의미가 옳지 않은 것은?

① part of : 성질상의 증가
② other than : 완전한 대체
③ more/less : 양의 증가 혹은 감소
④ no/not : 설계 의도의 완전한 부정
⑤ reverse : 설계 의도의 논리적인 역

해설 HAZOP은 공정에 존재하는 위험 요소들과 비록 위험하지 않아도 공정의 효율을 낮게 할 수 있는 운전상의 문제점을 알아내는 위험성 평가기법이다. 가이드 워드(guide word)는 다음과 같다.
1. part of : 부분적으로만 작동
2. other than : 완전한 대체
3. more/less : 양의 증가 혹은 감소
4. no/not : 설계 의도의 완전한 부정
5. reverse : 설계 의도의 논리적인 역

39. FMEA에 따라 평가한 결과 위험우선순위점수(Risk Priority Number)가 가장 높은 고장유형은? (단, S는 Severity, O는 Occurrence, D는 Detection rating이다.)

① S : 5, O : 6, D : 3
② S : 6, O : 5, D : 4
③ S : 7, O : 4, D : 3
④ S : 8, O : 3, D : 2
⑤ S : 9, O : 3, D : 4

해설 위험우선순위점수(Risk Priority Number) = 심각도(Severity) × 발생도(Occurrence) × 검출도(Detection)
② 6×5×4 = 120
① 5×6×3 = 90
③ 7×4×3 = 84
④ 8×3×2 = 48
⑤ 9×3×4 = 108

정답 36 ② 37 ② 38 ① 39 ②

40. 다음은 각 부품의 신뢰도가 a, b인 시스템의 신뢰도 블록도(Block Diagram)이다. 이 시스템의 신뢰도로 옳은 것은?

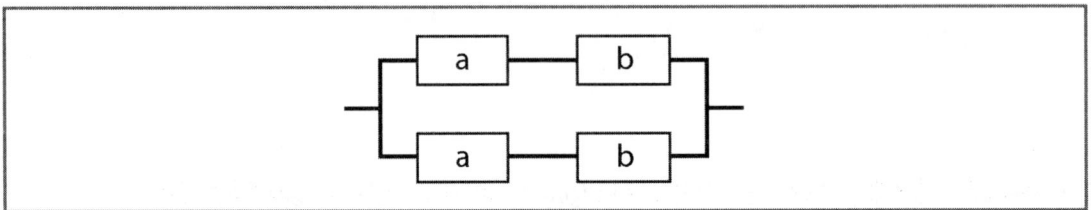

① $1-(ab)^2$
② $1-(1-a)(1-b)^2$
③ $(1-ab)^2$
④ $1-(1-a)(1-b)$
⑤ $1-(1-ab)^2$

해설 신뢰도 블록도(Block Diagram)이 병렬이므로 $R_s = 1-(1-R_1)\cdot(1-R_2)$이다.
따라서 $R_s = 1-(1-a\cdot b)(1-a\cdot b) = 1-(1-ab)^2$

41. 사업장 위험성평가에 관한 지침에서 사업주가 위험성평가를 실시할 때 해당 작업에 종사하는 근로자를 참여시켜야 하는 경우로 옳은 것을 모두 고른 것은?

> ㉠ 위험성 감소대책을 수립하여 실행하는 경우
> ㉡ 위험성 감소대책 실행 여부를 확인하는 경우
> ㉢ 해당 사업장의 유해·위험요인을 파악하는 경우
> ㉣ 위해·위험요인의 위험성이 허용 가능한 수준인지 여부를 결정하는 경우

① ㉠, ㉣
② ㉠, ㉡, ㉢
③ ㉠, ㉡, ㉣
④ ㉡, ㉢, ㉣
⑤ ㉠, ㉡, ㉢, ㉣

해설 사업주는 위험성평가를 실시할 때 다음에 해당하는 경우 해당 작업에 종사하는 근로자를 참여시켜야 한다(제6조).
1. 유해·위험요인의 위험성 수준을 판단하는 기준을 마련하고, 유해·위험요인별로 허용 가능한 위험성 수준을 정하거나 변경하는 경우
2. 해당 사업장의 유해·위험요인을 파악하는 경우
3. 유해·위험요인의 위험성이 허용 가능한 수준인지 여부를 결정하는 경우
4. 위험성 감소대책을 수립하여 실행하는 경우
5. 위험성 감소대책 실행 여부를 확인하는 경우

42. 다음 논리식을 가장 간단하게 표현한 것은?

$$\overline{A}\,\overline{B}\,\overline{C} + \overline{A}\,B\,\overline{C} + \overline{A}\,B\,\overline{C} + A\,\overline{B}\,C + A\,B\,\overline{C} + ABC$$

① $A + \overline{C}$
② $AB + \overline{C}$
③ $A\overline{B} + C$
④ $\overline{B}C + \overline{C}$
⑤ $A + \overline{B}$

해설 논리식 $\overline{A}\,\overline{B}\,\overline{C} + \overline{A}B\overline{C} + \overline{A}B\overline{C} + A\overline{B}C + AB\overline{C} + ABC$을 카르노 맵의 표에 넣어 간소화하면
$(\overline{A}\,\overline{B}\,\overline{C} + \overline{A}\,\overline{B}C) + (\overline{A}B\overline{C} + A\overline{B}C) + (\overline{A}B\overline{C} + ABC)$
$(\overline{B} + B\overline{C}) + A = A + \overline{C}$

43. 인간공학을 기업에 적용함에 따른 기대효과로 옳은 것은?

① 생산성 감소
② 직무만족도 저하
③ 노사간 신뢰 구축
④ 산재손실비용의 증가
⑤ 이직률 증가

해설 인간공학의 기대효과 : 생산성 향상, 안전, 직무만족도 향상, 제품·작업의 질 향상, 이직·작업손실 감소, 산재손실비용 감소, 기업이미지 향상, 상품 선호도 증가, 노사 신뢰, 국제 경쟁력 확보 등

44. 산업안전보건법령상 고용노동부령으로 정하는 안전인증대상기계등에 해당하는 기계 및 설비 중 설치·이전하는 경우와 주요 구조 부분을 변경하는 경우에는 안전인증을 받아야 한다. 두 가지 모두의 경우에 안전인증을 받아야 하는 기계 및 설비로 옳은 것은?

① 프레스
② 압력용기
③ 리프트
④ 롤러기
⑤ 고소작업대

해설 안전인증대상기계등(규칙 제107조)
1. 설치·이전하는 경우 안전인증을 받아야 하는 기계
   ㉠ 크레인
   ㉡ 리프트
   ㉢ 곤돌라
2. 주요 구조 부분을 변경하는 경우 안전인증을 받아야 하는 기계 및 설비
   ㉠ 프레스
   ㉡ 전단기 및 절곡기(折曲機)

정답 40 ⑤ 41 ⑤ 42 ① 43 ③ 44 ③

ⓒ 크레인
ⓓ 리프트
ⓔ 압력용기
ⓕ 롤러기
ⓖ 사출성형기(射出成形機)
ⓗ 고소(高所)작업대
ⓘ 곤돌라

45. 재해조사 시 유의사항으로 옳은 것을 모두 고른 것은?

㉠ 책임추궁보다 재발방지를 우선하는 태도를 가지고 조사한다.
㉡ 재해조사는 항상 주관적인 입장에서 공정하게 조사하여야 한다.
㉢ 목격자의 추측적인 말은 참고로 한다.
㉣ 재해조사는 발생 후 가능한 빨리 현장이 변형되지 않은 상태에서 실시한다.

① ㉠, ㉡
② ㉡, ㉢
③ ㉢, ㉣
④ ㉠, ㉡, ㉢
⑤ ㉠, ㉢, ㉣

해설 재해조사 시 유의사항
1. 피해자에 대한 구급조치를 우선한다.
2. 조사는 신속히 실시하고 2차 재해 방지를 도모한다.
3. 사실을 수집하고 이유는 뒤에 확인한다.
4. 사실 이외의 추측의 말은 참고로 활용한다.
5. 객관적인 입장에서 공정하게 조사하며 조사는 2인 이상이 한다.

46. 재해사례연구의 순서에서 제3단계에 해당하는 것은?

① 근본적 문제점의 결정
② 재해상황의 파악
③ 사실의 확인
④ 문제점의 발견
⑤ 대책수립

해설 재해사례연구의 순서 : 전제조건 재해상황의 파악→1단계 사실의 확인→2단계 문제점의 발견→3단계 근본적 문제점의 결정→4단계 대책수립
재해사례연구의 순서 : 1단계 재해상황의 파악→2단계 사실의 확인→3단계 문제점의 발견→4단계 근본적 문제점의 결정→5단계 대책수립

47. 연평균 근로자 400명이 작업하는 A제조공장에서 연간 5건의 재해가 발생하였다. 이로 인해 사망 1명, 신체장애등급 11급 3명, 나머지 1명은 휴업일수 50일을 초래하였다. 강도율은 약 얼마인가? (단, 1일 8시간, 연간 285일 작업하며 결근율은 7%이다.)

① 9.70
② 9.93
③ 10.02
④ 10.30
⑤ 10.62

해설 강도율 = $\dfrac{\text{총근로손실일수}}{\text{연근로시간수}} \times 1,000$

근로손실일수 = 장애등급별손실일수 + 휴업일수 × $\dfrac{285}{365}$

근로손실일수 = 7,500 + 3×400 + 50 × $\dfrac{285}{365}$ = 8,739

연근로시간수 = (400 × 8 × 285) − 결근율(63840) = 848160

강도율 = $\dfrac{8,739}{848,160} \times 1,000 = 10.30$

48. 인간공학적 의자설계 시 일반원칙에 관한 내용으로 옳지 않은 것은?

① 척추의 요부전만을 유지한다.
② 디스크가 받는 압력을 감소시킨다.
③ 정적 자세고정을 증가시킨다.
④ 등근육의 정적 부하를 감소시킨다.
⑤ 조정이 용이해야 한다.

해설 인간공학적 의자설계 시 일반원칙
1. 조절식 설계원칙을 적용하도록 한다.
2. 요부전만을 유지한다.
3. 추간판의 압력과 등근육의 정적부하를 줄인다.
4. 자세 고정을 줄인다.
5. 여러 사람이 사용하는 의자의 경우 좌면 높이는 오금보다 약간 낮게[5% 오금높이] 유지한다.
6. 디스크의 압력을 줄인다.
7. 쉽게 조절할 수 있도록 설계할 것

49. 근골격계부담작업의 범위 및 유해요인조사 방법에 관한 고시에서 정하고 있는 근골격계부담작업에 해당하지 않는 것은? (단, 단기작업 또는 간헐적인 작업은 제외한다.)

① 하루에 5시간 이상 집중적으로 자료입력 등을 위해 키보드 또는 마우스를 조작하는 작업
② 하루에 3시간 이상 목, 어깨, 팔꿈치, 손목 또는 손을 사용하여 같은 동작을 반복하는 작업
③ 하루에 2시간 이상 쪼그리고 앉거나 무릎을 굽힌 자세에서 이루어지는 작업
④ 하루에 12회 이상 25kg 이상의 물체를 드는 작업
⑤ 하루에 총 1시간 이상, 분당 2회 이상 2.5kg 이상의 물체를 드는 작업

해설 근골격계부담작업(제3조)
1. 하루에 4시간 이상 집중적으로 자료입력 등을 위해 키보드 또는 마우스를 조작하는 작업
2. 하루에 총 2시간 이상 목, 어깨, 팔꿈치, 손목 또는 손을 사용하여 같은 동작을 반복하는 작업
3. 하루에 총 2시간 이상 머리 위에 손이 있거나, 팔꿈치가 어깨위에 있거나, 팔꿈치를 몸통으로부터 들거나, 팔꿈치를 몸통뒤쪽에 위치하도록 하는 상태에서 이루어지는 작업
4. 지지되지 않은 상태이거나 임의로 자세를 바꿀 수 없는 조건에서, 하루에 총 2시간 이상 목이나 허리를 구부리거나 트는 상태에서 이루어지는 작업
5. 하루에 총 2시간 이상 쪼그리고 앉거나 무릎을 굽힌 자세에서 이루어지는 작업
6. 하루에 총 2시간 이상 지지되지 않은 상태에서 1kg 이상의 물건을 한손의 손가락으로 집어 옮기거나, 2kg 이상에 상응하는 힘을 가하여 한손의 손가락으로 물건을 쥐는 작업
7. 하루에 총 2시간 이상 지지되지 않은 상태에서 4.5kg 이상의 물건을 한 손으로 들거나 동일한 힘으로 쥐는 작업
8. 하루에 10회 이상 25kg 이상의 물체를 드는 작업
9. 하루에 25회 이상 10kg 이상의 물체를 무릎 아래에서 들거나, 어깨 위에서 들거나, 팔을 뻗은 상태에서 드는 작업
10. 하루에 총 2시간 이상, 분당 2회 이상 4.5kg 이상의 물체를 드는 작업
11. 하루에 총 2시간 이상 시간당 10회 이상 손 또는 무릎을 사용하여 반복적으로 충격을 가하는 작업

50. 청각적표시장치의 일반원리에 해당하지 않는 것은?

① 근사성
② 검약성
③ 분리성
④ 변동성
⑤ 양립성

해설 청각적표시장치의 설계원리 : 양립성, 근사성, 분리성, 검약성, 불변성

기업진단 · 지도

51. 헤크만과 올드햄(J. Hackman & G. Oldham)이 제시한 직무특성모형에서 작업성과에 대한 경험적 책임(experienced responsibility)에 영향을 미치는 핵심직무차원은?

① 자율성
② 피드백
③ 과업정체성
④ 과업의 결합
⑤ 종업원의 성장욕구

해설 헤크만과 올드햄(J. Hackman & G. Oldham)이 제시한 직무특성모형
1. 자율성 : 개인이 자신의 직무에 필요한 것5들을 결정하는 권한의 정도 및 직무에 느끼는 책임감의 정도를 말한다.
2. 피드백 : 직무 수행의 결과에 대한 정보의 양을 말한다.
3. 과업정체성 : 종업원이 현재 하고 있는 일과 생산된 제품과의 관계를 인식하는 정도를 말한다.
4. 기술적 다양성 : 종업원들이 직무를 수행하는데 요구되는 다양한 기술과 능력을 요구하는 정도를 말한다.
5. 직무 중요성 : 종업원 개인의 직무가 조직 내외에 미치는 영향을 인식하는 정도를 말한다.

52. 인력의 수요와 공급을 예측하는 기법들 중애서 수요예측 기법을 모두 고른 것은?

㉠ 회귀분석
㉡ 기능목록 분석
㉢ 대체도 분석
㉣ 델파이법

① ㉠, ㉡
② ㉠, ㉢
③ ㉠, ㉣
④ ㉡, ㉢
⑤ ㉡, ㉣

해설 인력의 수요와 공급을 예측하는 기법
1. 수요예측방법 : 생산성 비율, 추세분석, 회귀분석, 전문가예측법, 델파이법, 명목집단기법
2. 공급예측방법 : 기능목록, 마코브분석, 대체도, 외부적 공급예측

정답 49 ⑤ 50 ④ 51 ① 52 ③

53. 단체교섭의 유형 중 특정 기업 또는 사업장 단위로 조직된 노동조합이 해당 기업의 사용자 대표와 교섭하는 것은?

① 통일교섭
② 공동교섭
③ 집단교섭
④ 대각선 교섭
⑤ 기업별 교섭

해설 ⑤ 기업별 교섭 : 특정 기업 내 근로자로 구성된 노동조합과 그 상대방인 사용자 사이에서 이루어지는 교섭방식
① 통일교섭 : 산업별 또는 직종별로 조직된 노동조합이 이에 대응하는 산업별 또는 직종별 사용자단체 사이에서 그 산업 또는 직종의 근로자에게 공통되는 근로조건 그 밖의 사항에 관해 행하는 교섭
② 공동교섭 : 기업별 노동조합 또는 산업별 노동조합의 기업 단위 지부가 해당 기업과 단체 교섭을 할 때 상부단체인 전국 노동조합이 이에 참가하는 교섭방식
③ 집단교섭 : 여러 개의 노동조합 지부가 공동으로 여러 개의 기업과 교섭하는 방식
④ 대각선 교섭 : 금속노조, 금융노조, 의료보건노조 등 산업별 노동조합이 개별 기업과 벌이는 임단협 교섭

54. 민쯔버그(H. Minzberg)가 제시한 조직의 5가지 구성부문(parts)으로 옳지 않은 것은?

① 핵심운영 부문(operating core)
② 메트릭스 부문(matrix)
③ 전략부문(strategic apex)
④ 기술전문가 부문(technostructure)
⑤ 지원스텝 부문(support staff)

해설 민쯔버그(H. Minzberg)가 제시한 조직의 5가지 구성부문 : 기술전문가 부문(technostructure), 지원스텝 부문(support staff), 전략부문(strategic apex), 핵심운영 부문(operating core), 중간라인 부문(middle line)

55. 피들러(F. Fiedler)의 상황적합이론에 관한 설명으로 옳지 않은 것은?

① 상황요인 3가지는 리더-부하관계, 과업구조, 리더의 직위권력이다.
② LPC(least preferred coworker) 척도는 함께 일하기가 가장 싫었던 동료를 평가하는 것이다.
③ 리더에게 호의적인 상황에서는 과업지향적 리더십이 효과적이다.
④ LPC 점수가 낮으면 관계지향적 리더로 여겨진다.
⑤ 상황에 따라 효과적인 리더십 스타일이 다를 수 있음을 보여준다.

해설 ④ LPC 점수가 낮으면 과업지향적 리더로 여겨지며 과업 성과에 보다 높은 수준의 만족감을 추구한다.
① 상황요인 3가지는 리더-구성원관계, 과업구조, 리더의 지휘권력이다.
② LPC(least preferred coworker) 척도는 함께 일하기가 가장 싫었던 사람이 가지고 있던 특성을 답하는 방식으로 진행된다.
③ 리더에게 호의적인 상황에서는 과업지향적 리더십이 효과적이다.
⑤ 상황에 따라 리더의 스타일이 다르게 나타날 수 있음을 보여주고 있다.

56. 수요예측 기법에 관한 설명으로 옳지 않은 것은?

① 시계열분석법은 수요의 과거 패턴이 미래에도 그대로 지속된다는 가정에 근거를 두는 정량적 기법이다.
② 시계열분석법의 4가지 변동요소는 추세(trend), 주기(cycle), 계절성(seasonality), 불규칙성(randomness)이다.
③ 자료유추법은 유사제품의 수요를 참고하여 예측하는 정량적 기법이다.
④ 인과형 예측법은 수요에 영향을 미치는 원인변수를 분석하여 예측 값을 추정하는 정량적 기법이다.
⑤ 델파이법은 전문가의 식견과 경험을 기초로 하는 정성적 기법이다.

해설 ③ 자료유추법은 과거에 대한 마땅한 자료가 없는 경우 사용하는 방법으로 주로 신제품 출시 때 예측하는 방법이다.
①, ② 시계열분석법은 시간 순서대로 정렬된 데이터의 의미 있는 요약과 통계정보를 추출하는 방식이다. 4가지 변동요소는 추세(trend), 주기(cycle), 계절성(seasonality), 불규칙성(randomness)이다.
④ 인과형 예측법은 어느 제품의 판매량은 그 제품의 가격, 광고비, 품질관리비, 가처분소득, 인구 등 독립변수의 함수이다.
⑤ 델파이법은 전문가 집단을 구성하여 하나의 통일된 결과를 얻을 때까지 질문을 계속해 일치되는 결과가 나올 때까지 반복하는 방법이다.

57. 자재소요계획(material requirement planning)의 입력 자료를 모두 고른 것은?

㉠ 자재명세서(bill of material)
㉡ 계획발주량(planned order release)
㉢ 주생산일정계획(master production scheduling)
㉣ 재고기록철(inventory record file)
㉤ 예외보고서(exception report)

① ㉠, ㉡, ㉤
② ㉠, ㉢, ㉣
③ ㉠, ㉣, ㉤
④ ㉡, ㉢, ㉣
⑤ ㉡, ㉢, ㉤

해설 자재소요계획(material requirement planning)의 입력 자료 : 주생산일정계획(master production scheduling), 자재명세서(bill of material), 재고기록철(inventory record file)
※ 기타 구성요소 : 자재가 수송되는 기간(리드타임)

정답 53 ⑤ 54 ② 55 ④ 56 ③ 57 ②

58. 6시그마에 관한 설명으로 옳지 않은 것은?

   ① 품질수준을 높이기 위해 공정의 산포보다 평균에 더 초점을 맞춘다.
   ② 6시그마의 시그마는 데이터의 산포를 나타내는 표준편차를 의미한다.
   ③ 통계기법을 사용하여 품질혁신을 달성하기 위한 전사적 품질경영 활동이다.
   ④ 추진 로드맵은 정의(define), 측정(measure), 분석(analyse), 개선(improve), 통제(control)의 5단계로 구성한다.
   ⑤ 제조업 중심으로 개발된 기법이나 서비스임에도 적용 가능하다.

   > 해설 ① 6시그마는 품질 불량의 원인을 찾아 해결해 내고자 하는 체계적인 방법론이다.
   > ② 시그마(σ)는 원래 정규분포에서 표준편차를 나타내며 6 표준편차인 100만 개 중 3.4개의 불량률을 추구한다는 의미에서 나온 말이다.
   > ③ 6시그마는 기업에서 전략적으로 완벽에 가까운 제품이나 서비스를 개발하고 제공하려는 목적으로 정립된 품질경영 기법이다.
   > ④ 6시그마는 정의(define), 측정(measure), 분석(analyse), 개선(improve), 통제(control)의 5단계 체계를 구축하도록 한다.
   > ⑤ 6시그마는 회사의 모든 부서의 업무에 적용할 수 있으며 각자의 상황에 알맞은, 고유한 방법론을 개발하고 적용하여 정량적 기법과 통계학적 기법으로 향상시킬 수 있다.

59. 공급사슬관리에 관한 설명으로 옳은 것은?

   ① 채찍효과(bullwhip)는 수요변동이 공급사슬의 상류(공급자)에서 하류(최종 소비자)로 이동하면서 증폭되는 현상이다.
   ② 크로스도킹(cross-docking)은 물류창고에 입고되는 상품을 장기간 보관하여 소매점에 배송하는 물류시스템이다.
   ③ 공급자 재고관리(vendor managed inventory)는 공급자의 재고 보충 책임을 구매자에게 이전하는 전략이다.
   ④ CPFR(Collaborative Planning, Forecasting and Replenishment)은 공급자와 구매자가 제품의 수요예측과 판매 및 재고 보충계획까지 함께 수립하는 방법이다.
   ⑤ 지연 차별화(delayed differentiation)는 제품의 세부사항을 결정짓는 부품을 먼저 생산한 다음 공동부품을 생산하는 전략이다.

   > 해설 ④ CPFR(Collaborative Planning, Forecasting and Replenishment)은 공급업체와 고객(소매업체 또는 제조업체)이 협력하여 수요 예측, 판매 계획, 재고 보충을 최적화하는 공급망 관리 방식이다.
   > ① 채찍효과(bullwhip)는 수요변동이 공급사슬의 하류(최종 소비자)에서 상류(공급자)로 이동하면서 증폭되는 현상이다.
   > ② 크로스도킹(cross-docking)은 창고나 물류센터에서 수령한 상품을 창고에서 재고로 보관하는 것이 아니라 바로 배송할 수 있도록 하는 물류 시스템이다.
   > ③ 공급자 재고관리(vendor managed inventory)는 공급자 주도형 재고관리 방식이다.
   > ⑤ 지연 차별화(delayed differentiation)는 최종제품으로 만들기 전에 생산을 멈추어놓고 고객 주문이 들어오면 그에 맞추어 생산하는 것이다.

60. 직업 스트레스 과정을 여러 개의 요소(facet)로 나눌 수 있다고 제안한 비어와 뉴먼(T. Beehr & J. Newman) 모델의 구성요소가 아닌 것은?

① 개인 요소(person facet)
② 시간 요소(time facet)
③ 환경 요소(environment facet)
④ 과정 요소(process facet)
⑤ 경제 요소(economy facet)

해설 비어와 뉴먼(T. Beehr & J. Newman) 모델의 구성요소 : 개인 요소(person facet), 시간 요소(time facet), 환경 요소(environment facet), 과정 요소(process facet)

61. 직무분석에서 사용하는 직위분석 설문지(Position Analysis Questionaire)의 주요 차원이 아닌 것은?

① 신체 과정(body process)
② 정보 입력(information input)
③ 타인과의 관계(relationship with other persons)
④ 작업 결과(work output)
⑤ 직무 맥락(job context)

해설 직위분석 설문지(Position Analysis Questionaire)는 인간속성을 기술하는 약 195개 내외의 진술문으로 구성된 설문지로서 정보입력, 정신과정, 타인과의 관계, 직무맥락, 기타 직무결과 등의 범주로 구분하여 직무의 내용을 파악하는 직무분석 방법을 의미한다.

62. 동기에 관한 이론적 접근 중에서 앨더퍼(C. Alderfer)의 ERG 이론이 해당되는 것은?

① 행동적 이론(behavioral theory)
② 인지과정이론(cognitive theory)
③ 욕구기반이론(need-based theory)
④ 자기결정이론(self-determination theory)
⑤ 직무기반이론(job-based theory)

해설 앨더퍼(C. Alderfer)의 ERG 이론에서의 욕구는 존재욕구, 관계욕구, 성장욕구의 3가지로 나뉜다. 이 3가지 욕구는 욕구좌절, 욕구강도, 욕구만족의 원리로 작용한다. ERG 이론에 따르면 상위에 있는 욕구를 충족시키지 못하면 보다 하위의 욕구가 더욱 증가하여 이를 충족시키려면 기존의 몇 배나 더 노력을 해야 한다는 것이다.

정답 58 ① 59 ④ 60 ⑤ 61 ① 62 ③

63. 다음의 설문 문항들이 측정하고자 하는 것은?

○ 이 조직은 나에게 개인적 의미를 많이 부여해 준다.
○ 가까운 미래에 이 조직을 그만두게 된다면 이는 나에게 비용이 너무 많이 드는 일이다.
○ 내가 지금 이 조직을 그만둔다면 죄책감을 느끼게 될 것이다.

① 직무만족(job satisfaction)
② 조직몰입(organizational commitment)
③ 조직정의(organizational justice)
④ 조직 동일시(organizational identification)
⑤ 조직기기 지각(perceived organizational support)

해설 ② 조직몰입(organizational commitment) : 자신이 속해 있는 조직에 대한 개인의 동일시와 몰입의 상대적 정도, 즉 한 개인이 자기가 속한 조직에 대해 얼마나 일체감을 가지고 몰두하느냐 하는 정도를 말한다.
① 직무만족(job satisfaction) : 자신의 직업 혹은 직무에 대해 개인이 만족하는 정도를 말한다.
③ 조직정의(organizational justice) : 조직에서 조직구성원들에 대한 공정한 대우와 관련된 포괄적인 이론적 개념으로 분배 공정성, 절차 공정성, 상호작용 공정성과 같은 3가지 형태의 공정성으로 설명될 수 있다.
④ 조직 동일시(organizational identification) : 종업원이 조직과 일체감을 느끼는 정도로 조직과 구성원 자신이 하나라고 인식하는 정도, 혹은 그 조직에 대한 소속감의 정도를 뜻한다.
⑤ 조직지지 지각(perceived organizational support) : 조직은 직원의 공헌을 평가하고 직원의 행복을 염려하고 있다고 직원이 가지고 있는 신념이다.

64. 다음 그림이 제시하는 집단효과성 모델은?

① 캠피온(Campion) 모델
② 그래스테인(Gladstein) 모델
③ 터크만(Tuckman) 모델
④ 맥그래스(McGrath) 모델
⑤ 해크만(Hackman) 모델

[해설] ⑤ 해크만(Hackman) 모델 : Hackman의 모델은 팀의 성과, 구성원의 개인적 성장 및 복지, 팀의 지속 가능성 등 세 가지 주요 결과를 중심으로 한다.
① 캠피온(Campion) 모델 : 팀 멤버 간의 상호작용, 역할 분배, 목표 설정, 커뮤니케이션 전략 등을 포함한 일련의 권장 사항을 제시한다.
② 그래스테인(Gladstein) 모델 : 팀 리더의 행동과 외부 환경이 팀 프로세스에 어떻게 영향을 미치는지를 중심으로 하며, 이러한 프로세스가 최종적으로 팀의 성과에 어떻게 기여하는지를 설명한다.
③ 터크만(Tuckman) 모델 : 팀 구성원 간의 상호작용과 협력관계가 시간이 지남에 따라 변화하는 과정을 단계적으로 제시한다.
④ 맥그래스(McGrath) 모델 : 팀이 시간에 따라 어떻게 발달하며, 상호작용과 성과 사이의 관계를 어떻게 형성하는지를 설명한다.

65. 제니스(I. Janis)가 제시한 집단사고(groupthink)가 발생한 가능성이 높은 상황을 모두 고른 것은?

㉠ 집단이 외부로부터 고립되어 있을 때
㉡ 리더가 민주적일 때
㉢ 집단의 응집력이 낮을 때
㉣ 외부로부터 위협이 있을 때

① ㉠, ㉡
② ㉠, ㉣
③ ㉢, ㉣
④ ㉠, ㉡, ㉢
⑤ ㉡, ㉢, ㉣

[해설] 제니스(I. Janis)가 제시한 집단사고(groupthink)가 발생한 가능성이 높은 상황
1. 환상적 낙관주의(Illusion of Invulnerability)
2. 도덕적 확신(Belief in Inherent Morality)
3. 공통적 고정관념(Stereotyping of Out-Groups)
4. 동조 압력(Direct Pressure on Dissenters)
5. 자기 검열(Self-Censorship)
6. 만장일치 환상(Illusion of Unanimity)
7. 마음 지킴이(Mindguards)
8. 대안 검토 부족(Lack of Critical Thinking on Alternatives)

66. 위험감수성(Danger Sensitivity)에 영향을 미치는 주된 요인으로 옳지 않은 것은?
① 체험적 경험
② 인지적 정보
③ 지각적 경험
④ 교육적 정보
⑤ 정서적 경험

[정답] 63 ② 64 ⑤ 65 ② 66 ①, ②, ③, ④, ⑤

해설 위험감수성(Danger Sensitivity)에 영향을 미치는 주된 요인
1. 체험·관찰적 경험과 정보
2. 인지적 경험과 정보
3. 지각적 경험과 정보
4. 정서적 경험과 정보

67. 특수 상황과 부분적으로 결합되는 친근한 정보에 사로잡히면서 발생하는 인간 오류는?

① 포획 오류(capture error)
② 양식 오류(mode error)
③ 연합 오류(associative error)
④ 완료후 오류(post-completion error)
⑤ 연상활성화 오류(association activation error)

해설 ① 포획 오류(capture error) : 상황과 부분적으로 결합되는 친근한 정보에 사로잡히면서 발생하는 오류
③ 연합 오류(associative error) : 수동기어 변환장치가 되어 있는 자동차를 자동기어 변환장치가 된 자동차처럼 운전하게 되는 오류
⑤ 연상활성화 오류(association activation error) : 강한 연합은 잘못된 자동적 일상행동이 나오게 만들 수 있는 오류
② 양식 오류(mode error) : 적당하지 않은 행위가 뒤따라 발생하면서 나타나는 오류

68. 노이만(D. Norman)의 스키마 이론에서 실수(slip)의 기본적 분류에 해당하는 것을 모두 고른 것은?

㉠ 의도형성에 따른 오류
㉡ 잘못된 활성화에 의한 오류
㉢ 제어방식에 기인한 오류
㉣ 잘못된 촉발에 의한 오류

① ㉠, ㉢
② ㉡, ㉣
③ ㉠, ㉡, ㉢
④ ㉠, ㉡, ㉣
⑤ ㉡, ㉢, ㉣

해설 노이만(D. Norman)의 스키마 이론에서 실수(slip)의 기본적 분류 : 의도형성에 따른 오류, 잘못된 활성화에 의한 오류, 잘못된 촉발에 의한 오류

69. 현재 국내 작업환경측정 대상이면서 물리적 유해인자로 옳은 것은?

① 분진

② 고열

③ 진동

④ 전리방사선

⑤ 미스트(mist)

해설 작업환경측정 대상 중 물리적 요인이 존재하는 작업장 : 소음작업장, 고열 환경 작업장
작업환경 중 유해요인
1. 물리적 유해인자 : 온열, 비전리방사선, 전리방사선, 소음, 진동, 이상기압
2. 화학적 요인 : 분진, 흄, 미스트, 가스, 증기
3. 생물학적 요인 : 세균, 진균, 해충
4. 인간공학적 요인 : 작업방법, 작업자세, 작업시간, 사용공구

70. 산업안전보건기준에 관한 규칙상 관리대상 유해물질에 관한 물질상태, 후드형식, 제어풍속이 옳게 연결된 것은?

① 가스 – 외부식 측방흡인형 – 0.4m/sec 이상

② 가스 – 외부식 상방흡인형 – 0.8m/sec 이상

③ 입자 – 포위식 포위형 – 0.6m/sec 이상

④ 입자 – 외부식 상방흡인형 – 1.2m/sec 이상

⑤ 가스 – 외부식 하방흡인형 – 0.4m/sec 이상

해설 관리대상 유해물질 관련 국소배기장치 후드의 제어풍속(별표 13)

물질의 상태	후드 형식	제어풍속(m/sec)
가스 상태	포위식 포위형 외부식 측방흡인형 외부식 하방흡인형 외부식 상방흡인형	0.4 0.5 0.5 1.0
입자 상태	포위식 포위형 외부식 측방흡인형 외부식 하방흡인형 외부식 상방흡인형	0.7 1.0 1.0 1.2

정답 67 ①, ③, ⑤ 68 ②, ④ 69 ② 70 ④

71. 고용노동부 고시에 따른 화학물질의 노출기준(TWA)으로 옳지 않은 것은?

   ① 납 및 그 무기화합물 : $0.05mg/m^3$
   ② 니켈(불용성 무기화합물) : $0.2mg/m^3$
   ③ 망간 및 무기화합물 : $1mg/m^3$
   ④ 인듐 및 그 화합물 : $0.5mg/m^3$
   ⑤ 주석(유기화합물) : $0.1mg/m^3$

   해설 ④ 인듐 및 그 화합물 : $0.01mg/m^3$(별표 1)

72. 암모니아를 작업환경측정·분석 기술지침에 따라 측정을 실시할 때 분석기기와 검출기로 옳은 것은?

   ① GC - 불꽃이온화검출기 ② GC - 전자포획검출기
   ③ HPLC - 자외선검출기 ④ HPLC - 전기화학검출기
   ⑤ IC - 전도도검출기

   해설 암모니아
   1. 분석기술 : 이온크로마토그래피(IonChromatograph)법, 전도도검출기
   2. 분석대상물질 : 암모늄이온(NH_4^+)
   3. 전처리 : 10mL증류수
   4. 검출한계 : 2㎍/sample

73. 화학물질 및 물리적인자의 노출기준에서 정보물질의 표기 내용에 해당하는 물질은?

   ○ 시험동물에서 발암성 증거가 충분히 있거나 시험동물과 사람 모두에서 제한된 발암성 증거가 있는 물질
   ○ 생식세포 변이원성(1B)에 해당하는 물질

   ① 2-부톡시에탄올 ② 디메틸포름아미드
   ③ 불화수소 ④ 1,2-에폭시프로판
   ⑤ 벤조트리클로라이드

   해설 ④ 1,2-에폭시프로판 : 발암성 1B, 생식세포 변이원성 1B(별표 1)
   ① 2-부톡시에탄올 : 발암성 2, Skin(별표 1)
   ② 디메틸포름아미드 : 생식독성 1B, Skin(별표 1)
   ③ 불화수소 : Skin(별표 1)
   ⑤ 벤조트리클로라이드 : 발암성 1B, Skin(별표 1)

74. 국소배기장치에서 후드 개구면 속도를 균일하게 분포시키기는 방법으로 옳지 않은 것은?

① 피토관(pitot tube) 사용
② 경사접합부(taper)와 플레넘(plenum) 사용
③ 차폐막(baffle) 사용
④ 슬롯(slot) 사용
⑤ 분리날개(splitter vanes) 사용

해설 국소배기장치에서 후드 개구면 속도를 균일하게 분포시키기는 방법 : 테이퍼(taper) 부착, 분리날개 설치, 슬롯 사용, 차폐막 사용

75. 화학물질 및 물리적인자의 노출기준에서 용어 정의 및 노출기준에 관한 설명으로 옳지 않은 것은?

① "노출기준"이란 근로자가 유해인자에 노출되는 경우 노출기준 이하 수준에서는 거의 모든 근로자에게 건강상 나쁜 영향을 미치지 아니하는 기준을 말한다.
② "최고노출기준(C)"이란 근로자가 1일 작업시간동안 잠시라도 노출되어서는 아니되는 기준을 말한다.
③ 가스 및 증기의 노출기준 표시단위는 ppm이다.
④ 노출기준은 1일 작업시간동안의 시간가중평균노출기준(TWA), 단시간노출기준(STEL), 최고노출기준(C)으로 표시한다.
⑤ 내화성세라믹섬유의 노출기준 표시단위는 mg/m^3이다.

해설 ⑤ 분진 및 미스트 등 에어로졸(Aerosol)의 노출기준 표시단위는 세제곱미터당 밀리그램(mg/㎥)을 사용한다. 다만, 석면 및 내화성세라믹섬유의 노출기준 표시단위는 세제곱센티미터당 개수(개/㎤)를 사용한다(제11조 제2항).
①, ④ 노출기준 : 근로자가 유해인자에 노출되는 경우 노출기준 이하 수준에서는 거의 모든 근로자에게 건강상 나쁜 영향을 미치지 아니하는 기준을 말하며, 1일 작업시간동안의 시간가중평균노출기준(Time Weighted Average, TWA), 단시간노출기준(Short Term Exposure Limit, STEL) 또는 최고노출기준(Ceiling, C)으로 표시한다(제2조 제1호).
② 최고노출기준(C) : 근로자가 1일 작업시간동안 잠시라도 노출되어서는 아니 되는 기준을 말하며, 노출기준 앞에 "C"를 붙여 표시한다(제2조 제4호).
③ 가스 및 증기의 노출기준 표시단위는 피피엠(ppm)을 사용한다(제11조 제1항).